抗违章技术理论与应用

郭春平　著

应急管理出版社

·北　京·

内 容 提 要

本书是研究抗违章理论及智能抗违章保护技术系统的专著，包括 14 章内容：违章的内涵和外延、违章行为分析、违章预控可行性研究、抗违章思维、抗违章短板、补齐抗违章短板专利技术概况、智能抗违章保护系统原理、抗违章技术 1.0~4.0 代表产品、安全性能分析及抗违章后备保护试验必要性分析、创新理论及案例、科技成果转化策略及案例等。

本书适用于在煤矿等爆炸环境中工作的技术人员和管理人员阅读，也可供高等院校学生和教师、科研院所专家学者、大中型企业负责人和安全管理人员、政府科技部门和安全管理部门工作人员借鉴。

郭春平

作 者 简 介

郭春平，1959年9月生，山西省平遥县人，享受国务院政府特殊津贴安全专家，发明家，北京大学国家发展研究院高级工商管理硕士，正高级电气工程师。全国工商联第十一届、第十二届执行委员会委员，政协第十一届、第十二届山西省委员会委员，山西省工商联总商会副会长及荣誉会长，山西省光彩事业促进会理事会副会长，山西省新兴产业领军人物，中国发明协会会员，山西全安新技术开发有限公司董事长。

发明并带领团队创造了“违章行为识别AI技术系统”“抗违章传感器”“防治带电作业及瓦斯爆炸的智能抗违章保护技术系统”“智能远方漏电试验装置”“两防锁”等40余项专利技术产品，其中有6项获俄罗斯、美国、欧盟及欧亚专利权，且都是PCT专利。荣获山西省专利奖一等奖等9项省部级科技奖励，荣获山西省劳动模范称号，两次荣获“山西省中国特色社会主义建设者”称号。

序

FOREWORD

随着我国安全生产工作的不断加强，对于安全技术、装备和服务的要求得到各级政府和全社会的日益重视。2010年，《关于进一步加强企业安全生产工作的通知》（国发〔2010〕23号）中明确提出“把安全检测监控、安全避险、安全保护、个人防护、灾害监控、特种安全设施及应急救援等安全生产专用设备的研发制造，作为安全产业加以培育，纳入国家振兴装备制造业的政策支持范畴”。这是以国务院文件形式首次正式公开提出“安全产业”这一概念，同时也对安全产业的涵盖范围和安全产业的专用性、服务对象的特定性给予了清楚界定。

安全产业是以满足保障人民生命财产安全、加强和创新社会管理等安全发展重大需求为基础的产业，关系科学发展、安全发展大局，对于保障社会稳定和促进经济健康发展具有重大战略意义。多年来，国家安全生产形势持续稳定向好，事故总量、死亡人数等一个个揪心数值下降的背后，都离不开一代代“安全人”在安全产业里前赴后继、勇毅前行，为安全事业的发展默默付出、贡献绵薄之力。本书作者就是其中比较突出的一员，数十年如一日埋头苦干，从一名普通的煤矿技术员逐渐成长为享受国务院政府特殊津贴的正高级工程师及煤矿安全领域的发明家，其中饱含了对“安全第一”的敬畏，对安全技术突破的执着，对安全产业的热爱。

通过阅读本书可以看出，作者不仅发明了智能抗违章保护系统系列产品，而且提出了一套为其系列发明项目提供理论支撑的抗违章理论，使抗违章保护技术形成一个系统性的技术理论体系。在此基础上，他又以企业家的经营策略致力于安全产业发展的探索和实践，并取得了一些成功的经验，包括他所提出并实践的“骏马拉小车”发展科技型小微企业模式，都值得更多从事安全产业的同行学习和借鉴。本书还介绍了运用安全干预手段转化安全科技成果，依托标准推动抗违章技术成果转化的曲折过程，说明安全产业发展具有一定的特殊性，应制定实施专有技术标准和管理办法。

书中所述，企业生产过程中的违章作业是可以通过技术手段进行预控的，按照抗违章技术标准生产的设备就成为预控违章作业的抗违章设备，不仅适用于煤炭行业，而且可以推广到更广泛的领域。研究、推广应用智能抗违章保护技术，不仅可以杜绝煤矿违章带电作业，实现降低瓦斯爆炸事故的目标，而且还能为世界各国、各行业预控违章作业提供一种新的思维模式，即把过去用“人海战术”预防违章变为在违章过渡过程中对违章行为进行预控，实现“想违章违不成，即使违章也造不成事故”的目标。这种新的思维模式一旦成为全社会普遍认可的安全理念，将会在更广泛的范围产生深远影响。尽管抗违章技术成果是主要针对煤矿井下违章带电作业问题取得的，但对其他非爆炸环境安全生产也具有普遍意义，可以推广到交通安全、消防安全、银行安全及核工业安全等其他违章作业较多的行业。由此可见，开发抗违章技术，研究抗违章理论及相关标准，生产抗违章设备，在各行各业都将具有推广应用价值。

本书内容来源于现场实际和经验总结，既有理论支撑，又有成功实践佐证，是一本研究抗违章技术理论及智能抗违章保护技术系统的专著，对安全生产管理和安全产业发展具有重要参考价值。

中国工程院院士 王国法

2023年3月

政府有关部门和专家学者关于“抗违章技术”的评价

山西省应急管理厅

《关于做好2022年全省煤矿“一通三防”和机电安全工作的通知》（晋应急发〔2022〕89号）：具备条件的煤矿企业要根据安全生产需要，积极应用成熟的智能抗违章保护等新技术、新设备，提升井下电气安全保障能力。

山西省应急管理厅关于省政协十二届五次会议第0403号提案的答复（晋应急函〔2022〕76号）：落实安委会《关于进一步加强全省电力用户用电安全管理工作的通知》精神，国家矿山安全监察局山西局、山西省应急管理厅、山西省能源局应联合召开技术研讨会，联合推广智能抗违章保护技术、智能远方漏电试验技术，以提高用电安全的可靠性；组织有关领导和专家学者研讨“安全发展思路定位在着力解决重大具体现场问题上”及“想违章违不成，即使违章也造不成事故”的观点，努力形成山西省新的安全发展理念及抗违章理念。山西省应急管理厅认为以上这两条建议很好，对促进煤矿安全生产具有十分重要的意义。山西省应急管理厅将在实际工作中积极推广应用智能抗违章保护技术系统及智能远方漏电试验装置等新技术、新产品的推广及试点工作。

山西省应急管理厅关于省政协十二届四次会议第0340号、第0409号提案的答复（晋应急函〔2021〕241号）：“安全发展思路应定位在着力解决重大具体现场问题上”和“想违章违不成，即使违章也造不成事故”的观点，对于从根本上杜绝电气违章操作、防范电气事故、防止电气设备失爆引起的瓦斯事故，促进煤矿安全生产具有十分重要的意义。山西省应急管理厅今后将在相关文件中要求并在实际工作中积极推广应用智能抗违章保护技术系统等新技术、新产品的推广及试点工作；建议煤矿企业在安全可靠的情况下，探索实施每月一次智能远方漏电跳闸试验。

山西省能源局

山西省能源局关于省政协十二届四次会议第0340号、第0409号提案的答复（晋能源提函〔2021〕9号）：关于井下供电系统的抗违章短板方面，历年来煤矿发生的机电事故和瓦斯事故均证明煤矿存在抗违章短板；智能抗违章作为智能化建设中机电设备智能化的一个环节予以推进；能源管理部门开展能源革命活动时，应把安全发展思路定位在着力解决重大具体现场问题上，研究把“想违章违不成，即使违章也造不成事故”确立为能源安全生产重要创新理念，符合山西省能源领域综合改革总体思路，山西省能源局在今后全省煤炭行业管理中，将着重解决重大现场问题作为主要安全工作内容予以推进，将“想违章违不成，即使违章也造不成事故”理念贯穿到煤矿建设、生产过程中，为全省煤炭工业健康发展奠定坚实的安全基础。

国家矿山安全监察局山西局

《关于积极推广应用智能抗违章保护技术及智能远方漏电试验技术建议》的答复指出，运用安全干预手段转化安全科技成果方面将要重点推动的四项工作：一是进一步借助2022年国家矿山安全监察局在推广矿用新技术、新装备、新工艺、新理念工作方面的有关工作部署契机，向国家矿山安全监察局积极推荐，争取纳入新技术、新装备、新工艺、新理念推广目录，在全国范围内能够推广应用；二是积极与山西省应急管理厅、山西省能源局以及山西焦煤集团西山煤电公司、山西焦煤集团霍州煤电公司、晋能控股集团、华阳新材料科技集团、潞安化工集团协调配合，开展智能抗违章保护技术及智能远方漏电试验技术试点应用工作；三是继续扩大宣传，积极邀请郭春平等委员，开展专题讲座活动，制作智能抗违章保护技术及智能远方漏电试验技术宣传片；四是通过监管监察执法不断推动企业主动接受并采用先进适用新技术，不断提升井下生产安全保障能力，有效杜绝违章作业，防范因违章造成的事故。

山西省科学技术厅

2019年1月5日山西省科学技术厅关于申报国家技术发明奖的“防治带电作业及瓦斯爆炸的抗违章技术系统”项目推荐意见（部分）：

2000年以来全国煤矿10起一次性死亡百人以上事故，瓦斯爆炸占9起，防范瓦斯爆炸是今后的重要任务。专家研究指出：约50%瓦斯爆炸由违章带电作业引起，应用智能技术防治违章带电作业意义重大。

第一发明人郭春平曾连续从事井下电气一线工作十几年，后来带领团队攻关20年，取得如下成果：①深入研究违章行为及抗违章理论，首次提出并证明违章作业能通过技术手段进行预控，为研究抗违章技术奠定了基础。②在国际上首先发明并创造抗违章开盖传感器系列产品，首创专家智能识别违章行为技术，首创抗违章保护技术，实现了在违章带电作业前将违章行为识别并转换为电信号，控制电源安全断电、闭锁。重置“想违章违不成，即使违章也造不成事故”价值体系。③组合发明防治带电作业及瓦斯爆炸的抗违章技术系统，不更换、不改动在用设备，在易违章产生电火花各个部位加装抗违章保护设施，可防范绝大部分违章带电作业事故。郭春平为山西省近几年违章带电作业引发瓦斯爆炸零事故做出了重大贡献。

中国工程院院士张铁岗

2017年1月21日，张铁岗院士关于申报国家技术发明奖的“防治带电作业及瓦斯爆炸的抗违章技术系统”项目的推荐意见：用技术手段预防人违章带电作业（即技防）是一道世界性难题。防治带电作业及瓦斯爆炸的抗违章技术系统，将电气设备上违章带电作业风险最大的部位全部实现了抗违章保护，即保证了“非专职人员想违章违不成，专职人员即使违章也造不成事故”。这种变“人防”带电作业为“技防”的技术思路独特，在国内外瓦斯防治技术领域具有突出的实质性进步。

主要产品“智能开盖传感器”和主要技术“预控违章带电作业行为智能技术”属于国内外重大创新。山西省大范围推广应用十几年来，减少了违章带电作业事故，为近3年瓦斯爆炸零事故做出了重大贡献。

中国矿业大学（北京）原副校长孙继平

2017年，孙继平教授对论文《违章行为分析及抗违章对策》的学术评议：进行违章行为分析及抗违章对策研究，具有重要的理论意义和实用价值。论文分析研究了国内外研究现状，以煤矿电气违章和抗违章装置为研究对象，进行了违章行为分析及抗违章对策研究，提出了抗违章技术比法律、管理、教育、培训、宣传等更有效；煤矿电气设备不仅应当具有“三大保护”，还必须加装抗违章保护；抗违章保护人为失效时间大于或等于30 min，就可以避免违章带电作业等，论文具有新见解。

北京大学导师巫和懋

2017年北京大学导师巫和懋关于“抗违章技术”的评语（部分）探讨在煤矿安全维护上如何减少违章行为，发现违章过程中可以进行预控，从短路、漏电、接地三方面（作者认为应是违章行为动作方面）收集足够的作业信号，在未达到违章“红线”前就管控违章行为，可以改进我国煤矿安全维护。“违章行为分析及抗违章对策”站在理论高度，结合操作人员的实况，完整分析并提出了有效方法来预控违章作业行为，相当有参考价值。

前　言

PREFACE

近年来，国家对煤矿等爆炸环境的安全监管越来越严格，但违章事故仍然时有发生。原国家安全监管总局及安全专家研究指出：90%～95%的事故是由于违章作业造成的。所以，违章（或称作不安全行为）问题是一个非常值得深入研究的重大课题。但研究违章行为十分困难，尤其是了解违章背后的动机及具体过程几乎不可能，因为违章者大多在重大事故中死亡，即使有幸存者，由于文化素质、心理问题等原因也使专家了解不到真相。一般来说，违章行为是很难被直接观测到的。这就决定了只有违章作业的亲身经历者，才能准确知道违章作业的真实过程，才能直接感知违章，研究其违章行为得出的结论才更有独特价值。

前四章是抗违章理论的基础部分，主要进行了违章行为分析。首先从事实及理论上证明违章存在的客观必然性，然后分析研究违章行为。根据违章行为的分析研究结果，研究违章是否可以预控及预控条件，再根据预控条件，引出抗违章技术，提出抗违章保护概念。最后提出创新抗违章技术的新思维。

第五章分析了井下供电系统至少存在8种抗违章短板。煤矿安全事故，尤其是瓦斯爆炸事故，是“黑天鹅”事故。抗违章短板的存在是造成“黑天鹅”事故的“硬原因”，用技术手段补齐抗违章短板才能杜绝违章带电作业，才能预控带电作业造成的瓦斯爆炸“黑天鹅”事故。

第六章简介了作者发明的数十项补齐抗违章短板的国内外专利技术。根据专利技术创造了智能抗违章保护技术系统，目的是防范违章带电作业引发瓦斯爆炸“黑天鹅”事故。“黑天鹅”事故是小概率事件，也是小样本事件，由于样本数据相对较少，难以应用大数据技术进行精准研究。防范“黑天鹅”事故，是当前重大技术难题，本书应用专家智能技术设计并创造了智能抗违章保护技术系统，攻克了违章带电作业引发瓦斯爆炸“黑天鹅”事故的难题。

第七章介绍了智能抗违章保护技术系统及其核心部分智能抗违章开盖传感器系统结构原理。

第八章至第十一章详细介绍了抗违章保护技术系统系列产品。

第十二章分析研究了智能抗违章保护技术系统的性能及市场前景，对抗违章后备保护试验的必要性进行了深入分析。智能抗违章保护技术系统与供电系统之间没有直接电气连接，是隔离的，不会造成乱停电，其选择性比短路保护系统和漏电保护系统的选择性精确很多，其安全可靠性比安全员值守高很多，但成本低很多。根据智能抗违章保护级别不同，潜在市场需求也不同，每年最小潜在市场需求在25亿元左右，最大潜在市场需求在359亿元左右。

第十三章针对创新具有不对称性的特点，提出营造科技创新生态环境的问题，并列举了一系列行之有效的创新和转化方法。

第十四章依托标准推动抗违章技术转化为成果，运用《孙子兵法》促进抗违章技术转化为成果。

阅读本书可以获得如下启示：

一是生产化石能源过程中的其他违章作业是可以预控的，抗违章技术是最可靠的预控方法。

二是我国在抗违章技术研究方面处于领先地位，国外还没有这方面的专门研究。抗违章技术通过技术手段对抗违章作业这种熵增行为，是一种对抗熵增定律的“抗熵增技术”。国内外都应广泛开展抗熵增技术研究，用人工智能等技术手段对抗熵增，维持人类低熵生活状态不变。

三是为国内外预控井下违章带电作业提供理论依据，进而为大面积研究、推广应用智能抗违章保护技术，减少违章带电作业，为降低约50%瓦斯爆炸事故的远大目标奠定基础。

四是一系列研究成果可以为国内外煤矿以外的其他爆炸环境预控违章带电作业提供直接的理论依据，进而推动大面积相关研究并推广应用抗违章技术，减少其他爆炸环境违章带电作业行为，为降低约50%机电事故和瓦斯爆炸事故的理想目标创造条件。

五是抗违章技术对其他非爆炸环境安全生产也具有普遍意义。

六是依据本书研究成果进一步推理，还可以做出如下预测：当机器人的智能水平达到或超过人类时，由于机器人也要考虑预期违章受益和预估违章代价，安全监管机器人与生产作业机器人双方也会进行有限博弈。

经过40多年的努力，历经艰辛完成这本专著，在此感谢同学、朋友、领导、公司职工、家人的帮助和支持。特别感谢王国法院士百忙之中为本书作序。虽然在抗违章理论及智能抗违章保护技术系统上有所创新，但难免存在不妥之处，敬请各位读者批评指正。

国务院政府特殊津贴专家

2022年11月

目　次

CONTENTS

第一章　违章的内涵和外延 …… 1

第一节　定义 …… 2
第二节　随机性及不对称性 …… 2
第三节　量子特征 …… 3
第四节　囚徒困境特征 …… 4
第五节　警察与小偷博弈特征 …… 4

第二章　违章行为分析 …… 6

第一节　违章存在的必然性 …… 6
第二节　违章行为背后动机及选定过程模型分析 …… 10

第三章　违章预控可行性研究 …… 22

第一节　违章状态方程 …… 22
第二节　违章预控的概念 …… 25
第三节　违章预控的充要条件 …… 26
第四节　展望 …… 28

第四章　抗违章思维 …… 30

第一节　抗违章技术 …… 30
第二节　思维对比 …… 34
第三节　抗违章思维重要观点 …… 36
第四节　结论及展望 …… 37

第五章　抗违章短板 …… 39

第一节　造成违章带电作业的抗违章短板 …… 40
第二节　案例分析 …… 46
第三节　结论及展望 …… 47

第六章 补齐抗违章短板专利技术概况 …… 48

第一节 补齐闭锁装置抗违章短板的专利技术 …… 48
第二节 补齐接线空腔盖板抗违章短板的专利技术 …… 54
第三节 补齐螺旋式喇叭嘴抗违章短板的专利技术 …… 59
第四节 补齐开关本体门盖抗违章短板的专利技术 …… 60
第五节 补齐井下供电系统抗违章短板的专利技术 …… 61
第六节 试验抗违章后备保护（漏电保护）的专利技术 …… 62
第七节 补齐抗违章短板专利统计 …… 63

第七章 智能抗违章保护系统原理 …… 65

第一节 概述 …… 65
第二节 智能抗违章保护系统 …… 69

第八章 抗违章技术1.0代表产品 …… 85

第一节 两防锁 …… 85
第二节 防松锁 …… 108
第三节 C03锁 …… 110
第四节 防非违装置的管理使用及维修方法 …… 115
第五节 防非违装置的安全检查规定 …… 117

第九章 抗违章技术2.0代表产品 …… 121

第一节 KWZ2.0代表产品 …… 121
第二节 矿用本安型开盖传感器 …… 121
第三节 浇封兼本安型/浇封型开盖传感器 …… 135
第四节 FFW1-D系列产品 …… 141
第五节 DSD-3型产品 …… 147
第六节 “三开一防”检查规定 …… 148
第七节 产品检查规定及真伪“三开一防”产品判定材料 …… 151

第十章 抗违章技术3.0代表产品 …… 155

第一节 DSD系统 …… 155
第二节 矿用本安型开盖传感器与矿井监控系统分站连接方式 …… 162
第三节 应用实例 …… 166

第十一章 抗违章技术4.0代表产品 …… 171

第一节 断上电保护DSD-4 …… 171
第二节 煤矿井下电气操作风险手机预警系统 …… 177
第三节 最新智能抗违章技术专利产品 …… 180

第四节　应用实例 …… 187

第十二章　安全性能分析及抗违章后备保护试验必要性分析 …… 204

第一节　安全性能分析 …… 204
第二节　远方人工漏电跳闸试验技术必要性分析 …… 208
第三节　实例研究 …… 217

第十三章　创新理论及案例 …… 225

第一节　企业技术创新动力点研究及应用案例 …… 226
第二节　抗违章技术创新方法13步及应用案例 …… 238
第三节　其他创新思路 …… 241

第十四章　科技成果转化策略及案例 …… 244

第一节　运用安全干预手段转化安全科技成果 …… 244
第二节　依托标准推动抗违章技术成果转化 …… 247
第三节　安全专利产品营销方法 …… 248
第四节　《孙子兵法》在科技成果转化过程中的运用 …… 250
第五节　矿用开关两防锁科技成果转化案例 …… 253

附录1　全国部分煤矿井下带电作业事故案例统计表（1960—2017年） …… 256
附录2　煤矿安全365 …… 272
附录3　以判决书形式介绍的抗违章技术品牌“铁门神”维权案例 …… 321
附录4　关于抗违章技术系统的原创技术特征的查新报告统计表及客观评价摘要 …… 332
附录5　抗违章标准研究参考资料 …… 338
附录6　我的发明创造之路 …… 366
参考文献 …… 386

第一章 违章的内涵和外延

本章导读

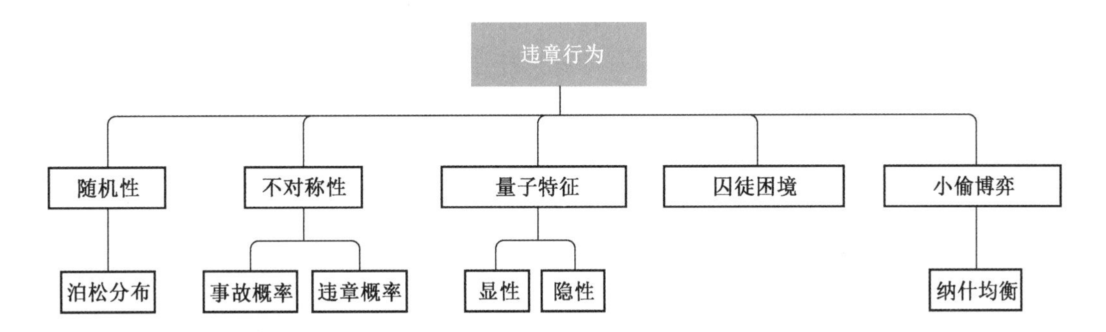

煤矿安全作为世界性难题，一直没有找到真正行之有效的解决办法。近年来煤矿事故虽然有较大幅度的下降，但仍然时有发生。根据国际劳工组织（ILO）统计，全世界每年发生的职业事故（死亡事故和非死亡事故）约2.7亿起，每年职业事故死亡人数约35万人。中国每年工矿现场的工伤死亡人数为0.8万~1万人，经济损失约2500亿元，约占我国GDP的0.25%。

2016年5月，国家安全监管总局等8部门联合印发的《关于加强全社会安全生产宣传教育工作的意见》（安监总宣教〔2016〕42号文件）中公布，90%左右的事故由“人的不安全行为”造成①，也就是由基层干部的“违章指挥”、工人的“违章作业”及“违反劳动纪律”造成的；尹维佳在其所著的《违章与事故》中指出：通过对百万起安全事故原因的研究表明，95%的安全事故是由于违章造成的。本书把“90%左右”和95%统一表述为“90%~95%”，概括为：原国家安全监管总局及安全专家权威研究指出，90%~95%的事故是由于违章作业造成的。所以，违章作业已成为煤矿的第六大“灾害”。尤其是违章带电作业的危害更为突出，《煤矿井下供电系统抗违章保护技术》指出：违章带电作业可造成90%~95%的电气火源（花），引发43.29%~45.7%的瓦斯爆炸。

所以，研究并预控违章行为对降低事故率，提高安全管理水平，具有极其重要的意义。

① 原文：“违章指挥、违规作业、违反劳动纪律的问题时有发生，由人的不安全行为酿成的事故占事故总量的90%左右”。

第一节 定　　义

本书中的“章”与传统文化中的“礼法”是近义词，违章与违反礼法是近义词。违章与遵章属于复杂的哲学范畴，值得深入研究。

违章一般是指人在从事工业生产如煤矿井下作业中，违反正确的制度、规范、章程、技术措施、标准、程序等规章所从事的活动。违章包括生产现场负责人的违章指挥和工人的违章作业（操作）、违反劳动纪律等。在操作规章完备的设备时发生的误操作一般也可以算作违章作业。有人把违章分为故意违章和过失违章，也有人把违章称作有意误操作，但由于在实际案例的分析中，难以区分违章究竟是有意还是无意，很多表面看似无意的行为，实际上是有意为之的。所以本书中的违章，只以行为结果本身来判断，不再区分有意或无意。也有人把违章分为习惯性违章和非习惯性违章，同理，违章是否属于习惯性，本书不作区分。

本书中的违章定义为在作业环境下，作业人员为了实现目标而进行直接生产或为生产服务时，违反有效的规章进行作业（包括操作）的一种不安全行为。“有效的规章”是指政府及其相关部门要求在一定时期内必须遵守的法规、强制性标准或企业制定的规章制度等。需要注意的是：有效的规章不一定就是科学意义上的合理、正确的规章。在不做特殊说明时，本书假定有效的规章就是正确的规章。隋鹏程在《安全原理》中提出：“人的不安全行为往往是有意识的”观点，我们把违章定义成一种有目的行为，其目的之一是更快地完成工作任务。违章是一种有意或无意的不安全行为，但其中不包括故意的破坏性行为。故意的破坏性行为可能属于刑事犯罪的范畴，本书不作研究。

上述违章的定义，是本书违章概念的内涵。违章概念的外延则包括：违章的随机性、违章的不对称性、违章的“量子”特征、违章的“囚徒困境”特征和“小偷博弈”特征等。

第二节 随机性及不对称性

孙继平教授研究指出：“电气火源（花）引爆瓦斯最多，为 48.1%”。绝大部分电气火花都是违章产生的，其他非违章产生的电气火花只占很小一部分，不超过 5%。虽然 90%～95%事故都是由于违章造成的，但在煤矿井下生产实践中，并不是每次违章都会造成事故，往往很多次违章都不会造成事故，这就导致违章者普遍存在侥幸心理。违章与事故之间的关系是：每次违章都可能造成事故，甚至造成重特大事故；违章次数越多，造成事故次数就越多。事故与违章都是随机变量。

随机变量是数学概率论中的术语，即在不同的条件下由于偶然因素影响，其可能取各种不同的值，具有不确定性和随机性，但这些取值落在某个范围的概率是一定的。随机变量可以是离散型的，也可以是连续型的。法国数学家西莫恩·德尼·泊松在 1838 年发表了以他的名字命名的泊松分布理论。泊松分布是一种统计与概率学中常见的离散概率分布，在管理科学、运筹学以及自然科学的某些问题中都占有重要地位，适合于描述单位时间（或空间）内随机事件发生的次数，如在一定时间内机器出现的故障数、自然灾害发生的次数、一块产品的缺陷数，等等。

造成伤害的事故，特别是重特大事故，属于小概率事件，即发生概率在5%以下，重特大事故发生概率甚至在万分之一以下，但事故一旦发生，破坏性极强，对人身和财物的伤害极其严重，甚至会造成一定的社会影响。瓦斯爆炸类重特大事故的破坏性后果，一般难以恢复到事故前的状态。在任一时段（如一年）内，事故概率或事故发生次数，与违章概率或违章次数在数量上相差很大，存在很大的不对称性。本书参照信息不对称理论、不对称战略等概念，把该特性称作违章与发生事故的不对称性（以下简称违章不对称性）。

第三节　量子特征

量子力学是研究物质世界微观粒子运动规律的物理学分支，是主要研究原子、分子、凝聚态物质，以及原子核和基本粒子的结构、性质的基础理论，它与相对论构成现代物理学的理论基础。量子力学研究表明，微观物理实在性既不是波也不是粒子，真正的实在性是量子态，状态分为显态和隐态。经研究发现，违章者的存在状态与量子力学中的“量子态”有相似之处。

违章具有“量子”特征，也有显态和隐态两个状态。如果有安全员或其他非作业人员在场，行为人怕被发现受处罚，大概率表现为不违章作业，相当于量子的显态；但是，当安全员或其他非作业人员不在场时，行为人选择违章作业的概率大增，可能成为违章者，表现出隐态。

由于煤矿井下严禁违章作业，所有的违章行为都处于隐态，安全监管人员（以下简称安全员）即使身在井下，也很难发现和了解违章作业的真相。笔者根据多年的井下工作经验断言，井下作业人员大多有违章行为和违章“历史”，并且只有井下作业人员（不包括安全员）才知道违章作业的具体过程及真相。公开发布的煤矿事故案例中所提供的违章带电作业过程，都是在事故发生后由事故调查人员根据科学推理写出来的，而不是违章作业的实时真实过程再现。导致这一状况的原因之一是：违章造成事故的当事人往往已死亡，即使有少数幸存者，为了减轻应该承担的责任，也不愿意说真话，不愿意讲真相。

奥地利物理学家薛定谔于1935年提出的有关猫生死叠加的著名思想实验，是把微观领域的量子行为扩展到宏观世界的推演。实验如下：盒子里有一只猫，以及少量放射性物质。之后，有50%的概率放射性物质将会衰变并释放出毒气杀死这只猫，同时有50%的概率放射性物质不会衰变而猫将活下来。根据经典物理学，盒子里必将发生其中一个结果而外部观测者只有打开盒子才能知道里面的结果。违章者就好像“薛定谔的猫”，外人（观察者）很难确定它的生死状态，只有猫知道自己的状态。同理，只有违章者自己知道真实违章状态。

研究者的直接经验在违章研究中具有不可替代的作用，这是由于违章者具有显态和隐态两个状态的量子特性，外人（观察者）很难看到违章作业的真相。这一特征决定了只有曾经有过违章作业行为的亲身经历者，才能准确了解违章作业的真实过程，才能直接感知违章、理解违章，研究违章得出的结论才更有价值。当然，煤矿井下违章作业的亲身经历者很多，但其中研究违章作业者凤毛麟角，煤矿井下作业人员相比其他行业人员，更难抽出时间学习文化知识。井下工作环境十分恶劣，煤矿安全研究部门的高级研究人员，也很少有直接从事过井下工作5年以上者。笔者曾从事井下电气工作14年，在井下工作时也曾有过多次违章行为，有直接的违章亲身体验，作为违章研究者具有一定的优势，对违章具有直接的感知和充分的理解。

第四节 囚徒困境特征

普林斯顿大学教授艾伯特·塔克（AlbertTucker）在斯坦福大学心理学系的一次演讲中，介绍了非零和博弈的双人赛局，这就是“囚徒困境”（图1-1），在经济、政治、心理学等领域同样应用广泛。“囚徒困境”的故事是：将两个囚犯隔离审讯，如果都对罪行供认不讳，考量其有悔改表现，都从轻判刑三年；如果都拒绝承认罪行，因为缺乏足够的证据，拘留一星期还是只能放人；如果有一方承认罪行，另一方不承认，则坦承罪行者因为有悔改诚意，放人，不承认的一方重判六年。这样的判决结果符合“坦白从宽，抗拒从严”的赏罚原则。

图1-1 囚徒困境

两名囚徒的最佳结果，当然是双方都否认罪行，次佳结果是双方都承认。但是，因为隔离审讯，囚犯都会推想假如对方承认，自己却否认，会更倒霉；而如果自己承认，对方否认，那么自己就赚到了；万一对方也承认，一起关三年，也不算最坏的结果。因为都推想对方可能会承认，结果两个囚犯都失去了最有利的机会，选择了次佳结果，两人再怎么想办法，也无法逃离如此结局，是谓困境。

煤矿井下工作环境危险性很高，信息闭塞，就像一个“大囚笼”，作业人员长期在井下工作也像处于“囚徒困境”，与囚徒行为有很多的相似性。用“囚徒困境”中“囚徒心理”理解违章行为，会解开很多不理解或难以理解的违章谜团。尤其是经常单独行动或作业的人员（如电工、钳工、水泵司机、维修工等），独自在井下巷道中行走或工作时，信息交流比较困难，更接近“囚徒”，与巡查的安全员展开博弈。特别是在应急处理生产或安全事故时，明知道带电作业危险，但由于存在违章不对称性，为了尽快恢复生产也会选择违章带电作业。因为如果不违章，就难以尽快生产，甚至引起其他连锁事故，不但自己赚不了工资，还会受到同事或领导的指责或处罚，经权衡，只好趁安全员不在现场时抢时间违章作业。这就是违章的“囚徒困境”特征。

第五节 警察与小偷博弈特征

“警察与小偷博弈”（图1-2）的故事是：某个小镇上只有一名警察，他负责整个小镇的治安。假定小镇一头有一家酒馆，另一头有一家银行。再假定该地只有一个小偷。因为分身乏术，警察一次只能在一个地方巡逻；而小偷也只能一次去一个地方偷盗。若警察选择了到小偷偷盗的地方巡逻，就能抓住小偷，而如果小偷选择了到没有警察巡逻的地方偷盗，就能够偷窃成功。假定银行需要保护的财产价格为2万元，酒馆的财产价格为1万元。警察怎么巡逻才能使效果最好？更常见的做法是，警察对银行进行巡逻。这样，警察可以保住 2 万元的财产不被偷窃。但是假如小偷去了酒馆，偷窃一定成功。

这是警察的最好做法吗？答案是否定的，因为可以通过博弈论的知识，对这种策略加以改进。警察的最优策略是：抽签决定去银行还是去酒馆。因为银行的价值是酒馆的两倍，所以用两个签代表，如抽到 1、2 号签去银行，抽到 3 号签去酒馆。这时，总共 3 张签，抽到 1、2 号两张签，到银行的概率就是 2/3。抽到 3 号 1 张签，到酒馆的概率就是 1/3。这样警察有 2/3 的机会去银行巡逻，有 1/3 的机会去酒馆巡逻。而在这种情况下，小偷的最优策略是：以同样抽签的办法决定去银行还是去酒馆，与警察不同的是抽到 1、2 号签去酒馆，抽到 3 号签去银行。这样小偷有 1/3 的机会去银行，2/3 的机会去酒馆。警察的最优策略与小偷的最优策略就构成“纳什均衡”。

图 1-2　警察与小偷博弈

在日常生活中，人们都会感觉到：警察活动的多，小偷的偷盗就少。而一旦小偷的偷盗少了，警察就活动少了。警察活动少了后，小偷的偷盗又会多起来。有小偷必有警察，如同有矛必有盾，但警察与小偷的博弈不仅有矛盾关系，还有合作博弈关系。合作博弈关系也在煤矿井下常常出现，如一名工人在巷道口“放哨”，其他人在巷道里违章作业，发现安全员或领导来检查等“敌情”时，放哨工人敲击巷道旁边铺设的铁管向里面违章者“报警”，违章者听到后，停止违章作业而遵章作业；领导来安全检查时，遵章作业，领导走后违章作业；安全员与工人默契配合，违章时不来检查，检查时不违章，就是一种合作博弈。违章者与安全员同小偷与警察的关系相似，长期进行博弈，构成违章均衡。这就是违章的“小偷博弈”特征。

下一章将分析研究违章行为。

第二章
违章行为分析

本章导读

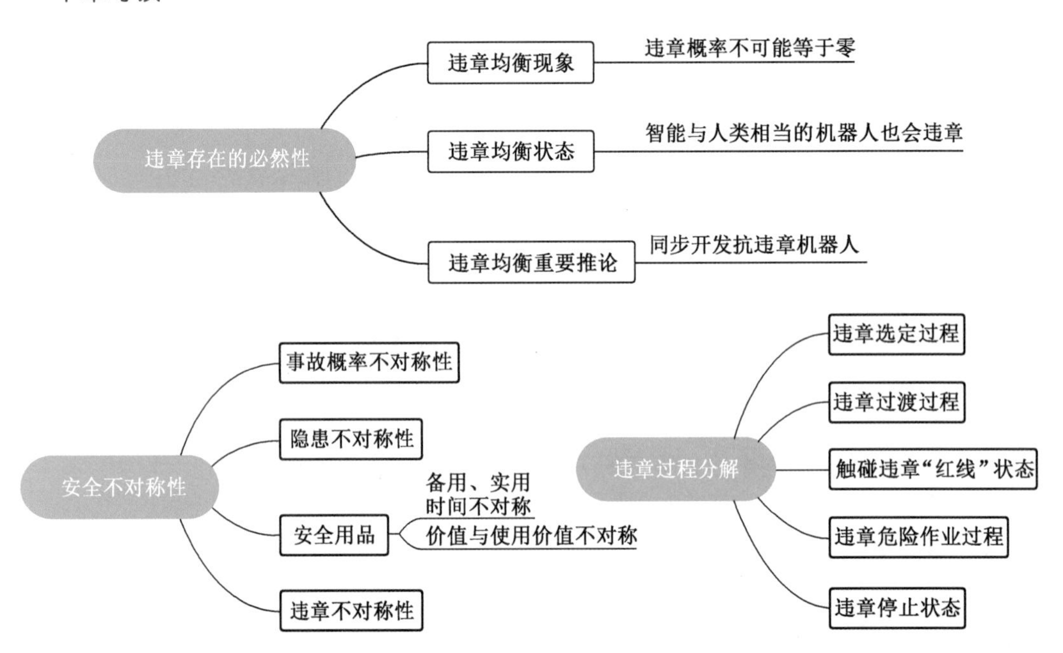

在煤矿井下生产实际中，违章现象非常普遍，但很多单位和负责人不愿公开承认有普遍违章现象存在。一些管理比较先进的单位负责人认为：违章是不应当出生的“怪胎”，发生违章是很“丢面子”的事情。管理水平一般的单位，往往会把违章存在的主要原因推到现场作业人员身上，说他们素质不高，自觉性差。管理人员中普遍的说法是：违章是本来不该发生而事实上发生了的事，既然发生了，只好自认倒霉。他们之所以持有这些观点，主要是由于对违章行为存在的客观性和必然性缺乏正确的认识。

第一节 违章存在的必然性

一、违章均衡现象

笔者于2009年在《科技日报》首次提出“违章概率不可能等于零”的观点，这一观点的主要内容是：人们在获取利益时会尽量节省能量，而违章者认为违章可以节省能量，所以，不论采用什么方法，违章概率不可能等于零。任何一个煤矿，在一定时间内（如1

个月、1个季度、1年或3年等)，一定会发生违章；任何一个井下作业人员，在“足够长”的时间内（如1年、3年或5年等)，至少发生过一次违章作业；任何一个队组，在一定时间内，至少有一个人会发生违章。管理水平高的煤矿与管理水平一般的煤矿相比，只有违章次数多少或违章概率大小的差别，没有不违章的煤矿；安全素质高的井下作业人员与安全素质一般的井下作业人员相比，只有违章次数多少或违章概率大小的差别，没有不违章的井下作业人员。经多年观察，“违章概率不可能等于零”的观点符合实际情况。违章作业存在的必然性已被事实证明，但未见到理论上严密的证明，下面应用“纳什均衡”进行理论证明。

“纳什均衡”是博弈论的基础理论，图2-1为博弈示意图。博弈论是指2人在平等的对局中各自利用对方的策略变换自己的对抗策略，达到取胜目的的理论。1928年，冯·诺依曼证明了博弈论的基本原理，宣告了博弈论的正式诞生。1950—1951年，约翰·福布斯·纳什利用不动点定理证明了均衡点的存在，为博弈论的一般化奠定了坚实的基础。博弈论要素包括以下几点：局中人、策略、得失、博弈结果、均衡。麦康奈尔·布鲁弗林在其著作中强调：假设有n个局中人参与博弈，如果某种情况下无一参与者可以独自行动而增加收益（即为了自身利益最大化，没有任何单独的一方愿意改变其策略)，则此策略组合称为纳什均衡。所有局中人的策略构成一个策略组合，使得同一时间内每个参与人的策略是对其他参与人策略的最优反应。纳什均衡实质上是一种非合作博弈状态。

图2-1 博弈示意图

张维迎教授在《博弈论与信息经济学》中提到：“纳什均衡对我们理解社会制度（包括法律、政策、社会规范等）非常重要。任何制度，只有构成一个纳什均衡，才能得到人们的自觉遵守。”

为了便于理解纳什均衡理论，可以仔细体会“囚徒困境”及“警察与小偷博弈”故事。“囚徒困境”中囚徒互相揭发的行为及“警察与小偷博弈”中的双方博弈行为，都是纳什均衡，都有“自觉遵守性”，这是一种客观规律，不以人的意志为转移。如果参与博弈的各方构成某一个纳什均衡，由于纳什均衡具有“自觉遵守性”，各方在“足够长”的博弈过程中，一定会自觉采用纳什均衡战略互相博弈。

注意，要求“足够长”的过程首先是因为实施完成纳什均衡战略，必须占用一定的时间和空间，其次很多纳什均衡战略是随机函数，如“警察与小偷”的纳什均衡战略。随机函数表现其随机规律，也需要“足够长”的时间和空间。

如果博弈存在纳什均衡，那么，该纳什均衡战略必然存在。例如：如果囚徒困境中两个囚徒之间的博弈存在纳什均衡，那么，经过“足够长”的过程，该纳什均衡战略“互相揭发”就会发生，即“互相揭发”现象必然存在。按此逻辑分两步进行分析研究。

第一步，分析证明任何一个煤矿的安全员与作业人员之间都存在纳什均衡。

任何一个煤矿都根据其生产条件配备直接生产人员及服务生产人员（统称作业人员)，并按一定比例配备相应的安全员。从他们在井下一起工作开始，就构成了博弈双方。安全员的具体工作方法虽然有定期或不定期检查、突击抽查、巡回检查等多种方式，但概括起来，在“足够长”的时间内（如一个月、一个季度、一年或三年），安全员博弈战略只有检查与不检查两种（包括不去检查、未检查到某地方或某人，或安全员不工作）；作业人员对付安全员的办法，即作业人员博弈战略也只有违章与不违章两种，不违章就是遵章作业。

安全员和作业人员都是按照劳动定额配置的，人员数量是有限的，并且各煤矿的安全员定额数量比作业人员定额数量少得多，如一些煤矿是按照煤矿年生产能力配备安全员的，生产量大的煤矿安全员多，也有一些煤矿规定安全员的数量约占作业人员数量的3%。

根据博弈论可知，任何煤矿的安全员与作业人员都构成了博弈双方，并且是参与人数有限及博弈战略有限的有限博弈，举例说明如下：任选一个煤矿进行分析研究，其作业人员数量与安全员数量都是有限的，假如作业人员 x 名，安全员约 kx 名，k 是配备安全员的比例。

设作业人员是1000名，安全员就是 $0.03\times1000=30$ 名，博弈双方就是1000名作业人员与约30名安全员，博弈双方参与人数有限。

双方博弈战略有限，各有两种：违章、不违章和检查、不检查。

根据以上分析，列出分析证明步骤如下：

因为，任何煤矿的安全员与作业人员构成了有限博弈。

而纳什均衡存在定理指出：“每一个有限博弈至少存在一个纳什均衡（纯战略或混合战略）”，且据混合战略定义可知，纯战略是混合战略的特例。

所以，任何煤矿的安全员与作业人员之间至少存在一个纳什均衡。

因为，安全员与作业人员的博弈是“监督博弈”。

所以，其纳什均衡是监督博弈纳什均衡，即监督博弈纳什均衡是

$$\theta^{*}=\frac{a}{a+F}$$

$$\gamma^{*}=\frac{C}{a+F}$$

本书参照张维迎教授的《博弈论与信息经济学》，作新的解释如下：

θ^{*} 表示安全员检查概率；γ^{*} 表示作业人员违章概率；C 表示检查成本，为了计算方便，可以按该矿每月安全员工资计算；F 表示违章成本，可以按该矿月罚款数量计算；a 表示作业人员应为煤矿做的贡献，贡献值=作业人员创造的总价值（元）-作业人员实际总收入（元）。为了方便计算，也可以用下式近似代替：煤矿作业人员每月实际工作时间（小时）×工资（元）/小时×煤矿平均利润率。当然，也可以根据实际情况，用其他数据计算。

监督博弈纳什均衡表示：在“足够长”的时间内（如1年或3年等），安全员以 $a/(a+F)$ 的概率检查，作业人员以 $C/(a+F)$ 的概率选择违章；或者任一煤矿井下都有许多作业人员，其中有 $C/(a+F)$ 比例的工作人员选择违章，$1-C/(a+F)$ 比例的工作人员选择不违章。安全员与作业人员“自觉遵守”，动态中稳定运行。为深入研究违章行为，把该纳什均衡称作违章均衡。

第二步，用概率理论分析证明违章事件在“足够长”的时间和空间内一定发生。

根据以上分析可知：违章事件 γ 发生的概率是

$$\gamma^* = \frac{C}{a + F} > 0$$

根据大数定律：大量重复试验中，事件出现的频率依概率收敛于它的概率。违章事件 γ 不仅发生，而且出现的频率随作业人员的增多或时间的增长，收敛于概率 $\gamma^* = C/(a+F)$，使发生违章这样一个随机事件，变成了必然事件。对于任何一个煤矿，如果井下作业人员数量足够多（如200人），那么，时时刻刻都有以概率 $\gamma^* = C/(a+F)$ 发生违章的可能性；对于任何一个井下作业人员（如电工），在“足够长”的时间内（如200天），实际发生违章的天数为 $200C/(a+F)$ 左右；对足够多的井下作业人员（如100个电工），在“足够长”的时间内，如一年内，实际违章电工人数为 $100C/(a+F)$ 左右。

根据大数定律，参照以上分析证明方法，可以证明所有混合战略纳什均衡都具有自觉遵守性。根据概率论与数理统计理论可知，所有混合战略的纳什均衡战略都是随机变量。例如：纳什均衡战略警察按一定概率抓小偷，就是一个随机变量，而警察在具体的某时某地抓小偷是一个具体的事件。根据以上大数定律可知，在“足够长”的时间内，或足够大的空间内，混合战略的纳什均衡战略表现为具体的事件，一定会发生，其发生频率收敛于该纳什均衡战略的概率，也就是自觉遵守纳什均衡战略进行博弈。因为任何纳什均衡都有自觉遵守性，尽管违章对安全十分有害，但它与监管构成了“坏的纳什均衡”，即违章均衡，所以作业人员就会“自觉”地违章。

二、违章均衡状态

当前，机器人智能离人类智能还有很大差距，尤其是创造性思维，机器人基本没有。但是，随着科技发展，可以假设机器人智能与人类智能相当。

为了方便分析研究，上述煤矿的其他条件不变，把博弈的一方作业人员用智能与人类相当的机器人JZ代换，即

作业人员=JZ

根据数学中的等量代换理论，即

$$\forall f(a = b \wedge f(a) \rightarrow f(b))$$

其中：f 是合式公式广义的等量代换。

如果用JZ等量代换作业人员后，因为作业人员要同安全员博弈，并存在纳什均衡，所以，JZ也要用违章、不违章战略同安全员进行博弈，也存在纳什均衡，即存在违章均衡。在“足够长”的时间和空间内，JZ违章事件也一定会发生。

如果把博弈的另一方安全员用智能与人类相当的机器人JA代换，即

安全员=JA

同理可证：JZ也要用“违章、不违章战略”同JA进行博弈，并存在违章均衡。在“足够长”的时间和空间内，JZ违章事件也一定会发生。

因此，可以得出JZ和JA，与作业人员和安全员一样，也要博弈，也存在违章均衡，上述分析证明得出的结论也适用于与人类智能相当的机器人。

三、违章均衡重要推论

(1) 违章均衡是纳什均衡的具体应用，在“足够长”的时间内安全员以某一概率检

查，作业人员以另一概率选择违章。双方构成违章均衡，保持动态平衡，或者任一煤矿井下都有许多作业人员，其中某一比例的工作人员选择违章，另一比例的工作人员选择不违章。

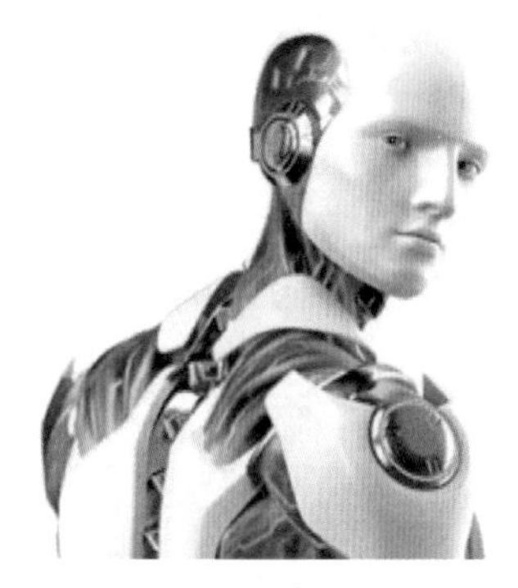

图 2-2　智能机器人示意图

（2）智能与人类相当的机器人（图 2-2）作业时也存在违章均衡，不论是哪一个智能与人类相当的机器人，在煤矿井下或其他有利于违章的环境都会违章作业，只有违章概率大小的差别，而不可能不违章作业。只有傻机器人才不会故意违章作业，但过失违章作业经常发生。有机器人必须有制约机器人的机制。在开发机器人初期，就应考虑机器人违章（或误操作）问题，同时考虑抗违章问题，同步开发可以实现抗违章功能的人工智能环节，开发抗违章机器人，使“机器人想违章（或误操作）干不成，即使违章（或误操作）也造不成事故”。即使是傻机器人，也须注意预控“傻人办傻事”，即预控误操作。

（3）社会上绝大部分行业的监管严格程度远低于煤矿井下生产作业，这些行业的作业人员主观认为通过违章作业可以获得比煤矿井下更大的预期违章受益，所以，一定要与该行业的安全员进行更激烈的有限博弈。根据纳什均衡存在定理推理，绝大部分行业一定普遍存在违章均衡。智能与人类相当的机器人在这些行业作业时，违章作业也将普遍存在。

违章虽然不可能杜绝，但可以采用一定的技术手段预控，并通过预控尽可能地减少违章。

第二节　违章行为背后动机及选定过程模型分析

实际生产中经常违章，但违章转化为事故的概率很低，往往是小概率事件，但每一次违章都可能引发事故，甚至可能造成损失惨重的重特大事故，这就是违章不对称性。

一、安全不对称性

安全问题最突出的特点之一是安全不对称性，很多安全问题都可以通过该理论解释或解决。例如，M 国的 C 地区有 100 万户家庭，火神要随机从天上向 C 地区投下一个火把，如图 2-3 所示。消防安全部门非常着急，要求家家户户安装使用最新的安全科技成果 A 型灭火器以防火灾。尽管 C 地区居民都没有灭火器，但居民并不在意。消防安全部门只好制定规章强制要求使用 A 型灭火器，居民害怕受到处罚，就在估计检查到的地方使用了 A 型灭火器，估计检查不到的地方就不使用。

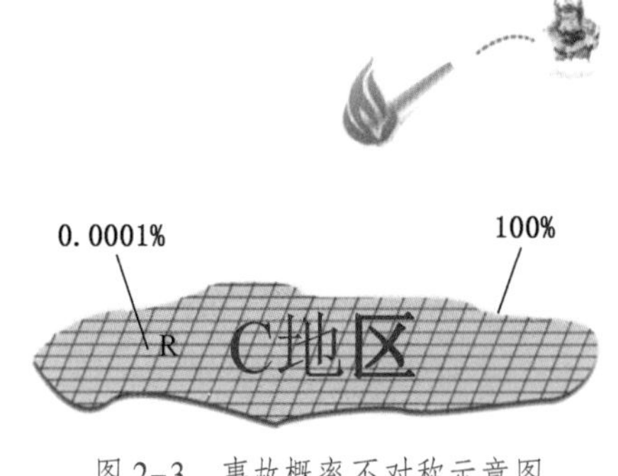

图 2-3　事故概率不对称示意图

用概率理论分析研究该故事：火神投下火把烧到任一户居民的概率都是百万分之一，属于极小概率事件，在居民眼中就是不可能事件，所以，居民对安装使用 A 型灭火器毫不在意。消防安全部门负责分管C地区的消防安全，火神投下火把烧到C地区的概率是百分之百，因此特地制定规章强制要求安装使用A型灭火器。

同一个事故，某一个“足够大”的地区（或单位）的个体（包括个人或个人所在的家庭或班组）受到危害或影响的概率，与负责该地区（或单位）的安全监管部门受到危害或影响的概率相差很大，这就是事故概率不对称性。“足够大”可以是100以上，也可以是更大的数字。安全隐患与发生事故也存在不对称性，即隐患转化为事故的概率很低，甚至是小概率事件，但每一个隐患都可能引发事故，甚至可能造成损失惨重的重特大事故。这种特性简称为隐患不对称性。安全保障用品灭火器的备用时间和实用时间（实际灭火时间）同样严重不对称。绝大部分灭火器长期不使用，但必须定期更换，以保证其质量可靠，一旦着火就能用于灭火。这种备用时间和实用时间不对称性的存在，使绝大部分用户直接认为灭火器不仅无用，而且还是负担。安全保障商品灭火器的价值和使用价值也存在不对称性，而且十分严重。其价值虽然极大，但由于长期不用，其使用价值长期难以表现出来。

在安全领域存在事故概率不对称性、隐患不对称性、备用时间和实用时间不对称性、价值和使用价值不对称性、违章不对称性等多种不对称性规律，本书统称为安全不对称性。安全不对称性与各行各业的违章行为直接相关，尤其是与煤矿井下违章带电作业行为的相关性更高。

煤矿井下工作环境危险性很高，而且信息闭塞，作业人员长年累月在井下工作，久而久之，就会产生像处于“囚徒困境”一样的感觉，与囚徒的心理、行为有很多的相似性。用“囚徒困境”中“囚徒心理”解释违章行为，会解开很多局外人不理解或难以理解的“违章谜团”。尤其是在井下工作中经常单独行动的作业人员，如电工、钳工、水泵司机、维修工等，当他们独自在井下巷道中行走或工作时，由于缺乏与他人信息交流的机会，其心理上更接近于“囚徒”。特别是为了尽快完成生产任务或正在应急处理设备故障时，明知道违章带电作业有危险，但由于存在违章不对称性，为了尽快恢复生产，常常不得不选择违章带电作业。

二、违章选定过程及违章过渡过程

【案例1】2003年5月13日，安徽省淮北矿业集团芦岭煤矿发生瓦斯爆炸事故（以下简称“5·13”事故），造成86人死亡，9人重伤，19人轻伤。

事故直接原因是：采空区顶板来压垮落，导致采空区高浓度瓦斯被挤压冲入Ⅱ1048风巷，造成瓦斯积聚，形成爆炸性混合气体。电钳工拆卸Ⅱ1048风巷控制刮板输送机的电磁启动器时，违反《煤矿安全规程》（2001）要求，在检修前没有采取断电措施，带电打开了该设备的接线空腔盖板。在检修过程中，煤及矸石落入接线空腔内，造成带电端子短路产生电火花引发瓦斯爆炸。

【案例2】2005年2月14日，辽宁省阜新矿业集团孙家湾煤矿发生瓦斯爆炸事故（以下简称“2·14”事故），造成214人死亡，30人受伤，直接经济损失4968万元。

事故直接原因是：3316风道里段掘进工作面局部停风，造成瓦斯积聚，瓦斯浓度达到爆炸界限；非专职电工××要改换回风上山8m处临时配电点照明信号综合保护装置的电源线。由于停电需要跑很远的距离，非专职电工××便违章带电打开了该设备的接线空腔盖板作业。在作业过程中，产生了电火花，引起瓦斯爆炸。

（一）违章过程分解

由于违章者已死亡，所以“5・13”事故及“2・14”事故对违章带电作业过程的分析十分粗糙。根据实际经验，将违章过程分解为如图 2-4、图 2-5、图 2-6 所示①的步骤，分解简图如图 2-7 所示。

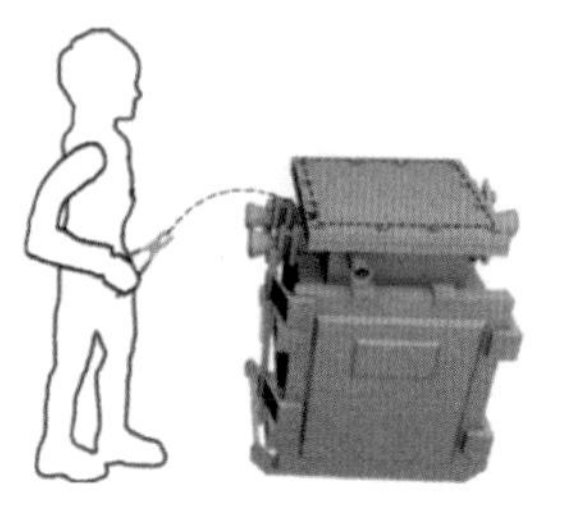

图 2-4　作业人员违章松动螺栓的初始状态（将进入违章过渡过程）示意图

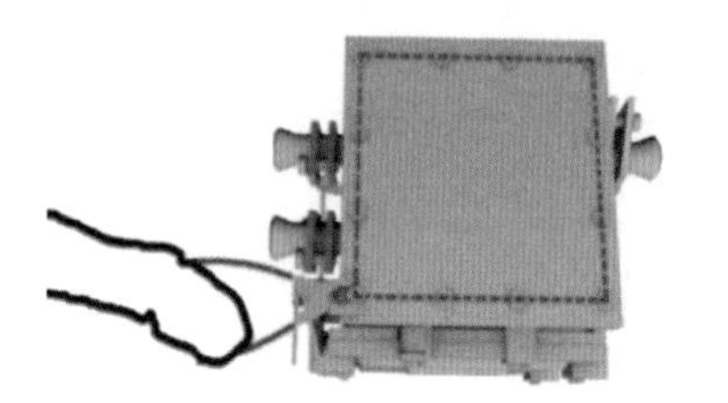

图 2-5　作业人员将松动螺栓（触碰违章“红线”）示意图

图 2-6　违章带电打开盖板产生电火花示意图

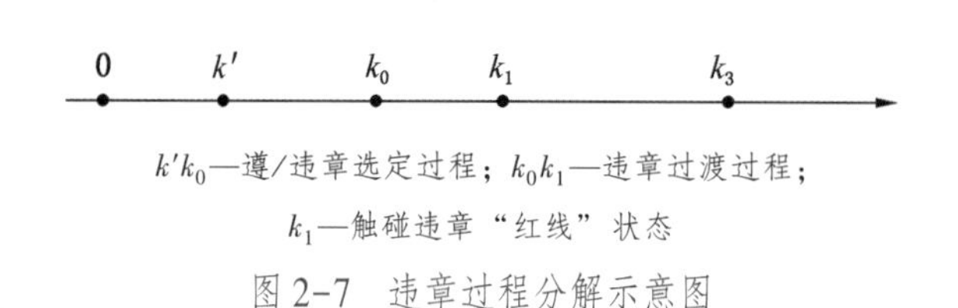

$k'k_0$—遵/违章选定过程；k_0k_1—违章过渡过程；k_1—触碰违章“红线”状态

图 2-7　违章过程分解示意图

（二）遵/违章选定过程

0 点表示作业人员在完成某项作业前的某个状态，作业人员将要完成该项作业时，选定采用遵章方法还是违章方法进行作业的决策过程（图 2-7$k'k_0$ 段），其中 k'表示遵/违章选定过程起始点。违章初始状态是将要违章还没有违章的违章起始状态。“5・13”事故及“2・14”事故中，电工拿着工具准备违章带电作业的开始状态就是违章初始状态，如图 2-7k_0 点所示。

（三）违章过渡过程

从违章初始状态过渡到“触线”状态，其特征是违章已开始，将要开始违章危险作业，但还未开始危险作业，还在安全状态，在进入危险作业的运动过程中。图 2-4 中弯曲的虚线表示图 2-7 中的 k_0k_1 段。“5・13”事故及“2・14”事故中，从违章作业人员拿着电工工具（钳子或扳手等）向第一条螺栓移动开始，直到触碰螺栓（但没有拧螺栓）为止，就是违章过渡过程，其特征是还没有违章带电拧螺栓。注意，煤矿井下严禁带电松动电气设备的任何一条螺栓，以防失爆引发瓦斯爆炸。

违章过渡过程是参照动态电路转变工作状态过程提出的概念，动态电路的一个特征是：当电路结构或元件参数发生变化时，可能使电路改变原来的工作状态，转变到另一个

① 图中开关与原瓦斯爆炸所用电磁启动器不是同一种设备，也不是事故中的照明综合保护装置，只作示意用。

工作状态，这种转变往往需要经历一个过程，在工程上称为过渡过程。违章过渡过程是笔者首次发现的，是违章可预控理论的支撑，在违章过渡过程中预控违章行为，是本书的重点。

（四）“触线”状态

“触线”状态，如图 2-4、图 2-5 中的虚线框及图 2-7 中的 k_1 点所示。“5・13”事故及“2・14”事故中，“触线”状态是违章作业人员拿着电工工具违章带电拧动第一条螺栓的开始状态，其特征是已开始违章危险作业，注意，触碰违章“红线”前还未开始违章危险作业。

（五）违章危险作业过程

图 2-6 中的已打开盖板，表示为图 2-7 中的 k_1k_3 段。

（六）违章停止状态

图 2-6 中的产生电火花引发瓦斯爆炸，表示为图 2-7 中的 k_3 点。

“5・13”事故及“2・14”事故中，仅有 k_1k_3 违章工作过程或 k_3 点违章停止状态，没有分析研究遵/违章选定过程及违章过渡过程。

三、遵/违章行为选定定理

“5・13”事故中，电钳工拆卸Ⅱ1048 风巷控制刮板输送机的电磁启动器，在检修前没有走到 324m 的地方断开电磁启动器的电源分路开关，而是违章带电打开了该设备的接线空腔盖板。在检修过程中，煤及矸石落入接线空腔内，造成带电端子短路产生电火花引发瓦斯爆炸。

作业人员为什么不停电后再检修，而是违章带电作业？简析如下：经实际测试，打开电磁启动器（80A）上接线空腔盖板仅用 1 min20 s，工人在 1 min20 s 内可步行 80 m(井下按 60 m/min 步行速度计算)，假设控制电磁启动器（80 A）接线空腔电源的分路开关在小于 40 m 的范围内，工人操作分路开关停了电磁启动器（80 A）的电，再回到电磁启动器（80 A）旁，双向所走路程小于 80 m，所用时间就小于 1 min20 s。由于井下工人具有时间损失厌恶特性，因此，为了节省时间就要违章带电开盖作业。该事故中，控制电磁启动器（80 A）接线空腔电源的分路开关与它相距 324 m，停电时双向所走路程为 648 m，所用时间 10 min48 s，加上停电后打开接线空腔盖板的 1 min20 s，共 12 min8 s。作业人员为了节省时间，就选择了违章带电打开接线空腔盖板，因而造成瓦斯爆炸。众多违章带电作业事故相似的特点：被违章带电作业的设备一般都距离其电源开关较远，停电所需时间远远大于违章带电开盖所需时间。

节省劳动时间就可以少付出劳动代价而相对增加劳动受益，追求少付出多受益，是违章作业行为背后的主要动机。通过抽象概括大量事故，提出研究违章行为的科学假说：遵/违章行为选定定理（以下简称违章选定定理）。一般情况下，作业人员在实现某生产工作目标时，预期违章受益大于预估违章代价，就违章；否则，不违章（遵章）；相等时，不确定。违章行为的动机是为了获得净收益。净收益为负数就是损失，所以违章行为的动机是为了避免损失。

违章选定定理涉及的几个关键因素如下：

（1）实现生产工作目标，就是通常所说的要在某时间、某地点完成某项任务。

（2）预期，是指没有开始作业时，作业人员凭借自己的经验、直觉等，主观对某作业行为情况的预估或期望。主观，就是凭借自己的感情去看待违章作业并做出结论，而没有与其他人商讨。主观预估情况或期望值受个人的知识和情绪影响很大。

（3）受益，是指获得的好处，包括经济方面的、非经济方面的。经济方面的好处，如劳动报酬、奖金等；非经济方面的好处，如获得荣誉、快乐、别人称赞等。需要注意的是，此处的受益一般不能用专指经济方面的收益代替，但由于非经济方面的受益难以量化，在实际定量分析中常常用收益表示受益大小。

（4）代价，是指为实现某个目标而付出的钱物、时间、体力或脑力、精神损失等。违章代价包括相对不违章时付出的机会成本，也就是减少的机会受益。不违章包括不工作和遵章作业，不工作或遵章工作时就不会受到违章处罚，违章时就可能受到违章处罚而减少获得安全奖励机会受益，付出违章代价。注意：此处的代价，一般不能用专指经济方面的成本代替。但由于非经济方面的代价量化困难，在实际定量分析中，常常用专指经济方面的成本表示代价大小。

（5）预期违章受益和预估违章代价，是指相对某个参照点而言的相对值。参照点可以是某种行为的后果或者某项违章指挥命令的执行后果，是可以主观确定的结果。

四、违章行为模型分析

假定预期违章受益为 W_{ys}，预估违章代价为 W_{yd}，违章净受益为 W_j，那么违章选定定理的数学模型表示如下：

$$W_j = W_{ys} - W_{yd}$$

当 $W_j > 0$ 时，作业人员选定违章作业。

当 $W_j < 0$ 时，作业人员选定进入不违章状态，即遵章或不工作。

当 $W_j = 0$ 时，作业人员处于违章与不违章的不确定状态。

把 $W_j = 0$ 称作违章临界方程，该方程表示的直线叫作违章临界线，如图 2-8 所示。

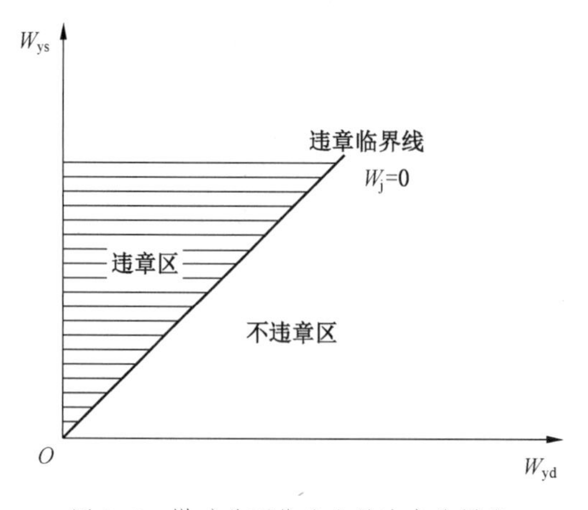

图 2-8　煤矿井下作业人员违章临界线

需要注意的是，同一个作业人员在不同条件下或者不同的作业人员在相同条件下，预期违章受益与预估违章代价往往不相同，表现为违章临界线上的不同点；该违章临界线不是实验得出的。

（一）预期违章受益分析子模型

预期违章受益与额定受益（E_s）、受益指数（g_1）和受益概率（P_1）等要素有关，并且呈正相关关系，可以用如下分析模型表示：

$$W_{ys}=g_1P_1E_s$$

（1）额定受益：作业人员采用违章作业方法完成工作任务后，按照有关定额标准、文件规定或领导承诺，不考虑是否违章而给付作业人员的受益。对于井下，最容易直接计算的受益是劳动报酬。

（2）受益指数：违章完成任务的信心高低和决心大小，一般可在 0~10 之间取值。注意：10 是分析“5·13”事故得来的，遵章作业是违章作业所用时间的 9.1 倍，取整数为 10。“5·13”事故说明违章作业所用时间是遵章作业所用时间的 1/10 时作业人员就违章，故取数字 10 为上界。

$g_1<1$，表示信心不足，主观受益低于额定受益；$g_1>1$，表示信心足，主观受益高于额定受益；$g_1=1$，是信心转化临界点。

作业人员根据主观判断，用违章获得额定受益的主观预先估计倍数乘以额定受益就是主观受益。

（3）受益概率：作业人员对违章作业完成后获得受益可能性大小的主观预计，与作业人员所处的环境、装备、技术及管理状态有直接关系。受益概率还与作业人员的直接经验及知识紧密相关。对于客观小概率事故，由于存在安全不对称性，大部分作业人员没有直接遇到过小概率事故。对于没有遇到过小概率事故的作业人员，就主观认为是不可能发生的事故，不去担心。而偶然遇到事故的作业者，就主观认为该事故是极大概率事故，出现“一次被蛇咬，十年怕井绳”现象。对经常遇到的客观大概率事故，作业者又往往熟视无睹，不以为然，主观认为发生概率不大。

（4）预期违章受益分析：当 $g_1P_1=1$ 时，$W_{ys}=E_s$，表示作业人员的预期违章受益等于客观的额定受益，该作业人员不易违章作业。

当 g_1P_1 接近 10 时，表示该作业人员主观把额定受益放大了约 10 倍，该作业人员容易违章作业。

当 g_1P_1 接近 0 时，表示该作业人员主观把额定受益看得很小。该作业人员将不干工作，当然更不会违章。

（二）预估违章代价分析子模型

预估违章代价与额定代价（C_w）、代价指数（g_2）和代价概率（P_2）等因素有关，并且呈正相关关系，可以用如下分析模型表示：

$$W_{yd}=g_2P_2C_w$$

（1）额定代价：包括违章作业时要付出的劳动时间、人工费、材料费等，或按有关规定受到的处罚、人身伤害赔偿额、精神损失赔偿额等。可以用数量表示的额定代价也可称作额定违章成本，可通过劳动定额、材料成本定额、违章作业处罚规定等求得。

井下作业人员对付出代价的感知，首先主要集中在占用劳动时间和所费的劳动力方面，其次才是因违章受到的处罚。为了计算和分析方便，对于井下作业可以假定：

实际违章代价（成本）= 违章劳动时间×所用劳动人数

（2）代价指数：作业人员根据主观判断，对违章付出额定代价程度（倍数）的预先估计。主观预先估计倍数乘以额定代价，就是主观代价。代价指数 g_2 用以表示违章完成任务的信心高低和决心大小，一般可在 0~10 之间取值。在巨大压力作用情况下，额定代价会被放大或缩小。

由于存在损失厌恶心理，人对付出代价极为敏感。煤矿井下的作业人员一般特别注意保存体力，以确保遇到事故时能够安全处理或逃生，也特别注意节省作业时间，会尽量节省每一分钟，目的是保存体力或早一点出井下班。所以，煤矿井下作业人员在工作目标任务确定后，对实际劳动时间最敏感，因为相比奖金或罚款，劳动时间能更加直接作用于现场作业人员身上。

井下电气作业人员为确保及时供电，常常抢时间维修，所以对付出时间成本尤其敏感。该特性称作时间损失厌恶。

（3）代价概率：作业人员对自己违章作业完成后付出代价可能性大小的主观预计。由于煤矿井下特殊环境，作业人员往往高估付出代价的概率。

当 $g_2P_2=10$ 时，$W_{ys}=10C_w$，表示作业人员主观把额定代价放大了 10 倍，该作业人员很不易违章作业。

当 $g_2P_2=1$ 时，$W_{ys}=C_w$，表示作业人员的预估违章代价等于额定代价，该作业人员不易违章作业。

当 g_2P_2 接近 0 时，表示该作业人员主观把额定代价看得很小，该作业人员容易违章作业。

（三）预期违章受益和预估违章代价的神经网络模型

神经网络模型是由大量的、简单的处理单元（称为神经元）广泛地互相连接而形成的复杂网络系统，它反映了人脑认知功能的许多基本特征，是一个高度复杂的非线性系统，特别适合处理需要同时考虑许多因素的、模糊的信息问题。神经网络模型与认知科学、计算机科学、人工智能紧密相关。

$W_{ys}=g_1P_1E_s$ 和 $W_{yd}=g_2P_2C_w$ 中的系数 g_1P_1 及 g_2P_2 实际上是非线性的。

若令 $g_1P_1=z_1g_2P_2=z_2$，即 $W_{ys}=z_1E_sW_{yd}=z_2C_w$，其中：$z_1$ 和 z_2 称作主观系数，则预期违章受益=主观系数×额定受益。主观系数一般可由神经网络数学模型确定，其最大特点是非线性。

从哲学角度看，预期违章受益属于主观范畴，额定受益属于客观范畴，所以主观=主观系数×客观，这是笔者首次提出的一个非常重要的认知公式，可以解答多种难以理解的问题。例如，由于主观系数是非线性的，可以是正数，也可以是负数，还可以是函数。

违章作业是有害的，但在一定条件下，违章者把这个有害的客观乘以神经网络模型确定的主观系数以后，认为违章作业将对自己有益，出现认知上的颠倒黑白现象，进而就违章作业。

五、违章选定定理证明

（一）实例分析证明

分析上述信息资料，发现所有违章带电作业在决策过程中，都是根据预期违章受益 W_{ys} 与预估违章代价 W_{yd} 的比较结果，确定是否进行违章的。

由于违章者的量子特性，有不违章显态和违章隐态，不论用什么实验手段，都测量不到真实的违章隐态，如在实验室模拟违章者违章，与井下实际环境差别很大，测量到的违章状态与真正的违章隐态还有很大差距。所以，违章选定定理难以用实验证据来证明。

通过分析“2·14”事故证明违章选定定理。事故直接原因是非专职电工违章带电检修产生电火花引爆瓦斯，导致214人死亡，违章者也被当场炸死，已无法调查当时的违章目的。但可以通过推理得出以下基本假设，通过演绎推理，舍去与基本假设矛盾的结果，留下不矛盾的结果，从而证明基本假设是正确的。

基本假设：违章者肯定不想死，而且还想过好日子，所以，才下井工作。

工作的基本目的是赚钱；赚钱的最优选择是少干活，多赚钱。违章带电检修相比停电后检修可节省停送电时间，节省停送电时间就能多生产、多赚钱。追求最优选择是人的本能，所以，违章者就选择了违章带电检修。

至于被当场炸死这个巨大代价，违章者没有想到，如果违章者预估到自己将被炸死，他绝不会违章带电作业。如果他想死，就不下井工作，与基本假设矛盾。所以得出如下结论：违章检修的目的是多赚钱过好日子，也就是努力多获得预期净收益。违章选定定理得到证明。

用反证法也可以证明违章选定定理：找不出任何一例违章是在明知 $W_{ys}-W_{yd}\leqslant 0$ 的情况下，决定违章的。

（二）假设验证

单人简单作业不仅可以理解，还去掉了很多非本质因素，所以，分析单人完成简单作业任务时的遵/违章选定特点，可以进一步理解并验证违章选定定理的科学性。

假设某作业人员作业时，要完成某基本任务，只有一道遵章作业基本工序，且该工序不能再分解，即只要遵章完成一道工序就可以完成该项任务。完成该项基本任务时，虽然遵章作业工序只有一道，但可违章用另一道基本工序来完成该任务，且该基本工序也不能再分解，并假设造成事故的概率很小。这时，作业人员会如何决策？是选择违章作业，还是选择遵章作业？分析如下：遵章作业收益（报酬）和违章作业收益分别用 B_z 和 B_w 表示，遵章作业成本和违章作业成本分别用 C_z 和 C_w 表示，则

遵章作业净收益：

$$S_{zj}=B_z-C_z$$

违章作业净收益：

$$S_{wj}=B_w-C_w$$

再分析单人完成基本任务的条件，单人是指没有管理监管成本，无论是遵章作业还是违章作业，完成该基本任务后，根据任务完成的数量和质量都可以拿到确定的报酬。

例如，某电钳工R在煤矿井下要完成松动一条螺丝这样一个基本任务，遵章作业是用扳手松动，违章作业是用卡丝钳松动，卡丝钳松动时容易损坏螺丝的六角头，所以规定不允许用卡丝钳松动。电钳工该如何选择？分析如下：

（1）如果电钳工R刚上班，带着扳手和卡丝钳准备接受培训，由于没有长期使用扳手拧螺丝的习惯，用扳手松动螺丝与用卡丝钳松动螺丝的成本相同，即 $C_z=C_w$；完成松动螺丝所获得的报酬相同，即 $B_z=B_w$；由公式可得 $S_{zj}=S_{wj}$，即遵章与违章净受益相同。

预期违章受益 $W_{ys}=S_w-S_z=0$，预估违章代价 $W_{yd}=C_w-C_z=0$，则 $W_{ys}=W_{yd}$。

根据上述违章选定定理，选择遵章用扳手还是违章用卡丝钳作业的可能性相同，处于违章临界状态，位于违章临界线上，选择遵章或违章作业的概率相同，也可能选择不工作。

（2）电钳工 R 工作熟练后，假设由于某种原因没有带卡丝钳，在井下要找一把卡丝钳比较困难，即要违章用卡丝钳松动螺丝会增加很大成本，或几乎不可能，这时，遵章成本小于违章成本（$C_z < C_w$），则预期违章受益小于预估违章代价（$W_{ys} < W_{yd}$）。

根据违章选定定理，作业人员一定遵章用扳手松动螺丝。

（3）电钳工 R 由于某种原因没有带扳手，在井下要找一把扳手比较困难，即要遵章用扳手松动螺丝会增加很大成本，或几乎不可能，这时，遵章成本大于违章成本（$C_z > C_w$），则预期违章受益大于预估违章代价（$W_{ys} > W_{yd}$）。

根据违章选定定理，作业人员一定违章用卡丝钳松动螺丝。

在实际工作中，收益、成本难以在现场准确测量，而时间很容易测量，所以，作业人员常常忽略其他因素，只考虑作业时间。当遵章作业时间 $T_z > T_w$ 时，作业人员为了节省时间，一般就违章作业；当违章作业时间 $T_w > T_z$ 时，作业人员为了节省时间，一般就遵章作业。

（三）人工智能模拟遵章与违章行为测试实验验证

量子特性、囚徒心理、违章不对称性是井下违章带电作业的 3 个基本特征。其他非井下违章带电作业状态，只要具备上述 3 个基本特征，违章时就会遵守违章选定定理。例如，交通安全，表面看与井下差别很大，但在司机违章的前几秒的遵/违章选定过程中（图 2-7 中的 $k'k_0$ 段），一般也具备上述 3 个基本特征，违章选定定理也大致适用。根据该理论设计并进行了“人工智能模拟遵章 VS 违章行为测试”实验，简述如下。

为了验证违章选定定理，利用人工智能技术设计了测试程序，并通过微信平台面向煤矿机电领导干部、技术人员和工人等进行了抽样测试实验。如图 2-9 所示，该测试实验共分为 3 步，分别为测试 1、测试 2、测试 3，每步测试分别对应不同规则。

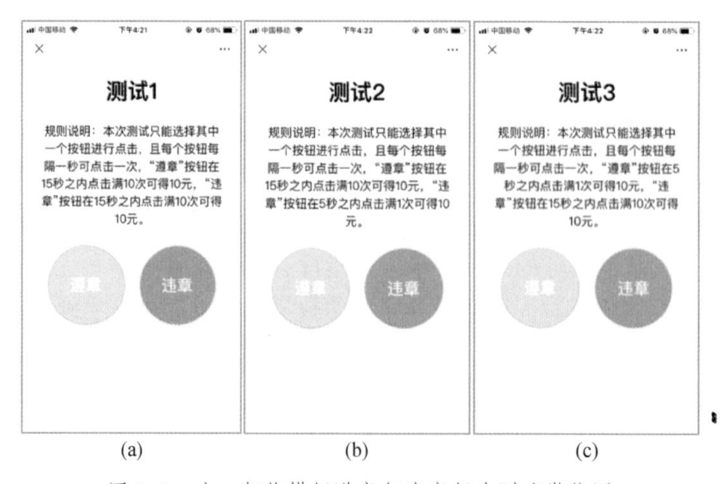

图 2-9 人工智能模拟遵章与违章行为测试微信图

测试 1 的规则：只能选择其中一个按钮进行点击，且每个按钮每隔 1 s 可点击一次，“遵章按钮”在 15 s 之内点击满 10 次可得 10 元，“违章按钮”在 15 s 之内点击满 10 次可得 10 元。

测试 2 的规则：只能选择其中一个按钮进行点击，且每个按钮每隔 1 s 可点击一次，“遵章按钮”在 15 s 之内点击满 10 次可得 10 元，“违章按钮”在 5 s 之内点击满 1 次可得 10 元。

测试 3 的规则：只能选择其中一个按钮进行点击，且每个按钮每隔 1 s 可点击一次，“遵章按钮”在 5 s 之内点击满 1 次可得 10 元，“违章按钮”在 15 s 之内点击满 10 次可得 10 元。

此次测试随机抽取 109 名煤矿机电领导干部、技术人员和工人参加，其中有效测试 94 份，对 94 份有效测试结果分析如下。

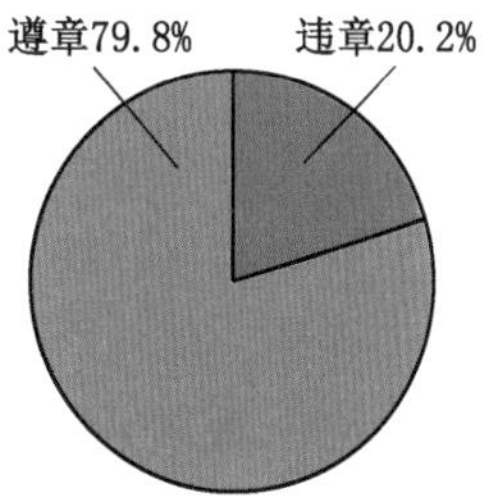

测试 1 旨在研究作业人员在相同预期受益（以获得 10 元红包模拟）及相同预估成本（以点击 10 次按钮耗费 15 s 时间模拟）时，选定遵章或违章的情况。测试结果表明：在相同预期受益及相同预估成本条件下，79.8% 的人选定结果是“遵章”，如图 2-10 所示。

遵章79.8%　违章20.2%

图 2-10　测试 1 选定遵章与违章比例图

测试 2 旨在研究作业人员在相同预期受益（以获得 10 元红包模拟）及遵章成本是违章成本的 10 倍（以所需点击次数模拟）时，选定遵章或违章的情况。具体操作是：“遵章按钮”点击 10 次可获得 10 元，而“违章按钮”只需点击 1 次即可获得 10 元。测试结果表明：在预期受益相同，违章成本是遵章成本的 1/10 时，会自主选择成本相对较低的“快捷”实现途径，选择“违章”的高达 59.6%，如图 2-11 所示。

测试 3 旨在研究作业人员在相同预期受益（以获得 10 元红包模拟）及违章成本是遵章成本的 10 倍（以所需点击次数模拟）时，选定遵章或违章的情况。具体操作是：“遵章按钮”点击 1 次就可获得 10 元，而“违章按钮”点击 10 次才可获得 10 元。测试结果表明：当预期利益相同，违章成本是遵章成本的 10 倍时，人们则乐于选择相对成本较低的“遵章”，选择“遵章”的高达 77.7%，如图 2-12 所示。

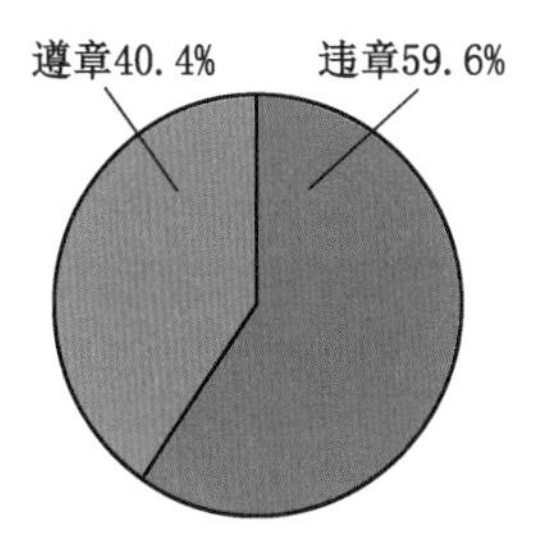

图 2-11　测试 2 选择遵章与违章比例图

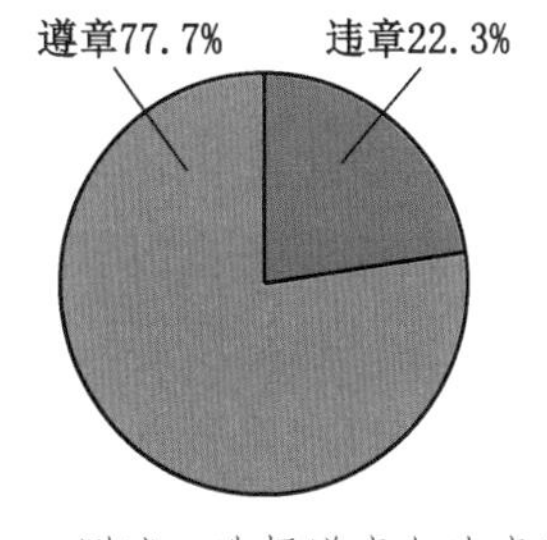

图 2-12　测试 3 选择遵章与违章比例图

分析以上数据结果可知，当预期违章受益与预期遵章受益相同时，人们普遍倾向于遵章；当预期违章受益是预期遵章受益的 10 倍时，大部分人选择违章；当预期违章受益是预期遵章受益的 1/10 倍时，大部分人选择遵章；无论预期违章受益高低，总有人选择违章。

测试表明，绝大多数违章是一种趋利避害行为，其动机是为了获得预期受益或减少成本付出。少数测试者没有选择趋利避害行为的动机需要进一步深入研究。应用类比推理方法分析如下：是“利”还是“害”，对测试者而言是一种主观认识，根据认知公式（主观=主观系数×客观），违章者由于某种原因，把客观的“害”乘以某个“主观系数”，就能变成主观的“利”。例如，少数没有“客观”地趋利避害的测试者，由于认知方法等原因（如认为得与失相差不大，违章或遵章都无所谓），就有意或无意地乘以某个“主观系数”，把“客观”的“害”，变成了“主观”的“利”。

综合上述3种证明方法，一般情况下，违章选定定理是正确的。

六、重要推论

一般情况下，当预期违章受益大于预期遵章受益时，就违章；当预估违章成本小于预估遵章成本时，就违章。当预估不违章成本小于预估违章成本时，就不违章；当预期遵章受益大于预期违章受益时，就遵章。

违章是一种有预期目标的行为，违章的动机是要获得某种受益，如果主观认为不可能获得受益，就不违章了。

少数违章行为的选择直观地看与违章成本高低无关，经深入研究，不影响上述推论的正确性。

七、应用违章选定定理解答“十个为什么”

第一，为什么要狠反违章指挥？违章指挥是为了获得预期违章受益，受益包括多出煤、节省时间、节省成本、升官，以及获得各种表扬、奖励和荣誉等。

违章指挥一般直接导致工人违章作业，工人得到违章指挥命令后，受到处分的概率接近于零，相对违章受益增加，尽管安全法规允许并支持工人拒绝违章指挥，但在违章受益的驱使下，作业人员一般都会违章作业，而不拒绝违章指挥，更不举报违章指挥。

第二，为什么要狠反违反纪律？违反纪律的具体原因很多，但违反纪律的直接后果是易造成违章作业。原因是煤矿井下生产是团队互相配合工作，假如某司机违纪迟到或早退，就出现一个岗位不能正常开机，生产就不能进行，工资就可能少赚，为了减少工资损失，没有违纪迟到或早退的在场工作人员，就得违章当司机开机，违章当司机就容易造成事故。

第三，为什么素质不高，工作不可靠？文化素质低，缺乏煤矿必要的安全知识，不懂技术，不懂业务，在作业时，很难对受益和代价作业正确判断，只能跟着感觉走，而作业人员长期在井下工作，对安全事故隐患看惯了、习惯了，感觉敏感度很低，对预期付出的违章代价考虑不到，对受益的期望很高，所以素质低的作业人员违章作业概率很高，工作很不可靠。

第四，为什么疲劳作业损己不利人？人疲劳后，力不从心，为了完成任务，会尽量少出力，节省能量，违章作业一般都能省时省力，为了追求省时省力的违章受益，人就会选择违章作业，违章作业造成事故就会害人害己。

第五，为什么情绪消极，增加危险性？工作态度不端正，就容易只顾眼前得失。情绪不好，相比情绪正常时，对预期违章受益和预估违章代价的判断会发生很大的偏差。根据预期违章受益 W_{ys} 与预估违章代价 W_{yd} 的大小决定是否违章时，由于理性很差，大多会选择省力省时的违章作业。

第六，为什么一心二用，常常出问题？在作业前的遵/违章选定过程中及正常的作业过程中，一心二用，注意力不集中，对受益和代价的主观判断往往失误，很容易选择主观受益高的违章作业，从而造成事故。

第七，为什么侥幸偷懒就是害自己？侥幸心理会把代价概率主观判断得很小，把小概率事件忽略不计，为了获得受益就违章作业，铤而走险，从而引发事故。

具有偷懒行为的人，对预期的受益十分渴望，在比较受益和代价时举棋不定，在违章临界线（图 2-8）附近徘徊或干脆拒绝工作。这样就影响了与其他人的合作配合，为了完成整体工作，其他人往往代替偷懒者作业，由于体力或时间的限制，代替工作者往往发生违章作业，并造成事故。

第八，为什么“三违”习惯要改掉？“三违”是指违章指挥、违章作业及违反劳动纪律。在煤矿井下，很多违章作业已形成习惯，很难改掉，明知是违章，只要躲开安全员，就违章作业。为什么明知故犯？违章成为习惯后，违章作业有了“经验”，对安全检查人员活动规律了如指掌，付出代价的概率 P_2 减小，预估的代价指数 g_2 也减小，预估违章代价降低，预期违章受益相对增加，作业人员就会长期选择违章作业。

第九，为什么马马虎虎容易出事故？在煤矿井下作业中，违章作业与遵章作业仅隔一条无形的临界线（图 2-8）。遵章作业时，如果工作不认真，付出代价的概率就被忽视，甚至主观感觉降低到接近 0，这时，并不害怕违章作业，就变遵章作业为违章作业，最后造成事故。

第十，为什么任性冲动事事办不好？任性、冲动就是感性战胜了理性，只注重精神上的受益，这种行为在自制力不好的年轻人身上表现较明显。例如，在领导或同事面前“逞英雄”，别人两个小时才能完成的任务，他一个小时就要完成。为了完成任务，预估的受益指数 g_1 大增，预期违章受益也大增，不管违不违章，只要完成任务就可以。由于违章作业一般更省力省时，所以就不考虑违章代价，进行违章作业，就容易出事故。

下一章将分析研究违章预控可行性。

第三章 违章预控可行性研究

本章导读

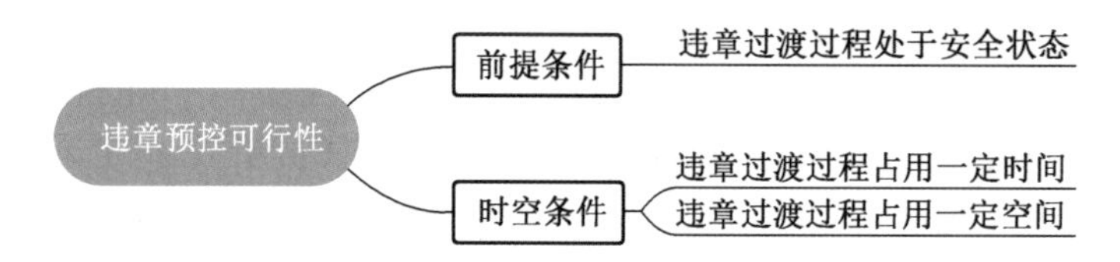

第二章分析了违章运动过程，一般的运动过程都能用微分方程描述其运动状态，用方程表示的运动可以利用传统控制技术或智能控制技术实现控制，可以控制的运动就可以用技术“硬核”手段超前预防和控制。本章推导描述违章带电作业过程的“违章状态方程”。

第一节 违章状态方程

按照以下步骤推导违章状态方程。

一、实际违章运动速度

分析“5·13”事故及“2·14”事故，并按照如图2-4、图2-5、图2-6所示过程，作业人员从拿出电工工具，并向开关移动开始，就进入违章带电作业过渡过程（图2-4），直到接触到开关盖板的紧固螺栓。在这一运动过程中，运动轨迹、速度、加速度、位移、时间、受力等物理量，可以用牛顿力学及运动学公式描述，其运动速度示意如图3-1中的V_1所示；然后松动螺栓（图2-5），松动螺栓就是违章“红线”（提示：螺栓松动后，失去防爆性能，可能引起瓦斯爆炸，虽然还没有接触到带电体，但已经进入危险状态。另外，所有带电体都有限制人体或其他物体接近的最小电气间隙，进入该电气间隙就可能发生触电事故，该电气间隙也是违章“红线”）。转动第1条、第2条螺栓，角速度示意如图3-1中的ω_1、ω_2所示，省略转动其他螺栓的角速度示意图。从松动第1条螺栓开始，就进入了违章作业状态，直到开关盖板所有螺栓松动，都是通过电工工具用力矩转动螺栓运动的。所有螺栓松动后，用手移动盖板，进入违章作业的第2阶段，直到把盖板全部打开（图3-1），有关物理量也可以用牛顿力学及运动学公式描述，盖板移动速度示意如图3-1中的V_2所示。这时接线柱带电体裸露在爆炸环境，彻底失去了防爆性能，作业人员从事其他违章动作的速度示意如图3-1中的V_3所示。突然，顶板上掉下一块石头（“5·

13”事故），砸在接线柱上产生电火花引起瓦斯爆炸，违章者被炸死，违章作业过程终止在 k_3。

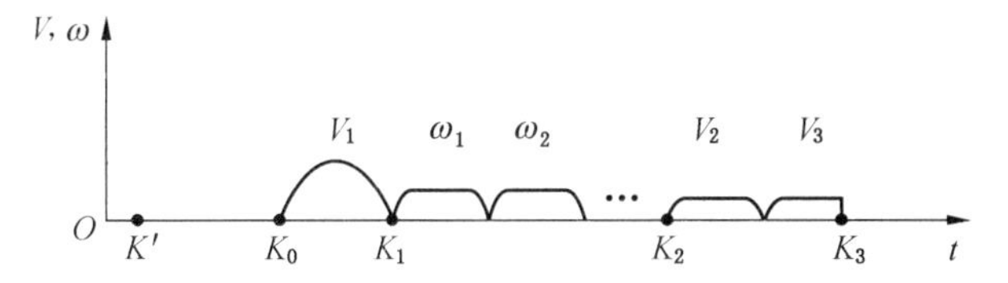

V_1—违章过渡过程中，电工工具（如钳子）的运动速度；ω_1、ω_2—越过违章“红线”后，违章松动第1条、第2条螺栓时，电工工具（如钳子）的转动角速度；V_2—盖板移动速度；V_3—其他违章动作速度

图3-1 “5·13”事故及“2·14”事故违章作业过程中各阶段速度示意图

二、简化违章运动过程

综合分析可知，整个违章带电作业过程都可以用牛顿力学描述，违章作业由作业者、违章对象和作业环境构成，如图3-2所示。

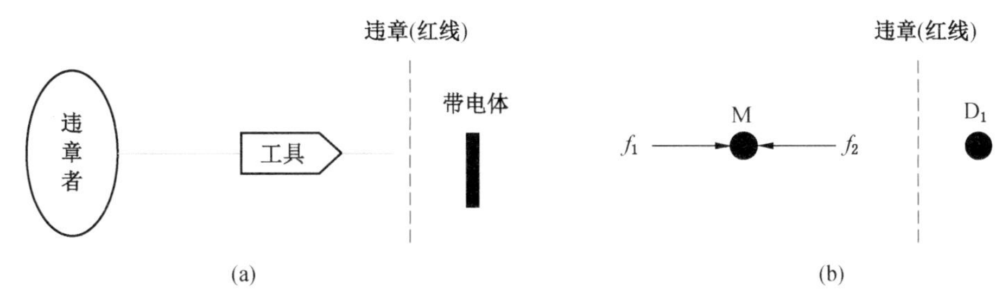

图3-2 违章带电作业简化示意图

违章者拿着工具，以初速度 V_0 开始运动，进入违章过渡过程，违章者是产生违章动力 f_1 的动力源，把违章者拿的工具（如钳子）看作一个质量为 m 的运动质点M，把违章对象（带电体）D_1 看作运动目标点，运动质点M在违章动力 f_1 和违章阻力 f_2 的合力作用下，沿运动轨迹作变速曲线运动，直到接触违章“红线”，违章过渡过程结束。根据牛顿第二定律，就可以写出质点M的运动微分方程，以描述违章者的工具（质点）在违章过渡过程中的运动状态。

三、导出违章状态方程

运动状态方程是描述运动中的力、加速度、质量、速度、时间等物理量之间动态变化关系的数学关系式，这些关系式是根据牛顿力学及运动学公式确定的。违章作业也是一种运动，所以也能用运动状态方程描述。

在违章过渡过程中，违章动力 f_1 减违章阻力 f_2，等于违章者所用工具质点的质量 m 乘以它的运动速度 v 对时间 t 的导（函）数。其数学表达式就是违章过渡过程状态方程（以下简称违章状态方程）。

$$f_1 - f_2 = m\frac{\mathrm{d}v}{\mathrm{d}t}$$

式中 f_1——违章者的等效动力，称作违章动力；

f_2——运动过程中的等效阻力，称作违章阻力；

m——工具质点的质量，为了便于分析研究，可以把作业人员的电工工具看作工具质点，也可以把作业人员的“手”看作一个质点；

v——质点在 t 时刻的运动速度；

t——时间。

本书主要研究没有越过违章“红线”前的违章过渡过程的运动状态变量。越过违章“红线”后，违章松动螺栓，违章移动并打开开关盖板等与违章作业有关的运动状态变量，都可以用微分方程表示，不过由于工具、螺栓、盖板质量不同，微分方程中的质量 m 就不是一个常量了。所有的违章带电作业过程，都是由 3 种运动组成的：一是拿着工具或徒手在空中做曲线运动，如手拿扳手向设备盖板螺栓移动的过渡过程；二是拿着工具或徒手做旋转运动，如拧螺栓；三是用力平移物体，如开盖或开门。以上 3 种运动都能简化为如图 3-2 所示的过程，都是作业人员用违章动力 f_1 克服违章阻力 f_2，推动物体 M（包括徒手操作等），向带电体运动的过程，都符合牛顿力学及运动学定律。所以，类推出如下违章定则：在违章过渡过程及危险作业的全过程中，任何违章者所用工具质点的质量乘以它的运动速度对时间的导（函）数，等于该时刻工具质点所受合外力的和，其数学表达式为

$$m_{\mathrm{t}}\frac{\mathrm{d}v}{\mathrm{d}t}=F_{\mathrm{t}}$$

式中 m_{t}——工具质点在 t 时刻的质量；

v——质点在 t 时刻的运动速度；

t——时间；

F_{t}——t 时刻的合外力，也可以等效简化为违章动力 f_1 及违章阻力 f_2 的合力。

（一）分析违章动力 f_1

违章动力是根据违章过程中遇到的具体情况不断跟踪变化的，违章者不断将违章受益与违章代价进行对比，当受益大于代价时，就加大 f_1，继续进行违章作业，否则，减小或不付出 f_1，减慢违章或停止违章。

人是一个随动控制系统，根据预期违章受益、预估违章代价等变量来调节自己的行为，达到“趋利避害”的目的。某人“失控”（失误），实际上也是一种自我调节方式，是一种有意识的自我保护或本能的自我保护。尽管别人认为某人“失控”，甚至他本人也认为自己“失控”，但实际上是一种特殊形式的“趋利避害”行为。

某人承认的某些“失控”行为，如果“失控”行为是事实，那是他本人无意识的趋利避害本能或趋利避害习惯，如火焰烫手，手会迅速离开，这就是一种趋利避害本能。

没有违章的旁观者认为某人违章是“失控”，这是因为该违章者的行为“出人意料”“太离谱”，离旁观者预期的目标太远。例如，司机驾车撞警察，警察或其他人感到“太离谱”，而司机本人往往是有意为之，为了减轻处罚，他承认自己是“失控”，或者说车出了问题。

（二）分析违章阻力 f_2

违章阻力是违章作业时受到的摩擦力、重力等多个分力的合力，与摩擦阻力相似。

违章选定定理不仅适用于分析研究违章选定过程，也适用于分析研究井下违章带电作业的过渡过程及危险作业全过程，即在违章全过程中，人会时时刻刻比较受益和代价，并

根据比较结果，调节违章运动状态，如根据违章阻力 f_2 的变化改变 f_1 的大小。既然违章带电作业过程可以用微分方程描述，就说明违章带电作业有规律可循，就一定能被预控。

第二节 违章预控的概念

在违章过渡过程中，预防和控制违章行为，使违章者与违章对象不能危险接触而进行危险作业，称作违章预控，或预控违章。预控包括预防和控制两个方面。

要预控违章，限制“危险接触”是关键。违章者与违章对象实现危险接触，就意味着二者必须接近到一定距离，并相互作用达到一定时间，才能产生违章作业效应，即完成违章作业。所以，只要利用隔离措施，限制二者在距离上的接近，就能阻断其危险接触，实现违章预控。当然，这仅仅在理论上可以成立，实际操作中还需要很多具体措施配合，才能真正实现违章预控。

违章过渡过程安全特性。在违章过渡过程中移动工具或徒手移动，由于没有越过违章“红线”，所以是安全的。这是违章过渡过程的一个非常重要的特征，为安全预控违章提供了可以直接测量的客观存在的时空条件。越过违章红线后的违章作业就是“危险作业”，如“5·13”事故及“2·14”事故案例中的松动螺栓、打开盖板等。

根据“能量不能跃变”规律，参照电路过渡过程理论（电路过渡过程的产生是由于物质具有的能量不能跃变造成的），经归纳、类比得出不需要证明的重要公理——违章不能跃变公理。违章不能跃变公理：违章时必须经过占用一定时间和空间的违章过渡过程，才能从安全状态转变到越过违章红线后的危险作业状态，而不能“跃变”到危险作业状态。由于存在违章不能跃变现象，违章预控才具有时空条件和理论依据，该公理是违章预控可行性的重要支撑。

根据违章不能跃变公理可知，违章者要违章必须经过违章过渡过程，要经过违章过渡过程，必须占用一定时间，必须通过一段路程。违章过渡过程所占用的时间和空间，为在违章过渡过程中预控违章行为提供了时空条件。因为违章过渡过程处于还没有越过违章红线的安全状态，也没有达到能够产生违章作业效应的危险接触，更没有进入危险状态，只为违章过渡过程预控违章提供了可以保障安全的前提条件。

由此可见，违章过渡过程是由安全的时间和空间构成的，根据工程技术知识可知，在违章过渡过程中预防和控制违章者行为，使违章者“想违章违不成，即使违章也造不成事故”，所以违章预控具有可行性。

银行的防盗窃手段，就是预控技术在实践中的具体应用。在作案者进入预警范围，还没有动手盗撬保险柜之前，就具体运用了预控技术报警并闭锁，使盗窃行为难以实施。而供电系统中的短路保护、漏电保护等保护技术都是在故障发生后才断电跳闸实现保护的，都不是预控技术保护。抗违章保护就是预控技术保护，在违章过渡过程中预控违章行为，达到“想违章违不成，即使违章也造不成事故”的目标。

由于人有随动系统特点，因此安全员对违章者进行安全监督，就像“警察抓小偷”一样困难；对作业环境采用监视等手段预防（不是本书的“预控”）违章，可靠性也远不如抗违章保护；在技术装备上加装抗违章保护，使违章者“想违章违不成，即使违章也造不成事故”与“锁上门防小偷，小偷撬锁时报警捉拿”相似，只有这样才能可靠地预控违章作业。

第三节 违章预控的充要条件

根据上一节的分析研究，归纳概括出违章可预控性定理：任何违章作业都是可以预控的。

根据违章不能跃变公理可知，任何违章作业都存在违章过渡过程，而在违章过渡过程中移动工具或徒手移动，由于没有越过违章红线，因此是安全的。只有在违章过渡过程中，违章者与违章对象不能有效地接近而进行危险作业，才能实现预防和控制违章的目的。所以，只要分析证明在违章过渡过程中能预控违章运动，就可以证明违章可以预控。

一、第一种分析证明方法

根据违章状态方程可知，在违章过渡过程中，有关运动状态变量都符合微分方程［式(3-1)］，即

$$f_1 - f_2 = m\frac{\mathrm{d}v}{\mathrm{d}t} \tag{3-1}$$

而

$$\frac{\mathrm{d}v}{\mathrm{d}t} = a$$

因此

$$f_1 - f_2 = ma$$

式中 f_1——作业人员用电工常用工具违章作业时的违章动力；

f_2——违章阻力；

m——工具质点（电工常用工具）的质量，在违章过渡过程中，假设是一个定值；

a——质点的加速度，即违章过渡过程中电工常用工具的移动加速度，简称为违章过渡加速度。

从运动学角度来看，如果违章阻力 f_2 可以使违章过渡加速度 a 小于零，则表明违章作业移动动作被控制。

人的力量是有限的，假设人的最大违章动力值是给定值 F_r，如果具有最大违章动力的违章者进行违章作业，其违章状态方程式［式（3-1）］变为

$$F_r - f_2 = ma$$

则

$$a = -\frac{1}{m}f_2 + \frac{F_r}{m} \tag{3-2}$$

将式（3-2）表示在平面直角坐标系中，如图 3-3 所示。

图 3-3 中：

当 $f_2=0$ 时，$a=\frac{F_r}{m}$；当 $a=0$ 时，$f_2=F_r$。

当 $f_2<F_r$ 时，$a>0$，随着违章阻力 f_2 的增加，违章过渡加速度 a 逐渐减小。

当 f_2 达到 f_1 的最大值 F_r 时，即 $f_2=f_1=F_r$ 时，$a=0$。

当 $f_2>F_r$ 时，$a<0$；根据运动学理论可知，$a<0$ 的运动是减速运动，减速到 $v=0$ 时，运动状态转变为静止，即违章过渡过程中电工常用工具停止移动，也就是停止违章，

表示预控违章成功；如果减速到 $v<0$，说明运动方向改变，表示违章过渡过程中电工常用工具向离开带电体的方向移动，也就是停止违章，表示预控违章成功。

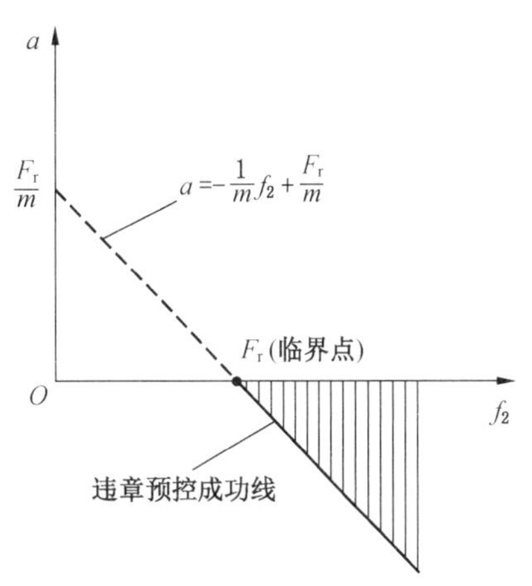

图 3-3 违章阻力与违章过渡加速度关系

根据违章不能跃变公理，违章过渡过程要占用一定时间，要通过一段空间，所以，总能在这一段时间和空间内增加某种违章阻力达到上述目的。例如，可加装隔离阻挡物 Z 的违章预控过程示意如图 3-4a 所示。

当工具质点 M 接触到隔离阻挡物 Z 后，隔离阻挡物 Z 的最大摩擦阻力或弹力等阻力可使 f_2 提高，根据工程力学原理可知，通过变换不同的隔离阻挡物 Z，改变 f_2 的大小，要达到 $f_2>F_r$ 是较容易实现的，并且 F_r 是最大违章动力值，还是给定值。所以，违章阻力 f_2 大于任何违章动力是能够实现的。因此，任何违章者违章带电作业都能够被成功预控。

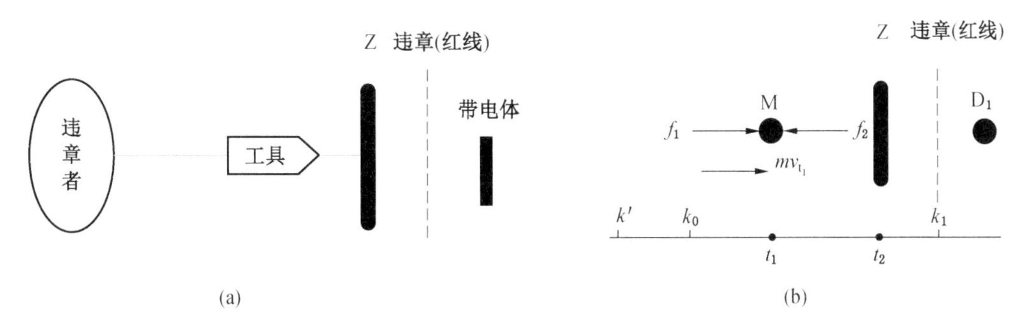

图 3-4 违章预控过程示意图

二、第二种分析证明方法

假设图 3-4 中，违章者用违章动力 f_1 作用于质量为 m 的工具质点 M 上，从 k_0 时刻开始进入违章过渡过程，把工具质点 M 移动一段时间后，于 t_1 时刻受到违章阻力 f_2 的作用，这时速度为 v_{t_1}，根据式（3-1）可知：

$$f_1-f_2=m\frac{\mathrm{d}v}{\mathrm{d}t}$$

求证：违章阻力 f_2 作用后，质点 M 于 t_2 时刻停止运动（即 $v_{t_2}=0$）的充分必要条件。

分析证明：工具质点 M 于 t_2 时刻停止运动，运动速度 $v_{t_2}=0$，即违章作业动作停止，违章预控成功。

因为
$$f_1-f_2=m\frac{\mathrm{d}v}{\mathrm{d}t}$$

所以
$$\int(f_1-f_2)\,\mathrm{d}t=\int m\,\mathrm{d}v$$

$$\int(f_1-f_2)\,\mathrm{d}t=mv+c$$

根据牛顿—莱布尼茨公式可得

$$\int_{t_1}^{t_2}(f_1-f_2)\mathrm{d}t=mv_{t_2}-mv_{t_1}$$

当 $v_{t_2}=0$ 时，$mv_{t_2}=0$，代入整理得违章预控充要条件：

$$\int_{t_1}^{t_2}f_2\mathrm{d}t-\int_{t_1}^{t_2}f_1\mathrm{d}t=mv_{t_1} \tag{3-3}$$

根据运动学知识可知：式（3-3）中 $\int_{t_1}^{t_2}f_2\mathrm{d}t$ 为违章阻力 f_2 作用于工具质点 M 的冲量，$\int_{t_1}^{t_2}f_1\mathrm{d}t$ 为违章动力 f_1 作用于工具质点 M 的冲量，mv_{t_1} 为违章阻力 f_2 与违章动力 f_1 于 t_1 时刻共同开始作用时的动量。

由于 $mv_{t_2}=0$，动量增量 $=mv_{t_2}-mv_{t_1}=-mv_{t_1}$。

所以，式（3-3）符合动量定理：物体所受合外力的冲量等于它的动量的增量（末动量减初动量）。

根据工程力学知识可知，使违章阻力 f_2 的冲量满足违章预控充要条件是容易实现的。所以，违章是可预控的。

根据分析证明可知，在违章过渡过程中，工具质点（电工常用工具或徒手）的违章运动，被预控到停止状态的违章预控充要条件是：违章阻力的冲量减违章动力的冲量，等于共同作用于该工具质点时的动量。

以上分析证明高度抽象、概括和简化，实际中的违章作业较复杂，预控技术装置远不是一块简单的阻挡物，而是需要多种新技术才能实现的，并且只有通过技术手段才能够可靠地预控违章作业，其他非技术手段都无法达到理想的预控效果。

三、第三种人工智能技术预控违章方法

进入人工智能时代，在违章过渡过程中应用模式识别技术识别复杂多变的违章行为，在触碰违章红线前预控违章行为，对于任何违章行为都可预控。

以上 3 种方法都是以违章带电作业为例进行的，所以，违章带电作业是可以预控的。

推理：因为违章带电作业是一种可以用违章状态方程表示的运动，并且它是可以预控的，所以其他任何可以用违章状态方程表示的违章作业运动都是可以预控的；人的违章带电作业行为具有复杂多变的特点，是“随机变量”，并且是可以预控的，因为其他任何违章行为也具有这些特点，所以其他任何违章行为都可以应用人工智能模型实现违章预控。

结论：违章可预控性定理成立，即任何违章作业都是可以预控的。

第四节 展　望

国家统计局发布的《国民经济和社会发展统计公报》中：

（1）2019 年全年各类生产安全事故共死亡 29519 人。工矿商贸企业就业人员 10 万人

生产安全事故死亡人数 1. 474 人，比 2018 年下降 4. 7%；煤矿百万吨死亡人数 0. 083 人，下降 10. 8%；道路交通事故万车死亡人数 1. 80 人，下降 6. 7%。

（2）2020 年全年各类生产安全事故共死亡 27412 人。工矿商贸企业就业人员 10 万人生产安全事故死亡人数 1. 301 人，比 2019 年下降 11. 7%；煤矿百万吨死亡人数 0. 059 人，下降 28. 9%；道路交通事故万车死亡人数 1. 66 人，下降 7. 8%。

（3）2021 年全年各类生产安全事故共死亡 26307 人。工矿商贸企业就业人员 10 万人生产安全事故死亡人数 1. 374 人，比 2020 年上升 5. 6%；煤矿百万吨死亡人数 0. 045 人，下降 23. 7%；道路交通事故万车死亡人数 1. 57 人，下降 5. 4%。

2019 年、2020 年、2021 年共死亡 83238 人，平均每年死亡 27746 人。

原国家安全监管总局及安全专家指出：90%～95%的事故是由于违章作业造成的，可以得出近 3 年由于违章作业每年死亡人数为 27746×(90%～95%)，即 24971～26359 人。

根据违章可预控性定理可知：任何违章作业都是可以预控的。所以，近 3 年每年由于违章作业造成 24971～26359 人死亡的事故都可以预控，即 24971～26359 人可以避免死亡。

未来 90%～95%的事故将可以避免，人类将有望进入零事故时代！

下一章将讨论预控违章的思路和方法。

第四章 抗违章思维

本章导读

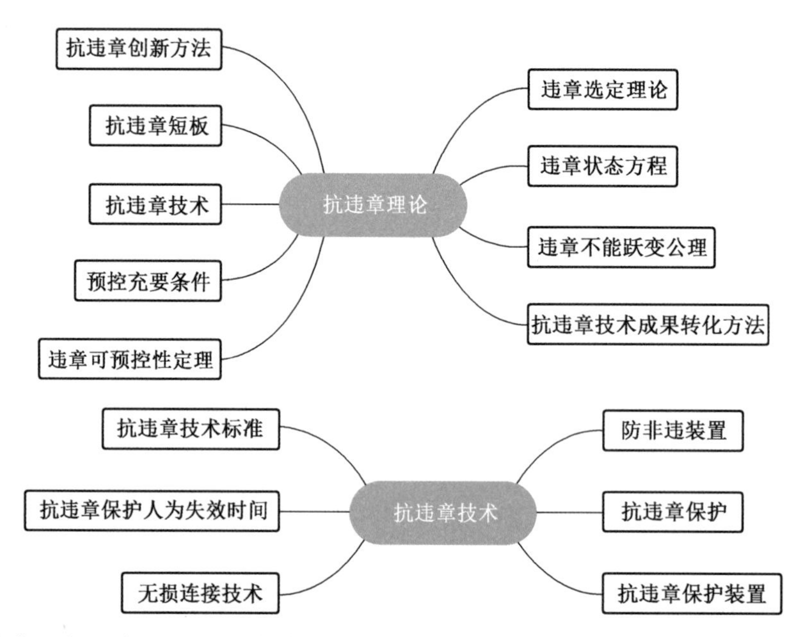

工业革命崛起以来，工业生产中的违规行为、违纪现象、违章作业十分普遍，世界各国主要通过宣传、培训、教育、管理、法规等手段（即“人海战术”）进行防治，虽然取得了很大的成绩，但是违章作业（包括误操作等不安全行为）仍然是造成安全事故的主要原因。在实际生产和生活中，违章现象十分普遍，如煤炭开采业、交通运输领域等，都存在较普遍的违章现象。

第一节 抗违章技术

一、概念

《抗违章技术创新方法研究》中提出的抗违章技术概念是受管理大师彼得·德鲁克的启发形成的。彼得·德鲁克（1909 年 11 月 19 日—2005 年 11 月 11 日），现代管理学之父，其著作影响了数代追求创新及最佳管理实践的学者和企业家们，各类商业管理课程也深受彼得·德鲁克思想的影响。彼得·德鲁克在研究美国交通安全问题时，提出了“尽管汽车已经被设计成在正确使用下是安全的，但还应该被设计成在不正确使用下也是安全的”重要观点。

笔者通过长期的研究和实践，认为预控违章的最理想思路是：通过某种技术，使作业人员无论是否违章作业，都造不成事故，即“想违章违不成，即使违章也造不成事故”，把这种技术定名为抗违章技术，包括能超前防止违章作业（误操作）造成事故的各种技术、标准、装备设施及程序软件等。应用抗违章技术的装备设施，无论专职人员还是非专职人员操作，无论违章操作还是遵章操作，即使“傻瓜”操作都造不成事故，抗违章技术可以形象地称作“傻瓜技术”。广义上讲，抗违章技术，包括一切超前预防违章作业造成事故的技术。

抗违章技术的作用与“疫苗”相似，人体注射了疫苗，即使病毒侵入体内，也不会致病。抗违章技术是预防违章作业的“疫苗”，“嵌入”装备系统后使其成为抗违章装备，该装备具有抗违章技术性能，按照抗违章技术标准要求，任选若干名作业人员，不论作业人员素养和技术高低，在一定条件下（如抗违章技术实验室）测试抗违章性能，可以保证“故意违章违不成，过失违章造不成事故”。

民航业曾发生过故意违章事故。2015 年 3 月 24 日，德国之翼航空公司 4U9525 航班坠毁前，副驾驶安德烈亚斯·卢比茨操纵飞机故意降低飞行高度（故意违章）导致撞山。假设该飞机“嵌入”抗违章技术，成为抗违章飞机，驾驶员想违章降低高度违不成，就不会发生该空难。

“2·14”事故发生后，被认定是一起责任事故，所以，给予辽宁省副省长行政记大过处分，责成辽宁省人民政府做出书面检查，给予阜新矿业集团公司董事长、总经理行政撤职、撤销党内职务处分，其余 31 名责任人中 4 名移交司法机关处理，27 名给予行政处分。事故调查报告中提出 8 条防范措施和建议，有 7 条是管理方面的，其中第 7 条值得注意：国家有关部门应牵头组织有关科研单位，对防止带电作业的本质性措施进行研究，并研制相关产品，杜绝类似事故。该条建议间接指出当时没有“防止带电作业的本质性措施”及“相关产品”，即设备存在“抗违章短板”。如果应用抗违章技术补齐“抗违章短板”，该事故就不会发生。

用抗违章技术理论从另一个角度分析该事故案例：如图 2-4、图 2-5、图 2-6 所示，包工队在作业过程中发现设备不能正常工作，但该包工队没有跟班专职电工，如果找其他电工修理，会耽误约 1 h 的生产时间。当时瓦斯浓度已超限，但作业人员不知道，所以主观认为如果打开设备盖板，最多需要 3 min，不会出什么问题，也许还能修好。经盘算，预期违章受益是节省约 1 h，预估违章代价是开盖花费约 3 min，预期违章受益超过预估违章代价，即

$$W_{ys} \gg W_{yd}$$

因此，作业人员决定用随身携带的卡丝钳违章带电开盖查看或修理。由于设备盖板上没有预控违章带电作业的抗违章保护，在违章过渡过程中不能预控其违章行为，当作业人员违章打开设备盖板带电作业时，产生电火花，发生瓦斯爆炸，造成重特大瓦斯爆炸事故。

如果加装了如图 4-1 所示的抗违章保护装置，即在设备盖板上用无损连接器加装一个隔爆面防护罩，在隔爆面防护罩上安装一个抗违章传感器，并与网络联通。非专职人员由于没有专用钥匙，打不开图 4-1 中的抗违章传感器，想违章松动螺栓开盖作业违不成；专

职人员即使用专用钥匙打开抗违章传感器，在还没有松动盖板螺栓的违章过渡过程中，就报警、断电和闭锁（不能向该设备送电），有效预控了违章带电作业。

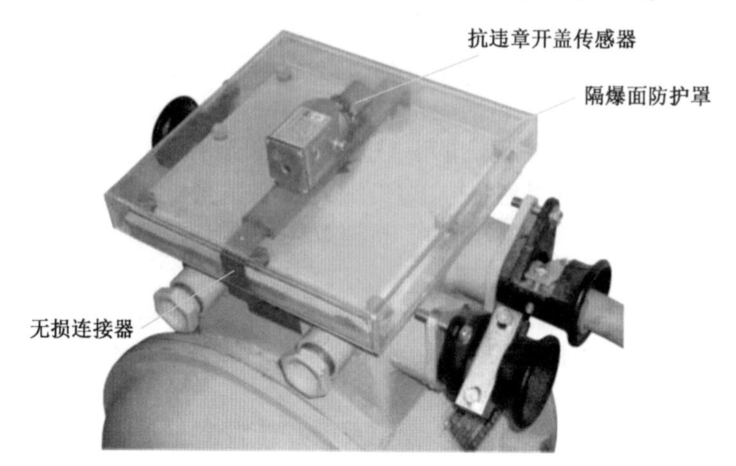

图 4-1 抗违章技术应用（设备盖板加装抗违章保护装置）示意图

图 4-1 中的技术就是抗违章思维的具体应用，如高速公路两旁为防止行人违章穿越公路而设置的防护栏，地面电气设备门盖上安装的普通门锁，都是抗违章思维最简单的具体应用。这样的阻挡违章设施，虽然也能起到抗违章作用，也都是抗违章保障，但与本书中的抗违章保护有较大的、根本性的区别。

二、抗违章保护

抗违章保护是指在违章过渡过程中，还没有触碰到违章红线前，就将人的违章行为信号转换为电信号，实现报警或断电或闭锁保护的技术保障设施。它能预控人的违章行为，能保证“非专职人员想违章违不成，专职人员即使违章也造不成事故”。图 4-1 是抗违章保护的一部分，图中未画出与抗违章传感器联网的传输信息系统及断电和闭锁系统。

本书中的预控包括预防和控制两个方面的功能，控制是指控制主体按照给定的条件和目标，对控制客体施加影响的过程和行为。本书中的控制是指按照给定的条件和目标，通过技术手段，使作业人员与违章对象不能危险接触而进行违章作业的过程。例如，用盖板限制作业人员不能接近带电体，通过报警使作业人员不违章接近带电体；通过断电和闭锁，使“电”这个危险源“远离”作业人员，作业人员想违章带电作业违不成等。该“控制”过程发生在安全的“违章过渡过程”中，从而实现了超前预防功能。

严格定义的抗违章保护不是一个简单的阻挡违章设施，而是一个系统。从系统的角度来看，将违章行为转化为电信号的传感器及信息控制环节，如果加入人工智能技术，就称作智能抗违章保护，即在违章过渡过程中，在违章红线前安装智能抗违章传感器作为违章模式识别器，智能识别违章动作信号并转换为电信号，输入专家知识推理器，智能控制危险化解装置实现抗违章报警、断电、闭锁保护。

生产实际中广义的抗违章保护包括一切抗违章保障设施及技术，本书将“防电保障”等抗违章保障设施归入抗违章保护技术系统。防电保障（曾用名）包括两防锁、“三开一防”及防松锁。根据《爆炸性环境 第 1 部分：设备 通用要求》（GB 3836.1—2010）有关要求，规定“防电保障”标准要求：①高低压开关闭锁装置，必须具有“两防”功能

（防止擅自送电和防止擅自开盖操作），保证螺丝刀、镊子等非专用工具不能轻易地解除其作用，且各队组的专用工具互不相同；②用螺栓紧固的电气设备接线空腔（盒）盖板要实现“三开一防”（即开盖断电或开盖闭锁或开盖报警，以及防止非专职人员擅自开盖操作）；③电气设备螺旋式喇叭嘴应有防松装置。这 3 条标准是防治带电作业及瓦斯爆炸的保障措施和技术。

防电保障与抗违章保护装置不同，后者包括隔爆面防护罩及抗违章传感器并与网络连接。

由以上分析可知，抗违章保护是一种抗违章技术，设备加装了抗违章保护，就能有效预控违章作业。但是，抗违章保护会不会出现人为失效？衡量抗违章保护性能高低的重要指标是抗违章保护人为失效时间。

三、抗违章保护人为失效时间

抗违章保护人为失效时间 t_s，表示人为违章解除抗违章保护的难易程度。t_s 无穷大时，表示在一定条件下，在有限时间内任何人无法人为违章解除抗违章保护，即被它保护的对象不会发生违章作业。

抗违章保护人为失效时间测试方法如下：在地面，普通电工用井下电工常用工具，解除某一项按标准技术文件安装使用的抗违章保护，重复进行解除操作 3 次，测量并计算所用平均时间，就可以作为该抗违章保护的人为失效时间 t_s。

根据违章方程的分析过程进行推理，解除抗违章保护的作业过程可以用运动学公式表示：

$$t_s = \sum_{i=1}^{n} \frac{S_i}{V_i} = \frac{S_1}{V_1} + \frac{S_2}{V_2} + \cdots + \frac{S_n}{V_n} = t_1 + t_2 + \cdots + t_n$$

其中：$i=1, 2, \cdots, n$，表示解除抗违章保护的第 1 道工序、第 2 道工序、…、第 n 道工序号，$S_{1\sim n}$ 表示在对应工序段解除作业时移动的直线距离，$V_{1\sim n}$ 表示在对应工序段作业的平均速度，现场测量时间和直线距离较方便

经验表明：井下电气作业时，如果电气设备的抗违章保护人为失效时间达到 30 min 以上，就没有人违章带电作业。原因是：违章的目的是获得受益，对于井下，如果违章操作了 30 min，还没有解除抗违章保护，作业人员就会主观认为到下一步的违章带电作业，可能需要更长时间，这么长时间，很可能被安全员逮到而受到处罚，从而付出很大的违章代价。权衡利弊之后，可能选择遵章作业，违章作业就这样被阻止了，即防治带电作业及瓦斯爆炸的抗违章保护人为失效时间应当大于 30 min。该指标可以衡量任一项井下防治违章带电作业抗违章保护的可靠性，也可以衡量两防锁、防松锁、抗违章保护装置等其他抗违章保障设施的可靠性。

“2·14”事故中，如果加上如图 4-1 所示的抗违章保护装置，那么，在 30 min 内想违章打开设备盖板也违不成，就不会发生电火花引发瓦斯爆炸事故。

不同的抗违章保护，其人为失效时间一般是不相同的，应当根据调查研究及实验室试验结果，确定具体的抗违章保护人为失效时间。人为失效时间不是越高越好，过高会浪费技术成本及生产成本。规定抗违章保护人为失效时间时，要注意各种抗违章保护只要能保证在一定条件下，在一定时间内不能被解除抗违章功能，就能可靠地预控违章作业。该结

论为大范围开发抗违章技术提供了一项主要衡量标准，对促进抗违章技术开发具有重要意义。

第二节 思维对比

只有抗违章保护才能可靠地预控违章作业，法律、管理、宣传、教育、培训只能预防违章作业，但不能把违章行为转化为电信号，可以通过技术手段有效控制违章作业。

长期以来，国内外都通过“人海战术”防治违章作业，并取得了很大成效。但事实是：迄今为止，违章仍然是造成事故的主要原因。这一事实说明，“人海战术”存在一定的局限性。这些方法的共同之处是对违章行为立足于“人防”，侧重于“治”，结果却防不胜防。本书中的抗违章技术理论，对违章行为立足于“技防”及“智（能）防”，侧重于“控”，通过相应的技术手段，在尚未造成事故的违章过渡过程中，把违章行为动作控制在危险的违章红线以外。

宣传、培训、教育的预防作用，主要发生在遵/违章选定过程中，作业人员经过培训教育后，安全知识增加很多，接受安全公益广告宣传也能增加一些安全常识，作业人员会降低预期违章受益 W_{ys}，而提高预估违章代价 W_{yd}。比较 W_{ys} 与 W_{yd} 的大小关系时，认为 W_{ys} 小于 W_{yd} 的比例提高，而不去违章作业。但由于人的多样性特点，导致认识千差万别，经过教育培训后，对于同一项作业大部分作业人员认为 $W_{ys}<W_{yd}$，不去违章作业。但总有少部分作业人员认为 $W_{ys}>W_{yd}$，还是值得违章作业的。

管理的预防作用主要发生在遵/违章选定过程中，在违章过渡过程中预控作用很不明显。管理在违章作业过程中、违章造成事故后都起作用，但不是违章前的预控作用。由于严格管理，严厉处罚，会使作业人员的预期违章受益降低，预估的代价指数 g_2 增加，尤其认为被处罚的概率 P_2 增加很多，预估违章代价提高。不足的是，再严格的管理，也有管不住的人，而管不住的人就要违章作业。尽管煤矿井下管理接近“军事化”，并实行“人海战术”监控违章作业，但违章事故仍然时有发生，并占事故总数的90%~95%。

法律及部门规章对预防违章也有重要作用，严格执法降低了作业人员的预期违章受益，增加了预估违章代价，使作业人员放弃了违章念头。法律实际上是一种激励机制，它通过责任的配置和赔偿（惩罚）规则来实施，引导作业人员遵章作业。不足之处是很难执行到每个违章人员，尤其是小概率违章事件更难适用到法律上。但在实际安全工作中，由于存在“违章不对称性”特点，小概率违章事件也能引起重特大事故。所以，法律在违章预控方面也有不足之处。

抗违章技术的预控作用主要发生在违章过渡过程中，其他方法在该过程中的作用都不明显，唯有抗违章技术可以“大显身手”。抗违章技术外在形式主要表现为抗违章保护装置，抗违章保护装置把易违章部位隔离起来，并与监控系统联网，使作业人员无法接近违章红线或接近违章红线前报警、断电、闭锁。不论什么人，在什么单位，在什么地方，都“一视同仁”“想违章违不成，即使违章也造不成事故”。这种预控违章方法的可靠性、稳定性、实用性，其他方法都无法相比。

“三大保护”都在发生故障后才进行断电保护，以限制故障范围，基本不具有本书所述的违章预控功能。抗违章保护与漏电保护原理对比示意如图 4-2 所示。

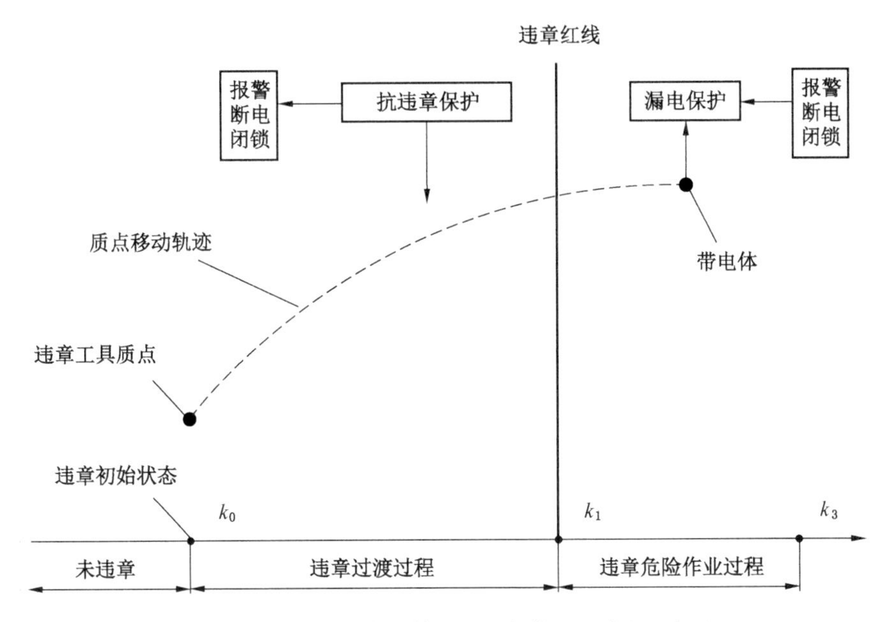

图 4-2　抗违章保护与漏电保护原理对比示意图

宣传、培训、教育、管理、法律、抗违章技术和“三大保护”的简单对比见表 4-1。

表 4-1　宣传、培训、教育、管理、法律、抗违章技术和“三大保护”的简单对比

类别	宣传、培训、教育	管理	法律	抗违章技术	三大保护
违章的预防特点	不想违章	不敢违章，激励遵章	害怕违章，激励遵章	想违章违不成，即使违章也造不成事故	违章触电后才起保护作用，对于超前预防违章不起作用
对预期违章净受益的影响	主要降低预期违章受益，提高预估违章代价	主要提高预估违章代价	依法提高预估违章代价	通过技术装备的作用，使作业人员主观感觉到预期违章受益很低，而预估违章代价很高	减少了事故的影响程度，降低了作业人员的预期违章代价，相对增加了预期违章净受益。违章次数不但不能减少而且还会增加
防范违章的过程特点	主要在遵/违章选定过程中起作用	主要在违章选定过程中起作用，在违章过渡过程中的作用不明显	主要在违章造成大事故后起作用	主要在违章过渡过程中起作用	进入违章危险作业过程，造成事故后才起作用。抗违章保护失效后，“三大保护”起后备保护作用
防范违章的可靠性	预防违章可靠性最低	预防违章可靠性居中	预防违章可靠性高	预控违章可靠性最高	基本不能预防违章

根据以上对比分析可知，抗违章技术预控违章效果最好，其他方法只能预防违章，都不能在违章过渡过程中预防并控制违章行为，达到造不成事故的目标。抗违章技术的预防

作用还表现在遵/违章选定过程中改变作业人员的主观认识，设备安装使用抗违章保护装置后，就像在设备前站了一个铁面无私、严格把关的“铁门神”，任何违章都干不成，使各作业人员的预期违章受益降低，预估违章代价提高。

第三节 抗违章思维重要观点

一、关于抗违章技术的部分意见及国内外标准要求

安监总建函〔2010〕19号明确表示：对抗违章技术创新方法的研究及应用，给予立项和资金支持。该文件还表示将会同山西煤矿安全监察局组织专家召开研讨会，对抗违章技术创新方法进行研讨、论证。

IEC国际标准中有抗违章技术要求①，国家标准也有同样要求，如《爆炸性环境 第1部分：设备 通用要求》（GB 3836.1—2010）：为保持专用防爆型式用的连锁装置，其结构应保证非专用工具不能轻易解除其作用。连锁装置的结构应保证螺丝刀、镊子或类似的非专用工具不能轻易解除其作用，这就是抗违章技术标准要求，该条要求预防的违章行为是：工人使用螺丝刀、镊子或类似的非专用工具使连锁装置行为失效。IEC国际标准和国家标准主要考虑了如温度变化等环境因素，建议今后更多地考虑“人”，研究当“人”出现“违章”行为时，如何通过技术装备来预防，并把这些先进的技术要求上升为国家标准和IEC国际标准。所以，该条抗违章技术标准要求意义十分重大，为预控违章带电作业开创了抗违章技术标准的“先河”。其他评价意见见附录4。

二、重要结论

（1）抗违章思维最有价值的思路是：在违章过渡过程中、触碰违章红线前，预控违章行为发生，而不是违章造成事故后“亡羊补牢”。抗违章思维的“根”是“防患于未然”“治未病”等。抗违章思维是人工智能时代的创新。

（2）任何违章作业都可以在违章过渡过程中通过技术手段进行预控，预控违章最有效的技术是抗违章技术。

（3）抗违章技术包括：在违章过渡过程中阻断违章行为，识别违章行为，识别后抗违章保护超前动作，在触碰违章红线前移除并闭锁危险源，抗违章保护偶然因故失效后，其后备保护动作，保证移除并闭锁危险源。

（4）抗违章技术理论认为：人性是善的，每个人都不愿意违章作业。违章行为之所以屡禁不止，是因为除宣传、教育、培训、管理和法律等方面的“软原因”以外，技术、装备或作业环境方面存在抗违章短板的“硬原因”才是根本原因，“硬原因”比“软原因”更不容易被认识，却是“本”，只有解决“硬原因”，才能切断违章的“根”，才能从本质上大幅度减少违章行为。

过去发生的各种安全事故，本质上是由于技术落后，使人有违章作业的机会，并能够

---

① IEC60079—0 10 Interlocking device：Where an interlocking device is used to maintain a specific type of protection，it shall be so constructed that its effectiveness cannot easily be defeated.

从事违章作业所导致的。

把违章仅归为人的原因是值得反思的，如2015年3月24日的德国之翼航空事故，把坠机原因仅仅归咎于个人问题，这样是不能有效杜绝此类事故的，只有依靠抗违章技术装备保障，让驾驶员想违章都违不成，才能从根本上杜绝此类事故。

通过管理治违章是治标不治本，通过开发抗违章技术来防治违章，才是治本之策，才是今后安全发展的必由之路。如果开发抗违章技术，实现"想违章违不成，即使违章也造不成事故"，零事故就可能实现。

（5）西方国家在设计生产现代工业设备初期，假定人是理性的，不会违章作业，所以，各类国家标准或国际标准中基本没有抗违章技术标准要求，更没有抗违章技术检验。例如，设计生产开关时，要按照标准要求试验额定电压和额定电流，但没有抗违章送电的技术标准要求，当然也不进行抗违章送电功能试验，导致开关出厂时就有不能抗违章送电的"先天不足"，即存在抗违章送电短板。

（6）如果能解决能源安全生产"违章"问题，将会减少安全事故的发生。我国能源安全生产领域90%~95%的事故由违章作业造成，应当把抗违章技术理念——"想违章违不成，即使违章也造不成事故"或"故意违章违不成，过失违章造不成事故"作为能源安全发展理念之一。该理念的技术支撑就是抗违章技术。

第四节 结论及展望

抗违章技术是抗违章理论的最重要组成部分。抗违章理论包括违章选定定理、违章状态方程、违章不能跃变公理、违章可预控性定理、违章预控充要条件、抗违章技术、抗违章短板、抗违章创新方法、抗违章科技成果转化方法等。抗违章技术包括防非违装置、抗违章保护、抗违章保护装置、无损连接技术、抗违章保护人为失效时间、抗违章技术标准等概念、设施和具体方案，抗违章保护是智能抗违章保护的核心内容，包括智能抗违章传感器系统、专家智能识别违章行为技术、抗违章保护1.0/2.0/3.0/4.0、违章未断电保护、电气操作风险手机预警系统、抗违章后备保护等。抗违章技术和抗违章理论统称为抗违章技术理论。

系统的、专业的抗违章技术理论研究仅在我国被列为国家重点研发项目①，其他国家还没有开始研究，在核工业、煤矿等安全风险较大的行业自觉应用抗违章技术理论的设备系统还很少。我国要求"提高关键领域自主创新能力，创新支持政策，推动科技成果转化和产业化，加快研发具有自主知识产权的核心技术，更多鼓励原创技术创新，加强知识产权保护。"抗违章理论及其技术成果无疑属于"关键领域"的"原创技术创新"范畴（其技术特征见附录4），要提高安全生产领域的自主创新能力，就要重视抗违章技术。

根据抽样调查：近几年能源安全生产投入费用减少约2/3，由于费用严重不足，造成安全保护设施维修和更新困难，为了不直接影响生产，安全保护设施只能带病运行，其实际可靠性和灵敏度较大幅度下降，使"硬原因致违章"特点十分突出。因此，建议能源管理部门开展能源革命活动时，应把安全发展思路定位在着力解决重大具体现场问题上，把

---

① "科技助力经济2020"国家重点研发计划项目"预防煤矿带电作业及瓦斯爆炸的智能抗违章保护技术系统"。

"想违章违不成，即使违章也造不成事故"确立为能源安全生产重要创新理念。

科学家认为：宇宙的"熵"（无序程度）与日俱增。例如，机械手表的发条总是越来越松，你可以上紧它，但需要消耗一点能量；人活着就是在对抗熵增定律，生命以负熵为生。违章作业就可以熵增，遵章作业就能对抗熵增。抗违章技术通过技术手段对抗违章作业熵增行为，本质上是一种对抗熵增定律的"抗熵增技术"。建议国内外学者深入开展抗熵增技术研究，应用人工智能等技术手段对抗熵增，维持人类低熵生活状态不变。

要应用抗违章思维解决具体问题，必须先分析装备设施存在的抗违章短板，然后才能对"症"下药。下一章将介绍抗违章短板。

第五章
抗违章短板

本章导读

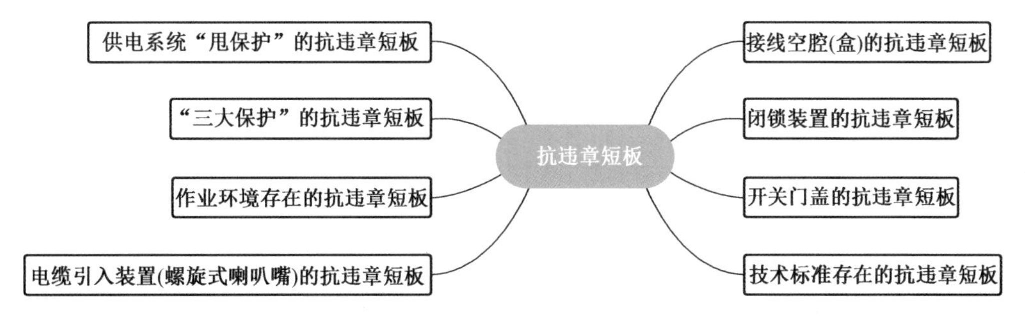

统计分析显示，瓦斯爆炸仍然是当前国内外煤矿安全生产的最大风险，为了防控瓦斯爆炸风险，必须防治违章作业。原国家安全监管总局及有关专家公布的研究结果表明：违章作业造成90%～95%的电气火花，引发了43.29%～45.7%的瓦斯爆炸。违章作业造成的危害不亚于顶板、水、火、瓦斯、煤尘，已经成为煤矿“第六大灾害”。

违章带电作业造成的瓦斯爆炸事故是很难预测的“黑天鹅”事件。孙继平教授在《瓦斯综合防治方法研究》中收集了新中国成立以来煤矿一次死亡百人以上瓦斯、煤尘爆炸事故24起，其中电气火花引发的事故15起，死亡2690人，见表5-1蓝色内容。

表5-1 新中国成立以来煤矿一次死亡百人以上瓦斯、煤尘爆炸事故 人

日期	地 点	类型	死亡人数
1950-02-27	河南省宜洛煤矿老李沟井	瓦斯爆炸	187
1954-12-06	内蒙古包头市大发煤矿	瓦斯煤尘爆炸	104
1960-05-09	山西省大同矿务局老白洞煤矿	煤尘爆炸	684
1960-05-14	重庆市松藻矿务局松藻二井	煤与瓦斯突出	125
1960-11-28	河南省平顶山矿务局龙山庙矿（现五矿）	瓦斯煤尘爆炸	187
1960-12-15	重庆市中梁山煤矿南井	瓦斯煤尘爆炸	124
1961-03-16	辽宁省抚顺矿务局胜利煤矿	电气火灾	110
1968-10-24	山东省新汶矿务局华丰煤矿	煤尘爆炸	108
1969-04-04	山东省新汶矿务局潘西煤矿二号井	煤尘爆炸	115
1975-05-11	陕西省铜川矿务局焦坪煤矿前卫斜井	瓦斯煤尘爆炸	101
1977-02-24	江西省丰城矿务局坪湖煤矿	瓦斯爆炸	114
1981-12-24	河南省平顶山矿务局五矿	瓦斯煤尘爆炸	133

表 5-1（续） 人

日期	地　点	类型	死亡人数
1991-04-21	山西省洪洞县三交河煤矿	瓦斯煤尘爆炸	147
1996-11-27	山西省大同市新荣区郭家窑乡东村煤矿	瓦斯煤尘爆炸	114
2000-09-27	贵州省水城矿务局木冲沟煤矿	瓦斯煤尘爆炸	162
2002-06-20	黑龙江省鸡西矿业集团城子河煤矿	瓦斯爆炸	124
2004-10-20	河南省郑煤集团大平煤矿	瓦斯爆炸	148
2004-11-28	陕西省铜川矿业集团陈家山煤矿	瓦斯爆炸	166
2005-02-14	辽宁省阜新矿业集团孙家湾海州立井	瓦斯爆炸	214
2005-08-07	广东省兴宁市大兴煤矿	透水事故	121
2005-11-27	黑龙江省七台河矿业集团东风煤矿	煤尘爆炸	171
2005-12-07	河北省唐山市开平区刘官屯煤矿	瓦斯爆炸	108
2007-12-05	山西省临汾市洪洞瑞之源煤业有限公司	瓦斯爆炸	105
2009-11-21	黑龙江省龙煤集团鹤岗分公司新兴煤矿	瓦斯爆炸	108

无数的惨痛教训说明，只有用“铁”的技术手段补齐抗违章短板，才能杜绝违章带电作业引发的瓦斯爆炸事故。当前，国内外尚未对抗违章短板隐患足够重视，所以，无论是国内还是国外大部分爆炸环境供电系统的抗违章短板还未补齐，带电作业造成瓦斯爆炸的风险仍然存在，其概率约为 0.481。因此，研究抗违章短板对瓦斯爆炸风险预控意义重大。

第一节　造成违章带电作业的抗违章短板

一、抗违章短板的分类及特征

易产生电气火花的主要设施是开关、电动机和电缆；主要部位是开关、电动机接线盒和连接电缆接线盒、闭锁装置及开关操作腔，如图 5-1 所示。发生违章带电作业的主要部位是电气设备接线空腔（盒）、闭锁装置及设备操作主腔、电缆引入装置。违章带电作业事故或“失爆”经验概率见表 5-2。

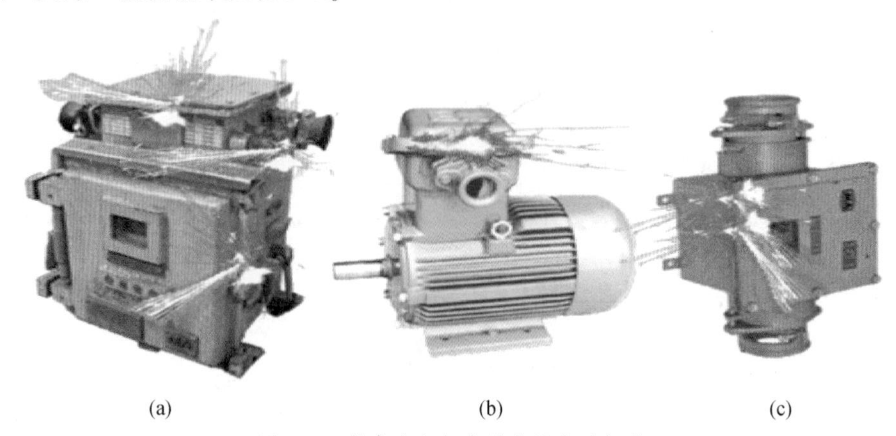

(a)　(b)　(c)

图 5-1　易产生电气火花的设备及部位

表 5-2 违章带电作业事故或“失爆”经验概率

事故或失爆	经验概率
违章带电作业事故发生部位（不包括矿灯等 36 V 以下电器）	约 65% 在电气设备及电缆接线空腔（盒）； 约 30% 与开关门盖及闭锁装置（包括停送电隔离开关、按钮）直接相关； 约 5% 在螺旋式喇叭嘴等其他部位
电动机失爆原因	约 15% 由于接线空腔盖板、防爆面损伤等； 约 25% 由于违章松动的喇叭嘴造成； 约 30% 由于密封圈的密封原因造成； 约 15% 由于连接电动机的电缆损伤造成； 约 15% 其他原因
开关失爆发生部位	约 25% 在接线空腔； 约 25% 在操作主腔门盖（包括闭锁装置、隔离开关及按钮）； 约 25% 在违章松动的螺旋式喇叭嘴； 约 25% 在其他部位
发生在电气设备远控操作按钮及信号线上的违章带电作业事故	约 99% 与螺旋式喇叭嘴有关

分析表 5-2，并根据间接原因致违章观点推理得出如下结论：任何发生违章带电作业的设备，其技术结构、供电系统、作业环境或技术标准一定存在预控违章方面的不足，如图 5-2 所示。抗违章短板为作业人员进行违章作业提供了方便的违章条件。

图 5-2 抗违章短板示意图

（一）接线空腔（盒）的抗违章短板

如图 5-3 所示，接线空腔（盒）的抗违章短板主要表现为：无连锁保护装置，电气设备接线空腔盖板用普通螺栓固定，没有锁，用扳手、卡丝钳、管钳等常用工具在不停电状态下带电开盖操作，产生电火花引爆瓦斯。所以，电气设备接线空腔（盒）是“吃人”的“虎口”，有关事故案例已经收集了 139 起，共死亡 3538 人。

图 5-3 接线空腔（盒）的抗违章短板示意图

1. 主要事故案例

2003 年 5 月 13 日，淮北矿业集团芦岭煤矿发生瓦斯爆炸事故，造成 86 人死亡，9 人重伤，19 人轻伤。事故直接原因：电钳工拆卸Ⅱ1048 风巷控制刮板输送机的磁力启动器，检修前没有走到 324 m 的地方断开磁力启动器的电源分路开关，而是违章带电打开了该设备的接线空腔盖板，带电作业产生电火花引爆瓦斯，具体情况如图 5-4 所示。

(a) 工人拆卸电磁启动器

(b) 工人以一条螺栓为轴心将盖板转向一边

(c) 检修过程中，顶板有煤矸石掉入接线空腔，由于接线柱带电产生电火花

(d) 电火花引起瓦斯爆炸

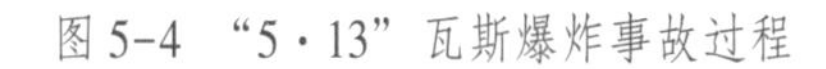

图 5-4 “5·13” 瓦斯爆炸事故过程

2. 其他案例

图 5-5 127 V 信号电缆接线盒（类似）示意图

2003 年 8 月 14 日，山西省阳泉煤业集团三矿裕公井发生一起带电打开 127 V 信号电缆接线盒作业，产生电火花引爆瓦斯，造成 28 名矿工遇难。127 V 信号电缆接线盒（类似）示意如图 5-5 所示。

2005 年 2 月 14 日，辽宁省阜新矿业集团孙家湾煤矿海州立井，非电工擅自开盖带电检修照明信号综合保护装置接线盒产生电火花引爆瓦斯，造成 214 人死亡，30 人受伤，直接经济损失 4968 万元。引爆瓦斯的照明信号综合保护装置接线空腔及接线柱照片，如图 5-6 所示。

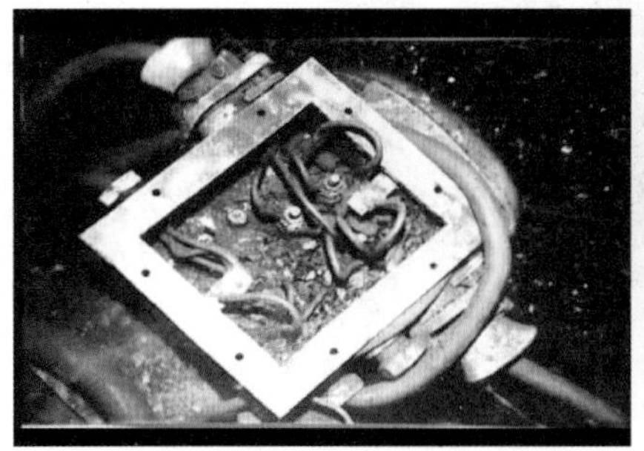

(a) 瓦斯爆炸后接线空腔

(b) 瓦斯爆炸后接线柱

图 5-6 孙家湾煤矿“2·14”瓦斯爆炸事故照片

（二）闭锁装置的抗违章短板

闭锁装置的抗违章短板主要表现为用螺丝刀或徒手就能够移动闭锁杆而擅自送电或擅自开盖操作，如图 5-7 所示。闭锁杆上打孔锁上普通门锁，这种方法不能长期应用在井下使用中的开关上，原因是有多少个开关就得有若干倍开关数量的钥匙，且门锁易生锈难以使用和管理，另外没有闭锁杆的开关无法打孔锁上普通门锁。闭锁装置上加装一些机构，只有用三角套管等专用工具才能操作闭锁杆移动，这种方法也不能长期应用在井下使用中的开关上，原因是 1 种开关对应 1 种工具，1 个单位有 10 种开关，工人就需要带 10 种工具，在实际工作中不便于管理使用。隔离开关连锁的开关门用普通扳手或套管就能打开，这种结构不能防止带有普通工具的非专职人员擅自开盖操作。德国贝克开关专门锁钥，如图 5-8 所示，德国西门子闭锁机构用的是三角套管。有关事故案例已经收集了 50 起，共死亡 4501 人。

图 5-7　徒手拧闭锁杆示意图

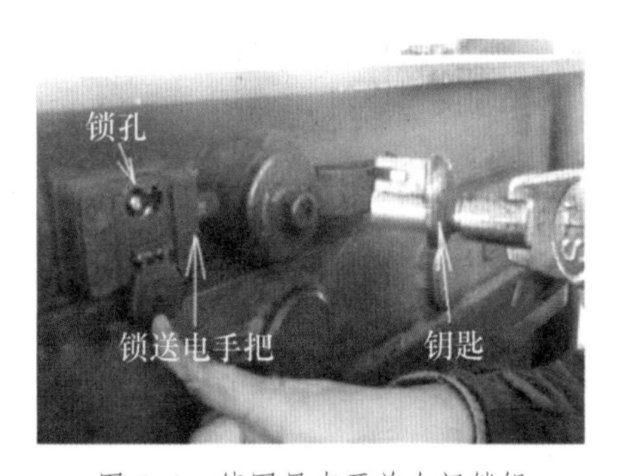

图 5-8　德国贝克开关专门锁钥

1988 年 5 月 29 日 9 时 5 分，霍县矿务局圣佛煤矿北下山采区 327 掘进正巷，队长擅自开盖送电，产生明火引爆瓦斯，造成 50 人死亡，直接经济损失 113 万元。

（三）开关本体门盖的抗违章短板

开关本体门盖的抗违章短板主要表现为打开门盖后，与门盖连锁的电源开关负荷侧虽然断电，但电源侧还带电，仍可能造成触电事故或产生电火花引爆瓦斯。

2003 年 8 月 18 日，晋中市左权县辽阳镇河南村煤矿 040010 掘进运输巷内输送机司机违章擅自打开 QC83 开关的防爆盖（开关主腔圆盖）送电，如图 5-9 所示，产生明火引爆瓦斯，造成 27 人死亡，直接经济损失 318 万元。

图 5-9　违章送电示意图

(四) 电缆引入装置 (螺旋式喇叭嘴) 的抗违章短板

电缆引入装置 (螺旋式喇叭嘴) 的抗违章短板主要表现为能够徒手拧松螺旋式喇叭嘴造成电气失爆，不符合《爆炸性环境 第1部分：设备 通用要求》(GB 3836.1—2010) 附录A要求。德国设备电缆引入装置带有防松装置，如图5-10所示。有关事故案例已经收集了52起，共死亡1283人。

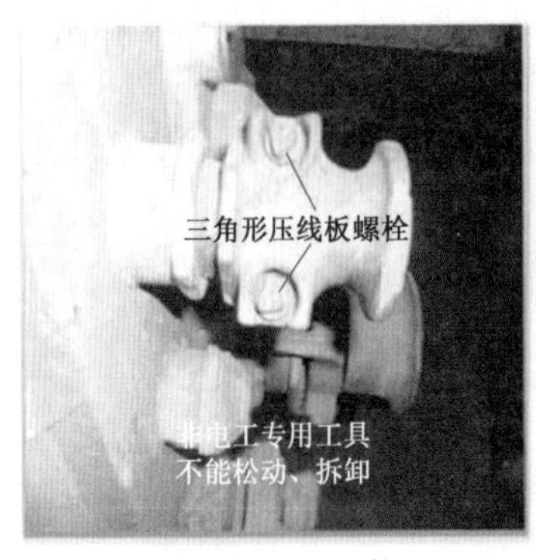

(a) 德国西门子开关

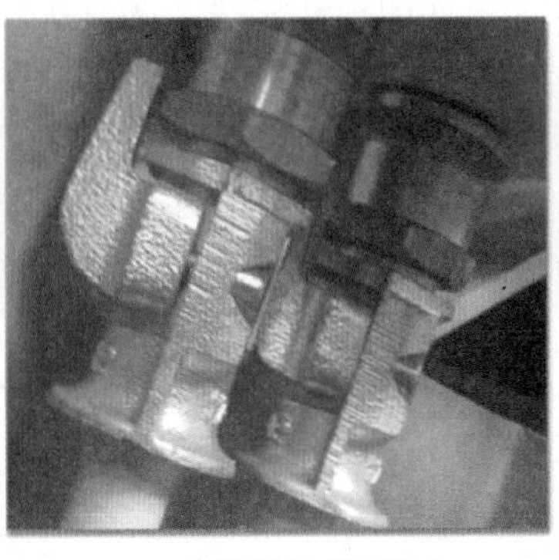

(b) 德国贝克开关

(c) 德国哈斯玛克电控设备

图5-10 德国设备电缆引入装置

2000年11月25日，内蒙古自治区大雁煤矿公司二矿，由于绞车电机接线盒的螺旋式喇叭嘴压线不紧，现场人员违章拉拽带电电缆时，造成电缆抽脱短路产生电火花，引发瓦斯爆炸事故，死亡51人。

(五) 作业环境存在的抗违章短板

两种开关及电动机人工开盖 (门)、拆下螺旋式喇叭嘴时间见表5-3，分析表5-3可以得出：违章带电作业太容易，用时最长的需要2 min40 s，用时最少的仅需要40 s。打开QC83-80负荷开关上接线空腔盖板仅用1 min20 s，工人在1 min20 s内可步行80 m(按井下60 m/min步行速度计算)，假设控制QC83-80负荷开关接线空腔电源的分路开关在小于40 m范围内 (双向线路小于80 m)，工人操作分路开关停了QC83-80负荷开关的电，再回到QC83-80负荷开关旁，双向所走路程小于80 m，所用时间小于1 min20 s，由于井下工人具有时间损失厌恶特性，工人就不违章带电开盖作业。否则，为了节省时间就要违

表5-3 两种开关及电动机人工开盖 (门)、拆下螺旋式喇叭嘴时间

序号	开关型号	零部件	数量/个	零件位置	打开或拆除所需时间/s
1	400/1140 V馈电开关	M12×35内六角螺钉	14	接线空腔盖板	160
		螺旋式喇叭嘴	3	电缆引入装置	40
		前快开门	1	—	50
2	80开关	M10×30六角头螺栓	8	接线空腔盖板	80
		螺旋式喇叭嘴	2	电缆引入装置	40
		前快开门	1	—	40
3	112M-4隔爆型电动机 (带护圈)	M6×30六角头螺栓	5	接线空腔盖板	60

章带电开盖作业。井下绝大多数分路开关与被控制的QC83-80负荷开关距离远大于40 m，所以，绝大部分QC83-80负荷开关都有违章带电开盖作业的历史纪录，这就是作业环境存在的抗违章短板。

（六）“三大保护”的抗违章短板

国内外短路、漏电和接地“三大保护”的共同特点是在发生电气故障后才断电跳闸，除一些具有绝缘监视功能的漏电保护外，大部分保护不能在发生电气故障前实现断电或报警以预控事故。绝缘监视的基本原理是，实时检测供电网络系统的绝缘电阻值，当绝缘电阻值降低到一定数值时，报警或断电或闭锁。因为绝缘电阻降低可能引起漏电故障，所以具有一定漏电故障预控功能，但是，在违章带电作业之前，绝缘电阻不会降低，绝缘监视保护装置就不会动作保护，短路、漏电和接地电流或电压没有产生，“三大保护”也不会动作保护。所以，“三大保护”起不到超前预控违章带电作业的作用，只能在违章带电作业造成短路、漏电和接地故障后断电保护，即存在抗违章短板。

（七）供电系统存在的“甩保护”抗违章短板

作业人员轻易违章操作就能使“三大保护”功能失效或动作灵敏度降低，一旦发生短路、漏电或接地故障时，“三大保护”不能可靠地动作保护，从而造成严重事故。这是由于供电系统没有预控违章“甩保护”的技术装备或监控系统，没有“甩保护”闭锁不能送电功能，也没有把“甩保护”信息自动发送给机电安全监管人员的通信系统，作业人员“甩保护”后供电系统可以“带病”供电，即供电系统存在可轻易违章的“甩保护”抗违章短板。

1988年11月5日，潞安矿务局王庄煤矿电工违章擅自甩掉保护，如图5-11所示，把馈电开关的整定值由规定的2000 A调到3860 A，同时拧松漏电和欠压保护的杠杆弹簧固定螺母，使跳闸机构失效而强行给短路故障线路送电。由于该开关保护失灵、拒跳闸，导致“11·5”重大火灾事故发生，造成16人遇难。

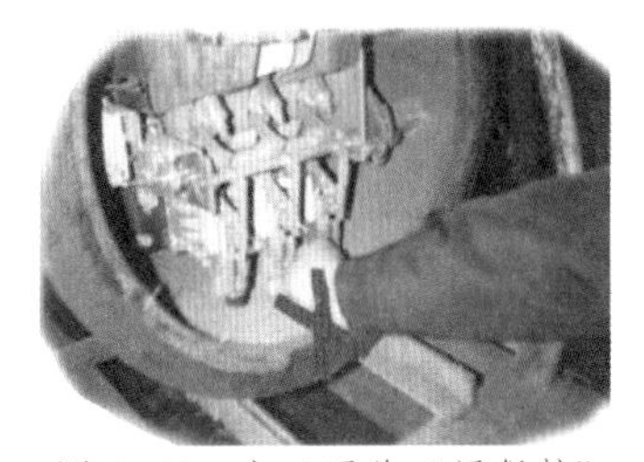

图5-11 电工开盖“甩保护”

2017年3月9日14时39分，黑龙江龙煤双鸭山矿业有限责任公司东荣二矿，因副井井口运输平台违章电焊，引起负一层高压电缆短路、上级开关不跳闸，短路电弧烧断4根主钢丝绳，导致坠罐事故，造成17人死亡。该煤矿使用的是井塔多绳摩擦式提升机，有4根主钢丝绳。事故调查报告中介绍井口电焊引燃电缆，从井底信号员发现烟雾到罐笼坠入井底约为5 min。期间烧断4根主钢丝绳，只有持续的高压电缆短路电弧才能造成此事故。只有上级开关不跳闸，才能造成持续的短路电弧，上级开关“甩保护”就会造成开关不跳闸。

（八）技术标准存在的抗违章短板

国际标准、国家标准等各种标准都为电压、温度等“物”的因素制定了技术要求，在出厂时进行耐压、耐高温试验，试验合格才能出厂。但抗违章技术标准很少，几乎没有当“人”出现“违章”（包括误操作）等非理性行为时，设备能否通过技术手段来预防违章作业从而保证设备正常工作的技术标准，更没有考虑机器人作业时由于“中毒”等原因而发生“违章”作业会导致什么后果。

二、抗违章短板认定

如果某电气设备或设备某部位至少发生 1 次事故，直接原因是人员违章作业，间接原因是该电气设备或设备某部位的技术结构存在容易违章条件，即可以认为该设备或设备的供电安全保护系统存在抗违章短板。同理，如果作业环境或技术标准存在容易违章条件，也可以认为该作业环境或技术标准存在抗违章短板。很多事故案例可以佐证这一观点，如任何一个煤矿的电气设备接线空腔、闭锁装置、螺旋式喇叭嘴、开关门（盖）都至少发生过 1 次违章带电作业事故，直接原因是违章带电作业，间接原因是违章带电作业太容易，用时最长的需要 2 min40 s，用时最少的仅需要 40 s。所以，上述 4 个部位存在抗违章短板，意味着给其供电的“三大保护”系统也存在抗违章短板。

2005 年 2 月 14 日，辽宁省阜新矿业集团孙家湾煤矿发生瓦斯爆炸事故，造成 214 人死亡，30 人受伤，直接经济损失 4968 万元。事故调查报告中提出八条防范措施和建议，有七条是管理方面的，其中第七条值得注意：“国家有关部门应牵头组织有关科研单位，对防止带电作业的本质性措施进行研究，并研制相关产品，杜绝类似事故。”

为补齐接线空腔（盒）存在的抗违章短板，防止违章带电作业，出现了人为接地实现开盖断电技术，但该技术在开盖断电过渡过程及漏电保护动作失灵状态下，会产生接地过电压；2 台以上开关同时开盖时，会产生大于 30 mA 安全电流的接地过电流；还有一些开关在松动盖板紧固螺栓后（即失爆后）才断电，这些都是重大隐患①。

抗违章短板理论认为：之所以违章，是因为存在方便违章的条件，即存在抗违章短板，通过技防补齐抗违章短板，就能防范和化解违章风险，降低 90% ~ 95% 的事故。该理论还认为，事故原因首先是技术装备上有短板，而人的问题是其次的。追求事故原因时应当首先找短板，防范和化解事故风险时首先是补短板。抓安全不是首先抓人防，而是抓技防和智防，抗违章短板理论为科技强安提供了理论支撑。

第二节 案例分析

2022 年 3 月 21 日下午，中国东方航空 MU5735 航班一架波音 737 客机在执行昆明—广州航班任务时，在广西梧州市藤县境内坠毁。机上人员共 132 人，其中旅客 123 人、机组 9 人。MU5735 航班是在飞机进入巡航 8900 m 高度时，发生的速度与高度骤降，以近于垂直的角度坠落。

此事故原因尚未公布，但根据“90% ~ 95% 的事故是由于违章作业造成的”，不排除其中有违章操作的原因。2015 年 3 月 24 日，德国之翼航空公司 4U9525 空中客车 A320 型客机在法国东南部的阿尔卑斯山脉南麓海拔约 2000 m 积雪山区坠毁。事故发生后，根据黑匣子的数据显示，飞行过程中，副驾驶员趁机长上厕所离开驾驶舱时反锁驾驶舱，并启动了下降按钮。机长返回后发现无法进入，数次通过对讲系统要求副驾驶员开门，敲击舱门并尝试用脚踢等方法打开舱门，但未能再次进入驾驶舱。直至飞机撞山坠毁时驾驶舱内都

---

① 2021 年 1 月 1 日起施行的《煤矿重大事故隐患判定标准》第十三条：采（盘）区内防爆型电气设备存在失爆判定为重大事故隐患。

有人的呼吸声，可见副驾驶员想要“故意摧毁”客机动机明显。“故意摧毁”当然是违章作业。这起事故中飞机副驾驶员违章（自杀）预控思路是：“嵌入抗违章技术，实现想违章（自杀）违不成”的目标。抗违章技术是针对国内外工业领域（如供电系统）一直存在抗违章短板而采取的补齐抗违章短板技术。抗违章短板是任何发生违章作业的设备，其技术结构、所处作业环境或技术标准一定存在预控违章方面的缺陷。抗违章短板的客观存在为作业人员进行违章作业提供了方便的违章条件。

应用抗违章短板理论分析：德国之翼航空公司坠毁的空中客车 A320 型客机未能从技术装备上防止驾驶员的违章行为，无疑存在抗违章短板。坠机事故发生至今，飞机设计制造厂家理应吸取事故教训，采取抗违章技术措施，防止类似事故再次发生。假设该飞机嵌入抗违章技术，成为抗违章飞机，驾驶员就不可能违章降低高度，就不会发生事故。

鉴于德国之翼航空公司发生的事故，针对“3・21”东方航空波音 737 客机坠毁事故，提出如下建议：有关航空专家应调查分析当前的各种飞机是否都存在抗违章短板？如果确定飞机也存在抗违章短板问题，建议设计制造方引入抗违章技术思路，推广“想违章违不成，即使违章也造不成事故”的理念，嵌入抗违章技术，补齐飞机抗违章短板，确保当驾驶员违章操作时，不会造成机毁人亡。

第三节 结论及展望

由于我国现代化煤矿的装备与先进国家煤矿的装备已经很接近，一些人误认为装备已近乎完美，不存在抗违章短板。违章作业引发事故后，舆论界就会归结为人的问题，而抗违章理论则认为导致事故的根本原因是设备本身存在抗违章短板，是技术问题，不是其他原因。这就为追查事故原因、追究责任时，提供了更客观正确的社会舆论引导，为实现科技兴安和科技强安战略提供了新的理论导向。

现代工业设备在设计生产时，假定人是理性的，不会违章作业，所以国内外各类设备基本都没有抗违章要求，也没有抗违章检验，如设计生产开关时，要按照标准要求试验额定电压和额定电流，但没有抗违章送电标准要求，也不进行抗违章送电试验，导致开关出厂时就存在抗违章短板。

当前，井下供电系统至少存在 8 种抗违章短板，包括接线空腔（盒）存在的抗违章短板、闭锁装置存在的抗违章短板、开关门（盖）存在的抗违章短板、电缆引入装置（螺旋式喇叭嘴）存在的抗违章短板、作业环境存在的抗违章短板、“三大保护”存在的抗违章短板、供电系统存在的“甩保护”抗违章短板、技术标准存在的抗违章短板。

接线空腔（盒）的抗违章短板引发事故风险最大，我国煤矿企业为了补齐接线空腔（盒）的抗违章短板，提升安全风险预控水平，首先采用了人为接地实现开盖断电技术手段，由于该技术存在重大隐患，后来推广了“三开一防”技术。

抗违章短板是造成违章带电作业的“硬原因”，用技术手段补齐抗违章短板才能杜绝违章带电作业，才能预控带电作业造成的瓦斯爆炸“黑天鹅”事故。

下一章将介绍补齐抗违章短板的相关专利技术。

第六章 补齐抗违章短板专利技术概况

本章导读

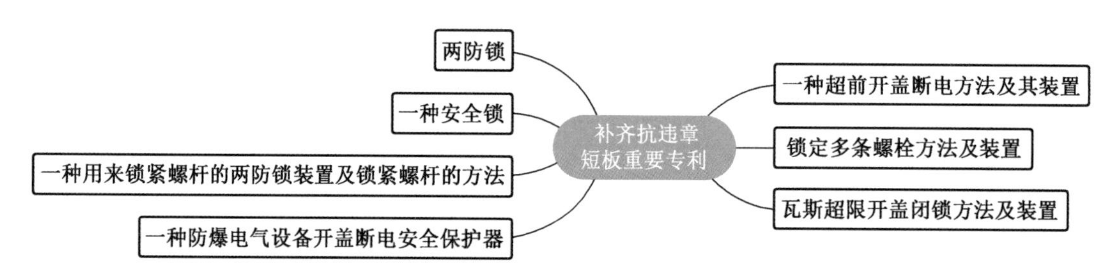

为了补齐抗违章短板，笔者已经发明了40余项专利技术产品，其中“一种超前开盖断电方法及其装置”等6项中国专利还获得美国、俄罗斯、欧盟、德国、南非、印尼、哈萨克斯坦、印度、澳大利亚、加拿大等30多个产煤国家和地区的发明专利权，而且都是PCT专利。获得一项国外专利权就相当于占领了一块国外法律保护的“专利领地”。企业家开发这些“专利领地”，就能受到国外法律的保护。查新结论显示：经检索，1782年1月1日至2009年4月30日，中国煤矿隔爆电气领域仅有一件中国专利“一种超前开盖断电方法及其装置”获美国（专利号：US8902075B2）及欧洲（专利号：EP2299554B1）专利权，第一发明人为郭春平。但专利技术的意义不仅在于“零的突破”，更重要的是专利技术思路对世界安全产业发展的贡献。

第一节 补齐闭锁装置抗违章短板的专利技术

《爆炸性气体环境用电气设备 第1部分：通用要求》（GB 3836.1—2000）中没有闭锁装置的概念，有连锁装置的定义。《煤矿安全规程》（2001）中用闭锁装置（图6-1、图6-3及图6-5），没有用连锁装置，本书中闭锁装置与连锁装置含义相同。

闭锁装置存在的抗违章短板主要表现为：用螺丝刀或徒手就能移动闭锁杆而擅自送电或擅自开盖操作，不符合《爆炸性气体环境用电气设备 第1部分：通用要求》（GB 3836.1—2000）中关于连锁装置的要求。

一、技术背景

（一）国内外矿用开关闭锁装置状况

2000年以前，国内外没有安装使用矿用开关两防锁的开关闭锁装置，不能有效防止擅自送电，防止擅自开盖操作，全国有100多万台动态使用中的开关闭锁装置没有“两防”功能，造成多次瓦斯爆炸及人身伤亡事故，具体见附录2。

矿用开关闭锁装置没有“两防”功能，具体表现为：一是用螺丝刀或徒手就能移动闭锁杆而擅自送电或擅自开盖操作，甚至偷盗电气元件；二是闭锁杆上打孔锁上门锁，这种方法不能长期在井下动态使用中的开关上使用，只能应付检查或使厂家的开关通过形式检验及出厂检验，另外，没有闭锁杆的开关无法打孔锁上普通门锁；三是在闭锁装置上加装一些机构，用三角套管等专用工具操作闭锁杆，一种开关对应一种工具，一个单位有十种开关，工人就必须带十种工具，这种方法也不能长期在井下动态使用中的开关上使用，只能应付检查或使厂家的开关通过形式检验及出厂防爆检验；四是大部分高压开关带有专用送电工具，能防止擅自送电，但开关盖的紧固螺栓能用普通扳手打开，不能从技术装备上防止非专职人员擅自开盖操作，不符合规程要求；五是一些单位将闭锁装置与开关盖用铁丝拴住（图6-2），做下记号，班班移交，或在开关盖对口处贴上封条，这种方法同样不能限制非专职人员开盖。

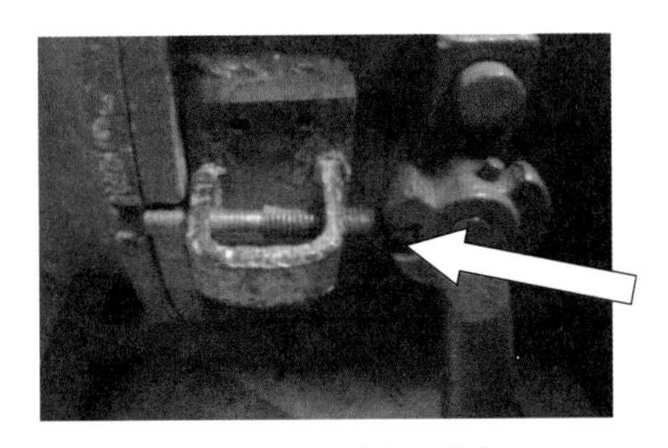

图6-1　闭锁装置照片

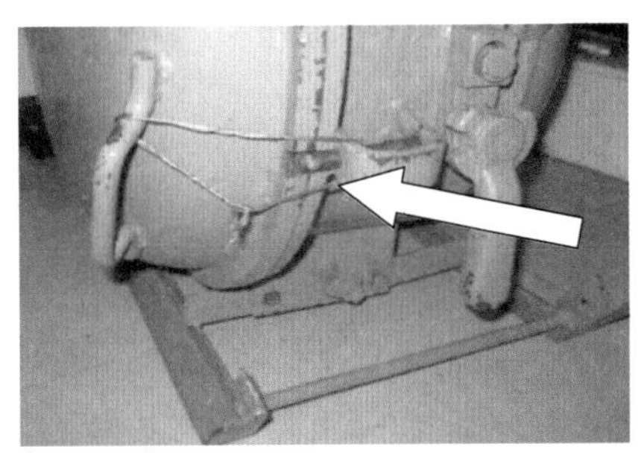

图6-2　用铁丝“锁”住开关门盖照片

矿用开关的闭锁装置没有“两防”，没有既能锁住闭锁杆，又能方便生产、事故处理、设备检修的技术装备。调查发现，为了达到“两防”，一些煤矿采取了多种措施。例如，我国最早引进的苏联低压开关是在闭锁杆上打孔，上一把小锁锁住；柳湾煤矿、水峪煤矿、高阳煤矿曾设计多种式样的“开关锁”防止偷盗东西，但存在多种缺陷，不能长期使用；官地煤矿、屯兰煤矿用铁丝将开关盖绑住，做下记号，班班移交；王庄煤矿用门锁锁住闭锁杆达到“两防”目的，但门锁易生锈，一把锁就要一把钥匙，一千个开关就要几千把钥匙，没有闭锁杆的开关无法闭锁。

为了从技术装备上保证《爆炸性气体环境用电气设备　第1部分：通用要求》（GB 3836.1—2000）、《煤矿安全规程》（2001）等关于“两防”要求条款的贯彻执行，实现抗违章技术要求，杜绝类似事故，必须研究一种能达到“两防”目的的抗违章技术产品“安全锁”，即“矿用开关两防锁”。

（二）研发目标

为了补齐抗违章短板，研发目标为研制一种符合《煤矿安全规程》（2001）要求的能“防止擅自送电、防止擅自开盖操作”的闭锁装置。这种装置要达到《爆炸性气体环境用电气设备　第1部分：通用要求》（GB 3836.1—2000）连锁装置要求的“非专用工具不能轻易解除其作用”，要适应煤矿井下生产环境及管理特点，要简单实用，尽量不用电气操作，以免增加失爆隐患，这种装置既能在各种开关生产厂家使用，又能在井下在用的开关上使用。

二、专利概要

（一）两防锁

2000年11月29日，第一次发明了“两防锁”（当时的名称为安全锁），专利号：00264154.2。

1. 目的

补齐闭锁装置存在的抗违章短板，实现“两防”要求。

图6-3 矿用隔爆开关的隔爆外壳图片

2. 背景

矿用隔爆开关的电气元件装在隔爆外壳（图6-3）中，要装配和检修里面的电气元件必须打开开关门盖。开关门盖与隔爆开关的停送电手柄之间由闭锁杆进行闭锁。当闭锁杆向停送电手柄方向拧入时，锁住停送电手柄，防止擅自送电；当闭锁杆向开关门盖方向拧出时，锁住开关门盖，防止擅自开盖。开关门盖通过闭锁杆与隔离开关的停送电手柄之间实现机械闭锁，仅当隔离开关置于停电位置才能开盖。螺丝刀是操作闭锁杆的工具，手拧也能操作闭锁杆移动。井下带螺丝刀的人很多，都有随便停送电或打开开关门盖操作电气元件，甚至偷盗电气元件的客观允许条件，即矿用隔爆开关存在容易违章送电和容易违章带电检修、偷盗电气元件的抗违章短板，是煤矿重大安全事故隐患。因此，几乎各种隔爆开关的闭锁装置都不符合标准要求。

3. 原理

该专利结构如图6-4a所示，在开关闭锁杆12上固定一卡箍6，以U型架13作为锁壳支架，在其上用螺栓固定两块盖板4、11，盖板上有锁套10，可用专用锁钥拧入带扣的锁芯7。锁钥与锁芯头部有公牙及母牙，只有对应咬合时，才可以拧动锁芯上下移动。

锁芯接触闭锁杆并位于卡箍一侧时，阻挡了闭锁杆移动，就把开关锁定在“禁止开盖”或“禁止送电”位置，锁芯离开闭锁杆，即解锁。两防锁可以防止擅自送电，防止擅自开盖操作元件、调整整定值，防止偷盗元件，还可用于锁定配电柜、操作箱、变电所门、火车门等。两防锁锁壳通用，多种锁芯可以互换，使用者仅用自己的专用锁钥和对应锁芯，就可以锁定任何使用两防锁的设备。形成产品：LFS-Xa型安全锁，如图6-4b所示。

4. 技术价值

该专利的特征是两防锁结构，包括锁钥、锁芯、锁套等。拧入可以互换的特种锁芯后，其结构可以防止尖嘴钳、镊子等井下常用工具开锁；设计锁芯及对应锁钥25种，以适应井下队组管理模式，并且有专用密钥可以解锁任一传感器，以便应对井下处理事故等特殊情况。所以两防锁与普通门锁和火车门锁不同。该特征被《矿用开关两防锁》行业标

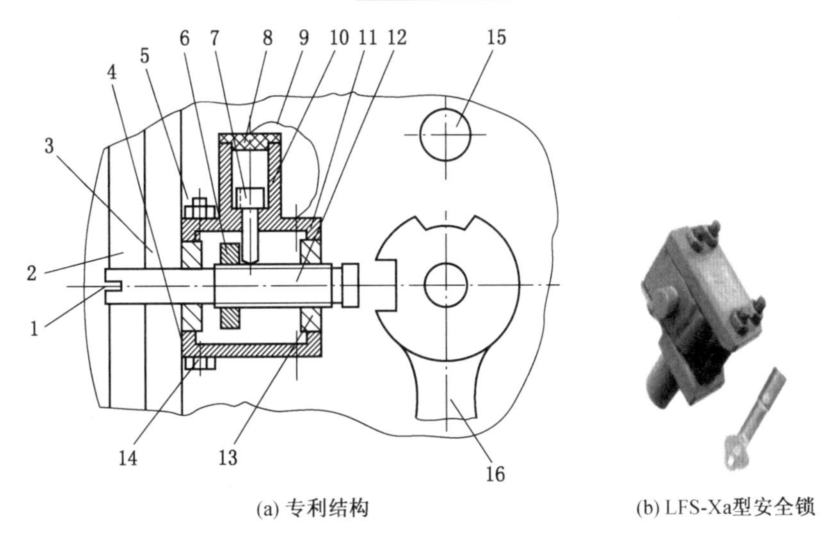

(a) 专利结构　　(b) LFS-Xa型安全锁

1—闭锁杆豁口；2—开关转盖；3—开关壳体；4、11—盖板；5—紧固螺母；6—卡箍；7—锁芯；8—锁盖；9—锁盖链；10—锁套；12—开关闭锁杆；13—U 型架；14—紧固螺栓；15—开关按钮；16—隔离开关手把

资料来源：专利资料（专利号：00264154.2）

图 6-4　2000 年发明的两防锁（安全锁）专利结构及产品照片

准概括为"锁钥、锁芯多样性要求"及"互换性要求"两条性能要求。

（二）一种安全锁

2006 年 5 月 9 日，第二次发明了"一种安全锁"，专利号：200620024380.3。

1. 目的

发明一种可以在现场直接安装在各种闭锁杆上的安全锁（两防锁）。

2. 背景

2000 年发明的专利安装时需要固定一卡箍 6 等部件（图 6-4a），不方便在井下安装使用。

3. 原理

该专利结构如图 6-5a 所示，包括锁定对象 7、下锁壳体 2、锁芯 3 及锁钥，增加了调整垫片 1、锁紧螺钉 8、上盖 9 及防松珠 5 等部件。其特点是锁壳体上设有连接口，锁定对象插入连接口中，在锁定对象插入连接口中部分设有锁定槽或锁定平面，锁钥操作相匹配的锁芯可以接触或者离开锁定对象的锁定槽或锁定平面。

4. 技术价值及安全效益

该专利具有工作安全可靠、结构紧凑、体积较小、使用和携带方便、快速拆装、省时省力，并且通用性好，能够标准化生产等优点，是升级产品。形成产品：LFS-Xb 型安全锁，如图 6-5b 所示，已推广应用到全国约 45 万台设备上。2012 年发明的两防锁（安全锁）专利结构如图 6-6 所示。

（三）一种用来锁紧螺杆的两防锁装置及其锁紧螺杆的方法

2012 年 7 月 9 日，第三次发明了"一种用来锁紧螺杆的两防锁装置及其锁紧螺杆的方法"，中国专利号 201210237949.4，美国专利申请号/授权号 14/381.135/10072697，澳大利亚专利号 2013289710，欧洲专利申请号/授权号 13816899.2/2871309，欧亚专利申请号/授权号 201400821/025320 等。

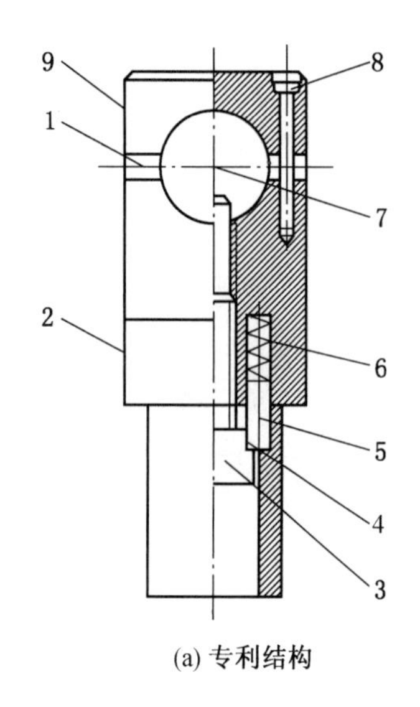

(a) 专利结构

(b) LFS-Xb型安全锁

1—调整垫片；2—下锁壳体；3—锁芯；4、5—防松珠；6—弹簧；7—锁定对象；8—锁紧螺钉；9—上盖

资料来源：专利资料（专利号：200620024380.3）

图 6-5　2006 年发明的两防锁（安全锁）专利结构及产品照片

1. 目的

发明一种通过锁定闭锁杆上的螺纹部位而直接锁定闭锁杆的方法，而不需要在闭锁杆上开一个槽或锉一个平面。

2. 背景

2006 年申请的“一种安全锁”专利的不足之处是需要在锁定对象（闭锁杆）上开一个槽或锉一个平面，但在井下开槽或锉平面不太方便。

3. 原理

该发明公开了一种用来锁紧螺杆的两防锁装置及其锁紧螺杆的方法，其结构如图 6-6 所示，两防锁装置包括下锁体 5、安装在下锁体 5 上的上锁体 1、与下锁体 5 形成安置待锁螺杆 3 的容置空间，以及安装在下锁体 5 上的锁芯 9。其中，下锁体 5 上安置有伸入容置空间的下卡紧部件，上锁体 1 上安装有伸入容置空间的上卡紧部件；锁芯 9 在锁钥的推动下卡紧部件，使下卡紧部件与上卡紧部件将待锁螺杆 3 锁死在容置空间内。通过设置上下卡紧部件将螺杆锁死，两防锁性能可靠，结构设计简单。形成产品：LFS-Xb11 型两防锁。

4. 技术价值

发明了一种锁定螺杆的方法，获得了中国、美国、澳大利亚、欧亚专利权。

三、国内关于“两防”标准的发展过程

经过 20 多年的研究试验，解决了 17 项关键技术，创造了矿用开关两防锁系列产品，实现了“两防”功能，补齐了闭锁装置抗违章短板。

2000 年，《爆炸性气体环境用电气设备 第 1 部分：通用要求》（GB 3836.1—2000）要求：为保持某一防爆型式用的连锁装置，其结构应保证非专用工具不能轻易解除它的作用。

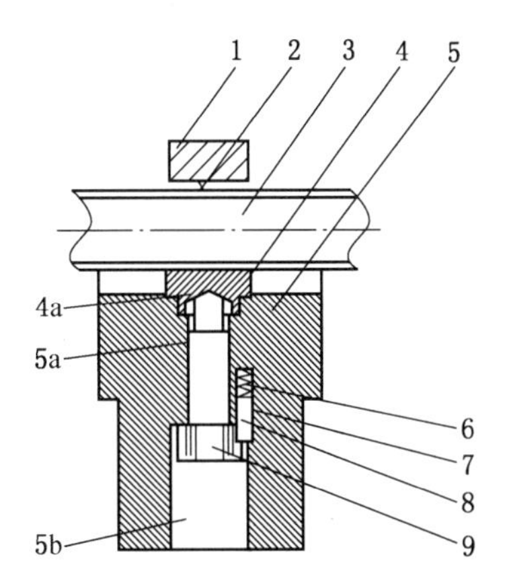

1—上锁体；2—顶尖；3—待锁螺杆；4—顶瓦；4a—顶瓦连接口；5—下锁体；5a—连接螺纹；
5b—锁套通道；6—弹簧；7—圆柱槽；8—防松珠；9—锁芯
资料来源：专利资料（专利号：201210237949.4）
图6-6　2012年发明的两防锁（安全锁）专利结构

2000年11月29日，申请国内实用新型专利："安全锁" 00264154.2。

《煤矿安全规程》（2001）第四百四十五条规定：所有开关的闭锁装置必须能可靠地防止擅自送电，防止擅自开盖操作。第四百四十六条规定：操作井下电气设备应遵守非专职人员或非值班电气人员不得擅自操作电气设备。

2003年12月26日，矿用开关两防锁（商品名：安全锁）通过了国家安全监管总局规划科技司组织的科学技术成果鉴定。

2004年7月9日，山西煤矿安全监察局发布《关于推广应用"矿用开关两防锁"的通知》（晋煤监技装字〔2004〕134号）。同期同煤集团、山西焦煤西山煤电集团公司、山西焦煤汾西矿业集团、山西焦煤霍州煤电公司、潞安集团、阳煤集团，以及地方煤矿管理部门转发了该文件。

2004年12月30日，国家安全监管总局、国家煤矿安全监察局联合发布《关于印发2004年度安全生产重点推广技术目录的通知》（安监管司办字〔2004〕162号），矿用开关两防锁列入推广目录。

2006年，《山西省小型煤矿安全质量标准化标准及考核评级办法》要求：高压开关（隔爆开关和一般性开关）应安装矿用开关两防锁，低压开关必须装设矿用开关两防锁。

2008年，《矿用开关两防锁》（JB/T 10835—2008）（笔者为第一起草人）由国家发展和改革委员会于2月1日发布，7月1日实施。

2008年，《关于加强煤矿机电运输安全管理工作的通知》（安监总煤行〔2008〕175号）要求：所有开关的闭锁装置必须能可靠地防止擅自送电；《煤矿机电设备检修技术规范》（MT/T 1097—2008）电气通用部分连锁装置和警告规定：检修后的矿用电气设备，为确保其安全供电和防爆性能，必须实现两防（防止擅自送电，防止擅自开盖操作），保证非专用工具不能解除的连锁功能。矿用开关两防锁按《煤矿机电设备检修技术规范》（JB/T 10835—2008）执行。

2009年，《煤矿安全质量标准化标准及考核评级办法》（晋煤安发〔2009〕269号）要求：高低压开关的闭锁装置，必须具有两防功能，即防止擅自送电，防止擅自开盖操作，保证非专用工具不能轻易地解除它的作用。

2010 年，《爆炸性环境 第 1 部分：设备 通用要求》（GB 3836.1—2010）要求：为保持专用防爆型式用的连锁装置，其结构应保证非专用工具不能轻易地解除其作用。说明：①螺丝刀、镊子或类似工具不应使连锁装置失效；②开盖锁可以实现开盖前断电、断电后闭锁（锁定，如不能向该设备供电）等连锁功能，必要时也可以根据需要同时实现相关报警功能。

2010 年，《潞安集团公司安全质量标准化精品矿井标准及考核评级办法》（潞矿生字〔2010〕342 号）要求：高低压开关的闭锁装置，必须具有“两防”功能；《防爆电气设备检查标准》规定：所有开关的闭锁装置必须能可靠地防止擅自送电，防止擅自开盖操作，保证非专用工具不能轻易地解除它的作用，否则，为失爆。

2013 年，《山西省煤矿安全质量标准化标准及考核评级办法》规定：地面开关柜门具备防止带电开门和擅自送电功能；井下高低压开关闭锁装置，必须具有“两防”功能，保证螺丝刀、镊子等非专用工具不能轻易地解除其作用，且各队组的专用工具互不相同。

第二节 补齐接线空腔盖板抗违章短板的专利技术

《爆炸性环境 第 1 部分：设备 通用要求》（GB/T 3836.1—2021）要求：开盖连锁可以实现开盖前断电、断电后闭锁（锁定，如不能向该设备供电）等连锁功能，必要时也可以根据需要同时实现相关报警功能，即开盖连锁保护。

接线空腔盖板存在的抗违章短板主要表现为：无开盖连锁保护系统，电气设备接线空腔盖板用普通螺栓固定，没有锁，用扳手、卡丝钳、管钳等常用工具就能在不停电状态下带电开盖操作，产生电火花引爆瓦斯。

一、技术背景

《煤矿安全规程》（2001）第四百四十五条规定：井下不得带电检修、搬迁电气设备、电缆和电线，检修或搬迁前，必须切断电源；第四百四十六条规定：非专职人员或非值班电气人员，不得擅自操作电气设备；第四百八十八条规定：采区电工不得擅自打开采区变电所电气设备进行修理。2013 年《山西省煤矿机电安全质量标准化标准及考核评级办法》要求：井下用螺栓紧固的电气设备应实现“三开一防”、电气设备螺旋式喇叭嘴应有防松装置。

长期以来，煤矿电气设备的接线空腔盖板都采用普通螺栓连接，非专职（值）人员用扳手等常用工具就能打开电气设备接线空腔盖板的紧固螺栓和高压开关门的紧固螺栓，由于存在方便违章的抗违章短板，违章带电作业事故时有发生。

二、专利概要

（一）一种防爆电气设备开盖断电安全保护器

2005 年 1 月 10 日，发明滞后型开盖断电专利技术一种防爆电气设备开盖断电安全保护器，专利号 200520023343.6。

1. 目的

从技术装备上保证《煤矿安全规程》（2001）中严禁带电操作电气设备（电线、电缆）有关条款的实施。

2. 原理

该专利是一种防爆电气设备开盖断电安全保护器，结构如图6-7所示。该专利由电阻、特制开关等元件按顺序连接组成，一端与某一相电源线相接，另一端通过接线端子3接地，安装在开关、电动机等其他电气设备中。当打开电气设备2的盖板1时，控制该电气设备的开关动作，切断电源，达到开盖断电的目的；电气设备盖板没有盖好时，由于控制该电气设备开关的闭锁装置的作用，该电气设备始终没有电，只有电气设备盖板可靠盖好后才能送电，防止了带电操作，确保安全生产。该专利可以广泛应用于煤矿井内及易燃易爆车间等各种易燃易爆场所和民用电等非防爆电气设备系统。

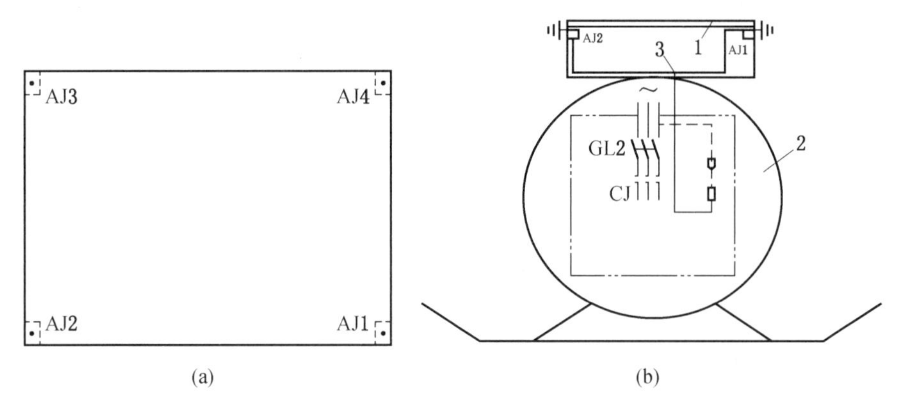

1—盖板；2—电气设备；3—接线端子；AJ1-4—行程开关；GL2—隔离开关；CJ—接触器

资料来源：专利资料（专利号：200520023343.6）

图6-7　2005年发明的滞后型开盖断电专利结构

3. 问题

该设计采用“人为接地实现开盖断电”技术，存在以下缺陷：在127~1140 V供电系统中，人为接地实现开盖断电已存在我国部分矿用开关中，但在开盖断电过渡过程及动作失灵的状态下，会产生接地过电压；两台以上开关“同时”开盖时，会产生大于30 mA安全电流的接地过电流，还有一些开关是在松动盖板紧固螺栓后（即失爆后）才断电的，这些都是重大隐患。所以该技术没有进行进一步的开发及产业化。

（二）一种超前开盖断电方法及其装置

2008年6月19日，发明抗违章保护技术的核心专利“一种超前开盖断电方法及其装置”，中国专利号200810055240.6，美国专利号8902075、9200751，欧洲专利号2299554，加拿大专利号2719030，澳大利亚专利号2009260076，俄罗斯专利号2459334，南非专利号2010/06582，印度专利号279584，印度尼西亚专利号ID P 0032926，哈萨克斯坦专利号26967，哥伦比亚专利号2661等。

1. 目的

彻底解决了滞后型开盖断电专利存在的问题，即弥补了人为接地实现开盖断电技术存在的不足。

2. 背景

电气火源（花）引爆瓦斯最多，占比为48.1%。产生引爆瓦斯电气火花的主要违章行为是带电作业，带电作业主要是由于“擅自开盖操作”造成的。产生引爆瓦斯电气火花的主要部位是开关接线盒、电机接线盒、连接电缆接线盒。

附录1中“接线空腔带电开盖检修事故”部分收集了近百起由于无“三开一防”引发的煤矿瓦斯爆炸及机电人身伤亡事故。事实证明，只靠制度来约束人的行为是远远不够的，只有从技术装备上做到本质安全，才能从根本上杜绝擅自开盖操作及带电检修现象的发生。因此，《煤矿井下低压供电系统及装备通用安全技术要求》（AQ 1023—2006）规定，煤矿井下低压供电系统及装备应实现分级闭锁和全闭锁。分级闭锁是负载出线腔闭锁于本级开关，电源进线腔闭锁于上级开关。全闭锁是在带电情况下打开接线空腔时，接线空腔未失爆前通过闭锁机构动作使上级开关分闸断电且闭锁。

理论及实践表明只有发明新技术，从技术装备上保证法规标准的贯彻落实，才能减少违章带电作业引发的瓦斯爆炸事故。

3. 原理

超前开盖断电专利结构及图片如图6-8所示，包括以下步骤：将螺栓罩2固定在锁定螺栓5上，触动动作传感器9连通安全保护监控系统10，发出指令，允许电气设备送电作业，取下螺栓罩2时，触动动作传感器9连通安全保护监控系统10，发出指令，切断电气设备电源或发出警示。形成产品：GBK-D1/D2/D3、GBK-K1/K2/K3等矿用本安型开盖传感器。

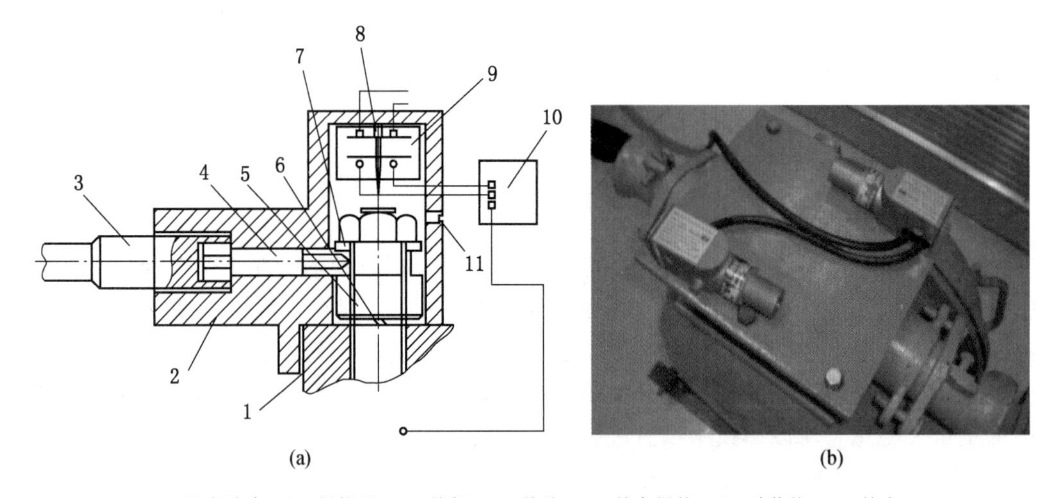

1—设备外壳；2—螺栓罩；3—锁钥；4—锁芯；5—锁定螺栓；6—弹簧垫；7—锁套；
8—继电器传动杆；9—动作传感器；10—安全保护监控系统；11—声光孔
资料来源：专利资料（专利号：200810055240.6）

图6-8　2008年发明的超前开盖断电专利结构及产品照片

该专利的一项重要技术是卸下电气设备接线空腔（盒）盖板上的紧固螺栓，换上长度合适的锁定螺栓5。更换前将锁定螺栓从螺栓套（背帽）的小头拧入（螺栓套与锁定螺栓之间是螺纹连接），在螺栓套大头下方加装弹簧垫圈，其中锁定螺栓结构已被列入《矿用开关两防锁》（JB/T 10835—2008）；其螺栓套是按照《爆炸性环境 第2部分：由隔爆外壳“d”保护的设备》(GB 3836. 2—2010) 附录 G 螺栓或螺母的机械性能要求设计的，且与紧固盖板的螺栓以螺纹啮合方式连接，从而与弹簧垫圈构成双螺母（背帽）结构，利用摩擦起到螺纹防松作用，该结构符合《煤矿机电设备检修技术规范》(MT/T 1097—2008) 中紧固用的螺栓、螺母须有防止松脱的措施的要求。所以，不影响防爆性能。

4. 技术价值及安全效益

首创了一种能安装在机电设备盖板上的开盖传感器，安装后与超前开盖断电系统（包括物联网、电力监控系统、安全保护系统及启动停止回路等）联网运行实现开盖连锁。当要开盖时，在未拧松螺栓致盖板间隙“失爆”前，超前发出声光报警，超前切断该设备上级电源，开盖后能防止向该设备送电即闭锁，合盖后能防止无专用工具的非专职人员擅自开盖操作，即“三开一防”。

超前开盖断电技术经过提升，形成了抗违章思维，奠定了抗违章技术理论基础，如抗违章保护、抗违章技术理念等源于此专利。

在用矿用电气设备应用该技术后，不更换现有在用设备，就可以实现“三开一防”功能，有效遏制违章擅自开盖带电操作引发的瓦斯爆炸事故，能消除在用电气设备存在的无“三开一防”隐患，使得井下所有电气设备都能从装备上保证 12 条有关“三开一防”要求的标准法规条款的贯彻落实。以该技术装备为核心，与其他装备集成应用，可以预防全国乃至全世界 48. 1%的瓦斯爆炸，极大地减少机电事故率，对提高煤矿井下安全可靠性具有巨大作用。

（三）锁定多条螺栓方法及装置

2009 年，发明了抗违章保护技术系统的无损连接技术专利“锁定多条螺栓方法及装置”。

1. 目的

超前开盖断电专利需要用锁定螺栓 5 紧固螺栓，给安装使用带来不便，发明该专利的目的是不动一条紧固螺栓而安装该专利产品。

2. 原理

无损连接技术专利结构如图 6-9 所示，该专利的特点是将带环形锁口的螺栓套 3 安装在螺栓上，或焊接在机电设备盖板上，或装在与螺栓罩紧固在一起的螺栓上；将螺栓罩 7 扣在机电设备盖板 8 上；用对应的锁钥 1 操作锁芯 2，并将两防锁 5 锁定在带环形锁口的螺栓套 3 上。该装置包括两防锁、锁钥、带环形锁口的螺栓套和螺栓罩；螺栓套安装在机电设备盖板或焊接在机电设备盖板上，或装在与螺栓罩紧固在一起的螺栓上，螺栓罩扣在机电设备盖板上；两防锁锁定在带环形锁口的螺栓套上，用对应的锁钥操作锁芯。

3. 技术价值

该技术是一项无损连接技术，实现了不动一条紧固螺栓而安装开盖传感器的目的，已在井下应用。当前无损连接技术已替代通过紧固螺栓安装开盖传感器的技术。除该专利技术外，还有几种无损连接技术，如 2018 年发明的“一种防爆外壳门盖的抗违章保护设备及方法”，2019 年发明的“一种用于紧固防爆电气设备腔体的方法及装置”。

（四）瓦斯超限开盖闭锁方法及装置

2009 年 7 月 15 日，发明了瓦斯超限开盖闭锁及有电开盖闭锁专利“瓦斯超限开盖闭锁方法及装置”，专利号 200910074934. 9。

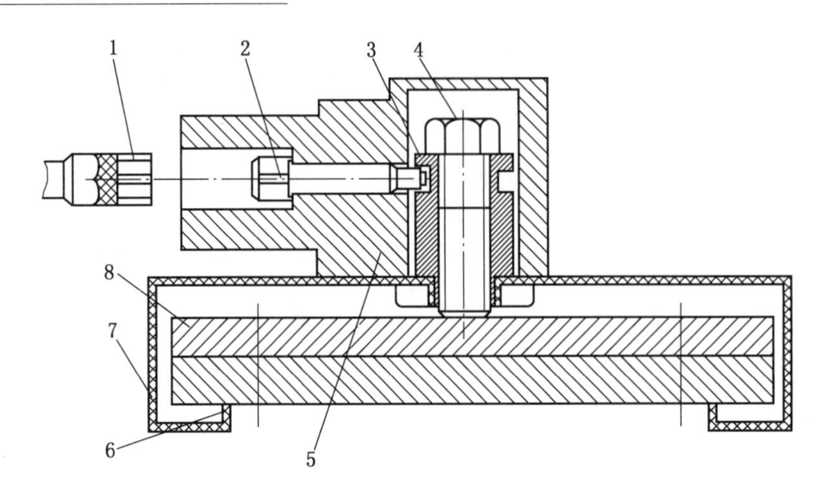

1—锁钥；2—锁芯；3—螺栓套；4—紧固螺母；5—两防锁；6—螺栓罩接口；7—螺栓罩；8—机电设备盖板

图 6-9 2009 年发明的无损连接技术专利结构

1. 目的

该专利实现了开盖断电功能，可以预防违章带电作业引爆瓦斯，但没有瓦斯超限闭锁打不开盖板功能。该专利实现了瓦斯超限闭锁打不开盖板，避免了开盖断电影响安全生产。

2. 原理

该专利结构如图 6-10 所示，将锁定对象 7 用锁壳 2 锁定；由监测探头 13 接收周围环境的瓦斯浓度检测信号，检测信号传送给信号处理模块 10，经信号处理模块 10 处理，若周围环境的瓦斯浓度超限，则发出声光报警及断电信号，并由信号处理模块 10 控制电动机构 4 动作，使电动机构 4 的闭锁头 3 伸出，将锁定对象 7 处于自动锁定状态，不能打开设备盖板 16，实现瓦斯超限开盖闭锁或有电开盖闭锁。

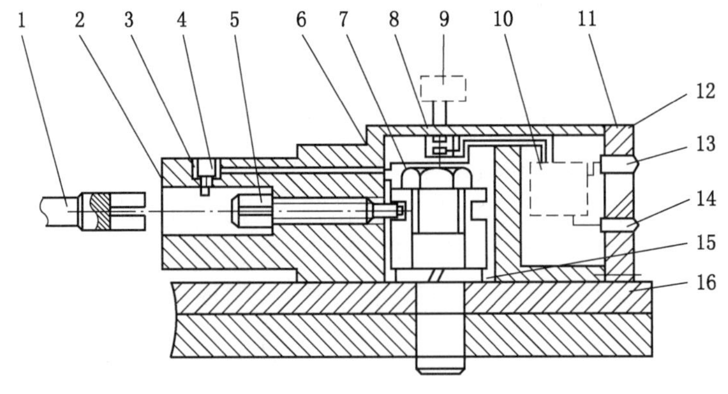

1—锁钥；2—锁壳；3—闭锁头；4—电动机构；5—锁芯；6—锁套；7—锁定对象；8—传感器；9—监控系统；10—信号处理模块；11—盖；12—螺钉；13—监测探头；14—声光报警；15—弹簧垫；16—设备盖板

图 6-10 2009 年发明的瓦斯超限开盖闭锁方法及装置专利结构

3. 技术价值

该技术实现了煤矿井下等瓦斯、煤尘积聚的高危场所，瓦斯、煤尘超限时，任何人不能打开电气设备接线空腔盖板进行带电作业，通过技术手段有效预防带电作业引发瓦斯爆炸，也可以在没有瓦斯的地方实现有电开盖闭锁。

第三节　补齐螺旋式喇叭嘴抗违章短板的专利技术

螺旋式喇叭嘴存在的抗违章短板主要表现为：能够徒手拧松螺旋式喇叭嘴造成电气失爆，不符合《爆炸性环境 第1部分：设备 通用要求》（GB 3836.1—2010）附录A要求。

2013年2月25日，发明了“一种喇叭嘴防松装置及防松方法”专利，中国专利号201310057843.0。

一、目的

发明一种能加装在井下千万个螺旋式喇叭嘴上的防松装置。

二、背景

螺旋式喇叭嘴（螺纹式管接头）容易被人有意或无意地徒手直接拧松或用电工常用工具拧松，造成该电气设备“失爆”。国外西门子煤矿电气设备的喇叭嘴带有防松装置，能够防止用手直接拧松或使用非专用工具拧松，但不能加装在井下在用设备上。2013年《山西省煤矿机电安全质量标准化标准及考核评级办法》要求：电气设备螺旋式喇叭嘴应有防松装置。

三、原理

该专利结构及产品照片如图6-11所示，包括内壁为半圆形筒状的第一锁体4和第二锁体7，设置在第一锁体4和第二锁体7上的卡环3，与第一锁体和第二锁体内壁相吻合的联通节11以及连接在联通节上的螺旋式喇叭嘴5。其中联通节前端与喇叭嘴边形成安装槽或者喇叭嘴上设有凸块6，其与喇叭嘴边或与联通节前端形成安装槽，适于卡环3卡入；安装在第一锁体和第二锁体内壁上的防松垫9可以防止松动。

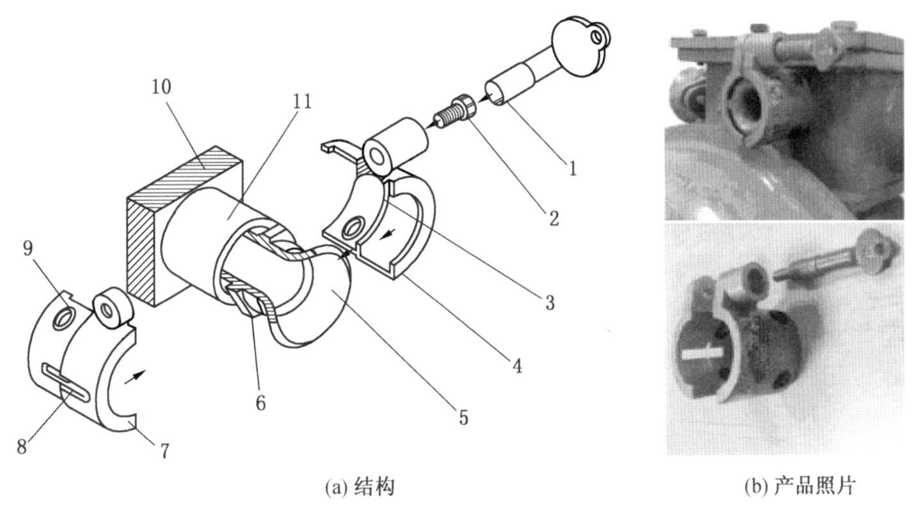

(a) 结构　　(b) 产品照片

1—锁钥；2—锁芯；3—卡环；4—第一锁体；5—螺旋式喇叭嘴；6—凸块；7—第二锁体；8—观察孔；9—防松垫；10—隔爆外壳壁；11—联通节

图6-11　2013年发明的喇叭嘴防松装置专利结构及产品照片

四、技术价值及安全效益

该专利能有效防止喇叭嘴被手或非专业工具直接拧松而造成电气设备失爆，特别适用于煤矿井下及地面爆炸性环境中的电气设备，已在井下应用多年，并获得科技奖。

第四节 补齐开关本体门盖抗违章短板的专利技术

开关本体门盖存在的抗违章短板主要表现为：打开门盖后，与门盖连锁的电源开关负荷侧虽然断电，但电源侧还带电，仍可能造成触电事故或产生电气火花引爆瓦斯。

2018 年 5 月 25 日，第一次发明了“一种防爆外壳门盖的抗违章保护设备及方法”专利，国内专利号 201810515605. 2。

一、目的

发明一种开门断电装置，实现开门断电。

二、背景

煤矿井下电气设备的本体门盖，不能有效防止非专职人员擅自开盖操作。

三、原理

该技术提供了一种防爆外壳门盖的抗违章保护设备及方法，涉及煤矿防爆技术领域，

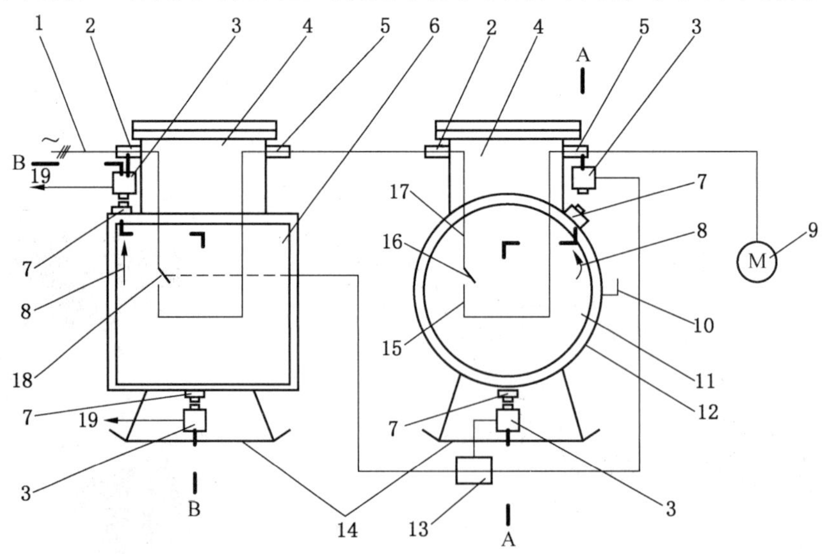

1—三相交流电源；2、7—进线侧电缆接线装置；3—信号采集装置；4—接线空腔；
5—出线侧电缆接线装置；6—快开门（或其他门）；7—信号驱动装置；8—开关盖移动方向；
9—电动机；10—停送电按钮或手柄；11—防爆外壳门盖；12—防爆外壳；13—预控系统；14—底托架；
15—负荷开关负荷侧；16—负荷开关；17—负荷开关电源侧；18—电源开关；19—上级电源开关
资料来源：专利资料（专利号：201810515605. 2）
图 6-12 2018 年发明的一种防爆外壳门盖的抗违章保护设备及方法专利结构

其结构如图 6-12 所示。该技术具体包括安装在防爆外壳里面或外面用于获取防爆外壳门盖打开动作信号的信号采集装置 3，连接信号采集装置 3，根据防爆外壳门盖 11 或 6 打开动作信号生成或传输用于进行抗违章保护的断电指令预控系统；连接根据断电指令进行断电处理的上级电源开关。

四、技术价值

该技术已在井下应用。

第五节　补齐井下供电系统抗违章短板的专利技术

供电系统存在的抗违章短板主要表现为：不能用技术手段系统地预防违章带电作业，只能用“两防锁”或“防松锁”等抗违章装备预防局部违章作业。

2014 年 8 月 11 日，发明了“预防煤矿带电作业及瓦斯爆炸的方法及系统”专利，专利号 201410391907.5。

一、目的

发明一个预防违章带电作业的系统。

二、原理

该专利如图 6-13 所示。该技术包括监控中心利用供电线路末端负荷开关附近的漏电试验装置，从远方检验漏电保护的可靠性；在监控中心控制供电系统进行供电，期间监控中心利用安装在各带电设备上的保护装置，通过供电系统对各带电设备进行控制，以避免带电设备造成触电事故或者电气火花引发瓦斯爆炸。其中保护装置为以下之一或组合：安装在开关设备闭锁装置上的闭锁保护装置，安装在接线空腔盖板上的盖板开合状态传感器，安装在接线嘴上的防松装置，安装在带电设备接线空腔盖板或操作腔门盖上的瓦斯超限或有电开盖闭锁装置。

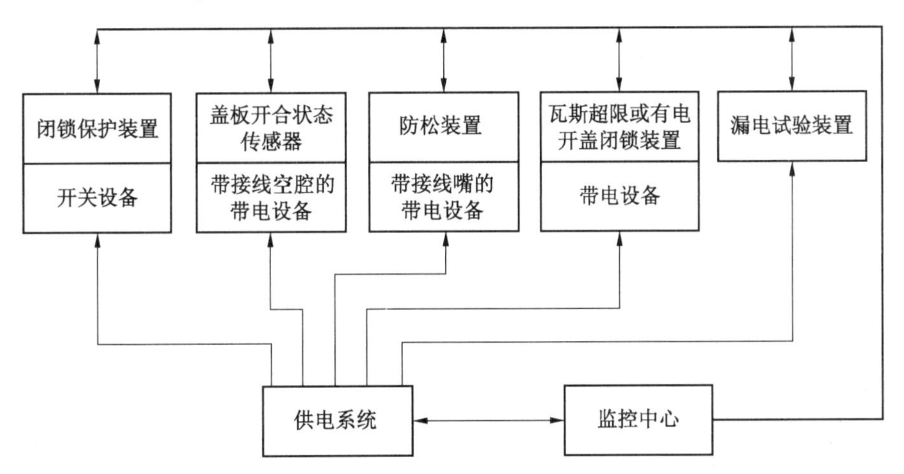

图 6-13　2014 年发明的“预防煤矿带电作业及瓦斯爆炸的方法及系统”结构

第六节 试验抗违章后备保护（漏电保护）的专利技术

漏电保护就是抗违章后备保护，当两防锁、防松锁或开盖断电等由于某种原因失效，仍发生违章带电作业而触碰带电体时，漏电保护进行断电闭锁保护，减小带电作业事故后果。国家规定必须进行远方漏电试验以确定漏电保护动作是否可靠。

2012 年 12 月 26 日，发明了远方漏电试验装置“一种煤矿远方漏电试验方法及设备”，中国专利号 201210578705.2，美国专利号 9575109，欧亚专利号 030501，南非专利号 2015/04632。

一、目的

发明一种安全可靠的智能远方漏电试验装置。

二、原理

该专利如图 6-14 所示。远方漏电试验方法包括：在煤矿动力线路远端的控制开关处安装并连接一个漏电试验装置；检漏保护装置通过煤矿动力线路连接漏电试验装置，并为其提供用于检测远方是否漏电的检测电路；通过控制漏电试验装置接地，产生流经煤矿动力线路的接地电流；检漏保护装置检测到该接地电流，使漏电保护继电器动作，从而切断煤矿动力线路；对煤矿动力线路进行检测或人为观察指示灯，以便确定远方漏电试验是否成功。

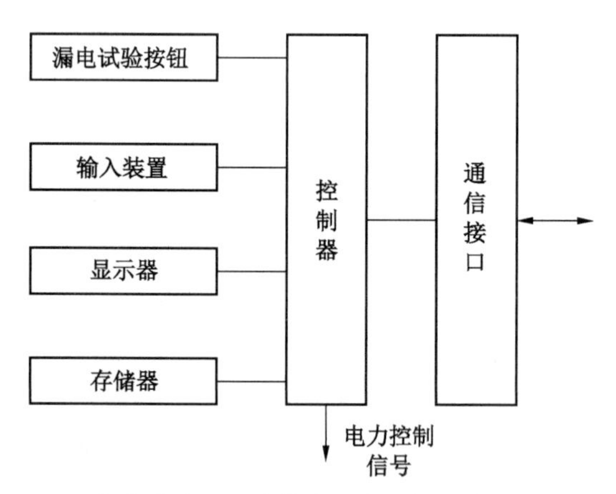

图 6-14 2012 年发明的“一种煤矿远方漏电试验方法及设备”结构

三、技术价值及安全效益

该技术已形成商品并应用在井下，商品名称为“铁门神”牌矿用智能漏电试验装置，安标名为矿用隔爆兼本安型漏电试验电阻箱，商标为“铁门神”。

《煤矿安全规程》（2022）规定：井下低压馈电线上，必须装设检漏保护装置或者有选择性的漏电保护装置，保证自动切断漏电的馈电线路。每天必须对低压漏电保护进行 1 次跳闸试验。《煤矿井下低压检漏保护装置的安装、运行、维护与检修细则》（以下简称

《细则》）规定：在瓦斯检查员的配合下，对新安装的检漏保护装置在首次投入运行前做一次远方人工漏电跳闸试验。运行中的检漏保护装置，每月至少做一次远方人工漏电跳闸试验。检漏保护装置做远方人工漏电跳闸试验时，总检漏保护装置应在分支开关断开后在分支开关入口处做人工漏电跳闸试验，其余分路开关应分别做一次远方人工漏电跳闸试验。

“铁门神”牌矿用智能漏电试验装置，可以在井下进行远方漏电跳闸试验。该装置是隔爆兼本安型设备，主要适用于煤矿井下 660 V、1140 V 的低压供电系统，可以用于井上下试验漏电保护的漏电跳闸，也可以用于低压供电系统的防越级跳闸及漏电保护动作时间测试。

第七节 补齐抗违章短板专利统计

2000—2019 年发明的补齐抗违章短板专利统计见表 6-1。

表 6-1 补齐抗违章短板专利统计表（按日期排序）

<table>
<tr><th>序号</th><th>名称</th><th>类型</th><th>申请日期</th><th>授权日期</th><th>专利号</th></tr>
<tr><td>1</td><td>安全锁</td><td>实用</td><td>2000-11-29</td><td>2002-12-18</td><td>00264154. 2</td></tr>
<tr><td>2</td><td>一种防爆电气设备开盖断电安全保护器</td><td>实用</td><td>2005-01-10</td><td>2006-01-25</td><td>200520023343. 6</td></tr>
<tr><td>3</td><td>一种安全锁</td><td>实用</td><td>2006-05-09</td><td>2007-05-09</td><td>200620024380. 3</td></tr>
<tr><td rowspan="2">4</td><td rowspan="2">一种超前开盖断电方法及其装置</td><td>发明</td><td>2008-06-19</td><td>2011-03-23</td><td>200810055240. 6</td></tr>
<tr><td colspan="4">美国 8902075、9200751，加拿大 2719030，澳大利亚 2009260076，欧洲 2299554，俄罗斯 2459334，南非 2010/06582，印度 279584，印度尼西亚 ID P 0032926，哈萨克斯坦 26967，哥伦比亚 2661</td></tr>
<tr><td>5</td><td>一种超前开盖断电装置</td><td>实用</td><td>2008-06-19</td><td>2009-04-22</td><td>200820077617. 3</td></tr>
<tr><td>6</td><td>超前开盖断电装置</td><td>实用</td><td>2008-06-19</td><td>2009-01-28</td><td>200820077616. 9</td></tr>
<tr><td>7</td><td>滞后型开盖断电传感器</td><td>发明</td><td>2008-09-20</td><td>2011-10-05</td><td>200810079442. 4</td></tr>
<tr><td>8</td><td>滞后型开盖断电传感器</td><td>实用</td><td>2008-09-20</td><td>2009-06-07</td><td>200820106014. 1</td></tr>
<tr><td>9</td><td>瓦斯超限开盖闭锁方法及装置</td><td>发明</td><td>2009-07-15</td><td>2012-04-25</td><td>200910074934. 9</td></tr>
<tr><td>10</td><td>瓦斯超限开盖闭锁装置</td><td>实用</td><td>2009-07-15</td><td>2011-06-01</td><td>200920103772. 2</td></tr>
<tr><td>11</td><td>锁定多条螺栓方法及装置</td><td>发明</td><td>2009-08-04</td><td>2013-02-20</td><td>200910075088. 2</td></tr>
<tr><td>12</td><td>锁定多条螺栓装置</td><td>实用</td><td>2009-08-04</td><td>2010-08-11</td><td>200920104094. 1</td></tr>
<tr><td>13</td><td>一种矿用开关喇叭嘴防松装置</td><td>实用</td><td>2009-10-12</td><td>2010-07-07</td><td>200920254036. 7</td></tr>
<tr><td>14</td><td>一种超前开盖报警断电装置</td><td>实用</td><td>2010-03-30</td><td>2010-11-03</td><td>201020144857. 8</td></tr>
<tr><td>15</td><td>一种盖板防护装置</td><td>发明</td><td>2012-05-11</td><td>2016-02-24</td><td>201210147572. 3</td></tr>
<tr><td>16</td><td>一种两防锁</td><td>实用</td><td>2012-05-11</td><td>2012-11-21</td><td>201220213265. 6</td></tr>
<tr><td rowspan="2">17</td><td rowspan="2">一种用来锁紧螺杆的两防锁装置及其锁紧螺杆的方法</td><td rowspan="2">发明</td><td>2012-07-09</td><td>2016-05-04</td><td>201210237949. 4</td></tr>
<tr><td colspan="3">美国 10072697，澳大利亚 2013289710，欧洲 2871309，欧亚 025320，加拿大 2863446，南非 2014/05869，印度 1671_ KOLNP_ 2014，印度尼西亚 IDP000063304</td></tr>
</table>

表 6-1（续）

序号	名称	类型	申请日期	授权日期	专利号
18	一种煤矿远方漏电试验方法及设备	发明	2012-12-26	2016-12-28	201210578705.2
			美国 9575109，欧亚 030501，南非 2015/04632		
19	一种喇叭嘴防松装置及防松方法	发明	2013-02-25	2017-05-03	201310057843.0
20	预防煤矿带电作业及瓦斯爆炸的方法及系统	发明	2014-08-11	2018-01-30	201410391907.5
21	一种防爆外壳门盖的抗违章保护设备	实用	2018-05-25	2018-12-21	201820793136.6
22	一种防爆外壳门盖的抗违章保护设备及方法	发明	2018-05-25	受理	201810515605.2
23	一种用于紧固防爆电气设备腔体的方法及装置	发明	2019-02-21	受理	201910128060.4
24	一种用于紧固防爆电气设备腔体的装置	实用	2019-02-21	2020-01-14	2019202180115

表 6-1 中所列专利都是当前补齐抗违章短板所涉技术专利，根据补齐抗违章短板专利开发的具体产品见第七章至第十一章，下一章将介绍智能抗违章保护系统原理。

第七章
智能抗违章保护系统原理

本章导读

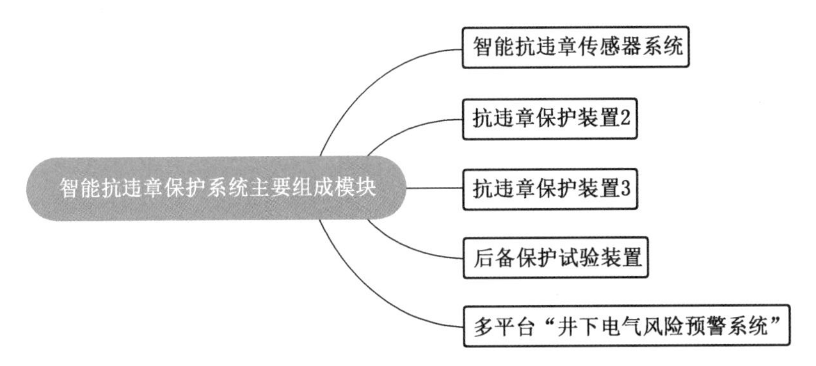

违章行为复杂多变，应用传统技术理论很难识别违章动作信号，导致采用技术手段预控违章行为成为世界性难题，只有人工智能技术才能彻底解决这个难题。

第一节 概 述

一、相关概念

（一）人工智能

人工智能是研究、开发用于模拟、延伸和扩展人的智能的理论、方法、技术及应用系统的一门新的技术科学。人工智能也称为智械、机器智能，是指由人制造出来的机器所表现出来的智能。通常人工智能是指通过计算机程序来呈现人类智能的技术。

（二）智能传感器

智能传感器是一种带有微处理器的，兼有信息检测、信息处理、信息记忆、逻辑思维与判断功能的传感器，是一个以微处理器为内核扩展了外围部件的计算机检测系统。智能传感器的功能是通过模拟人的感官和大脑的协调动作，结合长期的测试技术研究和实际经验提出来的，是一个相对独立的智能单元。智能传感器相比一般传感器，具有数字通信接口功能，直接送入远地计算机进行处理；具有多种数据输出形式（如 RS-232 串行输出、PIO 并行输出、RS-485 总线输出，以及经 D/A 转换后的模拟量输出等），适配各种应用系统。

本书中的抗违章传感器是智能传感器。

（三）智能控制

K.J. 奥斯托罗姆认为，把人类具有的直觉推理和试凑法等智能加以形式化或机器模拟，用于控制系统的分析与设计中，使其在一定程度上实现控制系统的智能化，这就是智能控制。自动调节控制、自适应控制就是智能控制的低级体现。

智能控制与传统控制的主要区别在于传统的控制方法必须依赖于被控制对象的模型，而智能控制可以解决非模型化系统的控制问题。

智能控制具有以下特点：

（1）智能控制的核心是高层控制，能对复杂系统（如非线性、快时变、复杂多变量、环境扰动等）进行有效的全局控制，实现广义问题求解，并具有较强的容错能力。

（2）智能控制采用开闭环控制和定性决策及定量控制相结合的多模态控制方式。

（3）从系统功能和整体优化的角度分析系统，以实现预定目标。智能控制具有变结构特点，能总体自寻优，具有自适应、自组织、自学习和自协调能力。

（4）智能控制具有足够的关于人的控制策略、被控对象及环境的有关知识，以及运用这些知识的能力。

（5）智能控制有补偿及自修复能力和判断决策能力。

本书中的抗违章保护是智能控制。

（四）专家控制系统

20 世纪 80 年代，专家系统技术逐渐成熟及计算机技术迅速发展，使得智能控制和决策研究取得了较大进展。1986 年，K. J. Astrom 发表的《专家控制》中，将人工智能中的专家系统技术引入控制系统，组成了另一种类型的智能控制系统——专家控制。目前，专家控制已有许多成功应用的实例。

专家是指熟练解决专业问题的人们，这种专门技术通常源于丰富的经验，以及处理问题的详细专业知识；专家系统主要是指一个智能计算机程序系统，其内部含有大量的某个领域专家水平的知识与经验，能够利用人类专家的知识和解决问题的经验方法来处理该领域的高水平难题。它具有启发性、透明性、灵活性、符号操作、不确定性推理等特点。应用专家系统的概念和技术，模拟人类专家的控制知识与经验而建造的控制系统，称为专家控制系统。专家控制系统利用一系列规则表示专家知识，利用专家知识对专门的或困难的问题进行描述；用专家系统所构成的专家控制，无论是专家控制还是专家控制器，其相对工程费用较高，而且涉及自动获取知识困难、无自学能力、知识面太窄等问题。尽管专家系统在解决复杂的高级推理中获得较成功的应用，但是专家控制的实际应用相对还比较少。

（五）模式识别

通过计算机用数学技术方法研究模式的自动处理和判读，把环境与客体统称为模式。随着计算机技术的发展，人类有可能研究复杂的信息处理过程，其中的一个重要形式是生命体对环境及客体的识别。模式识别以图像处理与计算机视觉、语音信息处理、脑网络组、类脑智能等为主要研究方向，研究人类模式识别的机理以及有效的计算方法。

模式识别是指对表征事物或现象的各种形式的（数值的、文字的和逻辑关系的）信息进行处理和分析，对事物或现象进行描述、辨认、分类和解释的过程，是信息科学和人工智能的重要组成部分。模式识别是人类的一项基本智能，在日常生活中，人们经常在进行模式识别。随着 20 世纪 40 年代计算机的出现以及 50 年代人工智能的兴起，人们也希望能用计算机来代替或扩展人类的部分脑力劳动。20 世纪 60 年代初计算机模式识别迅速发展并成为一门新学科。

模式可以分成抽象的和具体的两种形式。抽象模式如意识、思想、议论等，属于概念识别研究的范畴，是人工智能的另一个研究分支；人们所指的模式识别主要是对语音波形、地震波、心电图、脑电图、图片、照片、文字、符号、生物传感器等对象的具体模式进行辨识和分类。模式识别研究主要集中在两个方面：一是研究生物体（包括人）是如何感知对象的，属于认识科学的范畴；二是在给定的任务下，如何用计算机实现模式识别的理论和方法。前者是生理学家、心理学家、生物学家和神经生理学家的研究内容；后者通过数学家、信息学专家和计算机科学工作者的努力，已经取得了系统的研究成果。应用计算机对一组事件或过程进行辨识和分类，所识别的事件或过程可以是文字、声音、图像等具体对象，也可以是状态、程度等抽象对象。

本书中的井下作业人员违章带电作业行为识别属于模式识别内容。

二、爆炸环境供电及通信技术

（一）煤矿供电系统

电是现代化煤矿生产的主要能源，对煤矿进行可靠、安全、经济的供电，对提高经济效益及保证安全生产等具有十分重要的意义。因此，煤矿企业对供电提出以下基本要求。

供电可靠性就是要求供电不间断。因为突然中断供电，不仅会影响产量，还可能造成人身伤亡事故或重大设备损坏事故，严重时会造成矿井破坏，如矿井的主要通风设备一旦停电，可能导致瓦斯爆炸及井下人身伤亡等重大事故。为了保证供电的可靠性，供电电源应由两个独立的电源供电。两个独立的电源应来自不同地点或来自同一变电所的不同母线，且电源线路上不得分接任何负荷，如此在一回路电源发生故障的情况下，另一回路仍能保证对生产供电。

供电安全就是在电能的分配、供应和使用过程中，不发生人身触电事故和设备事故，也不引起电气火灾和爆炸事故。尤其是矿井井下等爆炸环境，工作环境特殊，特别容易发生上述事故。因此，矿井必须严格按照《煤矿安全规程》（2001）的有关规定执行，确保安全供电。煤矿安全供电的三大任务是防爆、防火、防触电。

煤矿供电电能来自电力系统，电力系统由发电厂、输电线路和升降压变电所组成。为了保证供电的可靠性，供电系统中各变电所应有独立电源，煤矿供电系统由地面变电所、井下中央变电所、采区变电所和输配电线路组成，地面变电所由两回路电源进线，一般电压为 35 kV，配电电压为 6 kV，凡进入矿井井筒的供电设备及电缆所组成的供电线路均属于井下供电系统。井下供电系统一般包括至少两条高压 6 kV 下井电缆、井下中央变电所、采区变电所、防爆移动变电站、工作面配电点，以及用于输配电用的各类电缆等设施。井下中央变电所一般与井下中央水泵房合建在一个硐室内，设在井底车场附近，电力由地面变电所馈出，经中央变电所配电给井下其他负荷。多个水平生产的矿井，可以在各水平分别设井下中央变电所，在几个采区的适中位置可设分区变电所，由井下中央变电所馈出的电缆供电，配电给其他采区变电所或者防爆移动变电站。采区变电所一般设在上下山接近采区附近。防爆移动变电站主要用于对容量较大的机组电动机供电，允许放置在采掘工作面附近，以缩短低压供电的距离，改善对机组等大容量设备供电质量。

本书中的智能抗违章保护技术可以防触电，防电火花引发瓦斯爆炸、煤尘爆炸及火灾事故，极大地提高了供电安全性。

（二）煤矿通信系统

煤矿通信系统是煤矿六大系统之一，在煤炭生产中占有举足轻重的地位。煤矿通信系统在生产、调度、管理、救援等各环节，通过发送和接收通信信号实现通信及联络，包括有线通信系统和无线通信系统。煤矿通信系统包括调度机房系统主机设备、调度室操作平台、布线系统和终端设备4个部分。

1. 组网模式

一台行政交换机、一台生产调度交换机、一台选煤厂专用调度交换机（有些矿井没有独立的选煤厂，故不设此交换机），再配备井下有线、无线通信系统即构成了理想的煤矿通信网。

2. 行政通信系统

行政通信系统主要为矿井生产、经营、管理和生活提供通信保障，行政通信系统在煤矿通信网中占主导地位。

3. 生产调度通信系统

生产调度通信系统是煤矿安全生产管理中的重要手段之一，在煤炭生产中发挥着非常重要的作用。在地面，生产调度通信系统是行政通信系统不可缺少的重要补充部分，有关规程中规定，在地面如绞车房、中央变电站等重点部位要安装行政、生产两套通信设备，保证一套系统出现故障时，另一套系统能满足生产需要。在井下，生产调度通信系统是主要的通信手段，井下各生产环节的信息主要通过该系统传递。对生产调度通信系统的主要要求是运行可靠。

4. 选煤调度通信系统

选煤厂生产环节多、系统复杂，在煤矿经营中处于非常重要的地位。由于它与井下生产联系不十分紧密，所以在考虑组网模式时，选煤厂应该独自建一套调度通信系统，供厂内生产调度指挥使用。选煤调度通信系统必须与矿井行政、生产两通信系统实现NO.1信令组网。

5. 计算机、安全监测、监控系统

矿井计算机、安全监测、监控系统等配套系统种类较多，传输信号制式各异。系统的各种信息要及时传递到矿井主调度室，同时部分信息要进入生产调度通信系统供有关部门掌握，所以要求生产调度通信系统要有各种可扩展的接口，能够与各系统联网。

（三）单片机

单片机是一种集成电路芯片，是采用超大规模集成电路技术把具有数据处理能力的中央处理器CPU、随机存储器RAM、只读存储器ROM、多种I/O口和中断系统、定时器/计数器等（可能还包括显示驱动电路、脉宽调制电路、模拟多路转换器、A/D转换器等电路）集成到硅片上的微型计算机系统，在工业控制领域广泛应用。由20世纪80年代的4位、8位单片机，发展到现在300M的高速单片机。

（四）总线

总线是计算机各种功能部件之间传送信息的公共通信干线，是由导线组成的传输线束。按照计算机传输的信息种类，计算机总线可以分为数据总线、地址总线和控制总线，分别传输数据、数据地址和控制信号。总线是一种内部结构，是中央处理器、内存、输入设备、输出设备传递信息的公用通道，主机的各个部件通过总线相连接，外部设备通过相

应的接口电路再与总线相连接，从而形成了计算机硬件系统。

计算机系统中，各个部件之间传送信息的公共通路叫作通信总线，计算机是以总线结构来连接各个功能部件的，它是计算机系统之间或者计算机主机与外围设备之间的传输通路。

（五）RS-485 总线

RS-485 总线采用平衡发送和差分接收，具有抑制共模干扰的能力。总线收发器灵敏度高，能检测 200 mV 的电压，因此传输信号能在千米以外得到恢复。有些 RS-485 收发器修改输入阻抗以便将多达 8 倍以上的节点数连接到相同总线。RS-485 总线最常见的应用是在工业环境下可编程逻辑控制器内部之间的通信。RS-485 总线采用半双工工作方式，支持多点数据通信。RS-485 总线网络拓扑一般采用终端匹配的总线型结构，即采用一条总线将各个节点串接起来，不支持环形或星型网络。

（六）CAN 总线

CAN 总线协议已经成为汽车计算机控制系统和嵌入式工业控制局域网的标准总线。CAN 总线属于现场总线的范畴，它是一种有效支持分布式控制或实时控制的串行通信网络。相比较 RS-485 基于 R 线构建的分布式控制系统，基于 CAN 总线的分布式控制系统具有明显的优越性：

（1）网络中各节点之间的数据通信实时性强。CAN 控制器工作于多种方式，网络中各节点都可以根据总线访问优先权（取决于报文标识符）采用无损结构逐位仲裁的方式竞争向总线发送数据，且 CAN 协议废除了站地址编码，而对通信数据进行编码，可以使不同的节点同时接收到相同的数据。这些特点使 CAN 总线构成的网络中各节点之间的数据通信实时性强，并且容易构成冗余结构，提高了系统的可靠性和灵活性。利用 RS-485 总线只能构成主从式结构系统，通信方式也只能以主站轮询的方式进行，系统的实时性、可靠性较差。

（2）开发周期短。CAN 总线通过 CAN 收发器接口芯片 82C250 的两个输出端 CANH 和 CANL 与物理总线相连，而输出端 CANH 的状态只能是高电平或悬浮状态，输出端 CANL 只能是低电平或悬浮状态。这就保证不会出现当系统有错误，多节点同时向总线发送数据时，导致总线出现短路，从而出现损坏某些节点的现象。CAN 节点在错误严重的情况下具有自动关闭输出功能，使总线上其他节点的操作不受影响，从而保证不会出现因个别节点出现问题，使总线处于“死锁”状态。CAN 具有的通信协议，可由 CAN 控制器芯片及其接口芯片来实现，从而降低系统开发难度，缩短开发周期，这些是仅有电气协议的 RS-485 总线无法比拟的。

本书中的抗违章传感器通过 CAN 总线与抗违章保护分站连接。

第二节 智能抗违章保护系统

一、简介

（一）主要发明点

（1）率先发明创造了抗违章开盖传感器系列产品。

（2）首创了在越过“违章红线”前智能识别违章行为并转换为电信号技术。

(3) 首创了抗违章保护技术。在“违章红线”前安装抗违章开盖传感器作为违章模式识别器，智能识别违章动作信号并转换为电信号，输入专家知识推理器（如抗违章保护分站），智能控制危险化解装置（如电源开关）实现抗违章报警、断电、闭锁保护。

(4) 组合发明了防治带电作业及瓦斯爆炸的抗违章技术系统，组合要素包括防电软件、抗违章保护装置1~3、配套的其他系统、抗违章后备保护及核心部件抗违章开盖传感器。核心技术产品包括仿安全员定点监控抗违章短板技术、在用设备智能化升级的无损连接安装系列技术、把漏电保护作为后备保护技术、抗违章技术产品两防锁和防松锁。

(5) 重新配置了供电系统应具有的短路保护、漏电保护、保护接地和抗违章保护“四大保护”价值体系，以及“想违章违不成，即使违章也造不成事故”的价值体系；控制了易违章产生电火花的各个部位，可以防范绝大部分违章带电作业事故。

(二) 查新报告

抗违章保护技术及上述发明点填补了国内外技术空白，两防锁、防松锁技术性能超过国外同类产品性能。

(三) 专利授权

涉及发明专利27项，其中核心专利“一种超前开盖断电方法及其装置”除获我国发明专利外，还获美国等30多个国家和地区发明专利授权。

(四) 技术指标

误（违章）动作信号转换为电信号时间小于或等于10 ms；误（违章）动作信号转换为电信号准确率100%；控制误（违章）执行时间小于或等于20 ms；抗违章人为失效时间大于30 min。

(五) 应用情况

山西省内几乎所有煤矿都应用了抗违章技术1.0~4.0系列产品，省外部分煤矿，如开滦集团等也有应用。

(六) 效益

抗违章技术1.0~4.0系列产品总销售额达2亿多元，交税2000多万元；已应用在同煤集团、焦煤集团、阳煤集团、晋煤集团、潞安集团、中煤平朔等约45万台防爆设备上，省外部分煤矿也大量使用，为煤矿节约6.75亿元。到2021年为止，共产生经济效益约8.95亿元，能降低约50%的机电事故。

二、原理

(一) 系统结构及主要功能

智能抗违章保护系统，与短路保护、漏电保护对应，可以简称为违误操作保护。如图7-1所示，智能抗违章保护系统基于在用的电源开关、负荷开关、电动机、网络、断电仪等设备，由多个要素模块组合而成，包括智能抗违章传感器系统（抗违章保护装置1）、抗违章保护装置2、抗违章保护装置3、智能抗违章后备保护试验装置、多平台井下电气风险预警系统、甩保护预警（控）系统等。抗违章技术系列产品分为抗违章技术1.0、抗违章技术2.0、抗违章技术3.0、抗违章技术4.0系列产品。

1. 主要组成模块

(1) 智能抗违章传感器系统（抗违章保护装置1）。补齐接线空腔和开关门盖的抗违章短板，防止接线空腔盖板及开关门盖被违章（或误）带电打开产生引爆瓦斯的电气火花。违章时必然要经过“违章过渡过程”，在该过程中将行为动作状态转化为电信号，实现智能控制。智能抗违章传感器系统可以通过设备通信口将电压、电流等运行状态信号以4G、5G或WiFi等无线方式向网络发送，可以识别违章行为，可以提供应急救援用品及定位服务等。

（2）抗违章保护装置2。补齐闭锁装置的抗违章短板，防止违章（或误）使用非专用工具送电或带电打开门盖。

（3）抗违章保护装置3。补齐接线装置的抗违章短板，防止违章（或误）松动喇叭嘴，产生引爆瓦斯的电气火花。

（4）智能抗违章后备保护试验装置。在远方及地面试验漏电保护动作的可靠性，当抗违章保护由于某种原因失灵后，违章带电作业造成漏电故障时，漏电保护能可靠动作，而不发生拒动。

（5）多平台井下电气风险预警系统。井下电气风险预警APP、调度中心风险预警显示、机电安全监管部门风险预警显示等，通过互联网形成多平台的智慧网络，做到随时随地风险早发现，事故早预防。

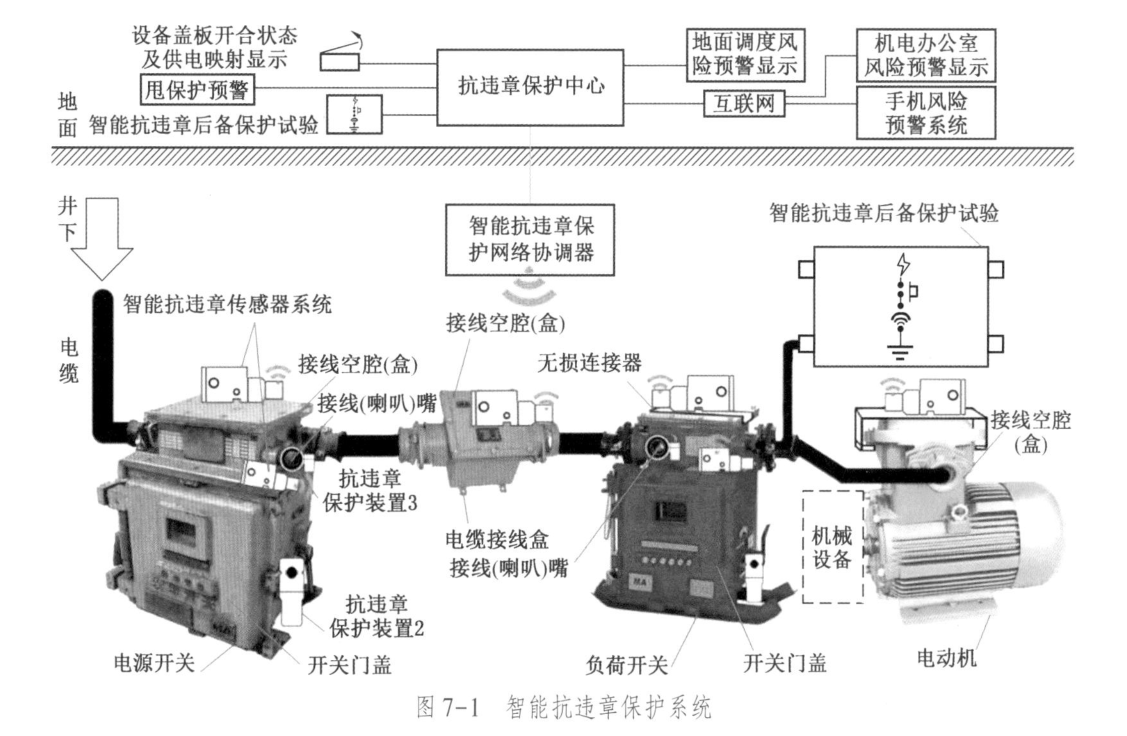

图7-1　智能抗违章保护系统

（6）甩保护预警系统。实现甩保护后报警或闭锁不能送电，补齐供电系统存在的甩保护抗违章短板。

2. 主要功能

（1）“三开一防”功能。开盖（或门）前报警、开盖（或门）前断电、开盖（或门）后闭锁（打开开关等接线空腔盖板或门盖后，闭锁不能向该设备送电），以及防止使用非专用工具违章（或误）打开开关等电气设备接线空腔盖板或门盖（与两防锁配合）。

（2）“两开一防”功能。开盖（或门）前报警、开盖（或门）后闭锁（人工停电后，打开开关等设备接线空腔盖板或门盖作业时，闭锁不能向该设备送电），以及防止使用非专用工具违章（或误）打开开关等电气设备接线空腔盖板或门盖（与两防锁配合）。

（3）“一开一防”功能。开盖（或门）前报警、防止使用非专用工具违章（或误）打开开关等电气设备接线空腔盖板或门盖。“一防”功能也可以在没有报警功能的条件下单独实现。

（4）“有电闭锁”功能。防止有电时违章（或误）打开开关等电气设备接线空腔盖板。按功能分为：有电闭锁 1、有电闭锁 2 和有电闭锁 3。有电闭锁 1 功能为当接线空腔上级电源带电时，智能抗违章传感器系统可以实现有电闭锁，无论专职人员还是非专职人员，无论使用专用工具还是非专用工具，都打不开接线空腔盖板；当无电时，自动解锁，使用专用工具才能打开接线空腔盖板，并在开盖前实现报警。“有电闭锁 2”功能为不仅在开盖前实现报警，还能在开盖后实现闭锁不能送电。“有电闭锁 3”没有开盖报警和开盖闭锁功能。

智能抗违章保护系统整体功能：实现“想违章违不成，即使违章也造不成事故”。

（二）智能抗违章开盖传感器系统

智能抗违章开盖传感器系统包含中国发明专利：一种超前开盖断电方法及其装置、锁定多条螺栓方法及装置、一种盖板防护装置、瓦斯超限闭锁方法及装置等。

1. 结构特征

智能抗违章传感器系统分为智能抗违章开盖/门传感器系统、有电闭锁/瓦斯超限闭锁/非专职人员有电闭锁型智能抗违章传感器系统。

智能抗违章开盖传感器系统包括：抗违章开盖传感器、无损连接装置（商品名为隔爆面防护罩）、有线信号转换器、单片机嵌入系统、无线通信模组、I/O 接口、电源等，其外形如图 7-2a 所示，智能抗违章开盖传感器系统结构如图 7-2b 所示。

（1）核心技术特征 1。能与爆炸环境中任何在用防爆设备盖板或门无损连接，不改动防爆设备结构，不更换一条螺栓（帽），就可以把各种开盖传感器安装在设备螺栓头上面。

（2）核心技术特征 2。内装传感器芯片，芯片装有自主设计的程序，可以把动作信号转换成违章或遵章行为电信号，然后就地报警并传输给监控系统。

（3）核心技术特征 3。抗违章开盖传感器安装在爆炸环境电气设备的接线空腔（盒）盖板（或门）外部，在越过“违章红线”前（即松动盖板螺栓前），把“将违章开盖”动作信号转换为电信号，也可以把盖板开合状态信号超前转换为电信号。

（4）核心技术特征 4。各种传感器都没有锁定盖板紧固螺栓的机械锁机构，擅自开盖现象时有发生；传统的锁是锁固定门的，所以锁芯固定在锁体上，而矿用电气设备是流动使用的，如何设计一种方便实用的、锁定流动电气设备盖板的、实现防止擅自开盖操作的机械锁机构，是另一个难题。传统的门锁设计是一把钥匙开一把锁，而井下成千上万台电气设备就需要成千上万把钥匙，显然不适合煤矿使用，并且门锁钥匙易生锈。火车门锁是一把钥匙可打开所有的车门，而煤矿井下要求非专职人员不能擅自操作电气设备，各队组之间的设备不能相互打开，显然火车门锁也不适合煤矿管理使用。

两防锁结构如图 7-2b 所示，包括锁钥、锁芯、锁套等。首先安装距离套（螺栓套），再扣上传感器，拧入可互换的特种锁芯，可防止尖嘴钳、镊子等井下常用工具开锁。设计锁芯及对应锁钥25种，以适应井下队组管理模式，并且用一种专门管理的“密钥”，可以使任何一台设备接线空腔盖板置于解锁状态或锁定状态，以方便处理事故。两防锁结构与普通门锁和火车门锁不同。例如，锁芯与锁钥内外齿轮对应咬合，锁芯设计成可取下且可互换的独有结构，并装有防松珠，可防止尖嘴钳镊子等工具开锁；每个使用单位只要有一种专用锁钥及其对应锁芯，就可以锁定任何电气设备，而没有专用锁钥的其他单位无法锁定；锁钥、锁芯多样性；锁钥、锁芯、锁体之间相互碰撞时，或与其他元件相互碰撞时不产生电火花；在处理事故等特殊情况下，用一种专门管理的“密钥”，可使任何一台设备接线空腔盖板置于解锁状态或锁定状态，以方便处理事故。

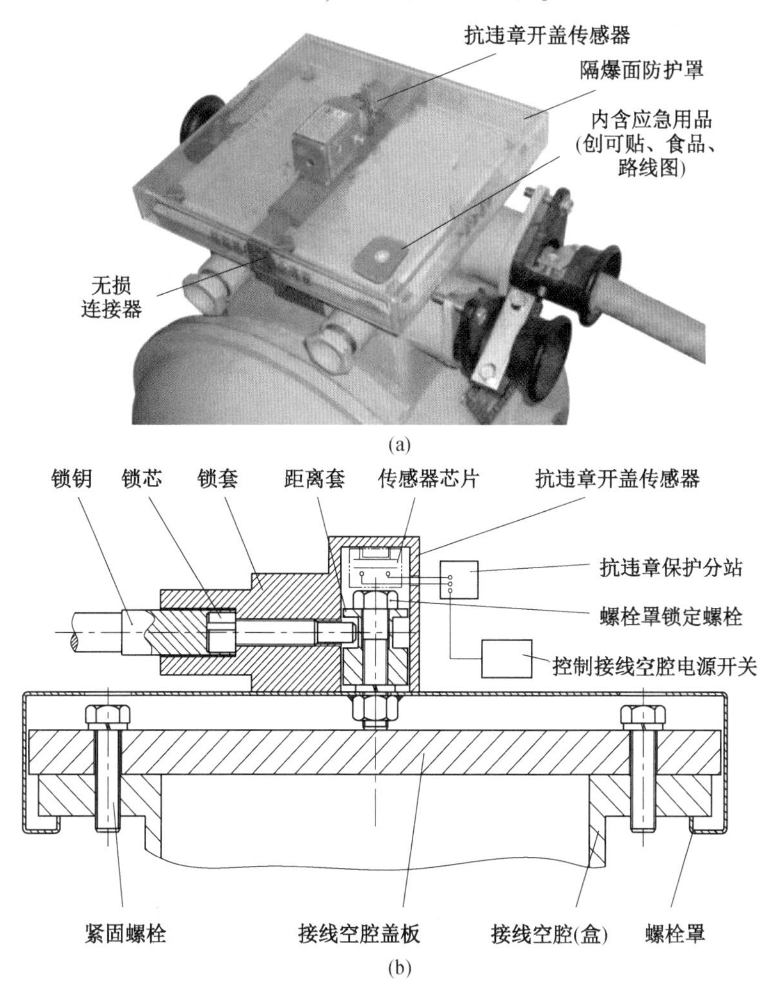

图7-2 智能抗违章开盖传感器系统外形与结构示意图

抗违章开盖传感器系列产品包括矿用本安型开盖传感器、矿用浇封型开盖传感器、矿用浇封兼本安型开盖传感器3种。国内外没有同类产品，填补了一项国内外技术空白（见附录4查新报告）。

2. 功能及指标

（1）主要功能1。具有智能识别功能，不仅可以用于抗违章保护系统识别违章行为，也可以防止没有锁钥的非专职人员违章擅自开盖操作，还可以用于爆炸环境任一电气设备盖板开合状态（人员作业或不作业）监控使用。

（2）主要功能2。抗违章智能传感器不与抗违章保护系统连接也可以单独使用，但仅能实现违章开盖报警及防止非专职人员擅自违章开盖操作，不能断电和闭锁。

（3）主要指标。违误动作信号转换为电信号时间小于或等于10 ms；违误动作信号转换为电信号准确率：100%。

（三）专家智能识别违章行为技术原理

1. 在先技术背景

在先技术检出违章带电开盖信号方法示意如图7-3所示，都是在违章拧开接线盒盖板紧固螺栓“开盖后”，接线盒盖板与接线盒出现足够大的缝隙时，行程开关动作，检出违章带电“开盖后”信号。但井下防爆电气设备不同于非防爆设备，只要接线盒盖板紧固螺栓松动，就会失爆（失去防爆性能），火焰就会喷出，就能引爆瓦斯。显然，违章带电“开盖后”再取出违章行为信号就没有意义了。因此，违章带电开盖信号的识别，必须在“将开盖”状态时进行。“将开盖”状态是指紧固螺栓将要松动，但还没有“失爆”的状态。

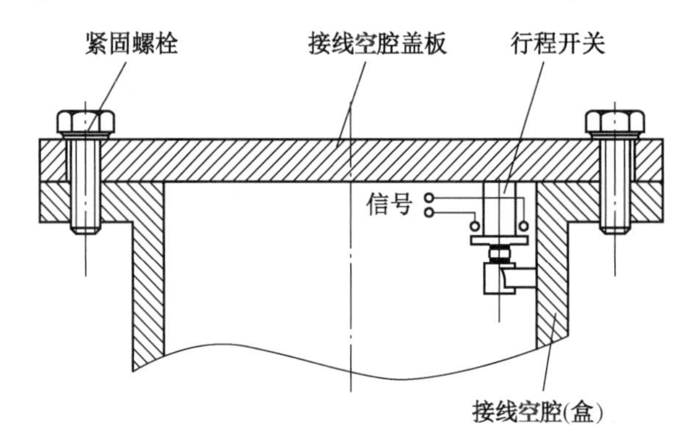

图7-3 在先技术检出违章带电开盖信号方法示意图

人的违章开盖带电作业动作复杂多变，应用传统技术很难识别违章行为，必须应用智能技术才能识别违章行为。仿人智能控制是人工智能领域的一个重要分支，仿人御敌智能为违章者设置了一个违章行为识别装置，发明了具有创造性的关键技术“长城御敌算法”，以识别复杂多变的违章行为。

2. 长城御敌算法

如图7-1及图7-2所示，违章行为识别装置由螺栓罩及两防锁机构组成，两防锁机构将开盖传感器锁定在螺栓罩锁定螺栓上。识别违章行为的技术原理是：非专职人员没有专用锁钥，打不开锁，不能违章开盖操作；专职人员要开盖必须打开螺栓罩，要打开螺栓罩必须拧松螺栓罩锁定螺栓，要拧松螺栓罩锁定螺栓必须用专用锁钥先开锁，开锁后才能取下开盖传感器；取下开盖传感器时，机械动作触动传感器芯片，把“将开盖”动作信号转换为电信号传给传感器芯片，芯片中的专家知识程序进行推理，从严判定为“将违章开盖”动作，就地发出声光报警的同时，传输给予井上下网络连接的抗违章保护分站。

在作业人员与危险源之间设置一块隔离栅（图7-1及图7-2中的螺栓罩），在隔离栅上设置一个三输入端与门Y(图7-1及图7-2中的两防锁机构等)。当与门的身份认证输入端i_1(如锁钥)、第一步接近危险源输入端i_2(如开锁)、进一步接近危险源输入端i_3(如取下抗违章开盖传感器)，都输入高电平时，相当于锁钥、锁芯对上号时 $i_1=1$、两防锁被解锁时 $i_2=1$、抗违章开盖传感器被取下时 $i_3=1$，根据爆炸环境安全第一的特殊要求，从严判定该动作信号为违章信号，并转化为电信号，从输出端 u 输出到抗违章保护的专家知识推理器进一步判断。

智能识别违章行为长城御敌算法逻辑表达式：$u=i_1i_2i_3$，逻辑关系示意如图 7-4 所示。i 的值域 $\{0，1\}$，$i=1$ 时表示符合条件；$u=1$ 时表示初判为违章信号后输出电信号。

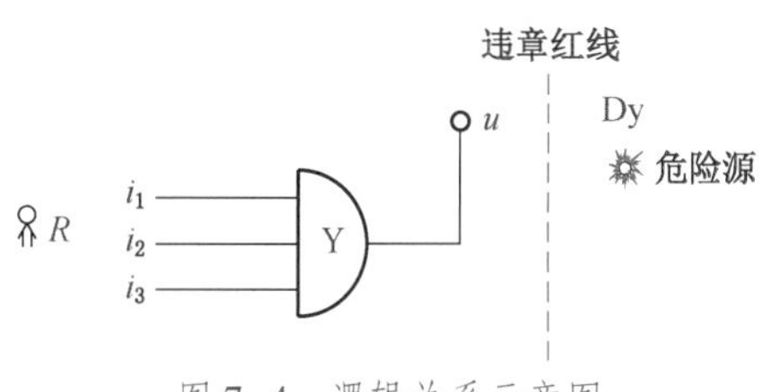

图 7-4　逻辑关系示意图

3. 主要性能对比

在先技术检出的违章“开盖后”信号方法，除存在失爆后才检出的不足之处外，还有以下不足：①必须在接线空腔内部加装行程开关等元器件，行程开关动作时产生电火花，影响防爆安全，GB 3836 系列国家标准不允许在在用设备上加装，只能在新制造的开关上使用；②为了实现开盖断电，必须连接开关内部控制线，电机及电缆接线盒中一般没有控制线，所以不能使用。

长城御敌算法识别违章“将开盖”行为信号方法，除了具有失爆前检出信号优点外，还能在不更换在用电气设备的条件下，不改动在用设备，不动一条螺栓，只加装一个螺栓罩或顶丝套，就可以从井下在用开关、电机、变压器、电缆等所有电气设备接线盒上识别违章“将开盖”行为信号。由于能检出违章“将开盖”行为信号，通过电脑芯片智能处理，在“将开盖”还未违章作业时，就通过井上下网络报警、断电并闭锁，也就超前预控了人的误（违章）带电作业行为；能识别处理违章“将开盖”行为信号，同时也能识别“遵章”“将开盖”行为信号，也就能超前识别盖板状态信号，为在用防爆电气设备接线空腔盖板状态监测监控、实现在线电气操作手机风险预警，创造了新的盖板开合状态识别方法。目前，国内外没有任何其他技术或装备，能在不更换在用设备的条件下识别违章“将开盖”行为信号的方法。

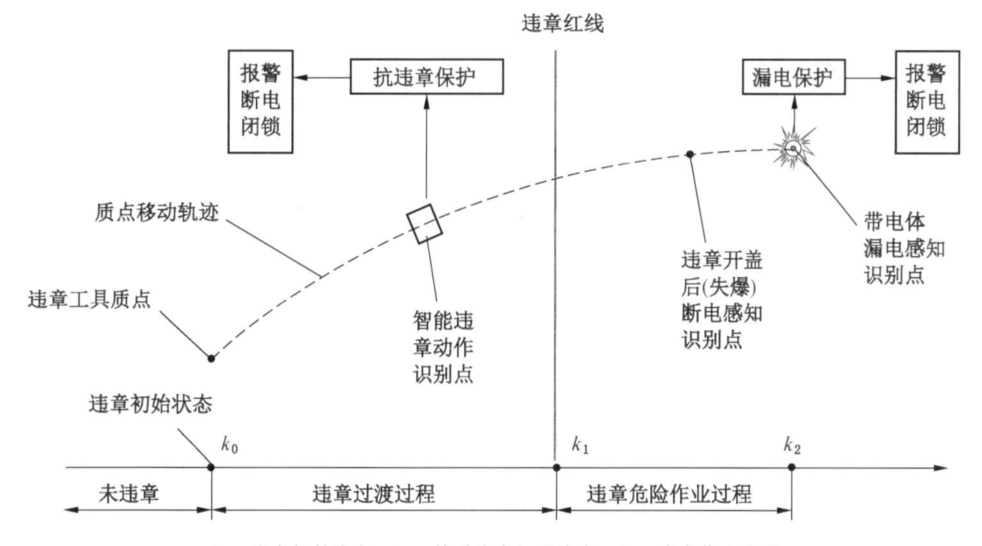

k_0—违章初始状态；k_1—触碰违章红线状态；k_2—违章停止状态

图 7-5　智能识别违章行为技术与漏电继电器识别触电信号对比示意图

4. 特点及意义

智能识别违章行为技术与漏电继电器识别触电信号对比如图 7-5 所示。智能识别违章行为技术是在违章人员还没有越过“违章红线”时，即还没有触电时，就将违章信号超前转换为电信号，这是该技术的本质特点。在爆炸环境中，智能识别违章行为技术是发生违章事故前预控违章作业的先决条件，但漏电保护不具备这种性能。

（四）抗违章保护技术原理

1. 在先技术背景

在违章带电作业之前，供电线路的绝缘电阻不会降低，绝缘监视保护装置不会动作保护，短路、漏电和接地电流或电压也没有产生，“三大保护”也不会动作保护，所以，“三大保护”起不到超前预防违章带电作业的作用，只能在违章带电作业造成短路、漏电和接地故障后进行断电保护。因此，国内外预防违章带电作业都是靠人防，而不能像“三大保护”那样进行技防。

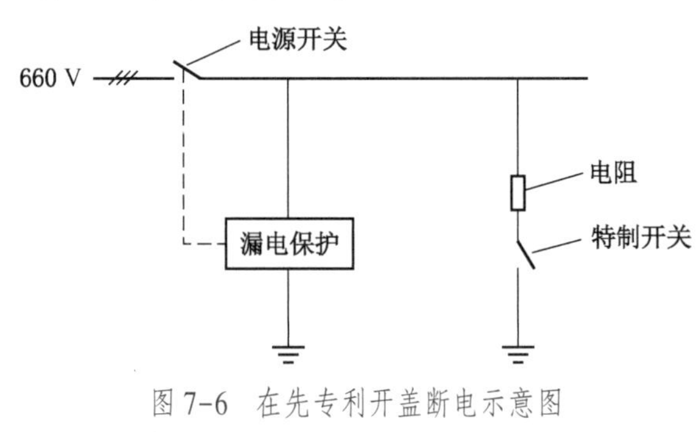

图 7-6 在先专利开盖断电示意图

“一种防爆电气设备开盖断电安全保护器 200520023343.6”权利要求 1：从电源侧某一相上引线连接闭锁电阻 Rb，再引线连接开关 AJ 或 CK 常闭节点的一端，常闭节点另一端接地。“矿用分级闭锁隔爆真空电磁启动器综合保护装置及方法 200710010531.9”权利要求 2 与此类似。在先专利开盖断电原理如图 7-6 所示，都是在“开盖后”，特制开关闭合，把电阻接入强电系统，造成漏电故障，引起漏电保护动作，实现开盖断电。

2. 抗违章保护技术原理

抗违章保护技术中的联网实现“开盖报警、开盖断电、开盖闭锁”，记录在“一种超前开盖断电方法及其装置”权利要求 1 中，其原理如图 7-7 所示。盖板打开前，“将开盖”时（开盖过渡过程），触动动作传感器，连通安全保护监控器，发出指令，命令电源开关切断电气设备电源或报警（超前开盖断电和报警），在盖板打开期间，动作传感器节点闭合，实现开盖闭锁送不上电。

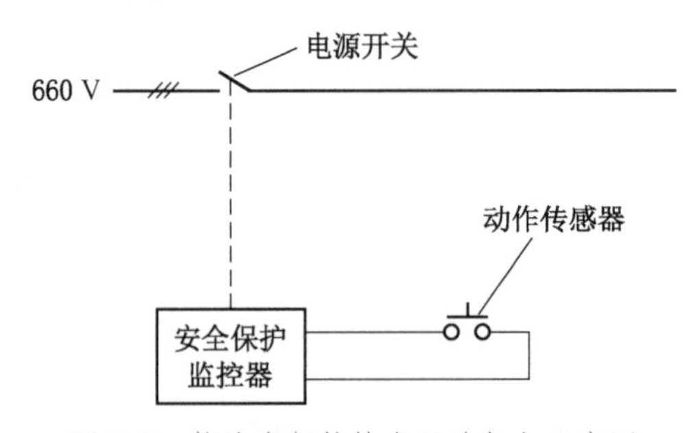

图 7-7 抗违章保护技术开盖断电示意图

抗违章保护技术包括非联网抗违章保护技术、井下有线联网抗违章保护技术、地面有线联网抗违章保护技术、移动互联智能抗违章保护技术、4G/5G 云计算抗违章保护技术等。

井下联网实现超前开盖报警、开盖断电、开盖闭锁，技术及装置原理示意如图 7-8 所示。技术方法是：将开盖传感器用无损连接技术安装在电气设备接线盒盖板紧固螺栓上，与超前开盖断电系统联网运行，并在超前开盖断电系统中装入有关软件。当要开盖时，在未拧松盖板紧固螺栓致盖板间隙增大（失爆）前，超前发出声光报警、超前切断该设备电源（开盖报警、开盖断电），开盖后，禁止向该设备送电（开盖闭锁），合盖后，解除闭锁可送电。

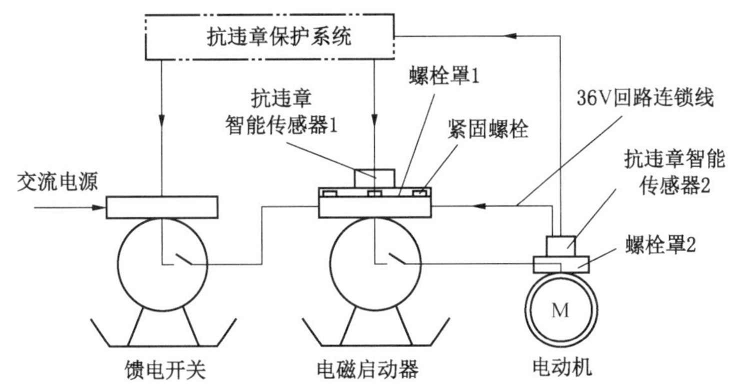

图 7-8　井下超前开盖断电技术及装置原理示意图

由于该技术能检出“将违章开盖”信号，通过电脑芯片智能处理，在人“将违章开盖”还未违章作业时，就通过井上下网络报警、断电并闭锁，即超前预控了人的违误带电作业行为，并实现了智能化，产生了巨大的安全效益和经济效益。抗违章保护装置 1~3 都有无损连接，节省了巨额成本费用。抗违章保护技术应用实例如下。

【实例 1】晋城煤业集团凤凰山煤矿的某变电所和掘进工作面利用原有的电力监控系统作为抗违章保护系统，如图 7-9 所示。当作业人员取下安装在螺栓罩紧固螺栓上的本安型抗违章智能传感器时，作业人员还处在违章过渡过程中，还没有松动盖板紧固螺栓，还

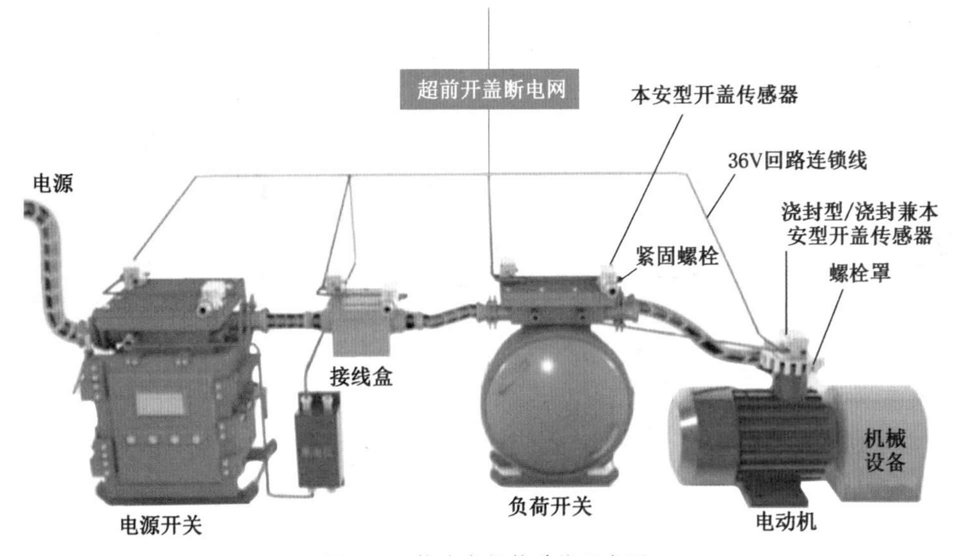

图 7-9　抗违章保护系统示意图

图 7-10 应用抗违章保护系统照片

没有触碰违章红线。这时其节点就开始做出反应动作，在就地报警的同时，经智能传感器芯片处理，把违章动作信号转换为电信号，传输给电力监控系统分站。电信号经该分站电脑处理，向馈电开关通信口或远控分励电路发出断电指令，馈电开关断电，并闭锁不能向该电磁启动器送电。同时将有关信号通过以太网传送到地面调度室。调度室通过工业控制计算机可以监视全过程，必要时还可以按规定解除闭锁。该系统从 2011 年 4 月开始运行，一直使用，效果良好。应用照片如图 7-10 所示。

【实例 2】同煤集团塔山煤矿的智能抗违章保护系统如图 7-11 所示，在负荷开关接线空腔盖板上安装无损连接装置——螺栓罩，盖住接线空腔盖板的紧固螺栓，以防止擅自松动紧固螺栓而违章带电作业。在螺栓罩上安装抗违章开盖传感器，其上有锁钥、锁芯和锁壳构成的锁结构，没有专用锁钥的非专职人员无法违章带电作业。当专职人员取下安装在负荷开关上的抗违章开盖传感器时（这时违章人员还没有触碰违章红线而松动盖板紧固螺栓），触动传感器节点动作，经内部专家知识程序推理分析，从严判定为违章操作，将违章动作信号转换为电信号，一路控制输出就地报警，另一路传输给智能抗违章保护分站，经抗违章保护分站智能处理，向上级电源开关发出断电指令。如果电源开关没有断电，则控制其断电，并闭锁不能向该负荷开关送电；如果电源开关已断电，则控制其闭锁；将断电、闭锁结果经抗违章保护分站传输到地面 PC 或手机 APP，同时将断电、闭锁状态信息反馈给井下专职人员；非专职人员由于没有专用工具，不能擅自开盖作业，设备保持原状态。

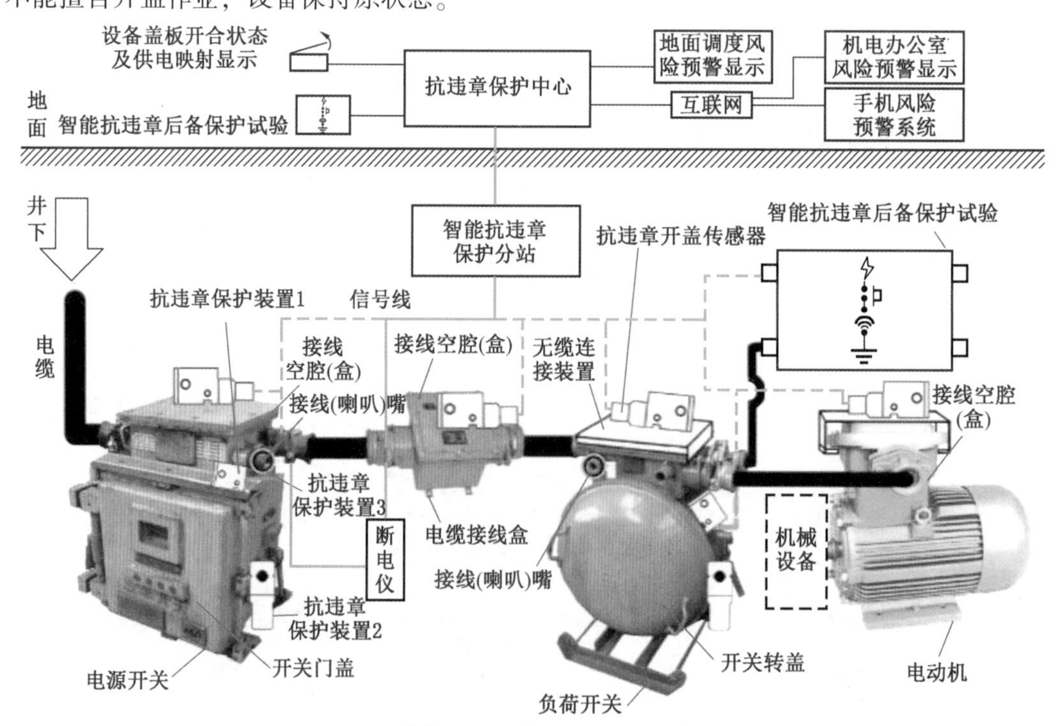

图 7-11 同煤集团塔山煤矿的智能抗违章保护系统

抗违章保护系统可以是电力监控系统、矿井安全监控系统、馈电开关远控分励电路或电磁启动器启动停止回路等，但不包括漏电跳闸系统，这与开盖断电技术不同。

两个应用实例的共同特征是在违章过渡过程中（即从违章初始状态过渡到触碰违章红线状态的过程），违章已经开始将要开始违章危险作业，但还未开始危险作业，还在安全状态，还没有触碰到违章红线。

1）智能抗违章保护功能结构

如图 7-12 所示，智能抗违章保护由违章模式识别器、专家知识推理器、危险化解装置 3 部分组成，有 1 个输入端、4 个输出端。

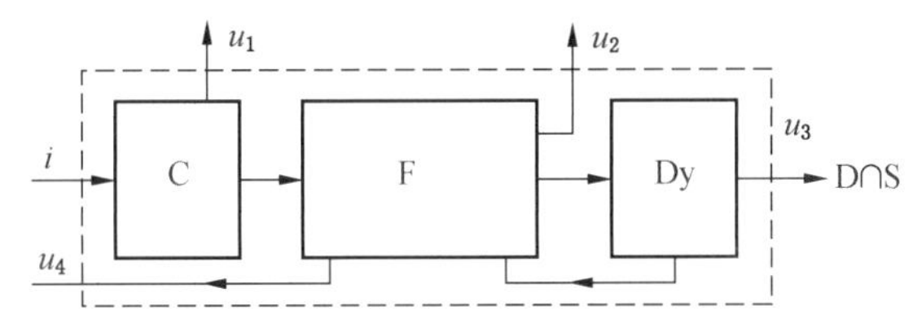

i—输入；C—违章模式识别器（如智能抗违章开盖传感器）；u_1—就地报警输出；F—专家知识推理器（如抗违章保护分站）；u_2—向地面输出；Dy—危险化解装置（如电源开关）；D—断电；S—闭锁；u_3—危险化解输出；u_4—向井下专职人员反馈信号

图 7-12　智能抗违章保护功能结构示意图

2）智能抗违章保护控制规则（逻辑关系）

（1）IF $i=Z$ THEN $u_1=B$ $u_2=Wz\cup Ww$ $u_3=D\cap S$ $u_4=D\cup S$。Z 为专职人员违章信号；$\overline{Z}$ 为非专职人员违章信号；X 为操作未起作用，设备保持原状态；Wz 为遵章开盖信号，Ww 为违章开盖信号。

（2）IF $i=\overline{Z}$ THEN $u_1=u_2=u_3=u_4=X$。

3）输入—输出控制函数图

如图 7-13 所示，$B\cup D\cup S$ 表示报警或断电或闭锁状态。专职人员作业时，实现报警或断电或闭锁保护；非专职人员操作无效，设备保持原状态。

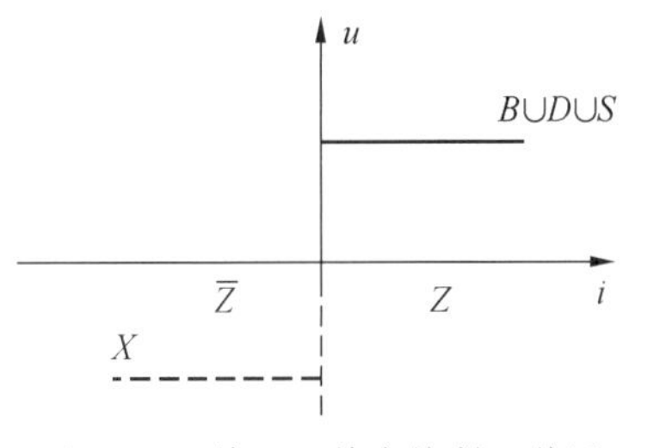

图 7-13　输入—输出控制函数图

3. 主要性能对比

独创的主要指标为控制违误执行时间小于或等于 30 ms(5G)；控制违误执行时间小于或等于 60 ms(4G)。

一些开盖后断电技术违反严禁带电作业要求，一些人为接地开盖断电技术把电阻接入强电系统，都存在重大隐患，故不宜与该技术对比。该技术能在开盖前控制报警断电闭锁，且不需接入电阻，安全可靠性很高。系统整体技术全面应用后，可以预防全国乃至全世界约 50% 的瓦斯爆炸及 50% 的机电事故。

（五）专家智能型抗违章技术系统

专家智能型抗违章技术系统属于矿山安全学科，专利名为预防煤矿带电作业及瓦斯爆炸的方法及系统（组合发明），由多个要素模块组成（图 7-11）。根据不同组合，该系统分为 KWZ4.0 系统、KWZ3.0 系统、KWZ2.0 系统和 KWZ1.0 系统，对应 4 个危险等级区域，违章带电作业最高危险性区域为采掘工作面、变电硐室、配电点、设备列车；次危险性区域为掘进巷道、采煤工作面回风巷；一般危险性区域为开拓巷道和通风大巷；低危险性区域为运输大巷和人行道。

1. 模仿安全员定点监控抗违章短板技术

爆炸环境工作经验表明，有安全员现场监控的设备就不发生违章作业。我国爆炸环境中有大量的防爆设备，每台设备24 h派安全员监控显然是不可能的。全国井下约有239万个电气设备及电缆接线空腔（盒），基本存在抗违章短板，是高危险部位，发生违章带电作业事故的经验概率约是65%。模仿安全员智能监控违章方法分类监控违章作业，在违章带电作业危险性最高的设备接线空腔（盒）上加装智能抗违章传感器系统，联网实现抗违章保护的“三开一防”功能，补齐抗违章短板。

全国井下约有81.5万个隔爆开关门盖及闭锁装置（包括停送电隔离开关、按钮），基本都存在抗违章短板，是次危险部位，发生违章带电作业事故的经验概率约是30%。在开关门盖上安装抗违章保护装置1，与抗违章保护分站联网仅实现“三开”，在危险性一般的连锁装置上安装抗违章保护装置2(两防锁)，实现“一防”。

全国井下约有554万个螺旋式喇叭嘴，基本都存在抗违章短板，是一般危险部位，加装“防松锁”实现“一防”，防止违章松动接线（喇叭）嘴，补齐抗违章短板。

在各个危险部位进行24 h监控，比安全员更可靠且成本低，这些违章带电作业危险性部位称作抗违章短板。仿安全员定点监控示意如图7-14所示，仿安全员智能监控8条控制规则如下：

$$\text{IF } i_1=Z \text{ THEN } u_1=B\cap D\cap S$$

$$\text{IF } i_1=\overline{Z} \text{ THEN } u_1=X(\text{操作无效})$$

$$\text{IF } i_2=Z \text{ THEN } u_2=B\cap D\cap S$$

$$\text{IF } i_2=\overline{Z} \text{ THEN } u_2=B\cap D\cap S$$

$$\text{IF } i_3=Z \text{ THEN } u_3=1(\text{有效})$$

$$\text{IF } i_3=\overline{Z} \text{ THEN } u_3=X$$

$$\text{IF } i_4=Z \text{ THEN } u_4=1$$

$$\text{IF } i_4=\overline{Z} \text{ THEN } u_4=X$$

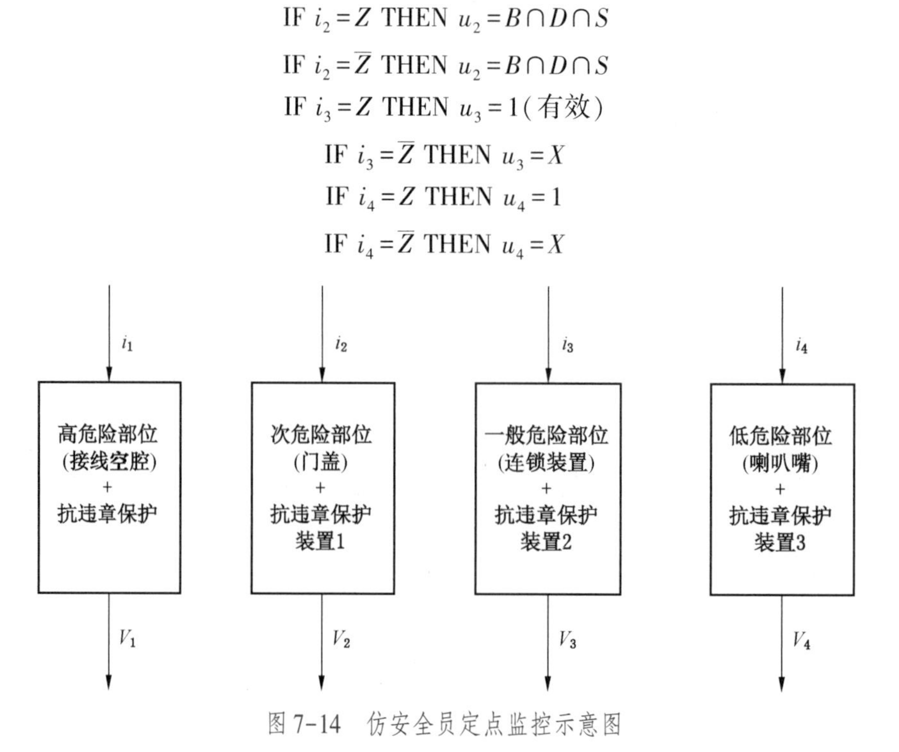

图7-14 仿安全员定点监控示意图

2. 抗违章保护的后备保护技术

任何保护装置都可能失灵，智能抗违章保护系统失灵后怎么办？漏电保护是抗违章保护的后备保护，当智能抗违章保护系统由于某种原因失效，仍发生违章带电作业而触碰到带电体时，漏电保护进行断电闭锁保护，减小带电作业事故后果。加装甩保护预警（控）系统及智能抗违章后备保护试验装置，提高了漏电保护运行的可靠性。抗违章保护的后备保护技术原理如图 7-15 所示，把漏电保护系统 L 与抗违章保护系统 K 进行组合，当抗违章开盖传感器、抗违章保护装置 1~3 及其部件由于某种原因失效，u_1 不能输出报警断电闭锁，仍发生 i 越过红线违章带电作业而触碰到带电体时，抗违章保护 K 的后备保护——漏电保护系统 L 动作，u_2 输出报警断电闭锁，以减小带电作业事故后果。

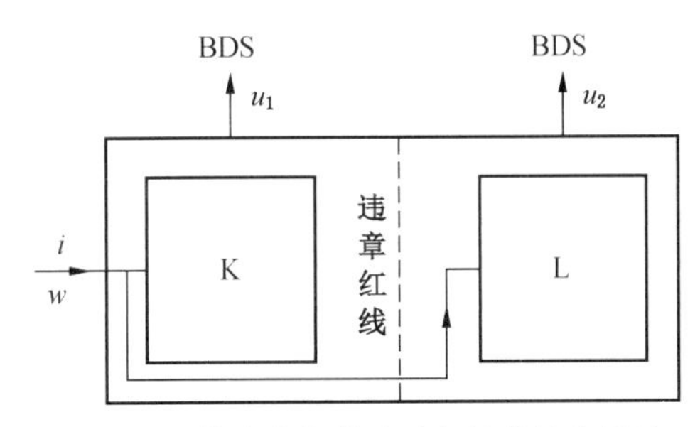

图 7-15　抗违章保护的后备保护技术原理

全国井下约有 260. 8 万个“三大保护”，基本都存在抗违章短板，安装使用“三大保护”的动力电缆（不包括电缆接线盒）等部位是“其他危险部位”，发生违章带电作业事故的经验概率约是 5%。动力电缆大部分都在带绝缘监视功能的漏电保护下运行，发生电气故障前就实现了断电闭锁保护，所以发生违章带电检修电缆的概率很小。短路和漏电保护加装了甩保护预警系统，实现甩保护后报警或闭锁不能送电，补齐供电系统存在的甩保护抗违章短板。进一步违章带电作业造成短路、漏电和接地故障后断电才能实现断电闭锁，起到保护作用，减小事故损失，即“三大保护”是智能抗违章保护系统的后备保护，加装甩保护预警系统，就可以提高“三大保护”运行的可靠性。尤其是漏电保护，是抗违章后备保护的关键，所以要在远方及地面试验漏电保护动作的可靠性，确保漏电保护能可靠动作。

高危险部位、次危险部位、一般危险部位、其他危险部位的抗违章短板都补齐后，发生违章带电作业事故的经验概率为“0”，实现了“零违章带电作业”的理想目标。零违章带电作业是指由于抗违章保护技术系统的预控作用，而没有发生违章带电作业行为。

3. 防止非专职人员违章作业的两防锁机构及有关产品

抗违章开盖传感器、两防锁及防松锁都应用两防锁机构，它们都不需要电源就能长期防止非专职人员违章擅自开盖操作或偷盗东西。

两防锁机构及有关产品已应用在同煤集团、焦煤集团、阳煤集团、晋煤集团、潞安集团、中煤平朔等企业的 45 万台防爆设备上，省外部分煤矿也大量使用，而且应用多年，效果良好。相关资料显示，2014—2016 年两防锁机构及有关产品为山西省煤矿减少事故死亡人数 20 人，减少经济损失 2 亿元。不更换现有设备，只加装该系统，即可防止井下几乎所有引爆瓦斯的电气火花，降低约 50% 的瓦斯爆炸。

4. 机械无损连接安装系列技术

国内煤矿井下约有239万台防爆电气设备，为了防爆安全，国家标准强制要求生产使用单位不经有关部门批准，不允许改动隔爆设备结构。

机械无损连续安装技术能不更换一条螺栓、不改动在用设备结构，只对应加装一个或几个无损连接装置（如隔爆面防护罩等配件），就可以安装智能抗违章传感器，进而加装智能抗违章保护系统，实现所有在用设备智能化升级。该技术还能从各种在用设备接线盒检出违章开盖（门）、遵章开盖（门）等盖板（门）状态信号，或从设备通信口检出电压、电流等运行状态信号，供电气安全监测监控系统使用。

目前，国内外没有任何其他技术或装备能在不更换在用设备时检出“将违章开盖”信号。由于能检出“将违章开盖”信号，通过电脑芯片智能处理，在人“将违章开盖”还未违章作业时，就通过井上下网络报警、断电并闭锁，就超前预控了人的误（违章）带电作业行为，实现了智能化，为传统产业智能化升级产生巨大的安全效益和经济效益。抗违章保护装置1~3都有无损连接安装技术。

三、应用情况

爆炸环境智能抗违章保护系统的核心技术产品已获安全标志、生产许可证、防爆合格证，具有稳定的生产线，其中关键零部件自己设计、研发和生产，具有精密检测仪器和完善的检测手段，已达到年产10万台的生产能力。截至2021年，29家单位已下文推广抗违章技术产品，主要应用情况见表7-1。

表7-1 主要应用情况

序号	单位名称	应用技术	应用对象及规模	应用起止时间
1	阳煤集团一矿	“三开一防”“两防”	矿用本安型开盖传感器、两防锁大范围使用	2010年11月至今
2	阳煤集团二矿	“三开一防”“两防”	矿用本安型开盖传感器、两防锁大范围使用	2010年8月至今
3	阳煤集团宏厦一建	“三开一防”“两防”	矿用本安型开盖传感器、两防锁大范围使用	2011年2月至今
4	山西柳林鑫飞贺昌矿	“三开一防”“两防”	矿用本安型开盖传感器、两防锁大范围使用	2010年11月至今
5	山西吕梁王家庄矿	“三开一防”“两防”	矿用本安型开盖传感器、两防锁大范围使用	2011年3月至今
6	潞安集团王庄矿	“三开一防”“两防”	矿用本安型开盖传感器、两防锁大范围使用	2011年5月至今
7	潞安集团五阳矿	“三开一防”“两防”	矿用本安型开盖传感器、两防锁大范围使用	2010年8月至今
8	晋煤集团凤凰山矿	智能抗违章技术	“三开一防”抗违章技术系统使用	2011年4月至今
9	同煤集团塔山矿	智能抗违章技术	“三开一防”抗违章技术系统使用	2015年7月至今
10	河北开滦集团林南仓矿	“三开一防”“两防”	矿用本安型开盖传感器、两防锁大范围使用	2012年11月至今
11	神华宁夏煤业集团羊场湾矿	“三开一防”“两防”	矿用本安型开盖传感器、两防锁大范围使用	2013年6月至今

抗违章技术1.0~4.0产品已应用到山西省各大矿业集团（如阳泉煤业集团、晋城煤业集团、潞安矿业集团、汾西矿业集团、霍州煤电集团、西山煤电集团、神华保德、中煤平朔等）和大土河、华润等各地方煤矿，以及宁夏、河南、河北等省外部分煤矿，整体技术在晋煤集团凤凰山煤矿和同煤集团塔山煤矿进行了应用，有效遏制了违章带电作业，实

现了在违章过渡过程中进行电气设备操作风险的在线预控。

2009—2018 年，《山西省煤矿安全质量标准化标准》要求电气设备实现“两防”“三开一防”“喇叭嘴防松”，核心技术产品列入 2010、2013、2015 年度安全生产重大事故防治关键技术重点科技项目。

（一）技术效益

产品为贯彻落实 12 条法规标准起到了技术支撑作用，如《煤矿安全规程》（2016）规定：井下不得带电检修电气设备。检修或搬迁前，必须切断上级电源；2010 年国家煤矿安全监察局下发的《安全生产先进适用技术、工艺、装备和材料推广目录》要求强制推广防治“工人带电违章作业引起瓦斯爆炸”技术；IEC 国际标准、国家标准（GB 3836.1—2010）、安全生产行业标准（AQ 1023—2006）、《煤矿机电设备检修技术规范》（MT/T 1097—2008）、《山西省煤矿安全质量标准化标准》都有抗违章（防误操作）技术要求，总之，要求设备具有开盖前报警断电闭锁功能、防止违章送电和违章操作功能，喇叭嘴具有防松功能等。

该技术解决了在爆炸环境用技术手段预防人违章带电作业，配置了“想违章违不成，即使违章也造不成事故”，颠覆了违章行为不可预控、违章带电作业事故不能用技术装备保护系统超前预防的习惯思维，构建了供电系统应具有短路保护、漏电保护、保护接地和抗违章保护“四大保护”价值体系。

2019 年，同煤集团塔山矿给出效果评价：该系统设计合理、安装方便、性能可靠，从技术装备上保证了标准法规要求的贯彻落实，实现了地面调度对井下电气设备操作风险实时监测监控，达到通过技术装备预控人的违章带电作业行为的抗违章效果，为实现瓦斯爆炸“零事故”做出了重要贡献。

该技术成果先进，应用效果受到一致好评，市场上出现了一些不法分子为了发财，假冒专利，仿冒公司商标，制造了很多假冒伪劣产品。最高人民法院、山西省高院、太原中院、山西省工商局、山西省公安厅、临汾工商局、山西省原煤炭工业厅等相关部门都相继打击了假冒山西全安公司技术产品的不法分子。

（二）经济效益

该成果部分专利技术已评估入资注册资本 2000 多万元；1.0~4.0 系列技术产品已应用在同煤集团、焦煤集团、阳煤集团、晋煤集团、潞安集团、中煤平朔等公司的 45 万台防爆设备上，基本覆盖了山西全省及部分省外煤矿的机电设备，到 2017 年总销售额达到 2 亿多元，交税 2000 多万元，平均每年销售约 2000 万元。

根据山西煤监局认可的应用评价，2014—2016 年为山西省煤矿减少事故死亡人数 20 人，减少经济损失 2 亿元。

根据山西省有关单位机电检查处罚相关规定，电气设备必须具备该技术的“两防”“三开一防”等功能，估算此项为煤矿实现节支总额达到 2.25 亿元。

国内井下在用的开关很大一部分没有防非专职人员操作功能，德国的贝克、哈斯玛克等公司生产的具有防非专职人员开盖操作功能的开关比国内开关贵很多（最少贵 1000 元/台），使用山西全安公司技术及相关产品可以实现防止非专职人员操作功能，并且使用效果超越了国外同类产品的功能指标，可为煤矿节支 2.5 亿元。

（三）安全效益

抗违章保护技术系统一般包括“三开一防”、两防锁、防松锁、防电软件、远漏试验、辅助器件、自创的安装连接技术及公知技术网络系统8个模块。不更换现有在用设备，而配套应用8个模块后，就能使设备具有抗违章性，就能有效防治带电作业，就能防止井下电气火花的出现，从技术装备上保证了12条法规标准的贯彻落实，降低48.1%的瓦斯爆炸。

四、技术展望

（1）大力支持开发“防治带电作业及瓦斯爆炸的智能抗违章保护技术”。该技术曾被山西省科技厅、张铁岗院士提名国家技术发明奖，意见概括如下：首次提出并证明“违章作业能通过技术手段进行预控”，为研究抗违章技术奠定基础。在国际上首先发明并创造智能抗违章开盖传感器系统，首创专家智能识别违章行为技术，首创智能抗违章保护技术，实现了在违章带电作业前将违章行为识别并转换为电信号，控制电源安全断电、闭锁。重置“想违章违不成，即使违章也造不成事故”的价值体系。组合发明防治带电作业及瓦斯爆炸的抗违章技术系统，不更换一条螺栓、不改动在用设备，在抗违章短板部位加装抗违章保护设施，可杜绝违章带电作业事故。

要防控瓦斯爆炸必须防控电气火花，要防控电气火花必须预控违章带电作业，要预控违章带电作业必须补齐抗违章短板，补齐抗违章短板最有效的方法是推广应用智能抗违章保护系统。

违章带电作业引发瓦斯爆炸事故的风险程度高低，受“短板理论”制约，爆炸环境供电系统的抗违章短板是决定因素之一，如果不补齐这些短板，“零事故”目标很难实现，补齐抗违章短板是防控电气安全风险的必然选择。

（2）煤矿安全监管监察部门应检查《煤矿安全规程》（2016）第四百四十二条和第四百四十三条有关预防违章带电作业要求的贯彻落实情况，重点检查装备设施。

根据原国家煤矿安全监察局印发的《安全生产先进适用技术、工艺、装备和材料推广目录》要求：推广解决了因工人带电违章作业引起瓦斯爆炸的安全问题的技术，依法推广应用智能抗违章保护系统3.0或4.0(也称作未断上级电源违误操作保护)，2020年先在各集团公司及各市分别选择1~2个煤矿作为试点，取得经验后全面推广到各个煤矿；强制推广应用防治带电作业及瓦斯爆炸的智能抗违章保护系统1.0及2.0产品（也称作防非专职人员违误操作装置)，并由省煤矿安全监管监察部门定期检查推广应用情况。

下一章将介绍抗违章技术1.0代表产品。

第八章 抗违章技术 1.0 代表产品

本章导读

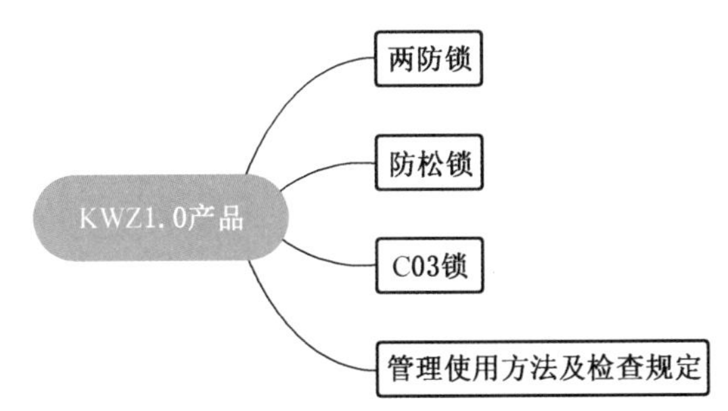

抗违章技术 1.0~4.0 分别用 KWZ1.0、KWZ2.0、KWZ3.0、KWZ4.0 表示。KWZ1.0 都是防止非专职人员违章操作电气设备的装置，简称防非违，包括两防锁、防松锁和 C03 锁等 3 类，分别安装在开关门盖及闭锁装置、螺旋式喇叭嘴、设备接线空腔盖板，对应防止下述 3 类非专职人员违章操作。KWZ1.0 最大的特点是机械化，它们都不用电，都是纯机械类产品，可在爆炸环境中安全可靠长期运行且不耗能。

《煤矿安全规程》(2016) 第四百四十三条规定：非专职人员或非值班电气人员不得操作电气设备。《煤矿安全规程》(2016) 第四百八十一条规定：电气设备的检查、维护和调整，必须由电气维修工进行；高压停、送电的操作，可以根据书面申请或者其他联系方式，得到批准后，由专职电工执行；采区电工不得打开电气设备进行修理。非专职人员(包括非值班电气人员) 违章擅自操作的主要电气设备是开关、电机、电缆接线盒，主要部位是接线空腔盖板、闭锁装置、门盖、螺旋式喇叭嘴。这 4 个部位存在抗违章短板，很容易发生违章带电操作事故。对应的非专职人员违章操作 (作业) 分为 3 类：违章擅自打开开关门盖或违章擅自合隔离开关送电、违章松动螺旋式喇叭嘴、违章擅自打开接线空腔盖板。

我国爆炸环境中有千万台防爆设备，每天 24 h 派安全员监控每台设备显然是不可能的。KWZ1.0 不用外接电源，安装简单，可以时刻“守护”在电气设备上，防止非专职人员违章操作，但不能防止专职人员违章带电操作，要预防专职人员违章带电作业需要用 KWZ3.0、KWZ4.0。

第一节 两 防 锁

两防锁的功能是防止非专职人员违章送电及违章打开开关等电气设备门盖，两防锁在智能抗违章保护系统中的位置如图 7-1 抗违章保护装置 2 所示。

一、技术背景

煤矿电气开关的电气元件装在隔爆外壳中，要操作元件必须打开开关盖，开关盖与隔离开关之间有机械闭锁装置，即隔离开关手柄与停止按钮和开关盖之间有连锁装置进行闭锁，保证开关手柄处于断电位置时，才能打开开关盖。如果锁定闭锁杆于左侧（禁止开盖）位置，即可锁定开关盖，就能防止擅自开盖操作元件、调整整定值，防止偷盗元件；如果锁定闭锁杆于右侧（禁止送电）位置，即可锁定开关手把，就能防止擅自送电。

《爆炸性气体环境用电气设备 第1部分：通用要求》（GB 3836.1—2000）规定，为保持某一防爆型式用的连锁装置，其结构应保证非专用工具不能轻易解除它的作用；《煤矿安全规程》（2001）第四百四十五条规定，所有开关的闭锁装置必须能可靠地防止擅自送电，防止擅自开盖操作；《煤矿安全规程》（2001）第四百四十六条规定，非专职人员或非值班电气人员不得擅自操作电气设备；《煤矿安全规程》（2001）第四百八十八条规定，采区电工不得擅自打开采区变电所电气设备进行修理；《关于加强煤矿机电运输安全管理工作的通知》（安监总煤行〔2008〕175号）要求，所有开关的闭锁装置必须能可靠地防止擅自送电；《煤矿机电设备检修技术规范》（MT/T 1097—2008）中电气通用部分连锁装置和警告规定，检修后的矿用电气设备，为确保其安全供电和防爆性能，必须实现两防（防止擅自送电，防止擅自开盖操作）保证非专用工具不能解除的连锁功能。矿用开关两防锁按《矿用开关两防锁》（JB/T 10835—2008）规定执行；《煤矿安全质量标准化标准及考核评级办法》《机电安全质量标准化标准及考核评级办法》要求，高低压开关的闭锁装置，必须具有“两防”功能（防止擅自送电，防止擅自开盖操作，保证非专用工具不能轻易地解除它的作用）；《潞安集团公司安全质量标准化精品矿井标准及考核评级办法》（潞矿生字〔2010〕342号）要求，高低压开关的闭锁装置，必须具有“两防”功能；《防爆电气设备检查标准》（潞安矿业）要求，所有开关的闭锁装置必须能可靠地防止擅自送电，防止擅自开盖操作，保证非专用工具不能轻易地解除它的作用，否则为失爆。存在无“两防”功能隐患并“绑铁丝”的闭锁装置如图8-1所示。

图8-1 存在无“两防”功能隐患并“绑铁丝”的闭锁装置照片

2000年以前国内外没有安装使用矿用开关两防锁的开关闭锁装置，不能有效防止擅自送电，防止擅自开盖操作，全国约120万台动态使用中的开关闭锁装置没有“两防”功能，造成多次瓦斯爆炸及人身伤亡事故。《关于“矿用开关两防锁”使用情况的报告》（晋煤监技装字〔2007〕610号）中将矿用开关闭锁装置没有“两防”功能的具体表现概括为：一是用螺丝刀或徒手就能够移动闭锁杆而擅自送电或擅自开盖操作，甚至偷盗电气元件。二是闭锁杆上打孔锁上门锁，这种方法不能长期使用在井下动态使用中的开关上，只能应付检查或使厂家的开关通过型式检验及出厂检验，因为有多少个开关，就要有若干倍开关数量的钥匙，且门锁易生锈，难以使用和管理。另外，没有闭锁杆的开关无法打孔锁上普通门锁。三是在闭锁装置上加装一些机构，用三角套管等专用工具操作闭锁杆，一种开关对应一种工具，一个单位有十种开关，工人就必须带十种工具，这种方法也不能长期使用在井下动态使用中的开关上，只能应付检查或使厂家的开关通过型式检验及出厂防爆检验。四是大部分高压开关带有专用送电工具，能防止擅自送电，但开关盖的紧固螺栓能用普通扳手打开，不能从技术装备上防止非专职人员擅自开盖操作，不符合规程要求。五是一些单位将闭锁装置与开关盖用铁丝拴住，做下记号，班班移交，或在开关盖对口处贴上封条，这种方法同样不能限制非专职人员开盖。

综上所述，矿用开关的闭锁装置没有“两防”功能，即开关、综合保护装置等设备（以下统称开关）没有既能锁住闭锁杆等锁定对象，又能方便生产、事故处理、设备检修的技术装备。调查发现，为了达到“两防”功能，一些煤矿采取了多种措施：我国最早引进的苏联低压开关是在闭锁杆上打孔，上一把小锁锁住；柳湾矿、水峪矿、高阳矿曾设计多种式样的“开关锁”防止偷盗，但存在多种缺陷，不能长期坚持使用；防止擅自送电一般是停电后留专人看守开关，以防他人擅自送电；官地矿、屯兰矿用铁丝将开关盖绑住，做下记号，班班移交；王庄矿用门锁锁住闭锁杆达到“两防”功能，没有闭锁杆的开关无法上锁，在实际工作中也不能用。

为了从技术装备上保证相关规定关于“两防”要求条款的贯彻执行，实现抗违章技术要求，杜绝类似事故，必须研究一种能达到“两防”功能的抗违章技术产品“安全锁”，即矿用开关两防锁（两防锁）。

二、两防锁基本构成元素

两防锁基本构成元素包括锁钥（图 8-2、图 8-3）、锁芯（图 8-4）、锁套（图 8-5）、锁口（图 8-2、图 8-6、图 8-7、图 8-8、图 8-11、图 8-13、图 8-14、图 8-16、图 8-

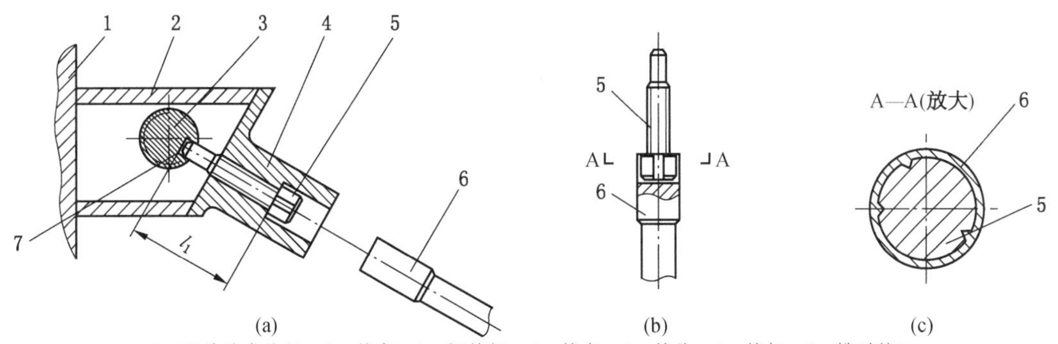

1—开关外壳外侧；2—锁壳；3—闭锁杆；4—锁套；5—锁芯；6—锁钥；7—槽型锁口

注：1. 锁壳 2 焊接在开关外壳外侧。

2. 闭锁杆 3 与锁壳 2 用螺纹连接。

3. 锁芯 5 进入锁口后限制了闭锁杆 3 转动，即锁定了闭锁杆，也锁定了开关手把或开关门盖，实现了防止擅自送电，防止擅自开盖操作。

4. 同号锁钥才能操作同号锁芯进入或退出锁口。

5. A—A 为锁钥、锁芯对应咬合状态示意图。

6. 锁芯与锁钥之间的间隙用粗实线表示。

①锁芯与锁口（或闭锁杆）的相对位置尺寸 l_1 宜是（40±1）mm。

②槽型锁口的形状及尺寸宜符合图 8-6。

图 8-2　LFS-C01 两防锁锁定状态装配示意图

18、图 8-19）及其他附加部件。锁口是指锁芯与锁定对象的连接口，位于锁定对象，锁芯通过锁口作用于锁定对象，锁口有槽型锁口、孔型锁口、箍型锁口、环形锁口等。其他附加部件包括上盖、下盖、卡箍、螺栓锁、螺栓、螺母等。基本元素可以设计组合适用于具体开关的两防锁，以适应各种开关。基本构成元素及主要结构如图 8-2 至图 8-19 所示。

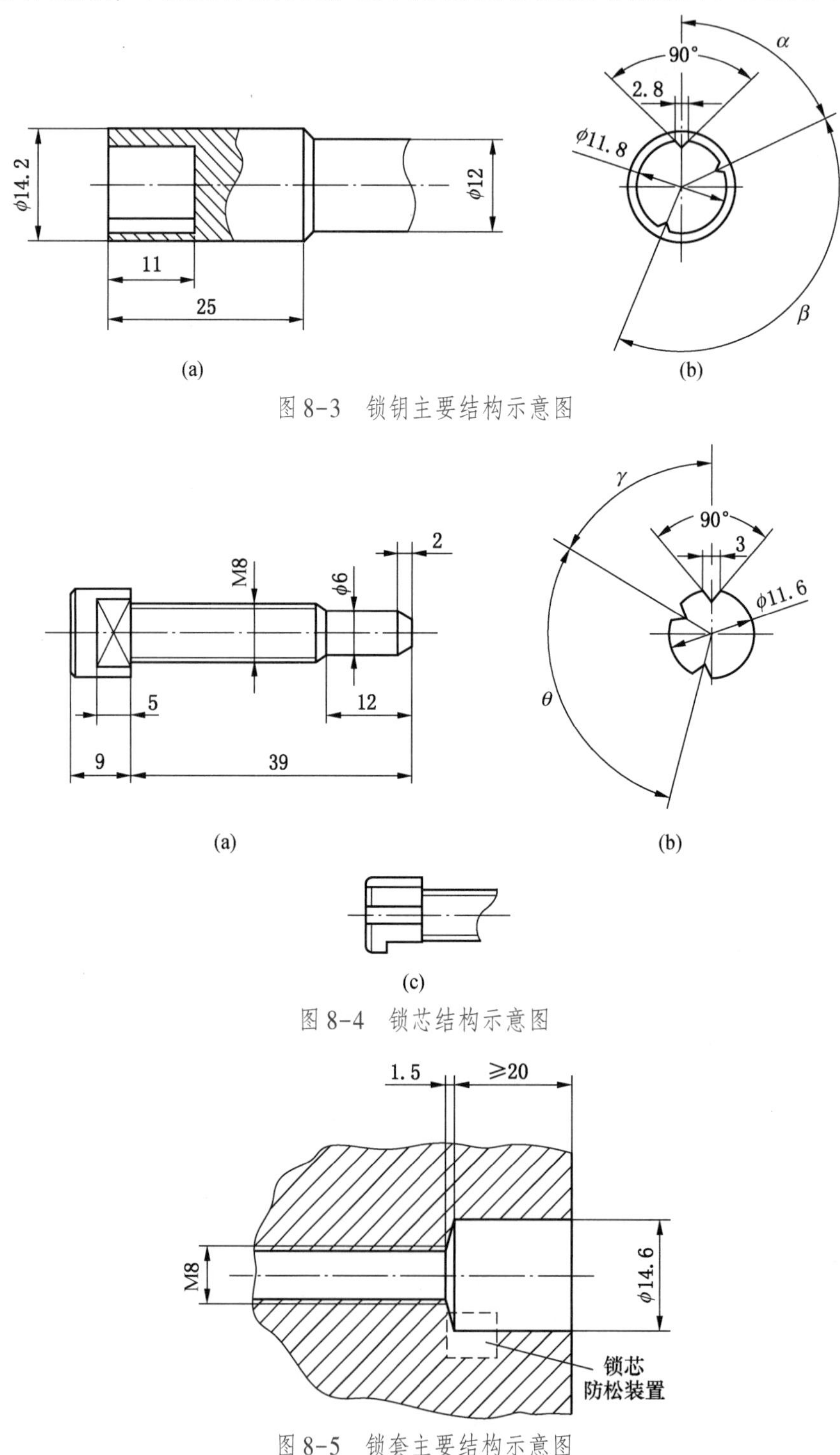

图 8-3　锁钥主要结构示意图

图 8-4　锁芯结构示意图

图 8-5　锁套主要结构示意图

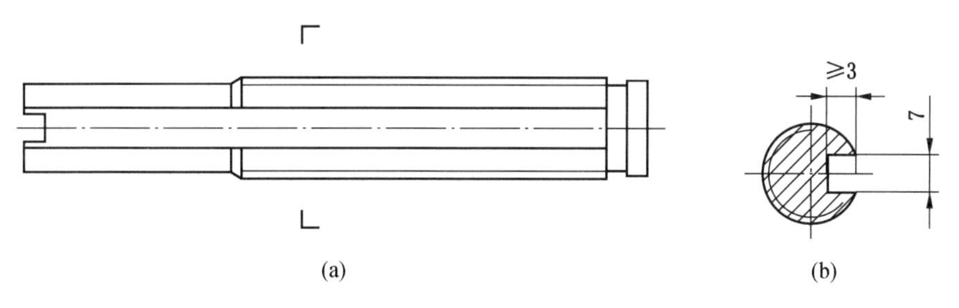

图8-6 闭锁杆及槽型锁口示意图

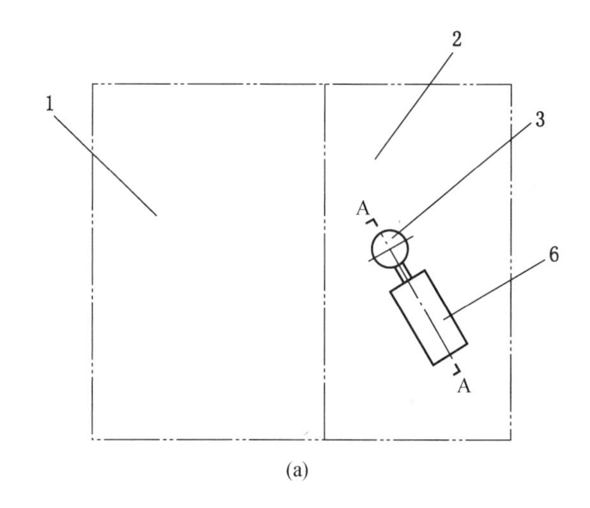

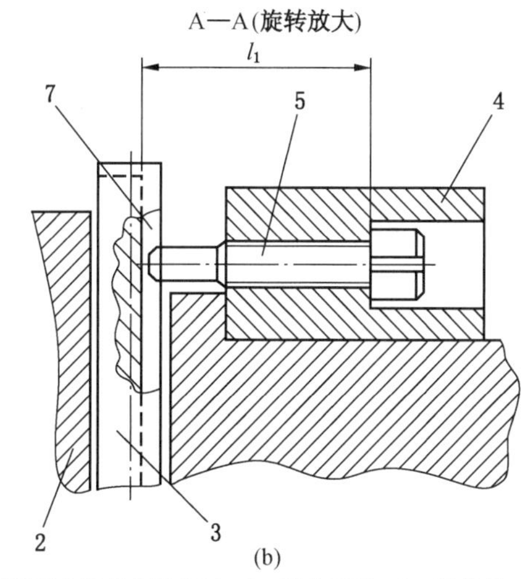

1—与隔离开关连锁的开关门；2—开关面板；3—闭锁杆；4—锁套；5—锁芯；6—锁体；7—槽型锁口

注：1. 闭锁杆3安装在开关外壳内。

2. 锁套与开关面板用焊接方法固定连接在一起。

①锁芯与锁口（或闭锁杆）的相对位置尺寸 l_1 宜是(40±1)mm。

②槽型锁口的形状及尺寸宜符合图8-6。

图8-7 LFS-C02两防锁锁定状态装配示意图

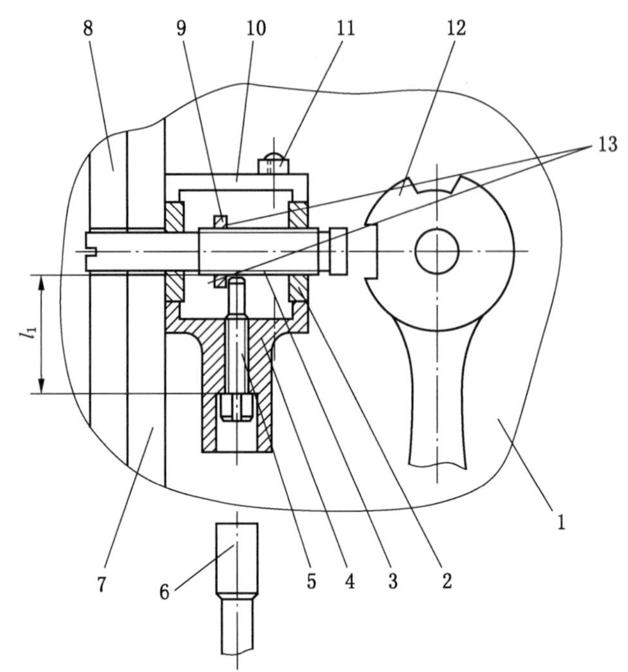

1—开关外壳；2—U 型架；3—闭锁杆；4—带下盖的锁套；5—锁芯；6—锁钥；7—开关法兰盘；8—开关盖；9—U 型卡箍；10—锁体上盖；11—螺栓锁；12—隔离开关手把；13—箍型锁口

注：1. 闭锁杆 3 防止擅自开盖操作状态。

2. 箍型锁口位于 U 型卡箍两侧。锁芯与锁口（或闭锁杆）的相对位置尺寸 l_1 宜是（40±1）mm。

图 8-8　LFS-Xa 两防锁锁定状态装配示意图

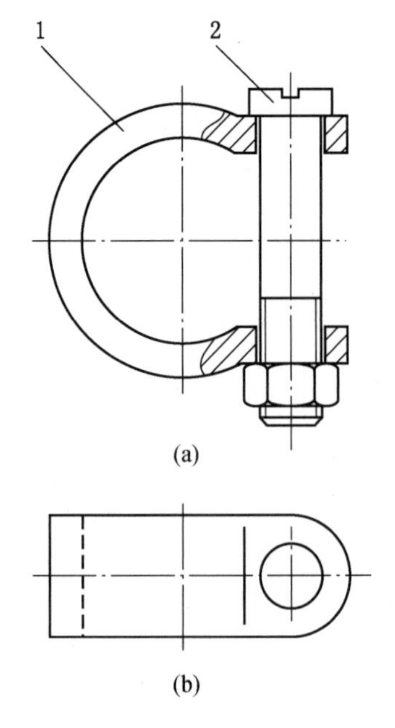

1—U 型卡箍；2—紧固螺钉

图 8-9　U 型卡箍结构示意图

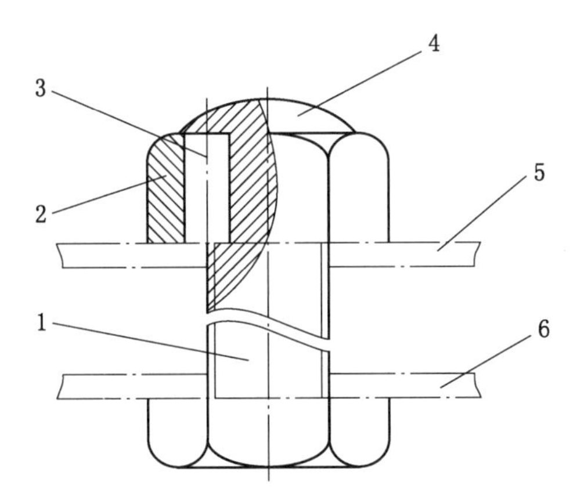

1—螺栓；2—螺帽；3—锁定销；4—铆头；5—锁上盖；6—锁下盖

图8-10　螺栓锁示意图

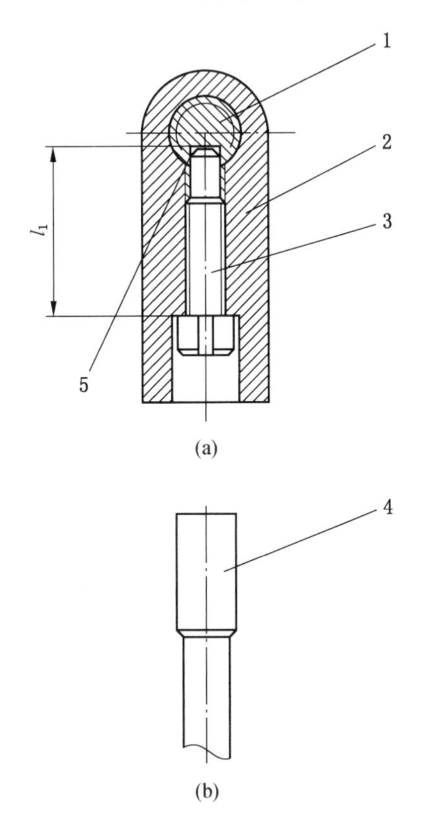

1—闭锁杆；2—锁套；3—锁芯；4—锁钥；5—槽型锁口

注：1. 锁套2挂在闭锁杆1上。

2. U型架与闭锁杆连接方式如图8-8所示。

图8-11　LFS-Xb两防锁锁定状态装配示意图

三、两防锁工作原理

用锁钥操作对应锁芯，面向锁芯顺（或逆）时针方向旋转时，锁芯伸入（或退出）锁口，置锁定对象于锁定状态或解锁状态。置于锁定状态时，锁定对象（开关盖、隔离开

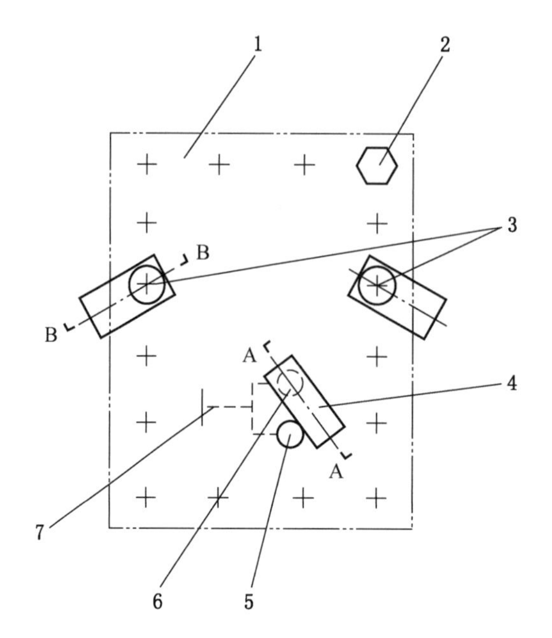

1—与停送电按钮连锁的开关盖；2—紧固开关盖的螺栓；3—锁定开关盖螺栓的锁体；
4—锁定按钮的锁体；5—停电按钮；6—送电按钮；7—开关盖与停送电装置之间的连锁机构

图 8-12　LFS-C03 两防锁装配示意图

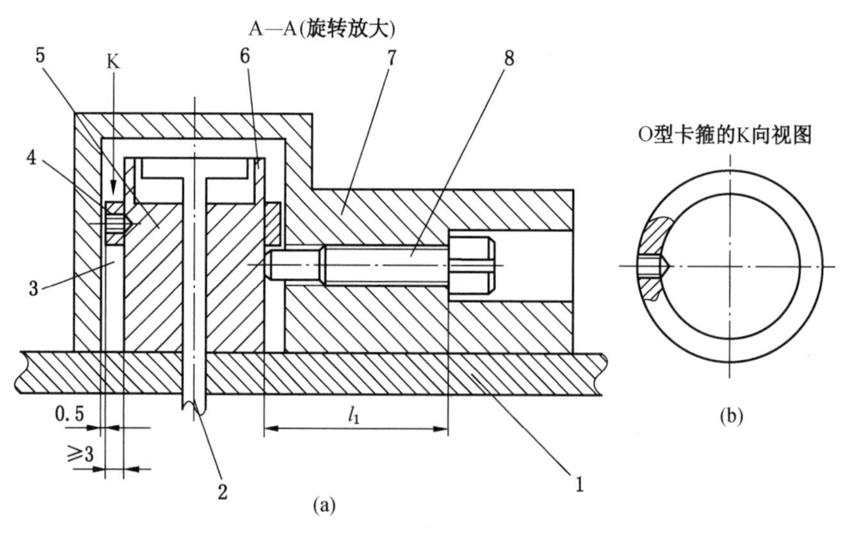

1—与停送电按钮连锁的开关盖；2—按钮操作杆；3—箍型锁口；4—定位螺钉；5—按钮套；
6—O 型卡箍；7—锁套；8—锁芯

注：1. O 型卡箍的安装位置是根据锁套确定的，以保证锁芯能方便地进出锁口。
2. 用定位螺钉 4 锁定 O 型卡箍 6 后，形成锁口 3，锁芯 8 进入锁口后，锁套被锁定在按钮上，不能操作按钮，实现“防止擅自送电”。
3. 把停送电按钮同时扣住，实现“防止擅自送电”。
4. 如果按钮套外形不是圆形，而是矩形或其他形状，则可以把 O 型卡箍 6 制成矩形或其他形状。为了把 O 型卡箍固定牢固，可以增加若干个定位螺钉 4。锁芯与锁口（或按钮套）的相对位置尺寸 l_1 宜是（40±1）mm。

图 8-13　锁定小型开关按钮示意图

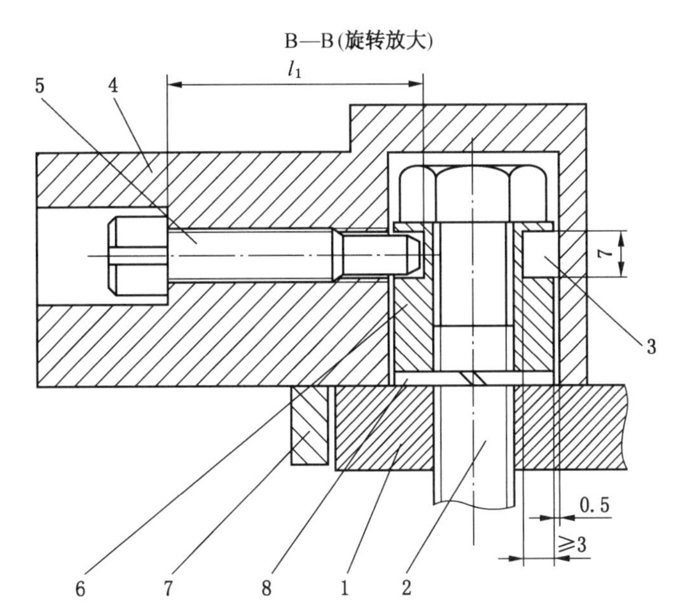

1—与停送电按钮连锁的开关盖；2—锁定螺栓；3—环形锁口；4—锁套；5—锁芯；
6—带环形锁口的螺栓套；7—挡块；8—弹簧垫

注：1. 螺栓套与锁定螺栓之间用螺纹连接。

2. 挡块限制锁套绕锁定螺栓转动，操作锁芯进入锁口后，限制锁套沿锁定螺栓轴向移动，锁套可靠地扣在锁定螺栓上，锁定螺栓被锁定，实现“防止擅自开盖操作”。

3. 锁套与螺栓套是配套生产的，以保证锁芯能正常地进入或退出锁口。锁芯与锁口（或螺栓）的相对位置尺寸 l_1 宜是（40±1）mm。

图8-14　锁定开关盖（螺栓紧固）示意图

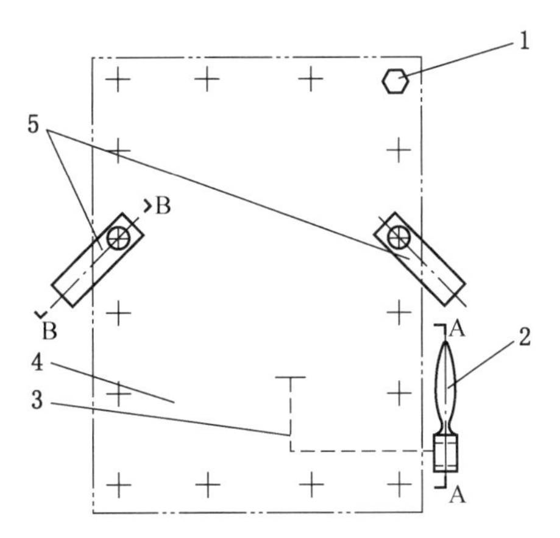

1—紧固螺栓；2—隔离开关手把；3—开关盖与隔离开关的连锁机构；
4—与隔离开关连锁的开关盖；5—锁体

注：B-B剖面同图8-14。

图8-15　LFS-C04两防锁装配示意图

关手把、按钮等）被锁定，不能有效移动，达到“防止擅自送电，防止擅自开盖操作”的目的；置于解锁状态时，锁定对象（开关盖、隔离开关手把、按钮等）没有被锁定，能有效移动，可以自由送电或开盖操作。

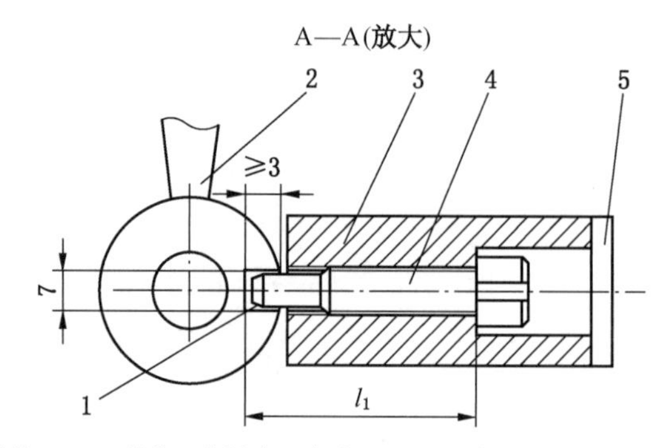

1—槽型锁口；2—带锁口的隔离开关手把；3—锁套；4—锁芯；5—防尘盖

注：1. 锁套3焊接固定在开关外壳上。

2. 槽型锁口是通槽，即面向隔离开关手把能看见锁芯4，以方便锁定。

3. 锁芯进入锁口后，手把被锁定，实现“防止擅自送电”。锁芯与锁口（或隔离开关手把）的相对位置尺寸 l_1 宜是（40±1）mm。

图 8-16　锁定高压配电箱隔离开关手把示意图

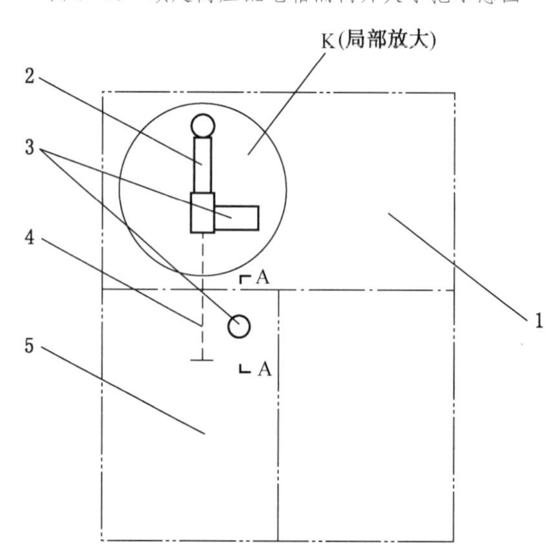

1—开关柜面板；2—隔离开关手把；3—锁体；4—隔离开关与开关柜门的连锁机构；5—与隔离开关连锁的开关柜门

图 8-17　LFS-C05 两防锁装配示意图

四、两防锁 12 项关键技术

（1）关键技术 1：安装两防锁不影响开关现有的闭锁性能的技术。如果影响现有的闭锁性能，就不能使用；如果设计新的闭锁性能，现有的 120 万台开关就得改造或淘汰，增加成本，显然不可能，也没有必要。

（2）关键技术 2：防止用电工常用工具从开关上拆除两防锁的技术。如果能用电工常用工具从开关上拆除两防锁，就不能防止电工拆除两防锁后擅自送电、擅自开盖操作，达不到“两防”目的。

（3）关键技术 3：用电工常用工具不能擅自开盖（与隔离开关连锁的开关盖）操作或

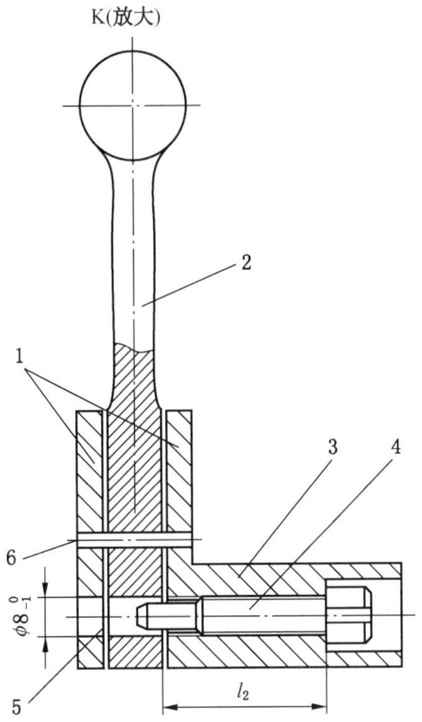

1—支撑座；2—隔离开关手把；3—锁套；4—锁芯；5—孔型锁口；6—销轴

注：锁芯 4 进入孔型锁口 5，隔离开关被锁定，实现“防止擅自送电”。锁芯与锁口（或隔离开关手把）的相对位置尺寸 l_2 宜是 27~34 mm；孔型锁口宜是通孔。

图 8-18　锁定高压开关柜隔离开关手把示意图

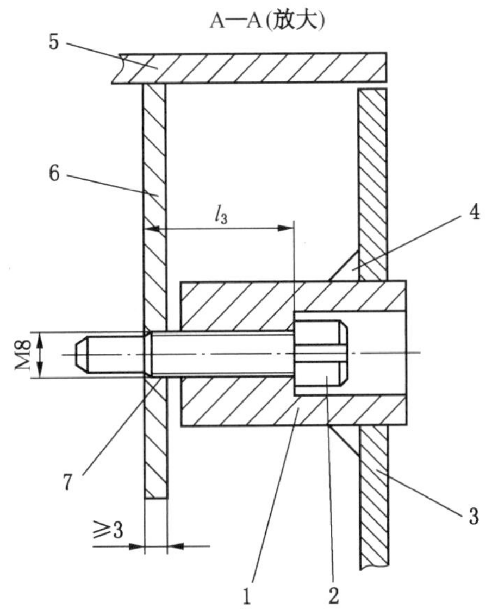

1—锁套；2—锁芯；3—与隔离开关连锁的开关柜门；4—筋板；5—开关柜框架；6—锁板；7—内螺纹孔型锁口

注：1. 筋板 4、锁板 6 是为了锁定开关柜门焊接安装的。

2. 锁芯 2 拧入锁板 6 后，锁定开关柜门，实现“防止擅自开门操作”。锁芯与锁口（锁板）的相对位置尺寸 l_3 宜是（27±1）mm。

图 8-19　锁定高压开关柜门示意图

擅自送电，只有用专用工具置于解锁状态后，才能开盖操作，或合隔离开关（小型开关没有隔离开关，其送电按钮代替隔离开关的作用）送电的技术。如果用电工常用工具能擅自开盖操作或擅自送电，就达不到相关要求。

（4）关键技术4：锁定方便，且解锁状态与锁定状态转换过渡过程是跃变过程，而不是连续变化过程的技术，即锁定时不需要在井下找闭锁杆上的孔，且解锁状态与锁定状态转换是开、关“跃变”（从“0”到“1”）转换，而不是加力压紧闭锁杆等锁定对象才能锁定、减力放松才能解锁。如果锁定不方便，井下就不能使用。如果用电气锁锁定，就需要解决防爆问题，比较烦琐复杂；如果解锁状态与锁定状态转换过渡过程不是跃变过程，而是连续变化过程，如压紧闭锁杆就能锁住，放松就能解锁，多少力为紧多少力为松难以掌握，就使得解锁状态与锁定状态不容易区分，就可能造成事故。

（5）关键技术5：使用单位用一种锁钥、锁芯可以锁定任何开关的技术。如果每个开关用一把锁锁定，井下成千上万个开关，就需要成千上万把锁及钥匙，在实际生产中无法管理。

（6）关键技术6：锁钥、锁芯种类能够区别使用，各个队组有互不相同的锁钥、锁芯的技术。如果各个队组使用相同的锁钥、锁芯，甲队组停电后，乙队组可能擅自送电造成事故；甲队组的开关可能被乙队组擅自开盖操作，不利于标准化管理。

对于公用绞车等设备，要求设计成专职电工既能将开关门盖置于锁定（解锁）状态，又能将隔离手把置于锁定（解锁）状态。而绞车司机只能将隔离手把置于锁定（解锁）状态，而不能将开关门盖置于锁定（解锁）状态，以防擅自开盖操作。

（7）关键技术7：能在使用、检修现场用常用工具安装使用的技术，即所有低压开关不动用电氧焊及机加工设备就能安装，高压开关在有维修资格的修配厂就能安装。根据统计推断，当时全国在用开关约120万台，如果没有这项技术，只能在新开关上使用，全部更换这些开关就需要十几年（每年更新约8万台），那么，就不能全面贯彻相关规定。

（8）关键技术8：能在潮湿、粉尘严重的场所使用的技术，即防锈、防粉尘堵塞技术。门锁过于精密，在井下很快就锈蚀或被粉尘堵塞。

（9）关键技术9：在处理事故等应急状态时解锁方便的技术，即用一把密钥能打开任何锁。井下发生大面积停电事故后，通风及瓦斯管理要求立刻送电，以免造成瓦斯积聚，这就要求快速处理停电事故。机电部门主要技术人员下井处理事故时，应有权并能够打开任何一个开关，这样才能提高处理事故的速度；另外，实际使用中，有些队组把开关移交到检修厂检修时，忘记拆下本队组的锁芯，检修厂检修时由于没有该队组的锁钥，打不开盖，给检修带来麻烦。这就要求有一把密钥能打开任何锁，但必须限制数量，严格管理。

（10）关键技术10：适应各种不同结构开关的技术。不同型号规格、不同厂家、不同年代出厂的开关有好多种，只有两防锁能用在绝大多数开关上，才能消除事故隐患。

（11）关键技术11：成本低、可靠、耐用、简单、实用的技术。开关价格低，操作频率高，使用面大，不允许两防锁复杂、成本高，以免给制造、使用单位带来麻烦。

（12）关键技术12：制定两防锁技术行业标准。如果没有两防锁行业标准，锁钥、锁芯、锁套、锁口、其他附加部件、开关之间的互相配合就无法统一，达不到“使用单位用一种锁钥、锁芯可以锁定任何开关”等目的，不能真正贯彻落实《煤矿安全规程》（2001）要求，实现不了标准化。

五、12 项关键技术具体实现方案

（一）关键技术 1 实现方案

（1）将两防锁“寄生”在原有闭锁装置上，不影响原闭锁功能，如 LFS-Xa、LFS-Xb、LFS-C01、LFS-C02。

LFS-Xa：用螺栓锁、卡箍将两防锁与原 U 型架及闭锁杆连接在一起，如图 8-8 至图 8-10 所示。

LFS-Xb：将两防锁套在闭锁杆上，如图 8-11 所示。

LFS-C01、LFS-C02：将锁套等由厂家焊接在隔爆外壳上而不影响闭锁性能，如图 8-2、图 8-7 所示。

（2）用两把两防锁分别锁定隔离开关手把（或送电按钮）及与隔离开关连锁的开关盖螺栓（或开关柜门），不影响原闭锁装置，如 LFS-C03、LFS-C04、LFS-C05，如图 8-12、图 8-15、图 8-17 所示。

（二）关键技术 2 实现方案

LFS-Xa：在固定连接两防锁的螺栓锁上开槽，槽中打销子，拧紧后再将螺栓头部铆死，电工常用工具不能拆除。

LFS-Xb：将锁套套在闭锁杆上，电工常用工具不能拆除闭锁杆，也不能拆除两防锁，如图 8-11 所示。

LFS-C01、LFS-C02、LFS-C05 及 LFS-C03：锁定隔离开关手把的锁套焊接在外壳上，如图 8-2、图 8-7、图 8-17 至图 8-19 及图 8-12、图 8-14 所示。

LFS-C03：在锁定螺栓上加螺栓套，螺栓套开槽作为槽型锁口，操作锁芯进入锁口后限制锁套沿锁定螺栓轴向移动，锁套可靠地扣在螺栓上，螺栓被锁定，用电工常用工具不能取下两防锁，如图 8-14 所示。

LFS-C04：在按钮套上用定位螺栓固定 O 型卡箍，形成锁口，锁芯进入锁口后，锁套被锁定在按钮上，用电工常用工具不能取下两防锁，如图 8-13 所示。

（三）关键技术 3 实现方案

LFS-Xa、LFS-Xb、LFS-C01、LFS-C02：在锁定对象上安装卡箍或开槽，形成锁口。在隔爆外壳上安装锁套，锁套内安装带螺纹的锁芯，由于电工常用工具不能操作锁芯，只有锁钥才能拧动锁芯移动，所以，锁芯进入锁口后，限制了锁定对象移动，使锁定对象处于锁定状态，即禁止开盖或禁止送电位置。要从一种状态转向另一种状态，必须用对应锁钥操作锁芯离开锁口进入解锁状态后，锁定对象才能用电工常用工具操作。

LFS-C03：在锁定螺栓上加螺栓套，螺栓套开槽作为槽型锁口，操作锁芯进入锁口后，限制锁套沿锁定螺栓轴向移动，锁套可靠地扣在螺栓上，螺栓被锁定，用电工常用工具不能取下两防锁，也不能拧螺栓，螺栓被锁定。因为锁定了开关盖上两条对称螺栓，所以开关盖无法打开，达到防止擅自开盖操作的目的，如图 8-14 所示。

LFS-C04：在按钮套上用定位螺栓固定 O 型卡箍，形成锁口，锁芯进入锁口后，锁套被锁定在按钮上，用电工常用工具不能取下锁套，无法操作按钮，达到防止擅自送电的目的，如图 8-13 所示。

LFS-C05：直接锁定隔离开关手把或开关柜门，使电工常用工具不能擅自开盖操作、不能擅自送电。

（四）关键技术 4 实现方案

LFS-Xa：在闭锁杆上固定 U 型卡箍形成箍型锁口，既方便现场安装又方便锁定（图 8-8、图 8-9），如果在闭锁杆上开一个孔，由于在两防锁里面看不见，在井下锁定时难以寻找孔，很不方便。

LFS-C01、LFS-C02、LFS-Xb：锁口是在闭锁杆上开槽形成的，槽较长，在两防锁外面就能看见，锁芯容易进入锁口，如图 8-2、图 8-6、图 8-7、图 8-11 所示。

LFS-C03、LFS-C04：锁口是箍型锁口及环形锁口，锁芯也容易进入锁口（图 8-13、图 8-14），LFS-C03 隔离开关手把上的锁口是通槽，即面向隔离开关手把能看见锁芯，方便锁定，如图 8-12 所示。

LFS-C05：用于变电所，照明较好，孔型锁口也容易锁定，如图 8-18、图 8-19 所示。

上述各个锁口的作用是：锁芯进入后，阻挡锁定对象有效移动，即置于锁定状态；锁芯退出后，失去阻挡作用，锁定对象可以有效移动，即置于解锁状态，解锁状态与锁定状态转换过渡过程是从“0”（1）到“1”（0）的跃变（跳一个台阶）过程，而不是连续函数变化过程，如用压力工具压紧闭锁杆时，闭锁杆不能转动，被锁定；压力工具放松时，闭锁杆能转动，被解锁。压紧与放松是模糊的概念，实际操作时，难以区分用多大力压紧或放松，造成锁定状态与解锁状态难以区分。

（五）关键技术 5 实现方案

由于锁芯与锁套是螺纹连接（图 8-2），锁芯可以拧出锁套与其脱离（不同于普通门锁，门锁锁芯不能脱离锁壳），所以，可在全国制定统一标准，统一锁套、锁钥、锁芯、锁口的有关尺寸，使锁套在不同种类开关上有标准的螺纹尺寸及锁套内径深度等（图 8-5）。锁芯与锁钥按标准规定的螺纹、直径、长度、牙型等生产（图 8-3、图 8-4），各使用单位只用专管锁钥、锁芯即可，就能拧入任何锁套，锁定任何开关。使用新开关把专管锁芯锁到通用锁套中，即可锁定闭锁杆等锁定对象；开关调走时，拆下专管锁芯。

（六）关键技术 6 实现方案

锁钥的公牙与锁芯的母牙设计成齿型，齿的大小、角度多种多样，相应的锁钥、锁芯就多种多样，矿用开关两防锁行业标准中规定的 16 种锁钥、锁芯完全满足煤矿需求。

（七）关键技术 7 实现方案

LFS-Xa 的 U 型卡箍是用螺栓紧固在闭锁杆上的，在井下用电工常用工具及锉刀即可安装；固定锁套及下盖的螺栓锁也能在井下用电工常用工具安装，如图 8-8 至图 8-10 所示。

安装 LFS-Xb 时只要拆下隔离开关手把，拆下旧闭锁杆，换上带锁口的新闭锁杆，并套上锁套即可，井上下均可安装，如图 8-11 所示。

安装 LFS-C01、LFS-C02 时需要焊接，有维修资格的检修厂即可安装，如图 8-2、图 8-7 所示。

LFS-C03、LFS-C04、LFS-C05 锁定螺栓、按钮时，只需要加装螺栓套及 O 型卡箍，即可使用，井下即可安装；锁定隔离开关手把及开关柜门时，在有维修资格的检修厂即可安装，井下不能安装，如图 8-13、图 8-14、图 8-15、图 8-17、图 8-19 所示。

两防锁既能在使用现场、有维修资格的检修厂现场安装，也能在制造厂安装。

（八）关键技术8实现方案

防锈技术：锁芯、锁钥用耐腐蚀材料（不锈钢、铝锌合金等）制成，锁套的螺纹及锁套的其他内壁涂防锈油、电镀或用其他防锈措施处理；两防锁其他部位涂防锈漆；两防锁机构尽量简单，不要太精密。

防粉尘技术：锁套向水平方向以下倾斜，粉尘、杂物落入后很容易取出，也可以加装防尘盖，如图8-2、图8-14所示。

（九）关键技术9实现方案

如图8-2至图8-4所示，锁钥、锁芯采用了齿型结构，仅有一个齿的锁钥可以与任何锁芯对应咬合，就能打开任意一把锁。

（十）关键技术10实现方案

按连锁装置不同，开关分为：闭锁杆在外壳外面的开关，如图6-3所示；闭锁杆被“包住”的开关，如图8-20所示；没有闭锁杆的小型开关，如图8-21至图8-23所示。

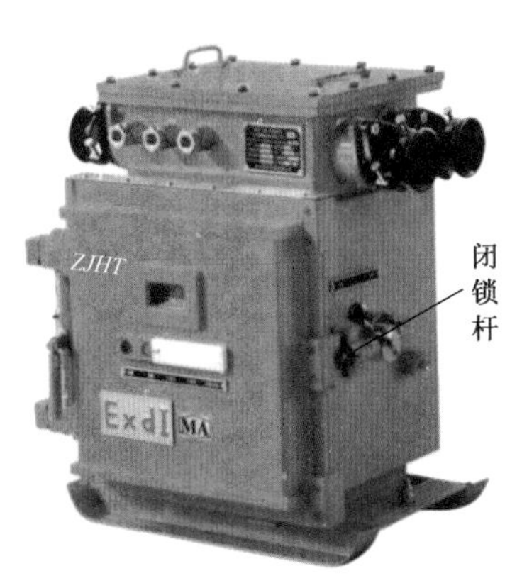

图8-20　闭锁杆被“包住”的开关

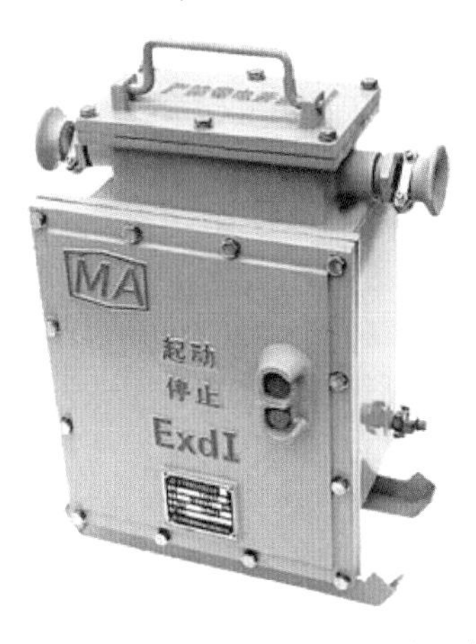

图8-21　没有闭锁杆的小型开关

图8-22　闭锁装置与低压开关不同的高压配电装置

图8-23　看不见闭锁杆的高压开关柜

两防锁由锁钥、锁芯、锁套、锁口、附加部件组成，是一种“积木式”结构，只要稍改变附加部件，不同开关就可以组合出对应的两防锁。

LFS-Xa、LFS-Xb、LFS-C01 能用在闭锁杆在外壳外面的开关上（图 6-3），其中 LFS-Xa 能用在井下绝大部分开关上，如 QBD-80、QC83 系列，在井下现场即可安装；LFS-Xb 能用在井下少量分路开关上，如 DW80-350，这类开关的 U 型架很窄，安装不上 LFS-Xa；LFS-C01 能用在所有开关上，只要将原闭锁杆、U 型架去掉，焊接上 LFS-C01（图 8-2）两防锁即可，新制造的开关可以直接安装 LFS-C01。

LFS-C02 能用在闭锁杆在外壳里面的开关上，如 DQZBH-300，这类开关结构特殊，需要按图 8-7 更换闭锁杆，焊接锁套即可使用，制造厂也可以使用。

LFS-C03 能用在没有闭锁杆的高压配电箱的开关上（图 8-22），这类开关有隔离开关，连锁较复杂，按图 8-12 分别锁住开关盖螺栓及隔离开关手把即可达到“两防”。需要锁两条位置对称的开关盖螺栓，不能只锁一条，如果仅锁一条，仍可能转开开关盖；按图 8-16 在隔离开关手把上开槽或更换带锁口的隔离开关手把，焊接锁套，即可防止擅自送电。

LFS-C04 能用在没有闭锁杆的小型开关上，这类开关在小煤矿使用较多，没有隔离开关，也没有闭锁杆，按图 8-13 及图 8-14 分别锁住送电按钮及开关盖螺栓即可达到“两防”。需要锁两条位置对称的开关盖螺栓，不能只锁一条，如果仅锁一条，仍可能转开开关盖；正常送电时不需要锁定，停电后才需要锁定，这时并不需要停电，所以，为了方便安装，可以同时锁定停送电按钮防止擅自送电。

LFS-C05 能用在没有闭锁杆的高压开关柜的开关上，这类开关有隔离开关，连锁较复杂，按图 8-17 分别锁住隔离开关手把及开关柜门即可达到“两防”，需要在制造厂或有资格的检修厂改造。

高压开关柜门都有锁，可以防止擅自开门操作，但其钥匙不同于使用两防锁的其他低压开关的锁钥，为了使同一个变电硐室各种高低压开关统一锁钥，建议用图 8-19 中的原理锁定开关柜门；现有高压开关柜的隔离开关不能防止非专职人员擅自送电，应按图 8-18 中的原理改造锁定。

对于其他各种具体开关，用两防锁“五元素”按“积木式”方法组合。

（十一）关键技术 11 实现方案

两防锁分为 7 种类型，外形尺寸小于 70 mm，质量小于 0.5 kg，锁钥、锁芯用铝锌合金材料制成，铝镁含量符合标准规定，轻便、防锈、耐用，其他部件用 Q235 钢材制成，耐用、结构简单、成本低。

（十二）关键技术 12 实现方案

两防锁技术行业标准包括：术语和定义、结构要求、性能要求、试验方法、检验规则、标志包装运输贮存。

在术语和定义中给出了以下定义：解锁状态、锁定状态、两防、锁定对象、锁口、锁套、锁钥、锁芯、对应咬合。

在结构要求中总结概括了通用结构及数据，以行业标准的形式规定了锁钥、锁芯、锁套、锁口主要尺寸及装配尺寸，同时规定了主要结构，使它们能适应各种开关，这些数据是经过多次试验确定的。

锁钥、锁芯的内径、外径及长度尺寸是经过多次试验确定的。

各种锁钥、锁芯的角度是用计算机模拟设计试验确定的，确定依据是不同号的锁钥、锁芯角度不同，相同号的锁钥、锁芯角度对应相同。角度不同于线性尺寸，检验不同号锁钥（锁芯）是否有相同角度，需要把任一号锁钥（锁芯）与其他 15 种锁钥（锁芯）比较，还应比较旋转角度。

锁钥（锁芯）的牙型及牙之间的角度是依据制造精度及方便可靠确定的。

锁芯的螺纹较长，确保锁芯离开锁口置于解锁状态后仍掉不出锁套。井下环境恶劣，掉出后不易寻找，即使找到，也易弄脏。

锁套尺寸是依据防止尖嘴钳子伸入锁套操作锁芯确定的，按图 8-5 所示尺寸制造的锁套，拧入锁芯后，尖嘴钳子不能操作锁芯有效移动。

锁口尺寸及结构是为了锁定状态与解锁状态转换时有一个跃变（从“0”变“1”）过程设计的，闭锁杆锁口制成通槽是为了锁定方便，如图 8-6 所示。

装配尺寸 l_1、l_2、l_3(图 8-2 至图 8-19）是根据互换使用要求，经过试验确定的，同样尺寸的锁芯能与各种开关的两防锁配合，起到锁定作用。

性能要求中确定了 5 项要求：可靠性要求，锁钥、锁芯多样性要求，互换性要求，防锈性要求，外观要求，其中包括 10 项具体要求。

试验方法包括：可靠性试验，锁钥、锁芯多样性试验，互换性试验，防锈性试验，外观试验，几何尺寸检测。

检验规则包括：出厂检验、型式检验。

标志包装运输贮存规定了标志、包装、运输、贮存方面的内容。

六、两防锁技术与国内外先进技术比较

（一）国内

《煤矿安全规程》（2001）第四百四十五条规定，所有开关的闭锁装置必须能可靠地防止擅自送电，防止擅自开盖操作；《爆炸性气体环境用电气设备 第 1 部分：通用要求》（GB 3836.1—2000）规定，为保证某一防爆型式用的连锁装置，其结构应保证非专用工具不能轻易地解除它的作用。

（二）国外

苏联、英国、波兰等国家的标准都只规定了开关有机械闭锁即可，没有《煤矿安全规程》（2001）及《爆炸性气体环境用电气设备 第 1 部分：通用要求》（GB 3836.1—2000）要求高。国内外矿用开关都有机械闭锁，不采用两防锁时，用电工常用工具或徒手即可操作，造成多起“两擅”（擅自送电、擅自开盖操作）事故。

两防锁设计独特，不同于一般门锁，具有可靠性、互换性，锁钥、锁芯多样性，特殊情况下解锁方便，防锈性等特点。

该专利产品的创造性主要表现在解决了技术难题，克服了技术偏见，符合《专利审查指南》关于创造性评价标准。

（1）解决了技术难题。《爆炸性环境用防爆电气设备 通用要求》（GB 3836.1—1983）规定：连锁装置应设计成使用一般工具不能解除其连锁功能的结构。但一直没有实现该要求，两防锁解决了此技术难题。

（2）克服了技术偏见。该专利产品各种开关的两防锁的锁芯，可以（用对应锁钥操作）互换使用，即每个使用单位只要有一种专管锁钥及其对应锁芯，就可以锁定任何装两

防锁的开关，同理，任何装两防锁的开关都可以用对应锁钥解锁或锁定。这样，极大地适应了煤矿实际情况，解决了安全、生产之间的矛盾，使安全、生产“双赢”。

（3）先进性。两防锁达到《煤矿安全规程》（2001）、《爆炸性气体环境用电气设备 第1部分：通用要求》（GB 3836.1—2000）的要求，从技术装备上保证了有关条款的贯彻实施。

因此，国家煤矿防爆安全产品质量监督检验中心及全国防爆电气设备标准化技术委员会防爆电器分技术委员会等部门专家一致认为：“两防闭锁装置（两防锁的原名称）解决了我国煤矿用开关安全闭锁的实际问题，开创了我国矿用开关安全闭锁的新领域，对提高我国煤矿井下的安全性，减少事故率和损失浪费，促进技术进步，都具有积极的作用，建议积极推广应用”。汾西矿业集团认为：“两防锁是一种设计合理、安装使用方便、性能可靠、适应性强的理想产品，该产品能从技术装备上确保《煤矿安全规程》（2001）有关条款的贯彻执行，消除了随便打盖和随便停送电的客观条件，特予以推荐。”屯兰煤矿等使用单位认为：“两防锁设计合理、性能可靠、安装方便、操作容易，便于管理推广应用。”

现代意义的新产品，不仅是简单的机械零件，而且是包括标准、商标、专利、法规等软件的软件、硬件组合体。两防锁具有专利权、行业标准、注册商标（商标“铁门神”），符合相关要求。《专利审查指南》明确指出，简单或复杂与先进性、创造性无关，科学的零件组合也是发明。两防锁采用“五元素”“积木式”结构，可以组合出多种多样适用于每一台开关的两防锁，达到出人意料的效果，按照《专利审查指南》的有关标准评价，它是一项重大创造发明。

七、两防锁的分类与用途

两防锁作为贯彻执行标准及法规的技术装备，从本质上实现了标准及法规要求，从根本上杜绝了“两擅一偷”现象，实现了抗违章技术要求。“铁门神”牌两防锁，适用于矿用磁力启动器、矿用自动馈电开关、矿用手动启动器、矿用电钻变压器综合装置、矿用照明信号综合保护装置、检漏保护装置等矿用设备（以下简称开关）的“防止擅自送电、防止擅自开盖操作”闭锁装置，也可以用于其他场所的锁定。两防锁具有防止擅自送电，防止擅自开盖操作电器元件、调整整定值，防止偷盗电气元件3种功能，可有效预防“两擅一偷”事故。两防锁具体型号及用途见表8-1。

表8-1 两防锁具体型号及用途

结构型式	型号	对应图号	用　途
组合式	LFS-Xa	图8-8	锁定闭锁杆在外壳外面的开关（如QBD-80），现场安装使用
	LFS-Xb	图8-11	锁定闭锁杆在外壳外面的开关（如QBD-80），现场安装使用
连体式	LFS-C01	图8-2	锁定闭锁杆在外壳外面的开关（如QBD-80），厂家使用
	LFS-C02	图8-7	锁定闭锁杆在外壳里面的开关（如QJZ-300/1140），厂家使用

表 8-1（续）

结构型式	型号	对应图号	用　途
分离式	LFS-C03	图 8-12	锁定没有隔离开关的小型磁力启动器（如 BQD86-30）的开关按钮，不与隔离开关连锁的开关盖、各种接线盒（盖）、煤机控制箱盖板及其他相似结构使用，厂家使用，也可现场使用
	LFS-C04	图 8-15	锁定高压配电装置（如 BGP3-6）及其他相似结构使用，厂家使用
	LFS-C05	图 8-17	高压开关柜（如 GFW-1）及其他相似结构使用，厂家使用

注：1. LFS-X#(Cx) 各符号的意义：LFS 表示两防锁（行标：矿用开关两防锁中两防锁的代号）；X 表示现场（井下或队（组）修理车间）使用，#表示不同结构设计序号，用小写字母 a、b……表示；C 表示厂家（制造厂及具备一定资格的煤矿修配厂）使用，x 表示不同结构设计序号，用阿拉伯数字 01、02……表示。

2. 锁钥分为 25 种，编号为 1～25 号。锁芯分为 25 种，编号为 1～25 号。
3. 一般情况下，同一煤矿的每个队组使用不同锁钥及对应锁芯，有几个使用队组就用几种锁钥及对应锁芯。
4. 同一队组，每班电工一把锁钥，留 1～2 把备用；可以给机电部门经常处理事故的电气技术人员专用锁钥及锁芯，专门锁定所处理故障线路的分路开关，防止擅自送电。
5. 每台开关的每把锁使用一个锁芯。各种不同锁芯用对应锁钥操作，可以在同一开关互换安装使用，每个队组用一把专用锁钥操作对应锁芯就可以锁定任何一台开关。
6. 每个队组管理几十个专用锁芯（以最多使用开关量加 10% 备用量确定锁芯数量）及几把对应锁钥（根据电工数量确定），新开关使用时用本队组锁芯锁定，走时卸下本队组锁芯。
7. 0 号密钥在事故紧急状态时，可以打开任何一台开关的任何一把锁，以方便处理事故。0 号密钥由机电管理部门专人管理，每个煤矿 2～5 把即可。
8. LFS-Xb：常用型，可以适应 90% 以上开关安装使用，另外有多种特型锁（Xb1、Xb2、Xb3、Xb4、Xb5、Xb6、Xb7、Xb8、Xb9、Xb10）。
9. LFS-C01 的卡箍对应闭锁杆直径有 12 mm、14 mm、16 mm 等（订货时提出要求）。
10. LFS-C03 分为 LFS-C031 及 LFS-C032 两种，通常不细分。LFS-C031 的螺栓套按其螺孔内径分为 M6、M8、M10、M12、M14、M16、M18、M20、M22；LFS-C031 锁定螺栓的锁壳分为小、中、大 3 种，依次分别对应用于 M6、M8 螺栓，M10、M12、M14、M16 螺栓及 M18 以上螺栓。
LFS-C032 锁定小型开关按钮的锁壳分为 A、B 两种，A 型可以同时锁定停送电按钮，B 型只锁定送电按钮。
LFS-C032 的 O 型卡箍对应按钮套形状有圆形、矩形等（订货时提出具体小型开关型号及有关尺寸即可）。
11. LFS-C04 锁定隔离开关手把的锁套按具体高压配电箱型号分类（订货时提出具体高压配电箱型号及有关尺寸即可）。
12. LFS-C05 按具体高压开关柜型号分类（订货时提出具体高压开关柜型号及有关尺寸即可）。
13. 外形尺寸（长×宽×高）：约 70 mm×55 mm×70 mm，质量约 0.4kg。

八、两防锁主要特点

（1）两防锁不同于家用门锁及火车上的三角门锁，它是一个使用单位只要有一种专用锁钥及对应锁芯，就可以锁定本单位任何开关，锁定后其他单位无法解锁。

①一般门锁是一把钥匙开一把锁，锁芯不能随便拆换，如果用一般门锁锁定开关，易生锈，难管理。

②安装在各开关两防锁的锁芯，可以（用对应锁钥操作）互换使用，即锁芯与对应锁钥是队组专门管理的，而锁体（不是锁）等是通用的，每个使用队组只要用本单位的专管锁钥，就能把对应的专管锁芯拧入任何一个锁套，锁定任何一台开关；这些开关移交时，不需要拆下锁体，仅拧下本单位的专管锁芯，接收单位锁上自己的专管锁芯即可。

（2）两防锁不同于实现开盖断电的新型矿用隔爆型分级闭锁真空电磁启动器。开盖断电［严禁带电检修电气设备（包括电缆、电线），检修前必须切断电源］与“两防”（防止擅自送电、防止擅自开盖操作）是两个不同的要求。家用电表及开关都要上锁防止擅自送电、防止擅自开盖操作，包括新型矿用隔爆型分级闭锁真空电磁启动器在内的各种开关都必须具有“两防”功能。该专利产品可以使其具有“两防”功能。

（3）两防锁不影响开关现有的闭锁性能。

（4）用电工常用工具不能从开关上拆除两防锁。

（5）用电工常用工具不能擅自开盖（与隔离开关连锁的开关盖）操作或擅自送电，只有用专用锁钥置于解锁状态后，才能开盖操作，或合隔离开关（小型开关没有隔离开关，其送电按钮代替隔离开关的作用）送电。

（6）锁定方便，且解锁状态与锁定状态转换过渡过程是从“0”（解锁状态）到“1”（锁定状态）或从“1”到“0”跃变过程，不是连续变化过程，即锁定时不需要找闭锁杆上的孔，且解锁状态与锁定状态转换是开、关跃变（跳一个台阶）转换，而不是加力压紧闭锁杆等锁定对象才能锁定、减力放松才能解锁。解锁状态与锁定状态互相转换时灵活、无卡阻，解锁状态与锁定状态转换 5000 次不失效。

（7）使用单位可以用一种锁钥、锁芯锁定任何安装两防锁的开关。

（8）锁钥、锁芯 25 种，足够区别使用，各个队组有互不相同的锁钥、锁芯。

（9）能在使用、检修现场用常用工具安装使用，即大部分低压开关不动电氧焊及机加工设备就能安装，高压开关在有维修资格的修配厂即可安装。

（10）能在潮湿、粉尘严重的场所使用，即能防锈、防粉尘堵塞。

（11）在处理事故等应急状态时解锁方便，即用一把密钥能打开任何锁。

（12）根据积木式原理设计，由两防锁的基本元素可以设计组合出适用于具体开关的多种两防锁；能适应不同结构、不同型号规格、不同厂家、不同年代出厂的开关；成本低、体积小、可靠、耐用、简单、实用。

（13）可以锁定各种禁止擅自开盖操作的设备盖板，如不与隔离开关连锁的开关盖、各种接线盒盖、煤机控制箱盖板等，还可以锁定主要场所的门窗，如变电所门、马路井盖等。

（14）锁钥、锁芯、锁体之间相互碰撞时，或与其他元件相互碰撞时不产生电火花。

九、常用两防锁的安装使用说明

（一）LFS-Xb 型矿用开关两防锁

LFS-Xb 型矿用开关两防锁主要用于锁定矿用开关的闭锁装置（闭锁杆），适用于闭锁装置如 QBD（原型号 QC83）系列开关闭锁装置的各种开关。

（1）LFS-Xb 型矿用开关两防锁由锁体、锁套、锁钥、锁芯、闭锁杆、紧固螺钉等组成，如图 8-24 所示。

LFS-Xb 型矿用开关两防锁包括 LFS-Xb 及 LFS-Xb1、LFS-Xb2、LFS-Xb3、LFS-Xb4、LFS-Xb5、LFS-Xb6、LFS-Xb7、LFS-Xb8 等特型锁，可以适用于多种开关，结构略有不同。

LFS-Xb11 型矿用开关两防锁（图 8-25、图 8-26）对 LFS-Xb 的锁口形式进行了改

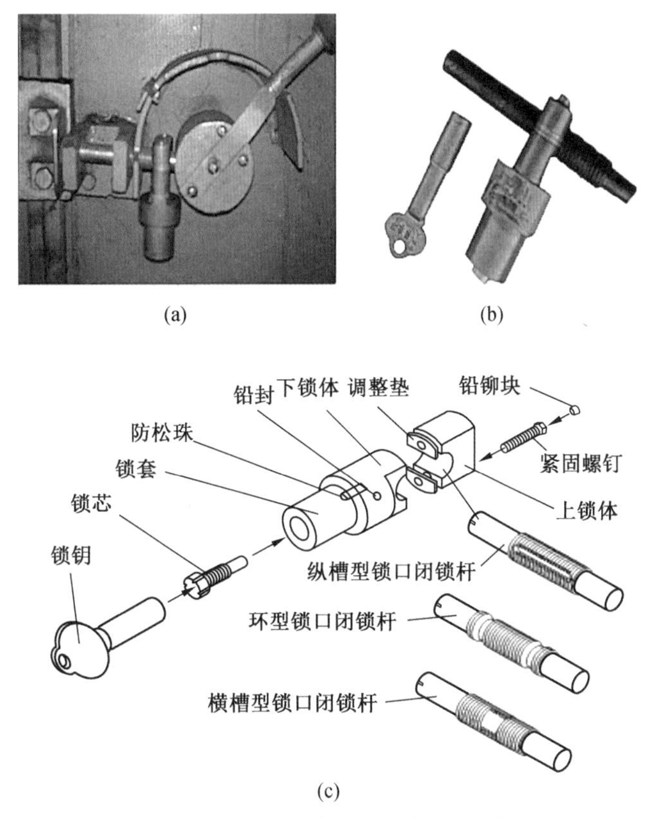

图 8-24　LFS-Xb 型矿用开关两防锁构造

变，适用于煤矿井下等爆炸环境中的磁力启动器、馈电开关、高压开关，以及闭锁杆直径小于或等于 16 mm 的开关。LFS-Xb11 型矿用开关两防锁的锁芯前方增加顶块，不损坏闭锁杆丝扣；上锁体增加 3 个顶尖，顶在闭锁杆的丝扣槽内，用以增加闭锁阻力，提高闭锁可靠性能。

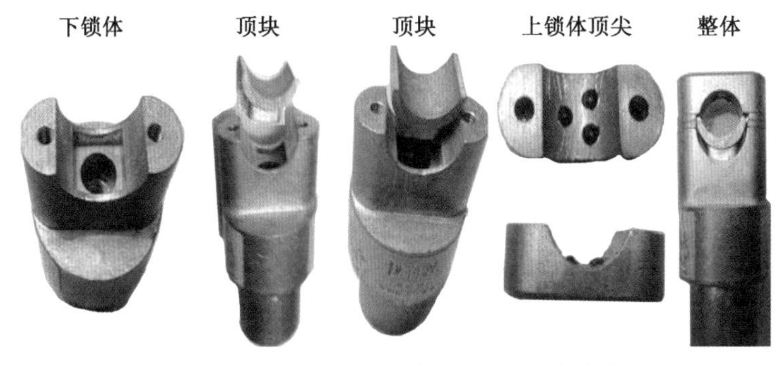

图 8-25　LFS-Xb11 型矿用开关两防锁实物

（2）原理、锁定方法、解锁方法及安装方法。

①原理。将闭锁杆穿入锁体圆孔内，用对号锁钥旋入对号锁芯时，使锁芯头部伸入闭锁杆锁口即挡住闭锁杆移动；退出锁口，闭锁杆可以自由移动，从而达到防止擅自送电、防止擅自开盖操作的目的。禁止开盖或禁止送电位置示意如图 8-27 所示。

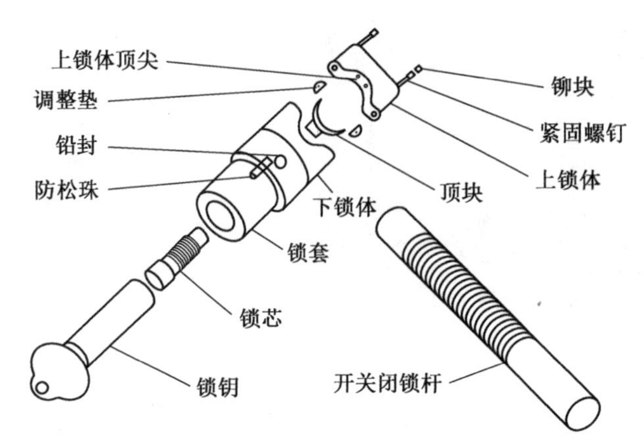

图 8-26 LFS-Xb11 型矿用开关两防锁构造

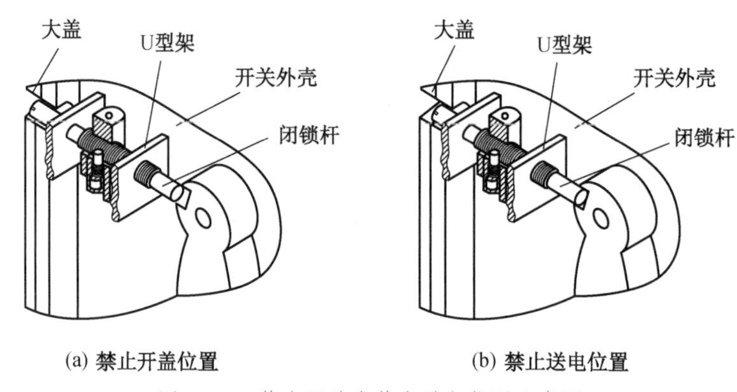

图 8-27 禁止开盖或禁止送电位置示意图 1

②锁定方法。用手捏住锁钥柄操作对号锁芯顺时针方向拧入锁套，感到旋转不动时（特别注意：不要用钳子夹住使劲拧，以免拧断锁钥），用锁钥沿锁套向里压，以打开防松珠，边压边旋转锁芯，直到旋转不动为止，将锁钥向外轻拉感到不压防松珠时，左右旋转不动锁芯，闭锁杆也不能自由移动时，即锁定。

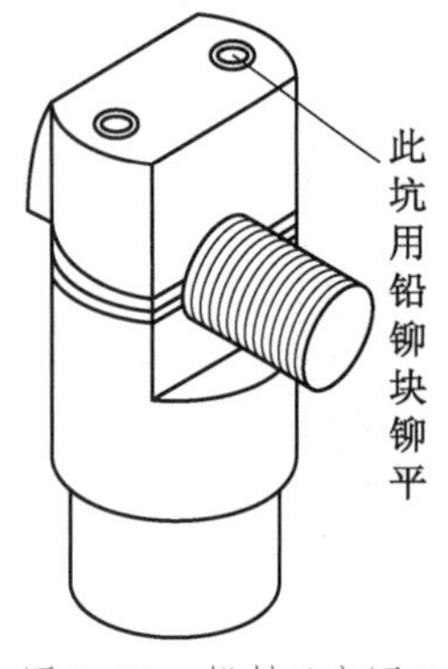

图 8-28 铅封示意图 2

③解锁方法。锁钥操作对号锁芯，向里压住防松珠，反时针方向拧出锁芯，直到闭锁杆能自由转动为止，即解锁。

④安装方法。安装使用工具包括螺丝刀、扳手、小三角锉、手锤。安装顺序如下：用锉在闭锁杆上锉出深 1.5~2 mm、宽 10 mm 的横槽型锁口；根据闭锁杆直径减少或增加调整垫；把上下锁体扣在闭锁杆上用紧固螺钉紧固；试验锁定与解锁功能，置于防止擅自开盖位置，检查是否能打开开关门盖，用钳子、螺丝刀等电工常用工具打不开开关门盖为合格，解锁后置于防止擅自送电位置，检查是否能擅自送电，用钳子、螺丝刀等电工常用工具不能送电为合格；用铅铆块铆固螺钉孔，如图 8-28 所示。

（二）LFS-C01 型矿用开关两防锁

LFS-C01 型矿用开关两防锁适用于闭锁装置，类似 QBD（原型号 QC83）系列开关闭锁装置的各种开关。

（1）构造。LFS-C01 型矿用开关两防锁由基座、锁壳、锁套、锁钥、锁芯、带槽型锁口的闭锁杆、内六角螺丝及铅封等组成，如图 8-29 所示。

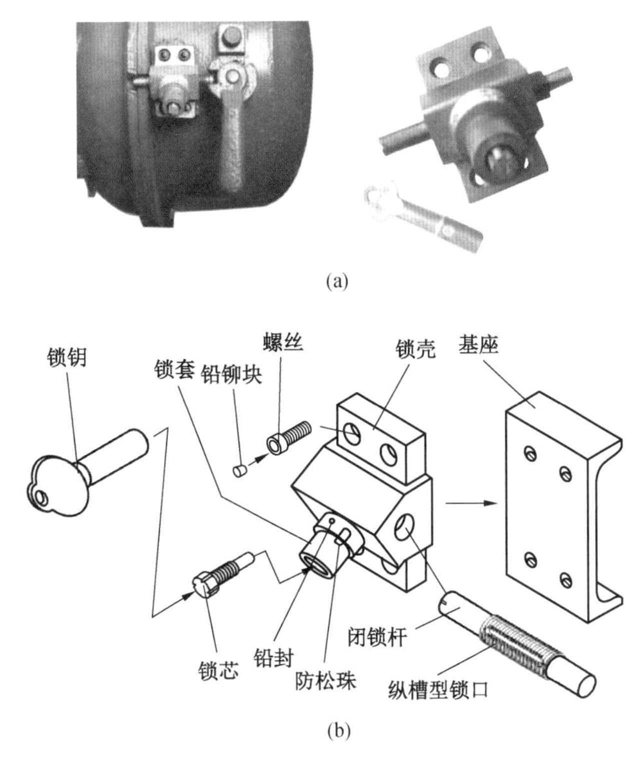

图 8-29　LFS-C01 型矿用开关两防锁构造

（2）原理。在开关外壳上焊接好基座，把锁壳固定在基座上。用对号锁钥旋入或旋出锁芯，使锁芯头部伸入或退出闭锁杆槽，以控制闭锁杆旋转，限制闭锁杆移动，实现防止擅自送电及防止擅自开盖操作的目的，如图 8-30 所示。

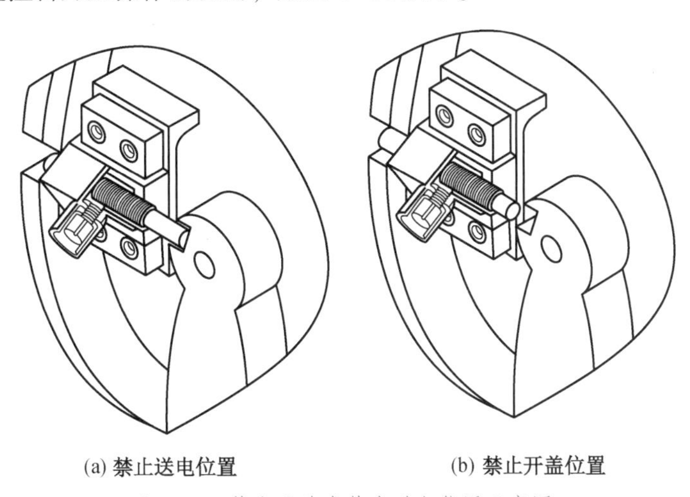

图 8-30　禁止开盖或禁止送电位置示意图 2

（3）安装使用工具。安装使用工具包括电焊、割炬设备、内六角扳手、手锤、螺丝刀及量具。

（4）安装顺序。安装顺序如下：①根据开关实际情况选择合适的带槽型锁口的闭锁杆拧入锁壳内；②清理干净安装部位，根据隔离开关手把与开关盖之间的连锁关系，准确确定基座焊接位置，并画上明显的位置标记；③将基座点焊在外壳上；④在基座上安装锁壳，用螺丝刀拧入或拧出闭锁杆，并用锁钥旋入或旋出锁芯，使锁芯头部伸入或退出闭锁杆槽，以试验“两防”性能（图8-30），检查认为符合要求后，取下锁壳，将基座牢固焊接在外壳上；⑤将锁壳用内六角螺丝固定在基座上，并用铅块铆住内六角孔，如图8-31所示；⑥试验锁定与解锁功能，置于防止擅自开盖位置，检查是否能打开开关门盖，用钳子、螺丝刀等电工常用工具打不开开关门盖为合格，解锁后置于防止擅自送电位置，检查是否能擅自送电，用钳子、螺丝刀等电工常用工具不能送电为合格。

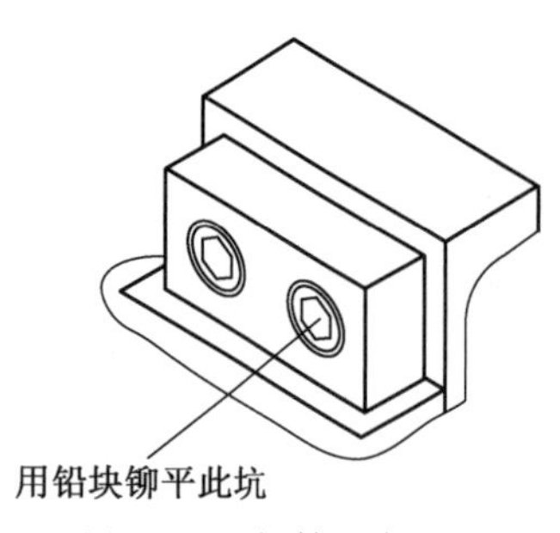

图8-31　铅封示意图2

第二节　防　松　锁

防松锁在智能抗违章保护系统中的位置如图7-1所示，可以防止非专职人员违章擅自松动螺旋式喇叭嘴。

一、型号

防松锁常用型号及规格见表8-2。

表8-2　防松锁常用型号及规格

mm

<table>
<tr><th>型　号</th><th>联通节外径</th><th>喇叭嘴螺口外径</th><th>备　注</th></tr>
<tr><td>FFW3-FSS$_{50}$</td><td rowspan="2">50</td><td rowspan="2">42</td><td></td></tr>
<tr><td>FFW3-FSS$_{50C}$</td><td>带压线板</td></tr>
<tr><td>FFW3-FSS$_{46}$</td><td rowspan="2">46</td><td rowspan="4">36</td><td></td></tr>
<tr><td>FFW3-FSS$_{46C}$</td><td>带压线板</td></tr>
<tr><td>FFW3-FSS$_{42}$</td><td rowspan="2">42</td><td></td></tr>
<tr><td>FFW3-FSS$_{42C}$</td><td>中间六方</td></tr>
<tr><td>FFW3-FSS</td><td>32</td><td>23</td><td></td></tr>
</table>

注：C表示加长（适用于带压线板的喇叭嘴）。

二、构造

防松锁由锁钥、锁芯、卡环、上锁体、下锁体和防松垫等组成，如图8-32和图8-33所示。

三、原理、安装和调试方法

用对号锁钥将防松锁锁定，防松锁上下锁体紧卡在联通节上（防松垫增大锁体与联通

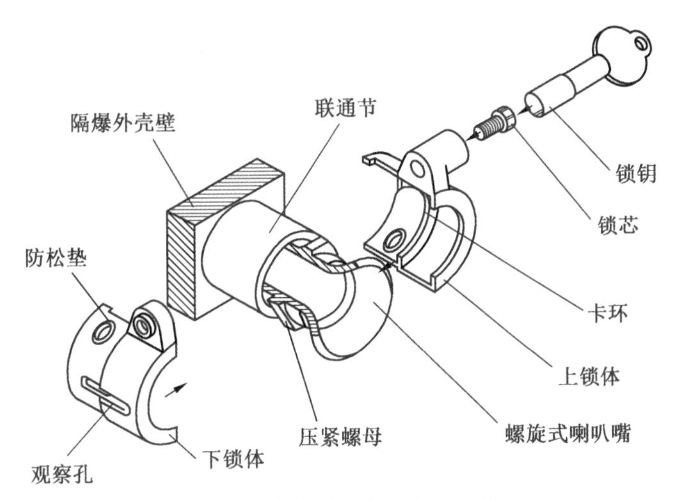

图8-32　防松锁结构及主要零部件

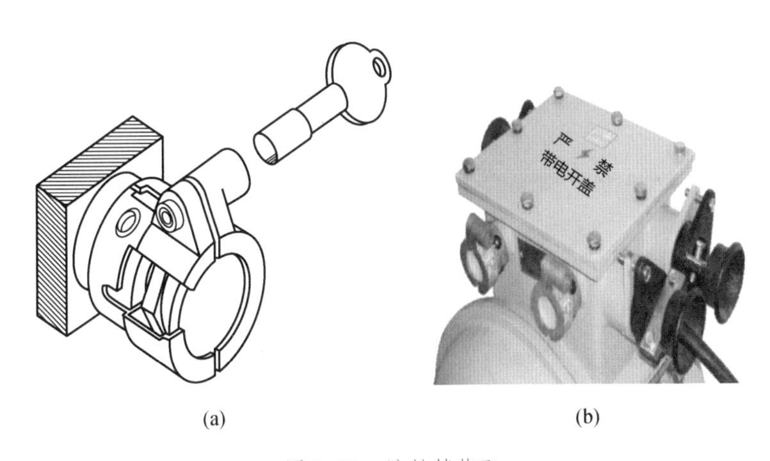

图8-33　防松锁装配

节的摩擦力)，徒手或非专用工具无法旋转喇叭嘴，徒手或用电工常用工具也无法从联通节上取下防松锁。观察孔用来检查外露螺纹扣数，以确定是否失爆。

(1) 根据联通节外径和喇叭嘴螺纹外径选择对应型号的防松锁。

(2) 检查喇叭嘴的安装是否合格，把上下锁体的防松垫卡在联通节上，使卡环介于联通节和喇叭嘴之间。

(3) 用手捏住锁钥柄操作对号锁芯顺时针方向拧入锁套，感到旋转不动时即锁定(特别注意：不得使用钳子夹住使劲拧，以免拧断锁钥)。

(4) 通过观察孔可以观察到喇叭嘴是否“亲嘴”(喇叭嘴与联通节之间无旋紧余量，一般规定间隙应大于1 mm)，也可以观察到喇叭嘴剩余扣数，以推定啮合扣数(啮合扣数应不少于6扣)。

四、故障及排除方法

FFW3-FSS(防松锁) 系列产品故障及排除方法见表8-3。

表 8-3　FFW3-FSS(防松锁）系列产品故障及排除方法

故障现象	原因分析	排除方法	备注
锁不紧	锁芯不到位	徒手顺时针方向旋转锁钥，直至旋转不动	
开不了锁	锁芯、锁钥不对号	用对号锁钥或密钥开锁	

注：如遇到其他问题，请找井下专职电工处理或联系生产厂家。

第三节　C03　锁

C03 锁是 FFW1-C03 防非违装置的商品名，可以防止非专职人员违章擅自打开接线空腔盖板。C03 锁不带电，不能就地报警，适用于锁定螺栓紧固的开关盖板、电机盖板及电缆接线盒盖板。

C03 锁分为 FFW1-$C03_d$(顶丝型)、FFW1-$C03_f$(防护罩型）两种型号产品。C03 锁结构如图 8-34 所示，C03 锁与 LFS-C03 型两防锁基本结构相同，区别是 C03 锁应用了顶丝套及防护罩等无损连接技术，构成 FFW1-$C03_d$ 和 FFW1-$C03_f$ 防非违装置。但 LFS-C03 型两防锁没有采用无损连接技术，锁开关盖时需要更换一条紧固螺栓，不如无损连接技术先进，所以不推荐使用。

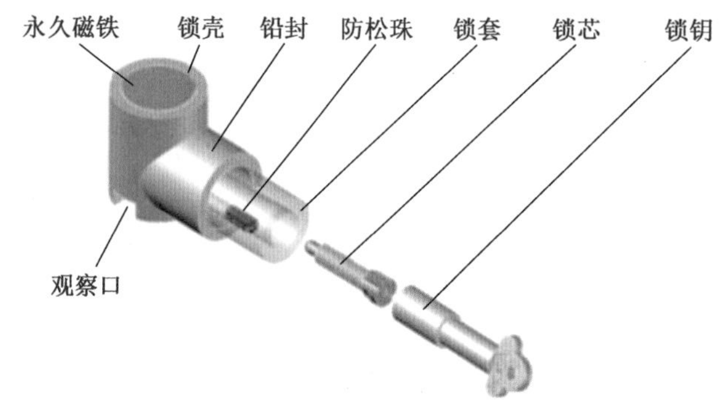

图 8-34　C03 锁结构

一、FFW1-$C03_d$(顶丝型)

（一）结构特征

FFW1-$C03_d$(顶丝型）由 C03 锁和顶丝套组成，如图 8-35 所示。

（1）观察口：供安全检查时检查弹簧垫圈是否合格，锁壳和顶丝套都留有观察口。

（2）顶丝套：根据外六角螺栓直径选定对应的顶丝套，一般常用的有对应 M8mm、M10mm、M12mm、M16mm 的顶丝套，可以根据实际螺栓尺寸定制。出厂时，顶丝套上带 3 个顶丝及 1 个顶丝垫。

根据螺栓尺寸，配套对应的 C03 锁，M8mm、M10mm、M12mm 的螺栓配套中号 C03 锁，M16mm 以上的螺栓配套大号 C03 锁。

顶丝套可以方便地安装在没有护圈的外六角螺栓头上，安装时不需要更换紧固螺栓，也不需要加装防护罩，不松动螺栓用顶丝直接顶上即可。

顶丝套下端加工有大小径圆柱孔，与盖板接触的圆柱孔直径小于其上面的圆柱孔直径，把顶丝套的大小径圆柱孔扣在紧固螺栓上，拧紧顶丝，顶压在紧固螺栓头部侧面，形成对外六角紧固螺栓的摩擦自锁。当要取下顶丝套时，其小径圆柱孔内边缘和摩擦力共同作用，阻挡带顶丝螺栓套被取下。

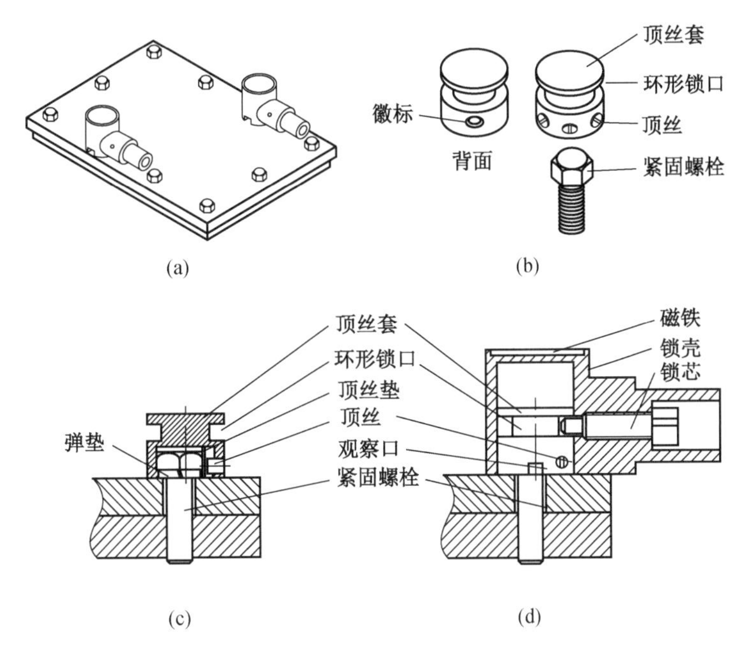

图 8-35　FFW1-C03$_{d}$(顶丝型) 结构示意图

（二）工作原理

如图 8-35 所示，锁定盖板时，用对号锁钥旋入锁芯，使锁芯头部伸入顶丝套的环形锁口（注意：不应顶住环形锁口底部，而应阻挡锁壳沿顶丝套轴向移动），顶丝套被锁定，同时锁定了盖板紧固螺栓；锁定后，非专职人员没有锁钥，不能有效操作锁芯退出锁口而解锁，进而不能松动盖板紧固螺栓而擅自开盖操作；解锁时，专职人员用专用锁钥操作对号锁芯，向里压住防松珠，逆时针方向旋出锁芯，退出锁口，取下锁壳，拧松顶丝套上的 3 个顶丝，取下顶丝套，可以有效操作盖板紧固螺栓转动。

一般应同时锁定盖板对边上的两条螺栓。

（三）安装、调试方法

1. 用顶丝套锁定紧固螺栓

（1）如图 8-35b 及图 8-35c 所示，把带有 3 个顶丝和顶丝垫的顶丝套扣在紧固螺栓头上。

（2）用螺丝刀先拧紧中间的顶丝，再拧紧两边的顶丝，最后再按先中间、后两边的顺序，再拧紧一遍，使 3 个顶丝全部拧紧，保证顶丝套紧紧扣住六角头螺栓脚下面，使顶丝套不能从螺栓头上取下。

注意：如果没有拧紧顶丝，锁壳就扣不下去，下一步就无法完成。

（3）如图 8-35a 及图 8-35d 所示，锁定时，扣上锁壳，用手捏住锁钥柄操作对号锁芯顺时针方向拧入锁壳，转动几圈后，感到旋转不动时，用力沿锁壳向里压，打开防松珠，边压边旋转锁芯，直到用手旋转不动为止，将锁钥向外轻拉，感到不压防松珠时，左右反复旋转，转不动锁芯，即锁定。这时，锁芯头部伸入了顶丝套的环形锁口，不能取下锁壳。非专职人员没有锁钥，不能有效操作紧固螺栓转动。

（4）解锁时，锁钥操作对号锁芯，向里压住防松珠，逆时针方向旋出锁芯，取下锁壳，拧松顶丝套上的3个顶丝，但不能把顶丝从顶丝套上取下，以免丢失，取下带3个顶丝及顶丝垫的顶丝套，可以有效操作紧固螺栓转动。

注意：锁芯不要顶住顶丝套环形锁口底部，而要阻挡锁壳沿顶丝套轴向移动。将锁壳扣住紧固螺栓前，需将紧固螺栓、顶丝套及C03锁上的水分擦干，不要用钳子、螺丝刀等工具使劲拧锁钥柄，以免拧断锁钥。

2. 试验防止非专职人员违章开盖

选择盖板上被锁定的两条紧固螺栓，试验能否从紧固螺栓上取下C03锁，如果使用电工常用工具取不下C03锁，不能有效操作两条紧固螺栓转动，即为合格。

3. 粘贴配套的三角反光标志

应在电气设备盖板表面贴上配套的三角反光标志，提醒“严禁带电开盖！检查瓦斯、验电、放电”。

二、FFW1-$C03_f$(防护罩型)

FFW1-$C03_f$(防护罩型）由C03锁、螺栓套和防护罩组成。防护罩分为隔爆面防护罩和紧固螺栓防护罩两大类。

（一）隔爆面防护罩

隔爆面防护罩一般分为开关型（KG）、电缆接线盒型（DL）和电机型（DJ），对应的FFW1产品型号分别为FFW1-$C03_{fg}$-KG、FFW1-$C03_{fg}$-DL、FFW1-$C03_{fg}$-DJ，如图8-36所示。

隔爆面防护罩由透明、抗静电、阻燃材料制成，可以防淋水、防粉尘侵蚀隔爆接合面和紧固件等；如果隔爆空腔发生爆炸，火焰将从隔爆间隙喷出，这时防护罩可以起到阻挡火焰传播距离及范围的作用。

（二）紧固螺栓防护罩

紧固螺栓防护罩一般分为外六角型（WL）、内六角型（NL）、护圈型（HQ）、沉孔型（CK），对应的FFW1产品型号分别为FFW1-$C03_{fL}$-WL、FFW1-$C03_{fL}$-NL、FFW1-$C03_{fL}$-HQ、FFW1-$C03_{fL}$-CK。

一般情况下，隔爆面防护罩宜用于盖板较小的低压设备，可以方便制造。紧固螺栓防护罩宜用于盖板较大的高压设备，通常安装在盖板紧固螺栓上，以保证被锁定的两条螺栓都取下后盖板才能打开。

（三）FFW1-$C03_f$ 工作原理

如图8-36e所示，锁定盖板时，用对号锁钥旋入锁芯，使锁芯头部伸入螺栓套的环形锁口（注意：不应顶住环形锁口底部，而应阻挡锁壳沿螺栓套轴向移动），图8-36中防护罩上的锁壳被锁定，同时锁定了防护罩，通过锁定防护罩锁定盖板紧固螺栓；锁定后，非专职人员没有锁钥，不能有效操作锁芯退出锁口而解锁，取不下锁壳及防护罩，因此不能违章开盖；解锁时，专职人员用专用锁钥操作对号锁芯，向里压住防松珠，逆时针方向

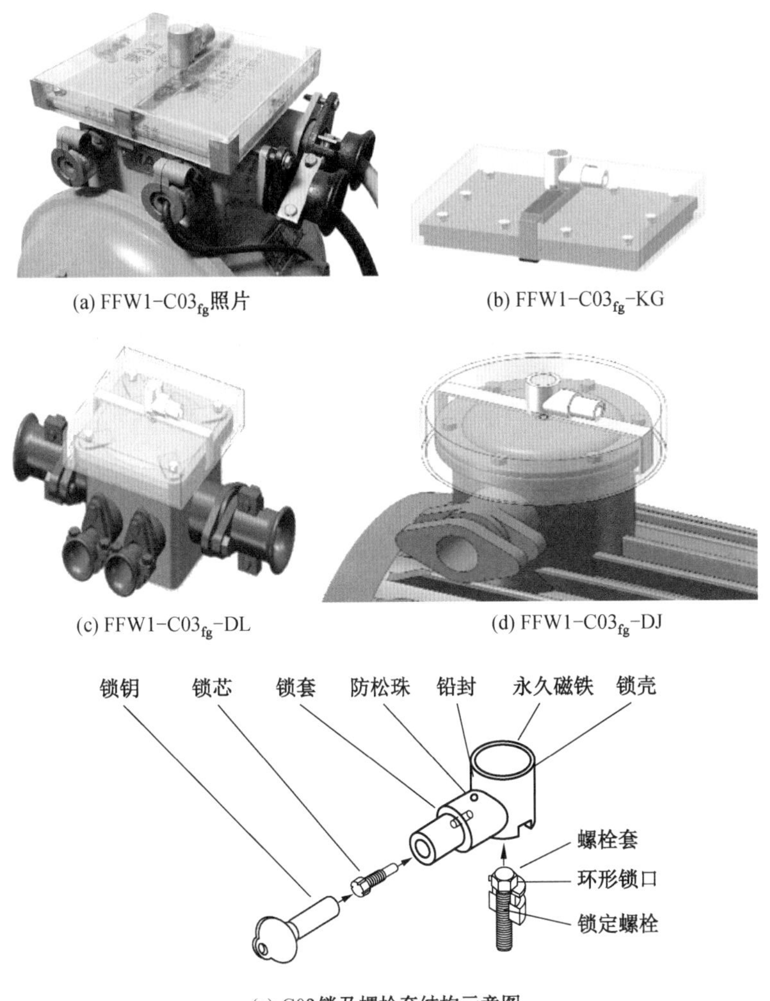

(a) FFW1-C03$_{fg}$照片

(b) FFW1-C03$_{fg}$-KG

(c) FFW1-C03$_{fg}$-DL

(d) FFW1-C03$_{fg}$-DJ

(e) C03锁及螺栓套结构示意图

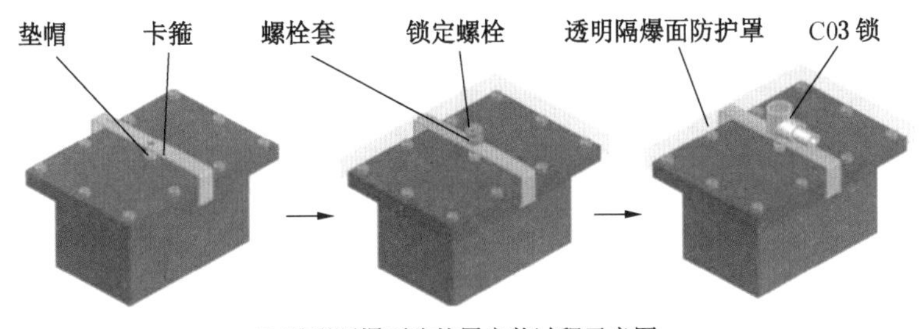

(f) 透明隔爆面防护罩安装过程示意图

图 8-36 FFW1-C03$_{fg}$ 结构示意图

旋出锁芯，退出锁口，取下锁壳，可以松动紧固螺栓开盖。

（四）安装、调试方法

隔爆面防护罩安装过程如图 8-36f 所示。

（1）试验防止非专职人员违章开盖：试验能否从防护罩的锁定螺栓上取下 C03 锁，

如果使用电工常用工具取不下 C03 锁，不能有效操作扣在防护罩下面的各条紧固螺栓转动，即防止擅自开盖操作合格。

（2）粘贴配套的三角反光标志：应在电气设备盖板上面贴上配套的三角反光标志，提醒“严禁带电开盖！检查瓦斯、验电、放电”。

（五）故障及排除方法

FFW1-C03 系列产品故障及排除方法见表 8-4。

表 8-4 FFW1-C03 系列产品故障及排除方法

故障现象	原因分析	排除方法	备注
锁钥伸不进去，锁定与解锁状态转换不畅	锁套中进入了粉尘、杂物，或者螺纹部位损坏及防松珠不能活动	清理锁壳中的粉尘、杂物；换锁壳、锁芯；与厂家联系，在锁套上加装防尘盖	
不能置于锁定状态	螺栓套或顶丝套与锁芯位置及两者间的距离有问题，螺栓套或顶丝套的规格与锁定螺栓不配套，或者螺栓套反装	更换螺栓套或顶丝套，使其与锁定螺栓规格配套，并按照图示正确方法安装螺栓套	严禁将螺栓套反装
不能置于解锁状态	锁芯被卡死	打开锁壳上的铅封，拧松锁套定位螺丝，取出锁套即解锁；解锁后，更换新的 C03 锁	凡影响停送电的解锁处理，应在检修班停电后进行处理
防止非专职人员擅自开盖操作失灵	锁芯没有锁好	用锁钥旋紧锁芯	
锁钥断裂	没有压下防松珠，强行拧锁钥造成	换锁钥，按要求操作	折断锁钥，是对锁芯的保护
转动 C03 锁时将开关紧固螺栓松动	锁芯顶住螺栓套或顶丝套 顶丝套的顶丝外漏头部摩擦锁壳内侧严重	把锁芯前端锉短 1 mm 左右 把顶丝拧紧	
使用防护罩锁定后整体结构松垮	配套锁定螺栓长度不合适	更换合适长度的锁定螺栓	
轻易把安装在顶丝套上的 C03 锁从螺栓头上取下	顶丝尺寸短，不是出厂配套的顶丝，且没有拧紧 锁芯折断 锁芯没有拧入环形锁口	更换出厂配套的顶丝，拧紧即可 更换锁芯 把锁芯拧入锁口	
C03 锁壳扣不下去	没有拧紧顶丝，锁壳就扣不下去，下一步就无法完成，具有互锁功能	分别拧紧 3 个顶丝	

注：如果遇到其他问题，请找井下专职电工处理或联系生产厂家。

第四节　防非违装置的管理使用及维修方法

以两防锁为例，其他防非违装置参照执行。

一、两防锁使用方法

用锁钥对准锁芯缺口，压下防松珠，顺时针方向旋转锁芯移动一定行程，即置于锁定状态。锁定后，不能自由操作锁定对象；用锁钥对准锁芯缺口，压下防松珠，面向锁芯逆时针方向旋转锁芯移动一定行程，即置于解锁状态。解锁后，能自由操作锁定对象（特别注意：不要用钳子、螺丝刀等工具使劲拧锁钥柄，以免拧断锁钥）。

要达到防止擅自开盖操作的目的，对于有闭锁杆的开关，将闭锁杆置于禁止开盖位置，用上述方法将两防锁置于锁定状态即达到目的；对于没有闭锁杆的高压配电箱及小型开关，锁定与隔离开关或送电按钮连锁的开关盖的紧固螺栓，锁定方法见安装方法；锁定与隔离开关连锁的开关柜门，按安装方法安装好后，按使用方法旋转锁芯移动一定行程，进入内螺纹孔型锁口，即可锁定。

要正常开盖操作时，按使用方法置于解锁状态即可。

要达到防止擅自送电的目的，对于有闭锁杆的开关，将闭锁杆置于禁止送电位置，按使用方法将两防锁置于锁定状态即达到目的；对于没有闭锁杆的高压配电箱，将隔离开关置于停电位置，用使用方法将两防锁置于锁定状态即达到目的；对于没有闭锁杆的小型开关，按安装方法安装并锁定送电按钮即达到目的；对于高压开关柜，按使用方法锁定隔离开关手把即达到目的。

要正常送电时，按使用方法置于解锁状态即可。

二、两防锁管理使用方法

（一）一般管理使用原则

（1）机电科或电气队制定制度并负责贯彻执行，机电科或电气队统一将锁芯、锁钥编号登记备案，统一分配管理。

（2）在机电科或电气队统一领导下，各队独立管理锁芯及锁钥，移交时，拆下锁芯，锁体随开关流动。

（3）机电、供应等部门安装设备时不带锁芯、锁钥，仅带锁体，到本队组后，锁上本队组的锁芯。

（4）本队组锁钥、锁芯不够时，到机电科或电气队对号领取，每种锁钥在机电科或电气队至少有一把备用，丢失一把锁钥后，一般停止使用该种锁钥及对应锁芯，宜更换其他号的锁钥及锁芯，以防非专职人员捡到锁钥，擅自开盖操作、擅自送电造成事故。

一般情况下，一个队或一个专业组宜用一种锁钥及对应锁芯。

（5）每个队（班组）的一种锁钥 5 把为宜，每班一把，队部留 1~2 把备用。

（6）一个工作面有几个队组分管设备，就配备几种锁芯，对应配备几种锁钥，本队组只能打开本队组设备上的锁，而不能打开别的设备上的锁。

（7）专人管理的设备可配备一种专管锁芯，并配备对应锁钥，使专人管理的设备仅专人能开锁。

（8）机电科、电气队可配备1~2把密钥，密钥（编号为0）能打开所有锁，这些部门的主要技术人员在检查、检修、处理紧急事故时，能在任意地方开锁，方便生产及安全。但必须严格限制密钥的使用条件，非特殊情况，决不能使用，使用后应登记使用情况，否则，将失去两防锁的意义。

（二）具体案例

某煤矿机电设备由机电科统一管理，井下设备由机电队修理，井下公用设备由机电队管理，采掘设备由采掘电钳工管理，公用绞车及其开关由机电队绞车修理组管理，采掘队使用。水泵开关由机电队小班电工管理，各采掘队分路开关由机电队管理，采掘队使用。零散风机开关由通风队管理，变电所设备由机电队管理，1个值变电工值2~3个变电所。

机电科供电组制定两防锁管理使用制度，供电组统一分配、编号、登记管理，各队到供电组领取锁芯、锁钥，各队组违反制度由供电组处罚，机电科长酌情奖惩各个部门。

公用绞车开关用1号锁芯，配备4把1号锁钥，绞车维修组1把，值班电工1把，每班交接。队部留2把备用。锁芯由绞车维修组电工管理，更换或拆除绞车开关时，带走锁体，取下锁芯安装到新换上的开关锁体上或保存好备用。

采掘队分路开关锁芯与该队其他开关锁芯型号相同，分路开关锁芯由采掘队电钳工管理，搬迁工作面或拆换分路开关时，拆下锁芯，到新工作面或接收新设备后，锁上本队锁芯。机电队要停分路开关作业时，与采掘队组当班电工联系，停电后锁住开关，拿上该值班电工的锁钥即可作业，作业完毕后，打开锁送上电，锁住开关门盖，交还采掘队电钳工锁钥。

综采队用2号锁芯，配备5把2号锁钥。1把锁钥与生产班互相交接；检修班2把，以便在材料巷、运输巷同时检修；队部留2把备用。

变电所开关配备3号锁芯，3把3号锁钥。1把用于值变电工班班交接，2把备用，3号锁芯由值变电工管理，更换开关时，取下3号锁芯，安上新设备时，再锁上3号锁芯。

零散水泵开关配备4号锁芯，配备4号锁钥，每班值班电工1把4号锁钥，机电队留1把4号锁钥备用，4号锁芯由值班电工组长管理。

风机开关配备5号锁芯，配备2把5号锁钥，1把由风机维修电工管理，1把留通风队备用，5号锁芯由风机维修电工管理。

机电队电工配备3个6号锁芯，1把6号锁钥，作为专管锁芯、锁钥。在井下处理重大事故或进行电气作业时，取下原锁芯，锁上专管6号锁芯，以确保万无一失，但注意，工作完毕后，取下专管6号锁芯，让该设备包机人员锁上原锁芯。

其他采掘队都要配备一种专管锁芯及锁钥，使得互相不能开锁，确保安全，锁钥每班交接。机电队配备2把0号密钥，1把0号密钥用于井上检修时打开误锁住的开关，以方便检修。另1把0号密钥用于处理漏电等影响面较大的事故时快速打开开关。用密钥打开两防锁并锁定该开关不准送电时，可锁上6号锁芯，以防止发生误操作事故。

密钥使用完毕，应交回机电队专人管理，并做好使用记录，以方便查考。严禁随意散发密钥。

三、保养、维修、故障处理、运输、储存

（一）保养、维修及故障处理

（1）锁芯与锁套之间的连接螺纹应每半年涂一层黄油，保证活动灵活，不生锈。防松珠每半年加一次防锈油。

（2）应避免其他器件的尖锐部位磕碰锁钥、锁芯表面。

（3）每月检修机电设备时，应按“两防锁使用方法”试验置于锁定状态及解锁状态各一次。

如果状态转换有卡阻现象，应清理锁套中的粉尘、杂物，给锁套、锁芯螺纹部位及防松珠加一点油，再试验，如果仍有卡阻现象，检查锁钥、锁芯是否损坏，如果损坏，更换新件。

如果是 LFS-Xa 型矿用开关两防锁，应检查是否固定可靠，如果不可靠应重新固定；固定好后，试验正反向分合隔离开关，检查是否影响隔离开关手把转动，如果影响，修理隔离开关。

如果不能置于锁定状态，应检查锁口、锁芯位置及两者间的距离是否有问题，对于 LFS-Xa、LFS-C04 型矿用开关两防锁，最常见的问题是卡箍位置不合适，调整位置及距离即可使用。

如果锁芯卡死不能解锁，对于 LFS-Xa 型矿用开关两防锁，应撬掉螺栓锁，以解锁；对于 LFS-Xb、LFS-C01、LFS-C02、LFS-C03、LFS-C04、LFS-C05 型矿用开关两防锁，打开锁套上的铅封，拧松锁套定位螺丝，取出锁套即解锁；解锁后，更换新的两防锁。注意：凡影响开关性能的解锁处理，应出井到检修厂进行解锁。

（二）运输、储存

两防锁应装箱运输，储存时应避免受潮。

第五节　防非违装置的安全检查规定

以两防锁为例，其他防非违装置参照执行。

（1）应按照《煤矿安全规程》（2001）要求，检查其是否符合《矿用开关两防锁》行业标准，是否有原国家安全监管总局鉴定证书，是否是《2004 年度安全生产重点推广技术目录》和“关于推广应用‘矿用开关两防锁’的通知”中指定生产厂家生产的产品，以防假冒伪劣产品进入煤矿高危行业。

（2）应由专职人员负责安装和检查防爆功能。安装前应由专业技术人员对安装使用和检查人员进行培训，培训内容包括两防锁使用说明及其行业标准等相关知识。

（3）应根据开关闭锁杆直径和形状、位置对号安装相应型号的两防锁。

如果没有使用“顶尖两防锁”，应根据说明书要求将开关闭锁杆锉出一个平面，闭锁杆如果不能够或不方便锉出一个平面，应使用“顶尖两防锁”，可由顶尖将闭锁杆顶紧。

如果两处以上检修需要在一台开关上停电、闭锁，应使用授权两防锁，如 LFS-Xb12 或 LFS-Xb13 型，停电作业人员利用各自的授权锁钥锁定开关后，只有在全部锁定人员完成作业，带上各自的授权锁钥再回到停电开关位置并解锁后，方能进行送电操作。

如果绞车开关需要实现“授权开启功能”，可以使用“授权两防锁”，只有授权者先使用“授权锁钥”解锁后，绞车司机才能用专用锁钥打开两防锁，开启开关，开动绞车。

整机设备安装两防锁后，应锁紧闭锁杆，达到可靠防止擅自送电、防止擅自开盖操作的目的。

（4）安装两防锁的设备明显处应贴有警告标志，如图 8-37 所示。

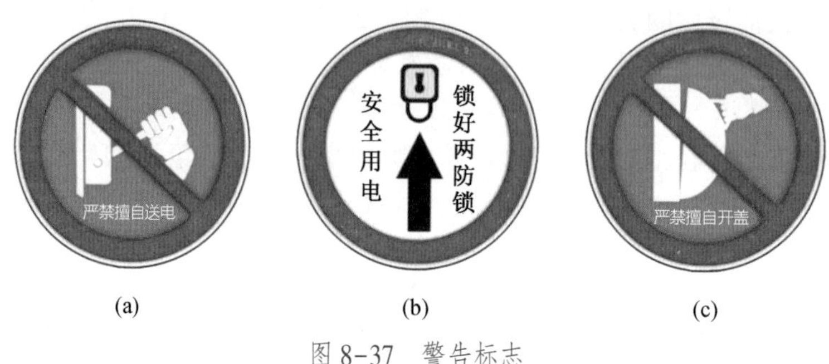

图 8-37 警告标志

（5）应检查两防锁外观，锁钥头部应有清晰永久性“专利人郭春平”标志，外壳明显处应有清晰永久性“铁门神®”商标、“专利号 zl 200620024380. 3”清晰标志，且表面应贴有铁门神商标图案。

（6）应检查两防锁产品合格证及安全性能。两防锁表面棱角应倒钝，手感应光滑；锁钥、锁芯应有明显制造的而不是后加的编号；用电工常用工具（包括螺丝刀、镊子等）或非对应锁钥，按正常操作不能从整机设备上拆除或解锁；只有用对应锁钥操作锁芯，才能转换到解锁状态或锁定状态；各队组专用锁钥互不相同；解锁状态与锁定状态互相转换时，应灵活、无卡阻。

（7）先锁定在“禁止送电”位置，如果用电工常用工具和非对应锁钥正常操作，锁定对象不能被移动或转动，开关应不能送电；再锁定在“禁止开盖”位置，可靠停电后，如果用电工常用工具和非对应锁钥正常操作，应不能打开被锁开关盖为合格。

（8）两防锁的上锁体顶部铅封必须齐全、完好，否则为不合格。

（9）地面安装两防锁后，在入井前，应由专职防爆检查员检查整台防爆设备的闭（联）锁功能、防爆功能，检查合格后应签发“防爆检查合格证”，才准入井。井下安装两防锁后，在运行前，应由专职防爆检查员检查整台防爆设备的闭（联）锁功能、防爆性能，检查合格后应签发“防爆检查合格证”，方准运行。

（10）安装、检查、修理两防锁时，必须执行说明书等相关技术文件及国家标准的有关规定。整机设备安装两防锁后修理出厂时，应有“修理合格证”。

（11）井下两防锁如果损坏，应更换原厂同型号规格的产品，确保安全。

（12）应留有安装记录，记录安装人姓名、时间及安装情况说明。应留有验收记录，记录验收人姓名、时间及验收情况说明。

（13）按上述要求和其他相关标准检查，如果防爆功能遭受破坏或不合格或不完好，应立即处理或更换，严禁继续使用。如果电气设备无“防爆检查合格证”，应立即通知防爆检查员检查，检查合格后发放“防爆检查合格证”；检查不合格，必须进行处理或更换，严禁继续使用。

（14）安装使用两防锁，是抗违章的一项措施。检修停送电工作，仍然要严格执行停送电有关制度和规定。因检修需要停电时，严格执行有关规定。

（15）两防锁应按《爆炸性环境 第 1 部分：设备 通用要求》（GB 3836.1—2010）、《煤矿用金属材料摩擦火花安全性试验方法和判定规则》（GB/T 13813—2008）要求到有资质的部门进行材质检验及摩擦火花试验，并取得检验合格证。安装前应检查其检验合格证。

（16）参照以下方法检查并判定两防锁的真和伪。

①闭锁杆孔边缘对比，如图 8-38 所示，正规产品与假冒伪劣产品壳体部分工艺不一样。假冒伪劣产品闭锁杆孔边缘过渡圆角大，有明显弧度。正规产品闭锁杆孔边缘过渡圆角小，无明显弧度。②商标对比。正规产品壳体上粘贴的铭牌上的“铁门神”注册商标标有“®”，而假冒伪劣产品没标识“®”。另外假冒伪劣产品的商标印刷不清晰，如图 8-39 所示。假冒伪劣产品锁体上的“铁门神”（钢印）注册商标字体与正规产品不一样，如图 8-39 所示。③锁套结构对比。正规产品矿用开关两防锁锁套采用斜面结构；假冒伪劣产品锁套采用平面结构，如图 8-40 所示。④表面凹痕对比。正规产品外表光洁，有特定工序对凹痕处进行处理；假冒伪劣产品外观有明显的凹痕，如图 8-41 所示。

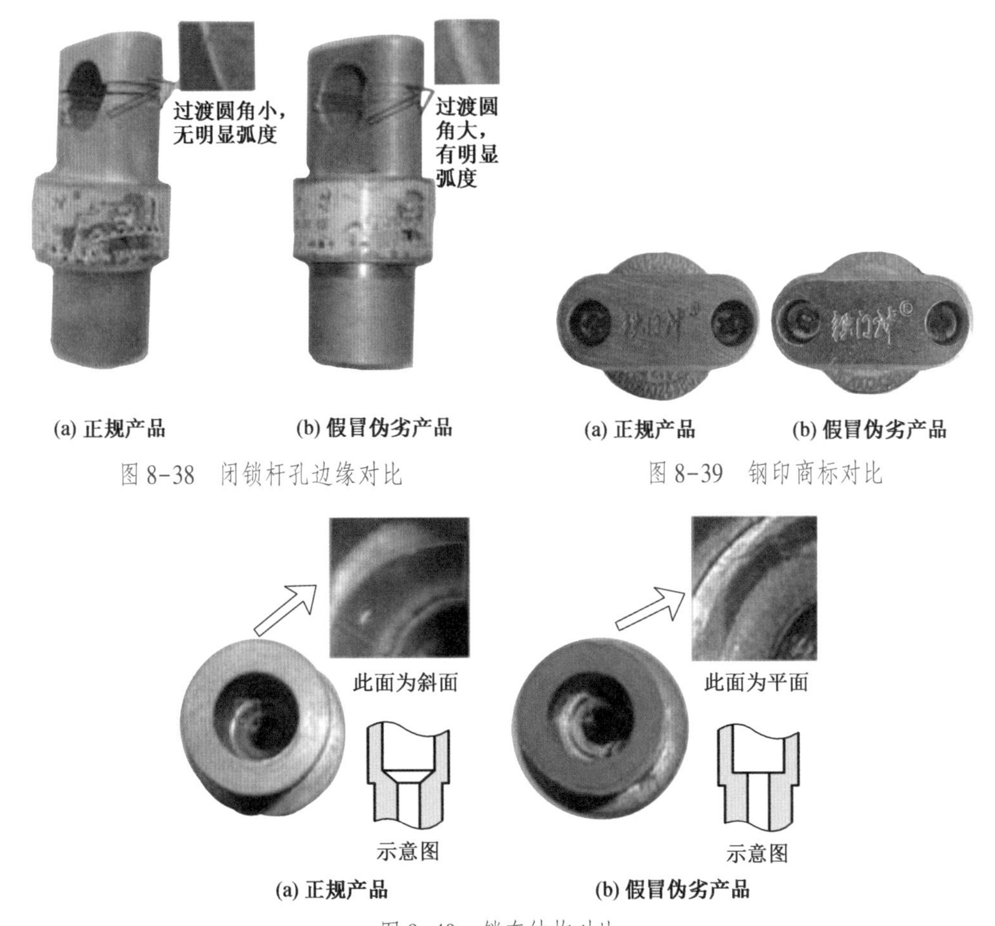

(a) 正规产品　(b) 假冒伪劣产品

图 8-38　闭锁杆孔边缘对比

(a) 正规产品　(b) 假冒伪劣产品

图 8-39　钢印商标对比

(a) 正规产品　(b) 假冒伪劣产品

图 8-40　锁套结构对比

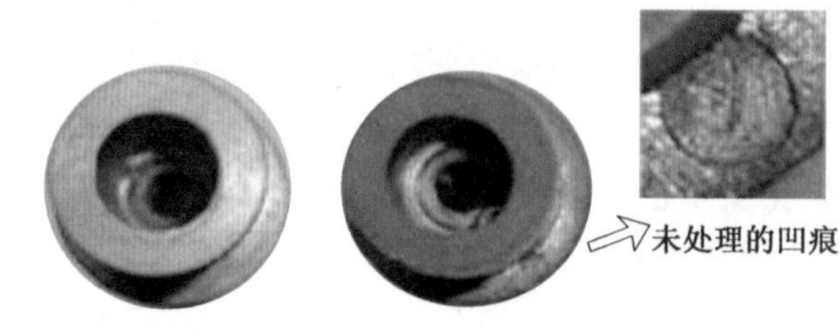

图 8-41 表面凹痕对比

下一章将介绍抗违章技术 2.0 代表产品。

第九章

抗违章技术 2.0 代表产品

本章导读

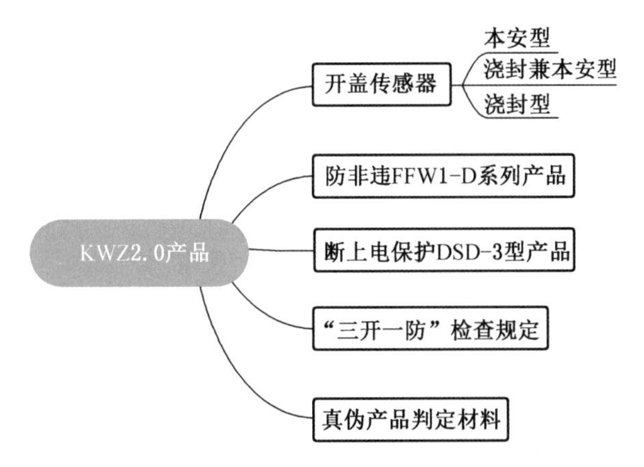

抗违章技术 1.0~4.0 分别用 KWZ1.0、KWZ2.0、KWZ3.0、KWZ4.0 表示。KWZ2.0 代表产品包括矿用本安型开盖传感器和浇封型/浇封兼本安型开盖传感器。

第一节 KWZ2.0 代表产品

KWZ2.0 最大的特点是电气化，采用继电器控制系统，主要由继电器节点、按钮、导线等元器件进行控制，没有应用计算机控制技术。矿用本安型开盖传感器中的 GBK-D 型开盖传感器（以下简称 D 传感器）的功能是实现“一开一防”，GBK-K 型开盖传感器（以下简称 K 型传感器）的功能是实现“三开一防”。浇封型/浇封兼本安型开盖传感器应用在电动机接线空腔盖板上实现“三开一防”。

第二节 矿用本安型开盖传感器

一、主要用途及适用范围

矿用本安型开盖传感器简称开盖传感器，曾用名开盖报警锁、开盖报警型两防锁；商标为“铁门神”；企业标准为《矿用本安型开盖传感器》。

开盖传感器是实现“三开一防”的核心部件，矿用机电设备盖板置于“将开盖”状态时，能把该状态信号转换为声光报警信号（即超前开盖报警）；与矿井安全监控系统联网运行后，能把该状态信号转换为切断设备电源（即超前开盖断电）或警示信号；置于“已开盖”状态时，能把“已开盖”状态转换为禁止向该设备送电（即开盖闭锁）；设备盖板置于“合盖后”状态时，开盖传感器一般能向矿井安全监控系统发出解除闭锁可送电信号；能防止非专职人员擅自开盖操作（即防止擅自开盖）。

其中："将开盖"或"超前开盖"状态，即紧固盖板的螺栓未松动前，尚未拧松螺栓使盖板间隙丧失防爆性能时，解锁并取下开盖传感器的状态；"已开盖"状态，即紧固螺栓松动、盖板间隙丧失防爆性能的状态；"将开盖"状态及"已开盖"状态统称"开盖"状态；"合盖后"状态，即紧固盖板的螺栓已全部紧固，已恢复盖板间隙的防爆性能后，扣上并锁定开盖传感器的状态，"开盖"状态及"合盖后"状态简称"开合"状态。

铁门神牌矿用本安型开盖传感器系列产品，适用于煤矿井上下及其他行业各种用螺栓紧固盖板的机电设备（包括高低压开关、电机、变压器、电缆接线盒、综合保护装置、各种小型电器、锁定煤机，以及乳化液泵站等），以及瓦斯抽放泵等管道，可与矿井安全监控系统联网运行，也可以独立工作。整机设备安装 GBK-K 型开盖传感器，并与矿井安全监控系统联网运行后，具有保证非专职人员不能擅自开盖操作、保证专职人员不能带电作业、超前开盖报警、开盖闭锁功能，使矿井安全监控系统具有监测任何一台机电设备盖板开合后状态的功能。

开盖传感器具有抗违章作用，能实现法规要求，防止违章带电作业及擅自开盖操作行为，杜绝由此引发的瓦斯煤尘爆炸事故，实现本质安全。

二、使用环境条件

（1）环境温度：0~+40 ℃。

（2）平均相对湿度：不大于 95%（+25 ℃）。

（3）大气压力：(80~106)kPa。

（4）适用于具有甲烷、煤尘爆炸性混合物，但无破坏绝缘的腐蚀性气体的煤矿井下。

三、主要特点

（1）不需要技术改造，只需要更换两组紧固件（必要时可以安装隔爆面防护罩），即可安装使用在煤矿井上下用螺栓紧固的电气设备盖板上，安装矿用本安型开盖传感器的电气设备的新增功能见表 9-1。

表 9-1　安装矿用本安型开盖传感器的电气设备的新增功能

安装产品型号	新增独有功能	新增共有功能
GBK-D	超前开盖报警	防止非专职人员擅自开盖操作
GBK-K	超前开盖报警、超前开盖断电、开盖闭锁	

（2）既可以与矿井安全监控系统等电气系统联网运行，实现超前开盖报警、断电、开盖闭锁，也可以独立工作，实现超前开盖报警。两种使用条件下，都能实现防止非专职人员擅自开盖操作。

（3）煤矿只需要增加很少的投入，短期内就可以在井下所有电气设备上安装使用，使井下所有电气设备都能从装备上保证相关要求的贯彻落实。

（4）根据电气设备盖板不同的紧固螺栓及使用要求，设计了 GBK-D1、GBK-D2、GBK-D3、GBK-K1、GBK-K2、GBK-K3 不同规格型号，还可以根据实际情况增加其他规格型号。

（5）能在使用、检修现场用常用工具安装使用，每个开盖传感器安装时间约 5 min，制造厂安装使用更方便。

（6）安装使用矿用本安型开盖传感器不影响电气设备现有性能。

（7）用电工常用工具不能从电气设备上拆除矿用本安型开盖传感器。

（8）用电工常用工具不能擅自开盖操作，只能用专用锁钥才能置于解锁状态。

（9）锁定方便，且解锁状态与锁定状态转换过渡过程是从“0”（解锁状态）到“1”（锁定状态）或从“1”到“0”跃变过程，而不是连续变化过程；解锁状态与锁定状态转换是开、关跃变转换，而不是加力压紧盖板螺栓等锁定对象才能锁定、减力放松才能解锁；解锁状态与锁定状态互相转换时灵活、无卡阻。

（10）锁钥、锁芯有 25 种，各个队组有互不相同的锁钥、锁芯。安装在各台电气设备盖板的矿用本安型开盖传感器的锁芯，可以（用对应锁钥操作）互换使用，即锁芯与对应锁钥是队组专门管理的，而矿用本安型开盖传感器的锁壳（不是锁）是通用的，每个使用队组只要用本单位的专管锁钥，就能把对应的专管锁芯拧入任何一个带环形锁口的螺栓套，锁定任何一台电气设备的盖板；这些设备移交时，也不需要取下锁壳，仅拧下本单位的专管锁芯，接收单位锁上专管锁芯即可。

（11）锁钥、锁芯、锁壳之间相互碰撞时，或与其他元件相互碰撞时不产生电火花。

（12）处理事故等应急状态时解锁方便，即用一把密钥就能打开任何型号的矿用本安型开盖传感器。

（13）不受环境、温度、气压、粉尘和电磁干扰的影响，能在潮湿、粉尘严重的场所使用，即能防锈、防粉尘堵塞。

（14）具有结构新颖、性能可靠、使用方便、损耗低、寿命长、稳定性高等特点。

（15）拥有“超前开盖断电装置（专利号：200820077616.9）、一种防爆电气设备开盖断电安全保护器（专利号：200520023343.6）”等多项自主知识产权。

四、主要技术参数

（1）防爆型式：矿用本质安全型 ExibI。

（2）触点形式：一个常开节点，一个常闭节点。

（3）响应时间：≤3 s。

（4）本安参数：开路电压 5 V，短路电流 0.9 A，工作电压 4.5 V，工作电流 35 mA。

（5）电池参数：碱锰电池 LR44 三节串联。

（6）光信号：发光二极管，黑暗处能见度大于 20 m；持续时间 30 s。

（7）声信号：声强不小于 75 dB(A)，持续时间 30 s。

（8）外壳防护等级：不低于 IP54。

（9）电池工作时间：不小于一年。

五、型号规格及其含义

（1）产品型号含义如下：

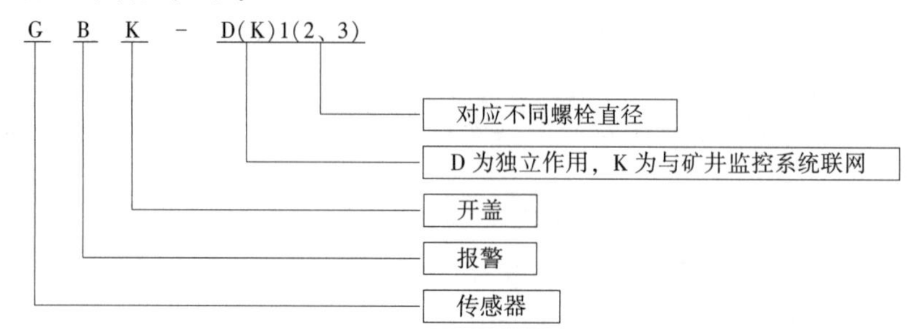

（2）开盖传感器根据电气设备盖板紧固螺栓直径的不同进行分类，具体型号见表9-2。

表9-2 矿用本安型开盖传感器型号规格

型号		对应图号	对应盖板紧固螺栓直径/mm	特点
GBK-D	GBK-D1	图9-1、图9-2	5、6、8	独立工作，实现超前开盖报警
	GBK-D2		10、12、16	
	GBK-D3		20	
GBK-K	GBK-K1	图9-3、图9-4	5、6、8	与矿井安全监控系统联网运行，实现“三开一防”
	GBK-K2		10、12、16	
	GBK-K3		20	

注：1. 上述分类以外其他直径的螺栓，可以参照标准要求增加相应的型号规格。
2. 为了使一个产品锁定多条螺栓，可以按照不同电气设备盖板的规格及厂家需求，安装隔爆面防护罩。

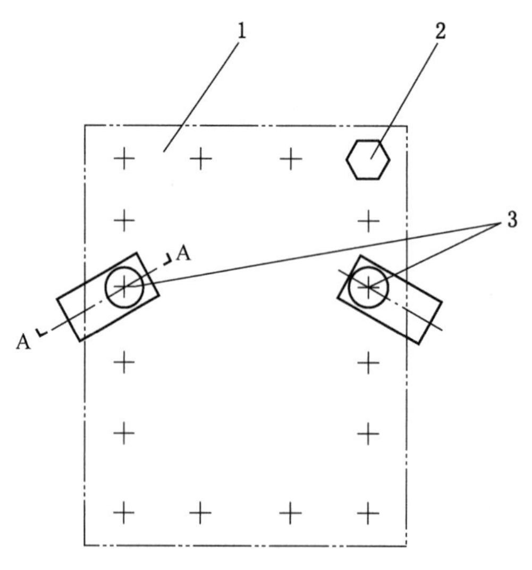

1—电气设备盖板；2—紧固盖板螺栓；3—GBK-D型开盖传感器

图9-1 GBK-D型矿用本安型开盖传感器装配示意图

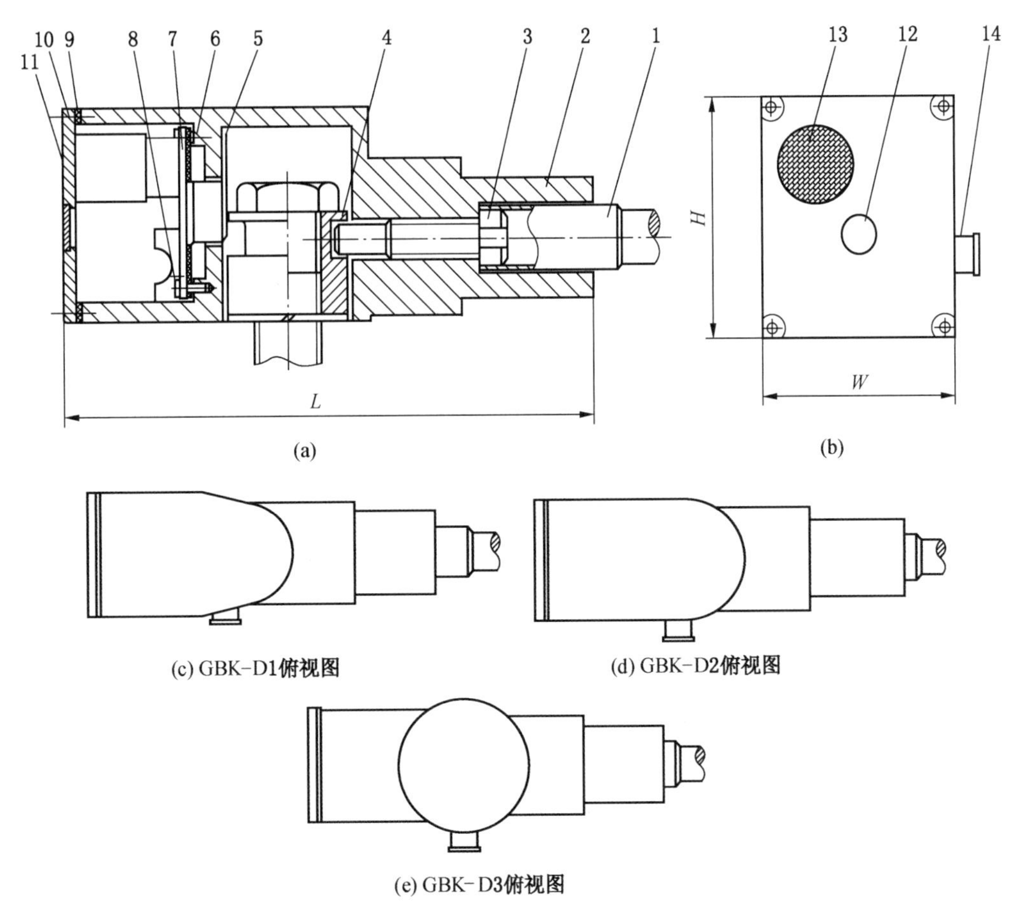

(a)　(b)

(c) GBK-D1俯视图　(d) GBK-D2俯视图

(e) GBK-D3俯视图

1—锁钥；2—锁壳；3—锁芯；4—带环形锁口的螺栓套；5—继电器动作杆；6—绝缘垫；7—声光报警器；8、10—螺钉；9—密封垫；11—传感器盖；12—发光罩；13—发声罩；14—闭锁销

注：1. 带环形锁口的螺栓套与锁定螺栓之间采用螺纹连接。

2. 操作锁芯进入锁口后，限制锁壳沿锁定螺栓轴向移动，锁壳可靠地扣在锁定螺栓上，锁定螺栓被锁定，实现"防止擅自开盖操作"。

3. 锁壳与螺栓套是配套产生的，以保证锁芯能正常进入或退出锁口。

4. GBK-D1、GBK-D2、GBK-D3开盖传感器只有外形尺寸及螺栓套尺寸的差别，俯视图如图9-2c、图9-2d、图9-2e所示。

5. GBK-D1型矿用本安型开盖传感器长、宽、高分别为105 mm、38 mm、46 mm，GBK-D2型矿用本安型开盖传感器长、宽、高分别为120 mm、38 mm、46 mm，GBK-D3型矿用本安型开盖传感器长、宽、高分别为126 mm、46 mm、60 mm。

图9-2　GBK-D型矿用本安型开盖传感器结构示意图

六、外形尺寸和质量

矿用本安型开盖传感器的外形尺寸和质量见表9-3。

表9-3　矿用本安型开盖传感器的外形尺寸和质量

型号	外形尺寸/(mm×mm×mm)	质量/g
GBK-D1	105×38×46	400
GBK-D2	120×38×46	460
GBK-D3	126×46×60	980

表 9-3 (续)

型号	外形尺寸/(mm×mm×mm)	质量/g
GBK-K1	105×40×46	470
GBK-K2	110×46×46	530
GBK-K3	126×54×60	1050

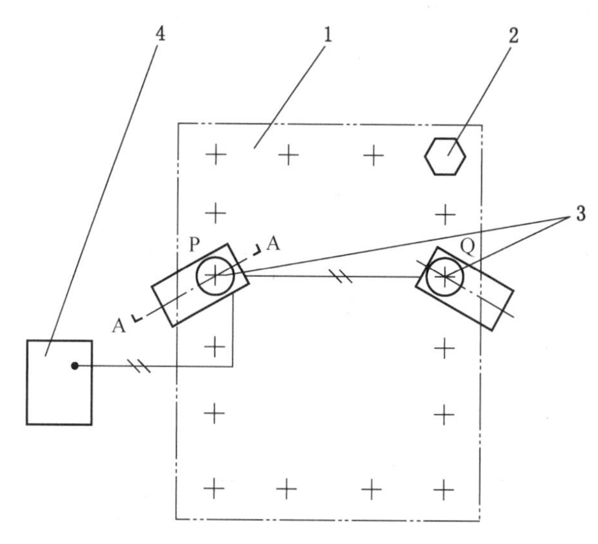

1—电气设备盖板；2—紧固盖板螺栓；3—GBK-K 型开盖传感器；4—矿井安全监控系统

注：开盖传感器标注为 P、Q。

图 9-3 GBK-K 型矿用本安型开盖传感器装配示意图

七、主要结构及工作原理

铁门神牌矿用本安型开盖传感器的主要元器件及组件见表 9-4。

表 9-4 矿用本安型开盖传感器的主要元器件及组件

型号	专用组件	共用组件
GBK-D	芯片	锁钥、锁壳、锁芯、螺栓套、闭锁销、继电器、继电器动作杆、声光报警器、传感器盖、螺钉、发声罩、发光罩、绝缘垫、密封垫等
GBK-K	接线端子、密封圈、芯片、护线圈	

注：1. 螺栓套上的环形锁口是指锁芯与锁定对象的连接口，与锁芯连接，锁芯通过它作用于锁定对象。
2. 闭锁销设置在锁壳内用于防止某种原因造成继电器误动作发出解锁后可送电的错误信号。

锁壳一侧孔内设有锁钥、锁芯，另一侧设有继电器及声光报警器等。用锁钥操作对应锁芯，面向锁芯顺（或逆）时针方向旋转时，锁芯伸入（或退出）带环形锁口的螺栓套，置锁定对象于锁定状态或解锁状态。

1. GBK-D 型矿用本安型开盖传感器工作原理

置于锁定状态时，螺栓被锁定，不能取下锁壳，不能有效操作锁定螺栓转动，达到“防止擅自开盖操作”的目的。

置于解锁状态时，取下锁壳，螺栓套离开继电器，常闭节点闭合，连通声光报警装置，发出声光报警信号，达到“超前开盖报警”的目的。此时，螺栓没有被锁定，能有效

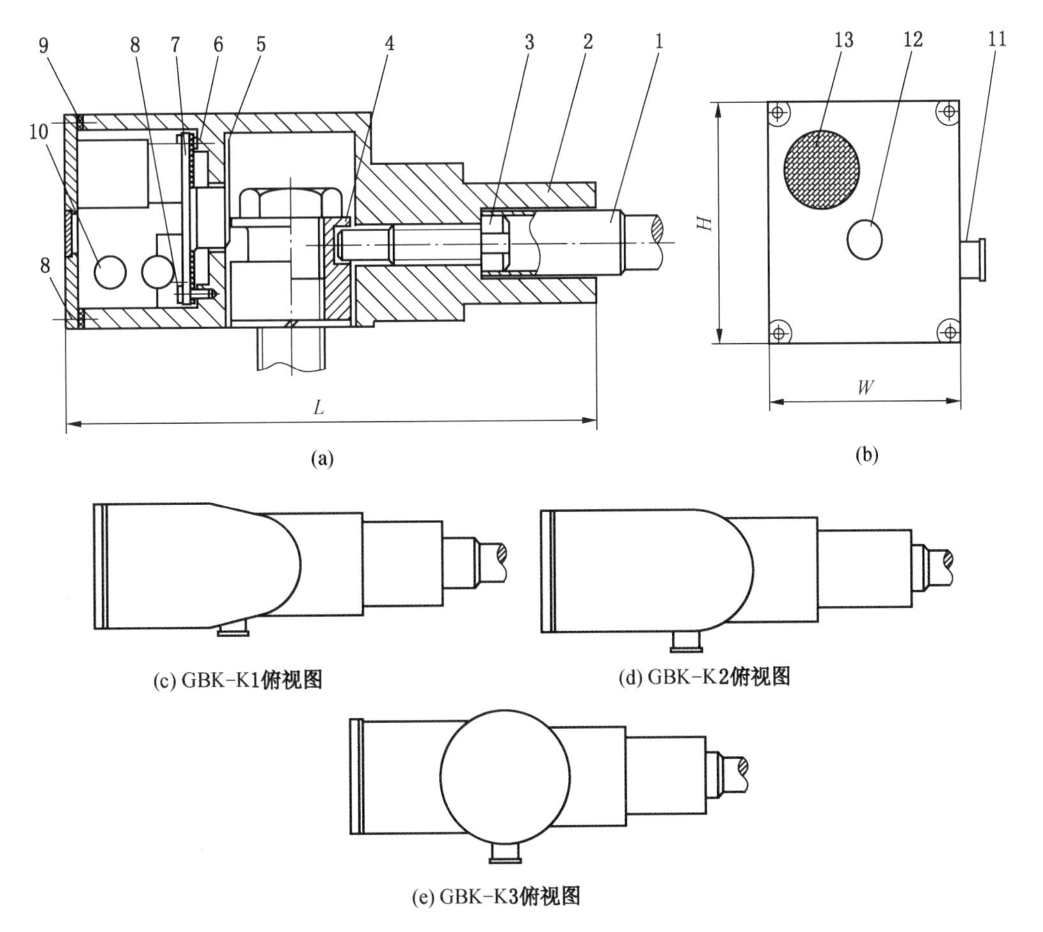

1—锁钥；2—锁壳；3—锁芯；4—带环形锁口的螺栓套；5—继电器动作杆；6—绝缘垫；
7—声光报警器；8、10—螺钉；9—密封垫；11—传感器盖；12—发光罩；13—发声罩

注：1. 带环形锁口的螺栓套与锁定螺栓之间采用螺纹连接。

2. 操作锁芯进入锁口后，限制锁壳沿锁定螺栓轴向移动，锁壳可靠地扣在锁定螺栓上，锁定螺栓被锁定，实现“防止擅自开盖操作”。

3. 锁壳与螺栓套是配套产生的，以保证锁芯能正常进入或退出锁口。

4. GBK-K1、GBK-K2、GBK-K3 开盖传感器只有外形尺寸及螺栓套尺寸的差别，俯视图如图 9-3c、图 9-3d、图 9-3e 所示。

5. GBK-K1 型矿用本安型开盖传感器长、宽、高分别为 105 mm、40 mm、46 mm，GBK-K2 型矿用本安型开盖传感器长、宽、高分别为 110 mm、46 mm、46 mm，GBK-K3 型矿用本安型开盖传感器长、宽、高分别为 126 mm、54 mm、60 mm。

图 9-4　GBK-K 型矿用本安型开盖传感器结构示意图

操作螺栓转动，可以开盖操作。这就保证了只有专职人员才能操作电气设备，保证了井下工作人员在打开电气设备盖板前，收到“严禁带电作业、停电、测瓦斯浓度、验电、放电”的声光报警信号。

2. GBK-K 型矿用本安型开盖传感器与矿井安全监控系统联网运行工作原理

（1）超前开盖报警。取下锁壳时，螺栓套离开继电器动作杆，常闭节点闭合，触动继电器连通声光报警装置，发出声光报警信号，提示“严禁带电作业、停电、测瓦斯浓度、

验电、放电”，达到“超前开盖报警”的目的；监控分站监测到此状态并把此信号传输给监控主机，监控主机和分站都显示“××开关开盖”。

（2）超前开盖断电。如图 9-5 所示，超前开盖报警的同时，与电磁启动器上的开盖传感器连通的矿井监控系统检测到开盖信号，给自动馈电开关发出断电指令，自动馈电开关动作，切断电磁启动器电源，实现“超前开盖断电”。

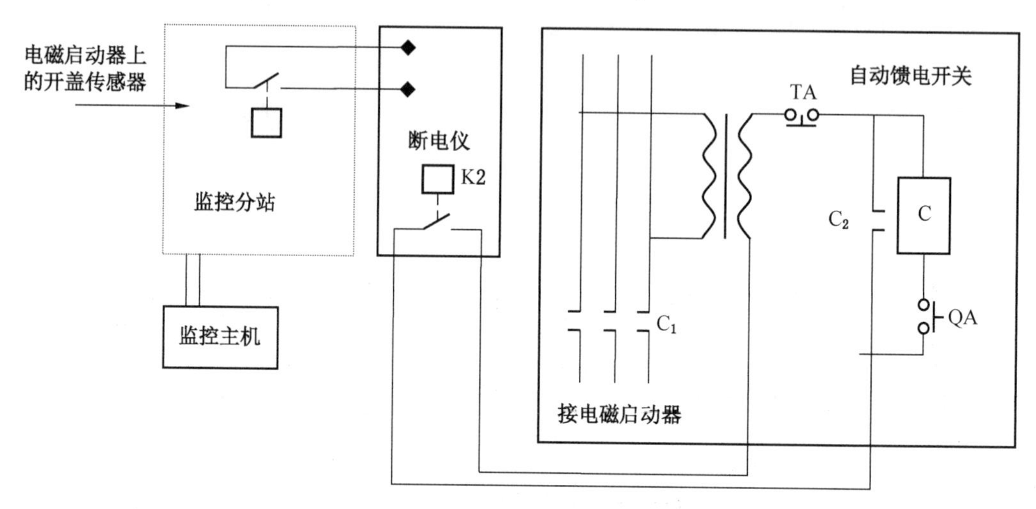

C—交流接触器线圈；C_1—交流接触器主触点；C_2—自保触点；QA—启动按钮；TA—停止按钮

图 9-5 “三开一防”电气原理

（3）开盖闭锁。如图 9-5 所示，开盖断电后，打开电磁启动器盖板作业，这时监控系统给自动馈电开关送出一个“闭锁”信号，即使有人误操作自动馈电开关启动按钮，也送不出电，确保安全作业，实现“开盖闭锁”。当锁壳套在螺栓上时传感器的常开节点闭合，矿井监控系统收到“合盖后”信号，经延时 5~20 min，监控分站自动指令断电仪解锁，允许自动馈电开关送电作业，这时才能按照送电制度给电磁启动器送电，监控主机和监控分站上显示“××开关合盖”。

（4）防止非专职人员擅自开盖操作。锁定时，用对号锁钥旋入锁芯，使锁芯头部伸入环形锁口，螺栓被锁定，不能取下锁壳，这时非专职人员没有锁钥，不能有效操作螺栓转动；解锁时，锁钥操作对号锁芯，向里压住防松珠，反时针方向旋出锁芯，取下锁壳，可有效操作螺栓转动。

八、安装调试方法

（一）GBK-D 型矿用本安型开盖传感器的安装调试方法

（1）选择电气设备盖板两条对边上的螺栓孔作为盖板锁定孔，选择两条长度合适（螺栓套轴向长度+盖板某一紧固螺栓长度）的螺栓作为锁定螺栓，也可以先在盖板上装上隔爆面防护罩，只需要锁一个锁即可，根据锁定螺栓直径选择对应的带环形锁口的螺栓套。

（2）将螺栓套分别拧在两条锁定螺栓上，带上弹簧垫圈，作为紧固螺栓分别拧入锁定孔。

（3）将传感器的闭锁销拉出，把锁壳分别扣在锁定螺栓上。

（4）用手捏住锁钥柄操作对号锁芯顺时针方向拧入锁壳，转动几圈后，感到旋转不动时（特别注意：不要用钳子、螺丝刀等工具使劲拧锁钥柄，以免拧断锁钥），用力沿锁壳向里压，打开防松珠，边压边旋转锁芯，直到用手旋转不动为止，将锁钥向外轻拉，感到不压防松珠时，左右旋转不动锁芯，即锁定。

（5）试验能否从螺栓上取下锁壳，如果取不下锁壳，不能有效操作两条锁定螺栓转动，表示“防止擅自开盖操作”合格。

（6）锁钥操作对号锁芯，向里压住防松珠，逆时针方向拧出锁芯，直到能从螺栓上取下锁壳即解锁。

（7）置于解锁状态后，试验超前开盖声光报警功能。从锁定螺栓上取下锁壳后，发出声光报警信号 30 s，实现“超前开盖报警”。

（二）GBK-K 型矿用本安型开盖传感器与开盖断电系统非总线连接运行的安装调试方法

（1）拧开开盖传感器盖的固定螺钉，打开传感器盖，按照接线要求，将本安型开盖传感器与井下监控分站连接。确认无误后，压紧压线板，垫好密封圈，盖上传感器盖，并拧紧螺钉。

（2）电气设备盖板两条对边上的螺栓孔作为盖板锁定孔，选择两条长度合适（螺栓套轴向长度+盖板某一紧固螺栓长度）的螺栓作为锁定螺栓，根据锁定螺栓直径选择对应的带环形锁口的螺栓套；同一台变压器供电、同一台开关控制的电气设备安装使用的开盖传感器可以串接在一起接入矿井监控系统。

（3）将螺栓套分别拧在两条锁定螺栓上，带上弹簧垫圈，作为紧固螺栓分别拧入锁定孔。

（4）将传感器的闭锁销拉出，把锁壳分别扣在锁定螺栓上。

（5）用手捏住锁钥柄操作对号锁芯顺时针方向拧入锁壳，转动几圈后，感到旋转不动时（特别注意：不要用钳子、螺丝刀等工具使劲拧锁钥柄，以免拧断锁钥），用力沿锁壳向里压，打开防松珠，边压边旋转锁芯，直到用手旋转不动为止，将锁钥向外轻拉，感到不压防松珠时，左右旋转不动锁芯，即锁定。

（6）锁钥操作对号锁芯，向里压住防松珠，逆时针方向拧出锁芯，直到能从螺栓上取下锁壳，即解锁。

（7）试验超前开盖声光报警功能、超前开盖断电功能及开盖闭锁功能，从锁定螺栓上取下锁壳后，发出声光报警信号，即实现“超前开盖报警”；该接线空腔（盒）同时停电，即实现“超前开盖断电”，再按送电制度操作控制该接线空腔（盒）的电源开关送电，如果送不出电，即实现“开盖闭锁功能”。试验“防止擅自开盖操作”，如果使用电工常用工具取不下锁壳，不能有效操作两条锁定螺栓转动，表示“防止擅自开盖操作”合格。

（三）应用举例：K 型传感器与高开综合保护器的连接方案

GBK-K 型系列传感器与 ZBT-11 型高开综合保护器监控系统连接前，需要先将传感器的 J1 与 J4 节点短接。

ZBT-11 型高开综合保护器是阳泉煤矿井下变电所在用的电网测控配套设备，它的上一级信息处理装置是 KJ-360F 测控分站，它们与电力调度主站一起构成 KJ137 煤矿电网安全防控系统。ZBT-11 型高开综合保护器具备风电闭锁和瓦斯闭锁远程断电功能，输入配置为：信号量输入 8 路，空节点；模拟量输入 16 路；脉冲量输入 2 路。控制输出节点 2 对，有源无源可选择；1 个 RS-485 通信接口。

ZBT-11 型高开综合保护器可以两线式接入矿用本安型开盖传感器，常开常闭状态可以通过高开保护器设置，但一般保护器上空闲接口就 1~2 个，可以将同一设备的传感器串接后接入。

如果高开综合保护器的 26 针端子中第 9 针空闲，就作为设备盖板开合信号输入口使用，连接示意如图 9-6 所示。

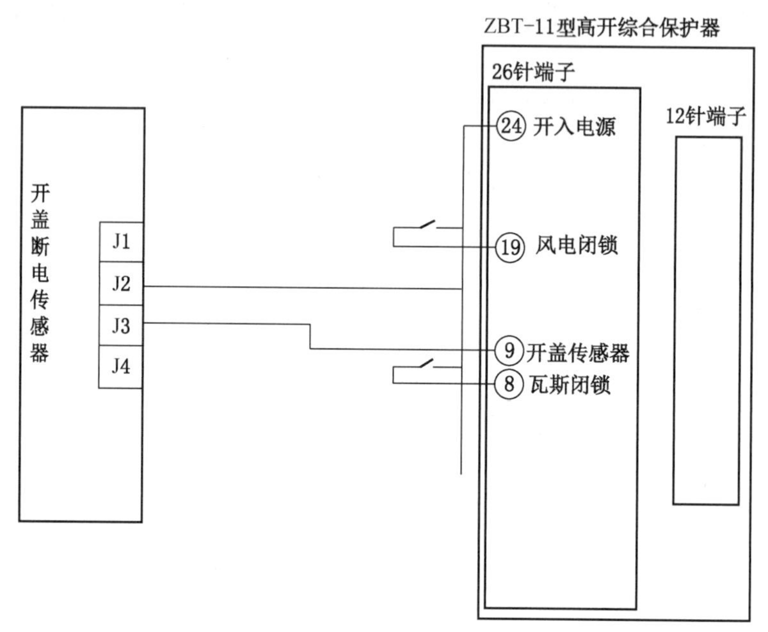

图 9-6　矿用本安型开盖传感器与 ZBT-11 型高开综合保护器连接示意图

（四）不同场所的电气设备盖板安装使用矿用本安型开盖传感器的方法建议

根据煤矿瓦斯浓度及电气设备安装使用位置，对矿用本安型开盖传感器的安装使用情况进行了分类，见表 9-5。

表 9-5　矿用本安型开盖传感器安装使用情况

类型	运输巷	通风巷	变电硐室	掘进巷	回风巷	采煤工作面	掘进工作面
高瓦斯突出矿	A	A	A	A	A	A	A
高瓦斯矿	B	B	B	A	A	A	A
低瓦斯矿	B	B	B	B	B	A	A

注：A 为锁定盖板的全部螺栓；B 为仅锁定盖板两条对边上的螺栓。

（五）应用无损连接技术装备锁定盖板全部紧固螺栓的方法

为了克服单个产品逐一进行锁定时工作效率低、过程烦琐的缺点，达到能够同时锁定多条螺栓的目的，可以按照不同电气设备盖板的规格及厂家需求，安装使用一种无损连接技术装备——隔爆面防护罩。该方法具有结构简单，使用方便，工作效率高等优点。

1. 单锁扣式隔爆面防护罩锁定多条螺栓装置

安装示意如图 9-7 所示，隔爆面防护罩的形式为单锁扣式隔爆面防护罩，将单锁扣式隔爆面防护罩3卡在电气设备盖板4上，单锁扣式隔爆面防护罩3两条对边呈L形结构，单锁扣式隔爆面防护罩3握持电气设备盖板4两对应边，在单锁扣式隔爆面防护罩3中心处有圆形通孔，通过圆形通孔安装开盖传感器1。

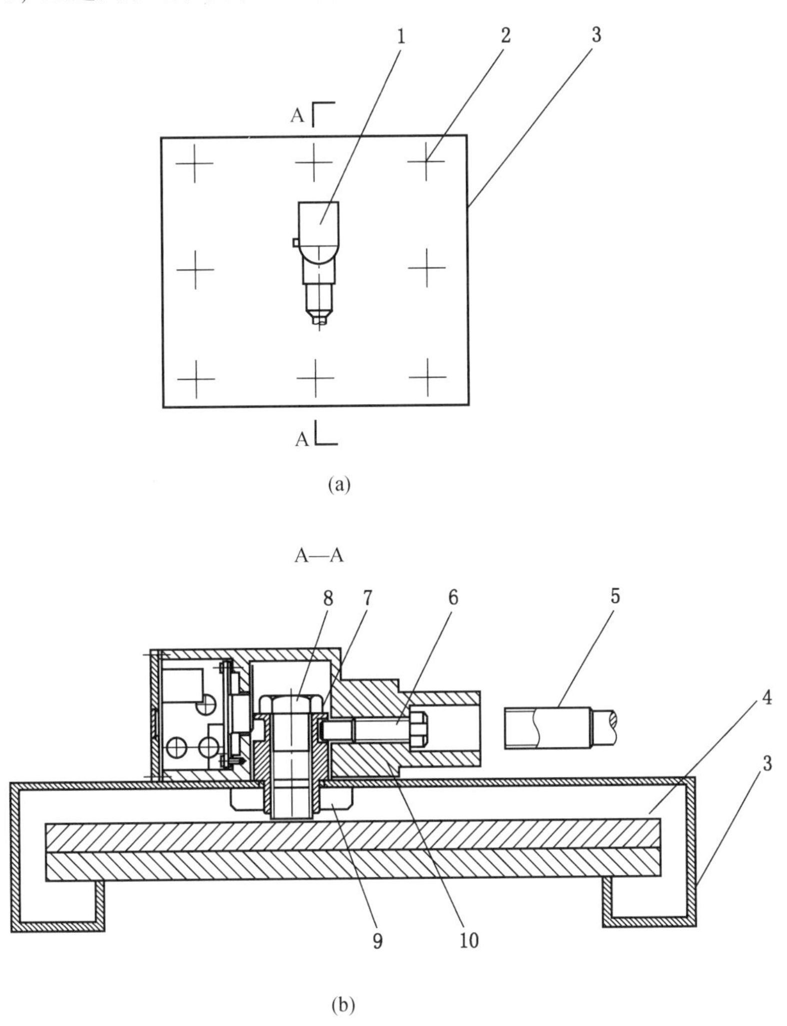

1—开盖传感器；2—紧固盖板螺栓；3—单锁扣式隔爆面防护罩；4—电气设备盖板；5—锁钥；6—锁芯；7—带环形锁口的螺栓套；8—固定隔爆面防护罩螺栓；9—固定隔爆面防护罩螺母；10—锁壳

图9-7　单锁扣式隔爆面防护罩锁定多条螺栓装置示意图

用固定隔爆面防护罩螺母9将单锁扣式隔爆面防护罩3与带环形锁口的螺栓套7紧固在一起，拧动固定隔爆面防护罩螺栓8使其头部伸出带环形锁口的螺栓套7，固定隔爆面防护罩螺栓8伸出的头部紧压电气设备盖板4，使单锁扣式隔爆面防护罩3两L形边收缩，单锁扣式隔爆面防护罩3被紧固在电气设备盖板4上，再按“安装、调试方法”安装开盖传感器1。带环形锁口的螺栓套7也可以焊接在电气设备盖板4上。

2. 双锁框架形隔爆面防护罩锁定多条螺栓装置

安装示意如图9-8所示，隔爆面防护罩的形式为双锁框架形隔爆面防护罩4，隔爆面防护罩上有供调整外形尺寸的折叠扣5，在双锁框架形隔爆面防护罩4对角处有圆形通孔，通孔对应电气设备盖板 3 对角的两条紧固螺栓 2，通过圆形通孔安装开盖传感器 1。开盖传感器 1 将双锁框架形隔爆面防护罩 4 固定在电气设备盖板 3 上。

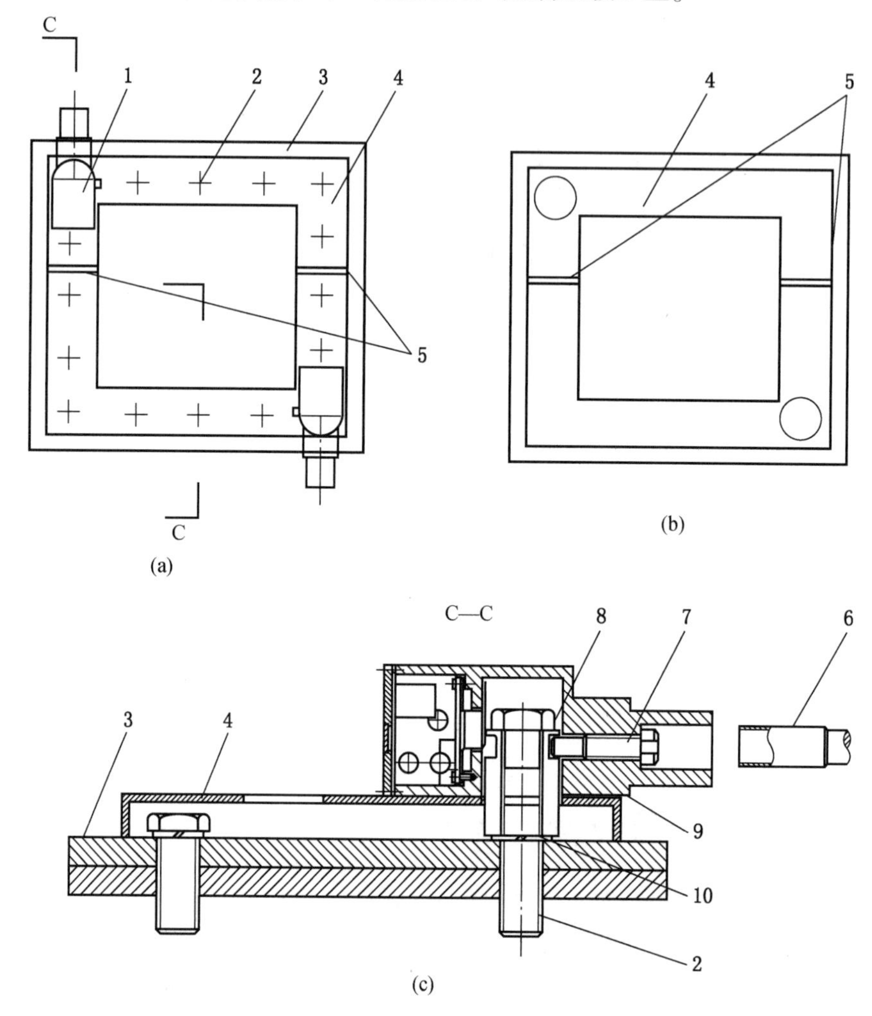

1—开盖传感器；2—紧固盖板的厂家特制专用加长螺栓；3—电气设备盖板；4—双锁框架形隔爆面防护罩；5—折叠扣；6—锁钥；7—锁芯；8—带环形锁口的螺栓套；9—锁壳；10—弹簧垫圈

图 9-8　双锁框架形隔爆面防护罩锁定多条螺栓装置示意图

将带环形锁口的螺栓套 8 安装在紧固螺栓 2 上，双锁框架形隔爆面防护罩 4 扣在电气设备盖板 3 上，再按“安装、调试方法”安装开盖传感器 1。

九、管理使用

（一）一般管理使用原则

（1）电气科或电气队与管理矿井监控系统的单位，联合制定制度并负责贯彻执行，电气科或电气队统一将锁芯、锁钥编号，各个电气设备盖板的编号登记备案，统一管理。

（2）在电气科或电气队统一领导下，各队独立管理锁芯及锁钥，移交时，拆下本单位的锁芯，锁上接收单位的锁芯，随开关流动。

（3）电气、供应等部门安装设备时不带锁芯、锁钥，仅带锁壳，到本队组后，锁上本队组的锁芯。

(4) 本队组锁钥、锁芯不够时，到电气科或电气队对号领取，每种锁钥在电气科或电气队至少有一把备用，丢失一把锁钥后，应该停止使用该种锁钥及对应锁芯，更换其他号的锁钥及锁芯，以防非专职人员拣到锁钥，擅自开盖操作、擅自送电造成事故。

(5) 一个队或一个专业组通常使用一种锁钥及对应锁芯，使用一组专用电气设备盖板号码，队组走到哪号码带到哪，号码数要能容下所有盖板，并将其报到监控中心备案。

(6) 每个队（班组）的一种锁钥以 5 把为宜，每班 1 把，队部留 1~2 把备用。

(7) 一个工作面有几个队组分管的设备，就配备几种锁芯，对应配备几种锁钥，使本队组只能打开自己设备上的锁，而不能打开别的设备上的锁。

(8) 专人管理的设备可配备一种专管锁芯，并配备对应锁钥，使专人管理的设备仅专人能开锁。

(9) 电气科、电气队可配备 1~2 把密钥，密钥（编号为 0）能开所有锁，这些部门的主要技术人员在检查、检修、处理紧急事故时，能在任意地方开锁，以方便生产及安全。但必须严格限制密钥的使用条件，非特殊情况，绝不能使用，使用后应登记使用情况，否则，将失去矿用本安型开盖传感器的意义。

（二）使用注意事项

1. D 型传感器

(1) 开盖作业时，作业人员必须严格按照停送电制度及《煤矿安全规程》(2011) 要求，先切断电源，严禁带电开锁。D 型传感器的外壳明显处贴有警告。注意：开盖传感器是防止违章带电作业的后备保护装置，不是停电工具。

(2) 置于解锁状态，从螺栓上取下锁壳后，发出声光报警信号，该信号提示严禁带电作业、停电、测瓦斯浓度、验电、放电，确认无电后，检测瓦斯浓度；当瓦斯浓度低于 1%时，再拧下螺栓，打开电气设备盖板，验电、放电，然后进行电气作业。置于解锁状态，取下锁壳时，应按照正常安装方向放置，用磁铁吸扣在电气设备外壳上，防止煤面、淋头水等杂物进入传感器，影响产品性能。

(3) 先拧开开盖传感器锁定的螺栓，再拧开其他螺栓，然后进行电气作业，作业完毕，盖上盖板，要先拧紧其他螺栓，再拧紧带螺栓套的螺栓，扣上开盖传感器，并置于锁定状态，然后按停送电制度进行送电。

2. K 型传感器

(1) 当矿井安全监控系统发出停电指令后，作业人员仍须严格按照《煤矿安全规程》(2011) 要求，先切断电源，并检测瓦斯浓度，当瓦斯浓度低于 1%时，将开盖报警型两防锁置于解锁状态，从螺栓上取下锁壳后，发出声光报警信号，拧下其锁定的螺栓，打开电气设备盖板，再用与电源电压相适应的验电笔检验，检验无电后，方可进行导体对地放电，然后进行电气作业。

(2) 不用手拉闭锁销，带螺栓套的螺栓不能放入锁壳中。闭锁销的作用是防止误将带螺栓套的螺栓放入锁壳后，触动继电器动作杆引起误动作，发送给矿井安全监控系统“已盖好盖板，可以按章联系送电”的错误信号；置于解锁状态，取下锁壳时，应按照正常安装方向放置（即扣在电气设备外壳上），防止手或其他工具按压继电器动作杆发出错误信号，也可以防止煤面、淋头水等杂物进入传感器，影响产品性能。

（3）开盖作业时，必须先打开传感器锁定的螺栓，再打开其他螺栓，实现开盖报警、断电及开盖闭锁；作业完毕，盖上盖板，拧螺栓时必须先拧其他螺栓，最后拧紧传感器锁定的螺栓，防止电气盖板未盖好就向矿井安全监控系统发出“已盖好盖板，可以按章联系送电”的错误信号，然后将传感器置于锁定状态。

（4）矿井安全监控系统接收到“已盖好盖板，可以按章联系送电”信号，还必须按停送电制度进行送电，严禁违章盲目送电；如果开盖闭锁还没有解除，就送不出电，需要等5~20 min解锁时间，等够5 min后，也可以人为提前解锁送电。留下足够的解锁时间，是为了防止违章盲目送电。

（5）检修与维护时，不得改变本安电路及其关联电路的元器件型号、规格及参数。

（6）严禁使用说明书规定外的电池，严禁在井下更换电池。

（7）GBK-K型矿用本安型开盖传感器只能与说明书规定的设备连接，与其他设备连接时必须经防爆机构进行联检。

（8）为防止电池故障或电源枯竭影响声光报警功能，必须进行定期检查。检查方法：在检修班，置于解锁状态，从螺栓上取下锁壳后，发出声光报警即说明电池工作正常；检修与维护时，不得改变本安电路及其关联电路的元器件型号、规格、其他参数；严禁使用说明书规定外的电池，严禁在井下更换电池；可以更换整套电路板。

（9）矿用本安型开盖传感器下面留有观察口，以便检查时观察弹簧垫。

十、故障分析及排除

矿用本安型开盖传感器的故障分析与排除方法见表9-6。

表9-6 矿用本安型开盖传感器的故障分析与排除方法

故障现象	原因分析	排除方法	备注
锁定与解锁状态转换存在卡阻现象	锁壳中进入了粉尘、杂物，或者螺纹部位损坏及防松珠不能活动	清理锁壳中的粉尘、杂物，换锁壳、锁芯	
不能置于锁定状态	螺栓套、锁芯位置及两者间的距离有问题，或者螺栓套的规格与锁定螺栓不配套	更换螺栓套，使其与锁定螺栓规格配套	
不能置于解锁状态	锁芯被卡死	打开锁壳上的铅封，拧松锁壳定位螺钉，取出锁壳即解锁；解锁后，更换新的开盖传感器	凡影响停送电的解锁处理，应在检修班停电后进行处理
声光报警信号不够清晰明亮	发声罩或发光罩被堵塞	对发声罩或发光罩进行清理	
超前开盖断电失灵	信号未传至监控系统或断电仪故障	联系监控系统技术人员检修信号传输线路或断电仪	
超前开盖报警失灵	供电电池超规定工作时间或其他原因没电	联系厂家更换芯片	
开盖闭锁失灵或闭锁时间不合适	断电仪故障或软件设置不当	检修断电仪或重新设置软件	

表 9-6（续）

故障现象	原因分析	排除方法	备注
防止非专职人员擅自开盖操作失灵	锁芯松动或有人自制锁芯开锁	用锁钥旋紧锁芯或查处自制锁芯人员	
无法与矿井监控系统连接	监控系统与传感器接口不匹配或无输入接口	联系监控系统和传感器厂家协商制作连接方法	

注：如遇到其他问题，请找井下专职电工处理或联系生产厂家。

十一、保养、维修

（1）锁芯与锁壳之间的连接螺纹应每半年涂一层黄油，保证活动灵活。防松珠每半年加一次防锈油。

（2）应避免其他器件的尖锐部位磕碰各部件表面。

（3）每月检修电气设备时，应按说明书试验置于锁定状态及解锁状态各一次。每周试验一次开盖断电功能，发现问题立即处理。

（4）发声罩和发光罩应每个月清理一次，保证声光报警信号清晰明亮。

（5）取下的锁壳应避免放在有淋水的场所，且必须将传感器按照正常安装方向放置（即用磁铁吸扣在电气设备外壳上），防止煤面等杂物进入传感器，影响产品性能。

（6）应定期在传感器盖的边沿涂抹适量的凡士林，达到防水汽渗入的目的。

第三节　浇封兼本安型/浇封型开盖传感器

浇封兼本安型/浇封型开盖传感器适用于电机等矿用电气设备，当其接线空腔（盒）盖板被隔爆面防护罩锁定后，可以近距离控制开关，实现超前开盖报警、超前开盖断电、开盖闭锁，以及防止非专职人员擅自开盖操作。

一、矿用浇封兼本安型开盖传感器

产品商品名称为“三开一防传感器”，标准名称为“矿用浇封兼本安型开盖传感器”，适用于煤矿井上下各种开关近距离控制的带有接线空腔（盒）的电动机，或近距离控制的高低压开关、变压器等其他电气设备。

（一）构造

该传感器由锁钥、锁芯、锁套、锁壳、磁动作机构、闭锁销、声光报警器、磁性螺栓套、密封圈、绝缘垫、发声罩、发光罩、铅封、传感器上盖、传感器后盖、螺钉等组成，如图 9-9 所示。

（二）原理

1. 超前开盖报警、超前开盖断电、开盖闭锁

如图 9-10 所示，置于解锁状态时，取下锁壳，磁性螺栓套离开磁动作继电器，磁动作继电器常开节点断开，切断该电气设备接线空腔供电电源，实现“开盖（前）断电”；断电后进入闭锁状态，禁止向该设备供电；同时常闭节点闭合，连通声光报警器，发出声

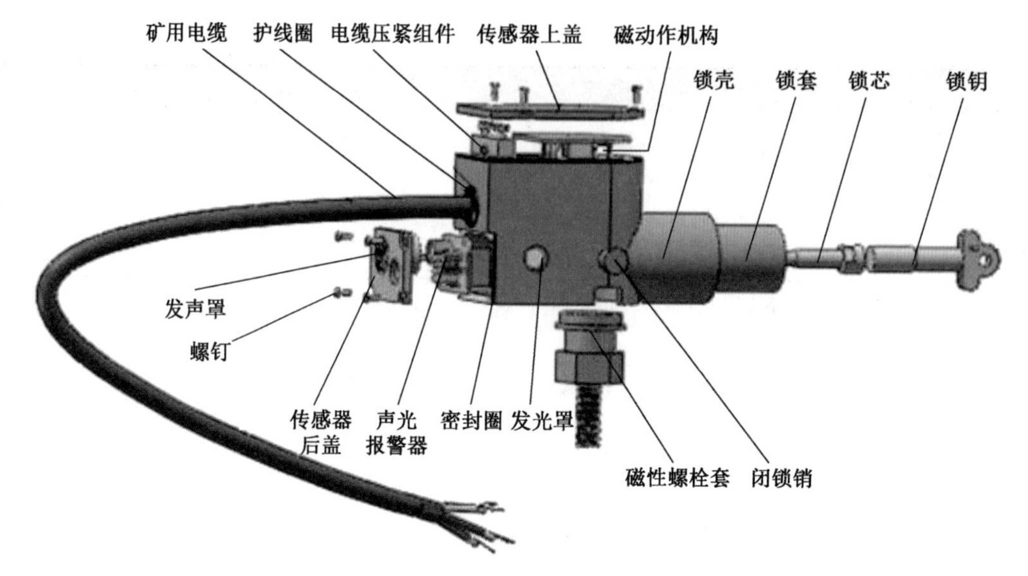

图 9-9 矿用浇封兼本安型开盖传感器结构及主要零部件

光报警信号，实现“开盖（前）报警”。锁壳锁定在磁性螺栓套上时，磁动作继电器动作，常闭节点断开，常开节点闭合，接通电气设备启停控制回路，解除开盖闭锁，允许电气设备送电作业，才能按照送电制度给电气设备送电。

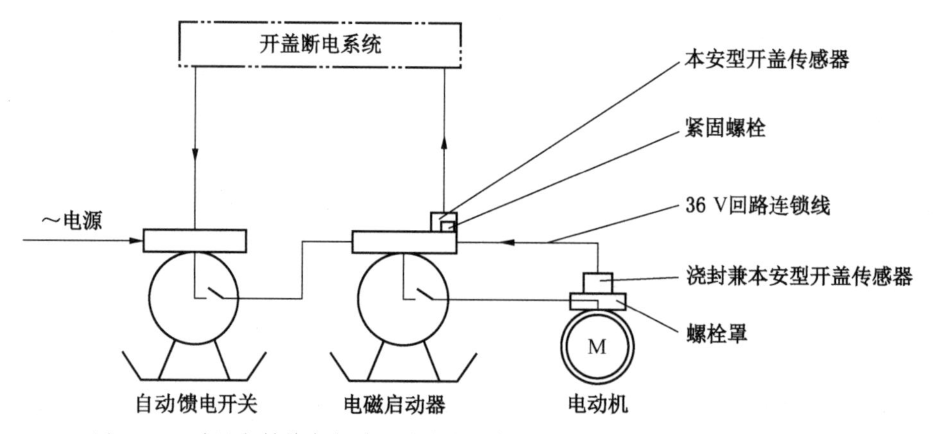

图 9-10 矿用浇封兼本安型开盖传感器实现“三开一防”电气原理示意图

2. 防止非专职人员擅自开盖操作

置于锁定状态时，磁性螺栓套被锁定，不能取下锁壳，已紧固的盖板隔爆面防护罩不能被移走，也不能有效操作被隔爆面防护罩锁定的盖板紧固螺栓转动，达到“防止非专职人员擅自开盖操作”的目的。

（三）安装使用工具

扳手、小十字螺丝刀、电工刀。

（四）安装、调试方法

1. 隔爆面防护罩安装

根据电气设备接线空腔盖板结构选择合适的隔爆面防护罩，并按照隔爆面防护罩安装使用说明安装到接线空腔盖板上。

2. 锁定盖板

将磁性螺栓套穿过罩子中心孔拧入卡箍固定螺母，并用扳手拧紧作为锁定螺栓，拉出闭锁销将传感器扣在锁定螺栓上；用手捏住锁钥柄操作对号锁芯顺时针方向拧入锁套，转动几圈后，感到旋转不动时，用力沿锁套向里压，打开防松珠，边压边旋转锁钥，直到用手旋转不动为止，将锁钥向外轻拉，感到不压防松珠时，左右旋转不动锁芯，即锁定。

3. 接入开关启停控制回路

将传感器自带的矿用电缆正确接入上级开关的启停控制回路，具体接线方式见开盖传感器详细说明书。

4. 试验超前开盖报警、超前开盖断电、开盖闭锁

用锁钥操作对号锁芯，向里压住防松珠，逆时针方向拧出锁芯，直到能从锁定螺栓上取下传感器即解锁；解锁后从锁定螺栓上取下锁壳，应能切断该设备接线空腔的供电电源，即实现开盖（前）断电，同时传感器发出声光报警信号，即实现开盖（前）报警；传感器置于解锁状态时，按下开关启动按钮，应不能给电动机送电，即实现开盖闭锁。

5. 试验防止擅自开盖操作

试验能否从锁定螺栓上取下锁壳，如果使用电工常用工具取不下锁壳，不能有效操作锁定螺栓转动，即防止擅自开盖操作合格。

（五）管理方法

机电科（区）或机电队负责矿用浇封兼本安型开盖传感器的发放、登记并指导安装，专职电工使用，机电安全部门负责监督、管理。

锁芯、锁钥共有 25 种，另有一种专用密钥，密钥由机电、安全部门及设备修理单位使用，密钥能打开任何机电设备的矿用浇封兼本安型开盖传感器。

各区队或各片、面只管理使用一种专用锁钥、锁芯，把本单位安装矿用浇封兼本安型开盖传感器的机电设备锁定或解锁；机电设备移交其他单位时，用专用锁钥操作取下对号锁芯，留本单位保管，接收单位锁上本单位专用锁芯，矿用浇封兼本安型开盖传感器随机电设备流动时应置于锁定状态。

注意：①电池工作时间不小于一年，为保证安全可靠，使用一年后，应联系厂家更换专用的、同型号的印制电路板（含电池）；②磁性螺栓套及其他重要部件已在安标中心等管理部门备案，属于专用部件，并有标识。按有关规定，使用假冒或非备案厂家零部件检修（装配）的产品属于失爆，由此引发的安全事故，山西全安公司概不负责。

（六）故障分析及排除方法

矿用浇封兼本安型开盖传感器故障分析及排除方法见表 9-7。

表 9-7 矿用浇封兼本安型开盖传感器故障分析及排除方法

故障现象	原因分析	排除方法	备 注
不能置于锁定状态	磁性螺栓套、锁芯位置及两者间的距离有问题	更换磁性螺栓套	
不能置于解锁状态	锁芯被卡死	打开锁套上的铅封，拧松锁套定位螺丝，取走锁套，更换新开盖传感器	凡影响开关性能的解锁处理，应出井到检修厂处理

表 9-7（续）

故障现象	原因分析	排除方法	备 注
不能断电能报警	传感器的控制线与启停控制回路连接有误	对照说明书重新接线	若仍无断电功能，应与厂家联系
能断电不能报警	声光报警器损坏或电池电压不足	更换声光报警器	若声光报警功能恢复正常，则说明声光报警器损坏，否则为继电器损坏
既不能断电也不能报警	磁性螺栓套或传感器损坏	更换磁性螺栓套，试验断电及报警功能	若断电和报警功能恢复正常，则说明磁性螺栓套损坏，否则为传感器损坏

（七）型号规格

型号规格示意如图 9-11 所示。

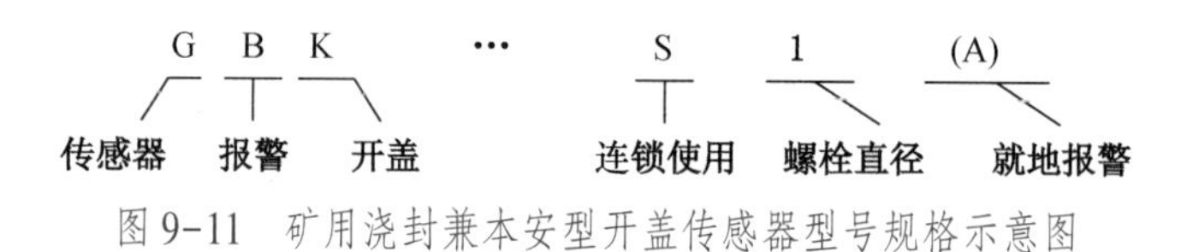

图 9-11 矿用浇封兼本安型开盖传感器型号规格示意图

二、矿用浇封型开盖传感器

产品名称为“三开一防传感器”，标准名称为“矿用浇封型开盖传感器”，适用于煤矿井上下各种开关近距离控制的带有接线空腔（盒）的电动机，或近距离控制的高低压开关、变压器等其他电气设备。

（一）构造

该传感器由锁钥、锁芯、锁套、锁壳、密封圈、磁动作机构、闭锁销、磁性螺栓套、铅封、传感器盖、螺钉、矿用电缆、电缆压紧组件等组成，如图 9-12 所示。

（二）原理

1. 超前开盖报警、超前开盖断电、开盖闭锁

如图 9-13 所示，置于解锁状态时，取下锁壳，磁性螺栓套离开磁动作继电器，磁动作继电器常开节点断开，切断电气设备接线空腔供电电源，实现开盖（前）断电，并进入闭锁状态，禁止向电气设备供电，常闭节点闭合，连通停电监控系统，发出网络报警信号。

锁壳锁定在磁性螺栓套上时，磁动作继电器动作，常开节点闭合，接通电气设备启停控制回路，解除开盖闭锁，常闭节点断开，向停电监控系统发出“合盖后”信号，允许电气设备送电作业，才能按照送电制度向电气设备送电。

2. 防止非专职人员擅自开盖操作

置于锁定状态时，磁性螺栓套被锁定，不能取下锁壳，已紧固的盖板隔爆面防护罩不能被移走，也不能有效操作被隔爆面防护罩锁定的盖板紧固螺栓转动，达到“防止非专职人员擅自开盖操作”的目的。

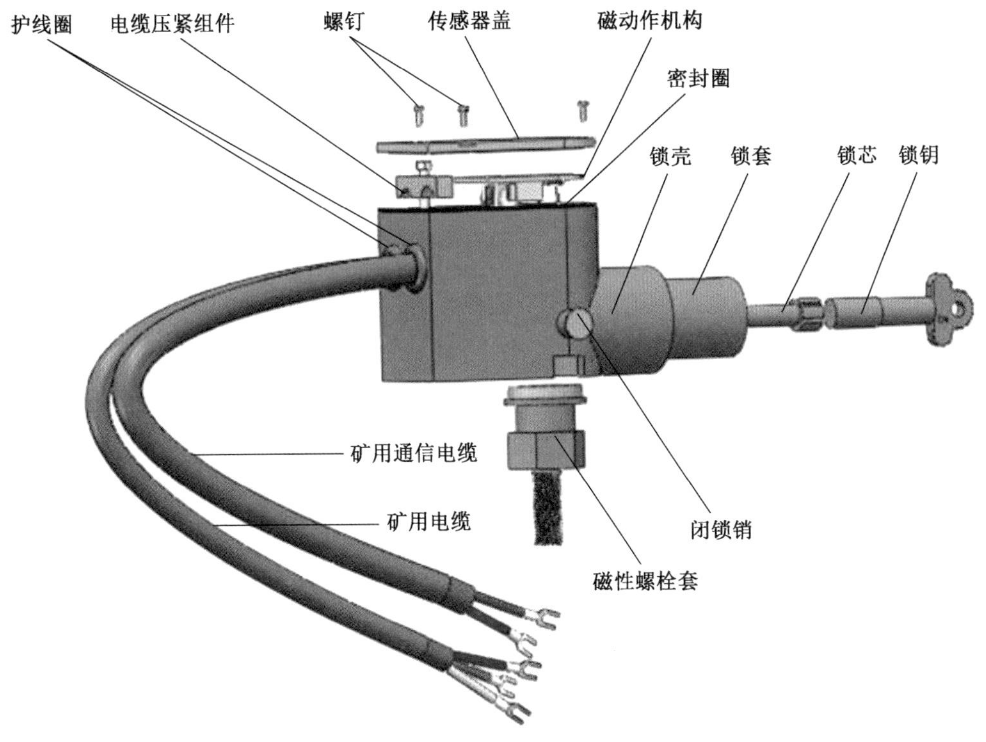

图 9-12　矿用浇封型开盖传感器结构及主要零部件

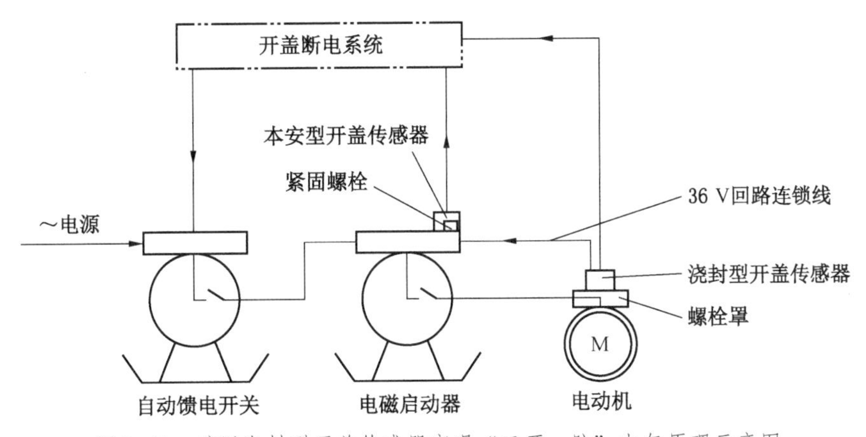

图 9-13　矿用浇封型开盖传感器实现“三开一防”电气原理示意图

(三) 安装使用工具

扳手、小十字螺丝刀、电工刀。

(四) 安装、调试方法

1. 隔爆面防护罩安装

根据电气设备接线空腔盖板结构选择合适的隔爆面防护罩，并按照隔爆面防护罩安装使用说明安装到接线空腔盖板上。

2. 锁定盖板

将磁性螺栓套穿过罩子中心孔拧入卡箍固定螺母，并用扳手拧紧作为锁定螺栓，拉出闭锁销将传感器扣在锁定螺栓上；用手捏住锁钥柄操作对号锁芯顺时针方向拧入锁套，转动几圈后，感到旋转不动时，用力沿锁套向里压，打开防松珠，边压边旋转锁钥，直到用手旋转不动为止，将锁钥向外轻拉，感到不压防松珠时，左右旋转不动锁芯，即锁定。

3. 接入开关启停控制回路

将传感器自带的矿用橡套电缆接入上级开关的启停控制回路，具体接线方式见开盖传感器详细说明书。

4. 接入停电监控系统

将传感器自带的矿用电缆正确接入停电监控系统，具体接线方式见开盖传感器详细说明书。

5. 试验超前开盖报警、超前开盖断电、开盖闭锁

用锁钥操作对号锁芯，向里压住防松珠，逆时针方向拧出锁芯，直到能从锁定螺栓上取下传感器即解锁；解锁后从锁定螺栓上取下锁壳，应能切断设备接线空腔的供电电源，即实现开盖（前）断电，同时传感器连通停电监控系统，监控系统发出网路报警信号，即实现开盖（前）报警；传感器置于解锁状态时，按下开关启动按钮，应不能向电动机送电，即实现开盖闭锁。

6. 试验防止擅自开盖操作

试验能否从锁定螺栓上取下锁壳，如果使用电工常用工具取不下锁壳，不能有效操作锁定螺栓转动，即防止擅自开盖操作合格。

7. 严禁带电开锁警示

开盖作业时，严格按照停送电制度及《煤矿安全规程》（2011）要求进行停电操作，再进行开盖操作。严禁用矿用浇封开盖传感器作远方停电工具进行停电操作。

（五）故障分析及排除

矿用浇封型开盖传感器的故障分析及排除方法见表9-8。

表9-8 矿用浇封型开盖传感器的故障分析及排除方法

故障现象	原因分析	排除方法	备　注
不能置于锁定状态	磁性螺栓套、锁芯位置及两者间的距离有问题	更换磁性螺栓套	
不能置于解锁状态	锁芯被卡死	打开锁套上的铅封，拧松锁套定位螺丝，取走锁套，更换新的开盖传感器	凡影响开关性能的解锁处理，应出井到检修厂处理
不能断电能网络报警	传感器的控制线与启停控制回路连接有误	对照详细说明书重新接线	若仍无断电功能，应与厂家联系
能断电不能网络报警	传感器的控制线与停电监控系统连接有误	对照详细说明书重新接线	若仍无显示开合状态功能，应与厂家联系
既不能断电也不能网络报警	磁性螺栓套或传感器损坏	更换磁性螺栓套，试验断电及网络报警功能	若断电及显示功能恢复正常，则说明磁性螺栓套损坏，否则为传感器损坏

（六）型号规格

型号规格示意如图 9-14 所示。

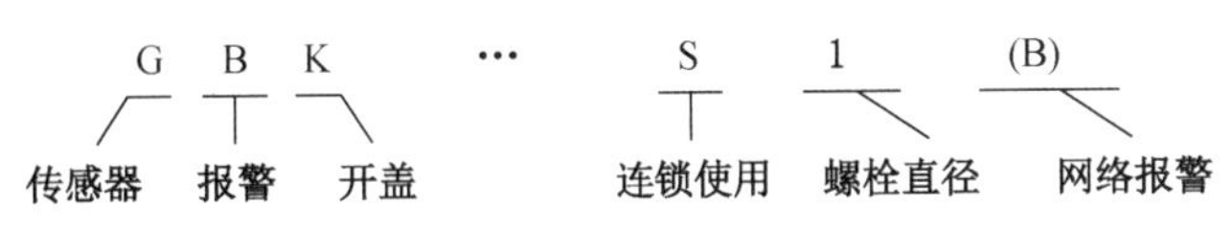

图 9-14　矿用浇封型开盖传感器型号规格示意图

第四节　FFW1-D 系列产品

一、FFW1-D_D(顶丝型)

（一）功能

FFW1-D_D(顶丝型) 可以防止非专职人员违章擅自打开接线空腔盖板，能就地报警，适用于锁定螺栓紧固的开关盖板、电机盖板及电缆接线盒盖板。

（二）分类及型号规格

FFW1-D_D(顶丝型) 分为 FFW1-D_d(顶丝型)、FFW1-D_f(防护罩型) 两种型号产品。

如图 9-15 所示，D 型锁是 FFW1-D 系列产品的基本结构，由锁钥、锁芯、锁套、铅封、锁壳、发光罩、密封圈、印制电路板、电池、发声罩、传感器盖、螺钉、继电器、观察口、带环形锁口的顶丝套（以下简称顶丝套）、磁铁、闭锁销等组成。D 型锁标准名称为矿用本安型开盖传感器，型号为 GBK-D，有安全标志证。

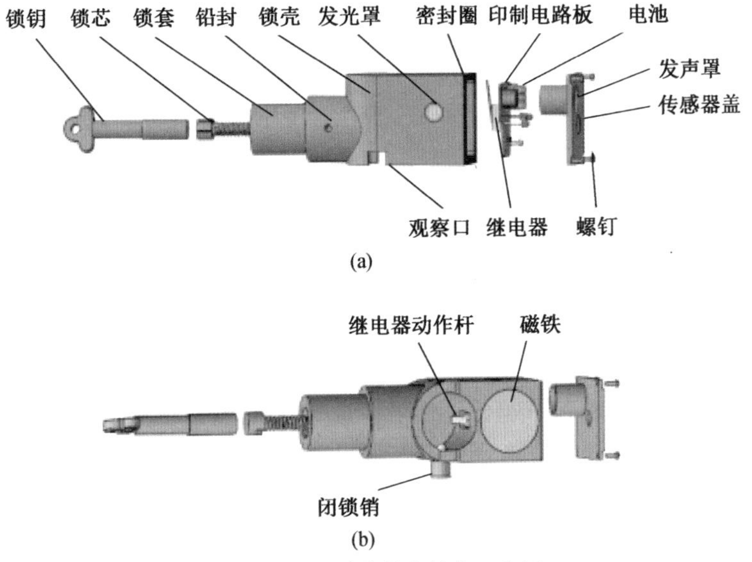

图 9-15　D 型锁基本结构示意图

（三）工作原理

FFW1-D_D(顶丝型) 由 D 型锁和顶丝套组成，如图 9-16 所示。

顶丝套下端加工有大小径圆柱孔，与盖板接触的圆柱孔小于其上面的圆柱孔直径，把顶丝套的大小径圆柱孔扣在紧固螺栓上，拧紧顶丝，顶压在紧固螺栓头部侧面，形成对外

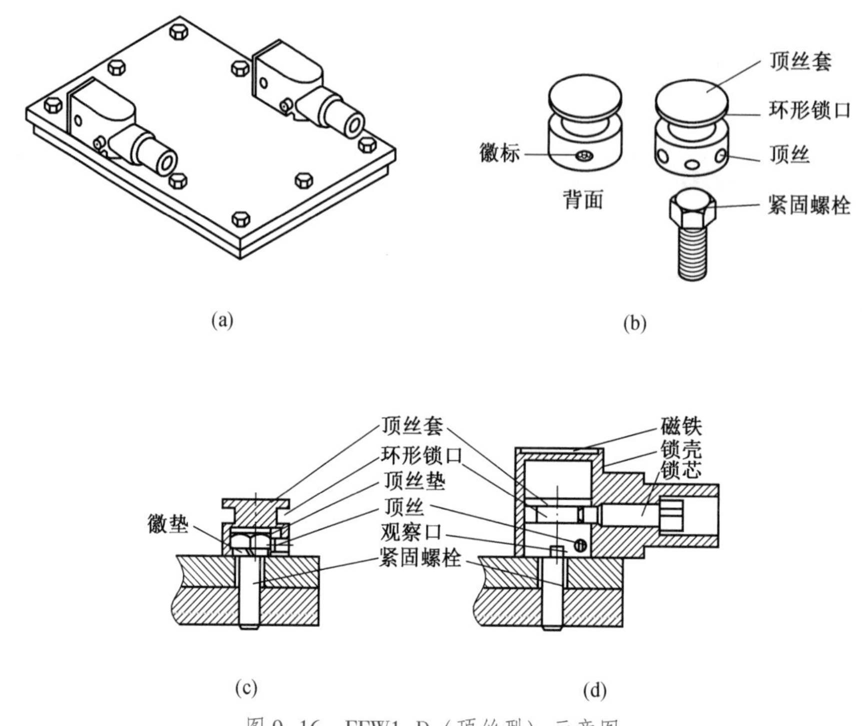

图 9-16 FFW1-D_D(顶丝型) 示意图

六角紧固螺栓的摩擦自锁，即当取下顶丝套时，其小径圆柱孔内边缘和摩擦力共同作用，阻挡顶丝套被取下。

锁壳和顶丝套都留有观察口，供安全检查时检查弹簧垫圈是否合格。根据外六角螺栓直径选定对应的顶丝套，一般常用的有对应 M8mm、M10mm、M12mm、M16mm 的顶丝套，可以根据实际螺栓尺寸定制。出厂时，顶丝套上带 3 个顶丝及 1 个顶丝垫。

根据螺栓尺寸，配套对应的 D 型锁，M8mm、M10mm、M12mm 的螺栓配套中号 C03 锁，M16mm 以上的螺栓配套大号 D 型锁。

顶丝套可以方便地安装在没有护圈的外六角螺丝头上，安装时不需要更换紧固螺栓，也不需要加装防护罩，不松动螺栓用顶丝直接顶上即可。

（四）主要特征

1. 开盖前报警

取下锁壳时，顶丝套离开 D 型锁动作杆，常闭节点闭合，连通声光报警装置，发出声光报警信号，提示“严禁带电作业、停电、测瓦斯浓度、验电、放电”，实现开盖前报警。

2. 防止非专职人员违章开盖

如图 9-16 所示，锁定盖板时，用对号锁钥旋入锁芯，使锁芯头部伸入顶丝套的环形锁口（注意：不应顶住环形锁口底部，而应阻挡锁壳沿顶丝套轴向移动），顶丝套被锁定，同时锁定了盖板紧固螺栓。

非专职人员没有锁钥，不能有效操作锁芯退出锁口而解锁，也不能松动盖板紧固螺栓而擅自开盖操作；解锁时，专职人员用专用锁钥操作对号锁芯，向里压住防松珠，逆时针方向旋出锁芯，退出锁口，取下锁壳，拧松顶丝套上的 3 个顶丝，取下顶丝套，就可以有效操作盖板紧固螺栓转动。

3. 应急求救

紧急情况下，可用于照明或报警应急求救。矿灯没电时，取下 D 型锁，其声光报警功能可以作为应急照明使用，或者利用其声光报警功能向其他人报警求救。根据试验可知出厂的新产品可连续声光报警 11 h。

（五）安装工具

一字螺丝刀、扳手等电工常用工具。

（六）安装、调试方法

1. 用顶丝套锁定紧固螺栓

（1）如图 9-16a、图 9-16b 所示，把带 3 个顶丝和顶丝垫的顶丝套扣在紧固螺栓头上。

（2）如图 9-16a、图 9-16b、图 9-16c 所示，用螺丝刀先拧紧中间的顶丝，再拧紧两边的顶丝，最后按先中间、后两边的顺序，再拧紧一遍，使 3 个顶丝全部拧紧，保证顶丝套紧紧扣住六角头螺栓脚下面，不能从螺栓头上取下。

注意：如果没有拧紧顶丝，锁壳就扣不进去，下一步就无法完成。

（3）如图 9-16d 所示，扣上锁壳，用手捏住锁钥柄操作对号锁芯，顺时针方向拧入锁壳，转动几圈后，感到旋转不动时，用力沿锁壳向里压，打开防松珠，边压边旋转锁芯，直到用手旋转不动为止，将锁钥向外轻拉，感到不压防松珠时，左右反复旋转，转不动锁芯，即锁定。此时，锁芯头部伸入顶丝套的环形锁口，不能取下锁壳。非专职人员没有锁钥，不能有效操作紧固螺栓转动。

一般应同时锁定盖板对边上的两条螺栓。

（4）解锁时，锁钥操作对号锁芯，向里压住防松珠，逆时针方向旋出锁芯，取下锁壳，可以有效操作紧固螺栓转动。

注意：锁芯不要顶住顶丝套环形锁口底部，而要阻挡锁壳沿顶丝套轴向移动。每次锁壳扣锁定螺栓前，需要将螺栓、顶丝套及 D 型锁上的水分擦干，不要用钳子、螺丝刀等工具使劲拧锁钥柄，以免拧断锁钥。

2. 试验开盖前报警

用锁钥操作对号锁芯，向里压住防松珠，逆时针方向拧出锁芯，直到能从顶丝套上取下锁壳即解锁，从顶丝套上取下锁壳后，应发出声光报警信号 30 s，即实现开盖前报警。

3. 试验防止非专职人员违章开盖

选择盖板上被锁定的两条紧固螺栓，试验能否从紧固螺栓上取下 D 型锁，如果使用电工常用工具取不下 D 型锁，不能有效操作两条紧固螺栓转动，即合格。

4. 粘贴配套的三角反光标志

应在电气设备盖板上面贴上配套的三角反光标志，提示“严禁带电开盖！检查瓦斯、验电、放电”。

二、FFW1-D_F(防护罩型)

（一）结构特征

FFW1-D_F(防护罩型）由 D 型锁和防护罩组成。防护罩分为隔爆面防护罩和紧固螺栓防护罩两大类。D 型锁标准名称为矿用本安型开盖传感器，型号 GBK-D，有安全标志证。

（1）隔爆面防护罩一般分为开关型（KG）、电缆接线盒型（DL）、电机型（DJ），详见隔爆面防护罩使用说明书。对应的防护罩型 FFW1 产品型号分别是 FFW1-D_{fg}-KG、FFW1-D_{fg}-DL、FFW1-D_{fg}-DJ，如图 9-17 所示。

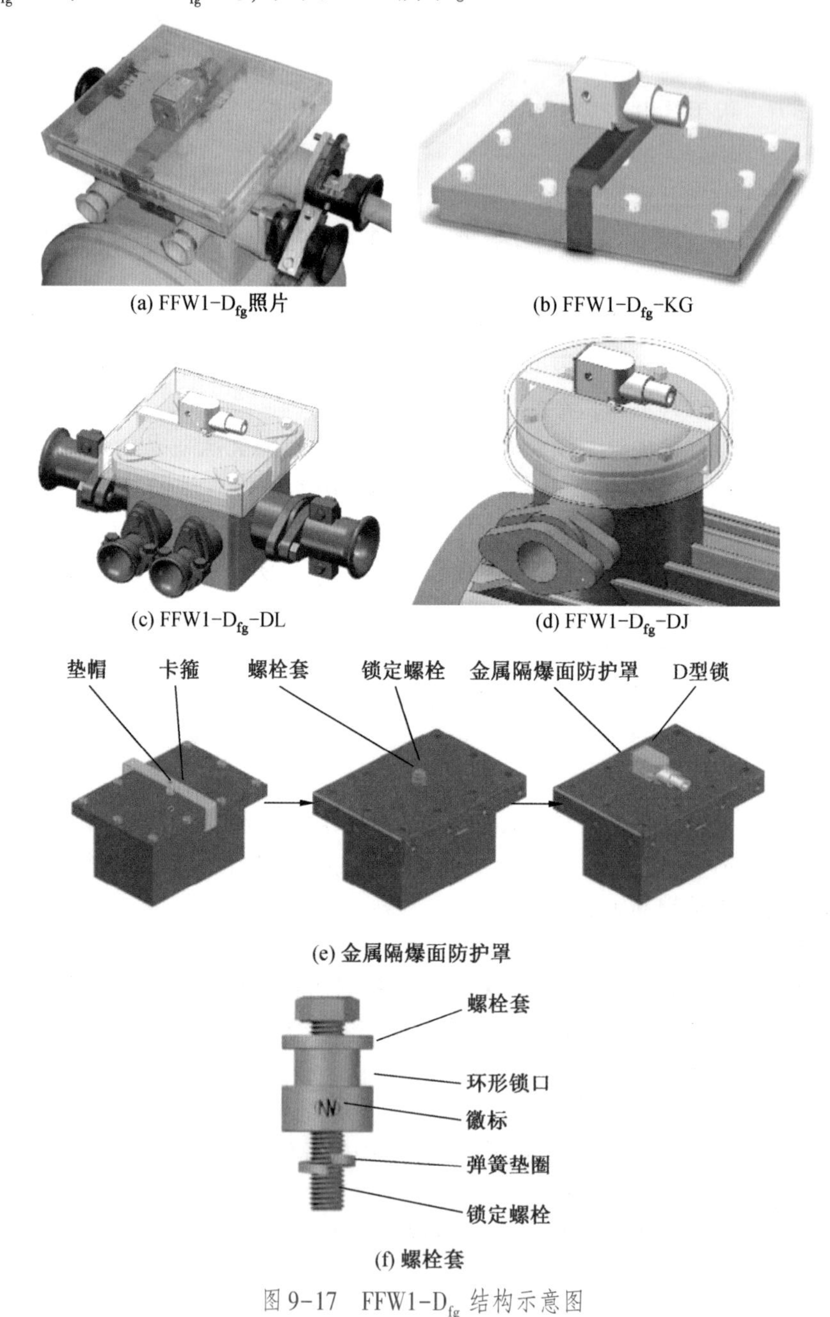

(a) FFW1-D_{fg}照片

(b) FFW1-D_{fg}-KG

(c) FFW1-D_{fg}-DL

(d) FFW1-D_{fg}-DJ

(e) 金属隔爆面防护罩

(f) 螺栓套

图 9-17　FFW1-D_{fg} 结构示意图

（2）紧固螺栓防护罩一般分为外六角型（WL）、内六角型（NL）、护圈型（HQ）、沉孔型（CK），详见紧固螺栓防护罩使用说明书。对应的防护罩型 FFW1 产品型号分别是 FFW1-D_{fL}-WL、FFW1-D_{fL}-NL、FFW1-D_{fL}-HQ、FFW1-D_{fL}-CK。

（二）主要特征

1. 开盖前报警

取下锁壳时，螺栓套离开 D 型锁动作杆，常闭节点闭合，连通声光报警装置，发出声光报警信号，提示“严禁带电作业、停电、测瓦斯浓度、验电、放电”，实现开盖前报警。

2. 防止非专职人员违章开盖

如图 9-17 所示，锁定盖板时，用对号锁钥旋入锁芯，使锁芯头部伸入螺栓套的环形锁口（注意：不应顶住环形锁口底部，而应阻挡锁壳沿螺栓套轴向移动），图 9-17 中防护罩上的锁壳就被锁定，同时锁定防护罩，通过锁定防护罩锁定盖板紧固螺栓。锁定后，由于非专职人员没有锁钥，不能有效操作锁芯退出锁口而解锁，取不下锁壳及防护罩，所以不能违章开盖。解锁时，专职人员用专用锁钥操作对号锁芯，向里压住防松珠，逆时针方向旋出锁芯，退出锁口，取下锁壳及防护罩，可以松动紧固螺栓开盖。

3. 应急求救

紧急情况下，可以用于照明或报警应急求救，矿灯没电时，取下 D 型锁，其声光报警功能可以作为应急照明使用，或者利用其声光报警功能向其他人报警求救。根据试验可知，出厂的新产品可连续声光报警 11 h。

（三）安装使用工具

扳手等电工常用工具。

（四）安装、调试方法

（1）如图 9-17e 所示，把卡箍从接线盒侧面卡入接线空腔盖板两侧，置于中间位置，并在卡箍固定螺母正下方放置螺栓垫，如果卡箍可伸缩，则根据接线空腔盖板长度调整卡箍长度，或者根据实际情况调整卡箍伸缩高度，再扣上罩子，使罩子中心孔与卡箍固定螺母孔对齐。

（2）锁定螺栓拧入螺栓套，穿过罩子中心孔，拧入卡箍固定螺母孔及螺栓垫。用扳手拧紧锁定螺栓，压紧接线空腔盖板，固定隔爆面防护罩。

（3）用 D 型锁扣住螺栓套，用手捏住锁钥柄操作对号锁芯顺时针方向拧入锁壳，转动几圈后，感到旋转不动时，用力沿锁壳向里压，打开防松珠，边压边旋转锁芯，直到用手旋转不动为止，将锁钥向外轻拉，感到不压防松珠时，左右反复旋转，转不动锁芯，即锁定。特别注意：不得使用钳子、螺丝刀等工具使劲拧锁钥柄，以免拧断锁钥。

（4）试验开盖前报警。用锁钥操作对号锁芯，向里压住防松珠，逆时针方向拧出锁芯，直到能从锁定螺栓上取下锁壳即解锁，从锁定螺栓上取下锁壳后，应发出声光报警信号 30 s，即实现开盖前报警。

（5）试验防止非专职人员违章开盖。如果使用电工常用工具取不下防护罩上的 D 型锁，取不下防护罩，且不能有效操作被锁定的各条盖板紧固螺栓转动，即防止非专职人员违章开盖合格。

（6）粘贴配套的三角反光标志。应在电气设备盖板上面贴上配套的三角反光标志，提示“严禁带电开盖！检查瓦斯、验电、放电”。

（7）安装方法见隔爆面防护罩使用说明书。

（五）故障及排除方法

$FFW1-D_F$（防护罩型）产品故障分析及排除方法见表 9-9。

表9-9 FFW1-D_F(防护罩型) 产品故障及排除方法

故障现象	原因分析	排除方法	备 注
锁定状态与解锁状态转换存在卡阻现象	锁壳中进入粉尘、杂物，或者螺纹部位损坏及防松珠不能活动	清理锁壳中的粉尘、杂物，换锁壳、锁芯	
不能置于锁定状态	螺栓套或者顶丝套与锁芯位置及两者间的距离有问题，螺栓套或者顶丝套的规格与锁定螺栓不配套或者螺栓套反装	更换螺栓套或者顶丝套，使其与锁定螺栓规格配套，并按照正确方法安装螺栓套	严禁将螺栓套反装
不能置于解锁状态	锁芯被卡死	打开锁壳上的铅封，拧松锁套定位螺丝，取出锁套即解锁；解锁后，更换新的D型锁	凡影响停送电的解锁处理，应在检修班停电后进行处理
声光报警信号不够清晰明亮	发声罩或发光罩被堵塞	对发声罩或发光罩进行清理	
声光报警器失效	供电电池超过规定工作时间或者其他原因没电	联系厂家更换印制电路板或电池	
防止非专职人员擅自开盖操作失灵	锁芯没有锁好	用锁钥旋紧锁芯	
锁钥断裂	没有压下防松珠，强行拧锁钥	换锁钥，按要求操作	折断锁钥，是对锁芯的保护
转动D型锁时松动开关紧固螺栓	锁芯顶住螺栓套或顶丝套；顶丝套的顶丝外漏头部严重摩擦锁壳内侧	把锁芯前端锉短1 mm左右；把顶丝拧紧	
使用隔爆面防护罩锁定后整体结构松垮	配套锁定螺栓长度不合适	更换合适长度的锁定螺栓	
轻易把安装在顶丝套上的D型锁从螺栓头上取下	顶丝尺寸短，不是出厂配套的顶丝，且没有拧紧；锁芯折断；锁芯没有拧入环形锁口	更换出厂配套的顶丝，拧紧即可；更换锁芯；把锁芯拧入锁口	
D型锁壳扣不下	没有拧紧顶丝套顶丝，锁壳扣不下去，下一步无法完成	分别拧紧3个顶丝	

注：如遇到其他问题，请找井下专职电工处理或联系生产厂家。

第五节　DSD-3 型产品

一、原理

如图 9-18 所示，采用无损连接技术把浇封型/浇封兼本安型开盖传感器、防护罩等设施安装在电机接线盒盖板上，通过信号线接入磁力启动器 36 V(包括 36 V 以下）启动，就构成了基本的 DSD-3 系统。

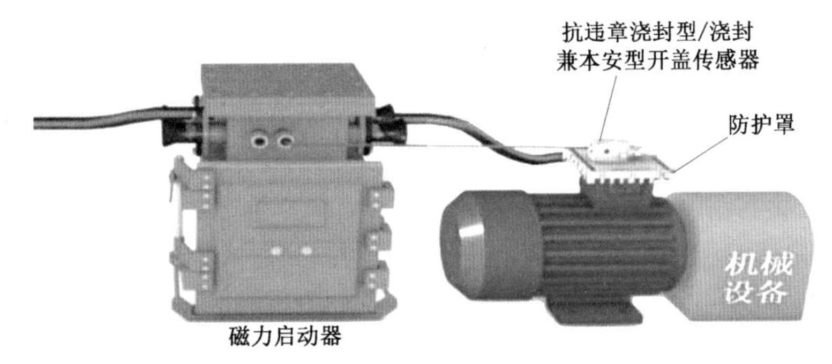

图 9-18　DSD-3 型产品原理示意图

二、功能

（1）开盖检修电机接线盒前智能控制报警（以下简称开盖报警）。取下安装在电机盖板上的浇封型/浇封兼本安型开盖传感器时，发出声光报警信号，提示严禁带电作业、测瓦斯浓度、验电、放电。若已切断上级电源遵章开盖检修，则提示测瓦斯浓度、验电、放电；若未切断上级电源违章带电开盖检修，则在松动紧固螺栓造成“失爆”前提示严禁带电作业。

（2）开盖检修电机接线盒前智能控制切断上级电源（以下简称开盖断电）。开盖报警的同时，传感器的继电器节点断开其上级电源磁力启动器，磁力启动器断电，实现违章带电开盖检修前切断上级电源。

（3）切断上级电源后，开盖检修电机接线盒前，闭锁上级电源不能送电（以下简称开盖闭锁）。不论是开盖断电还是人工切断上级电源，开盖检修前传感器的继电器送出一个保持断电状态的闭锁信号，切断磁力启动器启动回路，实现即使有人违章（误）操作上级电源开关启动按钮送电，也送不出电，以确保作业人员安全作业。当盖好盖板，螺栓紧固可靠后，把传感器扣在防护罩的锁定螺栓上，传感器的继电器节点闭合，开盖闭锁被解除。解除开盖闭锁后，才允许磁力启动器送电作业，作业人员就可以按照送电制度给电机送电。

（4）防止非专职人员擅自打开电机盒盖（开盖）操作。防护罩可以有效遮挡电机接线空腔盖板上的所有紧固螺栓，再用传感器锁定防护罩，使用非专用工具无法解锁，也无法操作盖板紧固螺栓，非专职人员一般无专用工具，所以无法擅自开盖操作。

上述“三开一防”可以同时实现，并具有远程应急停电功能，即在电机旁切断磁力启动器控制电源。

第六节 “三开一防”检查规定

（1）应检查煤矿矿用产品安全标志、生产许可证、防爆合格证和产品合格证，应按照相关标准检查其本安或浇封或浇封兼本安型防爆功能，其防爆功能应符合要求，其表面棱角应倒钝，手感应光滑；锁钥、锁芯应有明显铸造的而不是后加的编号；用电工常用工具（包括螺丝刀、镊子等）或非对应锁钥，按正常操作不能从整机设备上拆除；只有用对应锁钥操作锁芯，才能转换到解锁状态或锁定状态，且各队组专用锁钥互不相同；解锁状态与锁定状态互相转换时，应灵活、无卡阻。

（2）应由专职人员负责安装防爆设备和检查防爆功能。安装前应由专业技术人员对安装使用和检查人员进行培训，培训内容包括“三开一防”使用说明及标准等相关知识。

（3）应根据设备类型正确选择“三开一防”型号，产品应按照说明书要求安装牢固，且安装后不影响设备防爆性能。

图 9-19 警告标志

（4）安装“三开一防”的设备盖板或与“三开一防”配套安装的隔爆面防护罩上应贴有警告标志，如图 9-19 所示。

（5）应检查其外观，锁钥头部应有清晰永久性“专利人 郭春平”标志，外壳明显处应有清晰永久性“铁门神®”“专利号：200810055240.6”“ExibI 或 ExmbI 或 Exmb［ib］I”“MA”标志，且表面应贴有铁门神商标图案。

（6）对于没有应用隔爆面防护罩及顶丝套等无损连接技术的“更换紧固螺栓安装三开一防传感器方法”，螺栓套与螺栓之间必须用螺纹连接，不能成为平垫，否则为防爆功能不合格。螺栓套机械性能应满足符合标准的原紧固螺栓配套要求和《矿用本安型三开一防传感器》要求。由于螺栓套不是标准件，必须选择原生产厂家配套的印有[标记图案]标记的螺栓套，否则为防爆功能不合格。

更换的锁定螺栓机械性能应不低于符合标准的原紧固螺栓，选配的螺栓应与螺栓套相配套，否则为防爆功能不合格；选配符合标准的原弹簧垫圈，并安装在螺栓套与电气设备接线空腔（盒）盖板之间（图 9-20）；弹簧垫圈的紧固程度以压平为合格；无弹簧垫圈或弹簧垫圈无弹性，为防爆功能不合格；如果弹簧垫圈安装在螺栓头与螺栓套之间，为不完好。

锁定螺栓长度应满足如下要求：不加垫圈把锁定螺栓完全拧入不透螺孔时，螺栓与螺孔底部应留有螺纹裕量；螺栓拧入螺孔的长度不小于螺栓直径（铸铁、铜、铝件不小于螺栓直径的 1.5 倍），否则为防爆功能不合格。通透螺孔或螺母配套的锁定螺栓长度应是螺栓套轴向长度+盖板某一条标准紧固螺栓长度。以上满扣或露出 1～3 扣为合格，不满扣为防爆功能不合格，超出 3 扣为不完好。锁定螺栓六角头应压紧螺栓套小头平面，否则为不完好。

锁定螺栓、螺栓套及弹簧垫圈装配顺序如图 9-21 所示。

“三开一防”安装示意如图 9-20 所示，将螺栓套拧紧在锁定螺栓上，带上弹簧垫圈，作为紧固螺栓拧入锁定孔。接线空腔盖板的紧固程度以压平弹簧垫圈为合格。

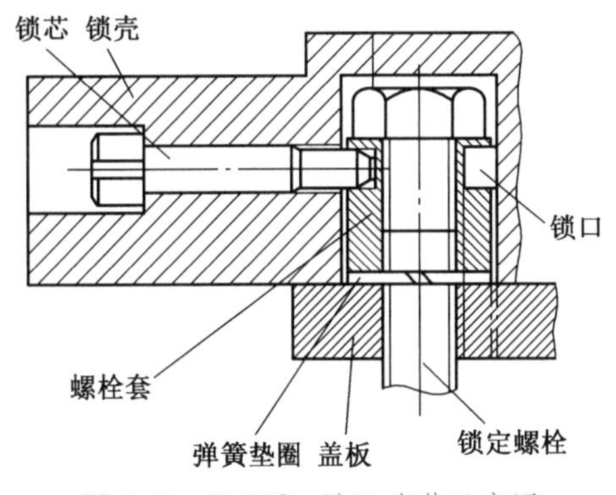

图9-20 “三开一防”安装示意图

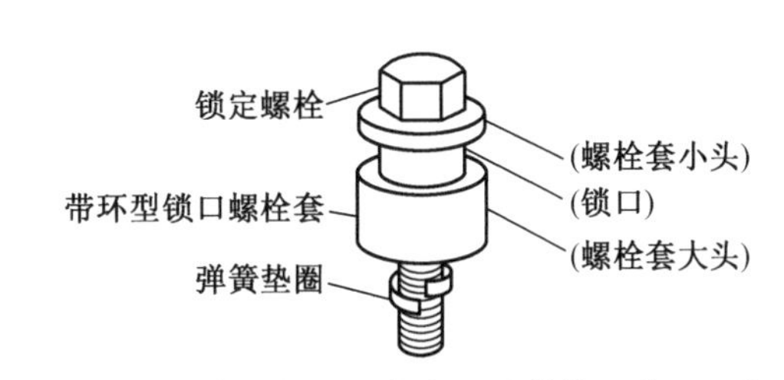

图9-21 锁定螺栓、螺栓套及弹簧垫圈装配示意图

(7) 安装锁定方法：

①如果接线空腔盖板用一条螺栓锁定后，即使其他螺栓松开也无法通过转动盖板打开接线空腔盖板时，可以使用一个“三开一防”锁定一条螺栓。

②如果接线空腔盖板用一条螺栓锁定后，松开其他螺栓还能转动打开接线空腔盖板时，应在接线空腔盖板的对角或对边各安装一个“三开一防”。

③如果没有合适的锁定螺栓或不方便更换紧固螺栓或要求锁定所有紧固螺栓时，可以安装隔爆面防护罩。用隔爆面防护罩罩住所有紧固螺栓，再用“三开一防”锁定隔爆面防护罩，从而锁定接线空腔盖板。隔爆面防护罩分为两种：一种是正面加锁的隔爆面防护罩(图9-22)，另一种是侧面加锁的隔爆面防护罩。如果工作环境要求限制高度，或者接线空腔上部容易被磕碰，可以安装侧面加锁的隔爆面防护罩。

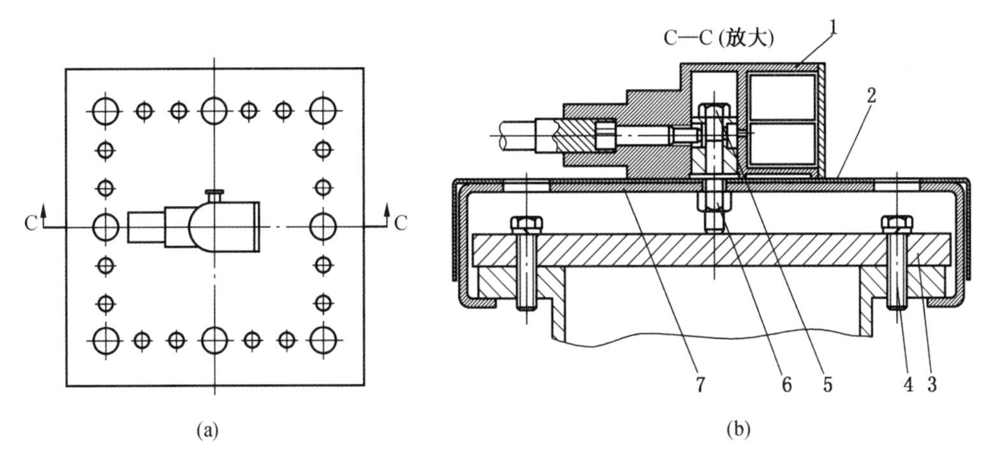

1—开盖传感器；2—单锁扣式隔爆面防护罩；3—电气设备盖板；4—紧固盖板螺栓；
5—固定隔爆面防护罩螺栓；6—固定隔爆面防护罩螺母；7—卡箍

图9-22 正面加锁的单锁隔爆面防护罩示意图

(8) 地面安装“三开一防”后，入井前应由专职防爆检查员检查整台防爆设备的防爆功能，检查合格后应签发防爆检查合格证，方准入井。井下安装“三开一防”后，运行前应由专职防爆检查员检查整台防爆设备的防爆性能，检查合格后应签发防爆检查合格证，方准运行。

（9）安装、检查、修理“三开一防”时，必须执行说明书等相关技术文件及《爆炸性相关标准》有关规定。整机设备安装“三开一防”后修理出厂时，应有修理合格证。

（10）井下不得修理“三开一防”，如果损坏，应用原厂产品更换，确保安全。

（11）应留有安装记录，记录安装人姓名、时间及安装情况说明。应留有验收记录，记录验收人姓名、时间及验收情况说明。

（12）按要求和其他相关标准检查，如果防爆功能遭受破坏或不合格或不完好，应立即处理或更换，严禁继续使用。如果电气设备无防爆检查合格证，应立即通知防爆检查员检查，检查合格后发放防爆检查合格证；检查不合格，必须进行处理或更换，严禁继续使用。

（13）安装使用“三开一防”，是抗违章的一项措施。检修停送电工作，仍然要严格执行停送电有关制度和规定。因检修需要停电时，严格执行有关规定。

（14）“三开一防”应按照《爆炸性环境 第1部分：设备 通用要求》（GB 3836.1—2010）、《煤矿用金属材料摩擦火花安全性试验方法和判定规则》（GB/T 13813—2008）要求到有资质的部门进行材质检验及摩擦火花试验，并取得检验合格证。安装前应检查检验合格证。

（15）开盖传感器置于锁定状态时，配合使用的隔爆面防护罩应能保证盖板的任何一条紧固螺栓不能被拧松，或开盖传感器置于锁定状态时，配合使用的隔爆面防护罩应能防止电工用常用工具对紧固螺栓进行松动性操作。

（16）通过磁性螺栓套顶紧隔爆外壳来拉紧隔爆面防护罩，磁性螺栓套螺纹端应有保护措施，以防划伤隔爆外壳。

（17）浇封型/浇封兼本安型开盖传感器单独使用时（不与隔爆面防护罩配合使用），磁性螺栓套与接线空腔盖板之间必须装有弹簧垫圈，且紧固后螺纹应露出1~3个螺距。

（18）磁性螺栓套的磁片部分不能有任何机械损伤，如有损坏，应立即更换为原厂家同规格的磁性螺栓套。

（19）浇封型/浇封兼本安型开盖传感器所带电缆不能有破皮外露芯线、严重压扁等现象（压扁量不得超过电缆直径的10%）。

（20）浇封型/浇封兼本安型开盖传感器的壳体不能有裂纹、严重变形，任何导致传感器内部复合物（环氧树脂）变形的损伤都为严重变形。

（21）浇封型/浇封兼本安型开盖传感器的引入电缆在引入装置处不能轻易来回轴向窜动。

（22）浇封型/浇封兼本安型开盖传感器控制的电气设备的控制电压、电流要符合规定要求。

（23）浇封型/浇封兼本安型开盖传感器配合使用的隔爆面防护罩必须具有能观察到接线空腔盖板紧固螺栓拧紧程度及弹簧垫圈压紧程度的观察孔。

（24）与开盖传感器相连接的开盖断电系统，由专职人员检查试验，应达到如下要求：

设备安装的开盖传感器与开盖断电系统联网运行后，可向开盖断电系统发送设备盖板的开合状态信号；停电计划及有关安全措施批准后，试验置于“将开盖”状态，开盖断电系统应能发出声光报警信号，并能自动切断设备上级电源；试验置于“将开盖”或“已开盖”状态，应能禁止向设备送电（闭锁）；试验置于“合盖后”状态，经过一定时间

（时间可调，一般为5~20 min）延时后，应能向开盖断电系统发出"合盖后"状态信号及解除闭锁、可送电信号，开盖断电系统应自动解除开盖闭锁功能；试验5~20 min，电话通知地面工作人员人为解除开盖闭锁功能；当开盖闭锁功能解除后，馈电开关才能被有效送电操作。

（25）检查开盖断电系统区分遵章开盖和违章开盖的功能。置于"将开盖"状态时，已按停电制度切断开关电源的为遵章开盖，遵章开盖时，开盖断电系统不发出报警信号，提示"遵章开盖"操作；置于"将开盖"状态时，未按停电制度切断开关电源的为违章开盖，违章开盖时，开盖断电系统发出声光报警信号，提示"违章开盖"操作闪烁警示语，并立即执行开盖断电、开盖闭锁指令。

（26）检查开盖断电系统的显示能力，要有多幅显示界面，可显示井下供电系统图、井下电气设备停送电状态、电气设备盖板开合状态。

（27）各单位购买时要辨别真伪，防止购买假冒的、无安全检验证的、先天具备"失爆"隐患的产品造成潜在失爆等，影响煤矿安全生产。

第七节 产品检查规定及真伪"三开一防"产品判定材料

一、检查本安型防爆功能的一般规定

（1）不得改变产品原内部布线、原电气元件及原结构、原电气参数，以及原配套关联设备，否则防爆功能不合格。

关联设备是含有限能电路和非限能电路，且结构使非限能电路不能对有限能电路产生不利影响的电气设备。

（2）本安与非本安电路未进行有效隔离或本安与非本安电路之间的隔板损坏或失去作用，为防爆功能不合格。

隔板是隔离本质安全电路接线端子与非本安接线端子用的绝缘板或接地金属板。

（3）本安、非本安电路与接线端子之间的距离小于50 mm，用于连接本安与非本安电路的插头和插座不符合隔爆型，并且不符合不能互换规定，用于本质安全型电气设备和关联设备的电池或蓄电池与制造厂有效取证文件不符合或达不到制造厂规定的安全措施，为防爆功能不合格。

（4）本安与关联的电气设备、缆线连接未采用相应标准的接线盒或未采用具有同等效能的其他连接方式，为防爆功能不合格。

（5）外壳有裂纹、开裂、破损、螺栓松动或缺失、胶垫破损或缺失、透明件破裂或松动或表面伤痕或磨损深度大于1 mm（含1 mm），为不完好。

二、检查浇封/浇封兼本安型防爆功能的一般规定

带电部件和基板应全部浇封，浇封厚度应符合《爆炸性气体环境用电气设备 第9部分：浇封型"m"》（GB 3836.9—2006）要求，浇封应严密，不得出现裂纹、砂眼，不得露出元件。引入电缆在引入装置处不能轻易地来回轴向窜动，电缆不能有外露芯线的破口、严重压扁现象，压扁量不得超过电缆直径的10%。

三、检修停电的一般规定

（1）高压开关需要停电时，必须汇报、请示机电调度；将开关停电、拉开本体（通过观察窗能够看到插接装置完全断开）、闭锁开关、悬挂停电牌；留人看守；巷道风流中瓦斯浓度低于 1.0% 时，用高压验电器进行检验；检验无电后，方可进行导体对地放电。

（2）移动变压器需要停电时，必须汇报、请示机电调度；将开关停电、拉开本体（通过观察窗能够看到插接装置完全断开）、闭锁开关、悬挂停电牌；留人看守；巷道风流中瓦斯浓度低于 1.0% 时，用与电源电压相适应的验电笔检验；检验无电后，方可进行导体对地放电。

（3）低压馈电开关需要停电时，必须汇报、请示机电调度；将开关停电、将控制手把扳至 0 位、闭锁开关、悬挂停电牌；留人看守；巷道风流中瓦斯浓度低于 1.0% 时，用与电源电压相适应的验电笔检验；检验无电后，方可进行导体对地放电。

（4）低压磁力启动器需要停电时，必须将开关停电、将隔离开关断开、闭锁开关、悬挂停电牌；留人看守；巷道风流中瓦斯浓度低于 1.0% 时，用与电源电压相适应的验电笔检验；检验无电后，方可作业。

四、真伪产品判定材料

该系列产品是由山西全安公司开发研制的。然而，不法分子在仿制过程中私自更换元器件、使用劣质廉价部件，更换受控件厂家，以假乱真，改变了原本质安全型电路的电气参数和结构，如本安参数、电气间隙与爬电距离及移除二极管安全栅等，造成仿制电路实质为非本质安全型电路，假冒矿用本安型开盖传感器实质为失爆产品。

（一）材质对比

山西全安公司产品与假冒产品的外壳材质不一样。山西全安公司产品的外壳由进口合金材料制作而成，符合《爆炸性环境 第 1 部分：设备 通用要求》（GB 3836.1—2010）中的金属部件要求，有山西省机械产品质量监督检测总站出具的材质分析检验报告。假冒产品的外壳主要由铝材料制作而成，超过了《爆炸性环境 第 1 部分：设备 通用要求》（GB 3836.1—2010）中的金属部件要求，如在井下使用，极易因磕碰产生电火花引发煤矿瓦斯爆炸，如图 9-23 所示。

(a) 正规产品　　(b) 假冒产品

图 9-23　真假产品对比 1

（二）专利号字样对比

山西全安公司产品与假冒产品标识的专利号字样不一样。山西全安公司产品标识的专利号为 200810055240.6，而假冒产品标识的专利号是山西全安公司早期标识的专利号 200820077616.9，如图 9-24 所示。

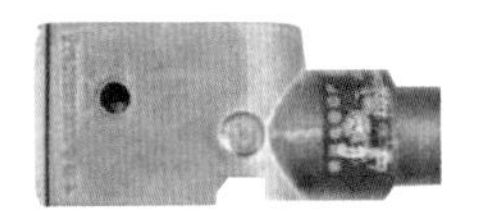
(a) 正规产品

(b) 假冒产品

图 9-24 真假产品对比 2

(三) 防盗螺丝对比

山西全安公司产品与假冒产品所用的传感器盖固定螺丝不一样。山西全安公司采用的是高强度不锈钢防盗三角螺丝，需要专用工具才可以打开。一部分假冒产品采用普通十字螺丝，易生锈，不适合在煤矿潮湿环境下使用，也不符合煤矿有关非专用工具不能轻易解除其作用的要求，更达不到防止非专职人员擅自开盖操作的规定；另一部分假冒产品传感器用的防盗三角螺丝（螺栓头直径 3.7 mm）比山西全安公司产品的防盗三角螺丝（螺栓头直径 3.5 mm）略大，如图 9-25 所示。

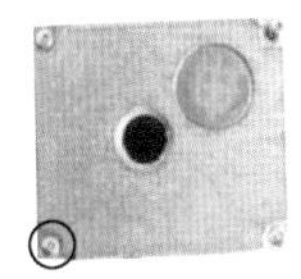
(a) 正规产品

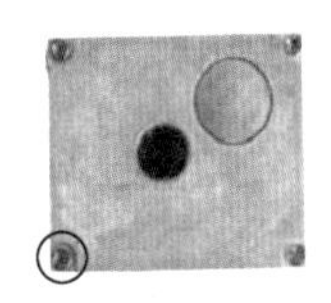
(b) 假冒产品

图 9-25 真假产品对比 3

(四) 壳体工艺对比

山西全安公司产品与假冒产品的工艺不一样。山西全安公司产品外表面无凹痕、划伤、起泡和变形等现象，手感光滑，而假冒产品做工粗糙、带有毛刺、壳体外表面有明显凹痕，如图 9-26 所示。

(a) 正规产品

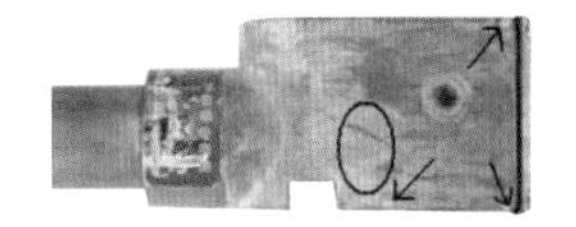
(b) 假冒产品

图 9-26 真假产品对比 4

(五) 锁套结构对比

山西全安公司产品与假冒产品的锁套设计结构不一样。山西全安公司锁套为沉孔+螺纹结构，而假冒产品为全螺纹结构，如图 9-27 所示。

(a) 正规产品

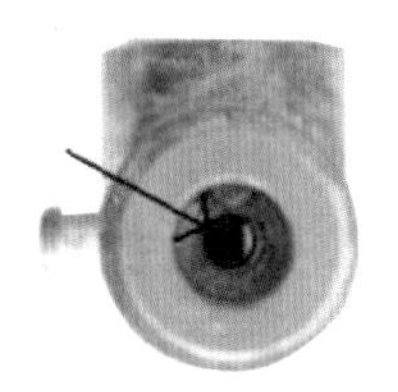
(b) 假冒产品

图 9-27 真假产品对比 5

（六）防伪标签、磁铁对比

山西全安公司产品与假冒产品的磁铁固定及防伪标识不一样。山西全安公司产品都粘有防伪标签，且磁铁固定方式为胶粘+螺栓紧固，而假冒产品无防伪标识，如图 9-28 所示。注意：有一部分假冒传感器磁铁固定方式也采用了胶粘+螺栓紧固方式。

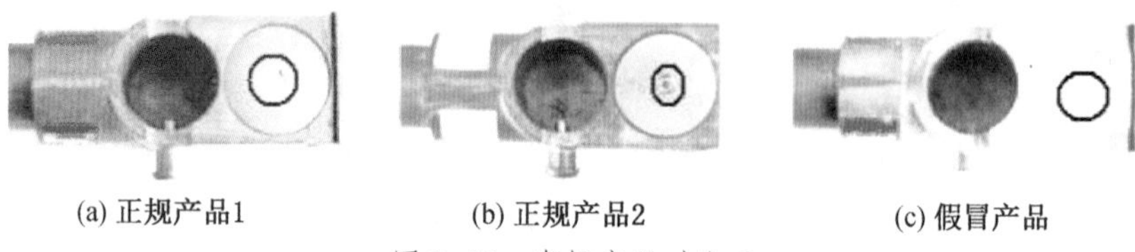

(a) 正规产品1　　(b) 正规产品2　　(c) 假冒产品

图 9-28　真假产品对比 6

（七）密封圈、绝缘垫对比

山西全安公司产品与假冒产品的密封圈、绝缘垫不一样。山西全安公司密封圈、绝缘垫做工精细，材质为硅胶；假冒产品的密封圈、绝缘垫由普通橡胶剪裁而成，做工粗糙、厚度不均、带有毛边，密封圈起不到密封效果，井下潮气极易进入壳体影响电路工作，绝缘垫达不到《爆炸性环境 第 4 部分：由本质安全型“i”保护的设备》（GB 3836.4—2010）中的试验要求，如图 9-29 所示。

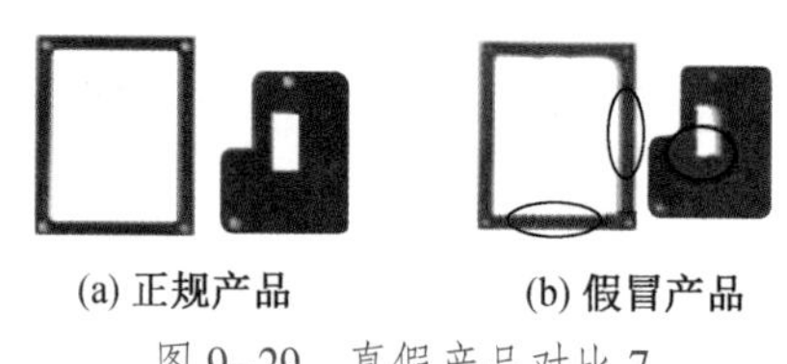

(a) 正规产品　　(b) 假冒产品

图 9-29　真假产品对比 7

（八）电路对比

山西全安公司产品与假冒产品所用电路不同。山西全安公司产品所用电路为国家安全生产抚顺矿用设备检测检验中心检验认定为合格的本质安全型电路，并经过安标国家矿用产品安全标志中心审查备案，符合《爆炸性环境 第 1 部分：设备 通用要求》（GB 3836.1—2010）和《爆炸性环境 第 4 部分：由本质安全型“i”保护的设备》（GB 3836.4—2010）要求，已取得矿用产品安全标志证书、防爆合格证和生产许可证，如图 9-30、图 9-31 所示。

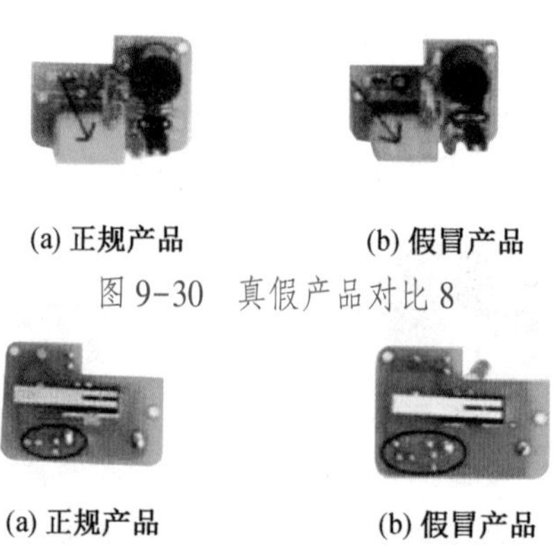

(a) 正规产品　　(b) 假冒产品

图 9-30　真假产品对比 8

(a) 正规产品　　(b) 假冒产品

图 9-31　真假产品对比 9

第十章
抗违章技术 3.0 代表产品

本章导读

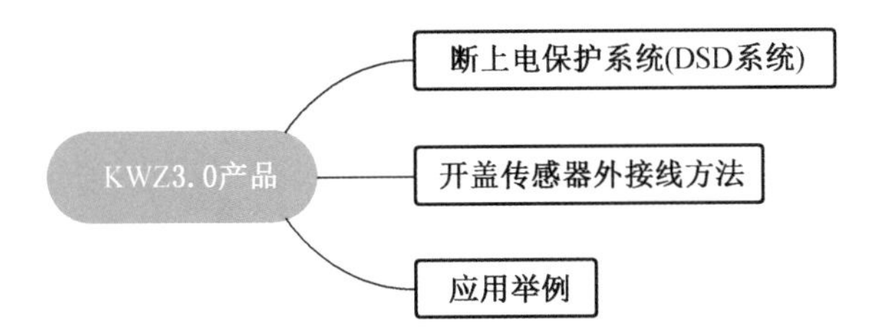

KWZ3.0 最大特点是信息化，相比 KWZ2.0 增加了本安型抗违章保护监控分站（网络协调器）、计算机联网系统、总线通信系统及手机移动互联网系统等，主要特点是井下有一个控制中心与传感器进行总线通信。KWZ3.0 代表产品包括：违章未切断上级电源保护 DSD-1、DSD-2 和抗违章后备保护试验系统等。KWZ3.0 功能包括：实现“两开一防”，即开盖（或门）前报警、开盖（或门）后闭锁（人工停电后，打开开关等接线空腔盖板或门盖作业时，闭锁不能向该设备送电）、防止非专职人员违章打开开关等电气设备接线空腔盖板或门盖；或实现“三开一防”，即开盖（或门）前报警、开盖（或门）前断电、开盖（或门）后闭锁（人工停电后，打开开关等接线空腔盖板或门盖作业时，闭锁不能向该设备送电）、防止非专职人员违章打开开关等电气设备接线空腔盖板或门盖；在地面调度室及手机上显示防爆设备盖板或门盖开合状态。

第一节　DSD　系　统

《煤矿安全规程》（2016）第四百四十二条规定：井下不得带电检修电气设备。检修前，必须切断上级电源。相比《煤矿安全规程》（2011）第四百四十五条相应条款增加了“上级”二字，如打开开关门盖检修开关时，不仅要断开本身的隔离开关，还要切断上级电源的分路开关。

违章未切断上级电源保护系统（DSD 系统）适用于煤矿和非煤矿井上下电气设备，能人工切断上级电源后备保护，从技术装备上保证上述条款的贯彻落实，实现“想违章违不成，误操作也造不成事故”，起到防治带电作业及瓦斯爆炸的抗违章保护作用。

DSD 系统分为 DSD-1、DSD-2、DSD-3 和 DSD-4 型号。DSD-1、DSD-2、DSD-3 属于 KWZ3.0 产品，包括矿用本安型开盖传感器及计算机联网系统等；DSD-4 属于 KWZ4.0 产品，包括智能抗违章开盖传感器、井下电气操作风险手机预警系统、防治带电作业及瓦斯爆炸的智能抗违章保护技术装备系统等。

一、主要功能

（1）在没有切断上级电源的情况下，作业人员失误或故意违章开盖或开门检修前，实现报警提示测瓦斯浓度、验电和放电，并控制切断上级电源，断电后控制闭锁上级电源不能送电。

（2）在切断上级电源后，作业人员遵章开盖或开门检修前，实现报警提示测瓦斯浓度、验电和放电，并控制闭锁上级电源不能送电，以保证检修过程安全可靠。

（3）不论是否切断上级电源，都能防止非专职人员擅自开盖或开门操作。

（4）具有远程应急停电功能，如当工作面发生火灾或瓦斯超限等事故不能自动断电，而又必须立即切断工作面供电电源时，不需要跑到分路开关或变电所停电，也不需要通过调度室停电，可以由工作面值班电气人员打开设备接线空腔盖板上的开盖传感器立即远程切断上级电源。

（5）可以实现“三开一防”，即开盖（或门）前报警、开盖（或门）前断电、开盖（或门）后闭锁（人工停电后，打开开关等接线空腔盖板或门盖作业时，闭锁不能向设备送电）、防止非专职人员违章打开开关等电气设备接线空腔盖板或门盖，也可以实现“两开一防”，即开盖（或门）前报警、开盖（或门）后闭锁（人工停电后，打开开关等接线空腔盖板或门盖作业时，闭锁不能向设备送电）、防止非专职人员违章打开开关等电气设备接线空腔盖板或门盖。

（6）DSD-4 可以在地面调度室及手机上显示防爆设备盖板或门盖开合状态，实现电气操作风险预警、井下供电系统映射功能，试验漏电保护动作可靠性及测量动作时间，试验漏电防越级跳闸可靠性或实现“三开一防”或“两开一防”。DSD-1、DSD-2 仅可以实现“三开一防”或“两开一防”。

二、主要特征

不更换、不改变在用供电系统设备，通过无损连接技术，不动一条螺栓，就可以在任何在用高压、低压隔爆设备上安装使用 DSD 保护系统，能有效预控违章带电作业，降低瓦斯爆炸事故发生概率。

DSD 系统最小基本元素包括抗违章传感器系统、抗违章保护分站、断电仪、信号电缆、CAN 总线、控制软件等。

抗违章传感器系统分为集中式和非集中式两种，非集中式更适用于在用系统升级改造，非集中式包括抗违章传感器（表 10-1）、无损连接装置（表 10-2）和信号转换器。

表 10-1　抗违章传感器系统的开盖（门）传感器

抗违章开盖传感器	抗违章开门传感器
矿用本安型 GBK-K1、GBK-K2、GBK-K3	GBK-K4
矿用浇封型 GBK-S1(B)	
矿用浇封兼本安型 GBK-S1(A)	

表 10-2　抗违章传感器系统的常用无损连接装置

开关接线盒型	开关门型	电机接线盒型	电缆接线盒型	外六角型	内六角型	护圈型	沉孔型	其他
KG	KGM	DJ	DL	WL	NL	HQ	CK	

三、DSD-1 原理及功能

（一）原理

如图 10-1 所示，基于在用井下供电系统，采用无损连接装置技术产品，把矿用本安型开盖传感器、防护罩等设施安装在开关等设备（不包括电机）接线盒及电缆接线盒盖板上，通过有线或无线网络与抗违章保护分站、断电仪连接，就构成了基本的 DSD-1 系统。

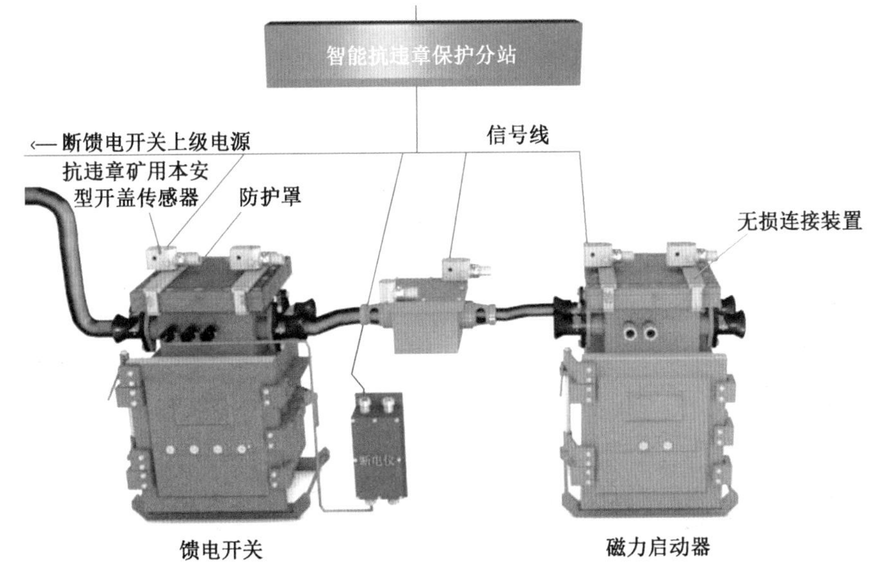

图 10-1　DSD-1 原理示意图

（二）功能

（1）开盖检修接线空腔前控制报警（以下简称开盖报警）。取下安装在接线空腔上的抗违章本安型开盖传感器时，发出声光报警信号，提示严禁带电作业、测瓦斯浓度、验电、放电。这时，若已切断上级电源遵章开盖检修，则提示测瓦斯浓度、验电、放电；若违章未切断上级电源违章带电开盖检修，则在松动紧固螺栓造成失爆前提示严禁带电作业。

（2）开盖检修前控制切断上级电源（以下简称开盖断电）。开盖报警的同时，抗违章本安型开盖传感器把检测到的“将开盖”信号，经处理发送给抗违章保护分站，确定是否违章开盖检修。如果违章开盖检修，则向其上级电源开关发出断电指令，实现违章带电开盖检修前切断上级电源。

（3）切断上级电源后，开盖检修前控制闭锁上级电源不能送电（以下简称开盖闭锁）。开盖断电后或人工切断上级电源后，作业人员在开盖检修前，抗违章保护系统控制上级电源开关送出保持断电状态的闭锁信号，实现即使有人违章（误）操作上级电源开关启动按钮送电，也送不出电，确保作业人员安全作业。当盖好盖板，螺栓紧固可靠后，把传感器扣在防护罩锁定螺栓上时，传感器常开节点闭合，抗违章保护系统收到“合盖后”信号，经延时 5~20 min，控制发出解除开盖闭锁指令。解除开盖闭锁指令后，才允许上级电源开关送电作业，作业人员就可以按照送电制度向电磁启动器送电。

（4）防止非专职人员擅自开盖操作。通过防护罩把接线空腔盖板上的所有紧固螺栓进行有效遮挡，用抗违章本安型开盖传感器锁定防护罩，使用非专用工具无法解锁，即无法操作盖板紧固螺栓，非专职人员无专用工具，所以实现了防止非专职人员擅自开盖操作。

上述“三开一防”可以同时实现，并具有远程应急停电功能；可以仅实现“两开一防”，不具有远程应急停电功能。

四、DSD-2 原理及功能

（一）原理

如图 10-2 所示，基于在用井下供电系统，采用无损连接技术，把抗违章本安型开盖传感器等设施安装在开关等设备门盖上，两防锁安装在闭锁装置上。通过有线或无线网络与抗违章保护分站、断电仪连接，就构成了基本的 DSD-2 系统。

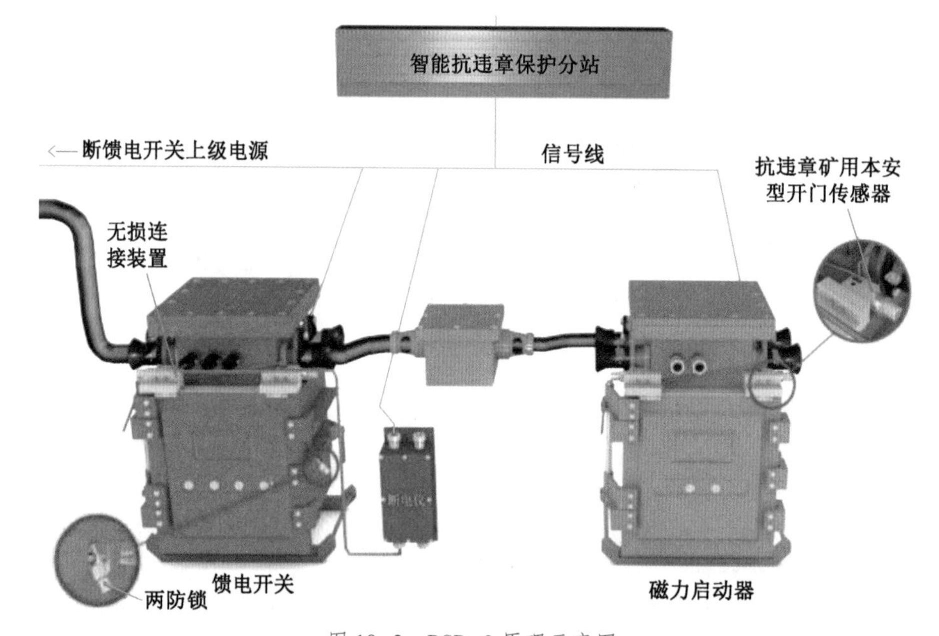

图 10-2 DSD-2 原理示意图

（二）功能

（1）开门检修前控制报警（以下简称开门报警）。将要打开门盖前，安装在门盖部位的抗违章本安型开盖传感器发出声光报警信号，提示严禁带电作业、测瓦斯浓度、验电、放电。此时，若已切断上级电源遵章开盖检修，则提示测瓦斯浓度、验电、放电；若违章未切断上级电源违章带电开盖检修，则在松动紧固螺栓造成失爆前提示严禁带电作业。

（2）开门检修前控制切断上级电源（以下简称开门断电）。开门报警的同时，抗违章开盖传感器把检测到的“将开门”信号，经处理发送给抗违章保护分站，确定是否违章开门检修。如果违章开门检修，则向其上级电源开关发出断电指令，实现违章带电开门检修前切断上级电源。

（3）切断上级电源后，开门检修前控制闭锁上级电源不能送电（以下简称开门闭锁）。开门断电后或人工切断上级电源后，作业人员在开门检修前，抗违章保护系统控制上级电源开关发出一个保持断电状态的闭锁信号，实现即使有人违章（误）操作电源开关启动按钮，也送不出电，确保作业人员安全作业，实现开门闭锁。当可靠地关上门盖后，传感器常开节点动作，抗违章保护系统收到“关门后”信号，经延时 5～20 min，控制发出解除开门闭锁指令。解除开门闭锁指令发出后，才允许上级电源开关送电作业，作业人员就可以按照送电制度给电磁启动器送电。

（4）防止非专职人员擅自开门操作。两防锁安装在闭锁装置上，可以防止非专职人员擅自开门操作。

上述“三开一防”可以同时实现，并具有远程应急停电功能；可以仅实现“两开一防”，不具有远程应急停电功能。

五、违章未切断上级电源保护的几项附加功能

（1）防护罩其他功能。一般防护罩是由透明、抗静电、阻燃材料制成的，可以防淋水、防粉尘侵蚀隔爆接合面、紧固件等；如果隔爆空腔发生爆炸，火焰将从隔爆间隙喷出，这时，隔爆面防护罩可以起到阻挡火焰传播距离及范围的作用。根据需要，还有其他多种隔爆面防护罩。

（2）紧急情况可以用于照明。矿灯没电时，取下开盖传感器，其声光报警功能可以作为应急照明使用。

（3）紧急情况可以实现人员定位或报警求救。遇到紧急情况，人员定位系统失灵时，取下附近开关上联网的开盖传感器，地面调度中心可以确定人员位置；取下没有联网的开盖传感器，利用其声光报警功能向其他人报警求救。

六、安装调试

使用工具为扳手、专用螺丝刀、小十字螺丝刀、剥线钳等。

（1）用无损连接技术安装防护罩、传感器及信号转换器。

（2）同一个电气设备同一个盖板或门盖上安装两个并接的抗违章开盖传感器（节点并联），当两个抗违章开盖传感器都动作（如取下螺栓套常开节点断开）时才能切断上级电源并闭锁，防止误动作造成停电故障；如果上级电源已经停电，两个都动作时才能闭锁。

（3）合上盖或关上门，只要其中一个传感器动作（如装上螺栓套常开节点闭合）就能解锁。

（4）电动机振动较大宜用两个抗违章开盖传感器并联。

（5）将两个抗违章开盖传感器节点串联，当其中某个节点断开（如取下螺栓套常开节点断开）时就能切断上级电源并闭锁。如果上级电源已经停电，任一个动作都能闭锁。

（6）合上盖或关上门，只有两个传感器都动作（如装上螺栓套常开节点都闭合）时才能解锁。

（7）违章危险性很大场所的设备可将抗违章开盖传感器节点串联。

（8）对于长期固定不动的设备，可以安装单抗违章开盖传感器+C03 防非违装置，加强防违章开盖操作功能。电缆接线盒上抗违章开盖传感器+C03 防非违装置安装方式如图

10-3 所示。

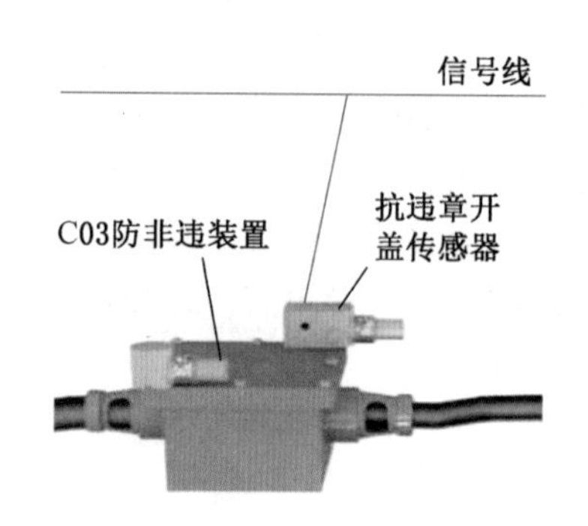

图 10-3 电缆接线盒上抗违章开盖传感器

七、主要功能试验

(一) 试验超前开盖报警、超前开盖断电及开盖闭锁功能

用锁钥操作对号锁芯，向里压住防松珠，逆时针方向拧出锁芯，直到能从锁定螺栓(或螺栓套)上取下锁壳即解锁，从锁定螺栓(或螺栓套)上取下锁壳后，应发出声光报警信号 30 s，即实现超前开盖报警；抗违章保护系统应发出指令，电源开关动作，切断负荷开关电源，即实现超前开盖断电；这时，按下电源开关启动按钮，不能给负荷开关送电，即实现开盖闭锁。

(二) 试验远程停电功能

在巷道选择 1 台靠近工作面的开关，对开关接线盒上的抗违章开盖传感器按照以上超前开盖断电方法进行试验，如果能断开位于变电所或巷道口的其上级电源分路开关，使开关停电为试验合格。

为了试验工作面能否全部实现远程停电，可以选择 2 台以上接在不同供电电缆上的开关，进行远程停电试验，如果都合格，则判定为可以全部实现远程停电。选择接在不同供电电缆的开关，目的是保证工作面全部停电。

如果仅需要停一趟供电电源，可以只选择一条供电电缆开关进行远程停电试验。

(三) 试验防止擅自开盖操作功能

试验能否从锁定螺栓上取下锁壳，如果使用电工常用工具取不下锁壳，不能有效操作两条锁定螺栓转动，即防止擅自开盖操作合格。

如果使用了隔爆面防护罩，试验能否从螺栓套上取下锁壳，如果使用电工常用工具取不下锁壳，不能有效操作扣在隔爆面防护罩下的各条紧固螺栓转动，即防止擅自开盖操作合格。

注意：应粘贴配套的三角反光标志，应在电气设备盖板上贴配套的三角反光标志。

八、管理方法

机电科(区)或机电队负责抗违章开盖传感器的发放、登记并指导安装；机电安全部门负责监管。

锁芯、锁钥共有 25 种，只允许专职电工使用；另有一种专用密钥，只允许机电、安全部门及设备修理单位专门管理。使用密钥能打开任何电气设备的抗违章开盖传感器，只允许在处理事故等紧急情况下使用。

各区队或各片、面的专职电工，只管理使用一种专用锁钥、锁芯，把本单位安装抗违章开盖传感器的电气设备锁定或解锁；电气设备移交其他单位时，用专用锁钥操作取下对号锁芯，留本单位保管。接收单位专职电工负责锁上本单位专用锁芯，并保证抗违章开盖传感器随电气设备流动时置于锁定状态。

注意：①规定电池工作时间不小于一年；为保证工作一年后的安全可靠性，使用一年后，应联系厂家更换专用的、同型号的印制电路板（含电池）。②产品带环形锁口螺栓套及其他重要部件已在安标办、生产许可证办等管理部门备案，属于专用部件，并有编号及公司徽标。使用假冒伪劣或非备案厂家零部件检修（装配）的产品，由此引发的安全事故，山西全安公司概不负责。

九、故障分析及排除方法

DSD系统故障分析及排除方法见表10-3。

表10-3 DSD系统故障分析及排除方法

故障现象	原因分析	排除方法	备 注
锁定状态与解锁状态转换存在卡阻现象	锁壳中进入粉尘、杂物，或者螺纹部位损坏及防松珠不能活动	清理锁壳中的粉尘、杂物，换锁壳、锁芯	
不能置于锁定状态	螺栓套、锁芯位置及两者间的距离有问题，螺栓套规格与锁定螺栓不配套，或者螺栓套反装	更换螺栓套，使其与锁定螺栓规格配套，并按照正确方法安装	严禁将螺栓套反装
不能置于解锁状态	锁芯被卡死	打开锁壳上的铅封，拧松锁套定位螺丝，取出锁套即解锁；解锁后，更换新的开盖传感器	凡影响停送电的解锁处理，应在检修班停电后处理
声光报警信号不够清晰明亮	发声罩或发光罩被堵塞	清理发声罩或发光罩	
超前开盖断电失灵	信号未传至抗违章保护分站或断电仪故障	联系抗违章保护分站技术人员检修信号传输线路或断电仪	
超前开盖报警失灵	供电电池超过规定工作时间或其他原因没电	联系厂家更换印制电路板或电池	
开盖闭锁失灵或闭锁时间不合适	断电仪故障或程序设置不当	检修断电仪或重新设置程序	
转动抗违章开盖传感器时松动开关紧固螺栓	锁芯顶住螺栓套	锁芯逆时针旋转使防松珠弹出或把锁芯前端锉短1 mm	
防止非专职人员擅自开盖操作失灵	锁芯没有锁好	用锁钥旋紧锁芯	

表 10-3（续）

故障现象	原因分析	排除方法	备　注
无法与抗违章保护分站连接	抗违章保护分站与开盖传感器接口不匹配或无输入接口	联系抗违章保护分站和抗违章开盖传感器厂家协商制作连接方法	
锁钥断裂	没有压下防松珠，强行拧锁钥造成	换锁钥，压紧防松珠后再旋转锁钥	折断锁钥，是对锁芯的保护
锁定螺栓无防松措施或防松效果未达到要求	无弹簧垫圈或安装位置错误	检查弹簧垫圈，并保证其安装在螺栓套下面	严禁将弹簧垫圈装到螺栓套小头上方
使用隔爆面防护罩锁定后整体结构松垮	配套螺栓长度不合适	更换合适长度的螺栓	
DSD2 合盖后无法送电	磁片有异物或传感器位置不合适	清除异物，重新按照说明书操作步骤调整位置	

注：如遇到其他问题，请找井下专职电工处理或联系生产厂家。

第二节　矿用本安型开盖传感器与矿井监控系统分站连接方式

一、矿用本安型开盖传感器与 KJ101N 型监控系统连接方案

矿用本安型开盖传感器输出无源开关量，要与 KJ101N 型监控系统连接，每个传感器需要先在 J1 与 J4 节点间串接一个（2~3）kΩ（选择 2.2 kΩ）的电阻，该电阻起限流作用。

KJ101N 型监控系统是一种较普遍的矿井安全监控系统，它是 KJ101 型的改进产品。与 KJ101 型监控系统配套的设备有 KJF19 型监控仪、KJF19B 型监控仪和 KJU3 型开关量扩展器。KJF19 型监控仪设有四路传感器端口，KJF19B 型监控仪设有八路传感器端口，每个端口可以接一个模拟量或 8 个开关量传感器。KJF19B 型监控仪有传感器状态显示和红外线遥控功能。

与 KJ101N 型监控系统配套的设备有 KJ101N-F1 型矿用监控分站、KJ101N-F2 型矿用监控分站和新三态开关量扩展器。KJ101N-F1 型矿用监控分站输入端口为 4 个模拟量和 4 个开关量，每个模拟量端口都可以扩展接成 8 个开关量。KJ101N-F2 型矿用监控分站保留了四模监控仪的全部功能，模拟量输入端口改为双 4 个（8 个）分列两边，具备 2 台独立监控仪的全部功能，可以单独使用实现自动断电功能。矿用本安型开盖传感器与 KJ101N 型监控系统连接示意如图 10-4 所示。操作说明：先接电阻，再接信号电缆，然后设置监控分站。

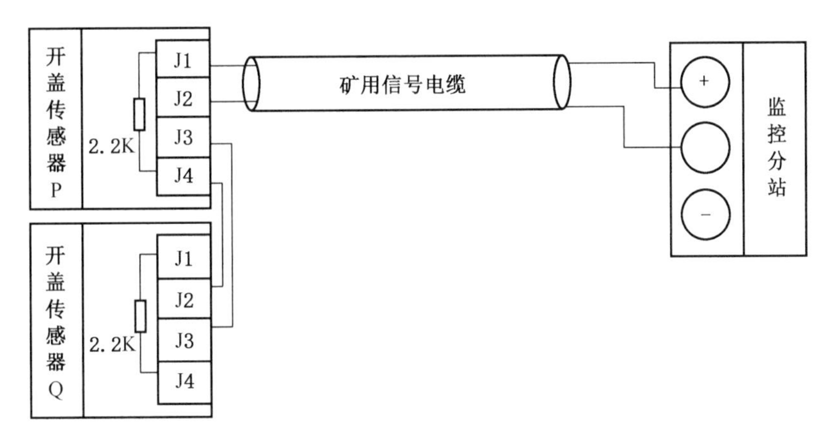

(a) 单个开关上矿用本安型开盖传感器连接监控分站示意图

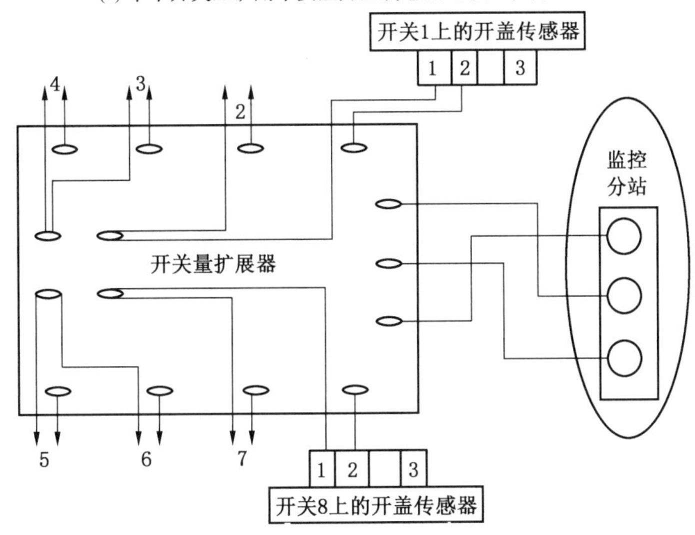

(b) 多个开关上矿用本安型开盖传感器连接开关量扩展器示意图

图 10-4　矿用本安型开盖传感器与 KJ101N 型监控系统连接示意图

二、矿用本安型开盖传感器与 KJ19 型监控系统连接方案

矿用本安型开盖传感器与 KJ19 型监控系统连接，直接与监控分站连接的传感器需要先在 J1 与 J4 节点间串接一个 1.6 kΩ 的电阻，该电阻起限流作用。其他传感器的 J1 与 J4 节点短接。

BFDZ-2 型监控分站是 KJ19 型监控系统的配套监控分站，当该分站接入 KJ19 型监控系统时，能及时将各种参数传给中心站，并接收中心站发送的各种命令。分站可以独立检测并发出开盖断电控制信号。

BFDZ-2 型监控分站的容量为模拟量三路输入、开关量三路输入、开关量三路输出。开关量输入提供本安 12 V 电源，且信号线与电源线共用。监控分站要求开关量传感器信号制式有两种：①设备开停传感器，设备“开”状态为恒流 8 mA；设备“停”状态为恒流 2 mA。②风筒传感器，当风筒正常工作时，输出“关”信号，电流为 7 mA，电压为 0；当风筒风压报警时，输出“开”信号，电流为 0，电压为 12 V。分站输入接口采用四线式圆口航空插座。

KJ19 型监控系统还有配套监控分站——KJF6 型矿用监控分站，该监控分站与 BFDZ-2 型监控分站的主要区别是输入接口为六路混编模式，即六路模拟量传感器和开关量传感器随意连接，具体连线方法相同。

矿用本安型开盖传感器信号输出为无源开关量，类似于风筒传感器，只是需要在开盖传感器上串联一个限流电阻，经计算 $R=12/0.007\approx1.7\ \text{k}\Omega$，考虑信号电缆的接入电阻，采用 1.6 kΩ 限流电阻，具体连接如图 10-5 所示。

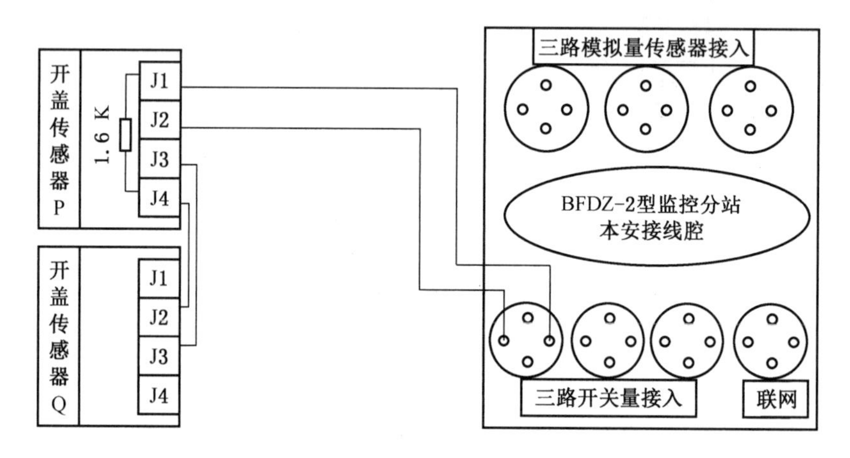

注：开关同一盖板对角上的两个传感器为传感器P、传感器Q。

(a) 传感器与KJ19型监控系统连接示意图

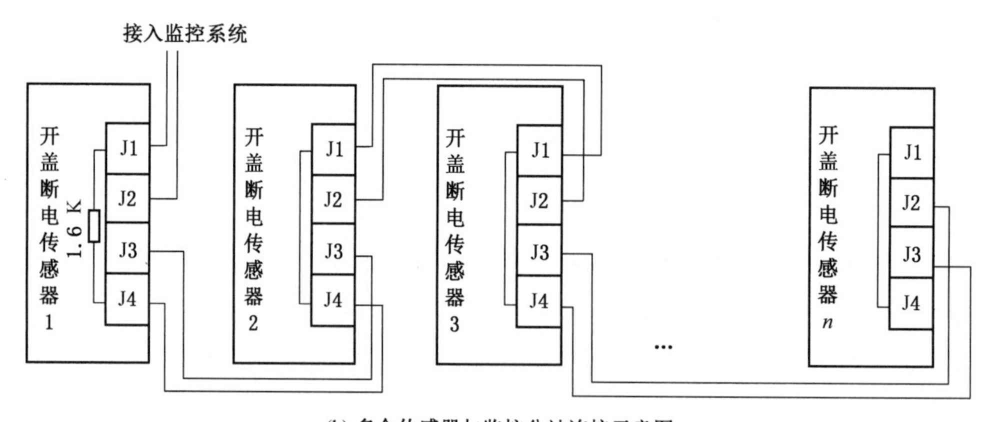

(b) 多个传感器与监控分站连接示意图

图 10-5 矿用本安型开盖传感器与 KJ19 型监控系统连接示意图

说明：

(1) BFDZ-2 型监控分站输入接口采用四线式圆口接线端子，而矿用本安型开盖传感器采用方形接线端子，所以接线时同一电缆两头要接不一样的接线端子。

(2) BFDZ-2 型监控分站只有三路开关量输入接口，根据相关资料，至少已用两路，所以可以接入的开盖传感器数量有限。

(3) 单个传感器连接监控分站的方案类似于 KJ101N 型监控系统，具体情况可以参考矿用本安型开盖传感器与 KJ101N 型监控系统连接方案。

三、矿用本安型开盖传感器与 KJ70N 监控系统连接方案

GBK-K 型系列传感器与 KJ70N 监控系统连接前，需要先将传感器的 J1 与 J4 节点短接。

KJ70N 型监控系统是 KJ70 型监控系统的新一代产品。与 KJ70 型监控系统配套的设备是 KJF31.1 型监控分站和 KJF31.2 型监控分站信号转换器，与 KJ70N 型监控系统配套的设备是 KJ70N-F 型监控分站、KJ70N-Z1 型监控分站信号转换器和 KHJ6.1 型控制主机。

KJ70N-F 型监控分站输入容量为 16 路模拟量或开关量，可以直接接入无源开关量，不能接入电流量或电压量。KJ70N-Z1 型监控分站信号转换器将传感器输出的电流或电压信号转换成可以接入分站的模拟量，属于“一对一”模式。KHJ6.1 型控制主机是集合风电甲烷闭锁、甲烷断电仪及监控分站于一体的设备，它有 3 种工作模式，第三种为通用分站，用法类同监控分站。矿用本安型开盖传感器与 KJ70N-F 型监控分站连接示意如图 10-6 所示。

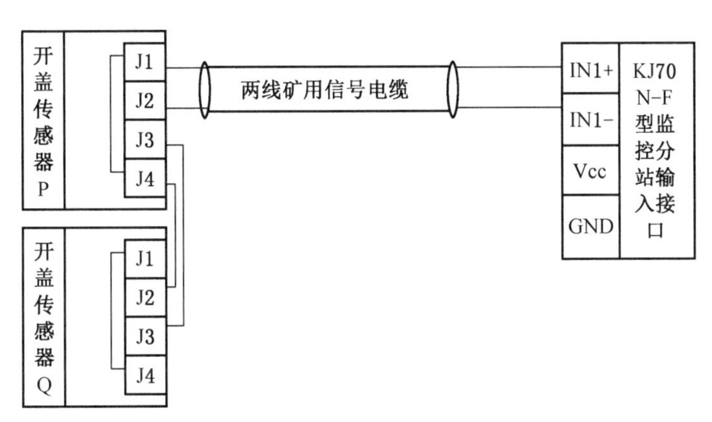

图 10-6　矿用本安型开盖传感器与 KJ70N-F 型监控分站连接示意图

KJ70N-F 型监控分站类似于 KJ95N 型监控系统，其他说明可以参照 KJ95N 型监控系统。

四、矿用本安型开盖传感器与 KJF16B 型监控分站连接方案

GBK-K 型系列传感器与 KJ70N 监控系统连接前，需要先将传感器的 J1 与 J4 节点短接，与矿井安全监控系统连接可以实现超前开盖报警、电气设备断电功能。GBK-K 矿用本安型开盖传感器输出无源开关量，可以实现与高压的隔离。

KJF16B 型监控分站有两种使用方式：

（1）作为普通数据采集站。作为普通数据采集站工作时，断电开关量输出可以按照上级计算机的要求控制输出，也可以按照自动断电的方式进行控制输出。

（2）作为风电瓦斯闭锁分站。作为风电瓦斯闭锁分站工作时，一般不与上级计算机连接，按自动断电的方式进行控制输出，将分站的 16 路传感器输入中的前五路作为风电瓦斯闭锁检测的输入，所以此时开盖传感器的输入不能接入前 5 路，只能接至 6~16 路中的一路。

KJF16B 型监控分站一般有 5~6 路备用输入接口可接入矿用本安型开盖传感器。开关量输入信号：高电平时，信号幅度应小于 3 V，电流应不小于 1 mA；低电平时，信号幅度应不大于 0.5 V，电流应不大于 0.1 mA，如图 10-7 所示，可以接入总线式传感器。

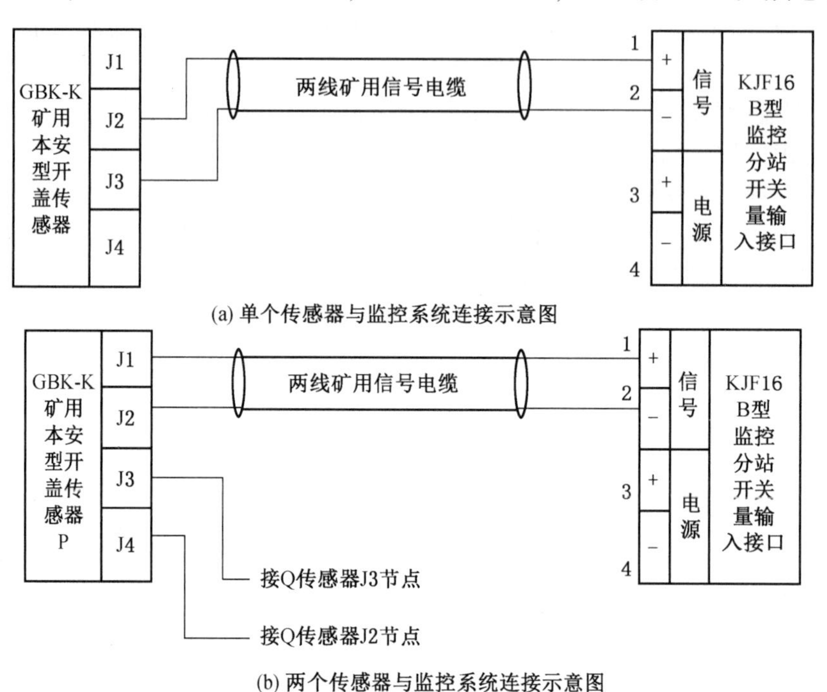

图 10-7　矿用本安型开盖传感器与 KJF16B 型监控分站连接示意图

第三节　应 用 实 例

一、技术背景

如前所述，电气火源（花）引爆瓦斯最多，为 48.1%，事故案例如下：

（1）带电开盖检修事故案例：江西丰城矿务局坪湖煤矿发生瓦斯爆炸，造成 114 人死亡；安徽淮北芦岭煤矿发生瓦斯爆炸，造成 86 人死亡。

（2）违章送电事故案例：大同矿务局老白洞煤矿，罐笼防爆开关没有盖子，没有消弧罩产生明火导致煤尘爆炸，造成 684 人死亡；鸡西矿业集团公司城子河煤矿，外包工擅自送电引爆瓦斯，造成 124 人死亡；山西霍县矿务局圣佛煤矿，班长擅自开盖送电引爆瓦斯，造成 50 人死亡。

（3）接线嘴失爆事故案例：山西西山屯兰矿风机开关压盘式喇叭嘴“失爆”引爆瓦斯，造成 78 人死亡；山西晋城某煤矿螺旋式小喇叭嘴松动，信号线被拉出，电死 1 人。

造成事故的“硬原因”是设备“先天不足”问题，具体如下：

（1）闭锁装置主要表现为：螺丝刀或徒手就能够移动闭锁杆而擅自送电或擅自开盖操作；闭锁杆上打孔锁上普通门锁，这种方法不能长期使用在井下动态使用中的开关上；闭锁装置上加装一些机构，只有用三角套管等专用工具才能操作闭锁杆移动，这种方法不能长期使用在井下动态使用中的开关上；高压开关上与隔离开关连锁的大盖用普通扳手或套管就能打开，这种结构不能防止带有普通工具的非专职人员擅自开盖操作。有关事故案例已经收集 50 起，死亡 4501 人。

（2）接线空腔主要表现为：无连锁保护装置，电气设备接线空腔盖板用普通螺栓固定，没有锁，用扳手、卡丝钳、管钳等常用工具就能带电开盖操作，产生电气火花引爆瓦斯。所以，电气设备接线空腔（盒）是“吃人”的“虎口”，有关事故案例已经收集 139 起，共死亡 3538 人。

（3）电缆引入装置主要表现为：螺纹式喇叭嘴，能够徒手拧松造成电气失爆，不符合相关标准要求。有关失爆引发的事故已经收集 52 起，死亡 1283 人。

造成事故的“软原因”是违章带电作业：工人在井下较暗的狭窄的特殊环境中工作，相比地面操作人员更容易违章带电作业，如操作闭锁装置擅自送电，或违章擅自打开开关工作腔大盖作业，或违章擅自打开电气设备接线空腔盖板带电作业，或违章擅自松动喇叭嘴，等等。

二、技术集成原理

防治带电作业及瓦斯爆炸的抗违章技术集成原理如图 10-8 所示，集成模块如图 10-9 所示。

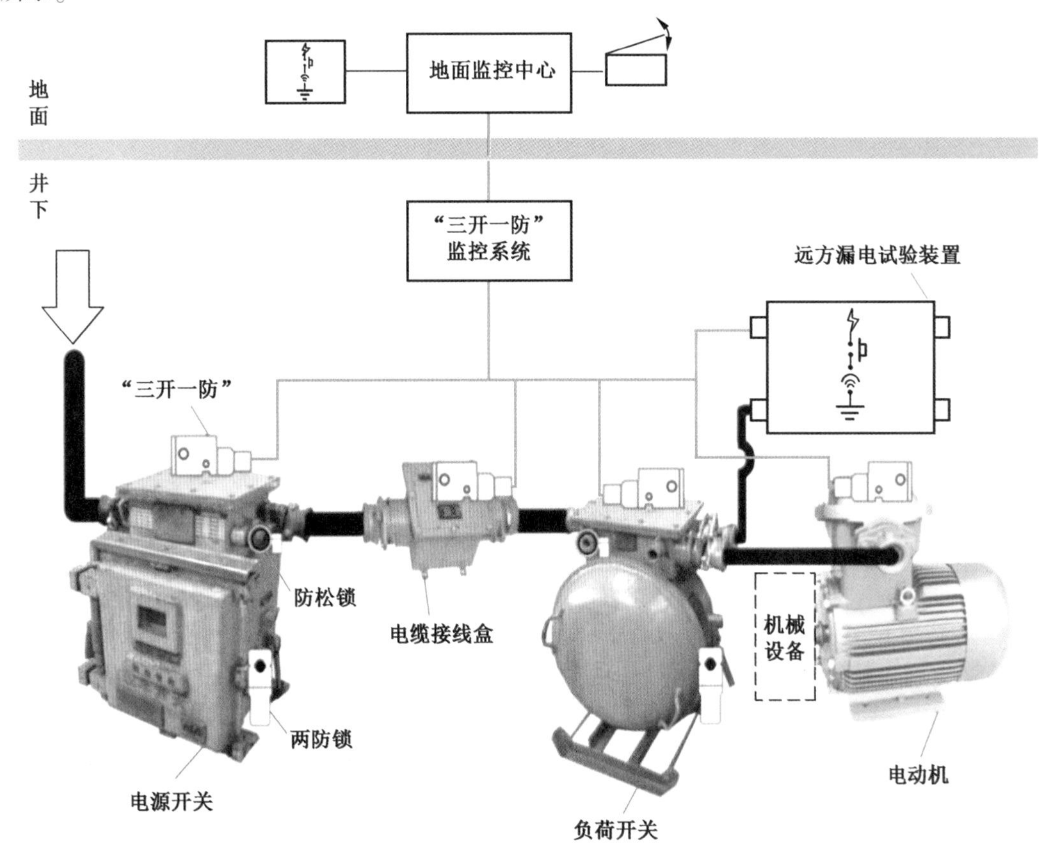

图 10-8　防治带电作业及瓦斯爆炸的抗违章技术集成原理

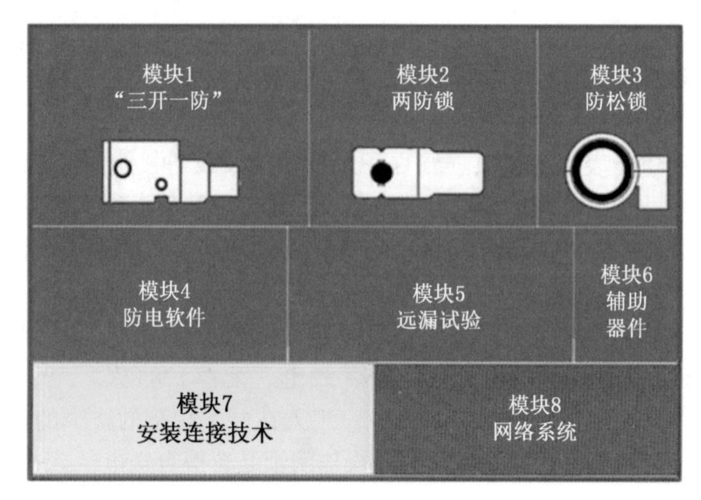

图 10-9　防治带电作业及瓦斯爆炸的抗违章技术集成模板

技术集成创新是指将有效专利、自创技术（非专利）和公知技术系统化地组合集成为一个新的具有创造性的技术方案，直至获得实际应用并产生良好的经济效益和社会效益的活动。技术集成创新是自主创新的一个重要内容，是集成创新系统的重要组成部分。

防治带电作业及瓦斯爆炸的抗违章技术集成包括 8 个模块：①“三开一防”专利技术及监控装备（“三开一防”）；②两防锁专利技术（两防锁）；③防松锁专利技术（防松锁）；④具有自主知识产权的防带电作业软件（防电软件）；⑤远方漏电试验专利技术装备（远漏试验）；⑥瓦斯超限（或有电）开盖闭锁专利技术等（辅助器件）；⑦自创的安装连接技术（安装技术）；⑧公知技术监测监控网络和供电系统（网络系统）。

（1）“三开一防”。将开盖传感器通过螺栓罩或螺栓套（不改变原结构）锁定在负荷开关盖板紧固螺栓上，其节点与“三开一防”监控系统（物联网、电力监控系统、安全保护系统及启动停止回路等）联网运行实现开盖连锁。要打开盖板，必须由专职人员用专用锁钥解锁，即防止非专职人员擅自开盖操作。解锁后触动传感器节点动作发出信号，通过“三开一防”监控系统切断控制该接线空腔的电源开关，在失爆前实现超前开盖断电、负荷开关就地实现开盖报警，并同时在地面监控中心报警，开盖后，闭锁该电源开关，保证不向该接线空腔送电，即开盖闭锁。“三开一防”主要功能是防止负荷开关接线盒上盖板被违章打开产生引爆瓦斯的电火花；紧急情况下可用于照明或报警求救，矿灯没电时，取下开盖传感器，其声光报警功能可以作为应急照明使用；或利用其声光报警功能向其他人报警求救；或通过联网功能实现人员定位。

（2）两防锁。两防锁锁定在电源开关等闭锁装置上，只有专职电工持专用钥匙才能解锁送电或解锁开盖，其他非专职人员不能解锁送电和擅自打开开关操作腔门盖带电作业。两防锁主要功能是防止违章擅自送电或擅自开门操作产生引爆瓦斯的电气火花。

（3）防松锁。防松锁锁定在螺纹式喇叭嘴上，停电后，只有专职电工持专用钥匙才能解锁、松动、检修，其他非专职人员不能解锁、松动喇叭嘴。防松锁主要功能是防止喇叭嘴松动失爆产生引爆瓦斯的电气火花。

（4）防电软件。防电软件用于“三开一防”监控系统等，实现“三开一防”、远方漏电试验装置等与各种网络的连接，能在地面调度室或手机上在线监测监控井下设备盖板开合状态，通过组态画面可以看到现场设备盖板开合状态，记录开盖断电、开盖闭锁、开盖报警等结果。防电软件主要功能是在地面进行远方漏电试验并记录试验结果。

（5）远漏试验。安装在线路末端负荷开关旁边，并与“三开一防”监控系统联网运行，在地面监控中心可以远方试验漏电保护的可靠性，防止漏电保护失效后供电系统继续运行，防止产生引爆瓦斯的电气火花。

（6）辅助器件。辅助器件包括瓦斯超限（或有电）闭锁装置等，安装在设备接线空腔或操作腔等，内有瓦斯探头及电动机构，能保证在瓦斯超限后电气设备接线空腔盖板或门盖打不开，或能保证在电气设备带电状态下该接线空腔盖板或门盖打不开，防止带电开盖、带电检修产生引爆瓦斯的电气火花。

（7）安装技术。安装技术实现多种型号两防锁的安装、螺栓罩的安装、传感器的电气连接等。

（8）网络系统。网络系统是公知技术，包括井下在用供电系统、供电监控系统、瓦斯监控系统、物联网系统等。网络系统与防电软件共同作用实现抗违章保护技术系统有关功能。

三、分析

煤矿井下电气火花是引爆瓦斯的主要引火源，产生引爆瓦斯的主要行为是违章带电作业。带电作业主要是“擅自送电、擅自开盖操作”造成的。产生引爆瓦斯电气火花的主要设施是开关、电机和电缆。产生引爆瓦斯电气火花的主要部位是没有连锁保护装置的开关电机接线盒和连接电缆接线盒，以及闭锁装置保护不完善的开关操作腔；接线盒主要是盖板被擅自打开和没有防松保护的接线嘴被擅自松动；开关操作腔主要是大盖（或门）被擅自打开。

煤矿井下易产生电气火花的设备及部位如图 5-1 所示。只要控制了这几个部位就可以防止几乎所有引爆瓦斯的电气火花。但绝大部分的电气火花是由于违章原因产生的，其他由于非违章原因产生的电气火花占很小一部分，在 5% 以下。因为电缆有高强度护套保护，有屏蔽层、监视线及漏电监视保护，电缆被石头等砸破产生引爆瓦斯的电气火花的概率，与违章原因相比很小，其他有紧固外壳或者本安型电气设备，被石头等砸破产生引爆瓦斯的电气火花的概率更小。

如图 10-8、图 10-9 所示，把“三开一防”、两防锁、防松锁、防电软件、安装技术、网络系统集成在一起，共同作用，可以防止对开关、电机和电缆违章进行擅自送电或擅自开盖操作，进而防止带电作业。远漏试验提高了漏电保护装置的灵敏度及可靠性，即使违章带电作业或其他非违章原因产生电气火花，漏电保护可靠动作，电气火花也不能引爆瓦斯。瓦斯超限（或有电）闭锁装置等辅助器件，作为其他技术的必要补充，当联网不方便时，可以确保瓦斯超限或有电时打不开设备盖板。

不更换现有在用设备，而配套应用抗违章保护技术系统集成模板的模块①~⑧后，就可以防止带电作业，防止井下近 100% 引爆瓦斯的电气火花。抗违章保护技术系统可以从技术装备上保证相关法规标准的贯彻落实，列举如下：

（1）《爆炸性环境 第 1 部分：设备 通用要求》（GB 3836.1—2010）规定：为保持专用防爆型式用的连锁装置，其结构应保证非专用工具不能轻易解除其作用。螺丝刀、镊子或类似工具不应使连锁装置失效。开盖连锁可以实现开盖前断电、断电后闭锁（锁定，如不能向该设备供电）等连锁功能，必要时也可以根据需要同时实现相关报警功能。

（2）《煤矿安全规程》（2011）第四百四十五条规定：井下不得带电检修、搬迁电气设备、电缆和电线。所有开关的闭锁装置必须能可靠地防止擅自送电，防止擅自开盖操作。第四百四十六条规定：非专职人员或非值班电气人员不得擅自操作电气设备。

（3）《煤矿井下低压供电系统及装备通用安全技术要求》（AQ 1023—2006）规定：煤矿井下低压供电系统及装备应实现分级闭锁和全闭锁。

①分级闭锁：将接线空腔分成电源进线和负载出线两个独立隔爆接线空腔，在带电情况下打开任一接线空腔时，在接线空腔未失爆前通过闭锁机构动作使开关分闸断电且闭锁的一种保护。负载出线腔闭锁本级开关，电源进线腔闭锁上级开关。

②全闭锁：设备的电源进线和负载出线只设一个隔爆腔，在带电情况下打开接线空腔时，在接线空腔未失爆前通过闭锁机构动作使上级开关分闸断电且闭锁的一种保护。

（4）《山西煤矿安全质量标准化标准及考核评级办法》要求：电气设备应实现“三开一防”（即开盖断电或开盖闭锁或开盖报警及防止非专职人员擅自开盖操作）。开关必须具有“两防”功能（即防止擅自送电，防止擅自开盖操作，保证螺丝刀、镊子等非专用工具不能轻易解除它的作用，且各队组的专用工具互不相同）。电气设备螺旋式喇叭嘴应具有防松功能。

（5）《煤矿机电设备检修技术规范》（MT/T 1097—2008）要求：检修后的矿用电气设备，为确保其安全供电和防爆性能，必须实现“两防”，保证非专用工具不能解除连锁功能，矿用开关两防锁的结构性能按《矿用开关两防锁》（JB/T 10835—2008）执行。

下一章将介绍抗违章技术 4.0 代表产品。

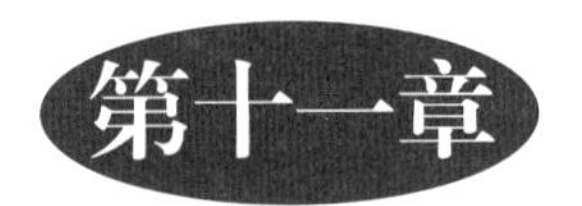

第十一章 抗违章技术 4.0 代表产品

本章导读

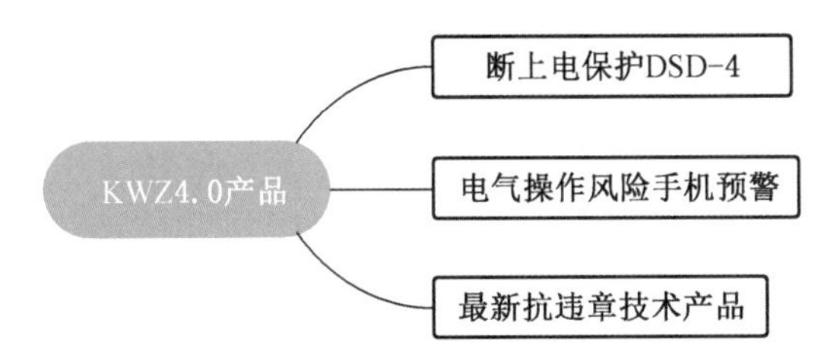

抗违章技术 4.0(KWZ4.0) 最大特点是智能化和云计算，相比 KWZ3.0 增加了 4G/5G 等无线传输技术，把设备信息直接传到地面云空间服务器进行云计算，根据云计算结果或调度台控制要求，对爆炸性环境设备进行控制，并在移动互联网的手机终端显示工作及事故状态信息。现场减少了抗违章保护分站或网络协调器，抗违章保护分站的控制功能主要通过云计算实现。当前 KWZ4.0 代表产品包括：违章未切断上级电源保护（即断上电保护 DSD-4)、煤矿井下电气操作风险手机预警系统、短路/漏电保护动作失灵风险手机预警系统、智能远方漏电试验装置、智能抗违章传感器系统、有电闭锁抗违章传感器系统等。KWZ4.0 功能包括：可以在手机上看到电压、电流等多种电气参数，可以实现违章行为生物特征识别、瓦斯超限闭锁及有电闭锁等，可以实现“两开一防”　“三开一防”等 KWZ3.0 的基本功能。

第一节　断上电保护 DSD-4

一、DSD-4 主要内容及主要功能

（一）主要内容

1. 用途

《煤矿安全规程》(2016) 第四百四十二条规定：井下不得带电检修电气设备。检修前，必须切断上级电源。相比《煤矿安全规程》(2011) 第四百四十五条相应条款增加了“上级”两字。《煤矿安全规程》(2016) 要求：不仅打开电气设备接线空腔盖板必须切断上级电源，打开电气设备门盖也必须切断上级电源，如打开开关门盖检修开关时，不仅要断开本身的隔离开关，还要切断上级电源的分路开关。

DSD 系统主要适用于符合《爆炸性环境 第 1 部分：设备 通用要求》(GB 3836.1—

2010）及《爆炸性环境 第2部分：由隔爆外壳“d”保护的设备》（GB 3836.2—2010）要求的爆炸性气体环境的供电系统，包括煤矿井下供电系统、一些非煤井下供电系统、部分化工及军工地面生产场所、其他一些生产或使用乙炔及甲烷等爆炸性气体的工厂，可以应用在非爆炸性环境的各种供电系统中。DSD系统不仅可以作为违章未切断上级电源操作的保护系统，也可以作为遵章切断上级电源操作的后备保护系统，能从技术装备上保证《煤矿安全规程》（2016）相关条款的贯彻落实，实现“想违章违不成，误操作也造不成事故”，能起到防治带电作业及易爆品爆炸的抗违章保护作用。

2. 分类

DSD-4属于KWZ4.0产品，包括智能抗违章传感器系统、井下电气操作风险手机预警系统、防治带电作业及瓦斯爆炸智能抗违章保护技术系统等。

智能抗违章传感器系统分为非集中式和集中式两种，非集中式更适用于在用系统升级改造。非集中式智能抗违章传感器系统一般包括抗违章传感器、无损连接装置、软件和信号转换器。抗违章传感器包括：抗违章开盖传感器（商品名“三开一防”传感器）和抗违章开门传感器。抗违章开盖传感器分为矿用本安型、矿用浇封型和矿用浇封兼本安型3种，具体见表11-1。无损连接装置见表11-2。

表11-1 抗违章传感器分类

抗违章开盖传感器（“三开一防”传感器）	抗违章开门传感器
矿用本安型 GBK-K1、GBK-K2、GBK-K3、GBK-K4、GBK-K5(5G)	矿用本安型 GBK-K6
矿用浇封型 GBK-S1(B)	
矿用浇封兼本安型 GBK-S1(A)	

表11-2 无损连接装置

开关接线盒型	开关门型	电机接线盒型	电缆接线盒型	外六角型	内六角型	护圈型	沉孔型	其他
KG	KGM	DJ	DL	WL	NL	HQ	CK	

3. 原理

如图11-1所示，基于在用井下供电系统及井上下通信系统（未采用4G/5G通信），DSD-4组合了DSD-1、DSD-2、DSD-3的相关要素，把上级电源是否被切断信号映射到地面调度台电脑及手机上，在电脑及手机上即可显示井下各个电气设备检修时是否按《煤矿安全规程》（2016）要求切断上级电源情况，也可以显示电压、电流等工作参数及短路、漏电等故障状态。

如图11-1所示，未应用4G/5G通信DSD最小系统基本元素包括智能抗违章传感器系统、抗违章保护分站、断电仪、信号电缆、CAN总线、智能控制软件等。智能抗违章传感器系统包括抗违章矿用本安型开盖传感器、隔爆面防护罩和信号转换器。

应用4G/5G通信DSD最小系统基本元素包括智能抗违章传感器系统、云空间、调度台显示和控制终端、手机显示终端、智能控制软件等。智能抗违章传感器系统包括智能甩保护传感器、无损连接装置及智能控制软件等，没有信号转换器。应用4G/5G通信的智能抗违章传感器系统与未应用4G/5G通信的智能抗违章传感器系统内涵不同。

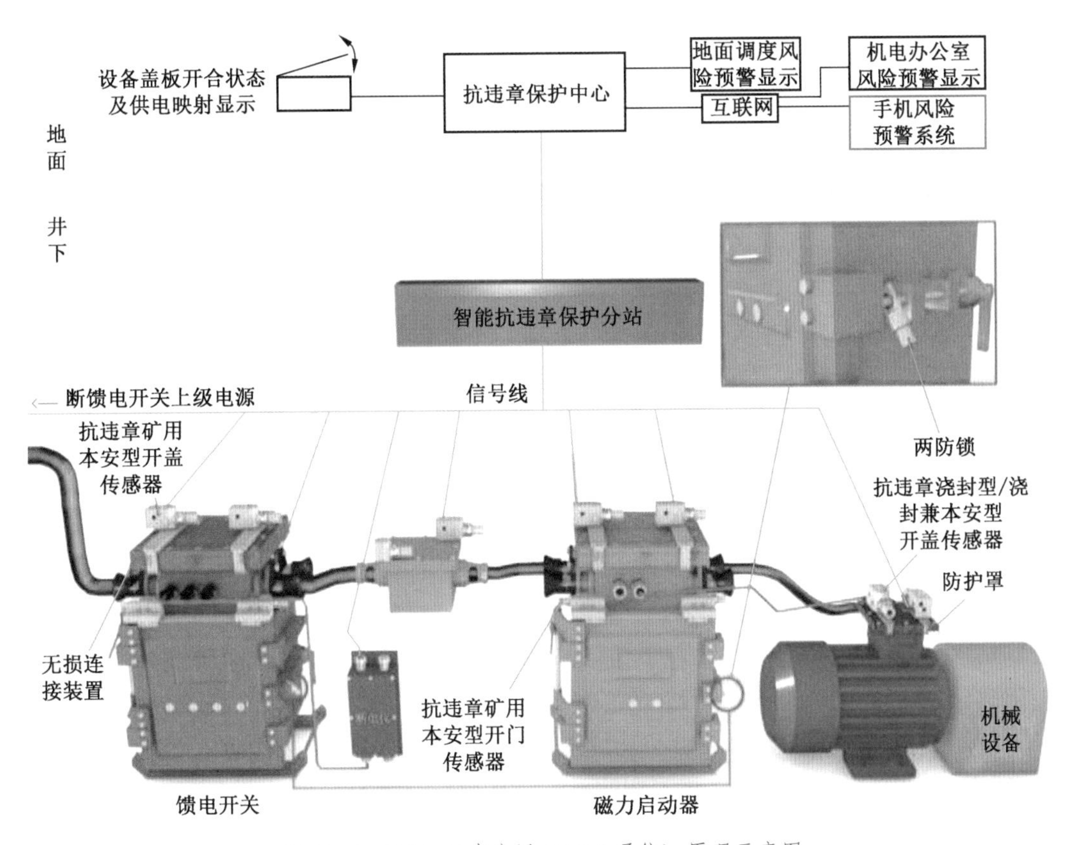

图11-1 DSD-4(未应用4G/5G通信)原理示意图

4. 主要特征

不更换、不改变在用供电系统设备，通过无损连接技术，不动一条螺栓，就可以在各种在用高压、低压隔爆设备上安装使用DSD保护系统，能有效预控违章带电作业，极大地降低了瓦斯爆炸事故风险。

（二）主要功能

(1) 在违章没有切断上级电源的情况下，作业人员失误或故意违章带电开盖或开门检修前要实现报警提示（测瓦斯浓度、验电和放电），并智能控制切断上级电源，断电后智能控制闭锁上级电源不能送电。

(2) 在遵章切断上级电源后，作业人员遵章开盖或开门检修前，也要实现报警提示（测瓦斯浓度、验电和放电），并智能控制闭锁上级电源，使他人不能违章送电，以保证检修过程中安全可靠。

(3) 不论是否切断上级电源，都能防止非专职人员擅自开盖或开门操作。

(4) 具有远程应急停电功能，如当工作面发生火灾或瓦斯超限等事故，因某种故障不能自动断电，而又必须立即切断工作面供电电源时，不需要费时间跑到分路开关或变电所停电，也不需要打电话通过调度室停电，仅需要工作面值班电气人员用专用锁钥开锁，取下设备接线空腔盖板上的开盖传感器，就可以立即远程切断上级电源。

(5) 可以实现“三开一防”，即开盖（或门）前报警、开盖（或门）前智能控制断电、开盖（或门）前智能控制闭锁（人工停电后，打开开关等接线空腔盖板或门盖作业时，闭锁不能向该设备送电）、防止非专职人员违章打开开关等电气设备接线空腔盖板或门盖；可以实现“两开一防”，即不是开盖（或门）前智能控制断电，而是遵章人工断电，开盖（或门）前报警、开盖（或门）前闭锁、防止非专职人员违章打开开关等电气设备接线空腔盖板或门盖。注意：“两开一防”状态下不具有远程应急停电功能。

（6）DSD-4可以在地面调度室及手机上显示防爆设备盖板或门盖开合状态，实现电气操作风险预警，在屏幕上动态映射井下供电系统；可以在地面调度室通过智能远方漏电试验装置试验漏电保护（抗违章后备保护）动作可靠性并测量动作时间，试验漏电防越级跳闸可靠性，试验“三开一防”或“两开一防”功能。

（7）可以实现甩保护预警及安全保护装置失灵报警。短路保护与漏电保护一般都有规定整定值，当违章甩保护后（包括违章调大实际整定值），安全监控部门往往不能“早知道”，等发生事故才能“事后知道”；短路保护与漏电保护因本身故障造成失灵（而非违章造成失灵），安全监控部门往往不能及时获得信息，发生事故后才能发现问题。

（8）可以增加“抗瞌睡”功能。预防带式输送机、刮板输送机等岗位工在岗位上违章打瞌睡。

（9）防护罩其他功能。一般隔爆面防护罩是由透明、抗静电、阻燃材料制成的，可以存放应急用品，可以防淋水、防粉尘侵蚀隔爆接合面、紧固件等；如果隔爆空腔发生爆炸，火焰将从隔爆间隙喷出，这时，隔爆面防护罩可以起到阻挡火焰传播距离及范围的作用。根据客户需要，还可以提供非透明隔爆面防护罩等其他多种防护罩。

（10）紧急情况下可以用于应急照明。矿灯没电或发生故障时，取下带电池的开盖传感器，其声光报警功能可以用于应急照明。

（11）紧急情况下可以实现人员定位或报警求救。遇到紧急情况，人员定位系统失灵时，取下附近开关上联网的开盖传感器，地面调度中心可以确定人员位置，也可以取下没有联网的开盖传感器，利用其声光报警功能向其他人报警求救。

二、安装

（一）工具

扳手、专用螺丝刀、小十字螺丝刀、剥线钳等。

（二）安装方法

（1）用无损连接技术安装隔爆面防护罩、抗违章传感器及信号转换器。

（2）并联连接。同一电气设备的同一盖板或门盖上安装两个并接的抗违章传感器，即把两个传感器的两对节点并联，当两个抗违章传感器同步动作时（如从螺栓套上取下，常开节点断开），才能切断上级电源并闭锁，以预防某传感器节点误动作造成误停电故障；如果上级电源已经停电，只有两个传感器都动作才能实现闭锁。

合上盖或关上门，只要其中一个传感器动作（如装在螺栓套上，常开节点闭合就能解锁）。

电动机振动一般较大，应用抗违章传感器时宜并联连接。

（3）串联连接。将两个抗违章传感器节点串联，当其中某个节点断开时（如从螺栓套上取下，常开节点断开），就能切断上级电源并闭锁。如果上级电源已经停电，任一个传感器节点断开都能实现闭锁。

合上盖或关上门，只有两个传感器都动作（如都装在螺栓套上，两对常开节点都闭合）时才能解锁。

对于违章风险性很大场所的设备，宜将抗违章传感器串联连接。

对于长期固定不动的设备，可以安装单抗违章传感器+C03防非违装置，实现预控违章开盖操作功能，如图11-1所示，在电缆接线盒上安装抗违章开盖传感器+C03防非违装置。

三、主要功能试验

（1）试验超前开盖报警、超前开盖断电及开盖闭锁。如图11-1所示，用锁钥操作对号锁芯，向里压住防松珠，逆时针方向拧出锁芯，直到能从锁定螺栓（或螺栓套）上取下锁壳即解锁，从锁定螺栓（或螺栓套）上取下锁壳后，应发出声光报警信号30 s或语音报警，即实现超前开盖报警；抗违章保护系统应发出指令，电源开关动作，切断负荷开关电源，即实现超前开盖断电；此时，按下电源开关启动按钮，不能给负荷开关送电，即实现开盖闭锁。

（2）试验远程停电。在巷道选择1台靠近工作面的开关，对开关接线盒上的抗违章开盖传感器按照以上超前开盖断电方法进行试验，如果能断开位于变电所或巷道口的上级电源分路开关，使该开关停电，判定为试验合格。

为了试验工作面能否全部实现井下远程停电，可以选择2台以上接在不同供电电缆上的开关，进行远程停电方法试验，如果都合格，则判定工作面可以全部实现井下远程停电。任意选择接在不同供电电缆的开关，目的是试验给工作面供电的电源是否都能实现井下远程停电。

如果仅需要停一趟供电电源，只选一条供电电缆的开关进行远程停电试验即可。

（3）试验防止擅自开盖操作。试验能否从锁定螺栓上取下锁壳，如果使用电工常用工具30 min内取不下锁壳，不能有效操作两条锁定螺栓转动，即防止擅自开盖操作合格。

如果使用了隔爆面防护罩，试验能否从螺栓套上取下锁壳，如果使用电工常用工具30 min内取不下锁壳，不能有效操作扣在隔爆面防护罩下的各条紧固螺栓转动，即防止擅自开盖操作合格。

注意：应粘贴配套的三角反光标志，应在电气设备盖板、门盖、闭锁装置上粘贴配套的三角反光标志。应在隔爆面防护罩内装配带反光标志的应急救护用品。

四、管理方法

机电科（区）或机电队，负责抗违章开盖传感器的发放、登记并指导安装；机电安全部门负责监管。

锁芯、锁钥共有25种，只允许专职电工使用；另有一种专用密钥，只允许机电、安全部门及设备修理单位专门管理。使用密钥能打开任何电气设备的抗违章开盖传感器，只允许具有一定权限的人员使用。

各区队或各片、面的专职电工，只管理使用一种专用锁钥、锁芯，把本单位安装抗违章开盖传感器的电气设备锁定或解锁；电气设备移交其他单位时，用专用锁钥操作取下对号锁芯，留本单位保管。接收单位专职电工负责锁上本单位专用锁芯，并保证抗违章开盖传感器随电气设备流动时置于锁定状态。

注意：①对于安装使用电池的传感器，规定电池工作时间不小于一年；为保证安全可靠，使用一年后，应联系厂家更换专用的、同型号的电池或印制电路板（含电池）。可使用带语音报警功能的抗违章开盖传感器，这种传感器不安装使用电池，但配备专用本安电源。②该产品带环形锁口螺栓套及其他重要部件已在安标办、3C（CCC）认证办等管理部门备案，属专用部件，并标有编号及公司徽标（注册商标）。根据有关规定用假冒伪劣或非备案厂家零部件检修（装配）的产品属于失爆，由此引发的安全事故，生产单位概不负责。

五、故障分析及排除方法

故障分析及排除方法见表11-3。

表11-3 故障分析及排除方法

故障现象	原因分析	排除方法	备注
锁定状态与解锁状态转换存在卡阻现象	锁壳中进入粉尘、杂物，或者螺纹部位损坏及防松珠不能活动	清理锁壳中的粉尘、杂物；换锁壳、锁芯	
不能置于锁定状态	螺栓套、锁芯位置及两者之间的距离有问题，螺栓套的规格与锁定螺栓不配套，或者螺栓套反装	更换螺栓套，使其与锁定螺栓规格配套	严禁将螺栓套反装
不能置于解锁状态	锁芯被卡死	打开锁壳上的铅封，拧松锁套定位螺丝，取出锁套即解锁；解锁后，更换新的开盖传感器	凡影响停送电的解锁处理，应在检修班停电后进行处理
声光（语音）报警信号不够清晰明亮	发声罩或发光罩被堵塞	清理发声罩或发光罩	
超前开盖断电失灵	信号未传至抗违章保护分站，或者断电仪故障	联系抗违章保护分站技术人员检修信号传输线路或者断电仪	
超前开盖报警失灵	供电电池超规定工作时间或者其他原因没电	联系厂家更换印制电路板或电池	
开盖闭锁失灵或者闭锁时间不合适	断电仪故障或者程序设置不当	检修断电仪或者重新设置程序	
转动抗违章开盖传感器时松动紧固螺栓	锁芯顶住螺栓套	锁芯逆时针方向旋转使防松珠弹出或把锁芯前端锉短1 mm	
防止非专职人员擅自开盖操作失灵	锁芯没有锁好	用锁钥旋紧锁芯	
无法与抗违章保护分站连接	抗违章保护分站与开盖传感器接口不匹配或无输入接口	联系抗违章保护分站和抗违章开盖传感器厂家，协商制作连接方法	

表11-3（续）

故障现象	原因分析	排除方法	备　注
锁钥断裂	没有压下防松珠，强行拧锁钥	换锁钥，压紧防松珠后再旋转锁钥	折断锁钥，是对锁芯的保护
使用隔爆面防护罩锁定后整体结构松垮	配套螺栓长度不合适	更换长度合适的螺栓	
DSD-4合盖后无法送电	有异物阻挡造成传感器位置不合适	清除异物，重新按照说明书操作步骤调整位置	

注：如遇到其他问题，请找井下专职电工处理或联系生产厂家。

第二节　煤矿井下电气操作风险手机预警系统

随着煤矿机械化、自动化、信息化和智能化程度的提高，煤矿安全生产发生了改变，但井下违章带电作业造成触电伤亡或瓦斯爆炸事故仍然时有发生。为了解决这个问题，需要研发一套通过技术装备预控违章带电作业的预警系统，实现“想违章违不成，即使违章也造不成事故”的目标。

一、研发背景

目前，国内外煤矿井下电气设备的“三大保护”的共同特点是：在发生电气故障后才断电跳闸，这种技术在限制故障影响范围扩大方面起了巨大作用，但不能在触电前预防违章作业，即没有起到抗违章保护作用。对于这种抗违章短板问题，国内外基本通过法规、管理、教育、培训等“人防”手段解决，即通过“人防”手段规范人的行为来遏制违章带电作业，从技术上预防和控制违章带电作业（技防）的装备还很少。

分析大量事故案例表明，仅仅依靠现有在用设备及规章制度来规范和约束人的行为是不可靠的，无法从本质（技术装备）上杜绝和遏制违章带电作业行为。第二章分析博弈论的“纳什均衡”及数理统计的“大数定律”表明：有规章就一定有违章，违章可以减少，但难以彻底避免。井下要减少违章，就必须开发一套能有效遏制违章带电作业的装备系统，能将所有的违章带电作业进行安全预控，保证违章带电作业无法进行，或者违章作业了也造不成事故。山西全安公司自主研发的煤矿井下电气操作风险手机预警系统，就补齐了这方面的抗违章短板。

二、原理及主要技术指标

（一）原理

煤矿井下电气操作风险手机预警系统示意如图11-2所示，井下工人违章打开电气设备接线空腔、主腔或者电缆接线盒等设备盖板（门盖）前，要进行操作或者检修时，安装在该电气设备上的智能抗违章传感器将违章动作信号转换为电信号，传给与之相连的井下监控系统，超前切断该电气设备电源（也可以不断电仅实现风险预警），同时发出声光报警信号，并将违章动作信息转换为数字信号上传至地面调度室的监控主机上。监控主机通过信息处理，在监控大屏幕上显示相应的报警提醒及语音提示，同时将数据上传至互联网服务器。互联网服务器判断比对实时信息，若出现报警信息则自动推送给已安装煤矿电气操作风险在线预控系统的手机用户。手机用户会收到图 11-3 中显示的通知消息，点开推

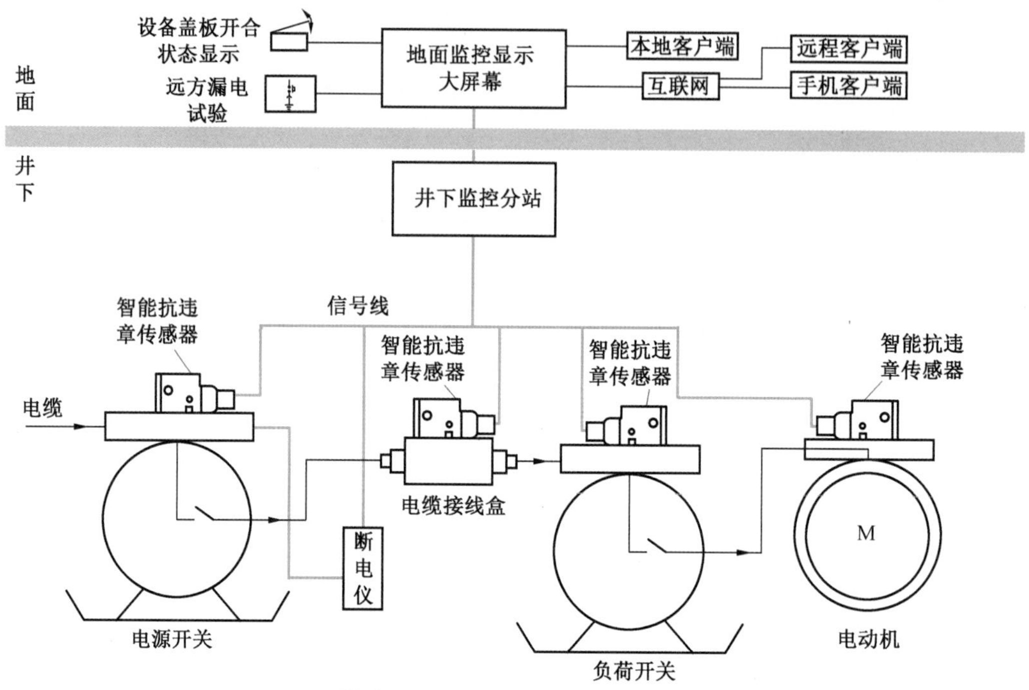

图 11-2　煤矿井下电气操作风险手机预警系统示意图

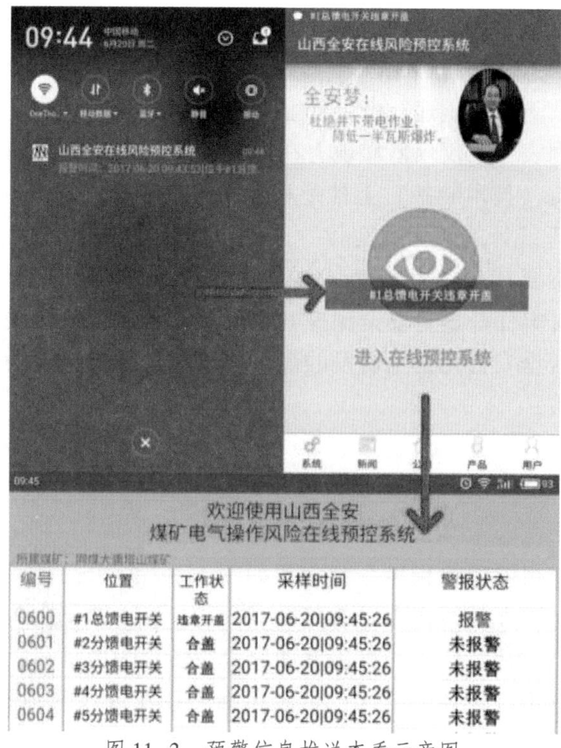

图 11-3　预警信息推送查看示意图

送消息后会自动显示报警位置，提醒用户井下哪个工作面、哪个电气设备可能被违章操作，使手机用户及时了解并处理有关违章事件。手机用户也可以自行进入在线预警系统，浏览所有电气设备的工作状态。

煤矿电气操作风险在线预控系统也可以安装在地面调度台实现风险预控，预控功能包括停电、送电、闭锁、解除闭锁等电气操作。如果安装在手机上，可以称作煤矿井下电气操作风险手机预警系统，该系统还搭载了煤矿事故案例系统，以及最新煤矿安全知识、政策、新技术、先进经验、产品信息等，方便职工学习，提高安全素质。预警功能不包括电气操作，与预控功能不同。

（二）主要技术指标

煤矿井下电气操作风险手机预警系统主要技术指标包括：

（1）系统传输速率：5000 bps。

（2）系统传输距离：抗违章保护分站到传感器，≤2 km；数据传输接口到抗违章保护分站，≤10 km。

（3）系统巡检周期：≤2s。

（4）系统传输误码率：$\leqslant 10^{-8}$。

（5）系统容量：每个抗违章保护分站最多可接32个智能抗违章传感器。

（6）违误动作信号转换为电信号时间：≤10 ms。

（7）违误动作信号转换为电信号准确率：100%。

（8）控制违误执行时间：≤20 ms。

（9）抗违章人为失效时间：＞30 min。

实现以上技术指标可以确保该系统稳定可靠运行，为煤矿安全生产保驾护航。

三、应用情况及展望

设备应用抗违章技术以后，技术装备具备了抗违章功能。安监总建函〔2010〕19号规定：对于抗违章技术创新方法的研究及应用，应当给予立项和资金支持。山西全安公司自主研发的煤矿井下电气操作风险手机预警系统是抗违章技术装备之一，在山西焦煤水峪煤业、同煤集团塔山煤矿试运行效果很好。

用抗违章技术观点分析各种违章带电作业事故可知：发生事故的本质是由于技术上有先天不足，存在抗违章短板，使人有违章作业的机会并且能够从事违章作业。所以，防治违章带电作业的根本在于开发抗违章技术。衡量抗违章技术功能的标准是“两保”：一是保证无法违章作业；二是保证即使违章作业也造不成事故。设计制造从技术装备上预控违章带电作业及瓦斯爆炸的煤矿井下供电系统抗违章技术装备，已成为煤矿电气安全发展的必然趋势。

现在煤矿井下的各类监控传感器、传输设备来自各个厂家，生成的数据格式、传输协议等没有统一标准，不同公司的传感器、设备、系统之间无法有机地联系起来，数据共享存在技术壁垒和鸿沟，给煤矿带来了不便，也造成了不必要的损失。例如，矿井安全监控系统、供电监控系统以及人员定位系统等一般是由不同厂家提供的，各个厂家的数据格式、技术标准不同，各系统不能共享数据信息，不能联动控制，煤矿必须为各系统准备不同的计算机系统等，增大了管理难度和成本。因此，煤矿井下电气操作风险手机预警系统将着力于同各个厂家的设备进行兼容及进一步智能化，通过相应的兼容平台，使山西全安公司的技术装备能与各个厂家的设备进行通信，能接入互联网、物联网、大数据、云计算等系统网络，做到井上下互联互通，为煤矿安全生产添砖加瓦。

如果在防治瓦斯、通风、顶板、水、火、机电运输事故时都大力开发抗违章技术，并实现“想违章违不成，即使违章也造不成事故”，零事故梦想就一定能实现。

第三节 最新智能抗违章技术专利产品

一、短路/漏电保护动作失灵风险手机预警系统

安全保护设施动作失灵预警技术是一项发明专利（专利号：201910776441.3），该发明公开了一种安全保护装置的智能检测方法、装置、设备及存储介质，其方法包括检测装置通过实时监测被保护设施的工作状态，获取被保护设施的状态信号；检测装置根据被保护设施的状态信号，获取用于执行被保护设施进行安全保护操作的动作信号；检测装置通过逻辑处理被保护设施的状态信号和安全保护装置的动作信号，判断安全保护装置是否发生故障；当检测装置判断安全保护装置发生故障时，生成断电保护信号，并将断电保护信号发送给被保护设施的上级控制装置。

（一）主要功能及原理

图 11-4a 适用于非爆炸环境供电系统，如地面供电系统及一些非煤井下供电系统；图 11-4b 适用于爆炸环境供电系统，如煤矿井下供电系统等。其中：K1、K2、…、Kn 为电力线路开关，Z1、Z2、…、Zn 为具有 RS-485 通信功能的电气综合保护装置，C1、C2、…、Cn 为智能甩保护传感器，可以感知短路保护或漏电保护是否正常运行。

该系统主要功能及原理如下：

（1）具有 5G 或 4G 通信功能，也可以具有 WiFi 通信功能及有线通信功能，能将线路开关的工作状态和电气综合保护装置的保护运作状态上传到云平台或地面调度台电脑，推送到手机端 APP。

（2）实时监测短路（速断、过载）保护、漏电保护、过电压保护、低电压保护及相位不平衡保护的投入或退出工作状态。

（3）实时监测线路开关的分合闸状态，监测线路电压、电流、电量等参数，监测保护设施整定值，通过控制电气综合保护装置实现线路开关的分合闸操作。

（4）当线路开关出现实整值与规整值不符（甩保护）等违章操作时，进行报警提示或者配置断电关系后实现断电、闭锁。经过扩充，可以计算供电线路各点的两相短路电流及电压损失，当短路保护动作灵敏度不符合要求、电压损失不符合要求时均可报警。

（5）智能感知“谁”在打开供电设备盖（门）情况。在供电设备盖（门）安装智能抗违章传感器，当专职维护人员通过刷卡输入工号及密码或者通过声音及图像等生物特征识别，才可以打开供电设备的盖（门），并将专职人员姓名、时间等作业信息存档，并向专职人员发出警示：不可以擅自调整短路/漏电保护整定值、严禁甩保护；当非专职维护人员要打开盖（门）时，因没有专用卡或者不知开盖（门）密码或者生物识别不过关，不允许打开盖（门）；如果作业人员因故违章强行打开盖（门），则现场和监控室同时发

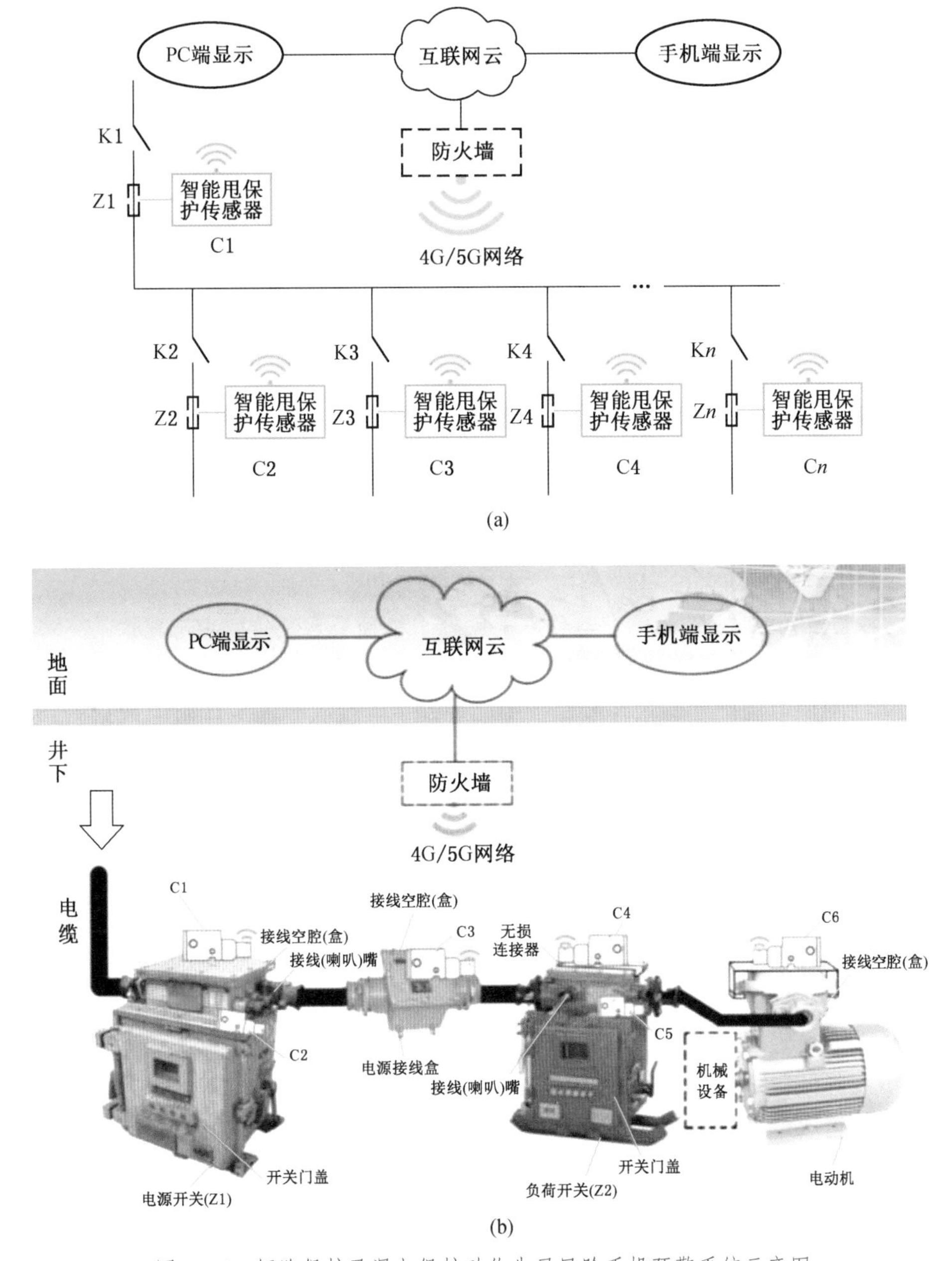

图 11-4　短路保护及漏电保护动作失灵风险手机预警系统示意图

出声光报警，或者通过无损连接技术最少保证 30 min 打不开。

（6）实现点检功能。点检功能也叫作巡更功能，要求维护电工定时对供电设备进行巡回检查，由安装在供电设备上的智能抗违章传感器记录维护电工巡回检查时间，从而避免漏检、假检。假检不是按要求打开盖（门）检查，而是偷懒不打开盖（门）在设备外部进行走马观花式检查。

（7）实现检修时开盖（门）闭锁功能。当维护电工需要停电检修时，超前自动切断该供电设备的上级电源并闭锁不能送电。

（8）实现有电闭锁功能。对于一般不允许停电的重要负荷开关（如井下风机电源开关、变电所总开关等），在有电时，通过技术手段保证不能违章带电开盖（门）检修，即有电闭锁，倒逼作业人员遵章人工切断上级电源后才能开盖（门）检修。

（9）实现瓦斯超限闭锁功能。在瓦斯超限时，通过技术手段保证不能违章带电开盖（门）检修。

（10）经过扩充，还可以监控温度、压力、速度等各种安全保护设施的工作状态及甩保护预警。

（二）指标

（1）动作失灵信号转换为电信号时间：≤10 ms。

（2）动作失灵信号转换为电信号准确率：100%。

（3）控制动作失灵执行时间：≤30 ms(5G)、≤60 ms(4G)。

（4）抗违章人为失效时间：>30 min。

（5）供电电源：DC12V。

（6）无线参数：5G或4G，全网通。

（7）通信接口：一路RS-485端口，本安信号输出。

（三）推广应用短路/漏电保护动作失灵风险手机预警系统的理由及建议

供电系统的“三大保护”的共同特点是：在发生电气故障后才断电跳闸，除一些具有绝缘监视功能的漏电保护外，大部分保护不能在发生电气故障前实现断电或报警预控事故发生。绝缘监视的基本原理是实时检测供电网络系统的绝缘电阻值，当绝缘电阻值降低到预警数值时报警提示，因为绝缘电阻进一步降低可能引起漏电故障，所以具有一定的漏电故障预警功能。但是，在违章或误操作接近带电体造成电火花之前，绝缘电阻值不会降低，绝缘监视装置不会报警提示；短路、漏电电流或电压没有产生，短路、漏电保护也不会动作保护；没有形成接地故障，保护接地也不起作用。所以，供电系统的“三大保护”都起不到超前预控违章带电作业的作用，只能在违章带电作业造成短路、漏电和接地故障后起到保护作用，即井上下供电系统的“三大保护”都存在抗违章短板。

电气作业人员轻易违章操作（如擅自或误调整定值），就能使供电系统保护功能失效或动作灵敏度降低，一旦发生短路、漏电故障时，供电系统短路和漏电保护不能可靠地动作保护，从而造成严重事故。这是由于供电系统没有预控违章甩保护的技术装备或监控系统，没有甩保护后闭锁而不能送电功能，也没有把甩保护信息自动发送给电气安全监管人员的风险预警系统，作业人员甩保护后供电系统可带病供电。这就是供电系统存在的可轻易违章的甩保护、抗违章短板。

有关技术标准都为电压、温度等物的因素制定了技术要求，在出厂时进行耐压、耐高温试验，试验合格才能出厂。各个供电系统的抗违章技术标准都很少，几乎没有试验当人出现违章（包括误操作）等非理性行为时，供电系统能否通过技术手段预防违章作业来保证设备正常工作的技术标准，更没有考虑智能设备由于“中毒”等原因而发生违章作业会导致什么后果。这就是供电系统技术标准存在的抗违章短板。

长期以来，国内外通过宣传、培训、教育、管理、法律等“人海战术”防治违章作业，并取得了很大成效。但违章仍然是造成90%~95%事故的主要原因。这一客观事实说明，宣传、培训、教育、管理、法律等方法都存在一定的局限性。这些方法的共同之处是，对违章行为立足于“人防”，侧重于“治”，结果却是防不胜防。而抗违章理论及技术，对违章行为却立足于“技防”及“智（能）防”，侧重于“控”或“预警”，通过相应的技术手段，在尚未造成事故后果的违章过渡过程中，把违章行为动作控制在触碰违章红线以前或超前预警。

因此，提出以下建议：

（1）基于 5G 技术，在井上下各种供电系统都加装短路/漏电保护动作失灵风险手机预警系统，为保障电力供给和安全用电再加上一层“保险”。

（2）锅炉温度保护、电梯速度保护等安全保护设施与人们的生活密切相关，只要有安全保护设施的场所，就有其动作失灵风险，有风险就有可能造成重大事故。所以，应基于 5G 技术，把各种各样的安全保护设施联网，建立安全保护设施动作失灵风险预警系统，为实现全社会“零事故”目标做出贡献。

（3）基于 4G/5G 技术的瓦斯电闭锁及风电闭锁风险手机预警系统与图 11-4 相似，建议积极推广应用。

二、智能远方漏电试验装置及漏电保护智能试验系统

《煤矿安全规程》（2016）第四百五十三条规定：井下低压馈电线上，必须装设检漏保护装置或有选择性的漏电保护装置，保证自动切断漏电的馈电线路；每天必须对低压漏电保护进行 1 次跳闸试验。《细则》第 19 条规定：对新安装的检漏保护装置在首次投入运行前做一次远方人工漏电跳闸试验。运行中的检漏保护装置，每月至少做一次远方人工漏电跳闸试验。有选择性的检漏保护装置做远方人工漏电跳闸试验时，总检漏保护装置应在分支开关断开后，在分支开关入口处做人工漏电跳闸试验，其余分路开关应分别做一次远方人工漏电跳闸试验。

对于选择性漏电保护，其漏电动作电阻是一个范围，如 660 V 系统为（3～11）kΩ 或（5～13）kΩ、1140 V 系统为（5～20）kΩ。采用动作电阻范围的“两头”分别进行就地试验和远方试验，才能确保漏电保护可靠动作。使用远方漏电试验装置，可以进行井下远方人工漏电跳闸试验及井上远程人工漏电跳闸试验。

如图 11-5 所示，产品主要适用于煤矿井下 660 V、1140 V 的低压供电系统，用于井上远程/井下远方人工漏电跳闸试验漏电保护，可以同时测试漏电保护动作时间，也可以进行防越级跳闸功能可靠性试验，产品符合《矿用隔爆兼本安型漏电试验电阻箱》（Q/QAN 005—2018）要求。

如图 11-5b 所示，系统可以进行漏电保护纵向选择性和横向选择性智能试验，横向（指分支馈电开关之间或电磁启动器之间）选择性漏电保护，多采用零序功率方向保护原理；纵向（指上下级之间，如总馈电开关与分支馈电开关之间、分支馈电开关与电磁启动器之间）则因零序电流方向相同，只有利用时限级差 Δt 的原则实现选择性，负荷磁力启动器 1、巷道分路开关 3、分路开关 1、总馈电开关构成四级选择性漏电保护系统，如果电磁启动器处的选择性漏电保护动作时间为 t_1，则巷道分路开关 3 的选择性漏电保护动作时间 $t_2=t_1+\Delta t$，而分路开关 1 的漏电保护动作时间 $t_3=t_2+\Delta t$，总馈电开关的漏电保护动作时间 $t_4=t_3+\Delta t$，显然，越靠近电源侧的漏电保护动作时间越长。为了缩短时间，Δt 越小越好，一般 Δt 取 200～300 ms。智能远方漏电试验装置可以测量总馈电开关及分路开关的漏

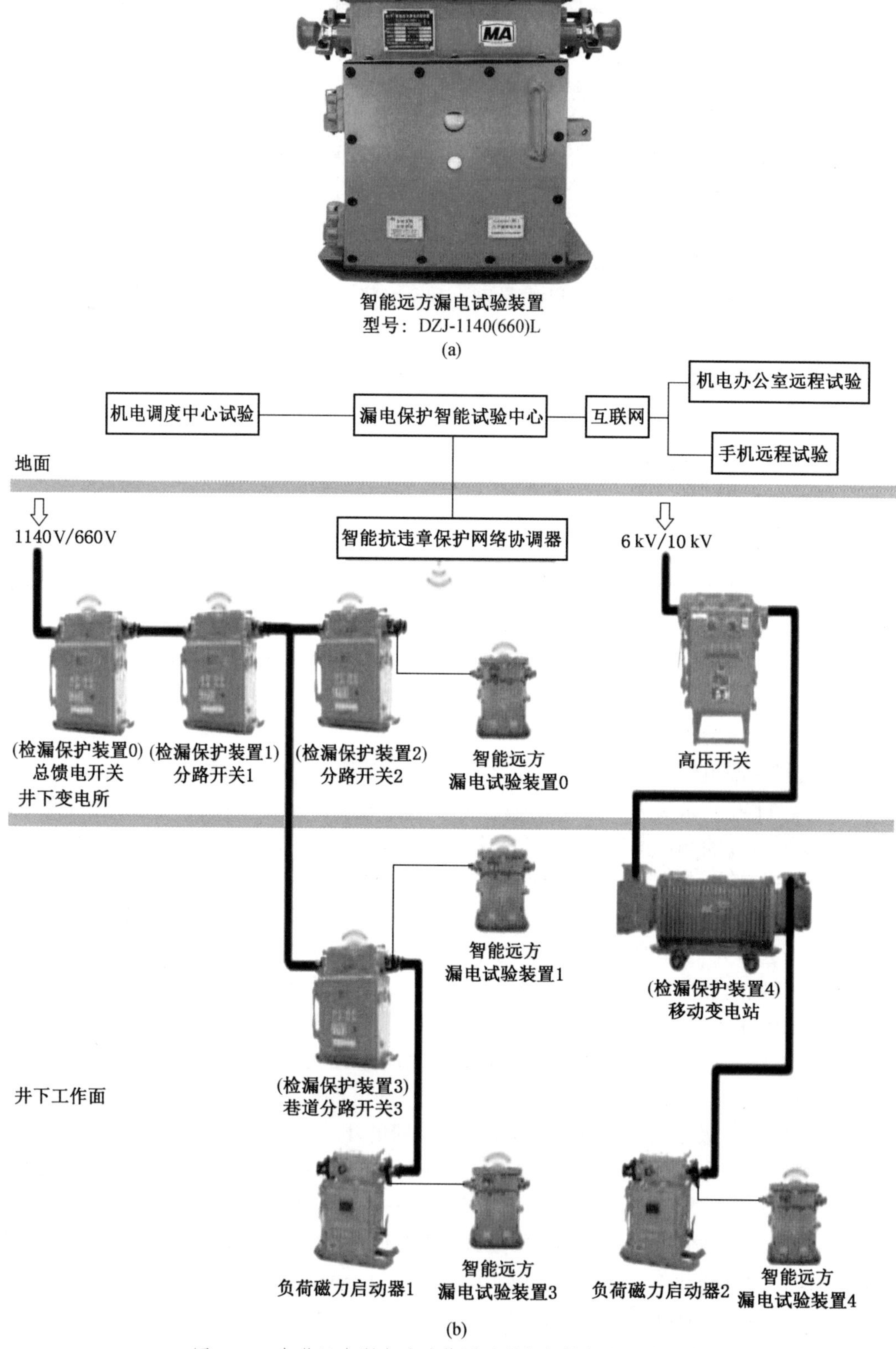

图 11-5 智能远方漏电试验装置及漏电保护智能试验系统

电保护是否动作及动作时间，把电压等其他数据传输到漏电保护智能试验中心进行计算分析，完成纵向选择性智能试验；同时把分路开关2是否跳闸及其负荷电压等有关数据也传输到漏电保护智能试验中心进行计算分析，也可以同步完成横向选择性智能试验。

（一）井下远方人工漏电跳闸试验工作原理

将隔离开关旋钮扭到闭合位置后，待自检提示“可以试验”时，按下智能远方漏电试验装置外壳上的试验按钮，MCU（单片机）监视单元检测到该试验信号，命令试验继电器动作，其常开节点闭合，将一端接到动力线路的接地试验电阻与辅助接地极接线柱接通，并经辅助接地导线、辅助接地极引入大地，产生试验电流。如果漏电保护运行正常，就能检测到该试验电流，漏电保护动作，切断动力电源，经断相检测单元检出为无电状态，智能远方漏电试验装置的OLED显示屏显示试验成功，完成一次漏电跳闸试验；如果漏电保护运行不正常（漏电保护不动作），不能切断动力电源，经延时后，试验继电器自动复位，如经断相检测单元检出为有电状态，智能远方漏电试验装置的OLED显示屏显示试验失败。

（二）井上远程人工漏电跳闸试验工作原理

地面监控软件界面状态栏显示智能远方漏电试验装置自检正常时，鼠标点击软件界面中的远程漏电试验软按钮，计算机下发指令，MCU监视单元经RS-485通信端口接收试验命令，井下智能远方漏电试验装置内部试验继电器动作，其常开节点闭合，将一端接到动力线路的接地试验电阻与辅助接地极接线柱接通，并经辅助接地导线、辅助接地极引入大地，产生试验电流。如果漏电保护运行正常，就能检测到该试验电流，使漏电保护动作，切断动力电源，经断相检测单元检出为无电状态，智能远方漏电试验装置的OLED显示屏显示试验成功，同时MCU监视单元通过RS-485通信端口回传试验成功等信息到地面监控软件，完成一次漏电跳闸试验；如果漏电保护系统运行不正常，不能切断动力电源，经延时后，智能远方漏电试验装置的试验继电器自动复位，经断相检测单元检出为有电状态，智能远方漏电试验装置的OLED显示屏显示试验失败，同时MCU监视单元通过RS-485通信端口回传试验失败等信息到地面监控软件实现声光报警。

智能远方漏电试验装置还可以不通过RS-485通信端口通信，而通过无线通信天线或无线信号转换器与5G/4G/WiFi网络进行无线通信及漏电试验。

（三）智能远方漏电试验装置应用效果

笔者于1991年首次发表有关技术论文，2010年开始正式研发，2012年申请相关中国专利及国际专利，2015年开始办理该产品准入证件，直至2020年6月4日，才取得矿用产品安全标志证书，经过30年的努力，该发明创造“终成正果”。根据国家一级查新报告显示，智能远方漏电试验装置填补了8项国际技术空白，包括智能远方漏电试验装置产品标准、辅助接地极断线闭锁、电源断相闭锁、瓦斯超限闭锁、地面远程显示（或试验）漏电保护动作可靠性功能、自检和总线通信及井下试验现场显示功能、漏电动作时间检测及漏电防越级跳闸试验功能、井下现场插入U盘使软件升级功能。

该装置已在华阳新材料集团（原阳煤集团）、山西焦煤集团得到推广应用，截至2021年3月底，已发现重大隐患2次，第一次发现某矿实际漏电动作电阻低于11 kΩ安全临界阻值，第二次发现某矿实际漏电动作时间过长。

（四）智能抗违章后备保护试验装置

如果抗违章保护系统失灵，没有成功预控违章带电作业而造成漏电和接地故障，漏电保护就会实现断电闭锁，起到保护作用，减小事故损失。漏电保护是抗违章后备保护，智能远方漏电试验装置是智能抗违章后备保护试验装置，所以要在远方及地面试验漏电保护动作的可靠性，确保当抗违章保护由于某种原因失灵后，违章带电作业造成漏电故障时，漏电保护能可靠动作而不发生拒动。

三、违章行为识别方法及智能抗违章传感器系统

“一种违章行为识别方法及智能抗违章传感器系统”发明专利包括微处理器、云计算中心、5G 转换器、微处理器或 5G/4G/WiFi 转换器装入的违章行为识别处理软件。将危险源状态值、作业人员行为动作状态值、作业人员身份状态、位置与环境状态值、其他状态值，输入智能抗违章传感器系统微处理器，经处理传输给至少包括具有 5G 通信功能的信息转换器。信息转换器传输到云计算中心，云计算中心预装违章行为识别处理软件，软件包括违章行为识别算法，按照违章行为识别算法确定违章行为类别，并传输回智能抗违章传感器系统的信息转换器，经微处理器处理，命令执行机构动作，实现报警或切断危险源或闭锁。该系统可以识别各种违章（包括误操作）行为，应用该系统可以利用智能技术手段，预控各种违章作业，实现“想违章违不成，即使违章也造不成事故”。该系统可以应用在各种高低压供电系统，尤其适用于爆炸环境供电系统，也可以应用在高铁、无人驾驶汽车等现代及未来先进技术行业。

传感器是把温度、压力等非电物理量转换为电气物理量的一种器件，所以，温度、压力等传感器都在材料上下功夫，当温度或压力变化时，把引起材料变化的物理参数取出来，处理为电信息用于监控系统。按照这种思路，找到违章行为引起某种材料变化的物理参数十分困难，甚至几乎不可能，所以，应用传感器识别违章行为成为世界性难题。该系统利用现有的两防锁机构、按钮、电压传感器、瓦斯探头、网路系统等进行创新组合成新的智能抗违章传感器系统（注意不是传感器）。按照发明的违章行为识别算法进行计算分析，根据计算结果确定是否是违章行为，这种智能抗违章传感器系统具有突出的系统功能，相比传统的温度传感器、压力传感器等靠某元件感应参数而设计制造的传感器，具有实质性进步。相比“一种超前开盖断电方法及其装置”发明专利，增加了与电源电压、违章者身份识别、环境参数等云计算计算环节，违章行为的确定发生了本质性变化。相比传统的温度传感器、压力传感器等靠某元件感应参数而设计制造的传感器，增加了违章者身份识别、环境参数等云计算计算环节，极大地提高了违章行为识别精度。

四、有电闭锁抗违章传感器系统

安装有电闭锁抗违章传感器系统，当接线空腔上级电源带电时可以实现有电闭锁，无论专职人员或非专职人员，无论使用专用工具或非专用工具，都打不开接线空腔盖板；当无电时，自动解锁，使用专用工具才能打开接线空腔盖板，并在开盖前实现报警。“有电闭锁 1”功能：当接线空腔上级电源带电时，智能抗违章传感器系统可以实现有电闭锁，无论专职人员或非专职人员，无论使用专用工具或非专用工具，都打不开接线空腔盖板；当无电时，自动解锁，使用专用工具才能打开接线空腔盖板，并在开盖前实现报警。“有

电闭锁 2”功能：不仅在开盖前实现报警，还在开盖后实现闭锁不能送电。“有电闭锁 3”没有开盖报警和开盖闭锁功能。

井下风机电源开关、变电所总开关及双回路供电联络开关等一般不允许停电的重要负荷开关，在有电时通过技术手段保证不能违章带电开盖（门）检修，倒逼作业人员遵章人工切断上级电源后才能开盖（门）检修。

有电闭锁抗违章传感器分为两类，其一的安标名称为矿用本安型开盖传感器，型号为 GBK-D10。有电闭锁抗违章传感器系统的专利名称为瓦斯超限开盖闭锁方法及装置。

五、适用于智能抗违章传感器的基于隔爆外壳信息传输技术

隔爆外壳一般都用钢铁制造，由于金属的屏蔽作用，电磁波、微波、红外线等无线信号都不能直接穿过钢板与电气芯子直接通信，井下手机、手持便携式瓦斯检测仪等装置，都不能直接与隔爆设备之间无线交换信息及能量。

基于隔爆外壳的信息传输设备及方法包括用于屏蔽无线信号的隔爆外壳，安装在隔爆外壳内的电源，安装在隔爆外壳内的电气芯子，安装在隔爆外壳内的内部无线发射装置及内部无线接收装置，安装在隔爆外壳外的外部无线接收装置及外部无线发射装置。其中，内部无线发射装置经由安装在隔爆外壳上的防爆无线通道向外部无线接收装置发射无线信号，外部无线发射装置经由安装在隔爆外壳上的防爆无线通道向内部无线接收装置发射无线信号。该发明专利为无线智能抗违章传感器系统，解决了隔爆外壳内外无线传输问题，为机器人巡检提供了新方法。

六、适用于智能抗违章传感器的本安电源供电技术

本安电源的输出功率较小，一般输出功率应小于 50 W。井下工业互联网、监测监控传感器等系统和装置都要求本安电源供电，井下巷道距离长，本安电源输出功率小且一般不允许并联使用，因此，在给仪器、仪表、传感器等供电时往往需要拉几千米长的线路或很多根短线路，制约了智能技术在井下的推广应用。

本安电源的供电方法及本安电源系统包括井下供电系统的开关或电缆接线盒的电源供给侧经由电源支线引出支线电源；对引出的支线电源进行安全及功率限制处理，得到用于为本安负荷供电的本安电源；利用本安输出口，将本安电源提供给相应的本安负荷。该发明专利为智能抗违章传感器系统及其他多种仪器仪表提供了供电方便的本安电源。

第四节　应用实例

一、项目概况

在××煤矿六采八段变电所、61135 综采工作面、61135 材料巷、61135 运输巷安装施工防治带电作业及瓦斯爆炸的智能抗违章保护技术系统，在地面调度室安装抗违章保护平台。

（一）实现功能

施工完成后实现如下功能：

（1）智能识别违章行为，在违章过渡过程中，还未触碰到违章红线，就将违章动作信号转换为电信号，同时识别违章行为。

（2）现场语音或蜂鸣器报警、手机报警、地面监控中心报警，或者开盖前切断上级电源或闭锁上级电源不能送电。

（3）保证非专职人员想违章违不成，或者专职人员即使违章也造不成事故。

（4）在地面或井下线路末端进行漏电保护试验。

（5）在国内外首次增加用保护风险手机预警系统。

（6）实现电气操作风险手机预警。

（7）实现螺旋小喇叭嘴防松。

（8）在隔爆外壳上无损连接安装抗违章保护装置。

（9）在隔爆面上加装可以防止淋水、储存图纸和应急救护用品的隔爆面防护罩。

（10）主要分路开关安装授权两防锁，实现授权后才能开盖或送电。

（二）现有条件

（1）B 变电所及 A 工作面具有井下工业环网。

（2）煤矿提供移变、高压开关、馈电开关等电气设备综合保护的通信协议，并协调厂家上传短路、漏电等设备运行状态参数。

二、B 变电所工程创新内容

（一）B 变电所在用供电系统及设备

B 变电所供电系统如图 11-6 所示，共有 21 台设备（高压开关 9 台、PT 柜 2 台、馈电开关 7 台、干式变压器 1 台、照明综合保护装置 2 台）。

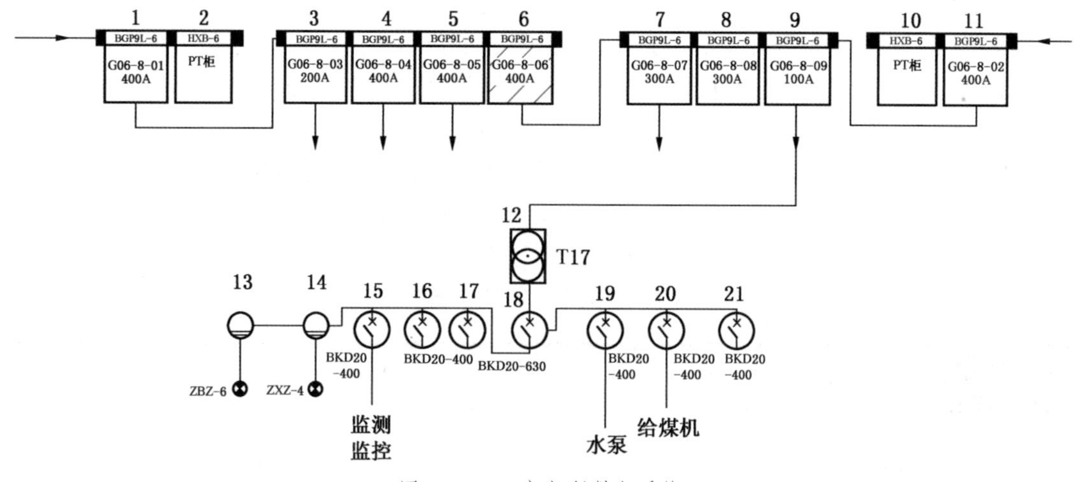

图 11-6　B 变电所供电系统

（二）B 变电所创新方案

1. 概述

在 B 变电所布置 3 台抗违章保护分站 1~3 号，将 1 号高压开关、3~9 号高压开关、11 号高压开关、12 号干式变压器、15~21 号馈电开关、13~14 号照明综合保护装置上安装的可以智能识别违章行为的智能抗违章开盖传感器，分别挂接到抗违章保护分站上联网运行。3 台抗违章保护分站通过矿用通信电缆进入井下 KJJ12 交换机，KJJ12 交换机再经光纤进入井下环网交换机，信息经环网传输到地面，进入监控主机，建立抗违章平台，或监控主机传送给云服务器，在云服务器建立抗违章云中心，通过互联网接入手机，实现电气操作风险手机预警，达到《山西省煤矿企业信息化建设等级评估评分细则（试行）》有关应具备人员违规违章行为识别的要求，如图 11-7 所示。

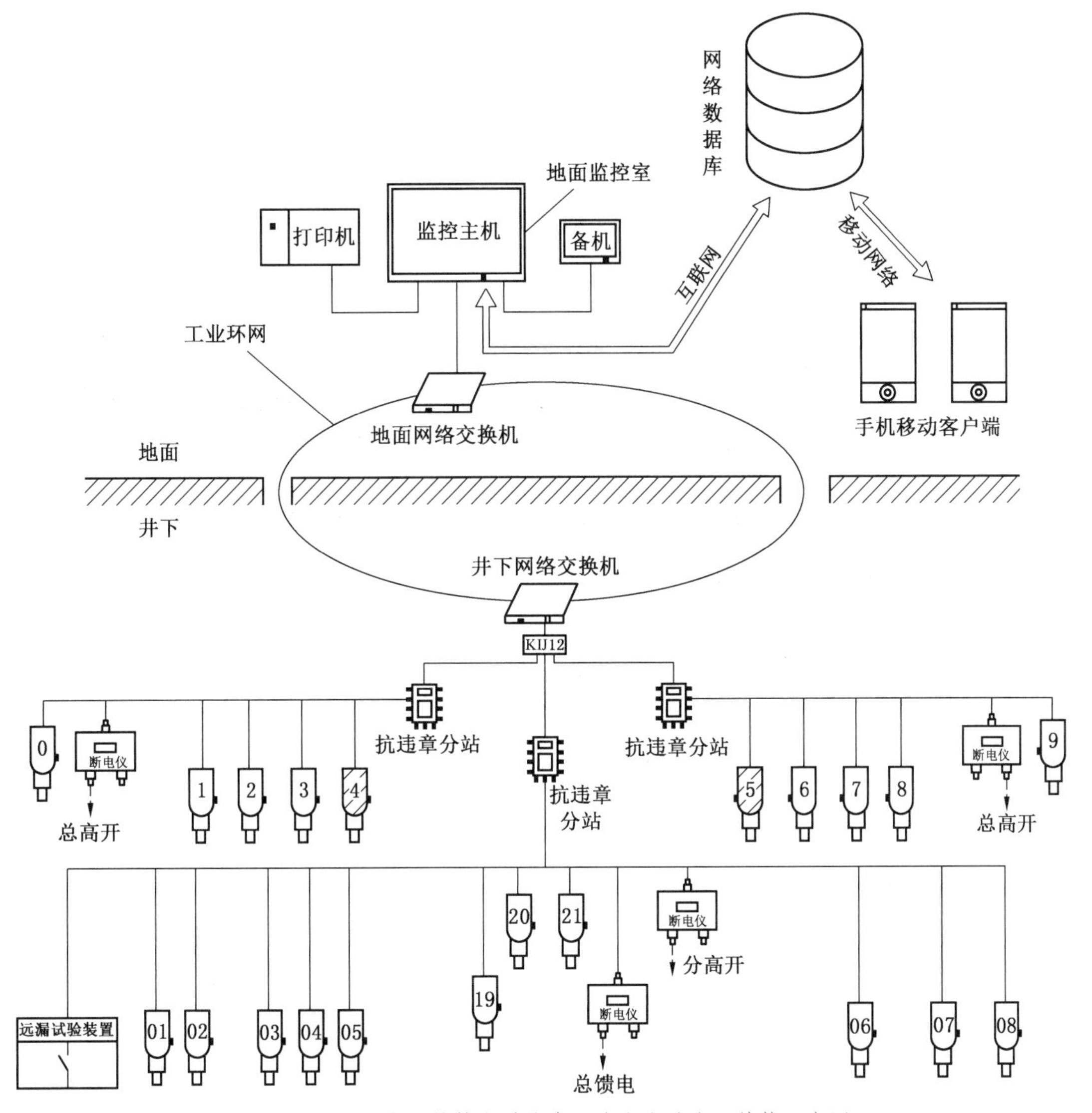

图 11-7　抗违章保护技术系统在 B 变电所的应用结构示意图

低压总馈电开关负荷侧的电缆末端安装智能远方漏电试验装置，并通过抗违章保护分站进入网络，传到地面，传入手机，实现手机监测漏电保护试验功能，按照相关规定要求进行地面远程漏电保护跳闸试验。

增加喇叭嘴防松措施，在高压开关、馈电开关及照明综合保护装置的螺旋式电缆引入装置上安装喇叭嘴防松锁，实现螺旋小喇叭嘴防松（以下简称小嘴防松）功能，即电缆引入装置安装后，仅应通过工具才能拆卸下来。

升级馈电开关及照明综合保护装置上的现有连锁装置，在馈电开关上安装矿用开关两防锁（授权型），实现“两防”功能，即为保持专用防爆型式用的连锁装置，其结构应保证非专用工具不能轻易解除其作用，螺丝刀、镊子或类似的工具不应使连锁装置失效。

2. 原理

1）高压开关

高压开关共9台，其中总高压开关2台、分高压开关6台、联络高压开关1台。8台高压开关（不含联络高压开关）的负荷接线空腔通过无损连接器各安装2台智能抗违章开盖传感器。2台智能抗违章开盖传感器串接后接入该高压开关的风电或瓦电或远方分励端口上，当违章带电开盖时实现“非联网三开一防”功能，即超前开盖报警、超前开盖断电、开盖闭锁；当停电后遵章开盖时实现“非联网两开一防”功能，即超前开盖报警、超前开盖闭锁。融入矿井电力监控系统时，电力监控系统可以显示负荷接线空腔盖板的开合状态，如图11-8所示。实施过程为：若打开3号分高压开关的负荷接线空腔时，在盖板紧固螺栓尚未松动前，智能抗违章开盖传感器声光报警，超前将违章动作信号转换为电信号，控制3号分高压开关负荷侧断电、闭锁，闭锁后确保3号分高压开关送不出电。

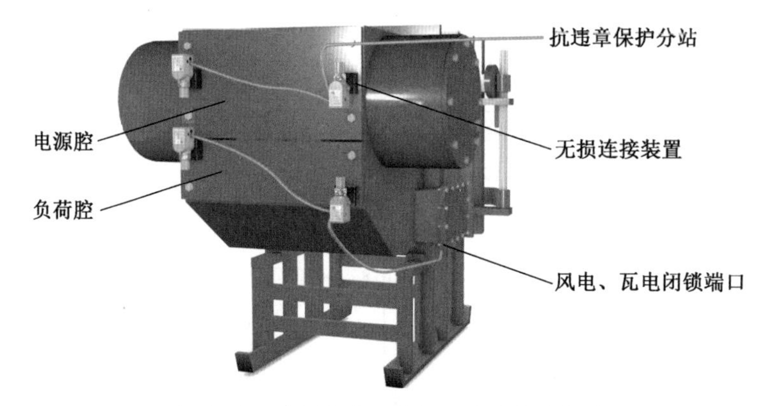

图11-8 高压开关安装抗违章保护示意图

6台分高压开关的电源接线空腔通过无损连接器各安装2台智能抗违章开盖传感器。2台智能抗违章开盖传感器串接后与抗违章保护分站联网运行，实现“一开一防”功能，即不配置断电、闭锁关系，开盖前需人工断电，无论违章还是遵章打开电源接线空腔盖板前，智能抗违章开盖传感器都超前语音报警，地面抗违章平台超前显示盖板开合状态，实现电气操作风险手机预警。实施过程为：若打开3号分高压开关的电源接线空腔时，在盖板紧固螺栓尚未松动前，智能抗违章开盖传感器语音报警，地面抗违章平台显示3号分高压开关电源腔为开盖状态，同时手机APP推送3号分高压开关开盖风险预警信息。

2台总高压开关的电源接线空腔通过无损连接器各安装2台智能抗违章开盖传感器，2台智能抗违章开盖传感器串接后与抗违章保护分站联网运行，不配置断电、闭锁关系，开盖前需人工断电，实现“一开一防”功能。实施过程为：若打开1号总高压开关的电源接线空腔时，在盖板紧固螺栓尚未松动前，智能抗违章开盖传感器语音报警，地面抗违章平台显示1号总高压开关电源腔为开盖状态，同时手机APP推送1号总高压开关开盖风险预警信息。

1台联络高压开关的电源接线空腔和负荷接线空腔通过无损连接器各安装2台智能抗

违章开盖传感器，2台智能抗违章开盖传感器串接后与抗违章保护分站联网运行，不配置断电及闭锁关系，实现“一开一防”功能即联络高压开关的电源（或负荷）接线空腔开盖时，智能抗违章开盖传感器语音报警，地面抗违章平台显示盖板开合状态，电气操作风险手机预警，与总高压开关电源接线空腔“一开一防”功能相似。

9台高压开关的每个螺旋式电缆引入装置上安装一台防松锁，实现“小嘴防松”功能。

2）馈电开关

馈电开关共7台，其中总馈电开关1台、分馈电开关6台。

6台分馈电开关的接线空腔通过无损连接器各安装2台智能抗违章开盖传感器，2台智能抗违章开盖传感器串接后与抗违章保护分站联网运行，并与断电器配置闭锁关系，开盖前需人工断电，实现“两开一防”功能，即分馈电开关（人工断电后）开盖时，闭锁总馈电，智能抗违章开盖传感器语音报警，地面抗违章平台显示盖板开合状态，电气操作风险手机预警，馈电开关安装抗违章保护示意如图11-9所示。实施过程为：若人工断电后打开16号分馈电开关的接线空腔时，智能抗违章开盖传感器语音报警，闭锁18号总馈电开关不能送电；若人工违章未切断上级电源打开16号分馈电开关的接线空腔时，智能抗违章开盖传感器语音报警，但不能自动断电，却可以在人工断电后闭锁18号总馈电开关不能送电；要送电，必须合盖后，扣上智能抗违章传感器，人工解锁或自动解锁；地面抗违章平台显示16号分馈电开关接线空腔为开盖状态，同时手机APP推送16号分馈电开关开盖风险预警信息。

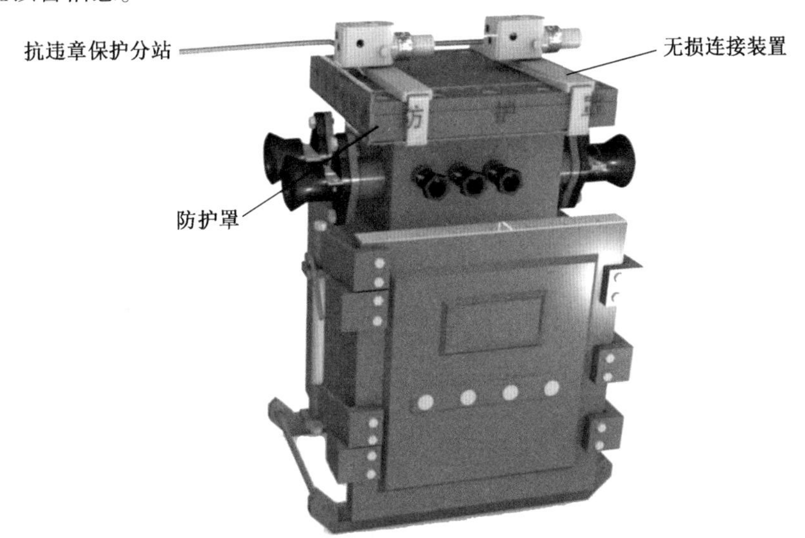

图11-9　馈电开关安装抗违章保护示意图

1台总馈电开关的接线空腔通过无损连接器安装2台智能抗违章开盖传感器，2台智能抗违章开盖传感器串接后与抗违章保护分站联网运行，不配置断电、闭锁关系，开盖前需人工断电，实现“一开一防”功能，即总馈电开关的接线空腔开盖时，智能抗违章开盖传感器语音报警，地面抗违章平台显示盖板开合状态，电气操作风险手机预警。

7台馈电开关的每条闭锁杆上安装一套授权型两防锁，安装后需3人同时在现场授权后才能打开门盖或进行送电操作。

7 台馈电开关的每个螺旋式电缆引入装置上安装一台防松锁，实现小喇叭嘴防松功能。

3）变压器

共 1 台干式变压器。

1 台干式变压器的高低压侧接线空腔通过无损连接器各安装 2 台智能抗违章开盖传感器，2 台智能抗违章开盖传感器串接后与抗违章保护分站联网运行，不配置断电、闭锁关系，开盖前需人工断电，实现“一开一防”功能，即干式变压器的高（或低）压接线空腔开盖时，智能抗违章开盖传感器语音报警，地面抗违章平台显示盖板开合状态，电气操作风险手机预警。

4）照明综合保护装置

照明综合保护装置共 2 台。

2 台照明综合保护装置的接线空腔通过无损连接器各安装 2 台智能抗违章开盖传感器，2 台智能抗违章开盖传感器串接后与抗违章保护分站联网运行，并与断电器配置闭锁关系，开盖前需人工断电，实现“两开一防”功能。

若人工切断了 13 号照明综合保护装置接线空腔的上级电源，在遵章打开接线空腔盖板前，智能抗违章开盖传感器仍要实现现场语音报警，提示按要求测瓦斯浓度、验电、放电，同时，闭锁上级电源 18 号总馈电开关，以防在接线空腔进行电气作业时，有人误操作馈电开关送电造成触电事故，待作业完成后由作业人员解锁送电。若人工未切断 13 号照明综合保护装置接线空腔的上级电源，在违章带电打开接线空腔盖板前，智能抗违章开盖传感器实现现场语音报警，提示按要求测瓦斯浓度、停电、验电、放电，但不能自动断电，更不能闭锁，将置于违章带电作业状态。地面抗违章平台显示 13 号照明综合保护装置接线空腔为将违章开盖状态，手机 APP 推送 13 号照明综合保护装置违章开盖风险预警信息。

2 台照明综合保护装置的每条闭锁杆上安装一套授权型两防锁，实现 3 人同时在现场授权后才能打开门盖或进行送电操作，如图 11-10 所示。

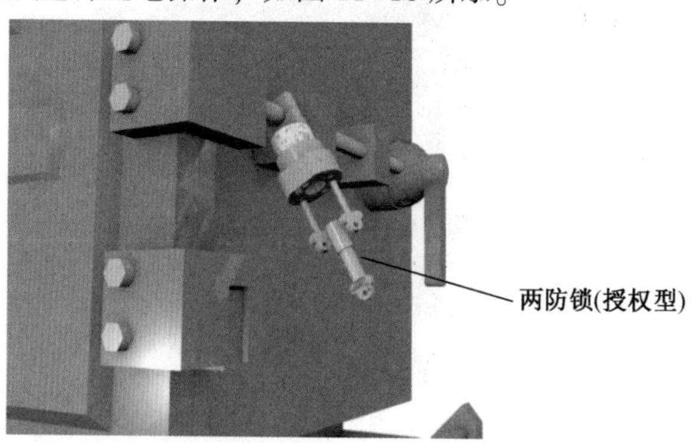

图 11-10 两防锁（授权型）安装示意图

2 台照明综合保护装置的每个螺旋式电缆引入装置安装一台防松锁，实现小喇叭嘴防松，如图 11-11 所示。

5）智能远方漏电试验装置

智能远方漏电试验装置安装在总馈电开关负荷侧电缆末端，智能远方漏电试验装置接入抗违章保护分站联网运行，实现地面远程或井下就地进行远方人工漏电跳闸试验，如图

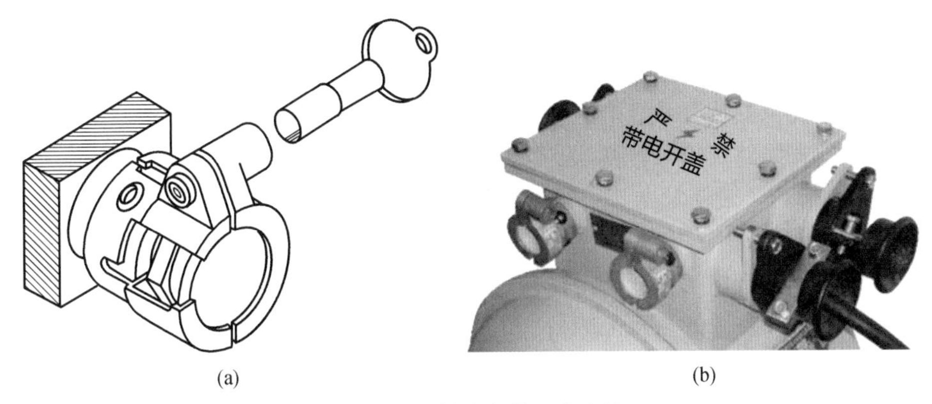

(a)　　(b)

图 11-11　螺旋式喇叭嘴防松

11-12 所示。

图 11-12　智能远方漏电试验装置

6)“甩保护”预警

B 变电所馈电开关的“甩保护”预警实施方法和原理同 A 综采工作面 4 台移变低压侧甩保护监测。

(三) B 变电所验收指标

(1) 智能识别违章动作信号，在违章过渡过程中，还未触碰违章红线，将违章动作信号转换为电信号。

(2) 越过违章红线前，超前发出语音报警，提示开盖断电，注意安全。

(3) 地面抗违章平台显示盖板开合状态，手机 APP 推送电气操作风险预警信息。

(4) 违章带电操作时，抗违章保护智能控制报警、断电、闭锁；遵章停电后作业时，抗违章保护智能控制报警、闭锁，没有断电功能。

(5) 地面调度或井下就地进行远方人工漏电跳闸试验。

(6) 地面调度、手机 APP 实现在线甩保护预警。

(四) 工艺流程及要求

1. 工艺流程

闭锁装置安装两防锁→小喇叭嘴安装防松锁→低压开关安装传感器及防护罩→低开信号转换器及其无损连接→高压开关负荷侧盖板安装传感器及防护罩→高压开关电源侧盖板安装信号转换器及其无损连接器→安装抗违章保护分站、交换机、本安电源、断电仪→布线→接线→调试。

2. 要求

严格遵守《煤矿安全规程》(2016) 及其他作业规程有关要求，非专职人员不得进行电气作业，单人不得进行电气作业，进行电气作业时应至少两人，作业时要互相监督，严禁擅自停送电，严防不安全行为造成停送电或门（盖）螺栓松动故障，严防造成失爆故障。在安装过程中要管控安装质量，实行安装质量的过程管理及控制。

(五) 变电所施工计划

变电所施工具体分配时间如下：

第一天：安装两防锁、防松锁及高压开关负荷侧无损连接器、传感器。

第二、第三天：安装低压馈电开关防护罩、传感器、信号转换器、断电器。

第四、第五天：安装高压开关电源侧无损连接器、传感器、信号转换器。

第五、第六天：安装分站、电源、交换机，接线盒，布线。

第七天：检查线路、信号转换器，接通电源。

（六）变电所施工质量控制及安全措施

1. 质量控制点

检查两防锁能否锁住闭锁杆、铅封是否封好；转动防松锁，是否会误取下喇叭嘴或误取下防松锁；检查防护罩是否可以轻易取下，检查其他无损连接是否牢固可靠；接线时不得造成失爆；抗违章保护分站、本安电源、交换机、断电仪、电缆不得有失爆。

2. 安全措施

井下严禁违章作业，一切行动听从带班长指挥，不得擅自行动，如遇事故、疾病等应急情况，由带班长指挥处理，决不可乱喊、乱叫，对于井下安全问题，技术负责人听从带班长指挥。

（七）技术交底

培训内容包括：如何实现“两开一防”或“一开一防”，抗违章保护设施的使用维护知识等。注意交底时不要泄密。

三、A 综采工作面工程创新内容

（一）A 综采工作面在用供电系统及设备

A 综采工作面供电系统如图 11-13 所示，包括移变 4 台、磁力启动器 4 台、变频器 2 台、组合开关 2 台、配电装置 3 台、照明综合保护装置 1 台。

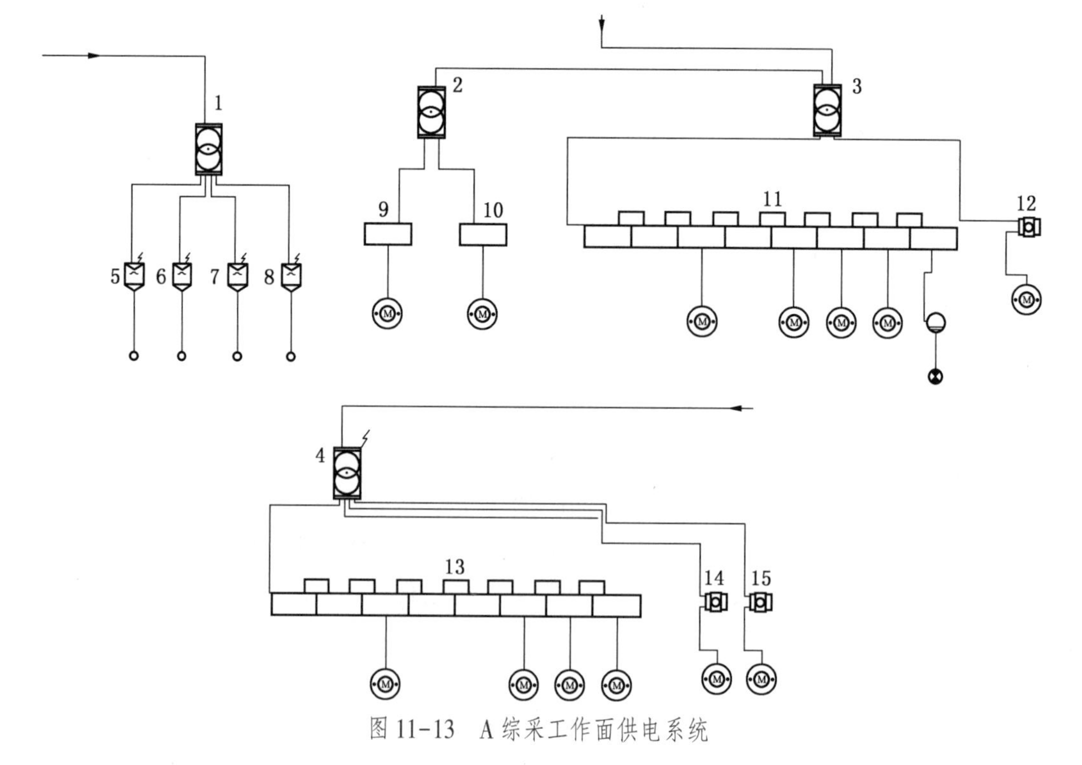

图 11-13　A 综采工作面供电系统

（二）A 综采工作面创新方案

1. 概述

A 综采工作面无环网允许铺设光缆（具有环网更好），A 综采工作面配置 2 台抗违章保护分站（编号 4、5），2 台抗违章保护分站通过矿用通信电缆进入井下 KJJ12 交换机，KJJ12 交换机再经光缆进入井下环网交换机，经环网交换机把信息传输到地面，进入地面调度台监控主机进行集中显示和控制，实现智能“三开一防”功能，即超前开盖语音报警、超前开盖断电、超前开盖闭锁功能，通过互联网接入手机，实现电气操作风险手机预警。如果移变高压开关与变电所高压开关没有实现开盖连锁，通过维修高压电缆绝缘监视保护，实现非联网开盖断电及闭锁；移变高压开关盖板安装 D 型锁，实现智能“一开一防”，与高压绝缘监视保护共同实现智能“三开一防”；低压电缆接线盒也可以实现智能“三开一防”。智能“三开一防”包括：超前开盖报警、超前开盖断电、超前开盖闭锁、地面监控、违章/遵章行为智能识别、手机预警等功能。

移变低压侧电缆末端安装智能远方漏电试验装置，并通过抗违章保护分站进入网络，传到地面，传入手机，实现手机监测漏电保护试验情况，可以按照相关规定进行地面远程漏电保护跳闸试验及手机预警。

移变低压侧综合保护经 RS-485 端口接入抗违章保护分站，实现智能“甩保护”预警，具体包括：连接断电仪与移变高压开关，当甩掉漏电保护时，断电仪动作使移变高压开关跳闸断电，实现漏电保护“甩保护”闭锁；当违章调整短路保护整定值达到危险临界值时，智能抗违章传感器系统将该违章行为信号转化为短路保护“甩保护”信息。将漏电保护和短路保护“甩保护”信息及设备运行状态参数经环网传到地面，传入手机，实现在线智能“甩保护”监测，实现地面调度台及手机“甩保护”预警。

2. 原理

1）变压器

变压器：共 4 台移变。4 台移变低压侧接线空腔通过无损连接器各安装 2 台智能抗违章开盖传感器，2 台智能抗违章开盖传感器串接后与抗违章保护分站联网运行，并与断电器配置断电关系，实现“三开一防”功能，即移变低压侧接线空腔开盖时，智能抗违章开盖传感器超前将违章动作信号转换为电信号，传输给抗违章保护分站，抗违章保护分站指令断电器对该移变的高压侧进行断电、闭锁，同时传感器发出语音报警，地面抗违章平台显示盖板开合状态，手机预警。若打开 1 号移变低压侧接线空腔时，智能抗违章开盖传感器语音报警，指令断电器对 1 号移变高压侧进行断电、闭锁，地面抗违章平台显示 1 号移变低压侧接线空腔为开盖状态，同时手机 APP 推送 1 号移变低压侧开盖风险预警信息。

4 台移变高压侧接线空腔通过无损连接器各安装 2 台智能抗违章开盖传感器，2 台智能抗违章开盖传感器串接后与抗违章保护分站联网运行，不配置断电、闭锁关系，开盖前需人工断电，实现“一开一防”功能，即移变高压侧接线空腔开盖时，智能抗违章开盖传感器语音报警，地面抗违章平台显示盖板开合状态，手机预警。若打开 1 号移变高压侧接线空腔时，在盖板紧固螺栓尚未松动前，智能抗违章开盖传感器语音报警，地面抗违章平台显示 1 号移变高压侧接线空腔为开盖状态，同时手机 APP 推送 1 号移变高压侧接线空腔开盖风险预警信息。4 台移变高低压侧的连锁装置各安装一套授权型两防锁，实现授权后才能开盖或送电。抗违章保护技术在 A 综采工作面的应用结构示意如图 11-14 所示。

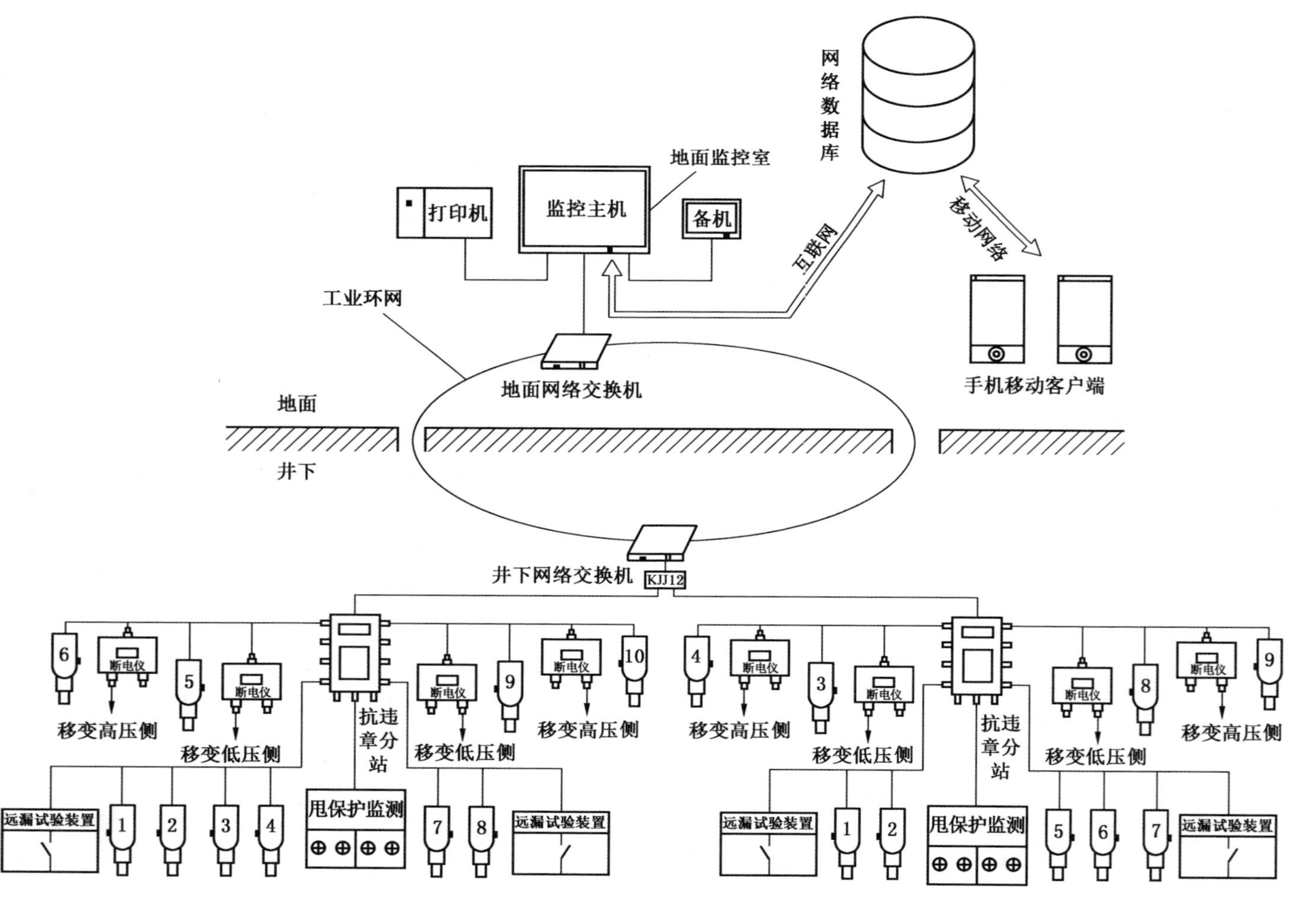

图11-14 抗违章保护技术在A综采工作面的应用结构示意图

4 台移变高低压侧的螺旋式电缆引入装置各安装一套防松锁，防止徒手或非专用工具拧松或拆下喇叭嘴。

2）磁力启动器

磁力启动器：共 4 台。4 台磁力启动器的接线空腔通过无损连接器各安装 2 台智能抗违章开盖传感器，2 台智能抗违章开盖传感器串接后与抗违章保护分站联网运行，并与断电器配置断电关系，实现“三开一防”功能，即磁力启动器接线空腔违章带电开盖时，智能抗违章开盖传感器超前将违章动作信号转换为电信号，传输给抗违章保护分站，抗违章保护分站指令断电器对上级移变的低压侧进行断电、闭锁，同时传感器发出语音报警信号，地面抗违章平台显示盖板开合状态，手机预警。若打开 5 号磁力启动器接线空腔时，智能抗违章开盖传感器语音报警，指令断电器对 1 号移变的低压侧进行断电、闭锁，地面抗违章平台显示 5 号磁力启动器接线空腔为开盖状态，同时手机 APP 推送 5 号磁力启动器开盖风险预警信息。

4 台磁力启动器的连锁装置各安装一套授权型两防锁，实现授权后才能开盖或送电。4 台磁力启动器的螺旋式电缆引入装置各安装一套防松锁，防止徒手或非专用工具拧松或拆下喇叭嘴。磁力启动器安装抗违章保护示意如图 11-15 所示。

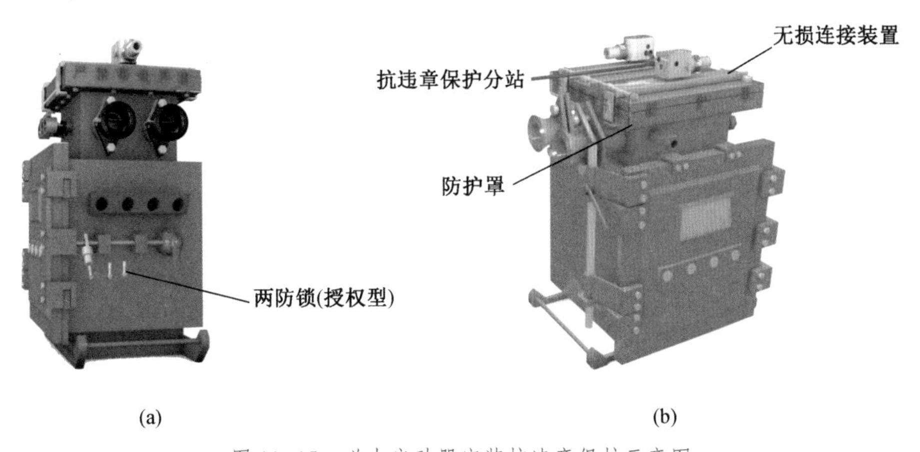

图 11-15　磁力启动器安装抗违章保护示意图

3）变频器

变频器：共 2 台。2 台变频器的接线空腔通过无损连接器各安装 2 台智能抗违章开盖传感器，2 台智能抗违章开盖传感器串接后与抗违章保护分站联网运行，并与断电器配置断电关系，实现“三开一防”功能，即变频器接线空腔违章带电开盖时，智能抗违章开盖传感器超前将违章动作信号转换为电信号，抗违章保护分站指令断电器对上级移变低压侧进行断电、闭锁，同时传感器发出语音报警信号，地面抗违章平台显示盖板开合状态，手机预警。若 9 号变频器开盖，抗违章保护分站指令断电器对 2 号移变低压侧进行断电闭锁，地面抗违章平台显示 9 号变频器接线空腔为开盖状态，同时手机 APP 推送 9 号变频器开盖风险预警信息。

2 台变频器的螺旋式电缆引入装置各安装一套防松锁，防止徒手或非专用工具拧松或拆下喇叭嘴。

4）组合开关

组合开关：共 2 台。2 台组合开关的电源接线空腔通过无损连接器各安装 2 台智能抗违章开盖传感器，2 台智能抗违章开盖传感器串接后与抗违章保护分站联网运行，并与断电器配置断电关系，实现“三开一防”功能，即组合开关电源接线空腔违章带电开盖时，智能抗违章开盖传感器超前将违章动作信号转换为电信号，传输给抗违章保护分站。抗违章保护分站指令断电器对上级移变的低压侧进行断电、闭锁，同时传感器发出语音报警信号，地面抗违章平台显示盖板开合状态，手机预警。若 11 号组合开关电源侧接线空腔开盖，抗违章保护分站指令断电器对 3 号移变低压侧进行断电闭锁，地面抗违章平台显示 11 号组合开关电源侧接线空腔为开盖状态，同时手机 APP 推送 11 号组合开关电源侧开盖风险预警信息。

2 台组合开关的负荷接线空腔通过无损连接器各安装 2 台智能抗违章开盖传感器，2 台智能抗违章开盖传感器串接后接入该路组合开关的启停控制回路或风电或瓦电口上（如有），违章开盖时实现“三开一防”功能，遵章开盖时实现“两开一防”功能。若打开 11 号组合开关 7 号负荷接线空腔时，在盖板紧固螺栓尚未松动前，智能抗违章开盖传感器语音报警，超前将违章动作信号转换为电信号，控制 7 号负荷接线空腔断电、闭锁，闭锁后确保 7 号接线空腔送不出电。

2 台组合开关的连锁装置各安装一套授权型两防锁，实现“两防”功能。

2 台组合开关的螺旋式电缆引入装置各安装一套防松锁，防止徒手或非专用工具拧松或拆下喇叭嘴。

5）配电装置

配电装置：共 3 台。3 台配电装置的接线空腔通过无损连接器各安装 2 台智能抗违章开盖传感器，2 台智能抗违章开盖传感器串接后与抗违章保护分站联网运行，并与断电器配置断电关系，实现“三开一防”功能，即工人违章打开配电装置的接线空腔时，智能抗违章开盖传感器超前将违章动作信号转换为电信号，并对上级移变低压侧进行断电、闭锁，同时传感器发出语音报警信号。若 14 号配电装置开盖，抗违章保护分站指令断电器对 4 号移变低压侧进行断电闭锁，地面抗违章平台显示 14 号配电装置接线空腔为开盖状态，同时手机 APP 推送 14 号配电装置开盖风险预警信息。

3 台配电装置的连锁装置各安装一套授权型两防锁，实现授权后才能开盖或送电。3 台配电装置的螺旋式电缆引入装置各安装一套防松锁，防止徒手或非专用工具拧松或拆下喇叭嘴。

6）智能远方漏电试验装置

智能远方漏电试验装置安装在每台移变负荷侧的电缆末端，接入抗违章保护分站联网运行，实现地面远程或井下就地进行远方人工漏电跳闸试验，按照相关规定定期进行漏电保护跳闸试验，可以防治移变低压侧“甩保护”运行。

7）移变低压侧“甩保护”预警

具有 RS-485 通信功能的移变经其通信端口与抗违章保护分站联网运行，实现在线监测监控人为“甩保护”，此方案需与移变厂家合作完成。

（三）A 综采工作面验收指标

（1）非专职人员想违章违不成，专职人员即使违章也造不成事故。

（2）实时在线监测人为“甩保护”（需选择推荐方案）。

（3）智能抗违章开盖传感器语音报警。

（4）智能识别违章动作信号，并转换为电信号。

（5）违章开盖操作时，实现语音报警、断电闭锁；遵章开盖时，实现语音报警、开盖闭锁（需选择推荐方案）。

（6）地面抗违章平台显示盖板开合状态，手机APP预警（需选择推荐方案）。

（7）井下就地进行漏电保护跳闸试验，地面远程进行漏电保护跳闸试验（需选择推荐方案）。

（四）工作面工艺流程及要求

1. 工艺流程

专门安装两防锁→防松锁→低压开关安装传感器及防护罩→低开信号转换器及无损连接→高压开关负荷盖安装传感器及防护罩→高压开关电源盖安装信号转换器及无损连接器→安装抗违章保护分站、交换机、本安电源、断电仪→布线→接线→调试。

2. 要求

严格遵守《煤矿安全规程》（2016）有关要求，非专职人员不得作业，单人不得作业，应两人作业互相监督，严禁擅自停送电，严防不安全行为造成停送电或门（盖）螺栓松动故障，严防造成失爆故障。特别注意安装质量。

（五）工作面施工计划

工作面施工具体分配时间如下：

第一天：安装两防锁、防松锁及智能远方漏电试验装置。

第二、第三天：安装磁力启动器、变频器、组合开关无损连接器、传感器、信号转换器。

第四、第五天：安装移变无损连接器、传感器、信号转换器及断电器。

第五、第六天：安装抗违章保护分站、电源、交换机，接线盒，布线。

第七天：检查线路、信号转换器，接通电源。

每天下井安装由带班长带工，连接通信线及调试由技术负责人负责，最后调试及全面检查验收由技术负责人负责。

（六）工作面施工质量控制及安全措施

1. 质量控制点

检查两防锁能否锁住闭锁杆、铅封是否良好；转动防松锁，是否会误取下喇叭嘴或误取下防松锁；检查防护罩是否轻易取下，检查其他无损连接是否牢固可靠；接线时不得造成失爆；抗违章保护分站、本安电源、交换机、断电仪、电缆不得有失爆。

2. 安全措施

井下严禁违章作业，一切行动听从带班长指挥，不得擅自行动，如遇事故、疾病等应急情况，由带班长指挥处理，决不可乱喊、乱叫，对于井下安全问题，技术负责人听从带班长指挥，技术负责人的安全由带班长负责。

（七）技术交底

培训煤矿使用单位学习如何实现“三开一防”或“两开一防”，以及使用维护知识。交底时注意不要泄密。

四、A材料巷及运输巷工程创新内容

（一）A材料巷、运输巷在用供电系统及设备

A材料巷供电系统如图11-16所示，共有12台设备（移变1台、磁力启动器10台、照明综合保护装置1台）。

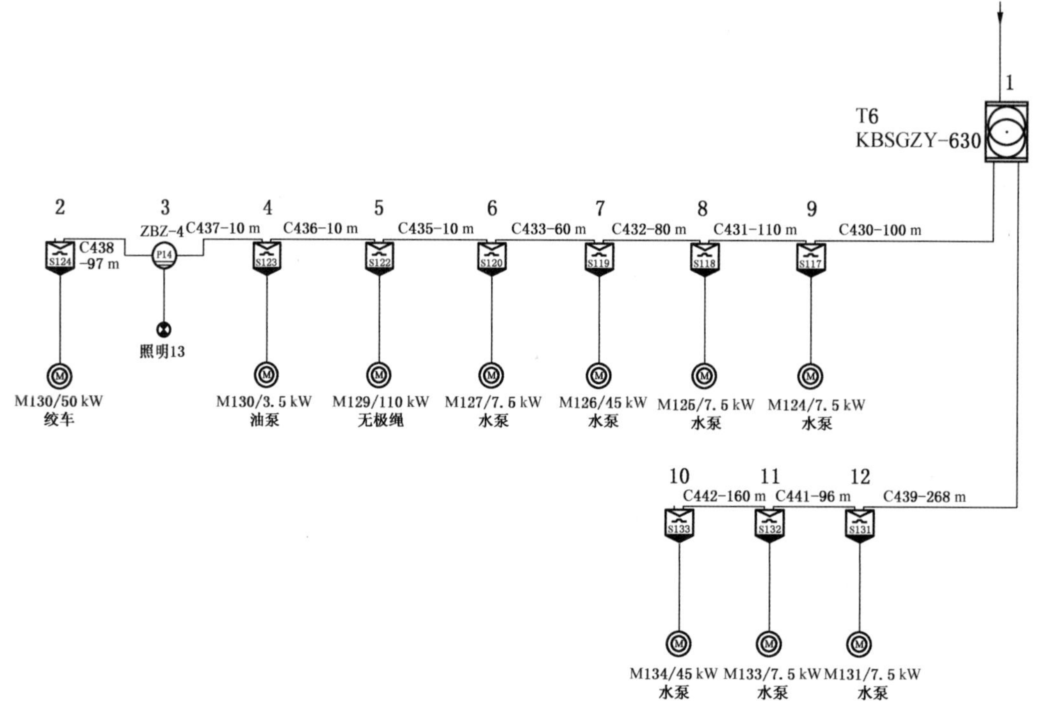

图11-16 A材料巷供电系统

A运输巷供电系统如图11-17所示，共有14台设备（馈电开关1台、磁力启动器12台、照明综合保护装置1台）。

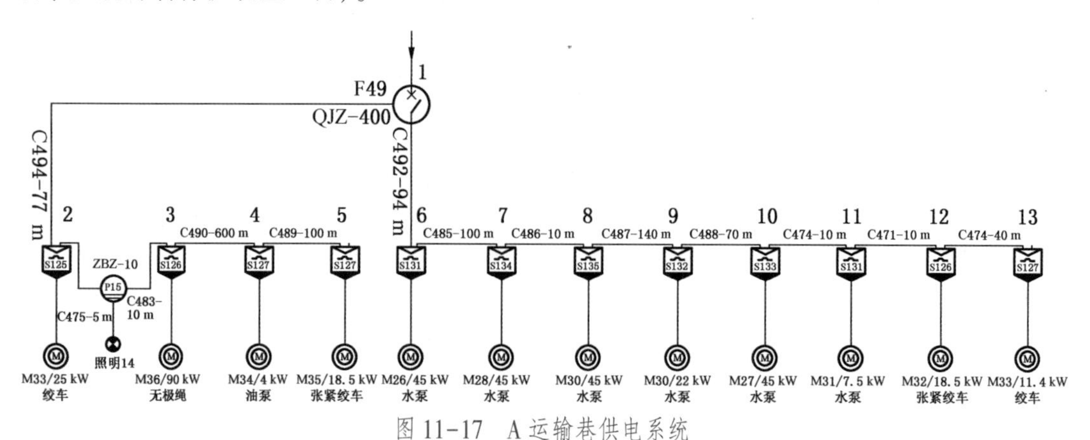

图11-17 A运输巷供电系统

（二）A材料巷、运输巷创新方案

1. 概述

A材料巷、运输巷每台设备的每个接线空腔盖板上通过无损连接器安装2台智能抗违

章开盖传感器，2台智能抗违章开盖传感器由各自的本安电池供电，且智能抗违章开盖传感器不接入抗违章保护分站，独立运行，实现“非联网一开一防”功能，即防止非专职人员擅自开盖和专职人员开盖超前声光报警提示；每台设备的闭锁杆上安装一套矿用开关两防锁，安装后实现“两防”功能；每台设备的每个螺旋式电缆引入装置上安装一台防松锁，安装后实现小喇叭嘴防松。

智能远方漏电试验装置安装在A材料巷1号移变负荷侧的电缆末端和A运输巷1号馈电开关负荷侧的电缆末端，智能远方漏电试验装置不接入抗违章保护分站，实现井下非联网远方人工漏电跳闸试验。

2. 原理

智能抗违章开盖传感器通过无损连接器安装在接线空腔盖板上，独立运行，实现“一开一防”功能，即非专用工具无法解锁传感器，无法操作盖板紧固螺栓，达到防止非专职人员擅自开盖操作的目的。专职人员取下安装在接线空腔上的抗违章开盖传感器时，发出声光报警信号，提示“严禁带电作业，测瓦斯浓度、验电、放电”。

（三）A材料巷、运输巷验收指标

（1）防止非专职人员擅自开盖操作，专职人员开盖时声光报警提示。

（2）井下线路末端进行漏电保护跳闸试验。

（3）在隔爆外壳上无损连接安装抗违章保护装置。

（4）主要分路开关安装授权型两防锁，实现授权后才能开盖或送电。

（四）工艺流程及要求

1. 工艺流程

安装两防锁→防松锁→低压开关安装带顶丝套的传感器。

2. 要求

严格遵守相关规定要求，非专职人员不得作业，单人不得作业，应两人作业互相监督，严禁擅自停送电，严防不安全行为造成停送电或门（盖）螺栓松动故障，严防造成失爆故障。特别注意安装质量。

（五）A材料巷、运输巷施工计划

A材料巷、运输巷施工具体分配时间如下：

第一天：材料巷安装两防锁、防松锁。

第二天：材料巷安装无损连接器及传感器。

第三天：运输巷安装两防锁、防松锁。

第四天：运输巷安装无损连接器及传感器。

每天下井安装由施工负责人带工并确定具体人员，并负责检查验收。

（六）A材料巷、运输巷施工质量控制及安全措施

1. 质量控制点

检查两防锁能否锁住闭锁杆、铅封是否良好；转动防松锁，是否会误取下喇叭嘴或误取下防松锁；检查传感器是否轻易取下，检查其他无损连接是否牢固可靠。

2. 安全措施

井下严禁违章作业，一切行动听从带班长指挥，不得擅自行动，如遇事故、疾病等应急情况，由带班长指挥处理，决不可乱喊、乱叫。对于井下安全问题，不熟悉井下工作的

技术负责人一般应听从施工负责人指挥，技术负责人的安全一般应由井下工作经验丰富的工人负责。

五、地面抗违章保护技术系统监控平台及电气操作风险手机预警系统

（一）概述

在地面调度室安装工控机，在工控机上安装抗违章保护系统服务器及客户端，工控机双网卡工作，同时与矿井工业环网和地面互联网连通，抗违章保护系统服务器通过矿井工业环网采集井下各抗违章保护分站挂接的传感器数据，并存储到本地数据库中。抗违章保护系统客户端通过读取本地数据库中的数据进行测值、状态显示等，抗违章保护系统服务器将采集到的传感器数据通过 Internet 传到网络数据库，手机 APP 通过移动网络或 WiFi，实时读取网络数据库中存储的传感器测值，并进行电气操作风险预警。

（二）地面创新方案原理

抗违章保护系统平台通过矿井工业环网采集井下各传感器及设备的运行数据，通过抗违章保护系统客户端进行显示和控制（如客户端显示井下 B 变电所总馈电开关接线空腔盖板的开合状态，显示违章、遵章开盖，记录接线空腔盖板的开合时间）；通过客户端下发控制指令，控制井下断电器、智能远方漏电试验装置动作（如点击客户端的漏电试验软按钮，可以进行远方漏电跳闸试验）；抗违章保护系统平台通过 Internet 传输传感器测值及设备运行状态参数，煤矿领导通过手机预警 APP 在任何时间、地点浏览井下电气设备接线空腔盖板的开合状态，当发生违章作业时，手机风险预警 APP 还能接收违章报警推送信息，如图 11-3 所示。

（三）完成时间

防治带电作业及瓦斯爆炸的抗违章保护系统完成时间大约为 3 天。

（四）验收指标

（1）调度室抗违章保护系统平台能与井下抗违章保护分站稳定通信。

（2）调度室抗违章保护系统平台能将传感器参数及测值实时上传到指定的网络数据库。

（3）抗违章保护系统平台可以实时显示井下电气设备盖板的开合状态。

（4）抗违章保护系统平台可以灵活配置开盖断电关系。

（5）通过抗违章保护系统平台，地面可以进行远方漏电跳闸试验。

（6）在延时解锁状态时，通过抗违章保护系统平台，可以提前解除开盖闭锁。

（7）手机 APP 可以进行电气操作风险预警。

（五）施工计划

施工具体分配时间如下：

第一天：安装工控机，配置网络参数，与井下环网建立通信。

第二天：配置下发抗违章保护分站及传感器参数，配置断电关系。

第三天：调试状态显示及设置传感器安装位置。

（六）施工质量控制及安全措施

1. 质量控制点

检查抗违章保护系统服务器是否能与井下各个抗违章保护分站稳定通信；检查抗违章

保护系统服务器是否能自动恢复与 Internet 的连接。

2. 安全措施

工控机安装必要的杀毒软件，以防病毒程序入侵矿井工业环网。工控机配置定期自动重启机制，防止长时间运行造成系统卡死。工控机配置远程操作功能，方便定期维护。

下一章将研究抗违章保护系统的安全可靠性。

第十二章 安全性能分析及抗违章后备保护试验必要性分析

本章导读

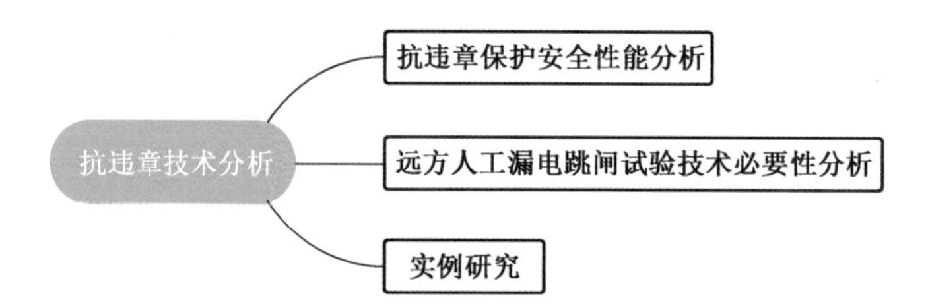

本章对前几章内容进行概括：为防治违章带电作业及瓦斯爆炸，分析研究了有关资料及设备特点，发现违章带电作业造成 90% ~ 95% 的电气火源（花），并引发 43.29% ~ 45.7%的瓦斯爆炸事故；约 65%的违章带电作业事故发生在电气设备接线空腔（盒）。造成违章事故的间接原因是存在几种“抗违章短板”，如违章带电开盖太方便，用时最多的仅需 2 min40 s。因此提出应用“抗违章保护”预控违章作业，并进行了分析研究。综合分析研究表明：在违章带电作业的过渡过程中，在还没有违章松动紧固螺栓或接近带电体而触碰到“违章红线”前，就将人的作业行为动作信号转换为电信号，实现报警或断电或闭锁，确保“想违章违不成，即使违章也造不成事故”，可为国内外预控井下违章带电作业、大幅度降低瓦斯爆炸提供技术支撑。以抗违章保护技术为核心构成的防治带电作业及瓦斯爆炸的智能抗违章技术系统（智能抗违章保护）被山西省科技厅提名申请 2019 年国家技术发明奖。专家研究认为：约一半的瓦斯爆炸由违章带电作业引起，应用智能技术防治违章带电作业意义重大。

第一节 安全性能分析

一、智能抗违章保护与短路及漏电保护的选择性对比分析

在推广应用智能抗违章保护技术的过程中，有人提出智能抗违章保护断电/闭锁选择性如何？会不会造成风机等重要负荷“乱停电”？

正常工作及备用的局部通风机对供电可靠性要求很高，并严禁带电开盖（门），开盖（门）前必须断电以防引发触电事故或瓦斯爆炸事故。为了既能用技术手段预防违章带电作业又能实现高可靠性供电，正常工作的局部通风机开关和电机可以加装具有

“有电闭锁”功能的抗违章开盖传感器，防止有电时违章（或误）打开风机开关等电气设备接线空腔盖板。当接线空腔上级电源带电时，抗违章传感器系统可以实现有电闭锁，无论专职人员或非专职人员，无论使用专用工具或非专用工具，都打不开接线空腔盖板；当无电时，自动解锁，使用专用工具才能打开接线空腔盖板，并在开盖前实现报警。

《煤矿安全规程》（2016）第一百六十四条规定，正常工作的局部通风机必须实现“三专”（专用开关、专用电缆、专用变压器），但没有明确要求备用局部通风机也必须实现“三专”。为了突出抗违章保护的选择性特点，备用局部通风机开关与其他负荷共用同一台开关，如图 12-1 所示。当打开水泵开关盖板 G5 时，其上的传感器 C 超前发出信号，智能抗违章保护动作，置巷道口分路开关 K4 断电/闭锁。当打开分路开关 K4 盖板 G4 时，智能抗违章保护动作，置变电所分路开关 K2 断电/闭锁。

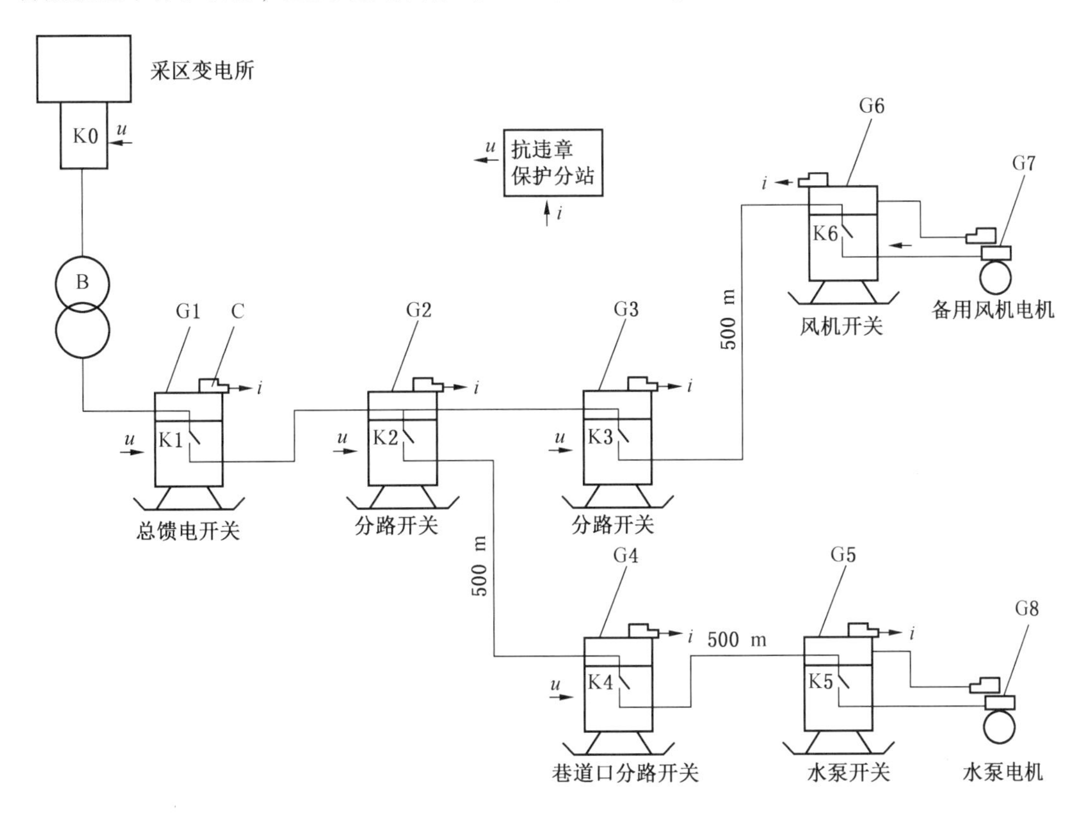

图 12-1　智能抗违章保护选择性与短路及漏电保护选择性对比分析示意图

打开水泵开关盖板 G5 时，由于智能抗违章保护具有选择性，不会造成 K2 或变电所总馈电开关 K1 断电/闭锁，更不会造成备用局部通风机断电。智能抗违章保护线路发生故障后，向维修人员报警，不会断电/闭锁，也不会造成备用局部通风机电源断电。智能抗违章传感器实行了双传感器并联运行，以防误动作。

当抗违章保护系统无有电闭锁功能时，如果因故违章带电打开通风机开关盖板 G6，则智能抗违章保护装置 K3 断电/闭锁，备用局部通风机停电。由于智能抗违章保护动作具有选择性，不会造成另一台变压器供电的局部通风机电源停电。这时局部通风机电源保持局部通风机供电，局部通风机正常供风，通风机开关供电线路的智能抗违章保护虽然动作，但没有影响正常供风，这时局部通风机无法切换到备用局部通风机，这不是抗违章保护造成的，而是违章带电开盖所致。当G6盒盖通电备用局部通风机正常工作后，如果局部通风机电源因故不能供电，就会自动切换到备用局部通风机工作，切换前可先自动（或先设置）解除K1、K2、K3的开盖断电闭锁功能，以防K2、K3因故违章开盖时，置K1断电/闭锁，K1开盖时置K0断电/闭锁，从而影响备用局部通风机供电。

如果G5开关处发生短路或漏电故障，则K4、K2、K1的短路或漏电保护一般同时“启动”，根据电流特征及动作时差确定选择性时，一般K4先动作，如果K4因故不动作，K2动作，如果K2不动作，则K1动作，K2、K1动作就是越级跳闸，就是选择性出了故障。

K4和K2的短路或漏电保护系统出现故障，由于没有采用总线系统，所以，当前的短路或漏电保护系统故障诊断功能不能与总线系统相比，越级跳闸现象时有发生。越级跳闸如发生在总馈电开关K1，就会造成备用局部通风机电源断电。防越级跳闸已是一个常用产品，说明越级跳闸十分普遍，也说明短路和漏电保护选择性常常出问题。所以短路和漏电保护选择性远不如智能抗违章保护选择性可靠，这是由其技术原理决定的。智能抗违章保护断电/闭锁功能没有上下级之分，没有时差，是单独运行的，与供电动力系统之间没有直接电气连接，是隔离的，不会互相影响，也不会造成供电动力选择性故障。而短路和漏电保护与动力供电系统直接电气连接，发生短路或漏电故障时，短路电流或漏电电流从变压器到故障点，基本“贯通”整条线路，所以很容易发生越级跳闸，进而造成“乱停电”。

二、智能抗违章保护4.0与安全员值守的安全可靠性及成本对比分析

（1）成本相同时：使用智能抗违章保护预防违章作业，达到5年每天24 h作业人员无法违章作业的效果，每台设备平均每年需要投入成本费用3589元。使用安全员值守预防违章作业，安全员每年工作132.9 h需要工资3589元。

如果安全员仅值守1台设备，1年内平均每天最多能值守0.4 h，智能抗违章保护安全可靠性约是安全员值守安全可靠性的60倍。

如果安全员轮换值守图12-2中的4台设备，不考虑走路时间，1年内每天最多能值守0.1 h，智能抗违章保护安全可靠性约是安全员值守安全可靠性的240倍。

（2）安全可靠性相同时：对比每台被保护设备使用智能抗违章保护的成本与使用安全员值守的成本，如果都达到5年每天24 h作业人员无法违章作业效果，即每台被保护设备使用智能抗违章保护及每台被保护设备使用安全员的安全可靠性都为1时，使用智能抗违章保护每年每台成本为3589元，使用安全员值守每年工资为236397元，成本比约为1/66，使用安全员值守的成本约是使用智能抗违章保护成本的66倍。保证安全可靠性为1，使用智能抗违章保护可节省3个人。

（3）成本及安全可靠性都不相同时：使用安全员5年内达到平均每天2 h无法违章作业效果，即使用安全员的安全可靠性为1/12；使用智能抗违章保护5年每天24 h无法违章作业效果，使用智能抗违章保护的安全可靠性为1，智能抗违章保护安全可靠性是安全员值守安全可靠性的12倍，使用安全员值守成本约是使用智能抗违章保护成本的

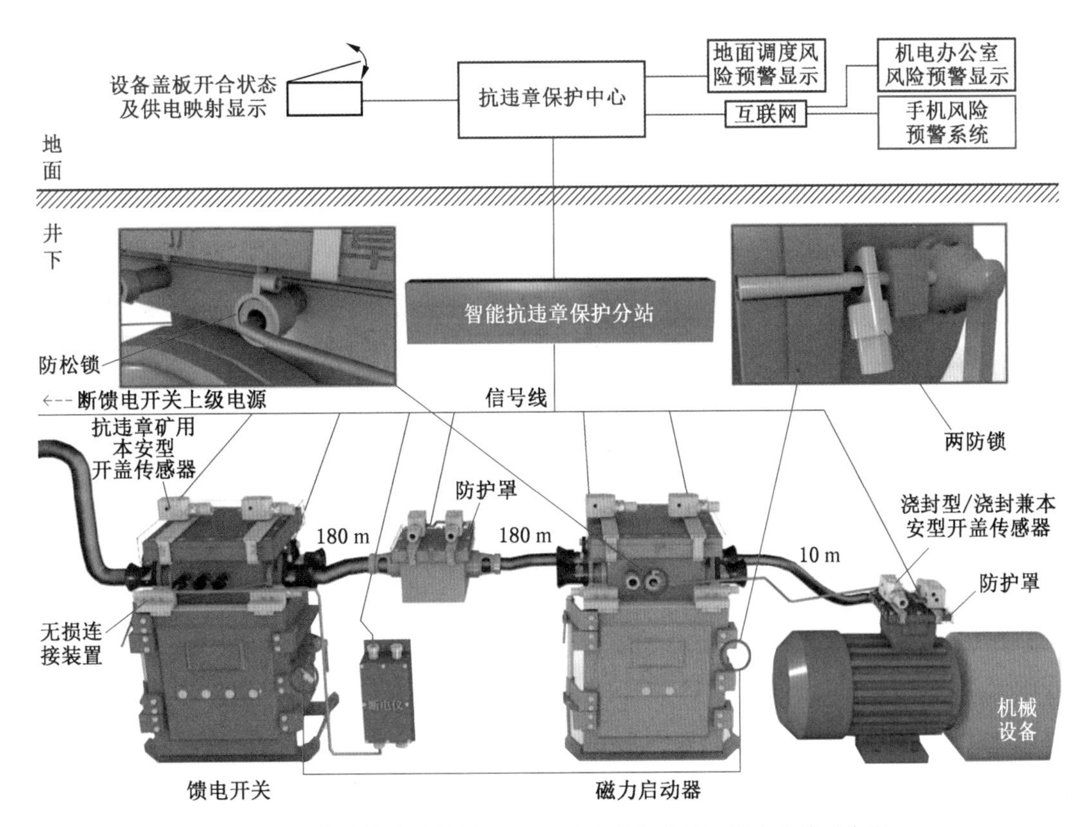

图 12-2 智能抗违章保护 3.0~4.0(未断电保护) 最小系统示意图

5.5 倍。

三、智能抗违章保护 2.0 与安全员值守的安全可靠性及成本对比分析

如图 12-3 所示，防非违装置最小系统一次性投资 5000 元（包括安装费及日常维护费），使用年限 5 年，每年 1000 元，每台设备平均每年投资 250 元，即可加装防非违装置，比工人每天每人工资 216 元略高，就可以 24 h 守护在设备上，如果井下需要，可以连续工作 5 年，煤矿支付 250 元，仅可以雇佣安全员最多值守 9.3 h。防非违装置连续工作守护 1 年 365 天（每天 24 h），与安全员值守 1 台设备 9.3 h 相比，前者可靠性是后者可靠性的近 942 倍，即防非违装置保护 1 台设备与安全员值守 1 台设备的可靠性比约为 942。

四、市场预测

全国约有 1000 万台矿用电气设备，如果都加装智能抗违章保护 4.0，每台电气设备每年需要投资 3589 元，每年潜在市场需求 358.9 亿元；如果加装智能抗违章保护 2.0，每台电气设备每年需要投资 250 元，每年潜在市场需求 25 亿元。

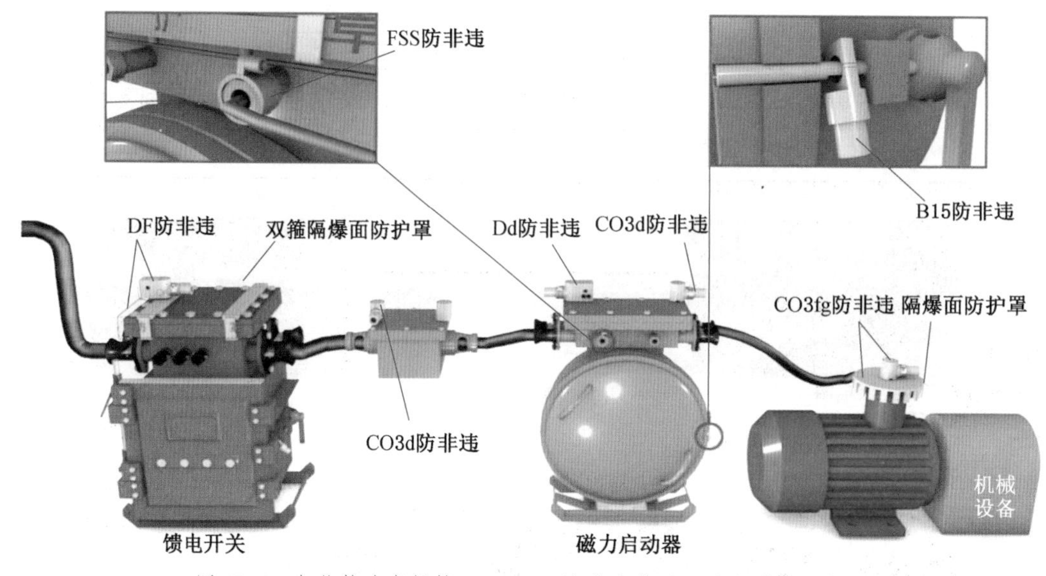

图 12-3 智能抗违章保护 1.0~2.0(防非违装置) 最小系统示意图

第二节 远方人工漏电跳闸试验技术必要性分析

抗违章后备保护就是煤矿井下检漏保护装置，当抗违章保护由于某种原因动作失灵不能在违章过渡过程中预控违章带电作业，违章作业者接触带电体时，煤矿井下检漏保护装置动作切断电源，防止带电作业引发更大后果。

国内外井下供电系统的漏电保护技术理论已较成熟，根据工作原理可以分为附加直流电源保护和零序电流方向保护等，根据系统功能可以分为选择性保护系统和非选择性保护系统。为了确保漏电保护装置的可靠性，《细则》规定，用检漏保护装置的试验按钮每天（班）进行一次跳闸试验（以下简称就地试验）；每月至少做一次远方人工漏电跳闸试验（以下简称远方试验）。

各矿业集团的机电安全标准都要求进行远方试验，但研究分析就地试验与远方试验原理差异性的文章不多，有文章提出远方试验可以检验就地试验是否可靠。有人认为远方试验没有必要，就地试验完全可以代替远方试验。笔者认为《细则》规定的方法存在以下问题：试验前需要停电、打开隔爆开关盖、验电、放电、临时搭接试验电阻、合盖、送电；试验后还需要再次打开隔爆开关盖、验电、放电、拆除试验电阻、合盖、馈电开关送电等；试验过程中因磁力启动器无显示，难以准确判断是否跳闸；不能进行高压绝缘监视试验。

一、就地试验与远方试验原理

（一）分布参数电路特点

井下分布电容对接地电流影响很大，所以，分析井下漏电问题必须应用分布参数电路理论。分布参数电路与集总参数电路的显著区别是：电压、电流、电阻、电导、电容、电感不仅随时间发生变化，也随传输线长度发生变化，各个参数之间的关系不能用常微分方

程表示，应用偏微分方程组表示，即

$$\begin{cases} -\dfrac{\partial u}{\partial x}=R_0 i+L_0\dfrac{\partial i}{\partial t} \\ -\dfrac{\partial i}{\partial x}=G_0 u+C_0\dfrac{\partial u}{\partial t} \end{cases} \tag{12-1}$$

其中，u 为电压，i 为电流，R_0、L_0、G_0、C_0 分别为单位长度的电阻、电感、电导、电容。

应用偏微分方程组［式（12-1）］分析，在同一时刻、同一台变压器供电的同一条均匀传输线，任意两点的电压和电流都不相同，如设某一点离电源 10 m，另一点离电源 1000 m，这两点的电压和电流在同一时刻不相同。均匀传输线各点的电压和电流，不仅随时间发生变化，还随供电线路长度发生变化。而集总参数均匀传输线各点的电压和电流与长度没有关系，即同一时刻，任何两点的电压和电流都相同。

均匀传输线各点的分布参数也不同，所以，偏微分方程［式（12-1）］引入单位长度电容等参数。

井下供电电缆分布电容是电缆长度的函数，即 $C=C_0 S$，其中 C_0 是单位长度电容，井下通常是每千米电容；S 是电缆长度。当电缆长度 S 远小于工频波长 λ（$\lambda=6000$ km）时，可以忽略分布电容。高压架空线一般是当 $S\leqslant\dfrac{\lambda}{100}$（即 $S\leqslant 60$ km）时，忽略分布电容。井下条件特殊，空气潮湿，都是电缆供电，供电系统变压器中性点不接地，分布电容对接地电流影响较大，参考实际测量及计算结果，当 $S\leqslant\dfrac{5\lambda}{100000}$（即 $S\leqslant 0.3$ km）时，忽略分布电容。一些教科书建议电缆长度 $S\leqslant 1$ km 时，忽略分布电容。

用分布参数模型偏微分方程组［式（12-1）］分析，即使井下供电电缆是均匀传输线，供电电缆上任意两点的电气参数也不相同；井下供电电缆各段截面一般互不相同，且电阻等参数不为零，是非匀质的有损耗传输线，各段电缆都具有不同的电压损失，所以，任意两点的电气参数都有差别。

（二）就地试验和远方试验方法

就地试验与远方试验原理如图 12-4 所示，K_1 为变电所总开关，装有附加直流电源检漏保护装置；K_2 为变电所分路开关，装有选择性零序电流方向检漏保护装置；R_{js1} 和 S_{j1} 为 K_1 的就地试验电阻及就地试验按钮；R_{js2} 和 S_{j2} 为 K_2 的就地试验电阻及就地试验按钮；R_{ys} 和 S_y 为 K_2 的远方试验电阻及远方试验按钮；r 为各相对地绝缘电阻，假设 r 相等；C 为各相对地分布电容，假设 C 相等；R_{jx} 为接线盒；R_x 为线路电阻；L 为线路分布电感。

就地试验时，按下 S_{j2}，把 R_{js2} 接入供电线路 C 相进行就地试验，就地试验电流 I_{js2} 通过 R_{js2} 流入大地，K_2 的检漏保护装置检测到该电流后，动作跳闸断开 K_2，切断电源；远方试验时，按下 S_y 把 R_{ys} 接入供电线路 C 相，远方试验电流 I_{ys} 通过 R_{ys} 流入大地，K_2 的检漏保护装置检测到该电流后，动作跳闸切断电源。

不论哪种检漏保护装置，就地试验与远方试验一般都相距数千米，由于井下供电电缆上任意两点的电压、电流、电阻、电容、电感等电气参数互不相同，因此，就地试验点和远方试验点的电气参数也不相同，就地试验和远方试验不能互相代替，而是各有其作用。

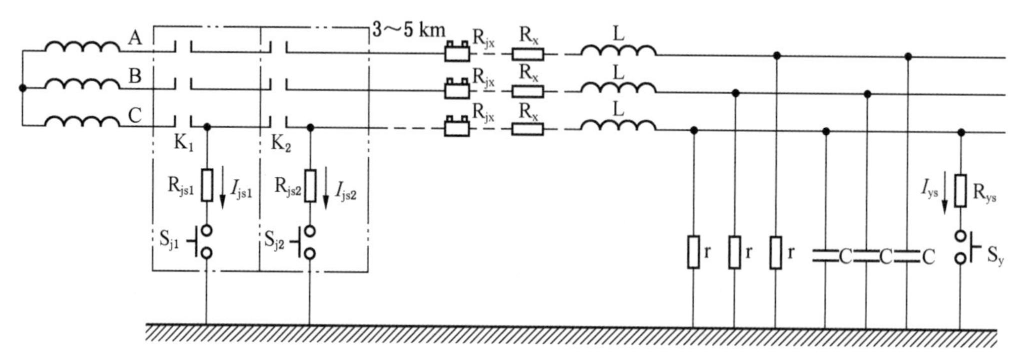

图 12-4 就地试验和远方试验原理示意图

二、就地试验与远方试验的差异性

（一）交流等效电路及交流试验电流差异性分析

如图 12-5 所示，对于具有附加直流电源检漏保护装置的供电系统，就地试验与远方试验时，接地试验电流中有交流和直流，交流电流有效值达到数十至一百多毫安，而直流电流较小，一般小于 5 mA。

参照对称分量法分析计算井下变压器中性点不接地系统人体触电电流的等效电路，推出交流就地试验的交流等效电路，如图 12-6(忽略电容) 所示，其中 U 为相电压。

交流远方试验时，由于线路长度一般远大于 0. 3 km，分布电容的作用不能忽略，交流远方试验的交流等效电路如图 12-6 所示。

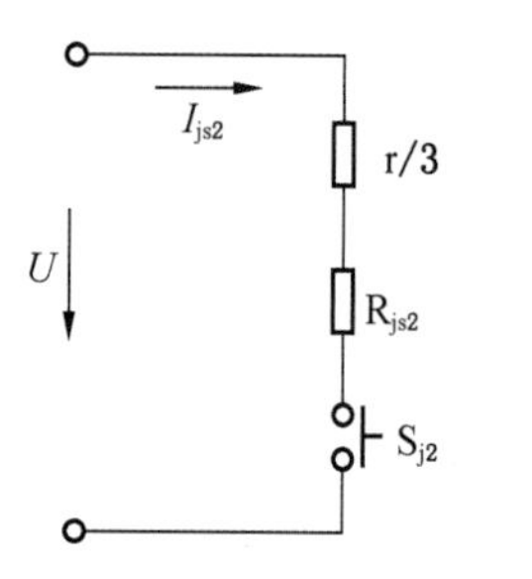

图 12-5 就地试验交流等效电路

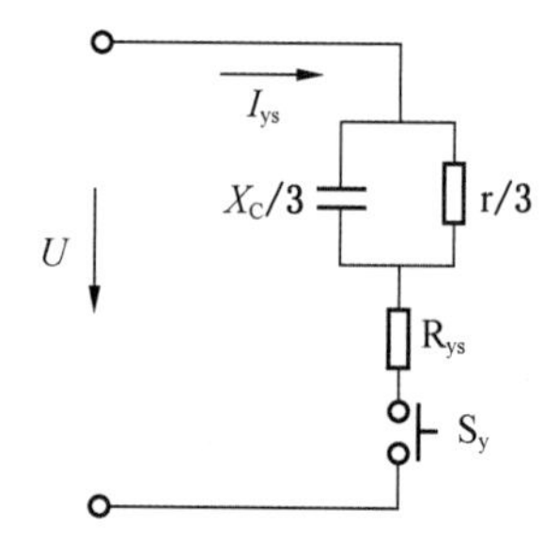

图 12-6 远方试验交流等效电路

分析时为了突出重点，忽略图 12-4 中的接线盒 R_{jx}、线路电阻 R_x、线路分布电感 L，并假设电缆为无损耗均匀传输线，就地试验和远方试验交流等效电路如图 12-7 所示。

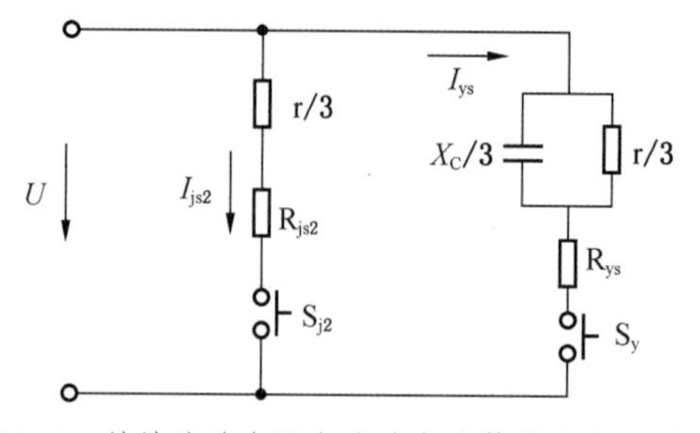

图 12-7 就地试验和远方试验交流等效电路（综合）

正常情况下，按下就地试验按钮 S_{j1} 或按下图 12-7 中的 S_{j2} 或远方试验按钮 S_y，瞬间都会发生跳闸断电。根据概率理论，实际中可以认为就地试验和远方试验同时进行是不可能事件。所以，假设 S_{j1} 或 S_{j2} 与 S_y 不同时按下。

当变电所的总馈电开关 K_1 及分路开关 K_2 都置于送电状态，按下 S_{j2} 时，由于 S_y 没有按下，远方试验支路不通电；如果仅 K_1 置于送电状态，K_2 置于停电状态，远方试验支路也不通电。这时如果按图 12-4 中的总馈电开关 K_1 就地试验按钮 S_{j1}，通过就地试验电阻 R_{js1} 流入大地的交流就地试验电流有效值为

$$I_{js} = \frac{3U}{3R_{js} + r} \tag{12-2}$$

式中　U——相电压；

R_{js}——就地试验电阻；

r——每相对地绝缘电阻。

为了保证 1 kΩ 的人体电阻接地时，流过人体的接地电流为 30 mA，对于 660 V 系统，一般取 r 为 35 kΩ；对于 1140 V 系统，一般取 r 为 63 kΩ。

当按下 S_y 时，S_{j1} 或 S_{j2} 没有按下，就地试验支路不通电，这时通过远方试验电阻流入大地的交流远方试验电流 I_{ys} 的有效值为

$$I_{ys} = \frac{U}{R_{ys}} \frac{1}{\sqrt{1 + \dfrac{r(r + 6R_{ys})}{9(1 + r^2\omega^2c^2)R_{ys}^2}}} \tag{12-3}$$

式中　R_{ys}——远方试验电阻；

ω——角频率；

C——分布电容。

根据式（12-2）、式（12-3）分别计算 660 V 及 1140 V 系统，忽略分布电容（即 0 μF）时的交流就地试验电流及对应不同分布电容时的交流远方试验电流计算值，见表 12-1，实验室实测值见表 12-2。

表 12-1　交流就地试验电流及交流远方试验电流有效值（计算值）对比

电压等级/V	单相对地绝缘电阻/kΩ	就地及远方试验电阻/kΩ	忽略分布电容时的就地试验电流/mA	对应不同分布电容（电缆长度）的远方试验电流/mA			
			0 μF	0.1 μF	0.22 μF	0.47 μF	1.0 μF
1140	63	20	16.1	25.7	30.6	32.4	32.9
660	35	11	16.8	22.0	28.5	32.7	34.1
1140	63	3.9	26.5	56.1	97.8	140.3	161.3
660	35	3.9	24.4	35.0	54.6	78.5	92.0

表 12-2 交流就地试验电流及交流远方试验电流有效值（实测值）对比

电压等级/V	单相对地绝缘电阻/kΩ	就地及远方试验电阻/kΩ	忽略分布电容时的就地试验电流/mA	对应不同分布电容（电缆长度）的远方试验电流/mA			
			0 μF	0.1 μF	0.22 μF	0.47 μF	1.0 μF
1140	63	20	20	23	27	29	30
660	35	11	16	20	26	31	31
660	35	3.9	27	35	56	80	92

分析对比表 12-1 和表 12-2 中 1140 V 和 660 V 系统的交流就地试验电流计算值和实测值都在 20~16 mA 之间，而选择性检漏保护装置的动作电流需要 20~30 mA，所以用安全临界阻值 20 kΩ 或 11 kΩ 就地试验 1140 V 系统或 660 V 系统时，选择性检漏保护装置不能可靠动作或出现拒动；而进行远方试验时，远方试验电流一般都大于 20 mA，且安全电流为 30 mA 左右时，都能触动选择性漏电保护装置可靠动作。

《细则》规定：具有选择性漏电跳闸的检漏继电器在 660 V 供电系统中单相对地动作电阻为（5~13)kΩ；具有人为旁路接地保护的检漏继电器在 660 V 供电系统中单相漏电动作电阻为（3~11)kΩ，即最小试验电阻为 3 kΩ 或 5 kΩ。例如，KBZ16-400(200)/1140(660）馈电开关 1140 V 和 660 V 共用一个试验电阻，阻值为 3.9 kΩ。试验电阻 3 kΩ、3.9 kΩ、5 kΩ 都不是对应安全电流的安全临界阻值 11 kΩ。

当试验电阻为 3.9 kΩ 时，就地试验电流及远方试验电流计算值见表 12-1，实测值见表 12-2。若以试验电阻 3.9 kΩ 进行就地试验时，试验电流都大于 20 mA，都能触动选择性检漏保护装置动作；若以试验电阻 3.9 kΩ 进行远方试验时，相当于供电系统某点的绝缘电阻下降到 3.9 kΩ，1140 V 系统远方试验（漏）电流高达 161.3 mA，660 V 系统远方试验（漏）电流高达 92.0 mA，都远大于安全电流 30 mA，所以，3.9 kΩ 是非安全试验电阻。

根据表 12-1 和表 12-2 中的计算值和实测值可知，在 1140 V 或 660 V 系统，用安全临界阻值 20 kΩ 或 11 kΩ 电阻进行就地试验和远方试验，试验电流都大致在安全电流范围，所以把 20 kΩ 或 11 kΩ 阻值称作安全临界阻值。用小于 11 kΩ 的电阻进行远方试验不安全，电阻 3 kΩ、5 kΩ 及 3.9 kΩ 都不能用于远方试验。

如果不进行远方试验，仅以试验电阻 3 kΩ、3.9 kΩ、5 kΩ 进行就地试验，即使就地试验时选择性检漏保护装置动作跳闸，不能证明电网绝缘电阻低于安全临界阻值而大于 3 kΩ、3.9 kΩ、5 kΩ 时，漏电电流大于安全电流 30 mA 时也能动作，只有用 20 kΩ 或 11 kΩ 进行远方试验时，选择性检漏保护装置也能动作跳闸，才能证明在电网绝缘电阻小于安全临界阻值范围内都能动作跳闸。

对于选择性检漏保护装置，《细则》规定动作电阻是一个范围，如（3~11)kΩ 或（5~13)kΩ，用动作电阻的最小值或较小值进行就地试验，用动作电阻的最大值或较大值进行远方试验，共同试验整个的或较大的动作电阻范围，互相配合应用，才能确保选择性检漏保护装置安全可靠运行。所以，就地试验与远方试验不能互相替代，缺一不可。

（二）直流等效电路及过渡过程差异性分析

1. 直流等效电路分析

如上所述，图 12-4 中的馈电开关 K_1 一般利用附加直流电源的检漏保护装置实现漏电保护，如图 12-8 所示。

由于附加直流电源检漏保护装置的存在，按下就地试验按钮 S_{j1} 或远方试验按钮 S_y 时，直流检测电流也要流入大地，直流等效电路如图 12-9 所示。

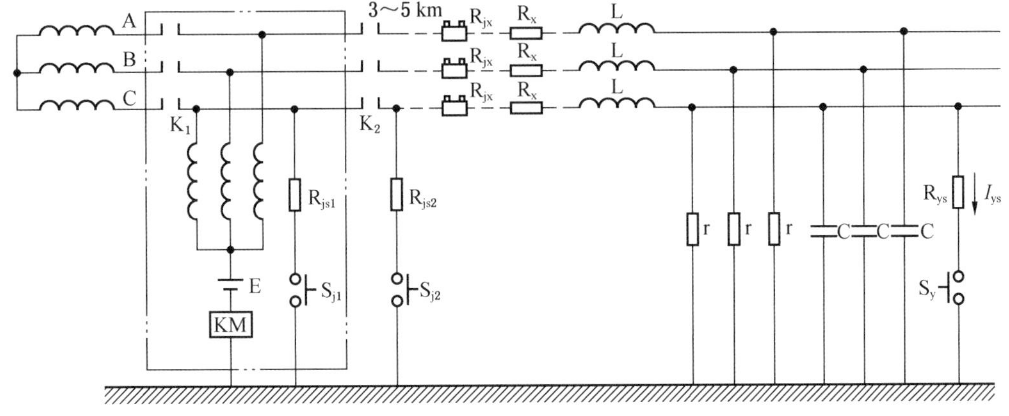

图 12-8 附加直流电源漏电保护就地试验和远方试验原理示意图

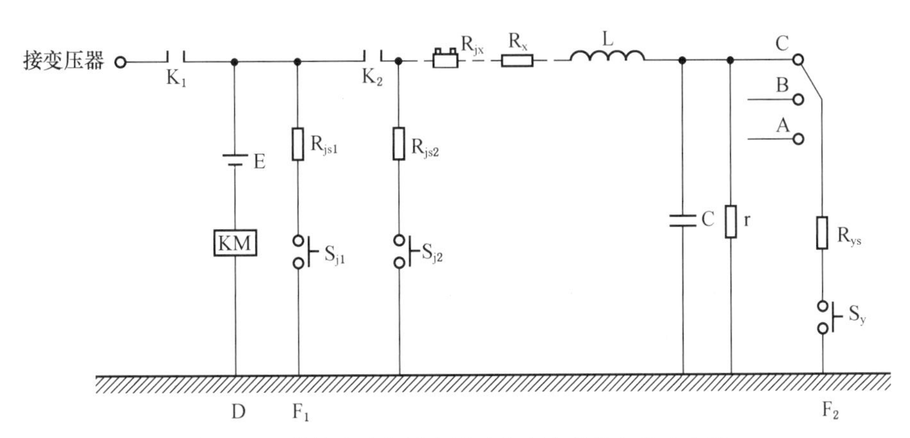

图 12-9 就地试验和远方试验的直流等效电路示意图

当总馈电开关 K_1 置于合闸送电状态时，分析分路开关 K_2 接通或断开情况下，线路接线盒 R_{jx} 等接头造成的接触电阻、导线电阻 R_x、线路及设备线圈总电感 L、线路分布电容 C、对地绝缘电阻 r，与附加直流电源检漏保护装置就地试验或远方试验（以下简称直流就地试验或远方试验）的关系。

直流就地试验或远方试验原理：当 K_2 置于送电状态时，R_{jx}、R_x、L、C、r 的大小都在正常范围，且 S_{j1} 和 S_y 接在同一相 C 相上时，按下就地试验按钮 S_{j1}（没有按下 S_{j2}、S_y），E 流出的直流电流通过 R_{js1}、S_{j1}、辅助接地极 F_1、主接地极 D、检漏继电器 KM，回到 E 的负极，KM 动作，通过中间继电器使 K_1 断开，切断交流电源，试验成功；如果按下 S_y（没有按下 S_{j1}、S_{j2}），E 流出的电流通过 K_2 及数千米长线路的 R_{jx}、R_x、L，分别通过 r、R_{ys} 和 S_y、辅助接地极 F_2 流入大地，经过数千米大地，回到主接地极 D，经过 KM 回到 E，

假定 K_2 因故不断开，则 KM 动作，通过中间继电器使 K_1 断开，切断交流电源，试验成功。

当 K_2 置于停电状态时，直流就地试验情况同上，远方试验不能进行。

2. 直流就地试验或远方试验的过渡过程分析

如图 12-9 所示，按下 S_{j1} 或 S_y 前，E 已给 C 充满电，E 流出的最大直流检测电流一般不超过 5 mA，没有进行远方试验或接地故障时，流过 r 的电流更小；就地试验线路长度一般不大于 10 m，可以忽略就地试验线路的电阻、电容、电感。

当按下 S_{j1} 的瞬间，如果分路开关 K_2 置于停电状态，E 输出的电流就不流进试验线路右侧（图 12-9 中的分路开关 K_2、R_{jx}、R_x、L、C、r）；如果分路开关 K_2 置于送电状态，由于 L 中的电流不能突变，C 两端已充满数值为 E 的电压也不能突变，所以，瞬间流进试验线路右侧的电流几乎不发生变化，即流过 R_{js1} 的直流电流与 K_2 以外的电路不相关，该特性称作直流就地试验不相关性。所以，按下 S_{j1} 的瞬间，E 的电流立即流入 R_{js1} 和 S_{j1}，该试验电流几乎没有过渡过程。而 E 与 S_y 之间相隔数千米，不考虑 K_1、K_2、R_{jx}、R_x、L、C、r，当按下 S_y 后，流过 K_2、R_{jx}、R_x、L、C、r 的电流都发生变化，流过 R_{ys}、S_y 的试验电流有明显的过渡过程特点，或者流过 R_{ys}、S_y 的直流电流与 E 以外的电路直接相关，称作直流远方试验直接相关性。为了进一步分析，把图 12-9 简化为图 12-10。

图 12-10 中，按下 S_y 后，已充满电的 C 向 R_{ys} 放电，放电瞬间由于 C 的电压与 E 的电压相同，所以，E 不能向 R_{ys} 供电，随着 C 两端电压的降低，C 的放电电流减小到一定程度，E 输出的动作电流 I_d 才能增大，并趋于稳定。然后触动 KM 动作，实现漏电跳闸。

如果 C 较大，给 R_{ys} 的放电电流就较大，放电时间较长，而 I_d 较小，不足以驱动 KM 动作，出现 R_{ys} 已接地，而 KM 延时动作问题，即发生检漏保护装置动作延时拒动现象。如果把 R_{ys} 换成 1kΩ 的人体电阻，模拟人体触电接地，也会发生人体触电后检漏保护装置动作延时的拒动现象，当然，这会增加触电危险性。

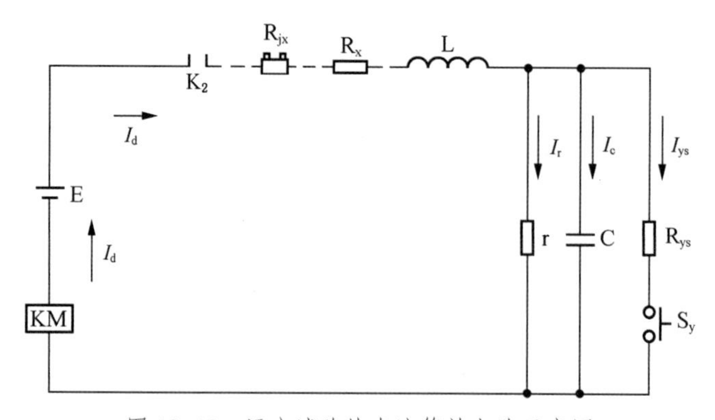

图 12-10　远方试验的直流等效电路示意图

如果把 K_2 停电，把线路静电荷充分对地放电，使分布电容 C 两端的电压趋近于 0，当再次合上 K_2 后，E 要先给 C 充电，如果 C 较大，充电电流就较大，即流过 KM 的 I_d 较大，大于 KM 的动作值时 KM 动作，这时并没有按下 S_y，而发生了检漏保护装置误动作现象，相当于没有发生漏电故障而发生误动作。

图 12-10 中，由 C、r、R_{ys} 组成的 RC 电路时间常数较大，当每相分布电容是 1~2.3 μF

时，时间常数为 11~25 ms，而分布电容充满电或放完电的时间是 3~5 倍的时间常数，即 33~75 ms 以上。供电线路的线路电阻 R_x、分布电感、电动机电感、变压器电感等设备的总电感 L，与分布电容 C 形成充放电电路，对远方试验也有一定影响。R_{jx} 代表电缆接线盒、开关触头等各个线路连接部位的接触电阻，其涉及范围广，变化大。电气设备和电缆接线盒由于温度升高引起事故甚至发生火灾的现象时有发生，主要原因是导线接头接触不好，接触电阻增大，电流通过时产生热量。有些甚至将铜接头氧化成为半导体，相当于在导线中串联一个二极管，该二极管及接触电阻使检漏保护装置的较小直流检测电流隔断或减小，导致远方试验时不动作，相当于供电线路远端发生漏电或人身触电时，检漏保护装置不动作。

图 12-9 中，就地试验和远方试验接在不同相或供电线路发生缺相故障，就会发生就地试验动作而远方试验不动作的情况，就地试验合格，而供电线路远端发生漏电故障后，检漏保护装置不能动作跳闸。显然，直流远方试验时过渡过程十分明显，而直流就地试验时不会发生这些问题，主要原因是直流就地试验时电源距离试验电阻很近，分布参数可忽略。

总之，几乎不发生过渡过程的就地试验与发生较明显过渡过程的远方试验具有较大的差异性，不能互相代替，而且远方试验更接近线路动态实际情况。

（三）其他差异性

（1）图 12-9 中，就地试验与远方试验时，正常情况下漏电保护经过一定时间会动作断电，就地试验附加直流电源检漏保护装置动作时间最长。《细则》规定，选择性漏电保护的各级时差为 200~300 ms，附加直流电源检漏保护装置的就地试验处在总馈电开关的出口、选择性漏电保护的最上级，进行该项试验时，加上时差，动作时间为 300 ms 左右；远方试验选择性检漏保护装置，在供电线路远端、漏电保护的下级进行，所以没有时差，动作时间最短，最长不超过 100 ms。所以，如果两级漏电保护都正常工作，按下 S_{j1} 进行直流就地试验时的动作时间比按下 S_y 进行远方试验时的动作时间长 200~300 ms。

（2）图 12-11 中，在馈电开关 K_1、K_2、K_3 上加装馈电传感器 g_1、g_2、g_3，通过信息处理器 XC，与智能远方漏电试验装置 YF 联网通信，在线路末端进行远方试验，同时，模拟检测到线路远端某点绝缘电阻降低到 11 kΩ（或 20 kΩ）时，各级漏电保护动作时间、是否越级跳闸、同级漏电保护之间是否具有选择性等性能。

如果用 K_2、K_3 的检漏保护装置的就地试验，就不能模拟线路远端某点绝缘电阻降低到 11 kΩ（或 20 kΩ）状态，也检测不到漏电保护的这些实际性能。K_2、K_3 的选择性检漏保护装置就地试验电阻较小，一般为（3~5）kΩ，用 11 kΩ（或 20 kΩ）就地试验时接地试验电流太小，达不到动作电流值，所以，不能用 11 kΩ（或 20 kΩ）电阻进行就地试验，当然也无法检测到安全临界阻值 11 kΩ（或 20 kΩ）时，各级动作时间等性能参数，但远方试验就能实现。

（3）就地试验与远方试验都是在爆炸性环境中进行的，但就地试验一般在变电所、配电点进行，变电所、配电点一般是危险性相对最小的地方，也是设备防爆性能、供电线路电压损失最小的地方；远方试验一般在离采掘工作面较近的地方进行，是危险性相对较大的地方，空气潮湿，电气失爆和漏电事故多，人体容易触电。检漏保护装置最基本的要求之一是：当危险性大的地方发生漏电时必须可靠动作。

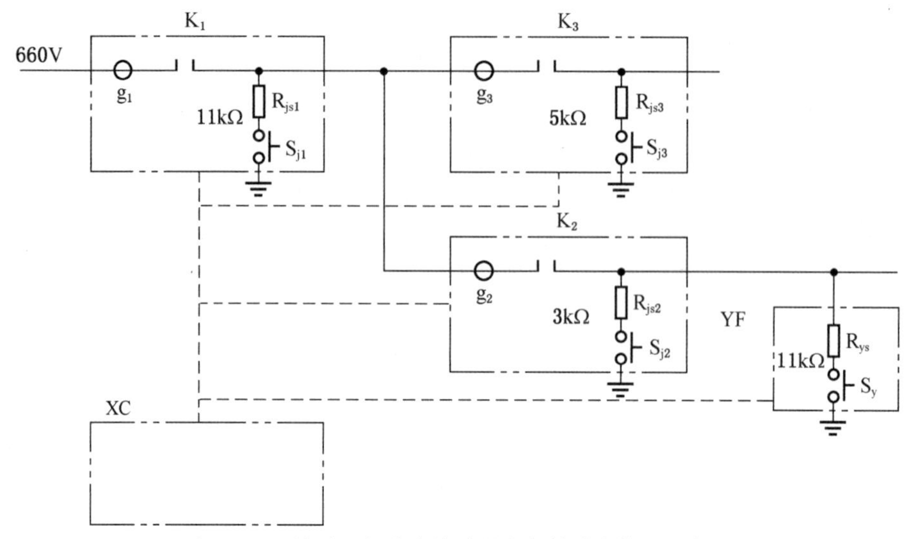

图 12-11　联网远方试验检测漏电保护系统性能示意图

远方试验点一般在线路远端，供电质量低，电压损失大，允许电压损失 63 V(660 V 系统)，实际电压损失往往更大。显然，只有在线路远端进行远方试验，才能确定系统电压较大降低后，检漏保护装置是否可靠动作。如果远方试验不成功，就不能确定在相对危险的线路远端发生漏电故障后漏电保护是否起作用。

三、结论及意义

(1) 分析研究井下接地电流必须考虑分布电容，研究分布电容所用的电路模型是分布参数模型，根据描述分布参数模型的偏微分方程组可知，井下供电系统任意两点的参数都不相同。就地试验和远方试验位于不同的点，一般相距数千米，试验点的电压、电流、电阻、电容等主要电气参数差别很大。所以，就地试验和远方试验各有作用，互不相同，不能互相代替。不进行远方试验或远方试验不成功，就不能确定在相对危险的线路远端发生人身触电漏电故障后漏电保护是否能够可靠动作。

(2) 对于选择性检漏保护装置，动作电阻是一个范围，如 (3～11)kΩ 或 (5～13)kΩ。为了驱动其零序继电器动作，就地试验只能用 (3～5)kΩ 电阻进行接地试验；而用 11 kΩ (660 V) 或 20 kΩ(1140 V) 电阻进行远方试验，也能驱动零序继电器动作。就地试验和远方试验分别采用动作电阻范围的“两头”阻值进行试验，才能确保选择性检漏保护装置在动作电阻范围都能跳闸断电。

用电阻在线路末端进行远方试验，就可以模拟检测到线路远端某点绝缘电阻降低到 11 kΩ(或 20 kΩ) 时，各级漏电保护动作时间、是否越级跳闸、同级漏电保护之间是否具有选择性等性能。如果用选择性检漏保护装置的就地试验功能，因为其试验电阻为 (3～5)kΩ，不能用 11 kΩ 或 20 kΩ 电阻进行试验及检测，就不能确定对应的相关性能。

发现线路三相绝缘电阻均匀下降时，电网对地绝缘仍然是对称的，由于没有零序电流，不能触动选择性漏电保护动作，但如果进行远方试验，仍然可以确定选择性漏电保护装置本身的动作是否可靠。

(3) 对于附加直流电源的检漏保护装置，就地试验时基本不发生过渡过程，远方试验时，分布电容较大，发生较明显的过渡过程，与就地试验具有较大的差异性，不能互相代替，而且远方试验更接近线路动态实际情况。

如果两级漏电保护都正常工作，进行就地试验时的动作时间比进行远方试验时的动作时间长 200~300 ms；当负载较大、大功率电动机启动、电缆较长时，由于线路电压降造成输送电压逐渐衰减，导致首末端电压差别较大，可以下降到额定电压的 75%，从而影响漏电电流值。在线路远端进行远方试验，可以确定电压降低较大后，流过远方试验电阻的电流下降时，检漏保护装置是否可靠动作；如果远方试验不成功，即使就地试验成功，也不能确定在相对危险的线路远端发生人身触电漏电故障后漏电保护一定可靠动作。所以，远方试验与就地试验一样都十分必要。

综上所述，改进远方试验方法，实现井上下联网进行就地试验和远方试验，井下漏电保护系统安全性（不需要开盖接电阻操作）和可靠性将会提高。

第三节　实 例 研 究

在高低压开关、电动机、变压器、电缆接线盒等电气设备的接线空腔（盒）盖板上实现“三开一防”，即开盖报警、开盖断电、开盖闭锁及防止非专职人员擅自开盖操作。目前，在 127~1140 V 供电系统中，人为接地实现开盖断电得到了一定程度的应用，如果在井下大量应用，存在的重大隐患不可忽视。解决办法是大面积推广应用智能抗违章保护技术系统。

一、人为接地实现开盖断电方法

打开矿用隔爆型分级闭锁真空电磁启动器接线空腔盖板、移动变电站开关等电气设备盖板时，即可切断上级电源，其基本原理如图 12-12 所示。

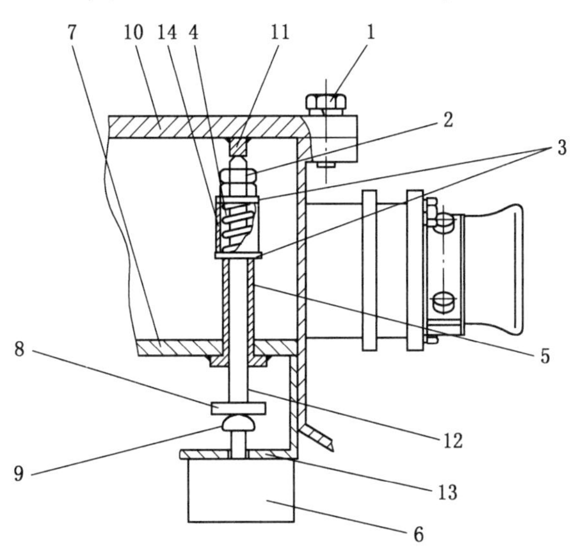

1—盖板紧固螺栓；2—螺母；3—垫片；4—弹簧；5—导向管；6—开盖动作开关；7—接线空腔壳体；8—开盖传动杆压块；9—位移开关按钮杆；10—带凸块；11—接线空腔盖板；12—开盖传动杆；13—连接片；14—导向套管

（a）某种人为接地实现开盖断电开关结构示意图

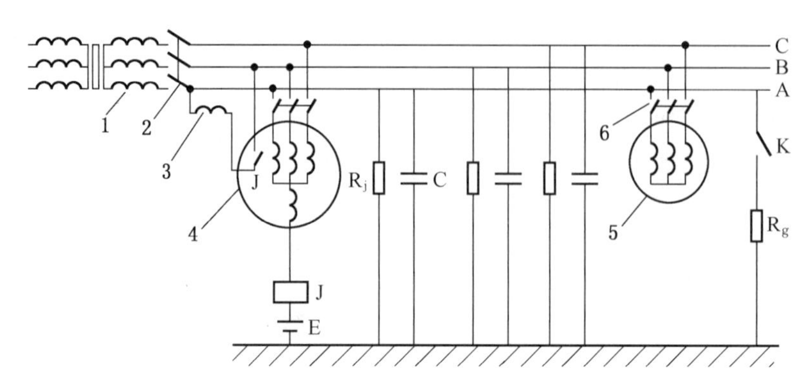

1—变压器高低压线圈；2—电源开关；3—脱扣继电器线圈；4—三相电抗器及零序电抗器；
5—负荷等效电感；6—磁力启动器；J—检漏继电器；E—直流电源；R_g—开盖动作电阻；
K—开盖动作开关；C—分布电容；R_j—绝缘电阻

（b）断电原理

图 12-12 人为接地实现开盖断电原理示意图

由图 12-12a 可见，电磁启动器由壳体和开关本体组成，与普通电磁启动器相比，增加了一个机械闭锁装置和一个由机械闭锁装置触发的分级闭锁控制电路。

机械闭锁装置主要由带凸块 10 的接线空腔盖板 11、弹簧 4、螺母 2、垫片 3、导向管 5、导向套管 14、开盖传动杆 12、开盖传动杆压块 8、开盖动作开关 6、位移开关按钮杆 9 组成。

当打开接线空腔盖板 11 时，开盖动作开关 6 闭合，其断电原理如图 12-12b 所示。打开磁力启动器 6 的接线空腔盖板 11 时，开盖动作开关 K6 闭合，开盖动作电阻 R_g 接入动力系统，检漏继电器 J 动作，脱扣继电器线圈 3 得电，电源开关 2 可靠断电，实现开盖断电。

二、人为接地产生过电压原因分析及事故案例

在开盖断电过渡过程或动作失灵状态下，人为接地实现开盖断电时能产生接地过电压，造成绝缘击穿，甚至引发瓦斯煤尘爆炸。

图 12-12 中，开盖时，在开盖断电过渡过程中（包括盖板松动、开盖动作开关 K 闭合，开盖动作电阻 R_g 接入动力系统，检漏继电器 J 动作，脱扣继电器线圈 3 得电动作，电源开关 2 动作可靠熄弧断电），或在检漏继电器 J、电源开关 2 等装备因故障动作失灵状态下，都相当于 1140 V(660 V) 动力系统“强送电”到“故障点”（即开盖动作电阻 R_g 接入的开关），都会出现很高的过电压，一般达到（1.1~4）$U_{\phi M}$（$U_{\phi M}$ 为相电压幅值），1140 V 系统最高可达 3909 V$\left(由\ 4\times\frac{1140\times105\%}{\sqrt{3}}\times\sqrt{2}\ 得到\right)$，其中，4 为过电压倍数，$\sqrt{2}$、$\sqrt{3}$ 分别是 1140 V 系统有效值变换成最大值及 1140 V 线电压变换成相电压的系数，105% 是 1140 V 系统变压器具有的可调高电压的调压系数。过电压种类及产生原理如下：

（1）在向故障点强送电时，如果故障点的开盖动作电阻 R_g 由于某种原因（如烧坏、开关淋水、引线接错等）造成短路，使一相与地线之间断续接触，往往产生单相接地过电压及电弧接地过电压，可以达到 $3U_{\phi M}$，1140 V 系统可以达到 2932 V$\left(由\ 3\times\frac{1140\times105\%}{\sqrt{3}}\times\sqrt{2}\ 得到\right)$。

图 12-12 中，若开盖动作电阻 R_g 接入 A 相并成为强送电的故障点，则发生单相接地故障，零序电流在线路阻抗上产生压降使健全相对地电压升高，过电压值与系统的零序阻抗及故障点的接地电阻有关，一般为（1.1~1.3）$U_{\phi M}$。

若 A 相故障点的开盖动作电阻 R_g 由于某种原因（如烧坏、开关淋水、引线接错等）发生单相电弧接地故障，先不考虑线路经电抗器接地，将图 12-12 简化为图 12-13（假设 $R_J=\infty$）。

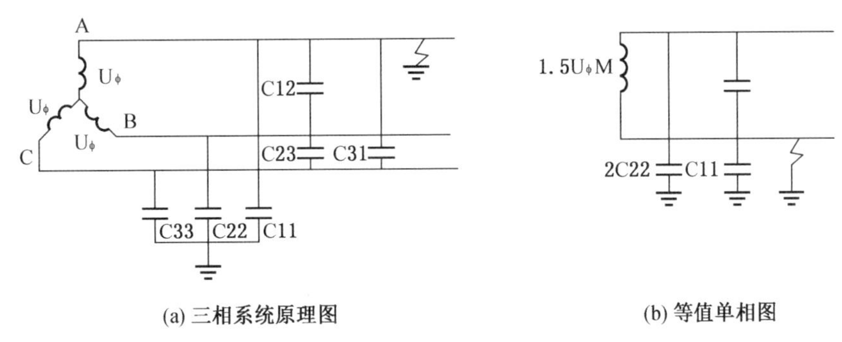

(a) 三相系统原理图　　(b) 等值单相图

图 12-13　电弧接地原理示意图

由图 12-13 可知，流过故障点的电流是另外两相的对地电容电流；电流值一般很小，往往不能形成稳定电弧。故障相（如 A 相）的电压在最大时（如正峰值 $U_{\phi M}$）发弧，B 相和 C 相的对地电压从 $-0.5U_{\phi M}$ 突变到 $-1.5U_{\phi M}$；在过渡过程中，变压器和线路的电感与线路电容形成的高频振荡电流过故障点；若 B 相和 C 相的对地电压变到 $-1.5U_{\phi M}$ 时，高频振荡电流恰好第一次过零使故障点电弧熄灭，则三相导线上的电荷将重新分布使整个三相系统获得一个负直流电压；半个工频周期后，A 相电压为 $-U_{\phi M}$ 与负直流电压之和，若故障点再次发生电弧接地，则产生与上述相似的过程；由于系统中留存上次负电荷，高频振荡电流加大，于是使整个系统获得更高的正电流电压。这样，电弧时熄时燃，由于系统内电磁能积聚，在故障相和健全相都可能出现很高的过电压。若考虑图 12-12 中电抗器接地且不处于最佳补偿状态，$R_J\neq\infty$，则过电压可以达到 $3U_{\phi M}$。

图 12-12 中，开盖断电过渡过程时间为 0.2~0.5s。期间，完全能发生电磁振荡，产生过电压。这时，如果检漏继电器因故不能正常动作，就会酿成大事故。即使能正常动作，也会在开盖断电过渡过程中产生过电压。

（2）如果上级馈电开关没有漏电闭锁或漏电闭锁失灵，如早期使用 JY-82 检漏继电器断电，开盖后虽然断电，但工人可以违章多次强送电，多次强送电就会多次闭合三相触头不同时接触的馈电开关，会产生谐振过电压，其幅值最高可以达到 $6.7U_\phi$（U_ϕ 为相电压），实际可能达到（4~5）U_ϕ。当前，JY-82 检漏继电器虽然已不再使用，但是甩保护等原因造成漏电闭锁失灵现象依然时有发生，所以强送电产生过电压故障也经常出现。

（3）多次强送电，必然多次断电，这就可能产生开断感性负荷过电压，最高可以达到 $4U_\phi$①。

（4）给接地故障点强送电产生过电压造成短路。表 12-3 是某煤矿检漏继电器爆炸情

① 有些资料认为：可产生或诱导 LC 谐振过电压，达到（10~25）U_ϕ。

况调查表。

表 12-3 某煤矿检漏继电器爆炸情况调查表

型号	出厂编号	合格证号	出厂日期	爆炸日期	爆炸地点及环境	供电系统状况	检漏继电器状况	备注
JY82-3	00917	278131	1982 年 5 月	1984 年 6 月	3 采 2 号变电所，位于回风水平，空气潮湿，污染严重	电缆有破口，脱扣线圈烧坏，长时间给故障线路送电	三相接线柱放电，危险牌（图 12-14b）有放电痕迹，直流继电器节点粘连，电抗器烧毁	
JY82-3	01675	278131	1980 年 8 月	1982 年 12 月	109 变电所，位于进风水平，空气湿度一般	电缆漏电，多次强送电，三相触头同时性差	三相接线柱放电，危险牌（图 12-14b）有放电痕迹，直流继电器节点粘连，电抗器烧毁	
JY82-3	01677	278131	1981 年 12 月	1989 年 4 月	8 采 2 号变电所，位于进风水平，空气污染，潮湿严重	四通漏电，脱扣机构失灵，长时间强送电，三相触头同时性差	三相接线柱放电，危险牌（图 12-14b）有放电痕迹，直流继电器节点粘连，但电抗器没有烧毁	
JY82-3	1163	279131	1983 年 6 月	1985 年 7 月	3 采 4 号变电所，位于回风水平，空气污染，潮湿严重	分散性漏电，脱扣机构被绑扎损坏，长时间多次强送电，三相触头同时性差	三相接线柱放电，危险牌（图 12-14b）有放电痕迹，直流继电器节点粘连，电抗器烧毁	
JY82-3	1591	238131	1984 年 8 月	1987 年 1 月	3 采 4 号变电所，位于回风水平，空气污染，潮湿严重	电缆漏电，多次强送电，三相触头不同时接触	三相接线柱放电，危险牌（图 12-14b）有放电痕迹，直流继电器节点粘连，电抗器烧毁	
JY82-3	01702	278131	1980 年 9 月	1983 年 8 月	6 采区变电所，空气污染，潮湿较重	开关漏电，多次强送电，三相触头同时性差	三相接线柱（图 12-14a）放电，危险牌（图 12-14b）有放电痕迹	
JY82-3	1124	278131	1983 年 6 月	1986 年 5 月	3 采区 4 号变电所	分散性漏电，脱扣线圈烧坏，多次强送电	三相接线柱放电，危险牌（图 12-14b）有放电痕迹	
JY82-3				1987 年 5 月	3 采区 5 号变电所，位于回风水平，空气污染，潮湿重	电缆漏电，长时间多次强送电，脱扣线圈烧坏，三相同时性差	三相接线柱放电，电抗器烧坏，直流继电器节点粘连，检漏盖上有放电痕迹（图 12-14c）	违章取危险牌工作（图 12-14b）

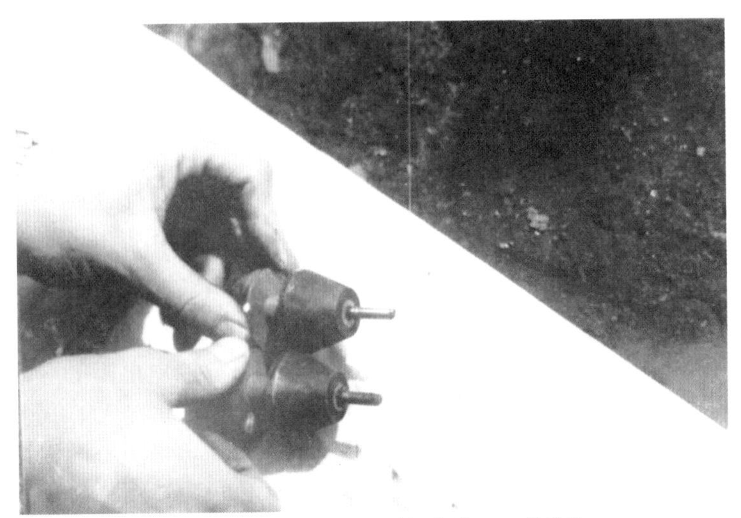

(a) 有放电痕迹 (表面烧黑) 的660 V接线柱

(b) 有放电痕迹 (3个放电点周围烧黑) 的660 V接线柱绝缘盖板

(c) 有放电痕迹的检漏继电器隔爆外壳转盖

图 12-14　检漏继电器放电痕迹照片

三、人为接地产生过电流原因分析

由于同时性问题，人为接地实现开盖断电时能产生大于 30 mA 安全电流的接地过电流，造成人身触电，甚至引发瓦斯煤尘爆炸。

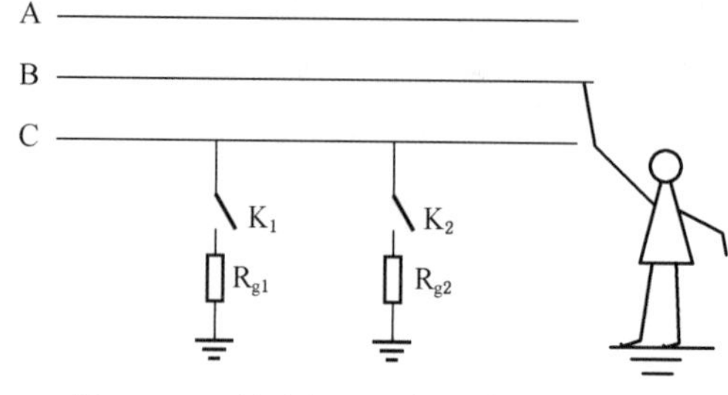

图 12-15　同时打开两台开关电路示意图

如图 12-15 所示，人为接地实现开盖断电的开关如果大量应用在井下，完全有可能同时打开两个以上开关接线空腔盖板，在开盖断电过渡过程中出现的同时性问题决不能忽视。如果两台开关开盖断电电阻 R_g 共同接在 C 相上，相当于两个 R_g 并联接入 C 相，此时如果有人触摸到 A、B 某一相或电缆损坏或电气设备淋水，使 A、B 某一相与地线接触，则流过人体或故障点的电流可能远大于 30 mA 安全电流。如果装备因故障动作失灵，将发生触电事故或点燃瓦斯煤尘。即使装备没有动作失灵，在开盖断电过渡过程中，也会大幅度增加故障点的危险性。

为了简化计算，不包括电缆分布电容给接地故障点增加的接地电流，以及从 A 相流入接地故障点的电流，估算如下：

对于 660 V 系统，$R_{g1}=R_{g2}=11\ \text{k}\Omega$，取人体电阻 $R_r=1\ \text{k}\Omega$，并以 R_r 代替接地故障点，则流过人体电流 $I_r=660/(R_{g1}/2+1)=102\ \text{mA}$。

因此，流过人体电阻 R_r 或故障点的电流远大于 30 mA 安全电流。

四、某些开关在开盖失爆后才断电

某些开关，人为接地实现开盖断电时，盖板紧固螺栓已松动，已失爆，断电前，有可能从上下盖板间隙喷出火焰，从而引发瓦斯煤尘爆炸。

图 12-12a 中，松开盖板紧固螺栓 1 后，才能进行开盖断电动作，而这时盖板 11 与接线空腔壳体 7 之间的隔爆间隙已超过规定值，已经失爆，可能喷出火焰，从而引发瓦斯煤尘爆炸。《煤矿安全规程》（2016）规定，井下不得带电检修、搬迁电气设备、电缆和电线，检修或搬迁前，必须切断上级电源。检查瓦斯，在巷道风流瓦斯浓度低于 1.0% 时，再用与电源电压相适应的验电笔检验；检验无电后，方可进行导体对地放电。松动盖板紧固螺栓 1 时，如果开关还带电，显然是违章作业；如果停了电，必须先检查瓦斯，再松动盖板紧固螺栓 1，再验电、放电。松动盖板紧固螺栓 1 后，其电源开关已断电，即使检漏继电器没有失灵，也不存在断电问题，即该设备只能作为违章带电开盖造成失爆后的一种防治带电作业的后备保护，而不能预防带电开盖造成失爆引发瓦斯煤尘爆炸。

五、实现开盖断电的第一代“三开一防”技术

以矿用本安型开盖传感器为核心元件，与安全监控系统共同组成的系统实现开盖断电，示意如图 12-16 所示。

图 12-16 中的监控系统可以是电力监控系统和开关启动控制回路，把传感器节点作为停止按钮接入电力监控系统的保护装置或开关启动控制回路，也能实现“三开一防”功

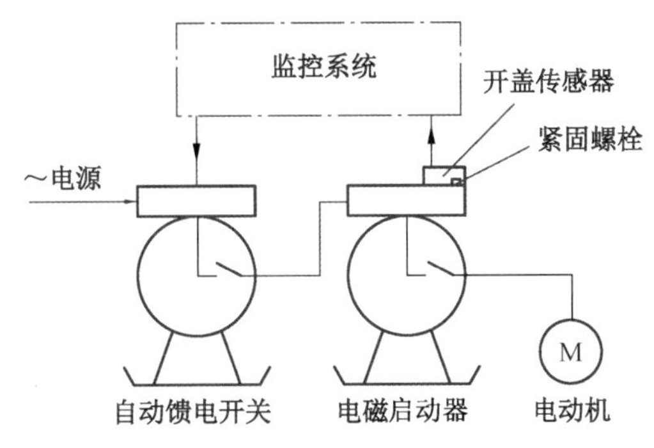

图 12-16　开盖断电示意图

能，但需要注意：矿用本安型开盖传感器只能接入本安回路，要接入非本安回路，需要用非本安型开盖传感器。

（一）超前开盖报警

图 12-16 中，取下开盖传感器时，紧固螺栓没有松动，还没有失爆，螺栓套离开继电器，常闭节点闭合，触动继电器连通声光报警装置，发出声光报警信号，提示严禁带电作业、停电、测瓦斯浓度、验电、放电，达到超前开盖报警的目的。

（二）超前开盖断电

图 12-16 中，超前开盖报警的同时，与电磁启动器上的开盖传感器连通的矿井监控系统检测到开盖信号，给上级电源自动馈电开关发出断电指令，自动馈电开关动作，切断电磁启动器的上级电源，实现超前开盖断电。

（三）开盖闭锁

图 12-16 中，开盖断电后，打开电磁启动器盖板作业，此时，监控系统给自动馈电开关送出闭锁信号，即使有人误操作自动馈电开关启动按钮，也送不出电，确保安全作业，实现开盖闭锁。

（四）防止非专职人员擅自开盖操作

非专职人员没有锁钥，不能有效操作螺栓转动。

比较矿用本安型开盖传感器与人为接地实现开盖断电方法，可以看出这两种方法的优劣。用“三开一防传感器”实现开盖断电方法不会产生过电压、过电流、失爆后再断电问题，不仅有“三开一防”功能及安全方面的优点，还有不需要更换一条螺栓就可以方便应用到在用电气设备螺栓紧固盖板上的优点。

为解决山西省煤矿存在的用螺栓紧固的电气设备接线空腔（盒）盖板缺少安全保护的问题，2009 年山西省煤炭工业厅下发的《煤矿安全质量标准化标准及考核评级办法》明确规定：“用螺栓紧固的电气设备接线空腔（盒）盖板上应实现‘三开一防’”，从装备上消除了这一重大安全隐患。

六、建议

在 127~1140 V 供电系统中，人为接地实现开盖断电已存在于我国部分矿用开关中，但在开盖断电过渡过程及动作失灵状态下，会产生接地过电压；2 台以上开关同时开盖时，会产生大于 30 mA 安全电流的接地过电流；还有一些开关是在松动盖板紧固螺栓后

(即失爆后）才断电的，这些都是重大隐患。

将矿用本安型开盖传感器，用专利技术锁定在电气设备盖板紧固螺栓上（不更换紧固螺栓），其节点与安全保护监控系统（回路）连接，将要开盖时，先开锁，再断电，然后才能松动紧固螺栓，打开盖板，该方法可使国内外所有在用井下电气设备（包括开关、电机及电缆连接器等）安全地实现超前开盖断电，杜绝带电作业。

鉴于此，栗俊平等多位全国人大代表于 2014 年向全国人大提出关于排查“人为接地实现开盖断电方法”重大隐患的建议：在高低压开关、电动机、变压器、电缆接线盒等电气设备用螺栓紧固的接线空腔（盒）盖板上实现“三开一防”，尤其是实现开盖断电，是发明隔爆设备以来各国煤矿技术人员都渴望实现的目标。目前，在 127~1140 V 供电系统中，人为接地实现开盖断电在一些开关上得到了应用，但在井下的应用还不多，如果在井下大量应用，其存在的重大隐患决不可等闲视之，因此，建议国家煤矿安全监察监管部门督促企业排查“人为接地实现开盖断电”存在的隐患。

下一章将介绍创新理论及案例。

第十三章
创新理论及案例

本章导读

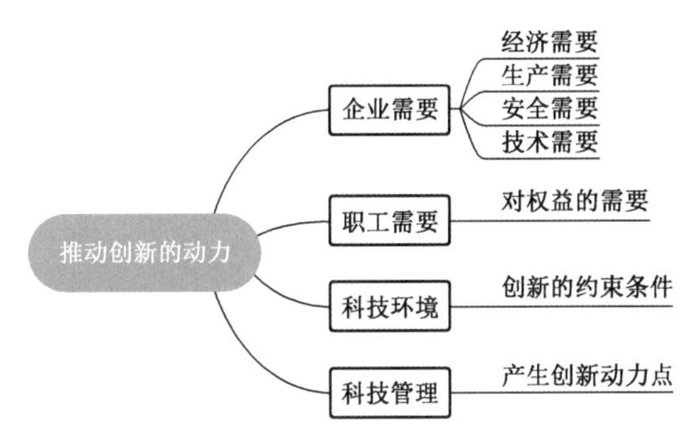

抗违章技术理论的发明与发现，无疑属于煤矿安全领域的重大创新成果。创新是人类特有的认识能力和实践能力，是人类主观能动性的高级表现形式，是推动民族进步和社会发展的不竭动力。创新是一种有目的的活动，受社会环境的约束，优化社会环境有利于促进创新活动。

创新方式一般分为原始创新、引进消化吸收再创新、集成创新等。创新最显著的特点是具有严重不对称性。创新（主要指重大发明创造）不对称性的主要表现如下：

(1) 重大发明创造（发现）都具有出人意料的效果或颠覆性特点；出人意料就会受到人的反对，或一时难以接受。

(2) 颠覆现有在用技术就会受到在用技术发明者或使用者的反对。

(3) 原始创新技术或颠覆性技术一般掌握在关键的少数人手中，与不了解、不掌握该技术的多数人形成严重不对称性，关键的少数人与多数人相比具有相对优势，也造成了严重的矛盾冲突。关键的少数人包括科技人员、领导干部、科技小微企业、实验室、技术中心、高新技术企业和科研院所等科技组织或科技创新的开拓者。

(4) 重大创新由于其超前性往往不符合当前产业政策或法规标准要求，就会受到当前产业政策、项目指南、法规标准的约束或排斥。

(5) 重大创新往往要替代地区或行业在用技术或补充在用技术的短板，就会受到在用技术的抵制；重大创新往往与习惯思维相冲突，就会遭到习惯思维的反对或不接受；重大创新一般不在政府工作范围内或没有明确要求，公务人员按照“法无规定不可为”的原则不敢给予支持；重大创新往往会导致竞争对手破产，竞争对手本能地坚决反对；重大创新人员思维习惯、工作习惯、生活习惯往往与常人不同，就会受到家人、单位领导、同事、朋友等人的不理解甚至反对。

文化环境、人际环境、法规标准、公共关系等往往是影响创新的约束条件，必须改革这些约束条件，营造创新生态，以适应各种创新不对称性特点，为每个创新者提供个性化服务。

第一节 企业技术创新动力点研究及应用案例

笔者在从事抗违章技术发明实践之前，曾担任过汾西矿务局柳湾煤矿科技科科长，首创企业全面科技管理理论，并在柳湾煤矿积极推行企业全面创新管理，取得明显成效。以寻找企业技术创新动力点（以下简称创新动力点）激发创新动力为中心，对影响创新的各个方面进行调控，使企业全体职工在进行创新的全过程中，具有很高的积极性、创造性，从而实现创新目标。

一、基本理论

科学技术是第一生产力，是推动经济发展的动力。在企业中，推动创新的动力由企业需要、职工需要、科技环境、科技管理 4 个要素产生。把企业创新动力简单地归结为生产需要，不利于制定企业创新政策、制度，不利于推动企业创新。

（一）创新动力点及其产生机理

1. 概念

企业需要包括经济需要、生产需要、安全需要、技术需要等。本书中的企业需要狭义地指企业技术需要，即企业各个系统需要解决的技术课题。企业技术需要通常由其他需要引起，技术需要的实现通常是为了满足其他需要。企业需要的强弱可以由企业为解决技术课题计划付出代价的大小衡量。计划付出代价大，表明需要强烈，反之，则微弱。企业计划付出代价一般依照法规以规章制度的形式规定，包括技改投资、各种技改条件、创新人员的各种待遇、技术课题解决后创新人员享受的权益等。权益包括知识产权、股权、荣誉、地位、奖金等权力和利益。给予创新人员的权益是当前最关键最敏感的问题，权益享受是否得当，直接影响创新动力的大小。

职工需要很复杂，通常一个职工同时有多种需要，往往一种需要较强烈。职工需要与形势有关，本书把职工需要的产权、股权、地位、金钱、荣誉等，概括为权益。

职工需要是决定企业科技发展动力的关键因素，职工为了满足自己的需要，才会发挥主观能动性，利用各种条件进行创新，推动科技发展，满足企业需要。如果职工需要不能满足，企业需要就不能满足。在制定企业科技发展的政策、规章制度时，必须充分注意这种关系，将企业需要转变为每个职工自己的需要。

科技环境是指创新的约束条件，改善科技环境能够减少创新人员创新所消耗的能量，调动创新人员的积极性，推动科技发展。

科技管理是推动创新的动力之一，运用科技管理方法使企业需要、职工需要、科技环境三者互相满足，三者交于一点时才会产生创新动力，即创新动力点。

2. 创新动力点产生机理分析

设
$$\begin{cases} Q = f_1(K) \\ q = f_2(G) \end{cases} \tag{13-1}$$

其中，K 表示企业中的技术课题；Q 表示职工解决技术课题后，依据法规和规章制度可以享有的权益，Q 反映企业需要的强弱程度；权益大小是一个模糊概念，用模糊数学方法将其数量化，可以表示为图上的点；q 表示职工追求的权益；G 表示任意一名职工；f_1、f_2 表示不同的函数关系。

式（13-1）中的两个函数图象假定如图 13-1 所示。

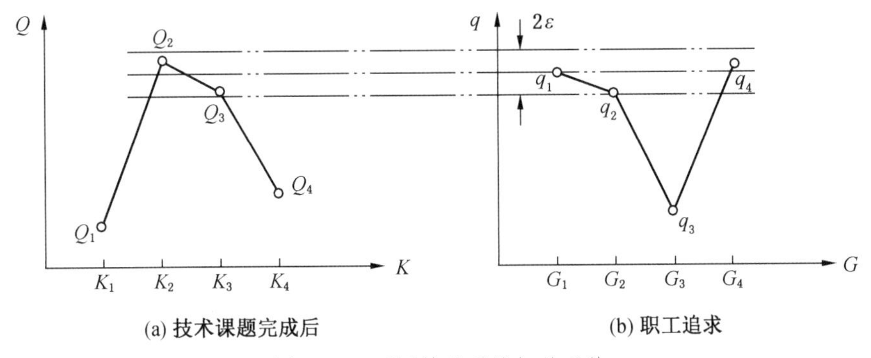

图 13-1　不同情况下的权益函数

图 13-1 中，过 G_1 的 q_1 点及 $q_1 \pm \varepsilon$ 作 3 条水平线，正常情况下，在一段时间内人的需要是以一种需要为主，多种需要并存，$q_1-\varepsilon \sim q_1+\varepsilon$ 表示职工的需要范围。

由图 13-1a 可知，Q 点离 q_1 的距离从小到大依次是 Q_2、Q_3、Q_4、Q_1，职工 G_1 选择课题的先后顺序是 K_2、K_3、K_4、K_1。每个技术课题都对应可以享有的权益 Q，职工先考虑较容易实现的课题，再考虑较难实现的课题。为什么还要考虑较难实现的课题呢？这是因为人实现目标时，不仅要考虑目标值，还要考虑实现目标值的期望值。

设
$$\begin{cases} Z = f_3(K) \\ t = f_4(K) \\ S = f_5(K) \\ J = f_6(K) \\ V = f_7(K) \\ T = f_8(K) \\ D = f_9(K) \end{cases} \tag{13-2}$$

其中，Z 表示企业投资（解决课题 K）；t 表示企业限定时间（解决课题 K）；S 表示企业要求达到的技术指标（解决课题 K）；J 表示企业要求达到的经济指标（解决课题 K）；V 表示职工 G 的自身条件（对应课题 K）；T 表示受到的其他约束条件（解决课题 K）；D 表示职工 G 解决课题 K 需要花费的代价，即需要消耗的时间、精力、金钱等。f_3、f_4、f_5、f_6、f_7、f_8、f_9 分别表示不同的函数关系。

假设 K 取 K_1、K_2、…、K_n，各函数值见表 13-1。职工 G_1 综合考虑 Z、t、S、J、V、T、D 各项条件，预测完成各课题需要花费的代价依次是 D_1、D_2、D_3、D_4，且 $D_2 >$

$D_3 > D_1 > D_4$。

表 13-1 式（13-2）函数（设 $G=G_1$）

K	K_1	K_2	K_3	K_4	K_5	…	K_n
Z	Z_1	Z_2	Z_3	Z_4	Z_5	…	Z_n
t	t_1	t_2	t_3	t_4	t_5	…	t_n
S	S_1	S_2	S_3	S_4	S_5	…	S_n
J	J_1	J_2	J_3	J_4	J_5	…	J_n
V	V_1	V_2	V_3	V_4	V_5	…	V_n
T	T_1	T_2	T_3	T_4	T_5	…	T_n
D	D_1	D_2	D_3	D_4	D_5	…	D_n

令 $W_K = Q/D$，则 $W_K = Q_1/D_1$， 其余类推。

W_K 为解决课题 K 的期望值。W_{K1} 类推。

Q、D、Q_1、D_1 意义同上。

$W_K > 1$ 表示获得的权益 Q 大于花费的代价 D。

若 $W_{K3} > W_{K2} > 1 > W_{K4} > W_{K1}$，则职工 G_1 选定课题 K_3。

课题 K_2 对应的权益 Q_2 虽然大，也在职工 G_1 追求的权益范围内，离职工 G 追求的权益 q_1 最近（图 13-1），但代价 D_2 太大，导致 $W_{K3} > W_{K2}$，课题 K_2 的期望值小于 K_3 的期望值，故职工 G_1 选定课题 K_3，课题 K_1、K_4 对应的权益 Q_1、Q_4 不在职工 G_1 的权益追求范围内（图 13-1），且 $W_{K1} < W_{K4} < 1$，预期代价大于受益，故选择课题 K_1、K_4 的概率很小。

通过上述分析，可以推导出职工选择技术课题双优先规律：优先选择自己权益追求范围内的课题，同在追求范围内的课题，优先选择期望值大的课题，不选择期望值小于 1 的课题。这一规律在科技管理中具有重要意义。既然职工 G_1 选定课题 K_3，就会产生解决课题 K_3 的动力，课题 K_3 就是职工 G_1 的动力点，职工在动力点处，动力最大。创新是一个过程，分为选题、设计研究、试验、应用 4 步，在各步骤中都会有很大的阻力，都需要职工用最大的动力去克服，这就要求各步骤都必须研究动力点问题，即研究创新过程的每一步骤中是否有足够大的动力。任何一个创新课题都很难由一个人完成，往往需要他人合作，如何寻找合作伙伴或委培他人？一般情况下，追求相近的可结为伙伴。如图 13-1b 所示，职工 G_2 对应权益 q_2，职工 G_4 对应的权益 q_4 离权益 q_1 较近，则 G_1、G_2、G_4 可结为伙伴，合作研究课题 K_3。

课题 K 对应的权益 Q 与多数职工追求的权益 q 越近，且期望值 W_k 不小，则解决课题 K 的动力越大，这时的课题 K 是多个职工的合力作用点。每个课题对应的权益 Q 都与很多职工追求的权益 q 相近，且期望值 W_k 不小，则企业有很多动力点，很多课题容易被解决，常常会出现踊跃参加创新活动的情况。

综上所述，创新动力点的产生机理是：职工用投入产出方法对自己追求范围内的目标（如技术课题）逐一分析，预估实现每一个目标所需要消耗（投入）的能量与获得（产出）的结果之间的关系，比较各期望值大小，放弃期望值小于 1(赔本）的目标，以最大动力优先实现期望值大的目标，该目标就是创新动力点。

创新动力点实质是多种因素（如企业需要、职工需要、科技环境、科技管理）综合作用下的职工实际权益追求点（经权衡比较，实实在在地投入精力追求的目标点）。所以，必须从多方面着手，进行全面创新管理，才能产生大量创新动力点，推动经济技术发展。

（二）企业全面创新管理

1. 全面创新管理调控过程

结合图 13-2 简要叙述全面创新管理调控过程及其原因。

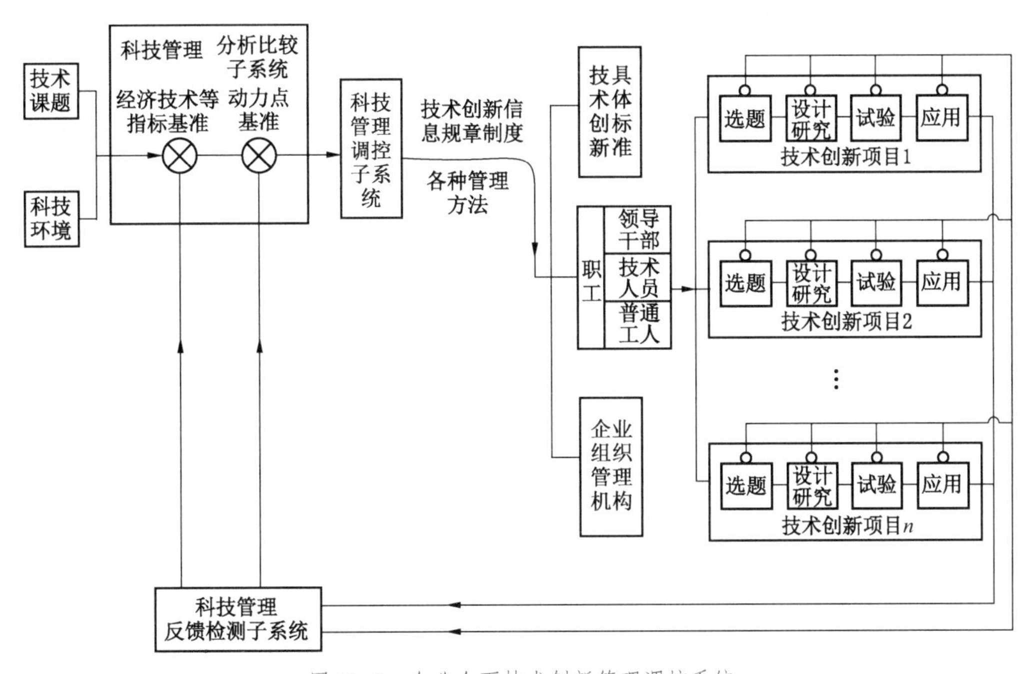

图 13-2 企业全面技术创新管理调控系统

分析比较子系统综合考虑企业的技术课题及科技环境，与企业领导共同制订技术、经济等指标，作为企业创新目标及调控基准等，并随着技术课题、科技环境条件的变化而变化。

由于创新需要极大地依靠人的创造性和积极性，所以，必须推行以人为中心的理念；创新需要人拥有极大的自由度，以发挥人的创造性，不能限制人的作业方法、创新过程等。因此，科技管理者必须以调动人的主观能动性，加大创新动力为中心。创新过程是一个复杂过程，时刻会出现各种阻力，增加创新人员的创新代价，降低创新期望值，减小创新动力，阻碍创新进行。因此，应该对创新全过程的动力点进行反馈控制，以保证科技创新动力始终符合要求，所以要制定一个动力点目标，作为调控基准，它要随着达到的经济技术等指标的变化而变化，经济技术等指标越高，动力点目标也越高，反之亦然。

调控子系统综合考虑上述各因素，输入企业各级组织机构、全体职工各种有利于创新的技术信息，制订各种有利于创新的规章制度，运用各种有利于创新的管理方法，作用到企业各级组织机构、全体职工、各创新课题的具体实际中，使职工产生巨大的创新动力。需要特别强调领导干部、规章制度、技术人员 3 个方面，领导干部、规章制度是创新的关键，技术人员是创新的骨干力量。

科技管理者要特别注意了解创新目的，解决具体困难，为创新人员创造条件，这是增强创新动力的重要一环。科技管理者要管理企业各部门，尤其是人、财、物管理部门，没有各部门的协调配合，创新就难以实现。各部门不配合，创新中的具体困难就会增大，创新动力就会减小，甚至消失。

各课题的各个过程都有很多困难，有困难不解决就会影响创新动力。所以，反馈检测子系统检测各课题、各过程的创新动力，反馈分析比较子系统动力点基准，经分析比较得出结论后，由调控子系统输出信息、规章制度、行政管理手段等调控措施，作用到有关环节，克服创新阻力，增大创新动力。注意：着重调控创新动力，即着重创造条件、解决困难，满足职工需要，调动创新人员的积极性、创造性。

创新项目完成后，由检测反馈子系统检测各项目取得的经济技术等方面的效果，反馈到分析比较子系统经济技术等指标基准，经分析比较得出结论，由调控子系统输出对应的调控措施，以达到预定目标，这是科技管理中非常重要的一步。创新的根本目的是创造新技术，提高经济效益，检测是否准确及时，分析比较是否正确，经济技术等指标是否合适，调控措施是否得力，决定着能否创造经济效益，决定着企业全面创新管理的成败与好坏。

2. 企业全面创新管理主要特点

企业全面创新管理要求科技管理必须以增强创新动力为中心，即以极大地发挥人的主观能动性为中心，从影响创新动力的各个方面加强管理，使企业的全体职工，在进行创新的全过程中都有很高的积极性和创造性，从而达到推进科技发展、提高经济效益的根本目的。企业全面创新管理的主要特点如下：

（1）领导干部、技术人员、普通工人等全体职工参加。

（2）企业的各个部门互相协调配合。

（3）对企业的全部创新项目及每个创新项目的全过程都要进行跟踪管理，为创新人员创造具体条件，排除阻力，使创新人员始终保持强大的创新动力。

（4）围绕增强创新动力这一中心，从各个方面尽可能满足职工的各种需要。

（5）多种管理方法配合使用。

（6）以领导干部和规章制度为关键，以技术人员为骨干，开展创新活动。

二、实施方案

无数事实证明科技进步、科学管理是提高企业经济效益的两条根本出路。科技进步依赖科学管理，科学管理促进科技进步，只有依靠科技进步、科学管理才能极大地提高经济效益。

根据企业全面创新管理的特点，应实施“521”工程（“521”指“5 全”“2 关键”“1 骨干”）。

（1）“5 全”：

①领导干部、技术人员、普通工人全体职工参加；实现“一人一年一项”的奋斗目标，即一年内平均每个职工至少参加一项创新活动或提出一项合理化建议。

②企业各个部门协调配合，实现“创新路上无红灯”，即各个部门都要排除影响创新

的人为障碍，创造有利于创新的客观条件。

③对企业全部创新项目及每个创新项目的全部过程都要进行管理，解决创新中的具体困难，确保预定经济、技术、安全等指标顺利完成。

④从各个方面满足职工的各种需要，调动职工的积极性和创造性，增强创新动力。

⑤多种管理方法配合，进行全方位管理，实现预定技术、经济、安全等目标。

（2）“2关键”：抓住领导干部和规章制度两个关键，开展科技活动，实现创新目标，推动科技进步。

（3）“1骨干”：以技术人员为创新骨干，狠抓骨干力量，使骨干勇挑创新重担，带动全体职工完成创新任务。

（一）领导、组织、协调

1. 责任到头

全矿（厂）由矿（厂）长牵头，总工程师全面负责（科技科科长协助），各副矿（厂）长对口负责，各单位由行政一把手负责，大力推行企业全面创新管理（干部科制订方案，考评领导干部科技工作成绩大小，并将科技工作列入任期目标责任制考核）。

2. 创新活动小组建在科（区）队、车间

每科（区）队至少设立一个创新活动小组，组长由科（区）队长任命技术人员担任，组员应由本科（区）队各班（组）长及其他技术骨干组成。科技活动组长在科（区）队长领导下，负责本单位创新工作，有责任向科技科汇报科技动态，有权向科技科申报技术成果、合理化建议，申请科技成果奖及科技管理奖。

3. 建立有利于创新的管理模式

创新需要的技术人员一般由创新单位自己解决，特殊情况下通过总工程师调配；创新需要的材料、配件、设备、工具、仪器等，由单位报计划，科技科审批后，供应、机电等有关部门供应；创新中需要配件加工时，可以由创新单位申请，科技科安排到机修厂或工贸公司加工，不能加工时，科技科可以安排到矿（厂）外加工；创新中需要材料、配件、设备、工具、仪器、废旧物资时，科技科科长签字，有关科（区）队长同意即可，有矛盾时总工程师有权裁决。废旧物资、闲置设备、工具、仪器、配件等，每季度由科技科组织对口高级职称技术人员鉴定一次，优先供创新使用，不能使用时，由科技科科长代表鉴定组签字，有关部门才可以对外销售，否则，追究相关人员责任。创新费用由科技科统一管理，总工程师审批生效。创新费用指标执行上级有关规定。

4. 制订解决创新具体问题的程序

创新中遇到具体困难时，原则上按下述程序解决，先由本单位行政一把手解决，解决不了时，由科技科解决，科技科不能解决时，由科技科科长向总工程师、矿（厂）长、上级对口领导请示汇报，求得解决方案；选择技术课题时，一般由创新单位选择，科技科审批，科技科请示总工程师或矿（厂）长同意后，有权要求矿（厂）属各单位完成创新项目、推广新技术，有权限期停止使用旧技术、旧设备、旧工艺、旧材料等；研究、设计、试验过程中，创新单位与科技科要互通信息，遇到困难按上述程序解决；技术应用过程中，科技科负责技术鉴定、申报成果、申报专利、软件登记、评估技术价值及技术效益，保护知识产权、保护职工个人及企业的合法权益。技术转让、技术保密等，凡属职务发明，不经科技科同意，任何人不得擅自做技术鉴定、申报技术成果、申报专利、评估技术价值、技术转让、请人参观、广告宣传等；科技科有权制止创新过程中浪费人力、物力、能源、污染环境等有害企业的行为，创新过程中发现决策失误时，科技科有权责成有关单位修改，严重时可以停止创新项目，并追究相关人员责任；技术评定时，由科技科负责组织专项技术评委会，成员一般从评定委员会成员中聘请，特殊情况下，可以从矿（厂）外聘请；创新人员、技术骨干遇到个人生活困难，按相关解决困难程序解决。

（二）考核、奖励、保护权益

1. 创新任务下达到科（区）队

科技科必须定期给各科（区）队下达创新任务，任务以经济效益或其他形式体现，与科（区）队工资奖金挂钩，按时完成任务，除依照有关文件奖励主要领导、创新人员外，还要奖励创新单位全体职工，即将一年所创经济效益，按一定比例奖给技改单位，由创新单位领导分配。否则，扣除月工资的一部分赔偿完不成创新任务造成的损失。对不能用经济效益考核的创新任务，奖罚办法另定。每半年或一年奖罚一次，科技科科长、总工程师签字有效，有关部门执行。

2. 适度重奖

对效益不大的创新项目继续按有关文件奖励，但适当提高奖励等级，以进一步挖掘该创新项目的创效益潜力。对效益较大的项目“三头并奖”，“第一头”是按上述创新任务考核方案奖励技改单位全体职工；“第二头”是奖励创新单位领导及协作单位领导；“第三头”是奖励技术人员，对有特殊贡献的技术人员及技术管理人员还要授予“某矿（厂）科技楷模”“某矿（厂）科技管理楷模”“某矿（厂）某年度优秀科技工作者”。

3. 为技术骨干提供良好的生活学习条件

矿（厂）每年给一定数量的台班、旅游疗养指标、中上等住房，由科技科分配给取得技术成果的技术人员。矿（厂）长每年为取得技术成果的技术人员订一份报纸、一份杂志，报销一本书。

4. 依法保护职工及企业的合法权益

加强知识产权保护，技术等无形资产可入股、分红，依法保护职工的合法权益，依法保护企业的合法权益。

（三）宣传、教育

1. 突出技术骨干形象

由宣教科负责，科技科及其他党、政、工、团部门配合，大力宣传技术人员形象，在全矿（厂）形成一种尊重技术骨干、爱护技术骨干、重用技术骨干的好风气。

2. 加强科技教育

由职工学校负责，科技科配合，聘请专家学者，制订领导干部培训计划，定期给领导干部讲授科技法规、现代科技知识等，请本矿（厂）的技术人员讲授科技兴矿（厂）实例及设想，以提高领导干部对科技重要性的认识，要求副矿长以上领导干部必须带头学习，每年每个干部学习时间不少于 15 天。

由职工学校负责，科技科配合，请本矿（厂）技术人员制订技术骨干科技知识培训计划，定期给技术骨干讲授科技知识，学习科技法规，提高他们的科技知识水平及保护自身合法权益的自觉性。

由工会负责，科技科配合，向全体职工宣传科技法规、知识产权保护知识，提高全体职工保护自身及企业合法权益的自觉性。

科技科负责科普工作，设置若干科普宣传室，宣传科普知识，召开学术会议，交流技术经验。

(四) 研究、开发

1. 利用社会保险制度调动职工创新积极性

随着社会保险制度的建立，由科技科负责研究，将技术人员所创造经济效益的一部分，根据个人需要，加入人身保险、养老保险、购房保险、失业保险、子女教育保险、汽车和摩托车保险等，进一步调动职工创新积极性。

2. 加强创新过程管理

科技科组织人员研究促进技术革新、技术改造、新产品开发、新技术引进、新技术新产品推广的可操作的具体管理措施，进一步加强创新过程管理。

3. 加强技术经济管理

科技科组织人员研究技术经济论证方法，如技术经济比较原理、可行性研究、技术经济效益分析等，进一步加强技术经济管理。

4. 走向科技市场

科技科负责探索走向科技市场之路，探索技、工、贸一体化之路。

5. 开展软科学研究

科技科组织有关人员进行软科学研究，为科学决策提供依据。企业全面创新管理理论及方法需要不断更新和完善，以更好地推动科技发展。

三、典型案例介绍

(一) 企业概况

柳湾煤矿坐落在山西省吕梁市，1988 年，柳湾煤矿实际年生产能力达到 1.8 Mt，扩建后可以达到 3 Mt，拥有职工 7000 多人，技术力量雄厚，采掘、机电、通风、地质、化工、计会统、医务、冶金、建筑、教育等各方面人才俱全，专业技术干部 800 多人，有职称的技术人员 600 多人。柳湾煤矿采掘机械化程度高，是一个标准化、现代化矿井，有 3 个综采队、1 个高档队、2 个综掘队、5 个开拓队、4 个炮掘队、6 个辅助队。

1988 年，柳湾煤矿经济状况不景气，连年亏损，煤炭销路不畅，三角债拖欠严重，资金周转困难，不能按时发工资，简单再生产难以维持。在这种情况下，局矿领导和柳湾煤矿技术人员，认真学习、深刻领会“科学技术是第一生产力”，提出科技兴矿、向科技要效益等口号，决定依靠科技振兴煤炭企业。柳湾煤矿推行企业全面创新管理就是在这种形势下起步并逐步发展完善的。

(二) 企业全面创新管理具体操作方法

1. 加强领导，健全组织，创造创新条件

1）把领导干部当作科技进步的“火车头”

企业中人、财、物都由领导干部控制，技术人员、普通工人没有这个权力。所以，领导干部是发展科技的关键，是带动“科技列车”的“火车头”。局矿领导高度认识到这个特点，两次下发文件要求科技工作责任到头。

1992 年以后，柳湾煤矿召开了三届科技大会，推出了一系列科技管理制度。柳湾煤矿给各单位领导下达了创新任务、创效益指标，制订了考评方案，根据考评结果严格奖罚，授予科技管理工作成绩突出的领导干部“科技管理楷模”“优秀科技工作者”称号，并要求广泛宣传。一系列“管理领导干部”的办法推行以来，极大地调动了领导干部搞科技的积极性，共有 97 人次完成了 97 项技改项目，创效益 2397 万元。

2）把健全组织作为开展科技活动的必要环节

有人工作的地方就有科技工作，有科技工作就有专人管理。在现代化管理中，科技工作制约着生产、安全、成本效益、职工生活、管理等各个环节。随着煤炭企业进一步走向市场，知识产权问题、技术引进及开发问题、科普问题、信息问题等，都要求有专人研究管理。因此，有必要设立专门的科技管理部门，配备精明强干的科技管理人员，形成科技管理网。

局矿领导深刻认识到这个问题，于 1992 年成立了科技科，负责技术推广、技术革新、知识产权保护、科普、成果鉴定等科技管理工作。同时，还在各科（区、队）设立科技活动小组，规定组长由科（区）队长任命技术人员担任，组员由本科（区）队各组（班）长及其他技术骨干组成，形成了覆盖全矿各个部门的科技管理网。

3）推行企业全面创新管理，创造创新条件

科学技术是生产力，科技管理是推动科技发展的动力之一。企业创新管理与企业物资、人事等管理不同，与科研、教育部门的科技管理也不同，具有特殊规律，因此，有必要建立一门相对独立的企业创新管理学科。

柳湾煤矿推行的企业全面创新管理引进系统论、控制论、信息论等方法，建立了企业全面创新管理的理论模型。在这个理论模型的指导下，开展科技管理工作。

（1）分析比较，确定科技创效益目标。科技管理人员考虑企业的技术课题及科技环境，与企业领导人共同制定经济技术指标作为全企业创新的目标及调控基准。例如 1995 年科技创效益的最低目标是 756 万元，这是根据局职代会报告要求成本降低 5% 测定的，5% 就是调控基准。

（2）系统控制，实现目标。科技管理人员综合考虑各种因素，给企业各级组织机构、全体职工提供各种有利于创新的技术信息，制定各种有利于创新的规章制度，运用各种有利于创新的管理方法，作用到企业各级组织机构、全体职工、各创新课题的具体实际，使职工产生巨大的创新动力参与创新，实现目标。

规章制度是促进创新的关键，是系统控制的主要方法。柳湾煤矿下发了《柳湾煤矿合理化建议及技术成果奖励条例》《柳湾煤矿科技创新效益竞赛办法》《柳湾煤矿关于推行“企业全面科技管理”的决定》等多种规章制度。这些规章制度中有合理化建议，技术成果的申报条件、申报方法、等级划分、奖励标准、审查办法、评定委员会名单，还有解决创新中具体困难的程序等内容，这些极大地促进了科技进步。

用具体管理方法解决具体困难，创造创新条件，这是增加创新动力的重要一环。柳湾煤矿为每个技术人员建立了一份技术档案，既可以保存技术资料，又可以作为技术人员提职晋级的依据之一。设计了经济效益、安全效益评定表，便于较准确地衡量技术成果。为技术人员联系材料、配件、加工厂地，选择课题，查询技术资料，出主意想办法，帮助解决小困难，实现大目标。

创新费用是影响创新的一大难题，当时，柳湾煤矿经济极度困难，创新费用主要占用了生产费用，利用了废旧物资，柳湾煤矿规定废旧物资优先供创新使用，不能使用时，由科技科科长签字才可卖掉。经多方协调，1993 年在局职代会通过决议，各矿可拿出吨煤 0.05~0.1 元的额度由总工程师作为小改小革费用支配。1995 年，在煤矿效益不景气的情况下，全局依然拿出 600 万元作为专项科技开发费。这些筹集科技经费的举措，极大地促进了科技发展。

重视信息导向作用，促进科技发展。信息对人有一种特殊导向作用，往往不需要花钱，不用强制，就可以使人自动地走向预定目标。科技管理人员没有多少权力，没有显赫的地位，但有知识，而知识就是力量，依靠知识、信息，通过汾西矿报、简报、信息动态、调查研究快报、摄影、录像、电视、大会等传播渠道，宣传先进人物、创新成果、领导指示、创新新闻等科技信息，极大地调动了职工的积极性。科技科每年订十几种书籍、报纸、杂志，为技术人员提供大量的技术信息，每日至少有 5 人次到科技科研究问题，查询资料，科技科成了技术人员的科技“沙龙”。

总之，从系统的观点出发，运用多种多样具体方法，解决具体问题，协调系统各个部分，创造具体条件，以促进创新，实现目标，是系统控制的主要特点。

（3）准确检测，反馈调节。技术人员完成一个创新项目，按照过程可以分为选题、设计研究、试验、应用 4 步。每步都有很多困难，有困难不解决就会影响创新动力。科技管理人员必须周期性地检测各课题及每步创新过程的创新动力大小，经分析比较后得出结论。用信息、规章制度、行政管理手段等系统控制措施，针对性地进行调控，以克服创新阻力，相对增大创新动力。调控时要注意着重创造条件，解决困难，满足职工需要，调动创新人员的积极性和创造性，不规定具体的作业方式、工艺流程等。因为创新需要极大地依靠人的积极性和创造性，必须推行人本管理。创新需要人有极大的自由度，以发挥人的创造性，不能限制具体的工作程序。

2. 认真考评，适度重奖，维护合法权益

1）建立科技创效益考评激励系统

考评和激励是创新管理的难点和重点。

（1）直接效益考评法。效益分为经济效益、安全效益、技术效益、社会效益等，柳湾煤矿仅考评经济效益和安全效益，先由创新代表人写书面材料，填写《技术改进项目经济效益评审表》或《安全效益评价表》，再由科技科组织考评委员会进行审查核定。

每项成果一年产生的经济效益根据（改进后产值-改进前产值）+（改进前消耗-改进后消耗）确定，特点是“省下的”“增加的”都属于效益，很适合计算小改小革创造的效益。

安全效益由评委从重要程度、安全性、可靠性、实用性、制造难易性、安装难易性、维修难易性、构思新颖性、推广应用范围、改善环境、投资等几个方面，对改进前后进行比较打分，按公式求出加权总分衡量安全效益，该方法属全国首创。

（2）模糊聚类考评法。直接效益考评法用于考评技术成果的效益高低，模糊聚类考评法用来测评个人成绩大小，运用模糊数学方法，从技术成果、合理化建议、技术岗位工作成绩、领导满意程度、本职安全工作、发表学术论文、知识更新程度 7 个方面定期对科技人员进行综合测评，以考评每个人的技术成绩大小。这种方法可以较客观地衡量科技人员的贡献大小。

柳湾煤矿设计了成套表格，并编成计算机软件，每半年考评一次，考评结果存档，作为提职晋级的依据之一。该工作从 1992 年开始，列入了总工程师及科技科每年工作责任制考核。

（3）以岗定标创效益竞赛考评法。模糊聚类考评法的最大缺点是没有考虑职工的岗位差别，不能准确地反映每个人的努力程度。例如，一个掘进队全年成本几十万元，掘进队长不可能在本队创出百万元的效益；一个综采队全年成本近千万元，综采队长就有可能创出百万元效益。以岗定标创效益竞赛，是给不同岗位下达不同的创效益指标，对不同岗位创出的效益以不同的尺度衡量。

企业每位职工都有一个岗位，每个岗位的职工都管理着一定成本（这个成本叫作岗位成本），都有一定“权”，领导有人事权，技术员、工人有设备管理权、维修权、开机权等，通常将“权”分为 3 种：一是行政权，即直接管理的行政单位及人员多少，用直接管理的成本大小来衡量，成本包括设备折旧、工资、材料费、配件、大修费等；二是经济权，即亲自控制的可用经济价值衡量的权力，如专用资金分配权、工资分配权、物资分配权等，用管理的资金数量大小衡量；三是维修使用权，即直接负责维修、使用、管理设备、工具、仪器、仪表等物资的权力，用这些物资的经济价值进行衡量。分配指标时，实行“按权分标”的原则，即分配的指标与权力的大小成正比，达到责、权、利相结合。

（4）“一对一”奖励法。“一对一”奖励法就是一个项目只奖励一个代表人，避免一个项目写上一群人，平均分配奖金，挫伤主要人员的积极性。但是该方法也有不足之处。

（5）“三头并奖、适度重奖”法。“三头并奖、适度重奖”法，第一头，奖励主要技术人员；第二头，奖励创新单位领导及协作单位领导；第三头，奖励创新单位全体职工。“三头”奖金总数为一年经济效益的 1% 左右。这种方法的优点是：领导、群众、创新代表人“三头”有利，符合按劳取酬的原则。技术人员完成创新项目后，不仅能得到经济实惠，而且还能获得良好的人际环境，受到人们的尊敬，得到领导、群众的进一步支持，有利于取得更大的成果。

（6）授予“含金荣誉称号”法。授予“含金荣誉称号”法有 3 个特点：一是使科技人员，包括科技管理人员名利兼收，获得变相重奖；二是满足了一种世俗的“升官”需求，使科技人员有良好的心理环境、家庭环境和社会环境；三是高度重视了科技管理的作用，缓解了管理人员与技术人员之间的矛盾。

（7）其他奖罚办法。柳湾煤矿还使用过其他奖励办法，1993 年底全矿评先进时，凡有技术成果的人，都是汾西矿务局先进工作者。1994 年底评劳模时，把 15 年在一线工作并取得 5 项技术成果的普通技术人员评为汾西矿务局劳模。

对未被采纳的合理化建议，柳湾煤矿也发纪念品，鼓励职工的积极性。

要对完不成创新任务的单位进行处罚，规定扣除月平均工资 1/10 以下赔偿完不成创新任务造成的损失，并规定科技科有权停止使用旧技术、旧设备、旧工艺、旧材料等，有权制止创新过程中浪费人力、物力、能源，污染环境等损害企业利益或社会现象的行为等。

2）高度重视职工的权益追求，维护企业的合法权益

当前，职工对权益的追求十分强烈，如果将这种追求权益的欲望升华为科技成就感和发展科技的责任感，必将极大地推动科技发展。柳湾煤矿规定每年拿出 200 个台班，100

个旅游指标，10套中上等住房分配给取得技术成果的技术人员；给每个取得技术成果的技术人员每年订一份报纸，订一份杂志，报销一本书。柳湾煤矿还必须维护企业的合法权益，尤其应加强知识产权保护。

还有一些小煤矿、小工厂、个人汽车都挂着“柳湾煤矿”的牌子，损害了柳湾煤矿的名誉，使其承受了不应有的损失，给煤矿领导增加了很多麻烦。因此，柳湾煤矿规定由科技科负责知识产权保护、技术保密、无形资产评估等工作，并制定了相应的措施。

3）深入开展科技宣传教育工作

（1）突出技术骨干形象。大力宣传技术骨干形象，在社会上形成一种尊重技术骨干、爱护技术骨干、使用技术骨干的良好风气，这是调动技术人员积极性的重要方法。几年来，利用摄影、简报、信息动态、调查研究、电视广播等10多种宣传媒体，宣传了70多位技术骨干及局矿领导，报道了30多条科技新闻，介绍了50多项科技成果，宣传范围主要是矿内、局内，有些甚至宣传到省、部、全国。

（2）深入开展科技教育工作。柳湾煤矿曾做过一项简单调查，发现大多数领导干部、技术人员都不懂相关知识产权知识，不了解科技法规，不知道维护自身及企业的合法权益，没有深刻理解科技的重要性。柳湾煤矿规定每个干部接受科技教育时间每年不少于15天。

（三）企业全面创新管理实施效果

从1992年初步推行企业全面创新管理以来，全矿已完成148项创新项目，涉及采、掘、机、电、运、通、地、调、医、建筑等各个系统，有100多位技术人员、领导干部直接参加，间接参与的数不胜数，平均每年创经济效益1000多万元。

1. 综采工作面电缆悬挂方法改进

改进前，采完一个工作面损坏电缆800 m，影响时间累计15天。改进后，采完一个工作面电缆几乎没有损坏，影响时间累计3天，采完一个工作面减少30多万元损耗，一个队一年采两个工作面，全矿两个综采队、一个高档队，一年至少节约120万元。

2. 西沟材料斜井运输综采、高档、综掘设备新方法

改进前，采掘设备由副井运输，需要用15 t以上汽车及20t吊车中转运输，改进后平板车直接下井，安装一个工作面节约32万元。

3. 推广综采一次采全高工艺

多采煤71996 t，按当时煤价60元/t计算，增加产值432万元。一年采两个工作面，增加产值864万元。

4. 改变房屋基础形式，节约基本建设投资

某技术员将设计院设计的片阀基础改为条形基础，经设计院批准实施后，为煤矿节约56.2万元。

5. 改变巷道布置方式，增加煤炭回收量

改变规定布置方式，用同一套设备多采28m仲家山村煤柱影响的停采煤，增加产值1101.3万元。

本节没有介绍其他项目创造的经济效益、社会效益、安全效益、技术价值。如果煤炭技术市场形成，很多技术尤其是设计的许多专用工具都能进入市场，将会创造更大的效益。

四、结论

寻找动力点这一思想方法具有方法论意义，有普遍的应用价值。寻找动力点实质是在一定环境条件下，找利益共同点。这是人与人、群体与群体、人与群体协同工作的基本条件，甚至是动物与动物协同生活的基本条件。找不到利益共同点，任何协作都不可能。没有利益共同点，任何协同系统都要死亡。

企业全面创新管理方法在科技管理理论中是一种创新。目前我国科技管理理论中关于企业创新管理的理论不多，把行为科学、系统论、控制论引入企业科技管理的更不多。用经济学理论分析创新过程中创新人员的创新动力行为，填补了科技管理理论中的一个空白，为调动职工参加技改的积极性提供了理论工具。把满足职工需要、改善科技环境、加强科技管理，提高到直接关系企业科技发展的重要位置来认识，意义十分重大。进一步研究、完善、发展企业全面创新管理理论，并进行应用、推广，将极大地推动科学技术真正成为第一生产力。

第二节　抗违章技术创新方法13步及应用案例

分析全国每年上百万起事故原因可知，95%以上的事故是由于违章导致的。违章就是违反安全管理制度、规范、章程，违反安全技术措施及规程要求所从事的活动。如果能解决违章造成的安全事故问题，就能使我国安全生产水平发生根本好转。

一、抗违章技术创新方法

抗违章技术创新包括抗违章技术产品的研发、生产、营销全过程创新，以及围绕抗违章技术建立的抗违章系统。抗违章创新方法13步，如图13-3所示。

从分析事故原因开始，事故是否由违章（包括误操作）造成，如果是违章造成的事故，就从3个方面研究分析。分析研究“章”，提出使“章”更符合实际情况的多种具体方法；从技术方法上确保无法违章的多种保障方法；改进装备及作业环境，提出多种即使违章也不会造成事故的改进方法。以这3条思路为主线，尽可能多地提出具体操作方法，再综合分析比较各种方法，形成3种设计方案。按照这3种设计方案，进行小型试验，比较试验结果，确定方案优先级别。接续完成相关知识产权、商标、品牌等的保护，产品标准制定，方案实施试验，产品定型、取证、鉴定。编制产品的说明书、生产工艺、产业化生产模式、工艺标准等，并做好保密工作，确定市场营销模式和技术服务模式。产品进入市场后，及时分析反馈信息，改进产品。

（一）创新两防锁实例

1. 第一步（K1）分析原因

2003年8月18日，山西省左权县辽阳镇河南村村办煤矿发生特大瓦斯爆炸事故，死亡27人。经调查分析，事故直接原因是开溜工违章擅自开盖操作，产生电火花，引起瓦斯爆炸。

2. 第二步（K2）提出思路

分析有关“章”是否有问题，“章”能否进一步优化。涉及违章擅自开盖操作的

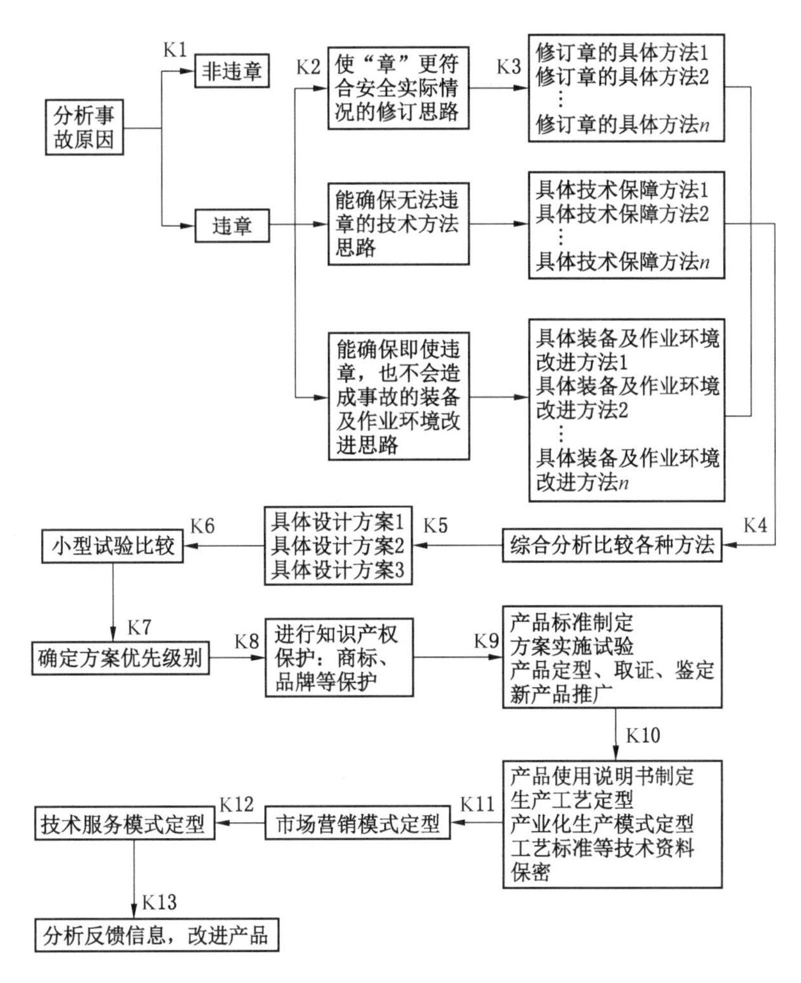

K1—分析原因；K2—提出思路；K3—枚举方法；K4—分析比较；K5—设计方案；K6—小型试验；K7—优化选择；K8—产权保护；K9—产品定型；K10—产业化生产；K11—市场营销；K12—技术服务；K13—反馈分析

图 13-3　抗违章创新方法 13 步流程

“章”包括：为保持某一防爆型式用的连锁装置，其结构应保证非专用工具不能轻易解除它的作用；所有开关的闭锁装置必须能可靠地防止擅自送电，防止擅自开盖操作；非专职人员或非值班电气人员，不得擅自操作电气设备。以上确定“章”没有问题，不需要优化。然后，提出能确保无法违章的技术方法思路：开发一种既能锁住闭锁杆等锁定对象，又能方便生产、事故处理、设备检修的装置，使非专职人员或非值班电气人员无法擅自送电或打开开关盖操作电气元件，更无法偷盗电气元件。这种装置既能在各种开关生产厂家使用，又能在井下现有的各式各样的在用开关上使用。

3. 第三步（K3）枚举方法

提出能保障无法违章的具体技术方法，第八章列出了两防锁 12 项关键技术要求。

4. 第四步（K4）分析比较

比较分析第八章列出的两防锁 12 项关键技术要求，确定设计方案。

5. 第五步（K5）设计方案

提出 12 种实现方案，概括基本方案。根据具体开关，设计多种由锁钥、锁芯、锁套、锁口及其他附加部件组成的装置，使该装置能方便地安装在闭锁杆上，用对号锁钥旋入对号锁芯时，锁芯头部伸入闭锁杆锁口即挡住闭锁杆移动；退出锁口，闭锁杆可以自由移动，从而达到防止擅自送电、防止擅自开盖操作的目的。综合上述技术方法，确定7种两防锁设计方案，见表13-2，两防锁分为组合式、连体式、分离式3类。

表13-2 矿用开关两防锁规格型号及使用特性

结构型式	型 号	使 用 特 性
组合式	LFS-Xa	锁定闭锁杆在外壳外面的开关（如QBD-80），现场安装使用
	LFS-Xb	锁定闭锁杆在外壳外面的开关（如QBD-80），现场安装使用
连体式	LFS-C01	锁定闭锁杆在外壳外面的开关（如QBD-80），厂家使用
	LFS-C02	锁定闭锁杆在外壳里面的开关（如QJZ-300/1140），厂家使用
分离式	LFS-C03	锁定没有隔离开关的小型磁力启动器（如BQD86-30）的开关按钮，不与隔离开关连锁的开关盖、各种接线盒（盖）、煤机控制箱盖板及其他相似结构使用，厂家可以使用，现场也可以使用
	LFS-C04	锁定高压配电装置（如BGP3-6）及其他相似结构使用，厂家使用
	LFS-C05	高压开关柜（如GFW-1）及其他相似结构使用，厂家使用

6. 第六步（K6）小型试验

把表13-2所列3类7种方案分别制成产品进行小批量试用。

7. 第七步（K7）确定方案优先级别

比较试验结果，确定LFS-Xb、LFS-C01、LFS-C03为优先开发产品。

8. 第八步（K8）知识产权保护

为两防锁申报了实用新型专利："安全锁"（专利号：ZL002 64154.2）、"一种安全锁"（专利号：ZL2006200243803）及商标"铁门神"等。

9. 第九步（K9）产品定型

两防锁于2003年通过国家安全监管总局的科技成果鉴定，2008年列入科技部"2008—2009年国家火炬计划"，被评为高新技术产品。

两防锁执行《矿用开关两防锁》（JB/T 10835—2008）规定。

10. 第十步（K10）产业化生产

制定了《矿用开关两防锁（安全锁）使用说明书》，确定了生产工艺、生产模式，形成了年产量50万套的生产规模。

11. 第十一步（K11）市场营销

为了促进两防锁的销售，运用定位理论，提出并应用如下营销模式：①以信任为主线的模式；②公关人员+技术人员+销售人员团队的营销模式；③先予后取的模式；④以点带面的营销模式；⑤先搭台后唱戏的营销模式；⑥以用促销的营销模式；⑦360度营销的宣传模式；⑧用专利等知识产权合法垄断市场的营销模式；⑨贯彻落实法规的营销模式。

目前，矿用开关两防锁已经遍及山西焦煤集团公司、潞安矿业集团公司、阳泉煤业集团公司、中煤能源集团平朔煤炭工业公司等山西省内大型煤矿集团及晋城市等各产煤县（市），山东、河南、河北、云南等省诸多地方煤矿也有应用。

12. 第十二步（K12）技术服务

为用户提供技术培训、产品保修、长期技术服务，定期巡检征求用户意见。

13. 第十三步（K13）反馈分析

及时分析反馈客户信息，促进矿用开关两防锁不断完善和提高，更好地满足用户要求，提高市场竞争力。

（二）创新“矿用本安型开盖传感器”实例

2003年5月13日，安徽省淮北芦岭煤矿发生特大瓦斯爆炸事故，造成86人死亡，9人重伤，19人轻伤。经调查分析，事故直接原因是工人在拆卸电磁启动器时，未执行停电、验电、放电制度，擅自打开了接线空腔盖板，在处理过程中，煤及矸石落入接线空腔内，造成带电端子短路产生电火花，引起瓦斯爆炸。

《煤矿安全规程》（2001）第四百四十五条规定，井下不得带电检修、搬迁电气设备、电缆和电线，检修或搬迁前，必须切断电源；第四百四十六条规定，非专职人员或非值班电气人员，不得擅自操作电气设备。“章”没有问题，不需要修改。

确保即使违章也不会造成事故的装备改进思路及具体方法：①思路是开发一种能锁定电气设备接线空腔盖板的装置，使非专职人员或非值班电气人员无法用扳手等电工常用工具打开盖板；专职人员或值班电气人员打开电气设备接线空腔盖板前，即没有松动螺栓前，就切断电源，杜绝带电作业。②方法是开发一种超前开盖断电装置，安装于接线空腔盖板的紧固螺栓上，当专职人员或值班电气人员在违章未切断电源的情况下，打开接线空腔盖板前，该装置即可发出信号切断电源并发出警示，实现即使违章作业，也造不成事故。其他创新过程与开发两防锁过程类同。

二、结语

抗违章技术创新方法是重要的创新方法。进行抗违章技术创新、建立抗违章系统、建设抗违章型煤矿，是煤矿安全科技发展的必由之路。

第三节 其他创新思路

一、依靠“关键的少数”创新

科技创新不是“人多力量大”，而是“一马当先，万马奔腾”，即依靠人才带头，勇猛突破，大众紧紧跟随，才能产生科技创新成果。“关键的少数”起着决定性作用。从社会角度看，科技人员、领导干部、科研院所、科技小微企业、高新技术企业等就是对科技创新起决定作用的“关键的少数”；在公司内部，“关键的少数”指创新人员和领导干部。

科技小微企业、实验室、技术中心、高新技术企业和科研院所等科技组织是科技创新的开拓者，也是“关键的少数”；研发型院校，相比其他社会组织是“关键的少数”。这些“关键的少数”是创新的“火车头”，在“火车头”的带领下，才能实现全社会的创新发展。

科技小微企业对创新的作用和意义不能忽视，原因如下：①科技小微企业相比其他组织的最大优势是“思想自由”，而“思想自由”是创新必不可少的催化剂；②科技小微企业是法人组织，有法定的承担风险条件，这是相比个人最大的优势，而承担风险是创新成功之母，有风险才能有创新。

科技小微企业采用“骏马拉小车”的创新模式效果最好，在这种模式下，企业是“小车”，“高端人才”是拉“小车”的“骏马”，是“小车”的“第一动力”，其他员工围绕“小车”打工就业，投资人掌控方向，寻求与之相适应的山路、土路、草原等道路，就能创新发展。“高端人才”指企业领导、专家学者、机关干部、优秀大学生、研究生等。

高新技术企业仅此还不够，只有采用“唐僧取经”模式才能取得高新技术成果。把高新技术成果比作要取的“经”，高新技术企业就像一个“取经”的团队，而企业的负责人就是具有伟大梦想和坚定信念的“唐僧”，企业的骨干力量就是三位徒弟和白龙马，有关主管部门就好比观音菩萨，为企业的发展排忧解难。

二、在需求的同频共振区创新

需求一般是指购买商品或劳务的愿望和能力，本书是指个人或组织在欲望或目标驱动下的一种有条件的、可行的、最优的选择，这种选择使欲望达到有限的最大满足或离既定目标最近，如图 13-4 所示。

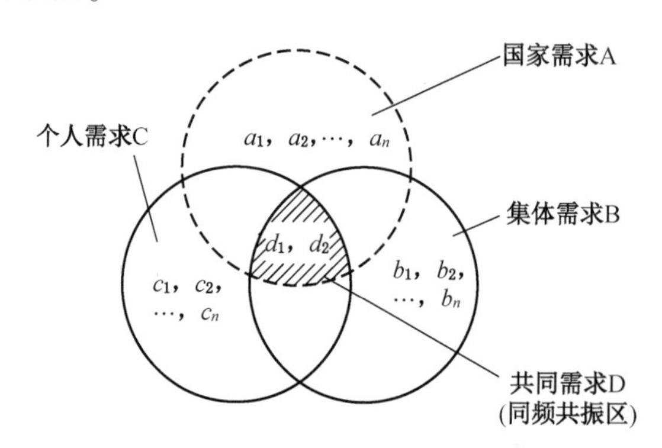

图 13-4　需求的同频共振区示意图

国家、企业、省、市、县、乡镇、村、家庭、个人，都有很多需求，可以将需求分为国家需求、集体（包括企业、协会、乡镇、村、家庭等社会组织）需求、个人需求，用集合论方法表示：

国家需求集 $A=\{a_1, a_2, \cdots, a_n, d_1, d_2\}$

集体需求集 $B=\{b_1, b_2, \cdots, b_n, d_1, d_2\}$

个人需求集 $C=\{c_1, c_2, \cdots, c_n, d_1, d_2\}$

共同需求集（同频共振区）$D=A\cap B\cap C=\{d_1, d_2\}$

在政治、法律约束条件下，当个人、集体、国家的需求相同或相近时，在相同需求的领域就会发生同频共振，不施加激励或施加激励达到一定阈值，就会产生巨大的创新动力。

不论国家、集体，还是个人，位于同频共振区的需求最容易满足。如果通过创新满足区内需求，各方的创新动力都很大。如果“双创”人员或企业在同频共振区创新，只要付出较小的努力，就会取得事半功倍的效果，并能够同时实现个人价值、集体目标、国家战略。

通过机制设计方法、信息管理等手段，先寻求各种需求，然后找到同频共振区，施以各种激励手段，就会产生巨大的创新动力。寻找同频共振区的方法有以下几种：一是个人或者团队寻找同频共振区进行创新；二是企业在企业家的带领下寻求同频共振区，在该区进行创新；三是国家通过信息发布，寻求创新的同频共振区；四是通过信息管理方法、大数据方法、机制设计方法，寻找同频共振区。同频共振区内一般会有很多具体需求，每一个点代表一个具体的基本需求，每一个点又是一个创新动力点。在这个创新动力点上创新就会事半功倍，比较容易成功。

三、降低社会创新成本促进创新

我国高度重视创新发展，高度重视发明创造，但创新需要付出很高成本。创新成本包括社会创新成本、单位创新成本、个人创新成本，只有降低创新成本才能促进创新发展，才能提高发明创造的数量和质量。

下一章将介绍抗违章技术成果转化方法。

第十四章 科技成果转化策略及案例

本章导读

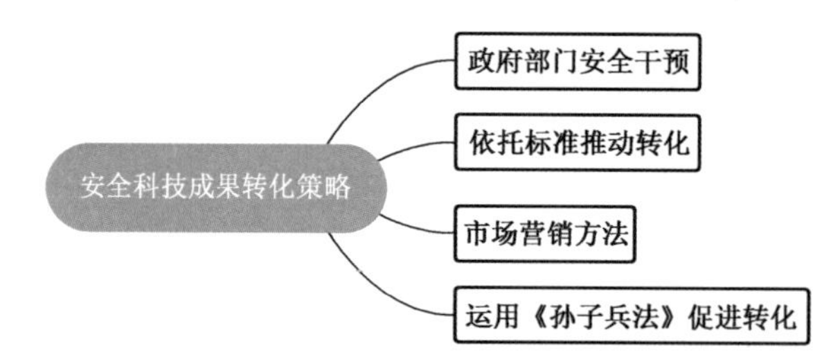

安全发展是世界性难题，推广应用抗违章技术，转化抗违章技术成果是解决安全发展的基本方法。当前，我国正处于转变经济发展方式的重要时期，如何将科研成果尽快转化为生产力，是实现创新驱动经济增长的关键。而我国面对的却是科技成果转化率不高的现实，尤其像抗违章技术的安全科技成果转化之路更为艰难。

第一节 运用安全干预手段转化安全科技成果

安全问题中的安全不对称性普遍存在，很多安全问题都可以通过安全不对称性理论解释或解决。

一、安全不对称性理论

同一个事故，其发生概率或受到危害的概率，对某一个足够大的地区（或单位）的个体（包括个人或个人所在的家庭或班组），与负责管理该地区（或单位）的安全监管部门相差很大，这就是事故概率不对称性。

安全隐患与发生事故存在不对称性，即隐患转化为事故的概率很低，甚至是小概率事件，但每一个隐患都可能引发事故，甚至能造成损失惨重的重特大事故。这种特性称为隐患不对称性。

安全保障用品灭火器的备用时间和实用时间（实际灭火时间）严重不对称，绝大部分灭火器长期不使用，还必须定期更换，以确保其质量可靠，一旦着火就能用于灭火，这种备用时间和实用时间不对称性的存在，使绝大部分用户直接认为灭火器不仅无用，而且还是负担。

安全保障商品灭火器的价值和使用价值不对称性也十分严重，其价值虽然极大，但由于长期不用，其使用价值长期得不到体现，在普通人眼中甚至变成是无用的。

2016 年 5 月，《关于加强全社会安全生产宣传教育工作的意见》公布，90% 以上的事故由人的不安全行为造成，是由违章作业造成的。《违章与事故》指出：95% 的安全事故是由于违章造成的。虽然 95% 的事故是由于违章造成的，但并不是每次违章都会造成事故，往往是很多次违章都不会造成事故。违章与事故之间的关系是：违章次数多，造成事故的概率就大，但每次违章都可能造成事故，甚至造成重特大事故，即事故与违章都是随机变量。随机变量是在不同条件下由于偶然因素影响，其可能取各种不同的值，具有不确定性和随机性，但这些取值落在某个范围的概率是一定的。随机变量可以是离散型的，也可以是连续型的。

实践证明：在一年的时间内，事故概率分布与违章概率分布分别服从不同的泊松分布。泊松分布在管理科学、运筹学以及自然科学的某些问题中都占有重要地位，适合于描述单位时间（或空间）内随机事件发生的次数，如在一定时间内机器出现的故障数、自然灾害发生的次数、某一产品的缺陷数等。

造成伤害的事故，特别是重特大事故，属于小概率事件，即发生概率在 1% ~ 5% 以下，重特大事故发生概率甚至在 0. 1‰以下，但事故一旦发生，破坏性极强，一般难以恢复到事故前的状态。在任意时段内（如一年），事故概率或事故发生次数，与违章概率或违章次数在数量上相差很大，存在很大的不对称性。参照信息不对称理论、不对称战略等概念，本书把该特性称作违章与发生事故的不对称性（以下简称违章不对称性）。

在安全领域存在事故概率不对称性、隐患不对称性、备用时间和实用时间不对称性、价值和使用价值不对称性，以及违章不对称性等多种不对称性规律，本书统称为安全不对称性。国家安全领域也存在不对称性问题，如核战争发生率很低，属于小概率事件，但一旦发生，破坏性极其巨大。为了防范危害极大的小概率事件，一般需要非常复杂的防范技术设施、需要十分高昂的防范经费。因此，安全不对称性决定了安全科技成果的特性及转化方法。

二、安全科技成果特点

转化科技成果是“公认”的难题之一，为解决这个难题，国家有关部门制定了促进科技成果转化法等诸多法规政策，但未解决该问题。安全科技成果与生产科技成果具有巨大差别，主要表现在不对称性方面，有其特殊性，因此转化困难更大。

安全科技成果是用来预防事故、消除隐患或预防违章作业的，由于事故概率不对称性、隐患不对称性及违章不对称性等特点，应用单位很少有人可以直接见到真实的使用效果，所以就很难感知其价值和使用价值。

普通人衡量安全科技成果创造的价值有两种：一是安全科技成果的社会效益和安全效益被弱化，原因是安全不直接产生经济效益，导致安全投入比例小，优先级别低；二是“默默”地防止违章行为的作用被忽视，原因是发生事故时间很短，不发生事故时间很长，在不发生事故的长时间中，人们很难发现安全科技成果的作用。即便预防了违章行为或阻止了隐患转化为事故，也难以明显地发现其作用，这使得企业经营者产生侥幸心理，认为没有安全科技成果也是完全可以的，造成这种侥幸心理的根本原因是安全不对称性。事故发生概率大、强度大，预防其发生的安全科技成果的本质需求就大。

安全科技成果可以向一般工业产品转化，安全科技成果通过长时间的使用也会转化为一般工业品，在大众的认识中也就具有了一般工业品的特点，当然它仍然能起到安全作用。例如，作为短路保护用的保险丝，在顾客心中就是一般工业品，但在保险丝刚推向市场时，就是安全科技成果，具有以上特点。

生产科技成果是用来进行日常生产的，从事生产的人很多，每天都在生产，应用单位的很多人可以见到其真实的使用效果，因此就很容易感知其价值和使用价值。例如，某种新的螺丝刀研究成功，只有在生产维修中试用几天，从单位领导到普通职工才容易知道其价值和使用价值，也就容易被接受。

三、安监部门干预

推广应用安全科技成果必须强化安监部门干预。安监部门干预是指通过制定安全法规、标准或行政检查等手段干预安全生产工作。“火神投火把”故事中，消防安全部门制定规章强制要求使用灭火器，就是安全监管（消防）部门干预措施。

试用事故概率不对称性理论对“火神投火把”进行分析。“火神投下火把烧到任意一户居民的概率都是百万分之一”，任意一户居民受到火灾损失的概率就是百万分之一，因此，对不使用A型灭火器可能付出的代价主观预期判断极小，居民家里着火后，对灭火器灭火所带来的预期受益几乎没有期望，因此不论哪个居民都不会主动给家里买灭火器。“火神投下火把烧到C地区的概率是百分之百”，如果不使用A型灭火器，负责分管C地区消防安全部门受到问责处罚的可能性就是百分之百，因此消防安全部门要求居民家里配备A型灭火器，并且对不使用者实施处罚干预措施。

安全科技成果的主观重要程度=管理幅度×信息量。其中，管理幅度，由权力和地位决定；信息量，主要由个人的工作时间、工作经验、文化程度、掌握的知识等决定。

工作时间越长、工作经验越丰富、文化程度越高，接触到的事故越多，掌握的信息量越大，对安全科技成果越重视。职务高的人相对重视安全科技成果，普通员工对此关注较少。一般情况下，安全监管部门相比各个企业管理幅度大，掌握的事故信息量多，因此更重视安全。对此，安全科技成果转化要从上往下抓，安全监管部门比企业领导和工人更懂得安全科技成果的重要性。

安全科技成果的短期需求=法规要求×贯彻落实程度。安全科技成果的购买和应用是被动性的，大多为法规、标准、文件强制推广或准入。如果没有法规、标准、文件的支持，安全科技成果就无法进入市场。

综上所述，可以得出以下结论：

（1）安全不对称性在安全领域具有普遍性，为研究和解决多种安全问题提供了新视角。安全不对称性决定安全科技成果的转化方法，该方法应以安全监管部门干预手段为主，市场手段为辅。安全科技成果转化为一般工业品后，安全不对称性决定了安全监管部门仍须通过法规标准、打击假冒伪劣进行干预，其他由市场手段决定，仅仅依靠市场手段转化安全科技成果不是好办法。

（2）安全监管部门要解放思想、打破陈规，举起安全干预的大旗，大胆使用干预手段推广一切有利于安全生产的科技产品，使我国各个行业的安全装备得到升级，真正实现科技兴安。安全监管部门应当强化执法意识和标准意识，制订和完善推动安全科技进步、安全科技创新的政策法规和标准，建立科技进步的系统机制，并通过有效的监管，确保其实施。提升行政能力，实施责任到人，安全监管部门应当健全科技成果转化评价体系。通过有效的安全干预手段，将安全科技成果转化的有关措施落到实处。组织安全监管部门、煤矿企业领导干部及技术人员学习并研讨安全不对称性理论，充分认识安全科技成果的特殊性，以进一步促进安全科技成果转化。

第二节 依托标准推动抗违章技术成果转化

长期以来，科技成果的转化率不高，有些科技成果转让不出去，究其原因，往往是许多科技成果是非标准化产品。工厂没有标准作支撑，对新产品的成本及质量无法控制，对市场前景难以预测。所以，加快科技成果转化的第一难题是如何提升科研成果的标准化程度。

知识经济时代，技术标准是一切生产活动、经济活动与社会生活都离不开的基本要素。而标准化则是科技成果转化为生产力的得力推手。为了贯彻党中央、国务院科教兴国的战略方针，促进科技成果转化为现实生产力，有效规范科技成果转化活动，有必要进行抗违章技术成果转化的标准化管理路径探索，增强高科技成果转化的科学性，创造引导、协调、监督、服务等方面的标准化环境。从根本上提高我国高科技产业的整体素质和企业的标准化水平，使我国高科技成果转化项目的质量跃上一个新台阶。

加快抗违章技术成果的转化和产业化，是科技工作服务于煤矿安全的重要抓手，也是解决科技落地的有效措施。随着时代的发展，科技与标准的结合越来越紧密，产业创新发展需要标准支撑，实施技术标准战略也需要科技与标准更加紧密结合。目前，科技研发周期快速缩短，科技创新和技术标准研发正在融为一体，技术标准研制为科技成果的快速进入市场、形成产业提供了重要支撑。技术标准成为科技成果的重要表现形式。制定和实施技术标准，本质上就是推进科技成果转化，标准在科技成果转化应用中起到了桥梁作用，标准是产业调整升级和创新发展的有力推手。抗违章技术成果只有经过标准化洗礼，才能更快地被市场认可，才能更好地扩散与传播，才能更多地降低转化风险并最终实现商品化、产业化，从而推动能源生产安全发展。标准化的作用与杠杆功能相似，只要给杠杆找对支点，一个人就能克服巨大阻力撬动地球。标准化的杠杆作用能克服转化科技成果的多种阻力，可以加速实现抗违章技术成果转化为生产力的进程。抗违章技术的产生并不等于新产业的形成，要使抗违章技术成果变成现实的生产力，特别是要形成规模效益，就需要科技工作者与经济工作者的共同努力，制定有力措施，创造有利于成果转化的环境条件，加快成果转化的步伐。

认真落实《“十二五”技术标准科技发展专项规划》精神，进一步加强技术标准研制，健全技术标准体系，完善科技创新与技术标准融合机制，推动创新成果转化。要切实发挥好技术标准在战略性产业发展中的引领作用，以科技进步和技术标准促进传统产业改造升级。

强化标准的战略作用，紧密跟踪发达国家标准竞争策略和国际标准化发展方向，不断提升质量效益；站到国际标准的制高点，不断推动技术标准的国际化，用国际标准进军国际市场。强化标准在科技成果转化中的作用，用标准化做平台，完善技术转移体系，引导技术转移升级，使新产品开发、设计、试制到批量生产环环相扣，缩短科技成果产业化的过程与转化周期，推动科技成果转化。

依靠科技，提升标准水平，推动科技创新成果快速转化为技术标准。不断提升实施水平，要从政府、企业、社会3个层面强化标准与市场准入、行政执法的衔接，把标准实施纳入企业诚信体系建设，加大对违反标准行为的惩治力度。

加强标准化部门与各级科技管理部门合作、协同创新，为科技与标准深度融合、创新发展积极谋划，勇于探索，加快科技成果转化进程。

专利企业同高校紧密合作，共同完成相关标准的制定，共同举办科技成果转化暨标准化工作会或科技成果推广会，加大科技成果转化宣传推广力度。

第三节 安全专利产品营销方法

安全生产的根本战略是科技兴安，因此国家把安全产业确定为战略性新兴产业，战略性新兴产业的核心是安全专利产品，但是，国内外还没有关于安全专利产品的专门营销理论。

一、安全专利产品需求特性

安全专利产品属于安全科技成果，安全专利产品的社会效益和安全效益被弱化，安全专利产品创造的价值被低估，其原因是安全不直接产生经济效益，导致安全投入比例小，优先级别低；“默默”地防止违章行为的作用被忽视，原因是出事故的时间很短，不出事故的时间很长，在不出事故的长时间中，人们很难发现安全专利产品的作用。即使预防了违章行为或阻止了隐患转化为事故，也难以明显地发现其作用，使企业经营者产生侥幸心理，认为没有安全专利产品也是完全可以的。

安全不对称性的特征表现为海因里希安全法则，该法则内容是如果一个企业有300个隐患或违章行为，必然会发生29起轻伤或设备故障事故；在这29起轻伤或设备故障事故中，又必然包含有一起重伤、死亡或重大事故。

安全专利产品的主观重要程度=管理幅度×信息量。

管理幅度由权力和地位决定；信息量主要由个人的工作时间、工作经验、文化程度、掌握的知识等决定。工作时间越长、工作经验越丰富、文化程度越高、接触到的事故越多，掌握的信息量越大，对安全专利产品越重视。职务高的人相对重视安全专利产品，而工人则对此关注较少。

一般情况下，安全监管部门相比各个企业，管理幅度大，掌握的事故信息量多，所以更重视安全。安全生产要从上往下抓，安全监管部门比企业领导者和工人更懂得安全专利产品的重要性。

安全专利产品的本质需求=事故发生概率×事故强度。事故发生概率和强度大，预防其发生的安全专利产品的本质需求就大。

安全专利产品的短期需求=法规要求×贯彻落实程度。安全专利产品的购买是被动性的，大多是法规、标准、文件强制推广或准入的。如果没有法规、标准、文件的支持，安全专利产品就无法进入市场。

安全专利产品通过长时间的使用也会转化成一般工业产品，在顾客的认识中也就具有了一般工业产品的特点。

二、以信任为主线的营销方法

由于安全专利产品的社会效益和安全效益被普通人弱化，创造的价值被普通人低估。这就决定了安全专利产品营销战略的核心是信任，围绕这条主线综合应用多种营销策略。以信任为主线的安全专利产品营销流程如图 14-1 所示。

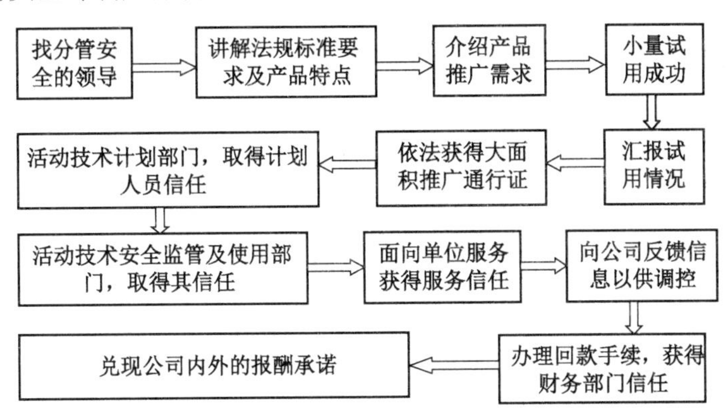

图 14-1 以信任为主线的安全专利产品营销流程

以信任为主线的安全专利产品营销流程的主要特点是从向“领导”推销开始，而不是向“一般群众”推销开始，这是由安全专利产品的需求特性决定的。

（1）公关人员+技术人员+销售人员团队：单枪匹马，靠个人素质，很难大面积地开发市场，只有公关人员、技术人员及销售人员协作配合，形成营销团体，集体开发市场，才能很好地营销。

（2）先予后取营销：由于安全专利产品难以取得别人的信任，所以应坚持先支付推广费用，再使用产品，取得良好效果后，最后付款的模式，这样才能取得很好的推广效果。

（3）以点带面营销：先在有示范作用的单位（如山西焦煤集团、潞安矿业集团等）推广应用，这些单位取得使用效果后，其他单位也会跟着使用。

（4）先搭台后唱戏营销：先创造法规、标准、文件平台，再进行营销实务操作。

（5）以用促销：把安全专利产品长期可靠使用作为根本目的，使用后，取得良好的口碑，通过口碑开发新的市场，以促进大规模营销。

（6）360 度营销宣传：从多种技术和管理理论角度着手，写出有新意的文章，宣传技术和法规，并在多种媒体上辅以广告宣传，进行 360 度全方位整合营销。

（7）用专利等知识产权垄断市场促销：通过专利许可、商标许可、标准壁垒、文件准入限制等，形成垄断利润。

（8）贯彻落实法规营销：通过贯彻落实法规、标准、文件，推动安全专利产品营销，宣传法规标准，进行攻心营销。

三、效果

山西全安公司成立 20 多年来，注册资本从原来的 5.45 万元发展到现在的 3000 万元。2012—2014 年平均年销售额 2000 万元，相较成立之初，翻了 400 倍。

第四节 《孙子兵法》在科技成果转化过程中的运用

科技竞争日趋激烈，企业将以科技成果转化为纲，抓住科技成果转化就是抓住了纲，纲举目张。科技成果转化不再是少数人的事，而将成为全员参与的复杂系统工程。由于具有全员参与性，决定了在科技成果转化过程中，必须像军事上组织大兵团作战那样运用形势，即必须调动全体职工的积极性，鼓舞职工士气，增强职工责任感，方方面面互相配合，造成实现目标的“势”，方能达到目标。科技成果转化是一项系统工程，决定了仅运用形势还不可能自动地、准确地实现发展，还必须有效控制才能准确地达到目标；由于全员参与性、系统性自始至终同时存在于目标实现过程中，这就决定了运用形势与控制不可分割，必须将运用形势与控制有机地结合起来作为一种方法运用，才能很好地达到目标，运用形势与控制方法就是鉴于此提出的，该方法曾被称作运势控制法。

一、运用形势与控制方法的基本思想

（一）“势”的概念分析

《孙子兵法·势篇》对“势”的描述，可以认为“势”是在军事实力的基础上，为了实现战争目标，指战员极大地发挥主观能动性，所造成的有利态势和不可阻挡的强大动力。“势”是一种能量，造“势”必然消耗一定的能量。“势”可以做“功”，可以产生神奇的效果。“势”不仅是一种物质力量，也是一种精神力量。

管理中，“势”是指在一定条件下，职工极大地发挥主观能动性，协调人力、组织、环境之间的关系，开发组织内部及组织外部环境中蕴藏的能量，造成实现目标的强大动力及有利态势。管理中，“势”分为组织内势及组织外势。组织内势主要由组织内的因素决定，如强有力的领导核心、科学的管理机制、很高的职工积极性、先进的技术装备、良好的工作条件、优厚的工资和生活福利待遇、稳定的安全生产形势、积极向上的企业文化等，都可以形成有利的组织内势。通常情况下，领导者运用一定的方法，可以造成有利的组织内势。组织外势是指组织以外的形势，如市场形势、国家政治经济形势、兄弟单位的生产形势、国家的法律法规、上级领导的态度、上级部门的规章制度等都可以形成组织外势。组织外势极大地影响组织内势，一般情况下，领导者只能巧妙地利用组织外势，形成有利的组织内势，进而影响组织外势，不能随心所欲地造出组织外势。

管理中，“势”是可以感觉到的，衡量实现目标的“势”的大小尺度是职工的积极性。

（二）运用形势与控制方法的基本思想

运用形势是领导者和普通员工发挥主观能动性，调动一切积极因素，协调人力、财力、物力、环境、信息等因素之间的关系，形成实现目标的有利态势和强大动力，并利用这一有利态势和强大动力的过程。简单地说，就是造势和利用势的过程。从能量的角度叙述，就是“势”的开发、储存、释放、做功的过程。运用形势最根本的目的，就是极大地调动人的积极性，实现组织目标。

控制是一个现代概念，美国学者认为控制是对有关行为的信息收集和反馈过程。《孙子兵法》中没有控制这一概念，但有控制思想。从信息科学的角度看，知己知彼、用间等

方法，都包含信息收集、处理反馈的过程，也包含控制思想。

分析《孙子兵法》整体的作战思想，发现它含有运用形势与控制方法的基本思想。《孙子兵法》除强调“势”以外，还特别强调了“知”的重要性，“知”有多层复杂内涵，从信息角度看，“知”中含有信息收集、处理、分析、推理、反馈等方法。“知”的目的之一，就是准确地掌握信息，有效地控制军队。把“势”“知”等思想综合起来，系统思考，会发现《孙子兵法》中有这样一种观点：要实现战争目标，运用形势是必不可少的手段，只有运用形势才能使军队产生实现目标的强大动力。但仅凭运用形势还不能很好地达到目标，还必须准确地掌握信息，有效地控制，才能达到目标。这就是运用形势与控制方法的基本思想。

从方法论的角度看，运用形势与控制方法和导弹的推进与控制方法相似，导弹依靠动力装置推进而高速飞行，依靠控制系统制导而击中目标。“势”与动力装置的作用相似，都能产生动力。“势”可以使组织成员产生一种压力，可以产生实现组织目标的驱动力，减小遏制力。运用形势可以推进组织走向实现目标的大方向，但要准确地实现目标，还必须有效地控制。

二、运用形势与控制方法的主要内容

运用形势与控制方法由运用形势和控制两种方法构成。

（一）运用形势方法

运用形势方法很多，主要领导或权威高的人亲自挂帅，亲自解决实际问题，遇到困难身先士卒，以身作则；合理分工，科学组织，制定明确可信又必须达到的目标；严格贯彻执行有威慑力的奖惩制度；科学地宣传鼓动；利用环境条件，把握时机，利用组织外势等，都能形成有利的组织内势。不论哪种运用形势方法，按过程都可以分为“势”的认识、“势”的开发、“势”的作用3步。

1. “势”的认识

在运用形势时首先必须准确地认识组织外势及组织内势。认识组织外势的关键是从极细微的迹象中发现组织外势的发展方向。准确地认识当前的组织内势，可以很好地利用组织外势营造有利于实现目标的组织内势，并能确定所要采用的运用形势与控制方法。

2. “势”的开发

“势”是一种能量，必须通过消耗一定的能量、开发利用各种资源才能造成有利的形势。通常可以开发信息资源，时间资源，规章制度资源，人力、物力、财力资源，组织管理资源，环境条件、社会形势资源等。如何开发及开发效果的好坏，主要取决于对“势”的认识程度及领导艺术。通常顺着势头，按照目标要求开发利用各种资源，会形成实现目标的强大的“势”。

3. “势”的作用

“势”对组织及组织成员的作用，通常以“场”的形式表现出来，“势”的作用大小，取决于是否与人们的思想、行为、愿望相一致，如果一致，“势”的作用很大；否则，“势”的作用很小。“势”的作用大小还受时间、环境条件、组织管理水平等因素的影响。

“势”的认识、开发、作用是循环进行的，一次运用形势，往往很难达到最终目标。“势”作用于组织后，就必须对“势”重新认识，重新开发，使新的“势”继续作用。反复循环多次，直至实现目标。“势”作用于组织后，还必须控制。

（二）控制方法

控制方法有多种，分为预算控制及非预算控制两类。非预算控制又包括亲自观察、报告、会计核查计划、比率分析、盈亏临界点分析、时间、事项、网络分析。各种控制方法按过程都可以分为建立工作标准、用标准测量当前工作、纠正当前工作偏差3步。

1. 建立工作标准

美国管理学家亨利·西斯克认为：标准是控制过程的基础，没有一套完整的标准，衡量当前工作、采取纠正措施，都是毫无意义的。他将标准定义为：标准是作为一种模式或规范建立的测量单位。行业的很多重要标准都是国家或上级部门制定的，在科技成果转化目标管理中，主要将大目标分解成小目标，制成规划，作为各个时期的具体标准。目标既可以纵向分解，又可以横向分解。纵向分解是以时间及难易程度为序，把大目标分成小目标，一个阶段上一个台阶，直到最终目标。横向分解是以承担任务的单位或职能类别为序，把总目标分成分目标，分配到有关部门，各自分别达标，合起来就是总目标。标准应是难以达到又可以达到的水准。

2. 用标准衡量当前工作

建立工作标准后，必须用标准测量，以找出当前工作偏差，这样才能纠正偏差，达到控制目标。找出当前工作偏差可以分为3步，检测当前工作信息（以下简称信息检测）；对照标准测量出偏差（以下简称测量偏差）；找出造成偏差的原因（以下简称找出原因）。

1）信息检测

信息检测通常有以下几种：检查、报表、汇报、察访等，各有长短，可以根据需要选用。信息检测是控制过程中很重要的环节，检测得当，不仅能准确地了解情况，还能对受检者起到很大的激励作用。检测周期，即每次检测的间隔时间。检测周期过长，不能及时掌握情况，影响控制效果；检测周期过短，不但不能获得所需信息，还会影响受检者的工作。有经验的领导能很好地确定检测周期。

2）测量偏差

信息检测后，必须同标准对照以测量偏差大小，在实际工作中，信息检测与测量偏差常常同时进行，可以同时测量偏差大小，应尽可能将偏差值数量化。

3）找出原因

准确找出原因很不容易，必须采用科学的方法。各种方法按过程可以分为调查、研究、验证。没有调查就找不出原因，不进行研究就找不出主要原因，不验证就不能确定原因的真实性。验证时，先经验评价，必要时做适当的修正及补充，再实践检验，即根据找出的原因纠正偏差。

3. 纠正当前工作偏差

组织及组织成员在“势”的作用下一步步向目标前进，但每个阶段的实际工作效果与既定工作目标总有一定偏差，要达到目标就必须继续运用形势或采取其他的管理方法有效纠正偏差，能否有效纠正偏差，决定运用形势与控制方法是否有成效。

纠正偏差的原则是“对症下药，标本兼治”。“对症下药”就是根据造成偏差的原因采取相应的办法；“标本兼治”就是系统地考虑问题，造成偏差的原因十分复杂，所以，“标本兼治”在管理中具有十分重要的意义。纠正偏差一般可以分为制定措施和实施措施两步。制定措施，就是在一定条件下寻找满意的（而不是理想的）纠正偏差的方法。制定措施必须解决4个问题：一是“怎样干”，二是“由谁干”，三是“何时干”，四是“如何激励”，这样的措施才有可能较好地实施。实施措施，决定前面各项工作是否有成效，实施措施的原则是：坚定不移，百折不挠。经过上述各个步骤制定的措施一般较好，只要坚决执行，就能达到预期目标或极大地接近目标。

推荐两种具体实施措施的方法：一是采用《ABC贯彻执行规章制度法》，即将各条措施按重要性、难易程度分类，对不同类别的措施采用不同的方法实施；二是采用信息控制方法，即在实施措施的前后及过程中，让领导者的命令（控制指令信息）和各种实际情况（被控对象及环境信息）得到准确及时地传送，并且较好地抑制影响措施执行的干扰信息。

控制过程的三步同运用形势过程的三步一样，必须反复循环，才能达到目标。不同的“势”应采取不同的方法控制，有些方法既是运用形势方法又是控制方法，多种运用形势方法与多种控制方法结合，可以形成多种运用形势与控制方法。

三、运用形势与控制方法的重大意义

运用形势是我国古代文化精华，控制是西方现代理论成果，运用形势与控制方法是古代文化与现代文化、中国传统文化与西方文化的结晶。把运用形势与控制方法运用在科技成果转化过程中，比单独运用形势方法或单独运用控制方法实现目标更符合我国国情。运用形势与控制方法作为一种实用方法，对各级领导干部都具有指导意义。作为一种理论，不仅丰富了科技成果的转化内容，还提出了极有价值的研究课题。

运用形势与控制方法的基本思想方法，不仅可以运用在科技成果转化管理中，还可以运用在其他项目管理中，也可以推广运用到军事、政治、社会、体育等多个领域。只要组织人力求实现目标，就必然使用它。

第五节　矿用开关两防锁科技成果转化案例

在社会主义市场经济条件下，安全科技产品的推广应用不能完全依靠市场手段。安全生产监管部门应以《安全生产法》为依据，为推广应用安全科技产品使用一定的行政手段。由于担心用行政手段推广会受到指责而不敢进行安全干预，实质上是一种行政不作为。推广安全科技产品需要安全生产监管部门的积极干预。如果没有这种干预，安全科技产品就不能及时推广应用，安全隐患就不能及时消除，安全生产的严峻形势就不可能根本好转。只有通过安全干预加大安全科技产品推广力度，才能尽快实现煤矿本质安全。

一、依托部门规章推广矿用开关两防锁

原国家安全监管总局及国家煤矿安全监察局等部门依据涉及两防锁法规标准下发了推广文件，如西山煤电集团有限公司、西山煤电机发〔2006〕22号关于印发《机电管理处罚条例》的通知，井下低压开关未按规划上两防锁，减扣责任单位工资1万~3万元；汾西矿业集团公司《汾西矿业集团公司安全检查奖罚规定》规定，井下电气设备必须在2009年4月1日前上齐矿用开关两防锁装置，并由持证专业人员携带专用工具。否则，违反规定，按每处处罚集体5000~20000元、个人200~2000元。

部分煤矿企业集团（如潞安集团），严把开关采购关，要求无“两防”功能的开关，在交货时必须加装矿用开关两防锁。

依托部门规章极大地促进了矿用开关两防锁的推广应用，但矿用开关两防锁不仅是科技成果，还是一种商品，只有根据商品营销原理进行营销，才能使矿用开关两防锁最大限度地发挥安全保障作用。

二、360 度全方位整合营销

围绕矿用开关两防锁商品，进行 360 度全方位整合营销。

（1）从多种技术和管理理论角度着手，宣传矿用开关两防锁技术及有关法规，并在多种媒体上辅以广告宣传。

为了全面贯彻落实“两防”要求，笔者在国家级专业刊物上发表了十多篇排查治理开关无“两防”功能隐患的文章，并设计专用商标及广告进行宣传。

①部分论文，如《中国煤炭工业》2007 年第 7 期发表了《开关无“两防”＝失爆》；《煤矿安全》2007 年第 4 期发表了《推广安全科技产品需要监管部门安全干预》；《中国煤炭工业》2007 年第 12 期发表了《安全类专利产品的营销策略》；《中国安全生产科学技术》2007 年第 6 期发表了《开关没有“两防”等于失爆探讨》；《中国安全生产报》2008 年 1 月 31 日发表了《煤监部门应成为科技创新重要推手》；《中国煤炭报》2009 年 3 月 30 日发表了《无两防功能开关存在事故隐患亟待治理》；《中国煤炭安全技术与装备》2008 年第三期发表了《推广两防技术预防瓦斯爆炸》；《煤矿现代化》2008 年第四期发表了《积极治理无“两防”功能开关存在的重大事故隐患》。

②配发的铁门神®商标及广告如图 14-2 所示，软广告宣传文如《山西日报》2009 年 1 月 16 日 B3 版刊登《矿用开关两防锁项目列入国家火炬计划》，《中国煤炭报》2009 年 3 月 16 日刊登《尽快排查治理矿用开关无“两防”隐患》，《山西科技日报》2010 年 7 月 20 日 A2 版刊登《矿用开关两防锁列入“煤矿机电设备检修技术规范”》等。

图 14-2 《中国煤炭报》刊登的《矿用开关两防锁》广告

（2）通过专利许可、商标许可、标准壁垒、文件准入限制等，促进营销。申请了多项专利，一项外观设计专利“锁贴”如图 14-3 所示，矿用开关两防锁产品于 2003 年通过国家安全监管总局的科技成果鉴定，有关专利产品获中国专利奖及山西省科技进步奖，如图14-4所示；《矿用开关两防锁》行业标准于2008年发布，形成标准壁垒；注册了多个英文域名、中文域名及通用网址，如 www. lfsuo. com. cn，www. biguardian. com，www. 两防锁. 中国，www. 矿用开关两防锁 . 中国等。

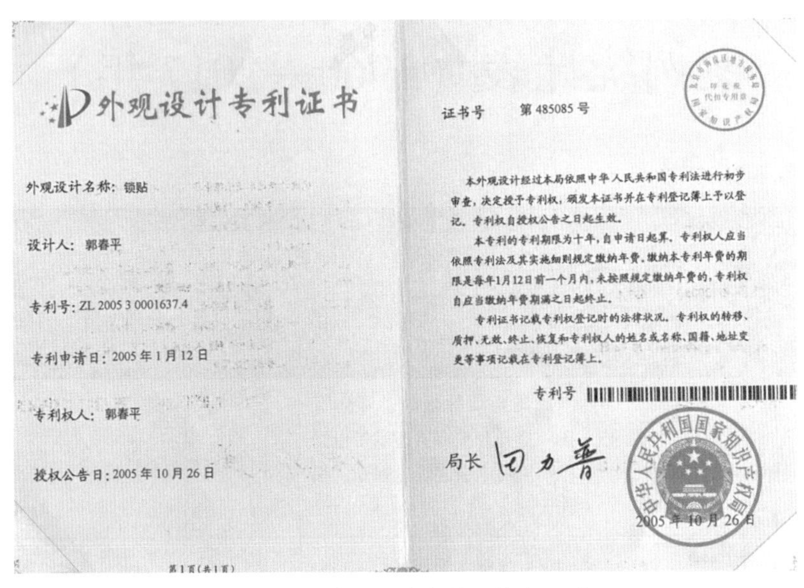

外观设计专利证书

外观设计名称：锁贴

设计人：郭春平

专利号：ZL 2005 3 0001637.4

专利申请日：2005年1月12日

专利权人：郭春平

授权公告日：2005年10月26日

证书号　第485085号

本外观设计经过本局依照中华人民共和国专利法进行初步审查，决定授予专利权，颁发本证书并在专利登记簿上予以登记。专利权自授权公告之日起生效。

本专利的专利期限为十年，自申请日起算。专利权人应当依照专利法及其实施细则规定缴纳年费。缴纳本专利年费的期限是每年1月12日前一个月内。未按照规定缴纳年费的，专利权自应当缴纳年费期满之日起终止。

专利证书记载专利权登记时的法律状况。专利权的转移、质押、无效、终止、恢复和专利权人的姓名或名称、国籍、地址变更等事项记载在专利登记簿上。

专利号

局长　田力普

2005年10月26日

第1页（共1页）

图 14-3　外观设计专利“锁贴”图

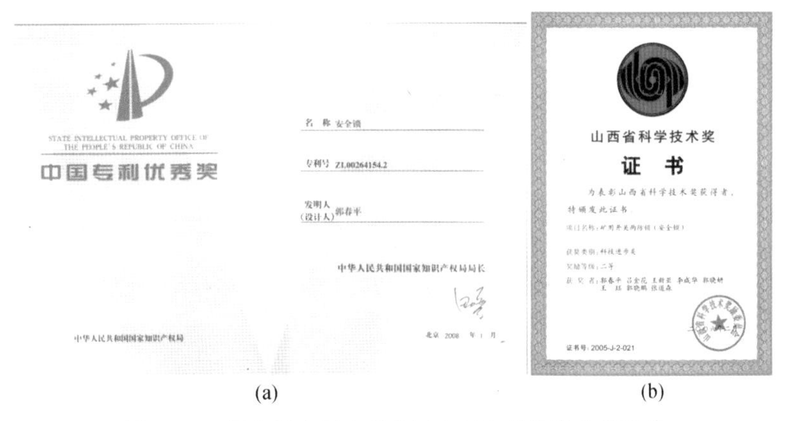

图 14-4　第十届中国专利奖及山西省科技进步奖图片

（3）为了加快矿用开关两防锁的推广速度，对山西省内的大集团企业实行直销方式，对地方中小煤矿实行代销方式。各地代理商在代理销售矿用开关两防锁时，需要签订代理协议书，以规定双方的权利与义务。

本章简述了抗违章技术成果转化方法及案例，抗违章技术品牌创新实例将在附录3以判决书的形式进行简要介绍。

附录1 全国部分煤矿井下带电作业事故案例统计表（1960—2017年）

人

类型	时间、地点	事故简要过程及原因	是否为瓦斯煤尘爆炸事故/死亡人数	是否为电击事故		其他/伤亡人数
				触电/伤亡人数	烧伤/伤亡人数	
擅自送电及擅自开盖作业事故	1960年5月9日13时45分，大同矿务局老白洞煤矿	翻笼连续翻煤时，煤尘飞扬。打开开关转盖违章带电操作产生明火引起煤尘爆炸，引起大火	是/684	否	否	否
	1976年11月1日23时40分，大同矿务局挖金湾煤矿	煤尘大量飞扬和沉积，1344型开关接触器因发生弧光，引起火灾。处理火灾的过程中，救护队员踏起煤尘又发生煤尘爆炸	是/23	否	否	否
	1981年6月15日，某煤矿	违章带电检修、操作	否	是/1	否	否
	1987年2月5日，某煤矿	采煤工违章擅自开盖操作检漏继电器	否	是/1	否	否
	1988年5月29日，霍县矿务局圣佛煤矿	瓦斯积聚，跟班班长打开了距巷道口80 m处的防爆开关，违章带电操作产生电火花，引起瓦斯爆炸	是/50	否	否	否
	1988年11月5日，潞安矿务局王庄煤矿	采煤工违章擅自开盖操作变电所开关保护机构造成火灾	否	否	否	火灾/17
	1991年6月，江苏省某煤矿	看护分区总开关的电工擅离岗位，分区总开关既未闭锁，也未挂牌，由于该分区总开关还带有刮板输送机，刮板输送机司机发现没有电，在分区总开关误送电	否	是/1	否	否
	1991年8月30日，某煤矿机电工区	违章带电检修、操作，擅自送电	否	是/0	否	否

（续）　　人

类型	时间、地点	事故简要过程及原因	是否为瓦斯煤尘爆炸事故/死亡人数	是否为电击事故		其他/伤亡人数
				触电/伤亡人数	烧伤/伤亡人数	
擅自送电及擅自开盖作业事故	1993 年 10 月 27 日，大同矿务局晋华宫煤矿	绞车开关按钮失灵，工人违章打开防爆开关，违章带电明火作业，产生电火花，引起瓦斯爆炸	是/28	否	否	否
	1995 年 3 月 13 日，云南省富源县竹园乡糯木村旧屋基煤矿	送电后仅通风 15 min 就违章恢复生产，不明火源引起瓦斯爆炸	是/32	否	否	否
	1995 年 7 月 11 日，河南省新密市米集乡马家沟六矿	无证乡镇煤矿因停电停风造成瓦斯积聚，送电后未排放瓦斯即违章进行采煤作业，引起瓦斯爆炸	是/16	否	否	否
	1997 年 1 月 25 日，河南省义马矿务局耿村煤矿	该矿 11101 综采工作面电气事故造成全矿停电 8h，送电时引起瓦斯爆炸	是/31	否	否	否
	1998 年 5 月 4 日，某煤矿	违章送电导致工人电伤	否	是/1	否	否
	2000 年 10 月 10 日 6 时 25 分，左权永兴煤化有限责任公司	瓦斯积聚，安全员违章带电检修产生电火花，引起重大瓦斯爆炸事故	是/12	否	否	否
	2001 年 9 月 1 日，新疆塔城地区和布克赛尔县莫特格乡团结煤矿	一名无证工人违规带电操作引起瓦斯爆炸	是/10	否	否	否
	2001 年 10 月 7 日，某煤矿采煤一区	司机没有发出工作面输送机启动预警信号、没有点动工作面输送机再正式开机	否	否	否	压死/1
	2002 年 6 月 20 日 9 时 45 分，鸡西矿业集团公司城子河煤矿	局部通风机停机，瓦斯积聚，风电闭锁被短接不起作用，瓦斯电闭锁未连接也不起作用；外包工违章擅自送电，盲巷内潜水泵开关产生电火花引爆瓦斯	是/124	否	否	否
	2003 年 7 月 13 日，山西省襄垣县上河煤矿	打开防爆盖时，未执行停电、验电、放电制度，操作过程中开关晃动，开关外壳与引线接触带电	否	是/1	否	否

（续）　　人

类型	时间、地点	事故简要过程及原因	是否为瓦斯煤尘爆炸事故/死亡人数	是否为电击事故		其他/伤亡人数
				触电/伤亡人数	烧伤/伤亡人数	
擅自送电及擅自开盖作业事故	2003年8月1日22时30分，山西省襄垣县石峪煤矿	水泵工违章打开接线盒带电检修，同时无检漏保护装置并且接地保护不完善	否	是/1	否	否
	2003年8月18日11时30分，山西省左权县辽阳镇河南村煤矿	主要通风机和局部通风机都停止运转，瓦斯大量积聚。工人违章作业，启动已打开防爆盖的开关送电，产生电火花，引起瓦斯爆炸	是/27	否	否	否
	2004年4月5日，阳煤五矿	带式输送机没有安装预警信号装置、司机没有先点动开机然后再正式开机	否	否	否	窒息/1
	2004年9月18日，阳煤二矿	准备队电工停电未告知变电所值变电工，也没有向机电调度汇报。变电所值变电工也未向机电调度请示汇报，也没有详细观察是否挂着停电牌，违章送电导致事故发生	否	否	是/3	否
	2006年4月15日，某煤矿掘进队	掘进机司机违章作业，没有按要求把掘进机停止闭锁	否	否	否	掘进机伤人/1
	2006年10月25日，某煤矿综掘队	他人违章坐在操作箱上，碰动了开关按钮	否	否	否	绞伤/1
	2007年2月9日，阳煤一矿	非专职人员违章擅自送电	否	是/1	否	否
	2007年2月16日，阳煤一矿	董某停电，但没有闭锁开关、没有挂停电牌，他人违章擅自送电导致董某触电	否	是/1	否	否
	2007年4月10日，某队	工人未看到“禁止送电”警示，违章擅自送电	否	是/1	否	否
	2007年6月3日，山西省静乐县杜家村镇泥河岭煤矿	因停电停风造成瓦斯积聚，在送电过程中产生电火花引起瓦斯爆炸	是/14	否	否	否
	2007年10月10日，某公司掘二队	机电队工人违章作业，在已挂停电警示牌的设备倒接负荷线后，违章送电	否	否	否	烧伤/2
	2008年4月15日，阳煤二矿综二队	没有工作面输送机启动预警信号、司机没有点动工作面输送机再正式开机	否	否	否	挤死/1

（续）　　人

类型	时间、地点	事故简要过程及原因	是否为瓦斯煤尘爆炸事故/死亡人数	是否为电击事故		其他/伤亡人数
				触电/伤亡人数	烧伤/伤亡人数	
擅自送电及擅自开盖作业事故	2014年11月27日3时52分，六盘水市盘县松河乡松林煤矿	工作面区域停电造成瓦斯积聚，恢复送电后，误启动风机，变形叶片运转产生摩擦火花，引起瓦斯爆炸	是/11	否	否	否
	2015年1月17日1时，晋中市和顺县山西和顺正邦集团神磊煤业	电工在采区集中带式输送机运输巷工作面维修综掘机控制开关时，掘进队维护工违章操作开关，发生触电事故	否	是/1	否	否
	2016年7月20日，山西省同煤集团地煤公司马口煤矿	工作面违章擅自启动输送机导致被挤伤致死	否	否	否	挤死/1
	2017年2月9日18时2分，西山煤电西铭煤矿	违章指挥工人拆除移变高压电缆，遇到突然违章送电，导致作业工人触电死亡	否	是/1	否	否
	某年6月25日，某煤矿	在停电之际，工人修理工作面的一个三通接线盒。外面送电，正在接线的接线盒处产生电火花，引起瓦斯爆炸	是/5	否	否	否
	山西省乡宁县枣岭乡井子滩煤矿	电工接电线时，未将电源闸刀断开，爬杆违章操作，造成触电身亡	否	是/1	否	否
	阳泉市保安煤矿	工人违章带电作业造成触电事故当场死亡	否	是/1	否	否
	阳煤一矿、二矿、新景煤矿	机尾工作时未将转载机停电、闭锁、挂停电牌，被启动或运行的转载机拉入破碎机	否	否	否	未遂事故
	阳煤一矿综采四队	转载机检修工排列溜槽前未将开关停电、闭锁、挂停电牌，泵站工看到晃动的灯光，误将转载机启动，将转载机检修工挤死	否	否	否	挤死/1
	阳煤一矿	采煤机司机进入煤帮更换截齿前，未将采煤机隔离开关停电、未拉开截割部的离合器	否	否	否	采煤机刨死/1

(续)　　人

类型	时间、地点	事故简要过程及原因	是否为瓦斯煤尘爆炸事故/死亡人数	是否为电击事故		其他/伤亡人数
				触电/伤亡人数	烧伤/伤亡人数	
擅自送电及擅自开盖作业事故	阳煤一矿	采煤队长来到配电室，要强行送电，机电队看管人员阻止其行为，最终没有送电，没有造成事故	否	否	否	无伤亡
	阳煤一矿	在工作面处理塌顶事故，没有将工作面输送机开关停电、闭锁、挂停电牌，司机看到晃动的灯光，违章将工作面输送机启动，将人挤伤	否	否	否	挤伤/1
	阳煤二矿	穿越滚筒处前，没有将输送机开关停电、闭锁、挂停电牌，恰遇输送机启动，导致事故发生	否	否	否	挤死/1
	阳煤新景煤矿	开关未停电，未进行验电，非专职电工违章开盖检修开关，发生短路	否	否	是/1	否
	阳煤新景煤矿	连接器短路、冒火、顶闸后，近距离观察该连接器时，配电室再次送电，连接器再次短路、冒火，电弧光烧伤电工	否	否	是/1	否
	阳煤新景煤矿	电工将开关电源侧电缆接起，盖住隔离板后，电话联系配电室送电。该电工在开关负荷侧接电缆时，发生短路，烧伤2人	否	否	是/2	否
	阳煤新景煤矿	机电队电工在处理电机车故障时，不懂电机车的检修要领，未将电源停电，接通机车电路，机车自行行驶	否	否	否	无伤亡
	某煤矿掘进队	煤溜检修工延长溜槽没有将开关停电、闭锁、挂停电牌，电工违章送电	否	否	否	挤伤/1
	某煤矿三采区	电工将电源关闭后，打开开关转盖检验电源侧无电就进行作业，装煤工发现无电就去变电所违章擅自送电，电工当即触电死亡	否	是/1	否	否

（续）　　人

类型	时间、地点	事故简要过程及原因	是否为瓦斯煤尘爆炸事故/死亡人数	是否为电击事故		其他/伤亡人数
				触电/伤亡人数	烧伤/伤亡人数	
擅自送电及擅自开盖作业事故	某煤矿	电工停电加接线盒，刚引入电缆头时产生弧光，外包工违章擅自送电	否	否	是/2	否
	某煤矿	违章送电造成短路	否	否	是/1	否
	某煤矿	未认清操作按钮，违章启动截割电机	否	否	否	未遂事故
	某煤矿	未听清开机命令，违章操作电滚筒导致电缆短路	否	否	否	未遂事故
	某煤矿	工作面刮板输送机机尾在支护顶板的过程中，违章启动了刮板输送机	否	否	否	拉伤/1
	某煤矿	开关的启动和停止按钮距离较近，违章将启动按钮按下，启动开关	否	否	否	压伤/1
	某煤矿	输送机检修工在检查液压联轴节时，忘记闭锁开关，违章将开关的启动按钮按下，伤及他人	否	否	否	输送机伤人/1
	某煤矿	闭锁开关时违章将开关的启动按钮按下	否	否	否	延误生产
	某煤矿	没有闭锁煤溜开关，操作按钮生锈，遇到震动导致按钮节点接通，输送机启动	否	否	否	压伤/1
	某煤矿	无人看管上级开关，外包工违章擅自送电，产生弧光	否	否	是/2	否
	某厂	工长登高违章带电检修、操作	否	是/1	否	否
	某厂	检修工正在检查电缆接线卡，没有闭锁上级开关，另一个电工违章合闸送电	否	是/1	否	否
小计			1067	16	12	34

（续）　　人

类型	时间、地点	事故简要过程及原因	是否为瓦斯煤尘爆炸事故/死亡人数	是否为电击事故		其他/伤亡人数
				触电/伤亡人数	烧伤/伤亡人数	
接线空腔带电开盖检修事故	1960年6月16日，汾西矿务局两渡煤矿	在局部通风机尚未安装就绪，工作面没有送风的情况下，违章带电接电钻线时未检查瓦斯，产生的电火花引起瓦斯爆炸	是/38	否	否	否
	1977年2月24日，江西省丰城矿务局坪湖煤矿	电工正在检查三通接线盒，产生电火花引起瓦斯爆炸	是/114	否	否	否
	1980年6月8日11时20分，洪洞县三交河煤矿	瓦斯大量积聚，电工接线时违章带电作业，产生电火花引起瓦斯爆炸	是/30	否	否	否
	1981年12月24日，河南省平顶山矿务局五矿	处理电缆接地故障时防爆接线盒未盖，操作线裸露搭接的线头在违章送电时出现电火花，引起瓦斯燃烧爆炸，进而引起煤尘爆炸	是/133	否	否	否
	1983年8月5日8时55分，辽宁省抚顺市新宾县大四平某煤矿	电工违章给开关接电源，产生电火花引爆瓦斯	是/34	否	否	否
	1985年2月10日16时3分，西山矿务局杜儿坪煤矿	电工违章打开接线盒带电作业产生电火花，引起瓦斯爆炸	是/48	否	否	否
	1986年3月12日8时15分，寿阳县温家庄乡荣胜煤矿	电工违章带电接线时产生明火引起瓦斯爆炸	是/29	否	否	否
	1991年4月21日，山西省洪洞县三交河煤矿	工人打眼前试钻产生电火花，引起瓦斯爆炸	是/147	否	否	否
	1993年5月16日，河南省伊川县半坡乡白窑村办二矿	在没有充分通风的情况下打开接线盒违章带电作业，产生电火花引起瓦斯爆炸	是/12	否	否	否
	1994年4月18日，贵州省盘县平关镇古墉煤矿	瓦斯积聚，电工违章带电接线产生电火花引爆瓦斯	是/12	否	否	否
	1994年5月1日11时3分，江西省丰城矿务局坪湖煤矿	因停电停风造成井下瓦斯积聚，在无排放瓦斯的措施下盲目作业，违章带电换灯泡引爆瓦斯	是/19	否	否	否

（续）　　人

类型	时间、地点	事故简要过程及原因	是否为瓦斯煤尘爆炸事故/死亡人数	是否为电击事故		其他/伤亡人数
				触电/伤亡人数	烧伤/伤亡人数	
接线空腔带电开盖检修事故	1995年，一矿	电工井下违章带电打开接线空腔测量电压，发生短路，电表爆炸	否	否	否	表爆伤人
	1996年5月21日，平顶山煤业（集团）有限责任公司	处理电缆接地时装煤机防爆接线盒未盖，操作线裸露，铜线搭接，后来又违章送电，短路产生电火花，引起瓦斯燃烧爆炸，扬起煤尘，又发生煤尘传导爆炸	是/84	否	否	否
	1996年，一矿	电工井下违章带电打开接线空腔测量660 V电压，发生短路、表爆炸	否	否	否	表爆伤人
	1998年6月17日，山西省清徐县东街洛地渠煤矿	拆除设备时未排放瓦斯，违章带电解电缆引起瓦斯爆炸	是/17	否	否	否
	1998年8月19日，广西合山矿务局里兰煤矿	电工违章打开接线盒带电作业，产生电火花引起瓦斯爆炸	是/11	否	否	否
	1999年9月16日，辽宁省铁法集团小青煤矿	违章带电检修	否	是/1	否	否
	2000年6月26日8时许，重庆市奉节县前进乡石窖坪煤矿	未检查瓦斯，违章带电搭接电铃电缆产生电火花，引起瓦斯爆炸	是/14	否	否	否
	2000年11月1日5时10分，江西省丰城矿务局坪湖煤矿	输送带摩擦造成高温引燃附近可燃物	否	否	否	输送带摩擦燃烧/14
	2003年5月13日，安徽省淮北市芦岭煤矿	电钳工违章打开了带电接线空腔盖板，处理过程中煤及矸石落入接线空腔内，造成端子短路产生电火花，引起瓦斯爆炸	是/86	否	否	否
	2003年8月1日22时30分，山西省襄垣县石峪煤矿	水泵工打开接线盒违章带电检修，无检漏保护装置并且接地保护不完善	否	是/1	否	否
	2003年8月14日12时40分，阳煤三矿	工人违章带电检修信号电缆接线盒短路产生电火花，引起爆炸	是/28	否	否	否

（续）　　人

类型	时间、地点	事故简要过程及原因	是否为瓦斯煤尘爆炸事故/死亡人数	是否为电击事故		其他/伤亡人数
				触电/伤亡人数	烧伤/伤亡人数	
接线空腔带电开盖检修事故	2005年7月11日2时33分，新疆昌吉回族自治州阜康市神龙有限责任公司煤矿	瓦斯电闭锁，钻机开关接线空腔失爆，恢复送电后，钻机开关接线产生电火花，引起瓦斯爆炸	是/83	否	否	否
	2005年10月31日16时50分，山西省忻州市原平市长梁沟镇坟合峁煤矿	井下瓦斯严重超限，电工违章打开接线盒带电操作引爆瓦斯	是/17	否	否	否
	2005年，某集团公司二矿	工人忽略了双回路供电，违章带电打开接线盒紧固接线柱	否	是/1	否	否
	2005年，二矿	工人违章带电打井接线盒，使用数字万用表测量660 V电压，短路烧伤	否	否	是/1	否
	2006年2月10日，某煤矿	在未停电的情况下，工人违章打开接线盒进行检修，造成线路相间短路产生弧光	否	否	是/2	否
	2006年3月4日夜班，阳煤新景煤矿	电工违章带电打开电铃接线盒检修	否	否	否	爆破/1
	2006年7月3日，阳煤一矿	看到接线盒开着，误认为没电，违章擅自拿螺丝刀在接线空腔放电	否	否	是/1	否
	2006年10月2日，青海省海北州青海振兴煤矿有限公司	电工违章在电缆接线盒接线产生电火花，引起瓦斯爆炸	是/8	否	否	否
	2006年11月5日，山西省同煤集团轩岗公司焦家寨煤矿	51108进风巷掘进工作面非计划停电、停风后，瓦斯积聚达到爆炸界限，继续违章擅自送电，动力电缆两通接线盒失爆产生电火花引发瓦斯爆炸	是/47	否	否	否
	2007年6月1日8点班，某煤矿	电工使用非正规万用表测量接线空腔闭锁线，违章操作，造成弧光短路	否	否	是/1	否
	2007年12月20日，某煤矿	工人使用放电线进行放电作业，隔离开关不能完全断开，突然产生一团火光，上级馈电被顶闸	否	否	是/1	否

（续）　　人

类型	时间、地点	事故简要过程及原因	是否为瓦斯煤尘爆炸事故/死亡人数	是否为电击事故		其他/伤亡人数
				触电/伤亡人数	烧伤/伤亡人数	
接线空腔带电开盖检修事故	2008年1月7日17时30分，江西省丰城矿务局坪湖煤矿	工人违章拆卸矿灯产生电火花，引发瓦斯爆炸	是/47	否	否	否
	2008年4月3日，阳煤新景煤矿	工人在电源侧未停电的情况下，违章打开接线盒解负荷电缆，在拉出电缆的过程中，将660 V接线柱短路，产生电弧光	否	否	是/1	否
	2008年7月5日，川邑煤矿	电工在没有停电的情况下，违章接电线导致产生电火花，发生瓦斯瞬间燃烧	是/2	否	否	否
	2009年5月3日，阳煤新景煤矿	工人停错电，违章带电打开接线盒，在未携带验电笔的情况下，利用电工套管放电来验证是否有电，结果短路产生电弧光	否	否	是/1	否
	2009年5月9日，阳煤新景煤矿	电工在未停电的情况下违章打开1140 V接线盒进行检查，发现里面有煤尘等杂物。用嘴吹时，短路电弧光烧伤脸部	否	否	是/1	否
	2009年，长沟煤矿	工人违章带电打开接线盒，用数字万用表测量1140 V相间电压，万用表短路，被烧伤	否	否	是/1	否
	2010年1月22日，湖南省张家界市慈利县三合口乡麦湾煤矿	电钳工在未断电的情况下违章接线产生电火花引起瓦斯爆炸	是/4	否	否	否
	2010年2月27日，某煤矿机电队	工人解四通前，跟错线、停错电、验电不正规	否	否	是/1	否
	2010年3月19日，某煤矿综采队	工人用数字万用表测试接线空腔相间电压时，发生短路产生弧光被烧伤	否	否	是/1	否

（续）　　人

类型	时间、地点	事故简要过程及原因	是否为瓦斯煤尘爆炸事故/死亡人数	是否为电击事故		其他/伤亡人数
				触电/伤亡人数	烧伤/伤亡人数	
接线空腔带电开盖检修事故	2010年6月9日，某煤矿机电队	操作者违章带电作业，未执行停送电验电制度	否	否	是/2	否
	2010年9月11日12时30分，某煤矿采煤一区	工人违章作业打开四通接线盒，拆除电缆引起短路产生有害烟气	否	否	否	有害气体/5
	2010年，长沟煤矿	电工违章打开带电的660 V接线盒，拿起变压器的两个线头挽成圆环，往开关660 V接线柱上挂，造成短路	否	否	是/1	否
	2010年，某煤矿	电工违章打开接线盒带电接线，造成短路	否	否	否	短路伤人
	2011年，阳煤某煤矿	违章带电打开接线空腔并且带电起吊挪移开关，电工未戴绝缘手套并且未穿电工绝缘靴就去稳定开关，不小心滑入接线空腔	否	是/1	否	否
	2017年9月10日19时49分，山西省静乐县阳煤集团天安煤业	带式输送机运输巷开关接线空腔短路造成电缆着火	否	否	否	电缆着火
	2017年11月10日，山西华晋韩咀煤业有限公司	矿工在拆除3号变压器负荷线的过程中发生触电事故，事故原因是违章停电	否	是	否	否
	涟源市伏口镇良田煤矿	工人不小心用手触摸到接线盒内裸露的接线柱上，触电身亡	否	是/2	否	否
	某煤矿	电工不懂操作知识和规定，违章带电开盖换接，在换接的过程中产生电火花，引起瓦斯爆炸	是/16	否	否	否
小计			1080	6	15	20

（续）　　人

类型	时间、地点	事故简要过程及原因	是否为瓦斯煤尘爆炸事故/死亡人数	是否为电击事故		其他/伤亡人数
				触电/伤亡人数	烧伤/伤亡人数	
非专职人员打开接线空腔带电检修事故	2003 年 8 月 1 日 22 时 30 分，山西省襄垣县石峪煤矿	水泵工违章擅自打开接线盒带电检修	否	是/1	否	否
	某煤矿	电工不懂操作知识和规定，违章带电开盖换接，在换接过程中产生电火花，引起瓦斯爆炸	是/16	否	否	否
	某煤矿	非专职电工处理电缆接地时，装煤机防爆接线盒未盖，操作线裸露，铜线搭接。下一班人员上岗后违章送电，短路产生电火花，引起瓦斯燃烧爆炸	是/84	否	否	否
小计			100	1		
未检查瓦斯打开接线空腔带电检修事故	1960 年 6 月 16 日，汾西矿务局两渡煤矿	搬迁中没有执行“井下不得带电检修、搬迁电气设备”的规定，在局部通风机尚未安装就绪，工作面没有送风的情况下，违章带电接电钻线时未检查瓦斯，产生电火花，引起瓦斯爆炸	是/38	否	否	否
	1980 年 6 月 8 日 11 时 20 分，洪洞县三交河煤矿	瓦斯大量积聚，电工接线时违章带电作业，产生电火花，引起瓦斯爆炸	是/30	否	否	否
	1985 年 2 月 10 日 16 时 3 分，西山矿务局杜儿坪煤矿	瓦斯积聚，瓦斯检查员漏检，断电仪安装位置不符合要求	是/48	否	否	否
	2000 年 6 月 26 日 8 时许，重庆市奉节县前进乡石窖坪煤矿	在无风区内进行采掘作业，局部通风机安装位置不当，造成循环风，引起瓦斯积聚；同时，瓦检器送修后（无备用瓦检器），未检查瓦斯，违章带电搭接电铃电缆产生电火花，引起瓦斯爆炸	是/14	否	否	否
小计			130			

（续） 人

类型	时间、地点	事故简要过程及原因	是否为瓦斯煤尘爆炸事故/死亡人数	是否为电击事故		其他/伤亡人数
				触电/伤亡人数	烧伤/伤亡人数	
打开接线空腔检修未能闭锁上级开关事故	2004年9月18日，阳煤集团二矿	电工在施工前没有按规定停电，违章送电	否	否	是/2	否
	2007年2月16日八点班，阳煤集团一矿	停电不闭锁开关，不挂警示牌，致使违章送电将人电伤致死	否	是/1	否	否
	2007年10月10日六点班，某公司掘二队	机电队工人违章作业，在已挂停电警示牌的设备上倒接负荷线	否	否	是/2	否
	2010年6月25日中午，云南省泸西县东源泸西煤业有限责任公司奋发公司	在打开接线盒检查停电原因时，电火花引爆瓦斯	是/5	否	否	否
	某年6月25日，某煤矿	未切断前侧控制开关，违章独自修理三通接线盒。接线时，外面送电，导致接线盒产生电火花，引起瓦斯爆炸	是/5	否	否	否
	某煤矿	处理电缆接地故障时，装载机防爆接线盒未盖，操作线裸露，铜线搭接	是/84	否	否	否
小计			94	1	4	
疑似接线空腔带电开盖检修事故	1988年11月5日，潞安矿务局王庄煤矿	采煤工违章擅自开盖操作变电所开关保护机构，造成短路，引起火灾	否	否	是/17	否
	1990年7月13日23时，泸西某煤矿	工人在违章检修电路时，电火花引爆瓦斯	是/5	否	否	否
	1993年2月13日，湖南省涟源市枫坪乡水口山村办矿	违章带电维修电铃，引起瓦斯爆炸	是/12	否	否	否
	1993年3月15日，河南省禹州市苌庄乡缸瓷窑村娄山煤矿	矿井停风后，违章带电维修信号造成瓦斯爆炸	是/10	否	否	否
	1993年10月27日，大同矿务局晋华宫煤矿	工人违章打开防爆开关，带电明火作业产生电火花，引爆瓦斯	是/28	否	否	否

（续）　　人

类型	时间、地点	事故简要过程及原因	是否为瓦斯煤尘爆炸事故/死亡人数	是否为电击事故		其他/伤亡人数
				触电/伤亡人数	烧伤/伤亡人数	
疑似接线空腔带电开盖检修事故	1994 年，阳煤某矿	工人违章带电检修组合开关，发生短路，被电弧烧伤	否	否	是/1	否
	1995 年，阳煤某矿	工人违章带电检修开关，发生短路，被电弧烧伤	否	否	是/1	否
	1996 年 10 月 7 日，山西省阳泉市盂县孙家庄乡煤矿	局部通风机停机，瓦斯积聚，工人违章带电作业引爆瓦斯	是/11	否	否	否
	1996 年 11 月 27 日，山西省大同市新荣区郭家窑乡东村煤矿	电工违章带电检修 80 型开关，电火花引爆瓦斯，进而震起巷道积尘，煤尘参与爆炸	是/114	否	否	否
	1996 年 5 月 21 日，湖南省娄底市振兴煤矿	瓦斯积聚，工人违章带电检修开关，产生电火花引爆瓦斯	是/10	否	否	否
	1998 年 5 月 27 日，山西省离石市西塔煤矿	瓦斯积聚，电工违章带电作业，产生明火引爆瓦斯	是/10	否	否	否
	1998 年 6 月 4 日，山西省大同煤管局姜家湾煤矿	巷道贯通后未调整通风系统，风流短路，局部通风机停风，瓦斯积聚，有人违章带电检修绞车引爆瓦斯	是/11	否	否	否
	2001 年 8 月 11 日 16 时 45 分，泽州县梨川镇郊南煤矿	井下电工违章带电检修，短路产生明火引发瓦斯燃烧	是/2	否	否	否
	2001 年 8 月 8 日 3 时 20 分，某煤矿	工人违章带电检修	否	是/1	否	否
	2001 年 9 月 6 日，新疆塔城地区和布克赛尔县莫特格乡团结煤矿	瓦斯积聚，无证工人违规带电操作引起瓦斯爆炸	是/10	否	否	否
	2003 年 7 月 13 日，山西省襄垣县上河煤矿	打开防爆盖时，未执行停电、验电、放电制度，工人违章操作过程中开关晃动，开关外壳与引线接触带电，其身体与开关外壳接触后，触电身亡	否	是/1	否	否
	2003 年 8 月 18 日 11 时 30 分，山西省左权县辽阳镇河南村煤矿	工人违章作业，打开防爆开关检修时送电，产生电火花，引起瓦斯爆炸	是/27	否	否	否

（续）　　人

类型	时间、地点	事故简要过程及原因	是否为瓦斯煤尘爆炸事故/死亡人数	是否为电击事故		其他/伤亡人数
				触电/伤亡人数	烧伤/伤亡人数	
疑似接线空腔带电开盖检修事故	2005年2月14日15时1分，辽宁省阜新矿业集团孙家湾煤矿	工人违章带电检修照明信号综合保护装置，产生电火花，引起瓦斯爆炸	是/214	否	否	否
	2005年4月24日，高平市杜寨煤矿	电工违章带电作业，产生电火花，引爆瓦斯	是/9	否	否	否
	2005年11月12日，山西汾西矿业集团公司水峪煤矿	掘进工违章擅自开盖操作，拉倒抬棚发生冒顶	否	否	否	擅自开盖致冒顶/3
	2006年8月31日10时，湖南省涟源联谊煤矿	电工在暗副井绞车房违章带电检修电气设备产生电火花，引起瓦斯爆炸	是/9	否	否	否
	2007年3月6日，湖南省邵东县宏发煤矿	无风导致瓦斯积聚；电工违章带电打开接线空腔盖板和开关门盖产生电火花，引爆瓦斯	是/15	否	否	否
	2008年3月4日23时40分，贵州省黔西南州贞丰县大地煤矿	作业人员违章带电检修开关产生电火花，引爆瓦斯，煤尘参与爆炸	是/4	否	否	否
	2009年4月12日3时左右，江西省新余市分宜县双林镇集贤三矿	在没有切断电源的情况下，违章带电作业，导致触电身亡	否	是/1	否	否
	2010年3月24日8时36分，吉林省白山市浑江区通沟煤矿	电工违章带电维修调度绞车开关，产生电火花，引爆瓦斯	是/13	否	否	否
	2011年3月3日，湖南省郴州市嘉禾县肖家镇水花岭煤矿	作业人员违章维修电铃时，产生电火花，引起瓦斯爆炸	是/6	否	否	否
	2011年7月28日，某煤矿新一班	电工违章带电作业，产生电火花，引爆瓦斯	是/未查到	否	否	否
	某煤矿	电工违章带电打开开关修理，产生电火花，引起瓦斯爆炸	是/未查到	否	否	否
	某煤矿	在未停电的情况下，开启磁力启动器，违章带电排除故障，不慎触及交流660V带电体	否	是/1	否	否
小计			520	4	19	3

（续） 人

类型	时间、地点	事故简要过程及原因	是否为瓦斯煤尘爆炸事故/死亡人数	是否为电击事故		其他/伤亡人数
				触电/伤亡人数	烧伤/伤亡人数	
小喇叭嘴松动及信号线漏电造成的事故	1990年7月13日23时55分，山东省新汶矿务局潘西煤矿	工人处理矸石发送信号时，信号线破损处产生电火花，引起瓦斯爆炸	是/45	否	否	否
	1995年5月6日，山西省襄汾县古城镇古城煤矿	因通风不良造成瓦斯积聚，煤电钻喇叭嘴破损，电缆漏电产生电火花，引起瓦斯爆炸	是/35	否	否	否
	2000年11月25日，内蒙古自治区大雁煤矿公司二矿	回风巷里端废巷内绞车电机接线盒的喇叭嘴压线不紧，现场人员违章拉拽带电电缆时造成电缆抽脱，产生电火花，引起瓦斯爆炸	是/51	否	否	否
	2005年3月9日，山西省交城县岭底乡香源沟煤矿	局部通风管理混乱、掘进工作面供风量严重不足，违章微风作业，造成瓦斯积聚，巷道信号电缆短路产生电火花，引起瓦斯爆炸	是/29	否	否	否
	2006年6月5日9时，湖南省郴州市永兴县马田镇明星村曾庆建煤矿	作业人员在暗斜井井底装煤后，按动信号按钮发出提升信号时，失爆按钮产生工作电弧火花引爆瓦斯	是/6	否	否	否
	2006年11月25日，云南省曲靖市富源县后所镇昌源煤矿	煤电钻综合保护装置供电的127V电缆绝缘损坏，造成芯线短路，产生电火花，引起瓦斯爆炸	是/32	否	否	否
小计			198			

附录2 煤矿安全365

日期		事故情况
1月	1日	1994年1月1日，河北省临城县鸭鸽营乡办煤矿发生透水重大事故，死亡13人
		1995年1月1日，陕西省铜川市郊区煤矿发生瓦斯爆炸重大事故，死亡16人。事故直接原因：全矿井停电一段时间后送电，安排工作面通风排出瓦斯时有工人违章抽烟，引起瓦斯爆炸
		1996年1月1日，江西省乐平市涌山镇煤矿闵口一井发生瓦斯爆炸重大事故，死亡16人。事故直接原因：地面井口电缆起火，造成井筒瓦斯爆炸
	2日	1991年1月2日，黑龙江省鸡东县堡合煤矿发生瓦斯爆炸特别重大事故，死亡53人，伤12人，经济损失105万元
		2000年1月2日，山西省灵石县英武乡长征煤矿发生瓦斯爆炸重大事故，死亡19人
		2008年1月2日5时30分，山西省晋城市沁水县沁和能源集团永安煤矿发生较大事故，死亡3人。事故直接原因：井下3210回风巷掘进工作面进行巷道维护时，发生冒顶
	3日	1998年1月3日，新疆维吾尔自治区轮台县大道南乡煤矿发生瓦斯爆炸较大事故，死亡5人
		2007年1月3日，湖南省郴州市嘉禾县肖家镇月头岭煤矿发生煤与瓦斯突出较大事故，死亡6人，直接经济损失227.62万元。事故直接原因：该矿超深开采，矿井违章未采取防突措施，导致事故发生
	4日	1989年1月4日19时55分，河南省平顶山煤业集团六矿发生冒顶一般事故，死亡1人。事故直接原因：队领导在地质构造复杂、巷道失修严重、顶板漏煤的情况下违章指挥，工人违章在棚子上别轨道“拉筋”健身，导致棚子移动，造成漏煤冒顶
		1995年1月4日，新疆维吾尔自治区乌鲁木齐县青格达湖乡联合村煤矿发生瓦斯爆炸较大事故，死亡7人，重伤1人，轻伤3人
		2007年1月4日23时左右，河南省登封市送表矿区一矿井发生瓦斯爆炸较大事故，死亡8人。事故直接原因：送表矿区瓷片厂院内工人对水井施工时，穿越煤层并违章私自挖煤，致使瓦斯积聚引发瓦斯爆炸
	5日	1991年1月5日，河北省邯郸市磁县南黄沙二街村个体小煤矿发生瓦斯爆炸较大事故，死亡6人
		1992年1月5日，贵州省盘江矿务局老屋基煤矿发生瓦斯爆炸重大事故，死亡13人
		2010年1月5日，湖南省湘潭市湘潭县立胜煤矿发生火灾特别重大事故，死亡34人（其中9人下落不明），直接经济损失2962万元。事故直接原因：立胜煤矿中间立井三道暗立井内敷设的非阻燃电缆老化破损，短路着火，引燃电缆外套塑料管、吊箩、木支架及周边煤层，产生大量有毒有害气体，造成人员窒息伤亡
	6日	2004年1月6日，山西省大同市南郊区王家园村上河沟煤矿发生井下浮煤燃烧较大事故，死亡4人，伤2人
		2006年1月6日，四川省雅安市沙坪镇劳养武煤矿发生瓦斯窒息一般事故，死亡2人
		2009年1月6日9时40分，江西省萍乡矿业集团宜萍煤业公司发生漏垮较大事故，死亡6人。事故事故直接原因：中鼎矿建公司在斜风井-125 m煤巷组织施工时，顶棚发生漏垮，带出大量瓦斯，致使在井下检查工作的副总经理、副总工程师、生产科长等6人死亡

（续）

日期		事故情况
1月	7日	1970年1月7日，山西省浑源县下盘铺煤矿发生透水重大事故，死亡21人
		1993年1月7日，青海省海北州门源县泉沟台乡完卓煤矿发生二氧化碳突出重大事故，死亡12人
		1996年1月7日，江西省丰城市革新煤矿发生瓦斯爆炸重大事故，死亡16人
		2008年1月7日9时44分，湖北省宜昌市秭归县王子沟煤矿发生较大事故，死亡4人，1人下落不明。事故直接原因：井下因风筒脱落，瓦斯积聚，造成人员窒息死亡
	8日	2010年1月8日16时，江西省新余市庙上煤矿发生火灾重大事故，死亡12人。事故直接原因：矿井电缆短路导致火灾，产生的一氧化碳气体造成人员中毒或窒息死亡
	9日	1991年1月9日，江西省宜春市新田乡龙源煤矿发生瓦斯爆炸重大事故，死亡16人
		2000年1月9日，辽宁省葫芦岛市缸窑岭镇第二煤矿发生瓦斯爆炸重大事故，死亡11人。事故直接原因：该煤矿地面主要通风机停止运转，矿井依靠自然通风。井下局部通风机也停止运转，造成4、5、6号上山及平巷直头瓦斯积聚，工人入井后违章启动局部通风机，将3个上山及平巷直头中积聚的瓦斯排至-78 m水平大巷，4号上山下口处瓦斯浓度达到爆炸界限，工人在此处违章吸烟引起瓦斯爆炸
	10日	1995年1月10日，江西省信丰县铁石口镇坳丘村独眼小煤井发生瓦斯爆炸重大事故，死亡11人
		1995年1月10日，甘肃省窑街矿务局天祝煤矿3号井发生冒顶较大事故，死亡3人
		2011年1月10日凌晨，贵州省遵义市务川县青龙煤矿发生透水较大事故，死亡4人。事故直接原因：该煤矿在违章未制定和采取安全技术措施的情况下违章掘进，导致发生透水事故
	11日	2000年1月11日9时53分，徐州矿务集团有限公司大黄山煤矿一号井发生透水重大事故，死亡22人，直接经济损失278.33万元。事故直接原因：水害预防工作、探放水措施违章导致发生透水事故
		2010年1月11日18时10分，吉林省蛟河市老下盘煤矿（技改井）发生一氧化碳中毒较大事故，死亡7人
	12日	1991年1月12日，陕西省蒲白矿务局马村煤矿发生顶板较大事故，死亡3人
		1996年1月12日，贵州省乌当区金华镇仓坡乡煤矿发生瓦斯爆炸重大事故，死亡15人。事故直接原因：该煤矿系独眼井，通风不良造成瓦斯积聚，违章使用明刀闸产生电火花引爆瓦斯
	13日	1994年1月13日，吉林省辽源矿务局太信煤矿四井发生煤尘爆炸特别重大事故，死亡79人。事故直接原因：绞车道煤尘堆积，违章超载提车在车轮和轨道之间产生过大的摩擦力，产生电火花，引起煤尘爆炸
		2011年1月13日，湖南省衡阳常宁市蓬塘乡天江煤矿发生瓦斯爆炸较大事故，死亡4人
	14日	1997年1月14日，河北省张家口市下花园煤矿多经公司二矿发生瓦斯爆炸重大事故，死亡11人
		2002年1月14日12时50分，云南省文山县余兴红煤矿发生瓦斯爆炸重大事故，死亡25人，受伤10人。事故直接原因：违章更换灯泡扯动电缆，使破损电缆短路产生电火花引爆瓦斯
	15日	1993年1月15日，新疆维吾尔自治区伊宁县莫洛托乎提于孜乡煤矿发生顶板较大事故，死亡3人
		1998年1月15日，甘肃省靖远矿务局红会四矿发生较大事故，死亡4人，中毒19人
		2000年1月15日，青海省热水煤矿柴达尔一井发生瓦斯爆炸较大事故，死亡5人
		2010年1月15日，山西省晋中市灵石县灵石煤矿发生透水较大事故，死亡4人。事故直接原因：该煤矿违章未按照安全技术规程对破碎离层的顶板先行加固，造成顶板冒落引发已关闭煤矿采空区积水突然倾泻

（续）

日期		事故情况
1月	16日	1992年1月16日，新疆维吾尔自治区乌鲁木齐矿务局苇湖梁煤矿发生一氧化碳中毒较大事故，死亡5人
		2000年1月16日，辽宁省阜新县东梁镇兴国煤矿因爆破器虚连引发瓦斯爆炸重大事故，死亡23人，直接经济损失160万元
		2007年1月16日，湖北省巴东县枣子乡煤矿因采煤工违章点火吸烟引发瓦斯爆炸重大事故，死亡16人，抢救过程中有4人受伤
		2009年1月16日，神华集团准格尔能源公司黑岱沟露天煤矿东沿帮边角煤回收井发生一起较大事故，死亡5人
	17日	1986年1月17日，河南省焦作矿务局焦西煤矿北区41071工作面运输巷在进行松动爆破时，发生煤与瓦斯突出较大事故，死亡4人，受伤5人
		1993年1月17日，新疆维吾尔自治区温宿县破城子煤矿发生冒顶较大事故，死亡5人
	18日	1997年1月18日，陕西省铜川矿务局史家河煤矿乔子梁斜井发生瓦斯爆炸较大事故，死亡9人
		1998年1月18日，河南省平顶山市香山煤矿违章爆破造成冒顶重大事故，死亡11人
		1999年1月18日，辽宁省沈阳市马古煤矿发生瓦斯爆炸重大事故，死亡11人。事故直接原因：该煤矿井下通风不良造成瓦斯积聚，工人违章拆装矿灯引发瓦斯爆炸
	19日	1985年1月19日17时，湖北省七约山煤炭矿务局炭山湾煤矿主井筒发生水和矸石下泄较大事故，死亡4人，重伤1人。事故直接原因：该煤矿因管理不到位造成水和矸石堵塞井筒，疏通时安全措施不力，违章冒险作业酿成事故
		1995年1月19日，辽宁省南票矿务局大窑沟煤矿发生断绳跑车重大事故，死亡11人
		2010年1月19日，山西省临县西山晟聚煤业公司发生透水较大事故，死亡3人
		2010年1月19日，湖南省临武县金江镇大湾煤矿发生瓦斯爆炸较大事故，死亡3人
	20日	1993年1月20日16时18分，安徽省淮南矿务局潘一煤矿发生瓦斯爆炸特别重大事故，死亡39人，重伤2人，轻伤11人。事故直接原因：1662(3)工作面运输巷瓦斯涌出异常，遇到金属支架撞击产生的电火花引起瓦斯爆炸
		2008年1月20日，山西省临汾市汾西县蔚家岭村私开煤矿发生瓦斯爆炸重大事故，死亡25人
		2010年1月20日，贵州省毕节市金坡煤矿发生煤与瓦斯突出较大事故，死亡7人
	21日	1996年1月21日，北京矿务局大台煤矿发生违章爆破较大事故，死亡6人
		2002年1月21日4时左右，湖北省松滋市刘家场镇兴大公司谭家洞煤矿发生火灾重大事故，死亡12人，直接经济损失140多万元。事故直接原因：井下人员违章吸烟引燃易燃品，产生有毒有害气体，随风流扩散致使被困人员窒息或一氧化碳中毒死亡
	22日	1995年1月22日，河北省邢台矿务局章村煤矿四井发生冒顶较大事故，死亡5人
		2010年1月22日，湖南省张家界市慈利县三合口乡麦湾煤矿发生瓦斯爆炸较大事故，死亡4人
		2010年1月22日，宁夏回族自治区吴忠市太阳山隆能煤业有限公司发生透水较大事故，死亡7人、受伤1人。事故直接原因：该煤矿在未查清老窑积水的情况下，未执行探放水有关规定，违法违规开采煤柱，违章爆破作业导致发生透水事故

（续）

日期		事故情况
1月	23日	1994年1月23日，河北省兴隆矿务局汪庄煤矿发生瓦斯爆炸重大事故，死亡12人
		2003年1月23日23时16分，河南省焦作市朱村煤矿发生瓦斯突出重大事故，死亡18人，失踪1人。事故直接原因：朱村煤矿东南区25051下风道在掘进时发生炮后瓦斯突出
	24日	1994年1月24日11时25分，内蒙古煤炭集团公司鸡西矿务局二道河子煤矿多种经营公司七井发生特别重大瓦斯爆炸事故，死亡99人，受伤3人。事故直接原因：该煤矿在施工左三路切割上山时，由于停电停风造成瓦斯积聚；爆破员违章用煤电钻插销明火爆破产生电火花，引起瓦斯爆炸
		1996年1月24日，河南省宜阳县城关乡马庄村六顺二矿发生透水重大事故，死亡11人
		1998年1月24日，辽宁省阜新矿务局王营煤矿发生瓦斯爆炸特别重大事故，死亡78人，受伤7人。事故直接原因：2102工作面边界上山风流短路，工作面风量大量减少，支架顶部冒落区内瓦斯积聚，达到爆炸界限，遇工作面支架顶部煤层自然发火产生的高温火点引起瓦斯爆炸
	25日	1997年1月25日，河南省义马矿务局耿村煤矿发生瓦斯爆炸特别重大事故，死亡31人，受伤4人。事故直接原因：该煤矿11101综采工作面电气事故造成全矿停电8h，送电时引起瓦斯爆炸
	26日	2010年1月26日，贵州省六盘水市六枝工矿（集团）公司玉舍煤矿发生煤与瓦斯突出较大事故，死亡5人。事故直接原因：该煤矿未采取必要的防突措施，巷道掘进中发生煤与瓦斯突出，距离事故点较近的5人遭到瓦斯气体袭击，并被垮塌煤层压住窒息死亡
	27日	1994年1月27日，湖南省辰溪县板桥乡花桥联煤矿发生煤层燃烧重大事故，死亡26人，受伤8人
		2002年1月27日，河北省承德市暖儿河煤矿连续发生两次瓦斯爆炸重大事故，死亡29人。事故直接原因：1月27日11时35分至12时，指挥部派出一个25人的救护小队下井寻找最后一名被困矿工并对413采区外进风运输大巷进行维修。12时30分，井下采区突然发生瓦斯爆炸，巨大的冲击波对行进在进风巷中的抢险人员造成了伤害
	28日	1997年1月28日，贵州省六枝矿务局六枝煤矿发生瓦斯爆炸重大事故，死亡10人，轻伤5人。事故直接原因：该煤矿井下通风不良，掘进头瓦斯积聚，工人违章拆卸矿灯引起瓦斯爆炸
		1997年1月28日，青海省海北州门源县浩门四矿发生瓦斯爆炸较大事故，死亡7人
		2002年1月28日，湖南省衡阳市祁东县步云桥镇山塘冲煤矿发生瓦斯爆炸重大事故，死亡14人，受伤5人。事故直接原因：矿井停产停风，造成井下瓦斯积聚，胶质电线短路产生电火花引起瓦斯爆炸
	29日	1992年1月29日，陕西省澄合矿务局二矿发生冒顶较大事故，死亡6人
		1992年1月29日，江西省丰城市白土乡白土一矿发生瓦斯爆炸重大事故，死亡24人
		2008年1月29日，青海省海西州宽沟煤矿发生瓦斯爆炸较大事故，死亡6人。事故直接原因：该煤矿系个体煤矿，通风设施落后，严重通风不良造成瓦斯积聚，工人违章作业引起瓦斯爆炸
	30日	1997年1月30日，贵州省织金县板桥乡红光村煤矿发生瓦斯爆炸重大事故，死亡13人。事故直接原因：该煤矿系无证独眼矿井，采用局部通风机通风难以排出瓦斯，违章启动井下水泵时明刀闸产生电火花引起瓦斯爆炸
		2010年1月30日，云南省砚山县上沙煤矿发生顶板一般事故，死亡2人，直接经济损失120.1万元
	31日	2002年1月31日14时34分，重庆市南桐矿务局南桐煤矿一号井南翼发生煤与瓦斯突出重大事故，突出煤量2210t，瓦斯突出量约6×10^5 m^3，井下灾区有27人，死亡13人，8人下落不明
		2007年1月31日，湖南省邵东县牛马司镇群富煤矿发生顶板一般事故，死亡2人，直接经济损失58.7万元

（续）

日 期		事 故 情 况
2月	1日	2006年2月1日，山西晋城煤业集团公司寺河煤矿发生瓦斯爆炸重大事故，死亡23人，重伤6人，轻伤47人。事故直接原因：寺河煤矿在东二盘区2307采煤工作面安装设备时，封闭的采区巷道内发生局部瓦斯爆炸，冲击波摧毁3道密闭墙，使2307工作面4条进风巷内的作业人员一氧化碳中毒，造成重大伤亡
	2日	1999年2月2日，江西省樟树市经楼镇中林村煤矿发生煤尘爆炸重大事故，死亡16人
		2007年2月2日，河南省渑池县天池镇兴安煤矿发生火灾重大事故，死亡24人，受伤1人，直接经济损失910.8万元。事故直接原因：煤层自然发火引燃主井底清仓斜巷内支护巷道的荆笆和木棚，当班人员没有及时发现火点并扑灭，造成火势蔓延扩大
	3日	2006年2月3日，四川省广元市荣山煤矿发生顶板一般事故，死亡1人
		2009年2月3日，山西省长治市壶关县百尺镇东牢村小池岭一非法采煤处发生火药燃烧较大事故，死亡4人，1人重伤，6人轻伤。事故直接原因：工人在井下违章用电灯熏烤掺有大量锯末的发潮炸药时，引燃炸药，产生大量二氧化氮，造成井下11人不同程度中毒
		2011年2月3日，甘肃省金昌市永昌县新城子镇第二煤矿发生一氧化碳中毒一般事故，死亡1人
	4日	2007年2月4日，贵州省贞丰县挽澜乡磨刀石煤矿发生中毒一般事故，死亡2人。事故直接原因：该矿井下通风不良造成有害气体积聚，3名矿工中毒被困，经抢救1人生还
	5日	1985年2月5日，宁夏石嘴山矿务局一矿发生冒顶较大事故，死亡6人，轻伤3人。事故直接原因：该矿在复杂地质条件下未采取相应措施，在采煤工作面推移刮板输送机时违章作业导致冒顶
		1987年2月5日，某煤矿采煤工违章擅自开盖操作检漏继电器造成触电伤亡一般事故，死亡1人
		2001年2月5日，黑龙江省鸡西市平安煤矿发生瓦斯爆炸特别重大事故，死亡37人
	6日	1992年2月6日，陕西省宜君县哭泉乡麻庄煤矿发生一氧化碳中毒较大事故，死亡4人
		1998年2月6日，贵州省贵阳市开阳县金龙村煤矿发生瓦斯爆炸重大事故，死亡12人。事故直接原因：该煤矿为独眼井，采用自然通风造成瓦斯积聚，爆破引起瓦斯爆炸
		1998年2月6日，河北省井陉县张河西煤矿发生瓦斯煤尘爆炸较大事故，死亡9人
	7日	1980年2月7日，山西省平定县冶西煤矿发生瓦斯爆炸重大事故，死亡13人
		1999年2月7日，山西省沁水县嘉锋镇苇范煤矿发生顶板较大事故，死亡6人
		2010年2月7日9时40分，重庆市铜梁县兴发煤矿发生瓦斯燃烧较大事故，死亡5人，重伤2人。事故直接原因：事故工作面未安装防尘洒水系统，事故前停工3天造成瓦斯积聚，遇火源引起瓦斯燃烧
	8日	1952年2月8日23时50分，阳泉矿务局四矿丈八煤层东北大巷十东巷道发生瓦斯爆炸重大事故，死亡14人，重伤19人，轻伤27人。爆炸摧毁巷道支架1000架、贯眼闭墙45道、风桥3个、风门6道，直接经济损失4.8万元。事故直接原因：该煤矿修理风桥未经过周密计划和完善布置即开工，开工时违章未测定瓦斯，开工3天后瓦斯检查员检查瓦斯浓度达到5%以上，但谎报瓦斯已排除可继续工作，结果发生了瓦斯爆炸
		2006年2月8日，河南省新乡市辉县市吴村煤矿发生顶板一般事故，死亡1人
		2009年2月8日，山西省洪洞县陆合煤化有限责任公司霍家庄煤矿发生触电一般事故，死亡1人
		2011年2月8日，甘肃省酒泉地区金塔县紫山子北矿区22号矿井发生一氧化碳中毒较大事故，死亡3人

（续）

日期		事故情况
2月	9日	2000年2月9日，吉林省九台市桐安煤矿发生瓦斯爆炸较大事故，死亡5人，失踪11人。事故直接原因：该煤矿发现井下起火，因变电所检修停电，通风设备停止工作；来电后，通风设备又出现了故障，仍不能送风，造成瓦斯积聚。在这种情况下，煤矿仍然违章让工人下井打密闭灭火、抢救设备，导致事故发生
		2007年2月9日，山西省阳泉煤业公司一矿发生非专职人员违章擅自送电导致触电身亡一般事故，死亡1人
	10日	1985年2月10日，山西省西山矿务局杜儿坪煤矿发生瓦斯爆炸特别重大事故，死亡48人，轻伤8人，直接经济损失204万元。事故直接原因：在已停掘的巷道内拆运耙斗机时撞倒棚子使风筒断开，导致该巷道500多米范围内37.5h无风，造成瓦斯积聚。瓦斯检查人员漏检，机电工人进入瓦斯积聚区违章拆移开关时带电作业产生电火花，引起瓦斯爆炸
	11日	1999年2月11日，河北省唐山市开平区双桥煤矿一井违章使用电焊造成火灾重大事故，死亡11人
		2002年2月11日9时40分，内蒙古自治区牙克石市矿产资源开发总公司红旗煤矿一号井发生一氧化碳中毒重大事故，死亡14人。事故直接原因：处理火区隐患不及时、不彻底，导致产生大量有害气体。在主要通风机停止运行的情况下，违章指挥工人进入封闭火区处理隐患，发生事故后又冒险组织抢救，导致事故扩大
		2004年2月11日，贵州省六盘水市钟山区汪家寨镇尹家地煤矿发生瓦斯爆炸重大事故，死亡25人，轻伤7人
	12日	1994年2月12日，江苏省徐州矿务局义安煤矿发生带式输送机着火较大事故，死亡8人
		1999年2月12日，山西省盂县下曹乡郭村煤矿柳沟坑口发生瓦斯爆炸重大事故，死亡13人，受伤4人
		2006年2月12日2时5分，辽宁省阜新矿业集团五龙煤矿改扩建工程南风井发生瓦斯爆炸较大事故，死亡4人，轻伤5人，直接经济损失205万元。事故直接原因：南风井井筒换风筒过程中因停风造成瓦斯积聚，排放瓦斯时由于285 m处风筒破裂，导致破裂处以下井筒内瓦斯未排放，瓦斯浓度达到爆炸界限，入井人员违章使用非防爆对讲机产生电火花引起瓦斯爆炸
	13日	2009年2月13日，贵州省毕节市织金县珠藏镇织河煤矿发生煤与瓦斯突出较大事故，死亡8人。事故直接原因：春节期间，煤矿违章擅自启封组织生产，导致事故发生
	14日	1992年2月14日，陕西省耀县庙湾镇前进煤矿发生煤层自燃较大事故，死亡5人。事故直接原因：工人洒水时被高温蒸气烫死
		1995年2月14日，河北省承德市涝洼滩煤矿发生瓦斯爆炸较大事故，死亡9人
		2005年2月14日，辽宁省阜新矿业集团孙家湾煤矿海州立井发生瓦斯爆炸特别重大事故，死亡214人，受伤30人，直接经济损失4968.9万元。事故直接原因：冲击地压造成3316风道外段大量瓦斯异常涌出，3316风道里段掘进工作面局部停风造成瓦斯积聚，瓦斯浓度达到爆炸界限；工人违章带电检修临时配电信号综合保护装置，产生电火花引起瓦斯爆炸

（续）

日期		事故情况
2月	15日	1995年2月15日，河北省开滦矿务局赵各庄煤矿采煤工作面发生水煤矸石溃出重大事故，死亡12人
		2005年2月15日，云南省曲靖市富源县竹园镇上则勒村煤矿发生瓦斯爆炸重大事故，死亡27人（女工10人），受伤15人。事故直接原因：该煤矿采用非防爆鼓风机且用编织袋作为风筒向作业地点供风，违章使用明刀闸、明接头、明插座及煤矿井下禁止使用的照明线向鼓风机和井下非防爆潜水泵供电，井下电工违章操作潜水泵的过程中产生电火花引爆瓦斯
		2010年2月15日，湖南省怀化市中方县花桥镇龙阳山煤矿发生窒息较大事故，死亡3人
	16日	2006年2月16日，辽宁省南票矿务局邱皮沟煤矿发生瓦斯爆炸较大事故，死亡3人，重伤3人，轻伤5人
		2011年2月16日11时40分，湖南省衡阳市耒阳市洲里村一矿发生瓦斯爆炸较大事故，死亡3人，轻伤4人，直接经济损失248.4万元。事故直接原因：作业人员在未检查瓦斯的情况下，违章裸露爆破引起瓦斯爆炸
	17日	2003年2月17日，四川省华蓥市双河镇丁家坪煤矿发生瓦斯爆炸重大事故，死亡12人，1人下落不明。事故直接原因：该煤矿通风管理混乱，井下通风不良造成瓦斯积聚，工人违章爆破引起瓦斯爆炸
	18日	2000年2月18日，广西合山市河里乡马鞍18号井发生瓦斯燃烧较大事故，死亡7人
		2010年2月18日，山西省原平市长梁沟镇小三沟村一非法采煤处发生窒息较大事故，死亡5人。事故直接原因：当地村民违章擅自挖开被炸毁封堵的井口，盗采煤炭，因采煤处有害气体积聚，导致进入人员窒息死亡
	19日	1997年2月19日，陕西省韩城矿务局下峪口煤矿多经公司二号井发生瓦斯爆炸较大事故，死亡5人
		2003年2月19日21时45分，中煤能源集团一建公司第10工程处五阳项目部发生提升运输死亡一般事故，死亡2人。事故直接原因：在处理罐笼挂坏井筒排水管、风筒等设施的过程中，信号工违章发出错误的提升信号，罐笼拉坏了提升系统
	20日	1985年2月20日，浙江省长广煤矿公司六矿发生冒顶较大事故，死亡3人，轻伤1人
		2004年2月20日10时30分，贵州省铜仁地区印江县沙子坡镇青坨煤矿发生瓦斯煤尘爆炸较大事故，死亡6人，轻伤1人。事故直接原因：该煤矿为低瓦斯矿井，通风机多日未开导致瓦斯积聚，工人向矿长反映未引起重视，工作中工具碰撞产生电火花引起瓦斯爆炸，又引发煤尘爆炸
	21日	1994年2月21日，甘肃省庆阳地区净石沟煤矿发生一氧化碳中毒较大事故，死亡4人。事故直接原因：该煤矿在解除火区封闭时未采取有效防护措施，违章作业导致矿工中毒
		1994年2月21日，陕西省崔家沟煤矿劳动服务公司五井发生缺氧窒息较大事故，死亡3人
	22日	1997年2月22日，青海省海北州祁连县默勒七矿发生透水较大事故，死亡5人
		2009年2月22日，山西焦煤西山煤电集团公司屯兰煤矿发生瓦斯爆炸特别重大事故，死亡78人，受伤114人（重伤5人）。事故直接原因：该煤矿南四盘区12403工作面1号联络巷处于微风无风状态，造成局部瓦斯积聚达到爆炸浓度，1号联络巷内的电气开关失爆，引爆瓦斯

（续）

日期		事故情况
2月	23日	2004年2月23日，黑龙江省鸡西市煤业集团穆棱公司百兴煤矿发生瓦斯爆炸特别重大事故，死亡37人（女工2人），直接经济损失246万元。事故直接原因：百兴煤矿13号煤层东一掘进工作面当班瓦斯检查员严重违章，上班时脱岗，没有及时接风筒，致使该工作面处于微风、无风状态，造成大量瓦斯积聚并达到爆炸条件；工人违章拆卸矿灯，矿灯短路产生电火花，引起瓦斯爆炸
	24日	1977年2月24日9时18分，江西省丰城矿务局坪湖煤矿发生瓦斯爆炸特别重大事故，死亡114人（救护队员3人），轻伤6人。事故直接原因：该煤矿通风系统不健全，井下变电所因故障停风11 h造成瓦斯积聚，电工违章带电检查失爆的三通接线盒时产生电火花，引起瓦斯爆炸
		2011年2月24日，吉林省延边州和龙市庆兴煤业公司南阳二井发生瓦斯爆炸较大事故，死亡5人，受伤6人
	25日	1998年2月25日，新疆维吾尔自治区拜城县拜城镇煤矿发生水害较大事故，死亡3人
		2006年2月25日，湖南省隆回县大园煤矿发生煤与瓦斯突出重大事故，死亡18人，轻伤2人，直接经济损失234万元。事故直接原因：该煤矿3352运输副巷掘进工作面布置在具有严重煤与瓦斯突出危险的煤层中，所处地段煤层厚度变化大，且位于采煤工作面应力集中区及巷道交岔应力集中区，工人在违章进行切槽作业时改变了煤体应力平衡状态，诱发了煤与瓦斯突出
	26日	1999年2月26日，山西省河津市大湾煤矿发生瓦斯爆炸较大事故，死亡8人
		2008年2月26日零时，辽宁省凌源市牛营子乡安兴煤矿发生一氧化碳中毒较大事故，死亡4人。事故直接原因：该煤矿因自燃被政府限令关闭，但矿长带领工人违法开启生产
	27日	1950年2月27日，河南省宜洛煤矿老李沟井发生瓦斯爆炸特别重大事故，死亡174人，受伤39人（抢救过程中死亡13人），共死亡187人，占当日井下总人数的46.9%。事故直接原因：井下没有禁止明火规定，采用土造蓄电池和手电筒照明，工人违章拆卸照明灯具及吸烟引起瓦斯爆炸
		2011年2月27日，重庆市涪陵区泽胜船务集团小溪煤矿有限公司发生煤与瓦斯突出较大事故，死亡3人
	28日	1991年2月28日，新疆生产建设兵团农六师103团八道湾煤矿发生瓦斯爆炸重大事故，死亡16人
		2002年2月28日18时30分，辽宁省阜新市清河门区河西镇三道壕煤矿发生火灾重大事故，死亡21人，受伤2人。事故直接原因：主井运煤下山与旧巷之间的楔形煤柱受压力作用出现裂隙、破碎，氧化自然发火，产生大量有害气体，造成井下作业人员一氧化碳中毒死亡
		2008年2月28日，黑龙江省鸡西市建宝煤矿发生透水重大事故，死亡14人
	29日	1992年2月29日，河北省临城县南街煤矿发生煤尘爆炸重大事故，死亡16人

（续）

日 期		事 故 情 况
3月	1日	1992年3月1日，河南省郑州市密县超化煤矿发生瓦斯爆炸重大事故，死亡19人，重伤13人
		2001年3月1日，黑龙江省农垦总局新华农场煤矿发生瓦斯爆炸特别重大事故，死亡32人
		2004年3月1日23时20分，山西省晋中市介休市连福镇金山坡煤矿发生瓦斯煤尘爆炸重大事故，死亡28人，受伤1人，直接经济损失318.7万元。事故直接原因：该煤矿因电网停电和备用发电机故障，局部通风机停止运行，使西一运输巷以里处于无风状态，从而造成瓦斯积聚。来电后，未按规程要求检查和排放瓦斯，便违章作业。在局部通风机未开，工作面瓦斯超限的情况下，采煤工违章启动煤溜，失爆开关腔内代替保险丝的裸铜线被烧断，产生电弧，引起瓦斯爆炸，煤尘参与了爆炸
		2010年3月1日，神华集团乌海能源有限公司骆驼山煤矿煤层底板发生突水特别重大事故，死亡32人
	2日	2008年3月2日4时，山西省朔州市平鲁区冯家岭煤矿发生井下带式输送机燃烧较大事故，死亡9人，受伤6人，直接经济损失213.5万元。事故直接原因：该煤矿主井筒带式输送机走廊浮煤长时间堆积发生氧化升温，沿底板布置的暖风筒提供了聚热升温环境，加快了浮煤的自燃速度，产生突发性明火，短时间内引燃了输送带等易燃物
	3日	1985年3月3日，甘肃省靖远矿务局红会四矿发生冒顶较大事故，死亡3人，重伤1人、轻伤3人。事故直接原因：该煤矿对大面积顶板下沉的特殊情况缺乏足够的认识，工作面初次放顶措施不到位，回收时没有及时撤出其他人员
		2011年3月3日，湖南省郴州市嘉禾县肖家镇水花岭煤矿发生瓦斯爆炸较大事故，死亡6人
	4日	1997年3月4日13时20分，河南省平顶山市鲁山县梁洼镇南街村红土坡煤矿发生瓦斯煤尘爆炸特别重大事故，死亡89人，受伤12人，直接经济损失260万元。事故直接原因：该煤矿由于顶板坚硬造成井下多处大面积空顶，井下没有正规通风系统，采空区积存的大量瓦斯不能排出。为掩盖非法开采真相，在采空区两处违章用明电放明炮，引起瓦斯爆炸
		1997年3月4日，河北省张家口市尚义煤矿永胜井发生火药爆炸事故，死亡4人
		2008年3月4日，贵州省黔西南州贞丰县大地煤矿发生瓦斯煤尘爆炸较大事故，死亡4人。事故直接原因：停风造成局部瓦斯积聚，作业人员违章带电检修，开关产生电火花引爆瓦斯，煤尘参与爆炸
	5日	2010年3月5日23时40分左右，新疆维吾尔自治区玛纳斯县塔西河乡天富煤业有限公司塔西河煤矿井下巷道发生冒顶较大事故，4名工人被埋压，死亡3人，1人获救生还
		2011年3月5日，辽宁省阜新市阜新蒙古族自治县鑫友经贸中心伊吗图西部煤矿发生瓦斯爆炸较大事故，死亡5人，受伤8人
	6日	1994年3月6日，吉林省辽源矿务局梅河口三井发生瓦斯爆炸重大事故，死亡14人。事故直接原因：综采放顶煤过程中采空区瓦斯积聚，瓦斯流动到回风巷时，遇钢丝绳与棚腿摩擦产生的电火花引爆瓦斯
		1996年3月6日，新疆维吾尔自治区乌鲁木齐市水磨沟区和意煤矿发生顶板较大事故，死亡4人
	7日	1998年3月7日，新疆维吾尔自治区拜城县察尔其煤矿发生瓦斯爆炸较大事故，死亡3人
		1999年3月7日，河北省磁县观台镇杜贵林煤矿发生水害特别重大事故，死亡32人。事故直接原因：该煤矿无任何探放水措施，巷道与老空水导通，又与相邻小煤矿打通造成淹井

（续）

日期		事故情况
3月	8日	1996年3月8日，贵州省盘县矿务局李子树矿发生瓦斯爆炸重大事故，死亡11人。事故直接原因：该矿系独眼井，通风不良造成瓦斯积聚，又无瓦斯检测仪器，违章采用明电照明引爆瓦斯
		2000年3月8日，新疆维吾尔自治区巴州轮台县铁热巴煤矿发生一氧化碳中毒较大事故，死亡3人
	9日	2005年3月9日，山西省交城县岭底乡香源沟煤矿发生瓦斯爆炸重大事故，死亡29人（1人经抢救无效死亡），受伤5人。事故直接原因：该煤矿局部通风管理混乱、掘进工作面供风量严重不足，违章微风作业，造成瓦斯积聚，巷道信号电缆短路产生电火花，引起瓦斯爆炸
		2011年3月9日，贵州省毕节市普底乡广木煤矿发生煤与瓦斯突出较大事故，死亡9人
	10日	2007年3月10日，重庆市永川县红炉镇金源煤矿发生透水较大事故，死亡4人，失踪1人
		2007年3月10日，辽宁省抚顺矿务局老虎台煤矿发生透水重大事故，死亡27人，失踪2人。事故直接原因：该煤矿忽视水害隐患的防治，在73003号综放工作面开采前未对其上部采空区采取探放水措施，对工作面上部采空区积水情况掌握不清楚，更没有采取有效的防范措施，工作面放顶煤后与上部68002号西工作面采空区沟通，上部采空区积水突然涌出导致事故发生
	11日	1994年3月11日，新疆维吾尔自治区米泉县长山子乡沙沟煤矿发生火灾重大事故，死亡10人
		2011年3月11日，湖南省娄底市冷水江市金月煤矿二矿发生瓦斯爆炸重大事故，死亡9人，轻伤5人，直接经济损失675万元。事故直接原因：在作业地点突出预兆非常明显的情况下采煤，后顶煤冒落诱导了煤与瓦斯突出；突出后的高浓度瓦斯随风流扩散到+120 m水平车场，钉道工违章作业产生撞击火花引爆瓦斯
	12日	1986年3月12日8时15分，山西省寿阳县温家庄乡荣胜煤矿发生瓦斯爆炸重大事故，死亡29人，直接经济损失20多万元。事故直接原因：该煤矿为解决井下绞车房和掘进工作面风量不足问题，移动局部通风机改变通风系统，造成风流短路，瓦斯积聚。电工违章带电接线时产生明火引起瓦斯爆炸
		2009年3月12日，甘肃省武威市天祝县隆德煤业有限责任公司发生瓦斯爆炸较大事故，死亡6人
		2011年3月12日，贵州省六盘水市盘县松河乡金银煤矿（已公告关闭）发生瓦斯爆炸重大事故，事故发生后又有6人下井盲目施救，死亡19人，重伤2人，轻伤13人
	13日	1995年3月13日，云南省富源县竹园乡糯米村旧屋基煤矿发生瓦斯爆炸特别重大事故，死亡32人，受伤12人。事故直接原因：该煤矿因停电停风近2个小班造成瓦斯积聚，送电后仅通风15 min就违章恢复生产，不明火源引起瓦斯爆炸
		2000年3月13日，江西省乐平市涌山镇大钨口煤矿发生瓦斯突出重大事故，死亡13人
		2009年3月13日，甘肃省白银市平川区丰源顺煤矿发生一氧化碳中毒较大事故，死亡7人。事故直接原因：当日有11名矿工在井下进行安全检查和巷道维修，发现一氧化碳泄漏后5人被困，6人升井报告。一名副矿长带领一名技术人员下井营救，7人全部中毒死亡
	14日	2005年3月14日11时40分，黑龙江省七台河矿业精煤（集团）公司新富煤矿三区一采发生瓦斯爆炸重大事故，死亡18人，受伤1人。事故直接原因：该煤矿因不具备安全生产条件，于2004年11月被驻地煤矿安全监察机构和七煤（集团）公司安监局下达停产整顿通知。但该煤矿于2005年2月19日未经验收违章擅自开工组织生产，掘进工作面长期处于停风状态，瓦斯积聚并达到爆炸界限，工人在矿灯带电的情况下违章更换灯泡，产生电火花引起瓦斯爆炸
		2008年3月14日，云南省昭通市威信县三桃乡菜坝村水洞坪煤矿发生煤与瓦斯突出重大事故，死亡14人，受伤4人

（续）

日期		事故情况
3月	15日	2007年3月15日，河南省鹤壁煤业集团公司鹤壁中泰公司发生透水较大事故，死亡5人，轻伤3人。事故直接原因：该煤矿在老巷积水未排放完、重大安全隐患未消除的情况下违章指挥，继续掘进至与老巷重叠处，两巷间煤层厚度不能抵抗老巷内积水压力导致透水
		2010年3月15日，河南省郑州市新密市东兴煤业有限公司发生火灾重大事故，死亡25人
	16日	1993年3月16日，新疆维吾尔自治区库车县第二煤矿发生瓦斯爆炸较大事故，死亡3人，重伤2人
		2001年3月16日，新疆生产建设兵团农八师142团煤矿2号井发生瓦斯爆炸重大事故，死亡12人，直接经济损失179万元
	17日	2005年3月17日，重庆市奉节县新政乡苏龙寺煤矿发生瓦斯爆炸重大事故，死亡19人。事故直接原因：该煤矿为不具备安全生产条件、必须停产整顿的D类矿井。但该煤矿拒不执行停产整顿，违章强行组织生产，因靠局部通风机通风的非正规巷采工作面的局部通风机循环通风，造成工作面瓦斯积聚，煤电钻插销产生电火花，引起瓦斯爆炸
		2008年3月17日，河南省登封市君鑫煤业公司二矿发生冒顶较大事故，死亡3人，轻伤1人
	18日	2000年3月18日，广西来宾县溯社乡中许村覃邦珍煤井发生透水较大事故，死亡7人
		2004年3月18日，中煤第五建设公司发生坠罐较大事故，死亡7人，重伤1人。事故直接原因：绞车司机违章操作，未在规定位置减速，以致吊桶全速冲上，撞到井架中梁，导致断绳坠罐
		2007年3月18日，山西省晋城市城区西上庄苗匠联办煤矿发生瓦斯燃烧重大事故，死亡21人，直接经济损失656万元。事故直接原因：该煤矿系独眼井，矿井未形成通风系统，瓦斯积聚达到燃烧浓度，失爆电缆短路产生电火花引燃瓦斯，产生大量有毒有害气体，导致工人中毒或窒息死亡
	19日	2005年3月19日，山西省朔州市平鲁区细水煤矿发生瓦斯爆炸特别重大事故，波及贯通的康家窑煤矿，死亡72人，直接经济损失2021万元。事故直接原因：该煤矿通风设施质量低劣，风流短路，与康家窑煤矿贯通后积聚高浓度瓦斯的4号、5号煤仓位于两矿的角联风路上。该煤矿井下爆破从不使用水炮泥充填，直接违章裸露爆破，引爆后喷出的火焰引发瓦斯爆炸
		2010年3月19日，贵州省黔西南州安龙县科兴煤矿发生透水较大事故，死亡6人
	20日	2001年3月20日7时50分，上海大屯能源股份有限公司孔庄煤矿I4采区8175工作面发生冒顶较大事故，死亡5人，直接经济损失约16.96万元。事故直接原因：第三现场作业人员吴某、张某在回柱间隔距离只有4.4 m的情况下违章回柱，致使第二、第三现场作业区域顶板活动加剧，造成支架失稳，发生推垮型冒顶
		2006年3月20日，河北省涿鹿县胡庄二矿发生瓦斯爆炸较大事故，死亡8人，受伤5人
	21日	1992年3月21日，山西省孝义县偏店煤矿发生瓦斯爆炸特别重大事故，死亡68人
		1997年3月21日，河北省承德市暖儿沟煤矿滦河分矿发生透水较大事故，死亡9人
		1999年3月21日，江西省萍乡市安源区暗冲煤矿发生一氧化碳中毒重大事故，死亡10人
		2001年3月21日19时10分，贵州省盘县柏果镇大田沟煤矿发生瓦斯爆炸重大事故，死亡28人，直接经济损失100万元。事故直接原因：井下风流短路，局部通风机安设违反有关规定，且停开9h造成瓦斯积聚，矿车撞击产生电火花引起瓦斯爆炸

（续）

日期		事故情况
3月	22日	2003年3月22日，山西省吕梁地区孝义市孟南庄煤矿有限公司发生瓦斯煤尘爆炸特别重大事故，死亡72人，受伤4人，直接经济损失1035.85万元。事故直接原因：该公司北采区2131采煤工作面因通风设施不全，风流短路，处于微压差通风状态，并与北二巷道采煤工作面串联通风，造成瓦斯积聚，加上采空区顶板大面积垮落挤压出瓦斯，使风流中的瓦斯浓度达到爆炸界限；工人违章吸烟，引爆瓦斯，煤尘参与爆炸
	23日	1995年3月23日，山西省孝义市阳泉曲镇禅房头煤矿发生一氧化碳中毒重大事故，死亡12人
		1997年3月23日，江西省萍乡市上栗县枣木煤矿发生瓦斯爆炸重大事故，死亡11人。事故直接原因：该煤矿系独眼井，通风不良造成瓦斯积聚，爆破引起瓦斯爆炸
	24日	1991年3月24日11时25分，湖南省白沙矿务局红卫煤矿坦家冲井发生煤与瓦斯突出特别重大事故，死亡30人，重伤1人，轻伤9人。事故直接原因：在石门巷道已见到煤层底板砂岩时未按作业规程规定停掘钻探，继续盲目掘进，爆破造成误穿煤层，引起煤与瓦斯突出
		2011年3月24日，吉林省白山市浑江区通沟煤矿发生瓦斯爆炸重大事故，死亡11人，2人下落不明
	25日	1960年3月25日，山西省荫营煤矿四尺坑发生瓦斯爆炸重大事故，死亡10人，受伤37人
		2010年3月25日，河北省承德县北大地煤矿发生瓦斯爆炸重大事故，死亡11人，重伤2人，直接经济损失998.3万元。事故直接原因：三水平东翼采煤工作面采煤后形成的空洞处于无风状态，煤层瓦斯涌出造成瓦斯积聚并达到爆炸界限，在上巷第5个立眼上方开茬硐内爆破落煤时，炮眼向采后空洞方向倾斜，造成装药中心位置至采后空洞一侧自由面的最小抵抗线不足，炸药起爆后产生爆燃，引起瓦斯爆炸
	26日	1995年3月26日，河南省平顶山市新华区焦店三矿发生瓦斯爆炸特别重大事故，死亡41人，重伤2人，直接经济损失110万元。事故直接原因：该煤矿主副井全部用于提煤，井下5台通风机都是循环风，掘进头与采空区掘透造成瓦斯超限，不明火源引爆瓦斯
		2000年3月26日，江西省丰城矿务局尚庄二矿小井发生瓦斯窒息重大事故，死亡11人，重伤10人
		2007年3月26日，山西省吕梁市汾阳市杨家庄镇南偏城煤矿三坑井下发生劣质炸药燃烧重大事故，死亡14人
	27日	1990年3月27日，山西省大同市南郊区小南头煤矿发生局部瓦斯爆炸重大事故，死亡25人
		1993年3月27日，四川省芙蓉矿务局白皎煤矿发生煤与瓦斯突出重大事故，死亡11人。事故直接原因：该煤矿未采取防突措施，井下582开切眼掘进时爆破引发煤与瓦斯突出，突出煤量1000 t、瓦斯3.7×10^4 m^3
		2000年3月27日，广西来宾县平阳镇凤山矿区罗克成煤井发生瓦斯燃烧重大事故，死亡10人
	28日	1990年3月28日，山西省大同市南郊区小南头乡小南头煤矿发生瓦斯爆炸重大事故，死亡25人。事故直接原因：停电停风，造成掘进工作面瓦斯积聚，电钻插销电源线违章接反，带负荷插入产生明火引起瓦斯爆炸
		2007年3月28日，山西省临汾市尧都区一平垣乡余家岭煤矿井下发生瓦斯爆炸重大事故，死亡26人
		2010年3月28日，山西省华晋焦煤有限责任公司王家岭煤矿发生透水特别重大事故，死亡38人，受伤115人，直接经济损失4937.29万元。事故直接原因：该煤矿20101回风巷掘进工作面附近小煤窑老空区积水情况未探明，且发现透水征兆后未及时采取撤出井下作业人员等措施，掘进作业导致老空区积水透出，造成+583.168 m标高以下巷道被淹和人员伤亡

（续）

日期		事故情况
3月	29日	1997年3月29日，贵州省林东县南山煤矿发生煤与瓦斯突出重大事故，死亡18人。事故直接原因：该煤矿未采取防突措施，7529采煤工作面采煤作业中发生延期性煤与瓦斯突出
		2001年3月29日，山西省孝义市南阳乡全山煤矿井下发生火灾较大事故，死亡4人
	30日	1994年3月30日，新疆维吾尔自治区乌苏县西沟煤矿发生瓦斯爆炸较大事故，死亡3人
		1999年3月30日，贵州省盘县火铺刘长江煤矿发生瓦斯爆炸重大事故，死亡14人。事故直接原因：该煤矿系独眼井，通风不良造成瓦斯积聚，工人在井下违章吸烟引起瓦斯爆炸
		2010年3月30日，新疆维吾尔自治区塔城地区和丰鲁能煤电化开发有限公司沙吉海煤矿发生顶板重大事故，死亡10人
	31日	2010年3月31日，河南省洛阳市伊川县国民煤业有限公司发生特别煤与瓦斯突出重大事故，死亡35人。事故直接原因：煤与瓦斯突出后风流发生逆转，瓦斯遇明火发生爆炸
4月	1日	1994年4月1日，山西省河津市赵南乡煤矿发生瓦斯爆炸重大事故，死亡10人。事故直接原因：该煤矿系基建井，尚未形成通风系统，因大巷风筒被破坏造成瓦斯超限，水泵开关失爆产生电火花引起瓦斯爆炸
		2000年4月1日，山西省古县永乐乡煤矿发生瓦斯爆炸特别重大事故，死亡43人，受伤1人
		2010年4月1日，陕西省韩城泉子沟煤矿发生瓦斯燃烧较大事故，死亡9人，受伤1人
	2日	1993年4月2日2时20分，辽宁省沈阳矿务局林盛煤矿发生煤尘爆炸重大事故，死亡23人，轻伤6人。事故直接原因：该煤矿无专设防尘洒水管路，未按规定使用液压枪洒水灭尘，作业现场煤尘堆积严重，工人违章爆破不装水炮泥，导致爆破产生火焰引起煤尘爆炸
		1998年4月2日，河南省华亨公司鹤壁第一煤矿发生瓦斯爆炸重大事故，死亡22人，受伤4人
		1999年4月2日，河南省平顶山市卫东区鸿土沟煤矿发生瓦斯煤尘爆炸特别重大事故，死亡30人。事故直接原因：该煤矿风量不足导致瓦斯超限，违章使用劣质炸药装填，炸药爆炸引起瓦斯煤尘爆炸
		2000年4月2日，甘肃省靖远矿务局三家山煤矿四号井发生冒顶较大事故，死亡3人
	3日	1996年4月3日，陕西省韩城矿务局龙门煤矿发生瓦斯爆炸重大事故，死亡10人。事故直接原因：采煤工作面通风不良导致瓦斯积聚，爆破时违章未用炮泥引起瓦斯爆炸
	4日	1969年4月4日3时15分，山东省新汶矿务局潘西煤矿二号井发生煤尘爆炸特别重大事故，死亡115人，受伤108人。事故直接原因：该煤矿违章未安设防尘洒水管路和喷雾装置，生产过程中无法采取防尘措施，且通风系统混乱，风流多处短路，井下煤尘飞扬，电机车弓子与天线之间产生的电火花引起煤尘爆炸
		1994年4月4日，河南省平顶山市汝州煤窑岭煤矿电缆着火产生一氧化碳导致中毒重大事故，死亡14人
		2001年4月4日，江西省上饶市铅山县开源煤矿发生透水重大事故，死亡13人
		2009年4月4日，黑龙江省鸡西市鸡冠区天源公司金利煤矿发生透水重大事故，死亡12人。事故直接原因：该煤矿未经复产验收和返还证照即违章擅自生产，矿井水文地质资料不清，作业无规程，超层越界开采，监管不到位
	5日	2007年4月5日，贵州省金沙县吉盛煤矿发生顶板较大事故，死亡3人
		2011年4月5日16时20分，中国华能集团甘肃能源开发有限公司核桃峪煤矿立井发生施工较大事故，死亡6人，受伤1人。事故直接原因：吊桶绳索突然断裂，约6t重的吊桶坠入约500 m深的井下，7名作业工人被困，其中1人于2h后获救，其余6人死亡

（续）

日期		事故情况
4月	6日	1990年4月6日，四川省乐山市犍为县东风煤矿发生透水特别重大事故，死亡57人。事故直接原因：该煤矿水文地质情况不清，在无任何探放水措施的情况下违章盲目掘进导通老窑水造成透水事故
		1996年4月6日，河北省邢台市邱县金东二矿发生透水重大事故，死亡14人
		2001年4月6日21时14分，陕西省铜川矿务局陈家山煤矿四石门带式输送机下山延伸段发生瓦斯爆炸特别重大事故，死亡38人，受伤16人（重伤7人），直接经济损失136万元。事故直接原因：415掘进工作面的局部通风机不能正常运行，造成瓦斯积聚，并达到爆炸界限，电气失爆产生电火花引起瓦斯爆炸
	7日	1980年4月7日，山西省左云县鹊儿山煤矿发生瓦斯爆炸重大事故，死亡10人
		1985年4月7日，山东省枣庄市薛城区兴仁乡煤矿发生煤尘爆炸特别重大事故，死亡63人，重伤1人，轻伤2人。事故直接原因：该煤矿井下无洒水灭尘设施，煤尘堆积严重，违章爆破引起煤尘爆炸
	8日	1985年4月8日，山西省汾西矿务局水峪煤矿发生冒顶较大事故，冒顶长度12 m、高度4 m，死亡6人，直接经济损失49.6万元。事故直接原因：在工作面支护数量不足且质量低劣的情况下，违反作业规程规定的先支后回工序，在进行违章放顶回柱作业时顶板突然冒落
		1989年4月8日10时20分，山西省大同市新荣区上深涧乡碾盘沟煤矿发生瓦斯爆炸重大事故，死亡21人。事故直接原因：该煤矿用2台28 kW局部通风机代替主要通风机通风，掘进巷与密闭盲巷贯通后涌出大量瓦斯。由于充填炮泥不足违章爆破，产生明火引起瓦斯爆炸
		1991年4月8日，陕西省韩城矿务局下峪口煤矿发生较大事故，死亡3人。事故直接原因：煤矿发生瓦斯窒息死亡2人，次日在事故地点清理矸石时，因灯线被卷入绞车滚筒又挤死1人
	9日	1995年4月9日，陕西省韩城县桑树坪镇康佳煤矿发生瓦斯爆炸重大事故，死亡13人
		2008年4月9日，山西省襄垣县夏良镇联营煤矿发生瓦斯爆炸较大事故，死亡5人，失踪1人。事故直接原因：该煤矿在加固107综采工作面运输巷密闭时，采空区发生瓦斯爆炸将密闭推倒，造成人员伤亡
	10日	1997年4月10日，辽宁省本溪市田师傅镇煤矿发生水害重大事故，死亡10人。事故直接原因：该煤矿越层越界开采，掘进中掘透老空水造成淹井
		2006年4月10日，山西省乡宁县谭韩煤矿发生放顶较大事故，死亡7人
		2006年4月10日，陕西省韩城矿务局象山煤矿发生冒顶一般事故，死亡2人
		2010年4月10日，辽宁省本溪市馨城煤矿发生瓦斯爆炸较大事故，死亡6人，直接经济损失400.5万元。事故直接原因：该煤矿八道香段东大巷局部通风机风筒未按规程铺设到位，作业地点瓦斯积聚达到爆炸界限，作业人员用工具拆除轨道时产生电火花引起瓦斯爆炸
	11日	1996年4月11日，江西省新余市欧里乡九龙煤矿发生瓦斯爆炸重大事故，死亡15人
		1997年4月11日，山西省太原市西铭贾大窑煤矿发生瓦斯爆炸特别重大事故，死亡45人。事故直接原因：该煤矿系无证煤矿，通风不良造成瓦斯积聚，煤电钻失爆引起瓦斯爆炸
	12日	2008年4月12日，辽宁省葫芦岛市南票区沙锅屯村第三煤矿发生瓦斯爆炸重大事故，死亡16人，轻伤2人。事故直接原因：严重违法超层越界开采和多头违规布置采掘工作面，违章爆破引起瓦斯爆炸

（续）

日期		事故情况
4月	13日	1997年4月13日，贵州省六枝县落别乡穿洞煤矿发生瓦斯爆炸重大事故，死亡12人。事故直接原因：该煤矿采煤工作面通风不良造成瓦斯积聚，违章爆破引起瓦斯爆炸
		2004年4月13日，江西省乐平市陈家煤矿一水平（-150 m）回风上山发生一般事故，死亡2人
	14日	1992年4月14日，云南省威信县扎西镇梅岭吴天书煤窑发生瓦斯爆炸重大事故，死亡24人
		1998年4月14日，山西省阳城县翼城煤矿发生瓦斯爆炸重大事故，死亡14人。事故直接原因：采煤工作面通风不良造成瓦斯积聚，违章爆破引起瓦斯爆炸
	15日	1990年4月15日，黑龙江省七台河矿务局桃山煤矿发生瓦斯爆炸特别重大事故，死亡33人，受伤11人
		1999年4月15日，山西省古县古阳镇永乐乡办煤矿发生瓦斯爆炸特别重大事故，死亡46人，1人下落不明，1人受伤，直接经济损失232万元
		2005年4月15日17时40分，贵州省黔西南州安龙县龙公煤矿发生瓦斯爆炸重大事故，死亡10人。事故直接原因：通风机停止运转，造成瓦斯积聚，违章使用不防爆设备，电缆线短路产生的电火花引起瓦斯爆炸
	16日	1993年4月16日，贵州省荔波县水尧乡军民联办煤矿发生瓦斯爆炸重大事故，死亡11人
		1999年4月16日，江西省乐平矿务局沿沟煤矿发生重大煤与瓦斯突出重大事故，死亡11人
		2007年4月16日17时53分，河南省平顶山市宝丰县周庄镇王庄煤矿发生瓦斯煤尘爆炸特别重大事故，死亡31人，受伤9人；救护队在抢救过程中发生二次爆炸，造成15名救护队员受伤，直接经济损失1088万元。事故直接原因：王庄煤矿通风管理混乱，主井区域内东三平巷与二下山交岔口处由于冒顶局部通风机停机，停风1个月的东三平巷积聚的瓦斯向外溢出，使冒顶区域瓦斯积聚并达到爆炸界限；操作人员在处理冒顶时违章裸露爆破引起瓦斯爆炸，煤尘参与了爆炸
	17日	2009年4月17日14时35分，湖南省永兴县樟树乡大岭煤矿发生火药库爆炸重大事故，死亡20人，受伤6人，一栋长24 m、宽7.6 m的三层综合办公楼被夷为平地。事故直接原因：违法将1.2 t炸药和2000余枚雷管藏匿于综合楼内，当日温度高达26 ℃，土制硝铵炸药首先自燃发生自爆，几秒钟后引燃了整个火药库
	18日	1992年4月18日，新疆生产建设兵团农六师105团硫磺沟煤矿发生透水较大事故，死亡5人，重伤3人
		1995年4月18日，辽宁省抚顺市新宾县孟家沟煤矿发生瓦斯爆炸重大事故，死亡26人。事故直接原因：该煤矿采用大串联通风，掘进巷、联络巷与采空区贯通时造成瓦斯大量涌出，违章爆破引起瓦斯爆炸
	19日	2002年4月19日，山西省沁源县七一煤矿发生瓦斯爆炸重大事故，死亡12人，受伤2人，直接经济损失64万元。事故直接原因：作业人员在掘进工作面微风作业，瓦斯积聚达到爆炸界限，违章爆破导致瓦斯爆炸
	20日	2010年4月20日8时左右，江西省高安市建山镇兴民煤矿兴丰井发生煤与瓦斯突出重大事故，死亡12人。事故直接原因：该煤矿在技改手续不全、未采取防突措施的情况下，违章施工引发煤与瓦斯突出

（续）

日期		事故情况
4月	21日	1991年4月21日16时5分，山西省洪洞县三交河煤矿发生特大瓦斯煤尘爆炸特别重大事故，死亡147人，重伤2人，轻伤4人，直接经济损失295万元。事故直接原因：矿井通风系统不合理，管理混乱，因停电停风造成瓦斯积聚，达到爆炸浓度。煤电钻失爆，工人违章打眼试煤电钻时产生电火花引起瓦斯爆炸，冲击波扬起巷道积尘，又引起全矿井煤尘多处连续爆炸
		2001年4月21日，陕西省韩城矿务局下峪口煤矿劳动服务公司小井发生瓦斯煤尘爆炸特别重大事故，死亡48人，重伤1人，直接经济损失525.46万元。事故直接原因：二号井开采1号煤层采用非正规采煤方法（巷道采煤法），工作面不能形成全负压通风系统。西下山南部采区安装4台局部通风机向6个以上作业地点供风，矿井风量仅为172 m^3/min，供给局部通风机的风量严重不足，局部通风机安装位置不符合要求，造成局部通风机发生循环风，导致瓦斯积聚；矿井没有洒水防尘管路，巷道和作业地点煤尘堆积严重；6号作业地点煤电钻电源插头失爆，违章工作时产生的电弧引起瓦斯爆炸，堆积煤尘扬起参与爆炸
	22日	2002年4月22日，重庆市中梁山煤田气公司南矿发生煤与瓦斯突出重大事故，死亡15人，突出瓦斯约4×10^5 m^3、煤量约2800 t。事故直接原因：超保护范围违章开采，没有采取有效的防突措施
		2007年4月22日，湖南省冷水江市石下里煤矿发生顶板较大事故，死亡3人，受伤1人
	23日	1989年4月23日18时30分，河南省焦作矿务局中马村煤矿在17轨道上山掘进时发生煤与瓦斯突出重大事故，死亡12人，受伤6人。事故直接原因：对防治瓦斯认识不足，重视不够，未能对潜在的瓦斯突出威胁进行分析，技术管理上也存在一些漏洞，现场人员对瓦斯报警仪的短暂报警未引起高度警惕
		2007年4月23日，贵州省毕节市国豪煤矿发生矿车掉落较大事故，死亡3人，重伤2人
	24日	1994年4月24日，陕西省子长县南家嘴煤矿发生瓦斯爆炸重大事故，死亡17人，抢险中救护队员死亡1人
		2002年4月24日，四川省攀枝花煤业（集团）有限责任公司花山煤矿4234采煤工作面发生瓦斯爆炸重大事故，死亡23人，受伤4人
		2005年4月24日5时30分，吉林省吉林市蛟河市吉安煤矿发生透水特别重大事故，死亡30人，直接经济损失783万元。事故直接原因：吉安煤矿在掘进中，违章越界开采防隔水煤柱，爆破导通原蛟河煤矿采空区积水，水流泄入腾达煤矿，导致事故发生
		2008年4月24日，山西省晋城市沁水县尉迟煤业有限公司发生顶板重大事故，死亡10人，受伤2人
	25日	1993年4月25日，河北省峰峰矿区苏一村老二号井发生瓦斯窒息重大事故，死亡12人
		1995年4月25日，贵州省普定县猫洞乡月亮村煤矿发生瓦斯爆炸重大事故，死亡10人。事故直接原因：该煤矿系独眼井，通风不良造成瓦斯积聚，违章使用明刀闸产生电火花引起瓦斯爆炸
		1996年4月25日，北京矿务局木城涧煤矿千军台坑发生透水较大事故，死亡4人
	26日	1985年4月26日，吉林省通化矿务局苇塘煤矿三井发生冒顶较大事故，死亡3人。事故直接原因：该煤矿在施工中出现违章指挥和违章作业，支护质量不合格，且进度缓慢拖延施工时间，造成岩层松动产生冒落冲击

（续）

日期		事故情况
4月	27日	1997年4月27日，山西省和顺县城关乡凤台煤矿发生瓦斯爆炸重大事故，死亡11人。事故直接原因：该煤矿因临时停风1 h造成瓦斯积聚，爆破引起瓦斯爆炸
		2009年4月27日，湖南省安化县皮井煤矿副井发生透水较大事故，死亡5人
	28日	2005年4月28日，陕西省韩城煤矿发生瓦斯爆炸重大事故，死亡15人，4人下落不明
		2006年4月28日13时15分，湖南省郴州市嘉禾县田心乡平石隆煤矿发生煤与瓦斯突出较大事故，死亡3人，直接经济损失88.9万元。事故直接原因：该煤矿爆破员没有严格执行“一炮三检”“三人连锁爆破”“严禁放班中炮”的规定，在人员未全部撤到安全地点时，爆破员就违章爆破，诱导瓦斯突出，导致3人因吸入高浓度瓦斯窒息死亡
	29日	1994年4月29日，贵州省普定县共达乡无证煤矿违章用手电筒照明引发瓦斯重大爆炸事故，死亡16人
		2006年4月29日16时20分，陕西省延安市子长县瓦窑堡煤矿发生瓦斯煤尘爆炸特别重大事故，死亡32人，受伤7人，直接经济损失1031万元。事故直接原因：矿井通风系统混乱，设施不完善，副井系统风量严重不足，采掘工作面长期处于微风或无风状态，导致三号工作面瓦斯积聚，达到爆炸界限；违章爆破产生电火花引起瓦斯爆炸，局部煤尘参与了爆炸
	30日	1985年4月30日，甘肃省靖远矿务局大水头煤矿发生冒顶较大事故，死亡7人
		1991年4月30日，新疆维吾尔自治区乌鲁木齐县安宁渠乡碱沟煤矿发生瓦斯爆炸较大事故，死亡9人
		2004年4月30日，山西省临汾市隰县梁家河煤矿发生瓦斯煤尘爆炸特别重大事故，死亡36人，受伤9人，直接经济损失365.9万元。事故直接原因：采煤工作面瓦斯积聚，工人爆破时违章用碎煤填充炮眼，产生明火引起瓦斯爆炸，局部区域煤尘参与了爆炸
		2007年4月30日，山西省阳泉市盂县路家村镇刘家村非法私开煤矿发生瓦斯爆炸重大事故，死亡14人
		2004年4月30日，内蒙古自治区乌海市海南区鑫源煤矿发生透水重大事故，死亡13人，失踪2人，直接经济损失287.5万元。事故直接原因：该煤矿越界进入季节性河槽下开采，自然涌水量大，矿井南部有多处原公乌素煤矿二号井16号煤层积水老空区。矿长违章指挥工人越界开采，巷道越界248 m，冒险进入积水老空区作业。在未采取有效探放水技术措施的情况下，工人违章在掘进工作面爆破与积水老空区打透，导致透水事故发生
5月	1日	1984年5月1日，山西省太原市古交工矿区草头乡南沟煤矿发生瓦斯爆炸重大事故，死亡18人
		1994年5月1日，江西省丰城矿务局坪湖煤矿发生瓦斯爆炸特别重大事故，死亡41人。事故直接原因：该煤矿综采工作面验收时正在带式输送机运输巷掘临时水仓，爆破后瓦斯涌出异常，矿灯失爆引起瓦斯爆炸
		1998年5月1日，河南省登封市颖岭乡振兴煤矿发生透水重大事故，死亡15人

（续）

日期		事故情况
5月	2日	1997年5月2日，山东省莱芜市南下冶煤矿发生瓦斯爆炸特别重大事故，死亡31人。事故直接原因：该煤矿残采煤工作面局部通风机停风造成瓦斯积聚，违章进行明电爆破引起瓦斯爆炸
		2006年5月2日，贵州省毕节市威宁县东风镇非法采煤处发生瓦斯爆炸重大事故，死亡15人，直接经济损失约300万元
		2008年5月2日，四川省宜宾市兴文县久庆镇金河煤业公司发生煤与瓦斯突出较大事故，死亡8人，失踪10人
	3日	1991年5月3日，陕西省澄城县刘家山乡煤矿发生冒顶较大事故，死亡3人
		2008年5月3日，湖南省浏阳市金刚镇石灰冲煤矿发生冒顶一般事故，死亡1人。事故直接原因：事故地点采煤工作面煤层较松，上山开门爆破后松动煤层未及时支护，悬空离层的煤矸石在重力作用下垮落
	4日	2000年5月4日，辽宁省本溪市明山区凤祥煤矿发生透水重大事故，死亡10人
		2002年5月4日，山西省河津市富源煤矿发生透水重大事故，死亡21人
		2008年5月4日6时12分，河南省荥阳市崔庙东升煤矿发生煤与瓦斯突出重大事故，突出煤量320t、瓦斯量1.98×10^4 m^3，死亡16人，直接经济损失700万元。事故直接原因：该煤矿在东翼非技术改造区域违法违章掘进11101巷道诱发突出
	5日	2007年5月5日，山西省临汾市蒲县克城镇蒲邓煤矿发生瓦斯爆炸重大事故，死亡28人，受伤23人（1人重伤）。事故直接原因：矿井南部采区205区域1号掘进工作面长期无风作业，造成瓦斯积聚，遇明火引起瓦斯爆炸
	6日	1995年5月6日，山西省襄汾县古城镇古城煤矿发生瓦斯爆炸特别重大事故，死亡35人。事故直接原因：该煤矿因通风不良造成瓦斯积聚，煤电钻喇叭嘴破损，电缆漏电产生电火花引起瓦斯爆炸
		2006年5月6日20时45分，中煤能源集团一建公司第63工程处周庄项目部发生提升运输（伞钻坠落）死亡一般事故，死亡2人。事故直接原因：挂主提升钢丝绳套时，另一头没有挂牢，违章未按要求在主提升钢丝绳套和钩头上打防脱保险钢丝绳，造成伞钻坠落
	7日	2006年5月7日，甘肃省靖远县靖安乡王家山煤矿发生一氧化碳中毒较大事故，死亡9人。事故直接原因：井下突涌一氧化碳，致使作业矿工吸入过量的一氧化碳而中毒
		2007年5月7日，湖南省邵阳县蔡桥乡算盘村煤矿发生顶板较大事故，死亡3人
	8日	1990年5月8日，黑龙江省鸡西矿务局小恒山煤矿发生火灾特别重大事故，死亡80人（包括救灾指挥的矿总工程师、机电副总工程师和9名救护队员），受伤23人。事故直接原因：工人安装带式输送机用气焊切割钢板时，飞溅电火花引燃附近残留的胶末、胶条，灭火措施不力导致带式输送机着火
		2001年5月8日，黑龙江省鹤岗矿务局南山煤矿多种经营公司一井发生火灾特别重大事故，死亡54人
		2001年5月8日15时20分，内蒙古自治区包头市杨圪塄矿业有限公司聚福祥煤矿发生瓦斯爆炸重大事故，死亡11人，受伤5人，直接经济损失60万元。事故直接原因：由于采用巷道高落式采煤方法，基本顶为硬质石英砾岩不易冒落，形成采空区大面积空顶，煤层瓦斯含量较大，采空区积聚大量瓦斯。随着采空区空顶面积的增大，受自然空顶面积限制和采煤活动影响，顶板在错动冒落过程中，岩石相互摩擦、撞击产生电火花，引爆瓦斯
		2010年5月8日，湖北省恩施州利川市忠路镇水井湾煤矿发生瓦斯燃烧重大事故，死亡10人，受伤6人（重伤4人）

（续）

日期		事故情况
5月	9日	1960年5月9日13时45分，山西省大同矿务局老白洞煤矿发生特大煤尘爆炸重大事故，死亡684人，受伤228人，矿井被毁坏。事故直接原因：违章操作开关时产生明火导致煤尘爆炸，并引起大火
		1997年5月9日，河南省新密市白寨煤矿西二井发生火灾重大事故，死亡12人
	10日	1999年5月10日，陕西省铜川矿务局玉华煤矿发生瓦斯爆炸特别重大事故，死亡43人，重伤2人
		2002年5月10日11时45分，内蒙古自治区乌海市海勃湾区前摩尔沟待业青年煤矿发生瓦斯爆炸较大事故，死亡9人
		2006年5月10日，四川省宜宾市兴文县石林镇坳田煤矿发生煤与瓦斯突出重大事故，死亡11人。事故直接原因：该煤矿属于高瓦斯矿井，按突出矿井管理，在准备工作面运输巷打瓦斯排放孔的过程中发生煤与瓦斯突出
	11日	1975年5月11日8时11分，陕西省铜川矿务局焦坪煤矿前卫斜井发生瓦斯煤尘爆炸特别重大事故，死亡101人，轻伤15人。事故直接原因：该煤矿局部通风机供风系统不合理，违章擅自停风造成瓦斯积聚，井下不洒水导致干燥煤尘堆积，瓦斯检查员空班漏检，爆破员违章作业，引起瓦斯煤尘爆炸
		1997年5月11日，北京市门头沟区斋堂镇火村大斜坡煤矿发生瓦斯爆炸较大事故，死亡9人
		1999年5月11日，山西省左权县石港乡后寨沟煤矿发生瓦斯爆炸较大事故，死亡6人
	12日	1961年5月12日18时50分，山西省大同矿务局忻州窑煤矿辅助水平发生瓦斯爆炸重大事故，死亡28人，受伤42人。事故直接原因：该煤矿为解决现有水平的生产接替，从B层大巷开凿E层暗斜井，再沿煤层与大北沟区贯通，在208巷上边10 m处安装4台并联局部通风机，在改风试验中，抽出208巷内的大量瓦斯，遇到绞车启动时产生的电火花，引起瓦斯燃烧，燃烧至4台局部通风机处发生爆炸
		1999年5月12日，河南省禹县方山镇联办二矿三分矿发生瓦斯爆炸重大事故，死亡16人
	13日	1985年5月13日10时55分，辽宁省沈阳矿务局林盛煤矿发生瓦斯煤尘爆炸特别重大事故，死亡36人，烧伤13人。事故直接原因：局部通风机时开时停，造成工作面间断停风，瓦斯积聚，煤尘悬浮，工作面爆破产生的火焰引起瓦斯煤尘爆炸
		1994年5月13日，贵州省大方县大方镇云龙村无证煤矿发生瓦斯爆炸重大事故，死亡16人
		2003年5月13日，安徽省淮北市芦岭煤矿发生瓦斯爆炸特别重大事故，死亡86人，重伤9人，轻伤19人。事故直接原因：从采空区瞬间喷出的瓦斯与风流中的空气迅速混合达到爆炸界限，工人拆卸电磁启动器时违章带电打开了接线空腔盖板，在处理过程中煤及矸石落入接线空腔内，造成带电端子短路产生电火花，引起瓦斯爆炸
		2010年5月13日21时40分，贵州省安顺市普定县远洋煤矿发生煤与瓦斯突出重大事故，死亡21人，受伤5人。事故直接原因：该煤矿属于技改整合矿井，事故发生前，技改工程尚未竣工；煤矿在非技改区域老系统内非法组织生产，以掘代采，爆破引起煤与瓦斯突出
	14日	1991年5月14日，北京矿务局大台煤矿发生火灾重大事故，死亡14人
		1998年5月14日，江西省丰城市秀市镇邹家煤矿发生瓦斯爆炸重大事故，死亡14人，重伤1人
		2007年5月14日16时30分左右，黑龙江省鸡西市鸡东县宏源煤矿发生瓦斯爆炸较大事故，死亡7人。事故直接原因：在隐患未处理、全风压系统未形成、上山掘进工作面通风机未启动的情况下，违章擅自进入工作面作业，煤电钻失爆，引起瓦斯爆炸

（续）

日期		事故情况
5月	15日	1990年5月15日，山西省离石县七里滩煤矿发生瓦斯爆炸重大事故，死亡15人
		1992年5月15日10时40分，贵州省六枝矿务局四角田煤矿发生瓦斯燃烧较大事故，死亡8人，受伤1人。事故直接原因：该煤矿没有严格执行装药爆破有关规定，炮泥充填炮眼时违章作业，没有达到要求，致使残药余焰引燃断层裂隙喷出的高浓度瓦斯
		2009年5月15日5时50分左右，云南省镇雄县五德镇茶山煤矿发生瓦斯爆炸重大事故，死亡10人，受伤3人
	16日	1993年5月16日，河南省伊川县半坡乡白窑村办二矿发生瓦斯爆炸重大事故，死亡12人，受伤2人。事故直接原因：该煤矿属于高瓦斯矿井，上副巷停风16h造成瓦斯积聚，在没有充分通风的情况下违章带电作业，产生电火花引起瓦斯爆炸
		2002年5月16日，山西省太原市晋源区姚村二矿发生瓦斯爆炸较大事故，死亡9人
		2009年5月16日，山西省大同煤矿集团公司麻家梁煤矿（基建矿井）发生炮烟中毒重大事故，死亡11人，受伤6人。事故直接原因：该项目施工单位在爆破作业中一次起爆药量大，产生大量有毒气体，风筒挂接不到位，工作面处于微风或无风状态，造成有害气体积聚；施工人员在有害气体未完全稀释的情况下违章提前入井，导致事故发生
	17日	1986年5月17日12时15分，陕西省铜川矿务局金华山煤矿发生瓦斯爆炸重大事故，死亡22人，重伤1人，轻伤4人。事故直接原因：该煤矿因风门损坏造成风流短路，事故前7 h无人检查瓦斯，爆破员违章未执行“一炮三检”制度，爆破母线多处脱皮裸露，爆破时产生电火花引起瓦斯爆炸
		2000年5月17日，江西省宜春市慈化镇所塘村新平煤矿发生瓦斯爆炸重大事故，死亡14人
		2001年5月17日，山西省中阳县张子山乡古家岭煤矿南侧坑口发生瓦斯爆炸较大事故，死亡4人
	18日	2001年5月18日，四川省宜宾市青龙嘴煤矿发生透水特别重大事故，死亡39人
		2004年5月18日18时18分，山西省吕梁市交口县蔡家沟煤矿井下维修硐室发生煤尘爆炸特别重大事故，死亡33人，直接经济损失293.3万元。事故直接原因：该煤矿不按规定采取防尘措施，井下生产运输过程中大量煤尘飞扬，致使井下维修硐室的煤尘达到爆炸浓度；工人违章在维修硐室焊接三轮车时产生的高温焊弧引爆煤尘
		2006年5月18日，山西省大同市左云县张家场乡新井煤矿发生透水特别重大事故，死亡56人，直接经济损失5312万元。事故直接原因：新井煤矿在多条巷道透水征兆十分明显的情况下，未采取有效措施，仍违法在采空区附近组织生产，冒险作业；由于受爆破震裂松动、水压浸泡以及采掘活动带来的矿山压力变化影响，破坏了采空积水区有限的安全煤柱，导致事故发生
		2010年5月18日，山西省阳泉市盂县辰通煤业有限公司发生瓦斯爆炸重大事故，死亡11人
	19日	1991年5月19日，河南省焦作市济源煤矿发生透水较大事故，死亡9人
		2001年5月19日，山西省灵石县灵石煤矿酸枣沟井发生坠罐较大事故，死亡9人
		2005年5月19日3时22分，河北省承德市暖儿河矿业公司发生瓦斯爆炸特别重大事故，死亡50人。事故直接原因：该煤矿对513采煤工作面瓦斯超限现象未采取有效措施，事故前1 h24 min发现瓦斯超限后，违章未按规定采取停电撤人措施，也未及时向领导汇报，导致事故发生

（续）

日期		事故情况
5月	20日	2003年5月20日，山西省临汾市安泽县山西太岳焦化有限公司永泰煤矿发生瓦斯爆炸重大事故，死亡25人，受伤1人，直接经济损失315.71万元。事故直接原因：该煤矿通风系统不完善，201采煤工作面负压区风量不足，201采煤工作面以里3个掘进工作面局部通风产生循环风和串联风造成瓦斯积聚，南三巷工人在作业过程中矿灯灯头脱落，芯线裸露，形成短路，产生电火花，引起瓦斯爆炸
	21日	1994年5月21日，新疆维吾尔自治区拜城县铁力克煤矿西三井发生瓦斯爆炸较大事故，死亡5人
		1996年5月21日18时11分，河南省平顶山矿务局十矿二采区发生瓦斯爆炸特别重大事故，死亡84人，受伤68人，直接经济损失984万元。事故直接原因：该煤矿22210工作面多头扩帮爆破作业造成瓦斯大量涌出，区域通风设施管理混乱造成工作面风量严重不足，导致瓦斯积聚，爆破引起瓦斯爆炸
	22日	2001年5月22日，山西省大桥煤矿发生瓦斯爆炸较大事故，死亡7人。事故直接原因：大桥煤矿承包人在矿井停产整顿、402盘区复产报告尚未审批的情况下，违章指挥，强令工人冒险作业，擅自打开301盘区密闭私自恢复生产；301盘区末端风量严重不足，工作面局部通风机拉循环风，积聚的瓦斯达到爆炸浓度，工人打眼作业时煤电钻电缆明接头处短路产生电火花引爆瓦斯
	23日	2007年5月23日，四川省泸县牛滩镇兴隆煤矿发生瓦斯爆炸重大事故，死亡13人，受伤7人。事故直接原因：该煤矿在矿井通风能力未提高的情况下，擅自增加7个掘进头，导致矿井通风能力不足，造成南一轨道上山南北两个采煤工作面之间的联络巷以及南采煤工作面回风巷瓦斯积聚。工人违章爆破时母线产生电火花，引起瓦斯爆炸
	24日	1997年5月24日，河南省伊川县牛坡乡白窑六矿发生瓦斯爆炸重大事故，死亡11人
		1998年5月24日，江西省乐平市乐港镇山新煤矿发生瓦斯爆炸重大事故，死亡16人。事故直接原因：该煤矿采煤工作面通风不良造成瓦斯积聚，爆破引起瓦斯爆炸
	25日	1993年5月25日，江西省萍乡市桐木乡煤矿发生瓦斯爆炸重大事故，死亡14人
		1998年5月25日，江西省安福县北华山煤矿发生透水重大事故，死亡15人
		1998年5月25日，河南省洛阳市新安县桃园沟煤矿发生瓦斯爆炸重大事故，死亡17人。事故直接原因：该煤矿采煤工作面风量不足，瓦斯积聚，电气失爆引起瓦斯爆炸
	26日	1996年5月26日，湖南省涟源市雄狮煤矿发生瓦斯爆炸重大事故，死亡15人。事故直接原因：该煤矿系无证煤矿，掘进头通风不良造成瓦斯积聚，爆破引起瓦斯爆炸
		2001年5月26日，山西省太原市晋源区晋祠镇新窑煤矿接替井发生透水较大事故，死亡5人
	27日	1995年5月27日，山西省晋城市沁水县曲堤联办煤矿发生瓦斯爆炸重大事故，死亡13人。事故直接原因：该煤矿采煤工作面通风不良造成瓦斯积聚，明电爆破引起瓦斯爆炸
		2002年5月27日，内蒙古自治区乌海市乌素煤矿发生人员坠入井底较大事故，死亡3人
	28日	1997年5月28日，陕西省彬县水帘洞煤矿发生瓦斯爆炸重大事故，死亡23人
		1997年5月28日19时10分，辽宁省抚顺矿务局龙凤煤矿发生瓦斯爆炸特别重大事故，死亡69人，受伤18人，直接经济损失345.61万元。事故直接原因：该煤矿7403西进风巷回风流中瓦斯浓度经常处于临界状态，瓦斯超限时有发生；冒顶造成瓦斯涌出异常，使局部空间瓦斯浓度达到爆炸界限；支护棚子倒塌时金属梁碰撞产生电火花，引起瓦斯爆炸

（续）

日期		事故情况
5月	29日	1988年5月29日，霍县矿务局圣佛煤矿发生瓦斯煤尘爆炸特别重大事故，死亡50人。事故直接原因：该煤矿掘进工违章擅自送电、擅自开盖操作，产生明火引起瓦斯爆炸，冲击波将积尘吹起又引起煤尘爆炸
		1997年5月29日，江西省萍乡市安源区高坑镇长联煤矿发生瓦斯爆炸重大事故，死亡11人
		2010年5月29日，湖南省郴州市汝城县曙光煤矿发生炸药爆炸重大事故，死亡17人，受伤1人。事故直接原因：主平硐的简易爆炸材料硐室内存放的炸药发生燃烧与爆炸，产生大量有毒有害气体，导致井下作业人员中毒伤亡
	30日	2002年5月30日，山西省浑源县大仁庄乡吴家圪坨煤矿发生透水较大事故，死亡5人
		2009年5月30日，重庆市綦江松藻煤电公司同华煤矿发生煤与瓦斯突出特别重大事故，死亡30人，受伤77人（重伤12人）
	31日	1959年5月31日，四川省乐山市吉祥县龙湾沱井发生瓦斯爆炸特别重大事故，死亡66人。事故直接原因：该煤矿系独眼井，通风不良导致瓦斯积聚，油开关着火引起瓦斯爆炸
6月	1日	1976年6月1日，山西省汾西矿务局水峪煤矿发生顶板较大事故，死亡4人。事故直接原因：工作面空顶开炮使顶板冒落
		2006年6月1日，黑龙江省鹤岗矿务局兴安煤矿发生顶板较大事故，死亡4人
	2日	1987年6月2日16时25分，河南省平顶山矿务局三矿发生顶板一般事故，死亡1人。事故直接原因：当班班长在采煤工作面上部爆破时未将扒柱子人员撤到安全地点，爆破震动造成冒顶处顶板掉落压倒第五排支架，导致支柱工死亡
		1992年6月2日，新疆维吾尔自治区阜康县九运街乡黄土梁村煤矿发生瓦斯爆炸较大事故，死亡3人
	3日	1995年6月3日，河南省安阳县善应镇宝山沟煤矿发生瓦斯爆炸重大事故，死亡13人
		2007年6月3日，山西省静乐县杜家村镇泥河岭煤矿发生瓦斯爆炸重大事故，死亡14人。事故直接原因：该煤矿因停电停风造成瓦斯积聚，在送电过程中产生电火花引起瓦斯爆炸
		2010年6月3日，山西省晋城煤业集团天安公司东沟煤业郊南煤矿发生透水较大事故，死亡4人
	4日	1993年6月4日，江西省上饶县田墩乡儒坞煤矿发生瓦斯窒息重大事故，死亡11人
		1998年6月4日，山西省大同市姜家湾煤矿发生瓦斯爆炸重大事故，死亡11人。事故直接原因：该煤矿在巷道贯通后未调整通风系统，风流短路，局部通风机停风造成瓦斯积聚，打开绞车按钮时产生电火花引起瓦斯爆炸
	5日	1995年6月5日，湖南省涟邵矿务局利民煤矿发生煤与瓦斯突出重大事故，死亡19人
		2001年6月5日，山西省泽州县巴公镇庚金东头煤矿发生瓦斯爆炸较大事故，死亡6人
		2006年6月5日9时，湖南省郴州市曾庆建煤矿发生瓦斯爆炸较大事故，死亡6人，直接经济损失104.2万元。事故直接原因：矿井为独眼井，没有形成负压通风系统；作业人员在暗斜井井底装煤后，按动信号按钮发出提升信号时，失爆按钮产生的工作电弧火花引爆了瓦斯爆炸
	6日	1997年6月6日，贵州省赫章县拉姑乡大树脚村煤矿发生瓦斯爆炸重大事故，死亡16人。事故直接原因：该煤矿通风不良造成瓦斯积聚，工人井下违章吸烟引起瓦斯爆炸
		1998年6月6日，江西省乐平市涪口乡西湖山煤矿发生瓦斯爆炸重大事故，死亡15人

（续）

日期		事故情况
6月	7日	1994年6月7日，甘肃省阿干镇煤矿发生瓦斯窒息重大事故，死亡11人。事故直接原因：矿区突然停电造成瓦斯积聚，工人在撤离过程中吸入有害气体中毒，窒息致死
		1996年6月7日，新疆维吾尔自治区昌吉州昌安公司北沟煤矿发生瓦斯爆炸较大事故，死亡3人
	8日	1980年6月8日，山西省洪洞县三交河煤矿发生瓦斯爆炸特别重大事故，死亡30人。事故直接原因：违章带电作业产生电火花引起瓦斯爆炸，坑下西区工作的26名工人全部死亡，工人自发抢救又造成4人中毒死亡
	9日	2003年6月9日21时47分，甘肃省兰州市永登县哈拉沟煤矿发生煤与二氧化碳突出重大事故，死亡19人。事故直接原因：该煤矿在没有采取“四位一体”防突措施下违章指挥工人作业，诱发煤与二氧化碳突出。当班班长发现突出预兆后未及时撤人，违章指挥工人继续作业，发生突出时大部分人员因不会正确使用自救器而窒息死亡
	10日	1989年6月10日6时50分，河南省平顶山矿务局高庄煤矿发生冒顶一般事故，死亡2人。事故直接原因：空顶面积大，未采取针对性支护措施，顶板松动下沉发生冒顶
		2010年6月10日，四川省长宁县长兴煤业有限责任公司发生煤与瓦斯突出较大事故，死亡4人
	11日	1989年6月11日，河南省平顶山市西区南顾庄乡张庄村煤矿发生瓦斯爆炸重大事故，死亡12人。事故直接原因：该煤矿采用自然通风，风量不足，造成掘进头瓦斯积聚超限，井下作业人员矿灯连线短路产生电火花引爆瓦斯
		2010年6月11日，辽宁省阜新矿业集团公司五龙煤矿发生运输较大事故，死亡3人
	12日	1994年6月12日，新疆维吾尔自治区军区后勤部工厂管理局八道湾煤矿发生透水重大事故，死亡10人。事故直接原因：该煤矿在掘进风井时未采取先探后掘的防水害措施，掘透采空区水造成淹井
	13日	2008年6月13日，山西省孝义市安信煤业公司发生井下火药库爆炸特别重大事故，死亡34人。事故直接原因：井下火药库储存的劣质炸药自燃后引发爆炸
		2010年6月13日，黑龙江省龙煤集团鸡西分公司平岗煤矿发生煤与瓦斯突出较大事故，死亡4人
		2010年6月13日，河南省中平能化集团平煤股份公司十三矿发生煤与瓦斯突出较大事故，死亡8人
	14日	1995年6月14日，新疆维吾尔自治区阜康市九运街乡牧业村小黄山煤矿发生瓦斯爆炸较大事故，死亡6人
		2003年6月14日21时55分，广东省韶关市乐昌江胡煤矿发生运输重大事故，死亡14人，受伤12人。事故直接原因：载有26人的斜井人车，因连接装置脱落发生跑车伤人事故
	15日	1981年6月15日，某矿三采区运输机道发生触电一般事故，死亡1人
		1985年6月15日，山西省潞安矿务局漳村煤矿发生冒顶较大事故，死亡3人，轻伤1人。事故直接原因：该煤矿采煤一队工人在回柱时违章作业，使安全距离达不到规定要求，造成顶板压力增加导致冒顶
		2004年6月15日，陕西省黄陵矿业公司发生瓦斯爆炸重大事故，死亡16人，7人下落不明
		2010年6月15日，湖南省邵阳市隆回县石门煤矿发生煤与瓦斯突出较大事故，死亡6人
	16日	1960年6月16日，山西省汾西矿务局两渡煤矿河溪沟井发生瓦斯爆炸特别重大事故，死亡38人，重伤2人。事故直接原因：瓦斯检查员接班后没有及时检查瓦斯，未发现工作面瓦斯超限，此时工人在工作面违章带电接线产生电火花，引起瓦斯爆炸
		2010年6月16日，湖南省邵阳市邵东县开源煤矿发生瓦斯爆炸较大事故，死亡5人

（续）

日期		事故情况
6月	17日	1992年6月17日，山西省灵石县两渡镇东方红煤矿发生有害气体超限重大事故，死亡11人
		1998年6月17日，山西省清徐县东街洛地渠煤矿发生瓦斯爆炸重大事故，死亡17人。事故直接原因：该煤矿80 m盲巷断电停风造成瓦斯积聚，在未排瓦斯的情况下违章拆移设备带电作业，产生电火花引起瓦斯爆炸
	18日	1988年6月18日，山西省太原市古交镇铁磨沟煤矿发生瓦斯爆炸特别重大事故，死亡40人。事故直接原因：管理混乱，通风不成系统，采后不密闭；基本顶陷落将积存的高浓度瓦斯压出；局部通风机代替主要通风机，夜班停产停风，井下局部通风机任意开停；瓦斯积聚，加上瓦斯检查员不足，工人违章用煤粉代替炮泥，爆破产生火焰，引起瓦斯爆炸
	19日	1985年6月19日，辽宁省辽源矿务局梅河一井发生冒顶较大事故，死亡3人。事故直接原因：该煤矿2213工作面工程质量低劣，在没有支护的情况下违章爆破导致冒顶
		1991年6月19日，陕西省韩城市西庄镇煤矿发生瓦斯爆炸较大事故，死亡4人
	20日	2002年6月20日9时45分，黑龙江省鸡西矿业集团公司城子河煤矿西二采区发生瓦斯爆炸特别重大事故，死亡124人，受伤24人，直接经济损失985万元。事故直接原因：停电、停风造成该煤矿西二采区排水巷瓦斯积聚，并达到爆炸界限；排水电气设备的防爆性能出现问题，重新启动时引发瓦斯爆炸
	21日	2010年6月21日1时40分许，河南省平顶山市卫东区兴东二矿发生炸药自燃（爆炸）特别重大事故，死亡49人，受伤26人。事故直接原因：井下1号炸药存放点存放的非法私制硝铵炸药自燃后，引燃存放点的木料及附近巷道内的塑料网、木支护材料、电缆等，产生高温气流和大量一氧化碳等有毒有害气体，导致作业人员灼伤或中毒
	22日	1999年6月22日，山西省朔州市平鲁区榆岭乡石峰村二道梁煤矿发生一氧化碳中毒较大事故，死亡7人
		2008年6月22日，山西省晋中市介休市龙凤镇圪垛村发生较大事故，死亡8人。事故直接原因：1名村民非法组织9名村民携自制炸药，进入6月20日已炸毁的小煤窑，因非法炸药自燃，产生有害气体，造成8人死亡
		2008年6月22日19时30分，云南省曲靖市麒麟区东山镇以劳养武煤矿（乡镇有证）发生煤与瓦斯突出较大事故，死亡6人。事故直接原因：维修巷道时因顶板冒落，诱发煤与瓦斯突出
	23日	1995年6月23日，安徽省淮南矿务局谢一矿发生瓦斯爆炸特别重大事故，死亡76人（包括抢救人员13人），受伤49人（包括抢救人员18人）。事故直接原因：瓦斯突出涌人工作面并达到爆炸界限，遇到工作面爆破火源引起瓦斯爆炸，在抢救过程中因瓦斯不断涌出积聚，通风系统遭破坏后风量急剧减少，又发生了二次爆炸
		1997年6月23日，河南省新密市牛店乡小王庄煤矿发生瓦斯爆炸重大事故，死亡16人
		1999年6月23日，江西省上饶县田墩乡发发煤矿发生瓦斯爆炸重大事故，死亡13人
		2010年6月23日12时40分，湖南省郴州市嘉禾县田心乡田心煤矿（乡镇煤矿）发生煤与瓦斯突出较大事故，死亡3人，突出煤炭约80 t

（续）

日期		事故情况
6月	24日	2001年6月24日，山西省盂县东坪煤矿小南沟井发生透水重大事故，死亡22人
		2002年6月24日，河北省蔚县涌泉庄乡涌发煤矿发生水灾重大事故，死亡16人；杨庄窠乡黑金山煤矿发生水灾一般事故，死亡1人。事故直接原因：上述两处煤矿未经省级验收批准私自生产发生水灾事故
		2009年6月24日20时45分，河南省伊川县奋进煤矿黄村分矿主井发生较大事故，死亡6人。事故直接原因：主井运输带式输送机着火，3名矿工被困井下；主管机电的副矿长带领2名矿工下井施救，也被困井下；经过十几个小时的全力搜救，6人被找到时已全部遇难
	25日	1996年6月25日，广西合山市白沙口谭冠山小煤井发生透水重大事故，死亡14人
		2004年6月25日11时10分，贵州省六盘水市钟山区大湾镇木冲沟联营煤矿发生透水较大事故，死亡7人，直接经济损失约40万元。事故直接原因：有证矿井与无证煤窑贯通，非法开采煤炭资源，违章组织工人冒险作业，穿透积水老窑导致透水
		2010年6月25日中午，云南省泸西县东源泸西煤业有限责任公司奋发公司二号井发生瓦斯爆炸较大事故，死亡5人，10人受伤。事故直接原因：该煤矿突然停电，导致井内不通风，瓦斯浓度升高，检查停电原因时发生瓦斯爆炸
	26日	1995年6月26日，广西来宾县溯社乡中许村联营小煤井发生瓦斯爆炸重大事故，死亡16人
		1996年6月26日，河北省邯郸市峰峰矿区乡镇煤矿黄沙新建煤矿发生瓦斯爆炸特别重大事故，死亡35人。事故直接原因：黄沙新建煤矿在峰峰矿务局井田内越界开采，通风机停风导致瓦斯积聚，引起瓦斯爆炸
		2010年6月26日2时30分许，宁夏回族自治区中卫市中宁县余丁乡宏远煤矿发生较大事故，死亡5人。事故直接原因：煤矿井下炸药自燃，点燃了巷道内的木质支柱，巷道内产生大量有害烟雾，导致井下12名矿工被困
	27日	1996年6月27日，河北省邯郸市峰峰矿区大峪镇4号煤矿发生瓦斯爆炸重大事故，死亡17人。事故直接原因：4号煤矿副井北平巷通风机刀闸保险丝烧断，接好后合闸时产生电火花引起瓦斯爆炸
	28日	1996年6月28日，贵州省清镇流场乡煤矿发生瓦斯爆炸重大事故，死亡11人。事故直接原因：采用自然通风造成瓦斯超限，设备失爆产生电火花引起瓦斯爆炸
		2006年6月28日，辽宁省阜新矿业（集团）有限责任公司五龙煤矿发生瓦斯爆炸特别重大事故，死亡32人，受伤36人，直接经济损失839万元。事故直接原因：该煤矿332采区带式输送机盲巷密闭失修，密闭墙内瓦斯渗出，瓦斯浓度达到爆炸界限；该处下部煤炭氧化自燃，产生高温火点，导致瓦斯爆炸
	29日	1999年6月29日，湖南省辰溪县板桥乡白岩溪煤矿发生通透老空水重大事故，死亡28人。事故直接原因：采掘不分，以采代掘，采煤工作面掘进时违章作业未按照“先探后掘”的要求探水
		2005年6月29日13时，山西省中阳县裕祥煤业公司4号煤配采井发生瓦斯爆炸较大事故，死亡5人。事故直接原因：掘进工作面瓦斯突然涌出
		2009年6月29日，山西省晋城市陵川县北川煤业公司发生煤矿较大事故，死亡3人，受伤1人

（续）

日期		事故情况
6月	30日	1986年6月30日16时55分，河北省邢台市临城县岗头煤矿三号井发生瓦斯爆炸特别重大事故，死亡79人。事故直接原因：煤矿领导违反相关规定，不按规定封闭盲巷，瓦斯超限，没有及时发现和排除，同时矿灯失爆产生电火花，引起瓦斯爆炸
		1998年6月30日，贵州省钟山县老鹰山乡蒋承远无证煤矿发生瓦斯爆炸重大事故，死亡19人。事故直接原因：通风不良造成瓦斯积聚，矿灯失爆引起瓦斯爆炸
		2009年6月30日，新疆维吾尔自治区鄯善县底湖煤矿发生瓦斯爆炸较大事故，死亡6人，受伤8人（2人重伤）
		2010年6月30日，云南省威信县扎西镇沟头煤矿发生煤与瓦斯突出较大事故，死亡9人
7月	1日	1998年7月1日8时5分，河南省平顶山煤业集团公司大庄煤矿机电二队发生机电一般事故，死亡1人。事故直接原因：电工在3号电机车车头更换灯泡和检修时没有按规章停电，违章带电作业，引起事故
		2001年7月1日，山西省柳林县贺昌新建煤矿发生瓦斯燃烧较大事故，死亡4人
		2008年7月1日11时16分，陕西省榆林市神木县汇森凉水井煤矿发生重大事故，死亡18人，受伤11人。事故直接原因：井下综采工作面开切眼顶部爆破后，由于通风不良，烟尘难以排出，造成人员窒息
	2日	1996年7月2日，江西省丰城市洲上乡中洋井发生透水较大事故，死亡8人
		1998年7月2日，云南省曲靖市罗平县阿岗乡小白石岩村个体无证独眼煤井发生瓦斯爆炸重大事故，死亡12人，重伤3人。事故直接原因：工人违章用打火机点烟引起瓦斯爆炸事故
		2005年7月2日，山西省忻州市宁武县贾家堡煤矿接替井发生瓦斯煤尘爆炸特别重大事故，死亡36人，受伤11人，直接经济损失1185万元。事故直接原因：矿井总风量严重不足，下山采区511掘进工作面局部通风机安装位置违反相关规定，致使该工作面形成循环风，造成局部瓦斯积聚并达到爆炸浓度；违章未使用炮泥、水炮泥填塞炮眼，爆破产生火焰引起瓦斯爆炸，煤尘也参与了爆炸
	3日	1995年7月3日，河南省安阳市善应镇西方山煤矿发生瓦斯爆炸重大事故，死亡10人。事故直接原因：该煤矿井下通风不良造成瓦斯积聚，掘进头违章爆破引起瓦斯爆炸
		1998年7月3日，新疆维吾尔自治区乌鲁木齐市东山区芦草沟乡炭厂煤矿发生瓦斯较大事故，死亡4人。事故直接原因：二氧化碳窒息引起死亡
	4日	2003年7月4日，新疆维吾尔自治区牙克石市牙克石煤矿一号井发生瓦斯爆炸重大事故，死亡22人，受伤6人，直接经济损失130万元。事故直接原因：瓦斯积聚，通风队工人在轨道巷与工作面联络巷交岔点违章抽烟，引发瓦斯爆炸
		2010年7月4日16时左右，河南省宜阳县东升矿业有限公司发生一氧化碳中毒较大事故，死亡9人。事故直接原因：当班有2名矿工下井排水，监控室发现井下一氧化碳超限后，先后有7人下井查看，均与地面失去联系；煤矿组织人员下井抢救，9名矿工全部找到，其中3人当场死亡、6人经抢救无效死亡
	5日	1997年7月5日，陕西省黄陵县苍村乡德源煤矿发生瓦斯爆炸特别重大事故，死亡32人。事故直接原因：该矿井系独眼井，通风不良造成瓦斯积聚，采煤工作面电器失爆产生电火花引起瓦斯爆炸，且波及相邻的金嘴沟煤矿

（续）

日期		事故情况
7月	6日	1997年7月6日，新疆维吾尔自治区拜城县监狱煤矿发生顶板较大事故，死亡5人，重伤4人
		2008年7月6日17时40分，陕西省渭南市合阳县百良旭升煤矿发生顶板一般事故，死亡2人。事故直接原因：该煤矿系资源整合矿井，未经批准违章生产，巷道维修时突然发生大面积顶板垮落
	7日	1996年7月7日，陕西省黄陵县芋园煤井发生冒顶较大事故，死亡5人
		1997年7月7日，贵州省清风湖镇青山煤矿发生瓦斯爆炸重大事故，死亡13人。事故直接原因：该煤矿系独眼井，采掘不分，以掘代采，通风不良造成瓦斯积聚，爆破引起瓦斯爆炸
	8日	1984年7月8日，山西省阳泉市河底镇青山煤矿发生瓦斯爆炸重大事故，死亡22人，受伤14人
		1992年7月8日，河南省密县来集乡宋楼煤矿发生透水重大事故，死亡10人
		2002年7月8日14时50分，黑龙江省鹤岗市南山区鼎盛煤矿发生瓦斯爆炸特别重大事故，死亡44人，直接经济损失277.2万元。事故直接原因：井下更换电缆停电，工作面停风，造成瓦斯积聚；恢复供电后工人违章没有开启局部通风机，继续作业时，爆破火焰引爆瓦斯
	9日	1984年7月9日18时10分，内蒙古自治区包头矿务局河滩沟煤矿发生瓦斯爆炸重大事故，死亡25人，受伤13人。事故直接原因：该煤矿采煤二队工作面因2台爆破器同时爆破，破碎带涌出大量瓦斯，其中1台爆破器“打枪”引起瓦斯爆炸
		1996年7月9日，新疆维吾尔自治区乌鲁木齐县西山大泉煤矿发生瓦斯爆炸较大事故，死亡6人
	10日	1997年7月10日，河南省登封市小河煤矿发生透水重大事故，死亡29人。事故直接原因：该煤矿未按照“先探后掘”的要求进行探水，在掘进头打通老空积水导致矿井被淹
		2010年7月10日，贵州省遵义市习水县温水镇星文煤矿发生瓦斯爆炸较大事故，死亡4人
	11日	1995年7月11日，河南省新密市米集乡马家沟六矿发生瓦斯爆炸重大事故，死亡16人。事故直接原因：无证乡镇煤矿因停电、停风造成瓦斯积聚，送电后未排放瓦斯即违章进行采煤作业，引起瓦斯爆炸
		1999年7月11日，陕西省韩城矿务局下峪口煤矿发生冒顶较大事故，死亡3人
		2005年7月11日，新疆维吾尔自治区阜康市神龙煤炭公司发生瓦斯爆炸特别重大事故，死亡83人，受伤4人，直接经济损失3517万元。事故直接原因：矿井技术改造工程施工组织不合理，边改造边生产，导致矿井通风系统不合理；严重超能力生产，瓦斯监测监控系统管理混乱；井下瓦斯超限时，不能有效断电，起不到监控作用；事故发生前较长时间井下采掘工作面瓦斯严重超限，但没有切断工作面电源和采取撤人措施
	12日	1992年7月12日，江西省丰城市秀市乡楼前煤矿七四井发生透水重大事故，死亡26人
		1997年7月12日，江西省乐平矿务局桥头丘煤矿发生瓦斯爆炸特别重大事故，死亡40人，重伤9人。事故直接原因：采空区瓦斯进入运输巷，采煤工作面刮板输送机控制系统电缆失爆引起瓦斯爆炸

（续）

日期		事故情况
7月	13日	1990年7月13日23时55分，山东省新汶矿务局潘西煤矿二号井发生瓦斯爆炸特别重大事故，死亡45人，受伤13人，直接经济损失98.8万元。事故直接原因：12日早班2191工作面副巷与辅助上山交岔口冒顶埋压风筒，阻断风流，造成开切眼和辅助上山段瓦斯积聚；13日夜班排放瓦斯，交岔口处瓦斯达到爆炸浓度；工人处理矸石发送信号时，信号线破损处产生电火花引起瓦斯爆炸
		1991年7月13日，山西省灵石县段纯镇水泉煤矿发生透水特别重大事故，死亡44人
		2003年7月13日，山西省襄垣县上河煤矿发生触电一般事故，死亡1人。事故直接原因：井底车场绞车在运行中出现故障，当班副班长李某违章打开绞车开关进行处理时，发现防爆腔内一根引线烧断，李某打开防爆盖时未执行停电、验电、放电制度，操作过程中开关晃动，开关外壳与引线接触带电，其身体与开关外壳接触后，触电身亡
	14日	1998年7月14日，云南省红河州泸西县顺达实业公司黄梨棵一矿发生瓦斯爆炸重大事故，死亡15人，受伤12人。事故直接原因：井下水泵房非防爆开关的启动补偿器产生电火花，引起瓦斯爆炸
		2008年7月14日，河北省张家口市蔚县李家洼煤矿新井发生炸药燃烧特别重大事故，死亡35人（1人为抢救人员），受伤1人，直接经济损失1924.38万元。事故直接原因：井下超量存放非法购买的炸药发生自燃，产生大量有毒有害物质，导致矿工中毒或窒息死亡
	15日	1992年7月15日，江西省信丰县铁石口镇刘飞雪煤矿发生瓦斯爆炸重大事故，死亡11人
		2006年7月15日，贵州省安顺市紫云苗族布依族自治县坝羊乡偏坡院煤矿发生重大透水事故，死亡18人，直接经济损失579万元
		2006年7月15日16时左右，山西省晋中市灵石县蔺家庄煤矿发生煤尘爆炸特别重大事故，死亡53人。事故直接原因：私开非法小矿井炸封取缔过程中，违章作业，直接裸露爆破，引起煤尘爆炸，波及与其相通的蔺家庄煤矿，当时蔺家庄煤矿工人正在井下交接班，导致人员严重伤亡
	16日	1996年7月16日，辽宁省沈阳矿务局蒲河煤矿发生瓦斯爆炸较大事故，死亡8人
		1997年7月16日，贵州省监狱管理局轿子山煤矿发生瓦斯爆炸重大事故，死亡22人。事故直接原因：井下通风不良造成瓦斯积聚，在开切眼爆破时引起瓦斯爆炸
		2007年7月16日，山西省高平市三甲镇王家煤矿发生火药燃烧较大事故，死亡6人。事故直接原因：一氧化碳中毒
		2010年7月16日，四川省达州市宣汉县七里乡乱石沟煤矿发生中毒或窒息较大事故，死亡6人
	17日	1999年7月17日，黑龙江省农牧渔厅供应站煤矿发生瓦斯爆炸重大事故，死亡23人。事故直接原因：该煤矿通风系统尚未形成，遇到断层时瓦斯涌出，工人违章在井下吸烟引起瓦斯爆炸
		2010年7月17日，陕西省渭南市韩城市小南沟煤矿发生火灾重大事故，死亡28人
		2010年7月17日，河南省郑煤集团汝州公司新岭煤矿发生火灾较大事故，死亡8人
	18日	2010年7月18日，辽宁省南票煤电有限公司大窑沟煤矿发生瓦斯爆炸较大事故，死亡4人
		2010年7月18日，甘肃省酒泉市金塔县金源矿业公司芨芨台子煤矿发生透水重大事故，死亡13人。事故直接原因：该煤矿为乡镇煤矿，属于新建矿井，掘进过程中打透老空区积水，导致事故发生

（续）

日期		事故情况
7月	19日	1992年7月19日，内蒙古自治区乌达矿务局建井工程处在黄白茨煤矿斜井施工时发生瓦斯爆炸较大事故，死亡4人，重伤2人，轻伤2人
		2005年7月19日14时20分，陕西省铜川市印台区金锁关镇金锁五矿发生瓦斯爆炸重大事故，死亡26人，受伤3人，直接经济损失485万元。事故直接原因：该煤矿越界开采工作面通风不良，且因穿越老巷引起瓦斯涌出异常，瓦检系统出现故障未完全修复，违章爆破产生电火花引起爆炸
	20日	1996年7月20日，陕西省澄城县雷洼乡办煤矿发生冒顶较大事故，死亡3人
		2007年7月20日11时10分，重庆市南桐矿业集团鱼田堡煤矿发生煤与瓦斯突出较大事故，死亡4人
	21日	1999年7月21日，广西合山矿务局九矿服务公司马滩副井发生瓦斯爆炸较大事故，死亡5人
		2008年7月21日，广西百色市右江矿务局那读煤矿发生透水特别重大事故，死亡36人。事故直接原因：该煤矿违章使用煤电钻代替专用探水钻进行探水，违章未按规定撤出受水害威胁区域的作业人员；事故发生前，盲目通知已经撤到安全地点的人员返回作业地点恢复生产，增加了伤亡人数
	22日	1994年7月22日，河南省登封市徐庄乡天河二矿发生瓦斯爆炸重大事故，死亡13人
		2001年7月22日，江苏省徐州市贾汪区岗子村五副井发生瓦斯煤尘爆炸特别重大事故，死亡92人，直接经济损失538.22万元。事故直接原因：采掘工作面基本处于微风甚至无风状态，造成瓦斯积聚；不按规定洒水防尘，工作面和巷道煤尘很大，煤尘具有很强的爆炸性；爆破产生的火源引起瓦斯爆炸，煤尘参与爆炸
	23日	1959年7月23日，贵州省都匀县陆家寨煤矿发生瓦斯爆炸特别重大事故，死亡51人
		1998年7月23日，贵州省贵阳市花溪区麦坪乡刘庄村无证煤矿发生瓦斯爆炸重大事故，死亡22人，盲目下井救援又有2人一氧化碳中毒死亡
	24日	1999年7月24日，广西合山矿务局柳花岭煤矿发生透水一般事故，死亡2人，直接经济损失549万元
		2006年7月24日5时30分左右，张家口市蔚县水东煤矿发生物品爆炸重大事故，死亡17人。事故直接原因：矿工交接班分发爆炸物品的过程中，违章操作引起爆炸
	25日	1995年7月25日，江西省丰城矿务局山西煤矿发生小煤窑积水透入煤矿重大事故，死亡14人。事故直接原因：采煤工作面下机头附近顶板突然溃水，将采煤工作面及巷道工作人员冲走
		2006年7月25日，黑龙江省七台河市茄子河区宝兴煤矿发生有害气体中毒较大事故，死亡6人
		2009年7月25日，广西南宁市兴宁区三塘镇四塘社区小煤矿发生窒息一般事故，死亡2人
	26日	1998年7月26日，山西省临汾市洪洞县吉家山煤矿发生瓦斯爆炸重大事故，死亡18人。事故直接原因：该煤矿系乡镇煤矿，矿井通风系统存在严重隐患造成瓦斯积聚，爆破引起瓦斯爆炸
		2003年7月26日，山东省枣庄市木石煤矿发生特别透水重大事故，死亡35人，直接经济损失258.69万元。事故直接原因：违法越界开采煤层防隔水煤柱，开采过程中与露天煤矿坑底连通，导致地表积水溃入井下，发生特大透水事故
		2003年7月26日，江西省吉水县石莲煤矿发生透水重大事故，死亡12人，轻伤1人，直接经济损失约65万元

（续）

日期		事故情况
7月	27日	1994年7月27日，河南省禹州市苌庄乡徐沟煤矿发生透水重大事故，死亡19人
		2004年7月27日，湖南省涟源市安平镇银广石煤矿发生煤与瓦斯突出重大事故，死亡16人，受伤20人（8人重伤）。事故直接原因：该煤矿为村办企业，煤层具有煤与瓦斯突出危险性，非法生产导致事故发生
	28日	1996年7月28日，甘肃省靖远矿务局红会四矿发生一氧化碳中毒较大事故，死亡3人
		2003年7月28日9时15分，云南省宣威市龙场镇个体煤矿发生透水较大事故，死亡5人，受伤2人。事故直接原因：该煤矿采掘不分，不按照"先探后掘"要求探水，在开采过程中发生透水
	29日	2006年7月29日，云南省滇东能源公司白龙山煤矿发生煤与瓦斯突出重大事故，死亡11人
		2006年7月29日7时45分，河南省义马煤业集团公司孟津煤矿发生煤与瓦斯突出较大事故，突出煤量828 t、瓦斯86900 m^3，死亡8人，直接经济损失412.76万元
		2009年7月29日，云南省曲靖市富源县上镇雅口煤矿发生透水较大事故，死亡5人
	30日	1994年7月30日，贵州省威宁县小井发生瓦斯爆炸特别重大事故，死亡32人。事故直接原因：该小井波及东风镇友谊煤矿，两煤矿均为独眼井，通风不良且相互贯通，密闭隔断，造成瓦斯积聚，爆破引起瓦斯爆炸
		1998年7月30日，河南省郑煤集团开发公司湾子河煤矿发生重大事故，死亡20人
	31日	1999年7月31日，陕西省耀县瑶民镇闫曲河煤矿发生中毒较大事故，死亡4人
		2010年7月31日13时30分，黑龙江省鸡西市恒山区恒鑫源煤矿发生透水重大事故，死亡24人。事故直接原因：违法违规组织生产，未采取有效探放水措施，现场管理、日常监管工作存在漏洞和管理不到位等问题
8月	1日	1992年8月1日，河南省登封县郭沟村八一煤矿发生透水重大事故，死亡10人
		1994年8月1日，河南省鹤壁市鹤壁集乡石碑头煤矿发生重大事故，死亡11人。事故直接原因：井下停电停风，产生的瓦斯无法排除，绞车不能启动，导致井下11人窒息死亡
		2003年8月1日，山西省襄垣县石峪煤矿发生一般事故，死亡1人。事故直接原因：水泵司机在未进行停电、验电、放电的情况下，违章擅自打开开关防爆盖，处理接线空腔压线时触电身亡
	2日	1999年8月2日，四川省广安县四海乡谭家湾煤矿发生瓦斯爆炸重大事故，死亡15人。事故直接原因：该煤矿系乡镇无证煤矿，采煤工作面无风作业造成瓦斯积聚，电器失爆引起瓦斯爆炸
		2010年8月2日，河南省郑煤集团三元东煤矿发生煤与瓦斯突出重大事故，死亡16人
	3日	1994年8月3日，河南省平顶山矿务局八矿发生火灾重大事故，死亡17人。事故直接原因：井下带式输送机托辊失灵，严重摩擦引起带式输送机上山起火，产生大量有害气体
		2009年8月3日，贵州省遵义市仁怀市长岗镇明阳煤矿发生煤与瓦斯突出重大事故，死亡16人
		2009年8月3日，贵州省黔东南州天柱县石坪大湾煤矿发生瓦斯窒息较大事故，死亡3人
	4日	1993年8月4日，新疆维吾尔自治区昌吉市三工乡庙沟村红山二矿发生瓦斯爆炸较大事故，死亡5人
		1996年8月4日，山西省西山矿务局官地煤矿发生水灾特别重大事故，死亡33人。事故直接原因：小煤窑与大矿贯通，突降暴雨山洪从小煤窑灌入大矿，导致矿井被淹

（续）

日期		事故情况
8月	5日	1988年8月5日，甘肃省两当县西坡煤矿发生瓦斯爆炸特别重大事故，死亡45人，受伤4人，直接经济损失约58万元
		1993年8月5日，山东省临沂市罗庄镇龙山煤矿发生透水特别重大事故，死亡59人。事故直接原因：当地突降大暴雨，5 h降水量370 mm，导致枯井塌陷，地表水倒灌井下
		2009年8月5日，贵州省毕节市赫章县达依煤矿发生煤与瓦斯突出较大事故，死亡3人
	6日	2009年8月6日，新疆维吾尔自治区昌吉州富通煤矿发生瓦斯爆炸较大事故，死亡5人。事故直接原因：该煤矿属于乡镇煤矿改扩建矿井，井下风流短路导致瓦斯积聚，违章吸烟引起瓦斯爆炸
	7日	1990年8月7日，湖南省辰溪县板桥乡中溪村岩上煤矿发生透水特别重大事故，死亡59人
		2005年8月7日13时13分，广东省梅州市兴宁市大兴煤矿发生透水特别重大事故，死亡121人，直接经济损失4725万元。事故直接原因：该煤矿地质条件特殊，在证照不全的情况下严重超能力超强度开采，致使防水安全煤柱抽冒导通了水淹区，造成上部水淹区的积水大量溃入井下
		2009年8月7日，四川省德阳市什邡市宏达红星矿业有限责任公司发生煤与瓦斯突出较大事故，死亡6人
	8日	1997年8月8日，江西省萍乡市上栗县金马煤矿发生透水重大事故，死亡11人。事故直接原因：该煤矿系乡镇煤矿，采掘不分，生产过程不按规程采取探放水措施，在采煤工作面挖透老空水
		2009年8月8日，新疆维吾尔自治区阿克苏地区库车县华地投资公司明矾沟煤矿发生煤与瓦斯突出较大事故，死亡7人
	9日	1993年8月9日，贵州省遵义市田沟煤矿发生特别重大事故，死亡48人。事故直接原因：电缆起火引燃变压器，产生大量有毒有害气体，造成48人中毒死亡（20人为抢救人员）
		2006年8月9日14时40分，重庆市云阳县鹿乡三元一煤厂发生瓦斯爆炸较大事故，死亡4人。事故直接原因：该煤厂掘进工作面电铃线短路燃烧，引起瓦斯爆炸
	10日	1998年8月10日，山西省晋城市川底乡郭庄煤矿发生瓦斯爆炸重大事故，死亡25人。事故直接原因：该煤矿通风不良造成瓦斯积聚，在采煤工作面违章用煤电钻打眼引起瓦斯爆炸
		2003年8月10日，江西省丰城市河西煤矿跃进矿井发生瓦斯突出较大事故，死亡4人
		2003年8月10日，湖南省郴州市嘉禾县行廊镇刘家山煤矿暗斜井发生煤与瓦斯突出较大事故，死亡5人，3人下落不明
	11日	1991年8月11日，新疆维吾尔自治区拜城县黑孜苇乡办煤矿发生瓦斯爆炸较大事故，死亡5人
		2003年8月11日，山西省大同市杏儿沟煤矿风井发生瓦斯爆炸特别重大事故，死亡43人。事故直接原因：该煤矿虽是低瓦斯矿井，但通风管理混乱，巷道布置不合理，超负荷生产，违反规定使用通风井采煤；现场管理不严，导致产生明火引起瓦斯爆炸
		2010年8月11日，四川省内江市威远县大山煤矿发生瓦斯爆炸较大事故，死亡9人
		2010年8月11日，四川省宜宾市兴文县响水滩煤矿发生煤与瓦斯突出较大事故，死亡3人，受伤3人
	12日	1991年8月12日，新疆维吾尔自治区托克逊县克尔碱乡红山煤矿发生一氧化碳中毒较大事故，死亡4人
		1997年8月12日，山西省寿阳县东湾煤矿发生瓦斯爆炸重大事故，死亡13人。事故直接原因：该煤矿掘进头通风不良造成瓦斯积聚，违章爆破引起瓦斯爆炸

（续）

日期		事故情况
8月	13日	1998年8月13日，贵州省毕节市金沙县新化乡新达煤矿发生瓦斯爆炸重大事故，死亡18人。事故直接原因：该煤矿属于乡镇煤矿，采煤工作面通风不良导致瓦斯积聚，达到爆炸界限，工人使用的矿灯失爆引起瓦斯爆炸
		2009年8月13日，贵州省六盘水市六枝特区青菜塘煤矿发生煤与瓦斯突出较大事故，死亡3人，受伤1人
	14日	1983年8月14日，山西省大同市联营煤矿大北沟井发生洪水重大事故，死亡18人
		2002年8月14日，江西省乐平市涌山镇发达一矿发生煤与瓦斯突出重大事故，死亡13人。事故直接原因：该煤矿非法生产开采强突出煤层，未采取瓦斯突出预测、防治、效果检验、安全防护等防突措施；采煤工作面空顶过大，未及时支护，爆破震动后在煤的自重与瓦斯压力共同作用下，大量煤与瓦斯瞬间涌出，造成风流逆转，导致作业人员窒息死亡
		2003年8月14日，山西阳泉煤业集团三矿裕公井发生瓦斯爆炸特别重大事故，死亡28人，受伤2人。事故直接原因：该煤矿在排放工作面瓦斯的过程中，未按规定控制瓦斯浓度，未按规定停电撤人，致使风流中的瓦斯浓度达到爆炸界限，工人违章带电开盖检修电缆接线盒产生短路火花，引起瓦斯爆炸
	15日	1968年8月15日，山西省清徐县平口煤矿发生瓦斯爆炸重大事故，死亡11人，重伤4人
		1996年8月15日，湖南省涟源市赛海二矿发生煤与瓦斯突出重大事故，死亡12人。事故直接原因：该煤矿系乡镇煤矿，未采取任何防突措施，掘进头爆破10 h后突然发生煤与瓦斯突出
	16日	1991年8月16日，河北省邯郸市峰峰矿区5号煤矿发生透水较大事故，死亡8人
		2002年8月16日，重庆市永川市箕山煤矿发生瓦斯爆炸较大事故，5人死亡，1人下落不明。事故直接原因：作业矿工违章擅自关闭通风设备，瓦斯检查员擅离职守，违章作业
	17日	2007年8月17日，山东省新泰市华源矿业公司因柴汶河发生特别重大淹井事故，死亡172人，相邻的名公煤矿死亡9人，共死亡181人。事故直接原因：15日当地突降暴雨，导致柴汶河东都河堤被冲垮，17日14时洪水涌入华源煤矿
	18日	1988年8月18日，山西省潞安矿务局五阳煤矿发生一般事故，死亡2人，全矿停产两个多月
		2003年8月18日1时30分，山西省左权县辽阳镇河南村煤矿发生瓦斯爆炸重大事故，死亡27人。事故直接原因：对供电变压器进行调档时，切断电源，全矿井停电，主要通风机和局部通风机停止运转，加上掘进巷瓦斯涌出异常，造成大量瓦斯积聚；工人违章作业，启动已打开防爆盖的开关送电，产生电火花，引起瓦斯爆炸
		2008年8月18日，沈阳市法库县柏家沟煤矿发生瓦斯爆炸重大事故，死亡26人，重伤2人，轻伤9人，直接经济损失967万元。事故直接原因：事故区域通风系统不稳定，301采煤工作面风量分配不合理，导致工作面风量明显不足，遇有地质构造及周期来压，大量瓦斯涌出，达到爆炸界限，工人违章裸露爆破产生电火花引爆瓦斯
	19日	1998年8月19日，广西合山矿务局里兰煤矿发生瓦斯爆炸重大事故，死亡11人，重伤2人。事故直接原因：该煤矿通风不良造成瓦斯积聚，电工违章带电作业，产生电火花，引起瓦斯爆炸

（续）

日期		事故情况
8月	20日	1956年8月20日，山西省西山矿务局西铭煤矿胡沙帽坑发生瓦斯爆炸重大事故，死亡23人，重伤1人
		2001年8月20日6时30分，山东省枣庄市薛城区南石镇西夹埠煤矿发生煤尘爆炸重大事故，死亡11人。事故直接原因：该煤矿采煤工作面无防尘管路，违章爆破未使用水炮泥，母线违章爆破，产生的火花引爆扬起的煤尘
	21日	1998年8月21日，贵州省贵阳市开阳县刀把田煤矿发生瓦斯爆炸重大事故，死亡23人。事故直接原因：该煤矿系乡镇煤矿，独眼井，采用自然通风，井下违章用明电产生电火花引起瓦斯爆炸
		2006年8月21日，重庆煤炭集团公司逢春煤矿发生煤与瓦斯突出较大事故，死亡5人
		2006年8月21日，贵州省息烽县双龙井煤矿发生瓦斯爆炸较大事故，死亡4人，重伤2人
	22日	1997年8月22日，新疆维吾尔自治区轮台县大道南乡煤矿发生瓦斯爆炸较大事故，死亡3人，重伤2人
		2007年8月22日10时35分，重庆市合川区清平镇太鑫煤业有限公司兴隆井发生瓦斯爆炸较大事故，死亡7人，受伤2人。事故直接原因：该煤矿为乡镇煤矿，高瓦斯矿井，南翼安装有瓦斯监测监控系统，北翼为火区封闭区域；在没有制定启封火区措施的情况下，擅自违章启封已封闭的火区，且启封火区后未采取相应的安全措施；违章排放积聚的瓦斯时，排放的瓦斯流经火区发生了瓦斯爆炸
	23日	1989年8月23日19时15分，辽宁省铁法矿务局小青煤矿发生带式输送机着火重大事故，死亡15人。事故直接原因：未经培训的带式输送机司机将不具备运转条件的带式输送机开动后，违章擅离职守提前升井；带式输送机摩擦起火引燃巷道支护，产生大量浓烟及有害气体，造成施工人员窒息死亡
		1996年8月23日，陕西省韩城市桑树坪镇朝阳煤矿发生冒顶较大事故，死亡3人
		2007年8月23日10时30分，湖南省衡阳市耒阳市公平镇公平三矿发生瓦斯爆炸较大事故，死亡6人。事故直接原因：该煤矿为乡镇煤矿，高瓦斯矿井，被湖南省政府列为政府第三批煤矿关闭名单，安全生产许可证已吊销，被责令停产，但该煤矿违章擅自恢复生产，局部通风机风筒未接到作业面，无风、微风作业，造成工作面瓦斯积聚，违章爆破引起瓦斯爆炸
	24日	1999年8月24日，山西省沁水县永安煤矿发生瓦斯爆炸较大事故，死亡6人
		1999年8月24日，河南省平顶山市韩庄矿务局二矿发生瓦斯爆炸特别重大事故，死亡55人
		2009年8月24日，贵州省六盘水市盘县非法采煤处发生瓦斯窒息较大事故，死亡4人
		2009年8月24日，山西省晋中市和顺县山西星光煤业有限责任公司发生瓦斯爆炸重大事故，死亡14人。事故直接原因：在建的回风立井揭露煤层后，停工时间较长，导致瓦斯积聚，井口切割钢筋时产生明火，引起瓦斯爆炸
	25日	1999年8月25日，山西省大同市南郊区马军营乡大西沟煤矿发生瓦斯爆炸较大事故，死亡7人
		2007年8月25日2时10分，内蒙古自治区霍林郭勒市利源煤矿发生瓦斯爆炸较大事故，死亡7人。事故直接原因：该煤矿在建设期间违规擅自生产且超层越界，以掘代采，违章爆破，打透老空区发生事故
		2009年8月25日，云南省昭通市昭阳区季家老林1号井发生瓦斯爆炸较大事故，死亡4人，受伤1人
	26日	2009年8月26日，贵州省毕节市黔西县江丰煤矿发生瓦斯爆炸较大事故，死亡6人、1人下落不明，受伤3人。事故直接原因：井下通风系统不完善，局部通风机风筒安设不当导致瓦斯积聚，引发瓦斯爆炸

（续）

日期		事故情况
8月	27日	1999年8月27日，云南省曲靖市麒麟区东山镇个体无证煤矿发生瓦斯爆炸重大事故，死亡17人。事故直接原因：该煤矿采用自然通风，在井下违章用矿灯线代替爆破母线爆破引起瓦斯爆炸
	28日	2004年8月28日15时30分，贵州省毕节市黔西县谷里镇煤炭岗煤矿（乡镇有证）发生顶板较大事故，死亡6人
		2007年8月28日，湖南省怀化市中方县枇杷湾煤矿发生瓦斯爆炸较大事故，死亡9人，直接经济损失260万元。事故直接原因：该煤矿井下2个掘进工作面共用1台局部通风机，供风量严重不足；上一班停工、停风，瓦斯积聚达到爆炸界限；爆破作业中违章将废雷管线充当爆破母线，爆破时明接头产生电火花引起瓦斯爆炸
		2008年8月28日，河北省唐山市古冶区非法私开煤井发生水淹较大事故，死亡9人
	29日	1992年8月29日，江西省花鼓山煤矿山南井发生瓦斯爆炸特别重大事故，死亡46人，受伤29人
		1994年8月29日，内蒙古自治区乌海市格更召煤矿发生透水重大事故，死亡24人。事故直接原因：该煤矿系乡镇煤矿，未按规程要求采用探水措施，采煤时打通上部煤层采空区，造成采空区水涌入井下
	30日	1994年8月30日，浙江省长广煤矿公司六矿发生瓦斯爆炸重大事故，死亡12人，重伤4人。事故直接原因：该煤矿通风不良，导致瓦斯积聚，打煤巷爆破时产生电火花，引起瓦斯爆炸
		2009年8月30日，重庆市合川区三汇镇三汇三矿发生煤与瓦斯突出较大事故，死亡7人
	31日	1994年8月31日，贵州省六盘水市水城县阿戛乡煤矿发生瓦斯爆炸重大事故，死亡16人。事故直接原因：该煤矿通风不良，瓦斯积聚，电缆破损，抽水时产生电火花引起瓦斯爆炸
9月	1日	1999年9月1日，山西省平定县冶西镇西村煤矿发生瓦斯爆炸较大事故，死亡7人
		2000年9月1日8时40分，黑龙江省双鸭山矿务局东保卫煤矿发生瓦斯爆炸重大事故，死亡14人。事故直接原因：201工作面和204工作面贯通后，回风上山通风设施不可靠，严重漏风，导致工作面处于微风状态，造成瓦斯积聚，作业人员违章试验爆破器打火引起瓦斯爆炸
		2002年9月1日，山西省晋城无烟煤矿业集团公司成庄矿发生大面积冒顶较大事故，死亡8人
	2日	1994年9月2日，江西省乐平市涌山镇振兴煤矿发生瓦斯爆炸重大事故，死亡19人。事故直接原因：该煤矿为独眼井，通风不良造成瓦斯积聚，违章爆破时引起瓦斯爆炸
	3日	2002年9月3日2时10分，湖南省娄底市双峰县秋湖煤业公司发生特别煤与瓦斯突出重大事故，死亡39人，受伤3人，直接经济损失202.2万元。事故直接原因：该煤矿管理人员在没有采取有效的石门揭煤安全技术措施和“四位一体”防突措施的情况下，违章指挥工人在突出危险性很大的3249补充开切眼上山掘进工作面作业，导致煤与瓦斯突出
		2006年9月3日，湖南省涟源县安平镇联谊煤矿发生瓦斯爆炸较大事故，死亡9人
	4日	1992年9月4日，陕西省澄城县曹村煤矿发生瓦斯爆炸较大事故，死亡5人
		2008年9月4日，辽宁省阜新市清河门区河西镇第八煤矿发生瓦斯爆炸重大事故，死亡27人，重伤2人，轻伤4人，直接经济损失887.4万元　事故直接原因：该煤矿采空区瓦斯浓度达到爆炸界限，掘进工作面爆破引起采空区瓦斯爆炸

（续）

日期		事故情况
9月	5日	2000年9月5日，河南省汝州市临汝镇暴雨山煤矿发生煤与瓦斯突出较大事故，死亡14人
		2000年9月5日9时55分，山西省大同煤矿集团有限责任公司永定庄煤矿发生瓦斯爆炸特别重大事故，死亡31人，受伤16人，直接经济损失约100万元。事故直接原因：414盘区21410巷风桥破损，进回风流短路，微风作业，局部通风机吸循环风，导致51408-1掘进头瓦斯积聚；作业人员检修设备时，金属撞击产生电火花，引爆瓦斯
		2008年9月5日，四川省宜宾市兴文县金河煤业有限责任公司发生煤与瓦斯突出重大事故，死亡18人，受伤16人，直接经济损失1200万元
	6日	2008年9月6日，贵州省毕节市杨家湾镇三合村发生较大事故，死亡3人。事故直接原因：3名村民违章擅自打开被炸封的非法采煤处入井探煤时，遇有害气体窒息死亡
	7日	1994年9月7日，新疆维吾尔自治区库尔勒市卡尔巴可乡煤矿发生一氧化碳中毒较大事故，死亡3人
		2008年9月7日，河南省禹州市仁和煤矿发生透水重大事故，死亡18人。事故直接原因：该煤矿违反技术改造初步设计，违章擅自在老空边界开掘探巷采煤，导致老空积水溃出
	8日	2009年9月8日，河南省平顶山市新华区新华四矿发生瓦斯爆炸特别重大事故，死亡76人，受伤14人，直接经济损失3986.4万元。事故直接原因：新华四矿违章采煤，201机巷顶板冒落导致局部通风机停风后，造成201掘进工作面积聚大量高浓度瓦斯；违章排放瓦斯的过程中瓦斯浓度达到爆炸界限；巷道内破损的煤电钻电缆短路，产生高温火源引起瓦斯爆炸
	9日	1993年9月9日，江西省萍乡市高坑镇永利煤矿发生瓦斯爆炸重大事故，死亡10人
	10日	1992年9月10日，河北省武安市中网口新建煤矿发生瓦斯爆炸较大事故，死亡9人
		2007年9月10日，湖南省郴州市永兴县樟树乡大岭煤矿发生运输较大事故，死亡3人，直接经济损失176.1万元。事故直接原因：+150 m北暗斜井绞车提升钢丝绳多处断丝、磨损锈蚀严重，导致断绳跑车事故；作业人员违章蹬钩（搭乘矿车）被摔下致死；绞车道安全设施不齐全，下部车场无信号硐室和躲避硐，一人躲避不及，被矿车撞伤致死
	11日	1996年9月11日，广西合山县北泗乡木棉村煤矿发生透水特别重大事故，死亡38人。事故直接原因：该区域有4个小煤窑井下连通，采煤时遇采空区水造成淹井
		2010年9月11日，吉林省宇光能源股份有限公司九台营城矿业分公司发生一氧化碳中毒一般事故，死亡2人，受伤2人
	12日	1996年9月12日，江西省萍乡市上栗区新华煤矿发生透水重大事故，死亡10人。事故直接原因：该煤矿在平硐暗斜井开拓时未采取探水措施，导致掘透老空水
	13日	2000年9月13日，贵州省清镇县暗流乡麻林湾煤矿发生瓦斯爆炸重大事故，死亡21人。事故直接原因：该煤矿在要求其停产整顿的情况下，仍组织工人冒险作业，导致发生瓦斯爆炸事故
	14日	1992年9月14日，甘肃省窑街矿务局三矿发生有害气体涌出较大事故，死亡5人
		2010年9月14日18时10分，吉林省宇光能源股份有限公司九台营城矿业公司发生顶板较大事故，死亡5人，受伤2人。事故直接原因：该煤矿5302采煤工作面施工断面（宽3.0 m、高2.8 m）高于支架最大支撑高度（2.4 m），在安装回采过程中，支架没有接实顶板，导致支架初撑力不足，煤帮顶板超过支架最大支撑高度，致使整体顶梁组合悬移支架倾倒

（续）

日期		事故情况
9月	15日	2001年9月15日16时30分，云南省曲靖市师宗县雄壁镇大普安煤矿发生透水重大事故，死亡15人。事故直接原因：该煤矿巷道布置没有按规定留足安全防隔水煤柱，掘进中发现突水预兆后未采取防突水措施，经水泡变得松软的煤柱被渗入井下的地表水冲垮造成水害事故
		2005年9月15日，陕西省黄陵县仓村乡七丰沟煤矿发生瓦斯爆炸重大事故，死亡12人，受伤2人
	16日	1996年9月16日，黑龙江省鹤岗市东山蔬园乡煤矿发生瓦斯爆炸重大事故，死亡15人。事故直接原因：该煤矿采煤工作面通风不良，造成瓦斯积聚，爆破引起瓦斯爆炸并造成顶板大面积冒落
		2006年9月16日，贵州省毕节市黔西县协和乡小春湾煤矿发生顶板较大事故，死亡3人
	17日	1994年9月17日，黑龙江鹤岗矿务局南山煤矿发生瓦斯爆炸特别重大事故，死亡56人。事故直接原因：该煤矿235工作面采空区顶板冒落造成瓦斯涌出，工人用手镐敲打顶板产生电火花引起瓦斯爆炸
	18日	1998年9月18日，河南省平顶山市宝丰县前营乡东方红煤矿发生瓦斯爆炸重大事故，死亡29人。事故直接原因：该煤矿通风机电缆短路停风造成瓦斯积聚，爆破引起瓦斯爆炸
		2009年9月18日，辽宁省沈阳市法库县柏家沟煤矿发生瓦斯爆炸重大事故，死亡26人
	19日	1994年9月19日，江西省乐平市乐平镇潘光煤矿发生瓦斯爆炸重大事故，死亡12人。事故直接原因：通风不良造成瓦斯积聚，电气设备失爆，产生电火花引起瓦斯爆炸
		2007年9月19日，山西省大同市左云县胡泉沟煤矿发生火灾重大事故，死亡3人，失踪18人，直接经济损失1274万元
	20日	2008年9月20日，黑龙江省鹤岗市兴山区富华矿业有限公司发生火灾特别重大事故，死亡31人，直接经济损失1565万元。事故直接原因：这是一起由于煤矿安全管理混乱，煤炭氧化自燃导致的责任事故
	21日	2008年9月21日，河南省登封市新丰二矿发生煤与瓦斯突出特别重大事故，死亡37人。事故直接原因：该煤矿62011下副巷掘进工作面煤层具有突出危险性，在没有采取“四位一体”综合防突措施的情况下，打钻作业诱发了煤与瓦斯突出；该掘进工作面与62006采煤工作面串联通风，导致事故扩大
	22日	1992年9月22日，陕西省黄陵县南川一号井发生瓦斯爆炸较大事故，死亡5人
		2005年9月22日2时30分，安徽省淮北矿业集团冒顶岱河煤矿发生冒顶较大事故，死亡3人。事故直接原因：10采区3108下风巷掘进工作面打锚杆眼时违章作业，发生约9 m×3 m×5 m冒顶，将5人埋堵，经抢救2人脱险、3人死亡
	23日	2008年9月23日17时29分，湖南省娄底市涟源市枫坪镇肖家园村群力煤矿（乡镇有证）发生煤与瓦斯突出较大事故，死亡4人。事故直接原因：违章未采取有效防突措施，在-200 m水平东翼四石门工作面斜坡掘进时发生煤与瓦斯突出，当班下井28人，24人安全升井，4人死亡
	24日	1991年9月24日，河北省开滦矿务局唐山煤矿发生冒顶较大事故，死亡6人
		2003年9月24日7时30分，山西省大同市新荣区上深涧煤矿发生瓦斯燃烧较大事故，死亡5人，受伤3人。事故直接原因：第一次爆破使采空区积聚的瓦斯涌入工作面，第二次爆破产生的明火引燃瓦斯

（续）

日期		事故情况
9月	25日	1995年9月25日，新疆维吾尔自治区昌吉州米泉县柏杨河村煤矿发生瓦斯爆炸较大事故，死亡3人
9月	25日	2007年9月25日13时，四川省宜宾市高县凉风煤矿（乡镇有证）发生顶板较大事故，死亡3人
9月	26日	2003年9月26日，贵州省六盘水市六枝特区穿洞煤矿发生顶板一般事故，死亡2人
9月	26日	2004年9月26日，河北省邯郸市峰峰矿区小煤窑永顺煤矿发生特别重大事故，无人员伤亡，直接经济损失达到23720.96万元，间接经济损失14554.17万元。事故直接原因：违法越层越界开采，造成牛儿庄煤矿淹没
9月	27日	1997年9月27日，江西省萍乡市上栗县顺发煤矿发生瓦斯爆炸重大事故，死亡12人
9月	27日	2000年9月27日，贵州省水城矿务局木冲沟煤矿发生瓦斯煤尘爆炸特别重大事故，死亡162人，受伤37人，其中重伤14人，直接经济损失1227万元。事故直接原因：该煤矿为高瓦斯矿井，煤尘具有爆炸危险性，局部通风机停电造成瓦斯超限，现场人员违章拆卸矿灯产生电火花，引起瓦斯煤尘爆炸
9月	28日	1995年9月28日，河南省郑州矿务局王庄煤矿多经公司发生瓦斯爆炸重大事故，死亡12人
9月	28日	2006年9月28日20时，新疆维吾尔自治区莎车县长胜煤矿发生二氧化碳窒息较大事故，死亡4人，受伤1人。事故直接原因：该煤矿违章私自打开密闭巷道时发生二氧化碳窒息事故，死亡3人；抢救中违章操作又死亡1人、轻伤1人
9月	29日	2008年9月29日，云南省昭通市威信县扎西镇小五且私营煤矿发生煤与瓦斯突出较大事故，死亡6人，受伤1人。事故直接原因：该煤矿采矿手续不全，甚至没有配备矿长和工程师，管理混乱，曾多次被政府相关部门勒令整改；违章作业未采取任何防突措施，导致事故发生
9月	30日	1997年9月30日，广西合山市北泗乡私营小煤矿发生透水重大事故，死亡14人。事故直接原因：该区域多个小煤矿互相连通，积水涌出后不及时撤离人员而要求抢救设备，致使积水冲垮防水墙，抢救人员来不及逃生
10月	1日	1990年10月1日22时15分，山西省西山矿务局镇城底煤矿发生冒顶较大事故，死亡6人。事故直接原因：锚固剂卷质量不合格，锚杆安装中违章操作，锚杆钻孔直径与锚固剂卷外径匹配不当，导致水泥锚杆初锚力低
10月	1日	1997年10月1日，广西忻城县古蓬镇私营小煤矿发生瓦斯燃烧重大事故，死亡12人
10月	2日	1999年10月2日，山西省泽州县川底乡郭庄煤矿发生瓦斯爆炸较大事故，死亡7人
10月	2日	2005年10月2日，贵州省金沙县长坝乡长兴煤矿发生瓦斯爆炸较大事故，死亡6人，重伤2人。事故直接原因：长坝乡停电，长兴煤矿通风机被迫停止运行，无法向井底送风，致使矿井瓦斯浓度猛增，引起瓦斯爆炸
10月	3日	1993年10月3日，江西省丰城市百土乡中山煤矿发生瓦斯爆炸重大事故，死亡14人
10月	3日	1996年10月3日，北京市房山区史家营乡办第四煤矿发生重大事故，死亡10人。事故直接原因：该煤矿2人窒息死亡，抢救过程中处理不当，又死亡8人
10月	3日	2010年10月3日16时50分，贵州省安顺市西秀区轿子山镇黄河沟煤矿发生爆炸较大事故，死亡5人，受伤4人。事故直接原因：该煤矿9名矿工在违章处理哑炮过程中，哑炮突然爆炸

（续）

日期		事故情况
10月	4日	1996年10月4日，安徽省淮南矿务局工程处发生瓦斯爆炸较大事故，死亡8人。事故直接原因：井筒下部停风12天，导致井筒内溢出的瓦斯逐渐聚积；施工人员违章切割钢梁时焊渣掉入井筒，引起瓦斯爆炸
		1999年10月4日，辽宁省阜新县东梁镇民政煤矿发生瓦斯爆炸重大事故，死亡24人，直接经济损失220万元
	5日	1995年10月5日，广东省连州市个体小煤矿发生瓦斯爆炸重大事故，死亡13人。事故直接原因：该煤矿采煤工作面通风不良，造成瓦斯积聚，违章明电爆破引起瓦斯爆炸
		2008年10月5日，陕西省咸阳市旬邑县旬东煤业公司长安煤矿（乡镇）发生透水较大事故，死亡3人
	6日	1998年10月6日，湖南省郴州市北湖鲁塘视下煤矿发生透水重大事故，死亡12人。事故直接原因：该煤矿未执行先探后掘要求，掘进时打穿老空水，同时与相邻两矿贯通扩大了事故危害
		2007年10月6日，云南省弥勒县弥阳镇瓦草村二工区煤矿发生瓦斯爆炸较大事故，死亡4人
	7日	1996年10月7日，贵州省金西煤矿发生瓦斯爆炸重大事故，死亡28人。事故直接原因：该煤矿采煤工作面通风不良造成瓦斯积聚，爆破引起瓦斯爆炸
		2009年10月7日，贵州省毕节市威宁县东风镇拱桥村非法采煤处发生窒息重大事故，死亡10人
	8日	1995年10月8日，湖南省宜章县麻田煤矿发生透水重大事故，死亡12人。事故直接原因：该煤矿采掘不分，违章未执行矿井探水有关规定，在采煤工作面生产过程中掘透老空积水
		2009年10月8日，安徽省宣城市宁国市乌石矿业公司发生煤与瓦斯突出较大事故，死亡3人
		2010年10月8日，新疆维吾尔自治区昌吉州呼图壁县新疆神华天电矿业有限公司发生较大冒顶事故，死亡4人，重伤1人
	9日	1993年10月9日，山东省临沂市罗庄镇朱张桥胜利煤矿发生煤尘爆炸重大事故，死亡13人。事故直接原因：该煤矿管理松懈，井下煤尘堆积严重，煤电钻短路产生电火花引起爆炸
		2009年10月9日，辽宁省阜新市中兴煤矿有限公司发生火灾较大事故，死亡6人，7人下落不明
	10日	1993年10月10日，湖南省辰溪县孝坪煤矿发生透水重大事故，死亡12人。事故直接原因：该煤矿无任何探放水措施，掘进中掘透老空区，积水涌出淹没矿井
		1999年10月10日，山西省左权县永福寺煤矿发生瓦斯爆炸重大事故，死亡12人
	11日	1995年10月11日，云南省镇雄县乌峰镇毡帽营办事处兴旺煤厂发生瓦斯爆炸重大事故，死亡16人。事故直接原因：该煤矿系无证个体小井，采用自然通风，井下瓦斯难以排出，违章明电爆破引起瓦斯爆炸
	12日	2003年10月12日22时40分，内蒙古自治区包头市石拐区太来窑二号井发生瓦斯爆炸较大事故，死亡9人，失踪1人。事故直接原因：太来窑二号井开采的三号煤层瓦斯涌出量大，采空区积聚大量的高浓度瓦斯，采空区与古窑火区冒通形成复燃火源引起瓦斯爆炸
		2008年10月12日，四川省宜宾市江安县红桥镇幸福煤矿发生煤与瓦斯突出重大事故，死亡10人，直接经济损失800万元

（续）

日期		事故情况
10月	13日	1997年10月13日，河北省邯郸市沙果园煤矿二号井发生瓦斯煤尘爆炸特别重大事故，死亡33人。事故直接原因：该煤矿通风系统不符合标准要求造成循环风，瓦斯积聚达到爆炸界限，下山坡头小绞车启动违章用明线头产生电火花，引起瓦斯煤尘爆炸
		1997年10月13日，广西东罗矿务局五联矿二号井发生透水重大事故，死亡18人
	14日	2009年10月14日18时20分，神华宁夏煤业集团有限责任公司大峰煤矿发生炸药爆炸重大事故，死亡14人，重伤2人，轻伤5人。事故直接原因：大峰煤矿为露天开采，采区A区段+2060~+2050 m水平实施台阶深孔爆破作业，共施工3组、24个炮孔，在进行最后一组、8个炮孔（每孔装药120 kg）的装药作业时有2个炮孔发生爆炸事故
	15日	1982年10月15日，山西省孝义县高阳镇贤者煤矿发生透水重大事故，死亡11人
		1998年10月15日，黑龙江省鹤岗市东兴煤矿发生瓦斯爆炸特别重大事故，死亡46人。事故直接原因：该煤矿因风筒安装不到位，遇断层造成了瓦斯积聚，接刮板输送机时撞击产生电火花引起瓦斯爆炸
		2008年10月15日，河北省蔚县白草村临西煤矿发生爆炸较大事故，死亡3人，受伤2人
	16日	2010年10月16日，河南省中国平煤神马能源化工集团平禹煤电公司四矿发生煤与瓦斯突出特别重大事故，死亡37人。事故直接原因：该煤矿12190工作面具有煤与瓦斯突出危险性，虽然采取了预抽煤层瓦斯的区域防突措施，但是未消除突出危险，在实施局部防突措施期间，调试调直采煤机割煤时扰动了煤体，发生了煤与瓦斯延时突出，导致人员被埋和窒息死亡
	17日	2003年10月17日13时17分，重庆天府矿务局三汇一矿发生煤与瓦斯突出重大事故，死亡10人，轻重伤12人。事故直接原因：该煤矿发现地质构造发生异常变化，未采取任何措施，违章爆破，诱导了煤与瓦斯突出
		2009年10月17日，湖南省湘煤集团嘉禾煤矿浦溪井发生瓦斯突出较大事故，死亡8人
	18日	1993年10月18日，江苏省徐州市大刘煤矿发生煤尘爆炸特别重大事故，死亡40人，重伤1人，轻伤3人，直接经济损失约124万元。事故直接原因：该煤矿在拆掉两架U型钢可伸缩性拱形支架时，现场作业人员图省事，没有用扳手拆除螺栓，而是采用违章放明炮的方式把螺栓崩断，产生了高温火焰并震扬起大量干燥煤尘，引发了煤尘爆炸
	19日	1996年10月19日，陕西省崔家沟煤矿桃花洞采区发生瓦斯爆炸特别重大事故，死亡50人，重伤3人，轻伤13人。事故直接原因：煤体内瓦斯喷出，矿灯灯头密封不严，产生电火花引起瓦斯爆炸
	20日	2004年10月20日22时40分，河南省郑州煤电集团公司大平煤矿发生瓦斯爆炸特别重大事故，死亡148人，受伤32人，直接经济损失3936万元。事故直接原因：该煤矿局部通风设施管理混乱，回风联络巷内设有调节风窗并堆积大量物料，促使瓦斯向进风系统内逆流。逆流到西大巷新鲜风流中的瓦斯达到爆炸浓度，架线式电机车取电弓与架线间产生电火花引起瓦斯爆炸
	21日	2003年10月21日，内蒙古自治区乌海市海勃湾区骆驼山煤矿发生煤尘爆炸较大事故，死亡6人，重伤1人。事故直接原因：该煤矿在维护立井井底车场内溜煤眼放煤口附近时，在未采取任何安全措施的情况下，违章裸露爆破，爆破造成煤尘飞扬，火焰导致煤尘爆炸

（续）

日期		事故情况
10月	22日	1961年10月22日11时25分，大同矿务局挖金湾煤矿青羊湾井832盘区发生冒顶重大事故，面积达1.287×10^5 m^2，死亡18人，重伤1人，轻伤18人，全井停产16天，影响产量8000余吨。事故直接原因：没有盘区设计，盲目乱采滥掘，832盘区周围50%以上被断层围绕，未留区域隔离煤层，断层保护煤柱留得不够，个别地方竟把断层煤柱采掉；对采区顶板特性及来压规律缺乏应有的认识，未采取有效措施；领导对顶板不断响动等冒顶征兆未引起足够重视，未及时采取预防对策
	23日	2002年10月23日，山西省吕梁市朱家店煤矿发生瓦斯煤尘爆炸特别重大事故，死亡44人，受伤5人，直接经济损失262.2万元。事故直接原因：该煤矿西二采区4203工作面以里巷道风量不足、4205运输巷掘进工作面局部通风机产生循环风，造成瓦斯积聚，达到爆炸浓度；煤电钻失爆，电缆芯线与金属垫圈接触产生电火花，引爆瓦斯，煤尘参与了爆炸
	24日	1968年10月24日，山东省新汶矿务局华丰煤矿发生煤尘爆炸特别重大事故，死亡108人。事故直接原因：该煤矿无洒水降尘设施，井下煤尘堆积，在掘进迎头违章爆破时炸药未完全爆炸产生火焰引起爆燃，大量煤尘飞扬并发生连续性爆炸
		1994年10月24日，黑龙江省鹤岗矿务局峻德煤矿东风井发生坠罐重大事故，死亡12人
		2007年10月24日15时，青海省海西州开源煤矿发生瓦斯窒息较大事故，死亡3人。事故直接原因：该煤矿总工程师带领3人违章擅自拆除封闭井口，进入西沟西一斜井（该井已废弃8年），造成3人窒息死亡
	25日	1993年10月25日，河南省登封县大金店乡磴槽煤矿斜井发生人车跑车较大事故，死亡9人
		1998年10月25日，广西合山市黄以祥无证煤井、忻城县谭广将煤井发生透水特别重大事故，死亡35人，其中黄以祥煤井死亡22人、谭广将煤井死亡13人。事故直接原因：黄以祥煤井与相邻废弃的五煤井采空区之间的隔离煤柱较薄，该煤井抽干井下积水形成强大的水压差，由于隔离煤柱承受强大的水压力，加上在较薄煤柱上违章爆破，煤柱被水击穿，从而造成透水重大事故
	26日	1970年10月26日，山西省阳泉矿务局四矿一井发生冒顶较大事故，死亡7人，受伤1人
		1995年10月26日，湖南省宜章县象形山煤矿发生煤与瓦斯突出重大事故，死亡11人。事故直接原因：该煤矿为无证煤矿，未采取任何防突措施，导致采煤工作面发生煤与瓦斯突出
		2006年10月26日，吉林省白山市新宇煤矿二井发生瓦斯爆炸重大事故，死亡11人
	27日	1995年10月27日，湖南省群力煤矿发生瓦斯爆炸重大事故，死亡10人。事故直接原因：该煤矿因设备故障停风15 h，后来仅启动局部通风机，未能排出积聚的瓦斯，工作面爆破时引起瓦斯爆炸
		2010年10月27日，贵州省安顺市普定县大坡煤矿发生透水重大事故，死亡12人，受伤1人
	28日	1994年10月28日，重庆市万盛区关坝镇铜鼓滩煤矿发生瓦斯爆炸重大事故，死亡17人，受伤4人。事故直接原因：该煤矿在突出煤层采用串联通风造成瓦斯积聚，因物体撞击产生电火花引起瓦斯爆炸

（续）

日 期		事 故 情 况
10月	29日	2002年10月29日，广西南宁市矿务局二塘煤矿发生电气火灾特别重大事故，死亡30人，直接经济损失198.8万元。事故直接原因：该煤矿四采区变电所变压器长期超负荷运行，绝缘性能降低，电缆加速老化。变压器低压侧接线错误导致电缆短路，产生电弧火花，点燃积存在地板上的绝缘油和变压器油，造成火灾
		2003年10月29日20时左右，内蒙古自治区鄂尔多斯市以鄂托克旗伊利得煤矿发生瓦斯爆炸较大事故，死亡4人，直接经济损失150万元。事故直接原因：该煤矿长时间不启用主要通风机，采用自然通风，掘进巷道因长时间停电、停风，造成工作面积聚的瓦斯超限，工人在未排放瓦斯的情况下，违章进入掘进工作面，并使用非防爆机动三轮车进行运输，三轮车发动过程中排气口喷火点燃积聚的瓦斯，引起爆炸
		2008年10月29日，陕西省渭南市澄城县尧头斜井发生瓦斯爆炸重大事故，死亡29人。事故直接原因：尧头斜井回风巷因积水阻断风流，致使工作面大量瓦斯积聚，在检修排水的过程中，瓦斯沿着回风巷大量涌出，途经此处的工人违章明火吸烟引起爆炸
		2010年10月29日，四川省达州市赵家沟煤矿发生瓦斯爆炸较大事故，死亡8人，受伤5人
	30日	1995年10月30日，新疆维吾尔自治区吐鲁番地区托克逊县二矿发生水害较大事故，死亡6人
		2004年10月30日，辽宁省抚顺矿业集团公司西露天煤矿发生冒顶重大事故，死亡15人。事故直接原因：西露天煤矿坑下平硐采空区发生大面积冒顶造成大量有害气体涌入采煤工作面，15人中毒死亡
	31日	2002年10月31日，内蒙古自治区包头市长胜煤矿发生瓦斯爆炸重大事故，死亡14人
		2005年10月31日，山西省原平长梁沟镇坟合峁煤矿发生瓦斯爆炸重大事故，死亡17人。事故直接原因：该煤矿拒不执行原平市有关部门“停产整顿”命令，违法生产，井下瓦斯严重超限，电工违章带电操作
11月	1日	1976年11月1日，山西省大同矿务局挖金湾煤矿发生煤尘爆炸重大事故，死亡23人，重伤2人，轻伤3人
		1995年11月1日，陕西省崔家沟煤矿发生瓦斯燃烧重大事故，死亡11人，重伤7人，轻伤38人。事故直接原因：该煤矿采区换输送带时，顶板冒落碰撞产生电火花引起瓦斯燃烧
		1998年11月1日，山西省榆次市沛林乡东沟煤矿发生瓦斯爆炸重大事故，死亡21人
	2日	1999年11月2日，甘肃省窑街矿务局一矿发生冒顶较大事故，死亡6人
		2007年11月2日5时20分，山西省忻州市静乐县金乐煤业有限公司（原小沟滩煤矿）发生坍塌较大事故，死亡9人。事故直接原因：该煤矿事故前停产一段时间，当天工人下井进行维护时违章作业
	3日	2003年11月3日，甘肃省靖远县五合乡王家山煤矿发生中毒较大事故，死亡5人
		2005年11月3日，辽宁省灯塔市铧子镇昌盛煤矿发生中毒较大事故，死亡6人。事故直接原因：该煤矿在未检测有害气体的情况下违章派工人下井维修，导致中毒事故
	4日	1994年11月4日，新疆维吾尔自治区昌吉市矿业公司大青山煤矿发生瓦斯爆炸较大事故，死亡3人
		2000年11月4日，吉林省辽源矿务局西安煤矿发生瓦斯爆炸特别重大事故，死亡31人。事故直接原因：工作面采空区滞留大量瓦斯，造成瓦斯积聚，达到爆炸界限，现场人员违章操作过程中产生电火花引起瓦斯爆炸
		2009年11月4日，神华乌海能源公司黄白茨矿业公司发生冒顶较大事故，死亡3人

（续）

日期		事故情况
11月	5日	1988年11月5日，潞安矿务局王庄煤矿发生火灾重大事故，死亡17人
		1992年11月5日，山西省盂县土塔乡神益沟军地联营煤矿发生透水特别重大事故，死亡51人，直接经济损失145万元
		2000年11月5日，吉林省辽源矿务局西安煤矿矿办小井发生瓦斯爆炸特别重大事故，死亡31人
		2006年11月5日，山西同煤集团轩岗公司焦家寨煤矿发生瓦斯爆炸特别重大事故，死亡47人，受伤2人，直接经济损失1213.03万元。事故直接原因：该煤矿51108进风巷掘进工作面无计划停电、停风后，瓦斯积聚达到爆炸界限，继续违章擅自送电，动力电缆两通接线盒失爆产生电火花引发瓦斯爆炸
	6日	2000年11月6日，新疆维吾尔自治区冶金公司大平滩煤矿发生瓦斯爆炸较大事故，死亡6人
		2005年11月6日，山西省太原市清徐县东于镇太平煤矿发生瓦斯爆炸重大事故，死亡16人。事故直接原因：生产工作面违章作业，在工作面遭遇构造后，井下瓦斯积聚，造成局部瓦斯爆炸
	7日	1994年11月7日，新疆维吾尔自治区和田地区喀什县塔什煤矿发生瓦斯爆炸较大事故，死亡3人
		2006年11月7日，太原市万柏林区王封乡私开煤矿发生透水重大事故，死亡10人。事故直接原因：该煤矿系多次炸封取缔的非法独眼小煤窑，于11月初再次挖开，非法组织生产，造成透水
		2009年11月7日19时32分，贵州省遵义市桐梓县龙会场煤矿发生煤与瓦斯突出较大事故，死亡4人
	8日	2008年11月8日，山西省阳泉市盂县西潘乡煤矿发生瓦斯爆炸重大事故，死亡26人，受伤3人，直接经济损失189.4万元。事故直接原因：该煤矿井下更换局部通风机电缆，停风造成瓦斯积聚达到爆炸浓度，工人违章修理矿灯产生电火花引爆瓦斯
	9日	1993年11月9日，江西省萍乡市玉女峰林场青泥岗煤矿发生瓦斯爆炸重大事故，死亡17人
		1995年11月9日，山西省左权县城关乡一矿发生瓦斯爆炸重大事故，死亡12人。事故直接原因：该煤矿掘进头风量不足造成瓦斯积聚，违章爆破作业引起瓦斯爆炸
	10日	2002年11月10日，山西省灵石县两渡镇太西煤矿发生瓦斯煤尘爆炸特别重大事故，死亡37人，受伤3人，直接经济损失203.675万元。事故直接原因：该煤矿井下东大巷和东北巷局部通风机多头送风，局部通风机随意停开造成瓦斯积聚；作业中镐头撞击煤层中的黄铁矿结核产生电火花，引起瓦斯爆炸，煤尘参与爆炸
		2009年11月10日，河北省唐山市马家沟煤矿发生煤与瓦斯突出较大事故，死亡6人
	11日	1993年11月11日，河北省磁县黄沙新建煤矿发生瓦斯煤尘爆炸重大事故，死亡26人
		2004年11月11日12时10分，河南省平顶山市鲁山县新生煤矿发生瓦斯煤尘爆炸特别重大事故，死亡34人，重伤1人，轻伤4人，直接经济损失907万元。事故直接原因：该煤矿二号作业巷作业面无风，瓦斯积聚达到爆炸界限，煤电钻电缆短路产生放电火花，引起瓦斯煤尘爆炸
	12日	2005年11月12日，山西汾西矿业集团公司水峪煤矿发生冒顶较大事故，死亡3人。事故直接原因：掘进工违章擅自打开开关转盖操作绞车开关，绞车拉倒抬棚发生冒顶
		2006年11月12日，山西省灵石县王禹乡南山煤矿发生火药燃烧特别重大事故，死亡34人，直接经济损失727万元。事故直接原因：该煤矿井下火药库违规存放5.2 t化学性质不稳定、易自燃的铵油炸药，库内通风不良、热量积聚导致炸药自燃，引起库内木支护材料及煤炭燃烧

（续）

日期		事故情况
11月	13日	1994年11月13日，吉林省辽源矿务局太信煤矿发生煤尘爆炸特别重大事故，死亡79人，受伤129人，直接经济损失320万元。事故直接原因：暗副井绞车道煤尘堆积，违章超载提拉车致使矿车连接器断裂发生跑车，撞击产生电火花引起煤尘爆炸
		1997年11月13日，安徽省淮南矿务局潘三煤矿发生瓦斯爆炸特别重大事故，死亡89人。事故直接原因：该煤矿203掘进队施工的C13煤层1772轨道巷在爆破过程中遇断层，短时间内涌出大量瓦斯，工作面风量不足，造成瓦斯积聚；卸压钻孔违章未用不燃性材料充满填实，爆破抵抗线不够，爆破过程中产生明火，引起工作面瓦斯燃烧，导致瓦斯爆炸
	14日	2003年11月14日11时45分，江西省丰城矿务局建新煤矿发生瓦斯爆炸特别重大事故，死亡49人，重伤2人，轻伤5人。事故直接原因：2002年该煤矿曾发生了两次瓦斯突出事故，产生了两个孔洞，工作人员用防火材料对两个空硐进行了封闭；随着采矿作业的进行，地层发生变化，瓦斯从一些新产生的裂缝溢出，并在巷道内积聚；1010工作面进风（运输）巷2号孔洞密闭内突出浮煤自燃，引燃孔洞内积聚的瓦斯，引起瓦斯爆炸
	15日	1993年11月15日，河南省平顶山市宝丰县大营镇娘娘山煤矿发生瓦斯爆炸特别重大事故，死亡49人。事故直接原因：该煤矿因停电、停风造成瓦斯积聚，工人违章爆破时雷管脚线触及电缆明接头引爆瓦斯
		2001年11月15日，山西省吕梁市交城天宁坡底煤矿发生瓦斯爆炸特别重大事故，死亡33人。事故直接原因：矿井负压通风系统短路，工作面风量不足造成瓦斯积聚，瓦检仪失准，不能准确检测瓦斯浓度，工人违章爆破产生明火引起瓦斯爆炸
	16日	2000年11月16日，云南省曲靖市师宗县常忠兴煤矿发生瓦斯爆炸重大事故，死亡16人。事故直接原因：该矿井二分层采煤区主要通风机11月9日因故障停止运转，用11 kW的局部通风机代替主要通风机，井下风量严重不足；矿井通风系统混乱，运输大巷局部通风机（供一分层）吸入风量大于全风压进风量，产生循环风，回风串入二分层局部通风机，造成瓦斯积聚；在二分层作业的工人违章拆卸矿灯产生电火花，引起瓦斯爆炸
	17日	1994年11月17日，江西省丰城市秀市乡煤矿发生瓦斯爆炸重大事故，死亡14人
		2001年11月17日21时40分，山东省章丘市红旗煤炭集团琅沟煤矿发生突水重大事故，死亡13人，直接经济损失345万元。事故直接原因：该煤矿未执行先探后掘，没有采取探放水措施
	18日	1993年11月18日，云南省曲靖市东山镇新村清水沟煤矿发生瓦斯爆炸重大事故，死亡15人
		2005年11月18日，贵州省六盘水市水城县蟠龙乡沙沟煤矿发生瓦斯爆炸重大事故，死亡16人。事故直接原因：该煤矿违章组织生产，井下主要进风巷发生冒顶，井下通风系统受阻，造成掘进工作面瓦斯积聚达到爆炸界限；1011回风石门掘进工作面（半煤岩巷）掘进爆破时，未严格执行“一炮三检”制度，且违章使用岩石炸药产生明火引起瓦斯爆炸
	19日	1955年11月19日，山西省大同矿务局四老沟煤矿发生冒顶重大事故，死亡12人，重伤2人，轻伤8人
		1995年11月19日，陕西省韩城市桑树坪四通煤矿发生瓦斯燃烧较大事故，死亡9人
		1995年11月19日，黑龙江省七台河市消防部队一井发生瓦斯爆炸重大事故，死亡12人。事故直接原因：采煤工作面风量不足造成瓦斯积聚，工人在井下违章吸烟引起瓦斯爆炸
		2000年11月19日，河南省新安县石寺镇石寺新煤矿发生瓦斯爆炸重大事故，死亡13人

（续）

日期		事故情况
11月	20日	2007年11月20日1时20分，甘肃省张掖市肃南县九条岭煤业集团水磨沟煤矿发生瓦斯爆炸较大事故，死亡8人。事故直接原因：该煤矿长期停产后复工生产，通风不良未排出积聚的瓦斯，工人违章爆破引起瓦斯爆炸
	21日	2009年11月21日1时37分，黑龙江省龙煤矿业集团股份有限公司鹤岗分公司新兴煤矿发生煤与瓦斯突出及瓦斯爆炸特别重大事故，死亡108人，受伤133人，直接经济损失5614.65万元。事故直接原因：该煤矿三水平南二石门15号煤层探煤巷发生煤与瓦斯突出，突出的瓦斯逆流至二水平，1h内连续发生煤与瓦斯突出及瓦斯爆炸，2时19分又发生了瓦斯爆炸
	22日	2009年11月22日，湖南省怀化市辰溪县郭家湾煤矿发生瓦斯煤尘爆炸重大事故，死亡15人。事故直接原因：井下以掘代采，矿井通风不良，供风量不足造成工作面瓦斯积聚，引起瓦斯爆炸
	23日	1993年11月23日，新疆维吾尔自治区吐鲁番县葡萄乡煤矿发生冒顶较大事故，死亡3人
		1997年11月23日，山西省朔州市怀仁县老牛湾煤矿发生瓦斯爆炸重大事故，死亡10人。事故直接原因：该煤矿采煤工作面通风不良，造成瓦斯积聚，违章爆破引起瓦斯爆炸
	24日	1991年11月24日，河南省宜阳县城关上柏坡煤矿发生瓦斯爆炸较大事故，死亡9人
		1994年11月24日，江苏省南通市柳新煤矿发生爆炸重大事故，死亡10人。事故直接原因：地面煤仓堆放煤炭因高温自燃，在放煤过程中造成煤尘飞扬引发爆炸
		2000年11月24日，湖北省南漳县东巩镇沙坝河煤矿发生瓦斯爆炸较大事故，死亡9人，重伤10人
	25日	1996年11月25日，四川省彭州市白鹿乡水观村二矿发生瓦斯爆炸重大事故，死亡20人，受伤10人
		2000年11月25日，内蒙古自治区大雁煤矿公司二矿发生瓦斯爆炸特别重大事故，死亡51人。事故直接原因：该煤矿5盘区28号煤层工作面原顶板冒落通风受阻，致使工作面回风巷风量减小且负压增加，采空区和报废风巷内积存的瓦斯大量涌出，造成瓦斯积聚，达到爆炸界限。回风巷里端废巷内绞车电机接线盒的“喇叭嘴”压线不紧，现场人员违章拉拽带电电缆时造成电缆抽脱，产生电火花引起瓦斯爆炸
		2006年11月25日，黑龙江省鸡西市远华煤矿发生瓦斯爆炸重大事故，死亡26人
		2006年11月25日，云南省曲靖市富源县后所镇昌源煤矿发生瓦斯爆炸特别重大事故，死亡32人，受伤35人。事故直接原因：矿井通风系统不合理，通风设施不合格，矿井漏风严重，爆破后涌出的瓦斯和掘进作业点溢出的瓦斯使瓦斯积聚，达到爆炸界限；煤电钻综合保护装置供电电缆绝缘损坏，造成芯线短路产生电火花引起瓦斯爆炸
	26日	1988年11月26日14时24分，黑龙江省鸡西矿务局平岗煤矿发生瓦斯爆炸特别重大事故，死亡45人，受伤23人。事故直接原因：该煤矿因局部通风机故障停风1h，造成瓦斯积聚，工人用小绞车拖拉电机时，电机与铁轨撞击产生电火花引起瓦斯爆炸
		1994年11月26日，新疆维吾尔自治区乌鲁木齐矿务局六道湾煤矿发生溃浆重大事故，死亡17人
		2009年11月26日，贵州省黔西南州兴仁县振兴煤矿发生煤与瓦斯突出重大事故，死亡10人

（续）

日期		事故情况
11月	27日	1996年11月27日，山西省大同市新荣区郭家窑乡东村煤矿发生瓦斯爆炸特别重大事故，死亡114人。事故直接原因：采煤后顶板坚硬不放顶形成瓦斯库，电工违章带电检修开关引起瓦斯爆炸
		1997年11月27日3时9分，安徽省淮南矿务局谢二矿发生瓦斯爆炸特别重大事故，死亡45人，重伤4人，直接经济损失218.5万元。事故直接原因：该煤矿为解决采煤工作面上隅角瓦斯超限问题，在措施没有会审、报批和未采取任何安全措施的情况下，在4312采煤工作面进风巷使用局部通风机，导致局部通风机吸入大量采空区和工作面瓦斯，风筒内瓦斯达到爆炸浓度，因风筒静电、局部通风机吸入异物摩擦产生电气火花，引起瓦斯爆炸
		2009年11月27日，吉林省梅河口市中和煤矿发生溃水（泥）重大事故，死亡16人
	28日	1960年11月28日，河南省平顶山市龙山庙煤矿发生瓦斯煤尘爆炸特别重大事故，死亡187人。事故直接原因：该煤矿在配风巷退回60 m掘进第四横贯时，风筒断开形成60 m盲巷，大量瓦斯积聚。工人违章把风筒改向使盲巷中的瓦斯被吹出，造成风流中瓦斯超限。煤电钻电缆存在“鸡爪子”接头产生电火花引起瓦斯爆炸，震起的煤尘也参与了爆炸
		2004年11月28日7时左右，陕西铜川矿务局陈家山煤矿发生瓦斯爆炸特别重大事故，死亡166人，受伤45人，直接经济损失4165.91万元。事故直接原因：11月23日，陈家山煤矿415工作面上隅角瓦斯爆燃，灭火后在措施没有落实到位、隐患没有彻底消除的情况下冒险作业，在415工作面下隅角靠采空区侧违章进行强制放顶，违章爆破引起瓦斯爆炸
	29日	1996年11月29日，云南省宣威县尚塘乡旧堡煤矿发生瓦斯爆炸重大事故，死亡21人。事故直接原因：该煤矿采煤工作面采用扩散通风，效果不良，造成瓦斯积聚，矿灯失爆引起瓦斯爆炸
	30日	1996年11月30日，云南省泸西县三河乡梅树凹煤矿发生透水重大事故，死亡12人
		2008年11月30日，黑龙江省七台河市新兴区昌隆煤矿发生瓦斯爆炸重大事故，死亡15人。事故直接原因：矿主密闭非法作业面逃避检查，导致通风不符合标准酿成事故，在事故救援过程中又发生了次生事故，3名搜救队员被井下冒落物砸中不幸遇难
12月	1日	1992年12月1日，湖北省黄石矿务局袁仓煤矿发生瓦斯爆炸重大事故，死亡13人，重伤4人，轻伤2人
		2006年12月1日，黑龙江省鸡西市城锦煤矿发生瓦斯爆炸较大事故，死亡8人。事故直接原因：该煤矿在停产整顿期间违法破坏安全锁，违章擅自组织生产。停产停风造成瓦斯积聚，采煤工作面爆破引起瓦斯爆炸
	2日	1997年12月2日，辽宁省阜新矿务局新邱煤矿小井发生瓦斯爆炸较大事故，死亡9人
		2002年12月2日，山西省临汾市尧都区阳泉沟煤矿发生瓦斯爆炸特别重大事故，死亡30人，受伤5人，直接经济损失300万元。事故直接原因：该煤矿井下通风系统不合理，进风巷与回风巷平面交叉，造成风流短路；局部通风机安装位置不当，工作面循环风，造成瓦斯积聚；爆破时违章未检查瓦斯，不按规定充填炮眼，产生明火，引起瓦斯爆炸
		2005年12月2日，河南省洛阳市新安县石寺镇寺沟煤矿发生透水特别重大事故，死亡42人，直接经济损失973余万元。事故直接原因：该煤矿违章指挥越界进入老窑区开采，导致老窑积水涌入矿井
		2007年12月2日，云南省昭通市镇雄县乌峰镇狮子山煤矿发生瓦斯爆炸事故，死亡9人，受伤6人

（续）

日期		事故情况
12月	3日	2000年12月3日，山西省河津市下化乡天龙煤矿发生瓦斯爆炸特大事故，死亡48人，受伤21人，直接经济损失约157万元。事故直接原因：矿井主要通风机长时间不开，造成瓦斯积聚；瓦斯浓度达到爆炸界限，井下明火很多，除电气设备失爆外，还存在井下违章电焊作业、井下违章抽烟、生火取暖等现象，烟火引起瓦斯爆炸
	4日	2000年12月4日13时30分，河南省荥阳市刘河镇新兴煤矿发生透水重大事故，死亡10人。事故直接原因：相邻煤矿出水后未采取正常排水措施，使涌水积存于采空区，两煤矿之间的保安煤柱不足导致积水溃出淹井
	5日	1995年12月5日，上海市大屯煤电公司姚桥煤矿发生带式输送机着火重大事故，死亡27人。事故直接原因：清扫带式输送机工作未完成，没有遵章清理带式输送机下的矸石，非阻燃带式输送机与矸石摩擦起火
	6日	2007年12月5日，山西省洪洞县瑞之源煤业有限公司新窑煤矿发生瓦斯煤尘爆炸特别重大事故，死亡105人。事故直接原因：新窑煤矿在盗采9号煤层时，无风或微风作业，瓦斯大量积聚，井下运煤违章使用非防爆三轮车，产生明火，引发爆炸
	7日	1966年12月7日，山西省交城县火山煤矿发生瓦斯爆炸特别重大事故，死亡36人
		2005年12月7日15时14分，河北省唐山市刘官屯煤矿发生瓦斯煤尘爆炸特别重大事故，死亡108人，受伤29人，直接经济损失4870.67万元。事故直接原因：刘官屯煤矿1193(下)工作面开切眼遇到断层，煤层垮落，引起瓦斯涌出量突然增加；9号煤层总回风巷三、四联络巷间风门打开，风流短路，造成开切眼瓦斯积聚；在开切眼下部用绞车回柱作业时，产生摩擦火花，引爆瓦斯，煤尘参与爆炸
		2010年12月7日，河南省义煤集团巨源煤业有限公司发生瓦斯爆炸重大事故，死亡26人，受伤12人（其中2人重伤）
	8日	1996年12月8日，山西省大同市二电厂红旺煤矿发生瓦斯爆炸重大事故，死亡11人。事故直接原因：该煤矿通风不良造成瓦斯积聚，在掘进头违章明电爆破引起瓦斯爆炸
		2005年12月8日，吉林省长春市双阳区长岭煤矿长岭井发生水害较大事故，死亡6人
	9日	2009年12月9日，宁夏神华集团宁夏煤业梅花井煤矿发生一般事故，死亡2人，受伤2人。事故直接原因：煤矿筹建处封闭采空区作业时缺氧
	10日	1995年12月10日，北京市门头沟区妙峰山乡煤矿发生窒息较大事故，死亡8人。事故直接原因：农民非法乱挖乱采
		1997年12月10日10时50分，河南省平顶山市石龙区五七（集团）公司大井发生瓦斯爆炸特别重大事故，死亡79人，直接经济损失480万元。事故直接原因：矿井通风系统不合理，风流短路，风量不足，且采用大串联通风，局部通风机吸循环风，导致积聚瓦斯增加，达到爆炸界限，违章爆破引起瓦斯爆炸
	11日	1992年12月11日，陕西省宜君县焦坪村三矿发生瓦斯爆炸较大事故，死亡7人
		2007年12月11日4时，陕西省韩城市兴隆煤矿发生煤与瓦斯突出较大事故，死亡5人。事故直接原因：该煤矿在施工中未采取任何防突措施，工人违章清理巷道诱发煤与瓦斯突出

（续）

日期		事故情况
12月	12日	1998年12月12日，河南省平顶山市宝丰县大营镇一矿发生瓦斯煤尘爆炸特别重大事故，死亡66人。事故直接原因：该矿井没有形成全负压通风系统，井下多个采掘工作面靠局部通风机通风，副井采掘工作面因循环风导致瓦斯积聚，4号工作面电缆短路产生电火花，引起瓦斯爆炸，同时引起煤尘爆炸
		2001年12月12日13时40分，湖南省涟源市安平镇岩下村联益煤矿发生煤与瓦斯突出重大事故，死亡11人，重伤1人。事故直接原因：该煤矿掘进构造复杂的二下山工作面，没有采取任何防突措施，当班作业人员在支架作业过程中诱发了煤与瓦斯突出；瓦斯逆流至井口喷出后遇井口绞车房火源引起燃烧，使事故扩大
	13日	1999年12月13日，广西合山矿务局东矿发生透水重大事故，死亡25人，直接经济损失450万元。事故直接原因：该煤矿未执行先探后掘，在巷道掘进中违章掘透老空水
	14日	1995年12月14日，山东省莱芜市辛庄煤矿发生瓦斯爆炸重大事故，死亡18人。事故直接原因：采煤工作面通风不良造成瓦斯积聚，爆破落煤引起瓦斯爆炸
		1999年12月14日，新疆维吾尔自治区乌鲁木齐市供电公司联营煤矿发生顶板较大事故，死亡4人
	15日	1960年12月15日12时40分，重庆市中梁山煤矿发生瓦斯煤尘爆炸特别重大事故，死亡124人，重伤1人，轻伤49人，直接经济损失220万元。事故直接原因：该煤矿5412火区封堵14天后启封，因风量不足瓦斯排放不良，总回风巷瓦斯一直超限，火区排出的瓦斯大量滞留；在未实施降低瓦斯浓度措施的情况下，组织生产，生产过程中产生的电火花引发瓦斯煤尘爆炸
		1991年12月15日，内蒙古自治区伊克昭盟准格尔旗乌兰哈达乡煤矿发生瓦斯窒息较大事故，死亡7人
	16日	1991年12月16日，河南省新安县铁门镇邱沟乡办煤矿发生透水较大事故，死亡9人
		2009年12月16日，黑龙江省鸡西市密山市双龙煤矿发生运输较大事故，死亡4人。事故直接原因：密山市安监局珠山分局2名工作人员来双龙煤矿进行安全检查，并与矿长等一同乘坐矿车入井检查；检查中突然发生跑车事故，造成车上4人全部遇难
	17日	2008年12月17日，山西省潞安集团屯留煤矿发生安全较大事故，死亡3人。事故直接原因：屯留煤矿南风井在施工过程中，由于水泥凝固时间不够长，造成水泥顶垮塌
		2008年12月17日，湖南省娄底市涟源市伏口镇挂子岩煤矿发生煤与瓦斯突出重大事故，死亡18人
	18日	2006年12月18日，黑龙江省七台河市宏伟煤矿发生瓦斯窒息较大事故，死亡3人
		2010年12月18日22时52分，重庆市巫溪县天元乡高楼煤矿主平硐上山掘进头100 m处发生顶板较大事故，死亡3人。事故直接原因：支护质量低劣，违章作业
	19日	1998年12月19日，黑龙江省新鼎煤矿发生瓦斯爆炸重大事故，死亡23人。事故直接原因：该矿井下通风不良造成瓦斯积聚，电器失爆引起瓦斯爆炸
		2005年12月19日，陕西省渭南市澄城县马家河煤矿发生瓦斯燃烧较大事故，7人死亡，受伤3人
		2008年12月19日，安徽省淮北市濉溪县北辰煤矿有限公司发生煤与瓦斯突出较大事故，死亡5人，直接经济损失201.74万元

（续）

日期		事故情况
12月	20日	1999年12月20日，青海省门源县泉沟台乡完卓煤矿发生瓦斯爆炸重大事故，死亡10人。事故直接原因：掘进时瓦斯突出，通风不良造成瓦斯积聚，违章爆破引起瓦斯爆炸
		2005年12月20日，重庆市綦江县安稳镇罗天煤矿发生瓦斯突出一般事故，死亡1人，受伤8人，失踪4人
	21日	1979年12月21日，山西省阳泉矿务局二矿小南坑发生跑车较大事故，死亡3人，轻伤5人
		1998年12月21日，新疆维吾尔自治区吐鲁番地区红星煤矿发生瓦斯窒息重大事故，死亡10人。事故直接原因：采空区顶板冒落时大量瓦斯涌出，造成现场人员窒息死亡
		2010年12月21日，新疆维吾尔自治区乌鲁木齐市米东区三源煤矿发生冒顶较大事故，死亡6人
	22日	1991年12月22日8时13分，安徽省皖北矿务局某矿发生火灾重大事故，死亡27人，直接经济损失48万元。事故直接原因：65采区下部变电所着火，引燃煤层运输上山第二部带式输送机
		2009年12月22日，贵州省毕节市威宁县孔家沟煤矿发生顶板较大事故，死亡5人
	23日	1959年12月23日，四川省温江县万家煤矿发生瓦斯爆炸特别重大事故，死亡89人
		1995年12月23日，云南省富源县富村乡煤矿发生瓦斯爆炸重大事故，死亡15人。事故直接原因：该煤矿系独眼井，通风不良造成瓦斯积聚，电缆都是明接头，违章擅自送电排水时产生电火花引起瓦斯爆炸
	24日	1981年12月24日，河南省平顶山矿务局五矿发生瓦斯煤尘爆炸特别重大事故，死亡133人，重伤8人，轻伤23人，直接经济损失360多万元。事故直接原因：电缆接地掉闸停风、停电，致使瓦斯超限，处理电缆接地故障时防爆接线盒未盖，操作线裸露线头在违章擅自送电时出现电火花，引起瓦斯燃烧爆炸，进而引起煤尘传导爆炸
		1998年12月24日，辽宁省沈阳矿务局红菱煤矿发生煤与瓦斯突出重大事故，死亡28人，受伤6人，直接经济损失138.05万元
		2007年12月24日，内蒙古自治区太西煤集团兰山煤业公司炭窑沟煤矿发生灭火灌浆泥水透泄较大事故，死亡4人
	25日	1968年12月25日，山西省忻县专区阳方口煤矿南坑发生瓦斯煤尘爆炸特别重大事故，死亡66人。事故直接原因：该煤矿在回收3011巷煤柱时，风流经过正副巷贯眼由副巷回风，造成开切眼通风不良，导致瓦斯积聚；没有防尘设施，不按规定清扫煤尘，煤尘堆积严重，违章作业，用药包纸填封炮眼，爆破时产生火源，造成瓦斯爆炸又引起煤尘爆炸
		1999年12月25日，广西壮族自治区合山煤矿务局溯河煤矿管虎岭二号井发生透水较大事故，死亡7人
	26日	1998年12月26日，河南省宜阳县樊村马道十矿发生瓦斯爆炸重大事故，死亡12人
		2009年12月26日，贵州省黔南州瓮安县宏福煤矿发生瓦斯燃烧较大事故，死亡4人。事故直接原因：该煤矿以掘代采，局部通风机安设不到位导致瓦斯积聚，加上违章使用非阻燃电缆，电缆接头产生电火花导致瓦斯燃烧

（续）

日期		事故情况
12月	27日	2003年12月27日，内蒙古自治区阿拉善左旗蒙西煤炭工业公司青岭煤矿发生瓦斯燃烧较大事故，死亡4人，重伤2人。事故直接原因：局部通风机风筒漏风严重，掘进工作面有效风量不足，造成瓦斯积聚超限。煤电钻电缆失爆，工人拖动电缆时产生电火花引燃瓦斯
		2009年12月27日，山西省晋中市介休市鑫裕沟煤业有限公司发生瓦斯燃烧重大事故，死亡12人，受伤4人。事故直接原因：该煤矿违章作业擅自启封井下密闭后发生瓦斯燃烧
	28日	2009年12月28日，云南省楚雄州双柏县麻栗树煤矿发生煤与瓦斯突出较大事故，死亡5人、6人下落不明。事故直接原因：该煤矿鉴定为低瓦斯矿井，石门揭煤时发生煤与瓦斯突出
	29日	1997年12月29日，广西壮族自治区来宾县平阳镇合股经营188号煤井发生瓦斯爆炸重大事故，死亡16人
		2004年12月29日，广西壮族自治区来宾市兴宾区平阳镇非法小煤窑发生透水重大事故，死亡10人。事故直接原因：该煤矿距离红水河河床仅10 m左右，作业人员采煤时打穿红水河床
	30日	1996年12月30日，江西省乐平市涌山镇鸡公山煤矿发生瓦斯爆炸重大事故，死亡10人
		2001年12月30日17时28分，江西省丰城矿务局建新煤矿发生煤与瓦斯突出重大事故，死亡20人，受伤28人。事故直接原因：未采取有效防突措施、违章设计采煤工作面等导致回风系统不畅通，瓦斯逆流蔓延，使事故扩大
	31日	1995年12月31日，贵州省盘江矿务局老屋基煤矿发生特大瓦斯爆炸事故，死亡65人（有12名矿山救护队员），受伤24人。事故直接原因：该煤矿突击生产，瓦斯涌出量增加，局部通风机在移动抽放管后继续运转，瓦斯抽放管位置滞后不能有效抽放瓦斯，造成工作面上隅角附近瓦斯积聚，违章爆破产生火源引起瓦斯爆炸

附录 3　以判决书形式介绍的抗违章技术品牌“铁门神”维权案例

习近平总书记在党的十九大报告中指出，创新是引领发展的第一动力，是建设现代化经济体系的战略支撑；要加强对中小企业创新的支持，促进科技成果转化；倡导创新文化，强化知识产权创造、保护、运用。习近平总书记强调，知识产权保护工作关系国家治理体系和治理能力现代化，关系高质量发展，关系人民生活幸福，关系国家对外开放大局，关系国家安全。

人类文明发展的历史进程充分表明，产权保护是经济发展的基石，而知识产权则是产权保护至关重要的一环，保护知识产权就是保护创新的火种，是提高国家经济竞争力最大的引擎，更是推动高质量发展、满足人民美好生活需要的内在动力，对国家发展乃至世界文明的进步都具有重要意义。

对企业而言，知识产权是企业创新能力和核心竞争力的重要标志；对国家而言，国家核心竞争力越来越表现为对知识产权的拥有和运用。近年来，我国不断加强知识产权保护，完善相关法律法规，坚决依法打击假冒伪劣、侵犯知识产权的违法行为，让侵权者付出难以承受的代价，让创新者放心大胆去创造。

山西全安公司发展壮大的过程与知识产权保护相伴相随，密不可分，曾经多次遭受假冒伪劣、专利侵权的伤害。在专利维权的路上，笔者曾多次接到不法分子的威胁恐吓电话，把这些电话都以“黑 1”“黑 2”等标注保存在手机里。公司也不怕鬼、不信邪，多次通过法律手段坚决打击假冒伪劣，依法保护知识产权，维护公司的合法权益。20 世纪 90 年代，起诉了 15 个“一种带拉手的罐头瓶盖”专利侵权厂家，全部获胜并获得与当时水平相称的赔偿，有效打击了侵权行为，如附图 3-1 所示。2010 年，山西全安公司的商标“铁门神”又被严重侵权，而且侵权单位众多、范围波及山西、河南、山东、北京、宁夏等区域，包括专利侵权和公章、商标、煤矿安全标志、生产许可证、防爆合格证等被伪造，甚至还有假冒法定代表人签名等不法行为。公司积极维护自身权益，经过两年多的努力，犯罪嫌疑人投案自首。经法院审理，涉案的张某某因犯销售假冒注册商标商品罪，被判处有期徒刑三年，缓刑四年，并处罚金 150000 元。此案曾被列为 2013 年山西省第一知识产权侵权案，数十家媒体纷纷报道。

2017 年 7 月，在山西省高级人民法院对张某某销售假冒山西全安公司注册商标“铁门神”牌矿用本安型开盖传感器、矿用开关两防锁一案做出民事终审判决中，侵权人张某某被判赔偿受害人山西全安公司损失 44 万余元，后来又被最高人民法院裁定认可。这是新中国成立以来山西省第一起销售假冒本省的注册商标商品、商标被异地侵权，获最高人民法院支持的商标侵权案。“铁门神”商标侵权案历时 9 年，虽然胜诉，但也付出了极高的维权成本。“铁门神”注册商标证书如附图 3-2 所示。

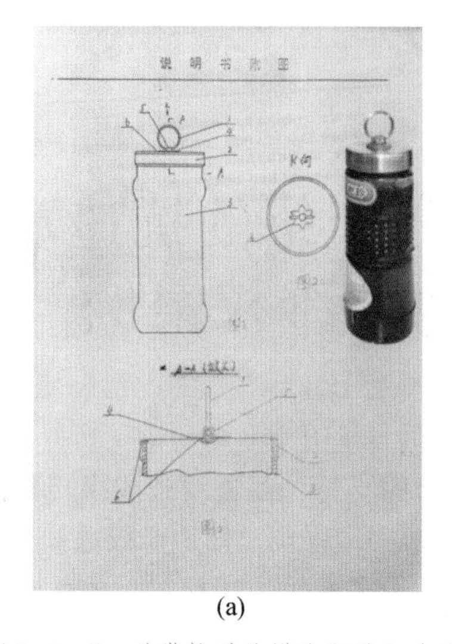

(a)

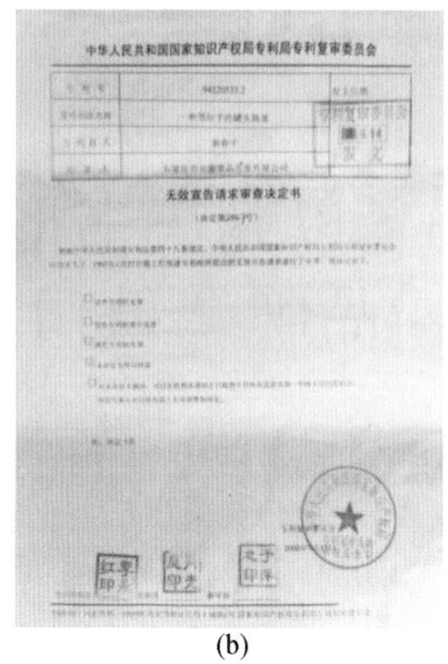

中华人民共和国国家知识产权局专利局专利复审委员会

无效宣告请求审查决定书

(b)

附图 3-1 “一种带拉手的罐头瓶盖”专利图、被侵权产品及终审维权审查决定书

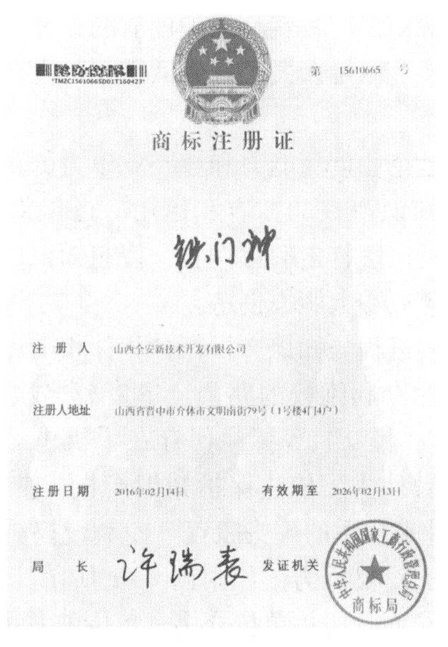

第 15610665 号

商标注册证

铁门神

注 册 人 山西全安新技术开发有限公司

注册人地址 山西省晋中市介休市文明南街79号（1号楼4门4户）

注册日期 2016年02月14日 有效期至 2026年02月13日

局 长 许瑞表 发证机关 商标局

附图 3-2 “铁门神”注册商标证书

此次民事判决维护了山西全安公司商标权，也充分体现了山西省坚决保护知识产权的决心和力度。以下是山西省高院民事判决书内容（部分）：

山西省高院民事判决书（20××）晋民终××号（部分）

上诉人山西全安新技术开发有限公司（以下简称全安公司）与上诉人张某某侵害商标权纠纷一案，××中级人民法院于 2016 年 12 月 12 日做出（20××）晋××民初××号民事判决。判后，全安公司、张某某均不服，向本院提起上诉，本院依法组成合议庭公开开庭审理了本案，上诉人全安公司的委托代理人，上诉人张某某及其委托代理人到庭参加诉讼。本案现已审理终结。

原审原告全安公司向原审法院提出诉讼请求：①认定原审原告的注册商标“铁门神”

为驰名商标；②判令原审被告赔偿原审原告经济损失 1424945.66 元；③判令原审被告在中国煤炭报、山西日报等国家级及省级媒体公开赔礼道歉；④原审被告承担本案的诉讼费用，包括诉讼费、律师费、调查费等。

事实和理由：①原审原告的“铁门神”商标使用时间长、宣传范围广，在煤炭行业有很高的知名度，竞争力强，曾多次被侵权。原审原告公司自 1999 年 7 月 7 日成立时起，一直使用和宣传“铁门神”商标，至今已有 17 年。2006 年“铁门神”商标经国家商标局核准成为注册商标，2005 年“铁门神”商标图案取得外观设计专利。原审原告投入大量资金对“铁门神”商标进行了多种方式的宣传，“铁门神”品牌商品在消费者中获得了很高的知名度，2014 年被评为山西省著名商标。原审原告是一家以开发煤矿电气安全产品为主的高新技术企业，注册资金 3000 万元，总部位于山西介休，分公司设在山西太原，子公司设在北京。“铁门神”系列商品包括“矿用开关两防锁”“矿用本安型/浇封型/浇封兼本安型开盖（三开一防）传感器”“螺旋式喇叭嘴防松锁”“再制造隔爆外壳技术”“防治带电作业及瓦斯爆炸的抗违章技术”等。这些产品都是国家及省市级重点科学技术项目，都有自主知识产权。其中“一种开盖断电方法及装置”等 3 项专利获美国等 30 多个产煤国家的发明专利；“矿用本安型开盖传感器”被列为“国家重点新产品”，获得中国煤炭科学技术奖；“矿用开关两防锁”获得山西省科技进步奖。原审原告负责完成的“防治带电作业及瓦斯爆炸的抗违章技术”于 2015 年获国家安全监管总局安全生产科技成果奖。十几年来，原审原告“铁门神”产品销售总额 2 亿多元，总纳税约 2000 万元。原审原告公司被原国家安全监管总局命名为“安全生产科技创新型中小企业”，被全国工商联评为全国“最具创新能力”十佳中小企业。“铁门神”商标屡次被侵权，受到工商局、公安局、法院的多次保护。②原审原告在 2011 年的“年终大检查”过程中，发现有人冒充其公司的商标、厂名、专利号进行生产、销售伪劣产品，随即向有关部门报案，后被告张某某向阳泉市××分局投案自首。经山西省××人民法院（20××）城刑初字第××号刑事判决书判决认定：张某某系明知是假冒注册商标的商品而销售，共销售假冒注册商标“铁门神”的传感器 2235 套（555 元/套），两防锁 1397 套（341 元/套），销售金额共计 1424945.66 元，数额巨大，构成销售假冒注册商标的商品罪判处有期徒刑三年，缓刑四年，并处罚金 150000 元。张某某销售假冒注册商标商品的行为侵犯了原审原告依法享有的“铁门神”注册商标权，依法应承担赔偿损失的法律责任。山西省著名商标证书如附图 3-3 所示。

张某某辩称：①原审原告的起诉已过诉讼时效，依法应当驳回原审原告的诉讼请求；②原审原告请求认定其注册商标“铁门神”为驰名商标，在本案没有审查的必要性；③原审原告以刑事判决认定的销售金额作为赔偿依据不符合法律规定，且原审原告的起诉已过诉讼时效，原审原告主张原审被告赔偿其经济损失依法不应得到支持；④原审原告的关于赔礼道歉、承担律师费等诉讼请求均不应得到支持。

当事人围绕诉讼请求依法提交证据，原审法院组织当事人进行质证。对当事人无异议的原审原告证据“铁门神”商标注册证、山西省著名商标证书、山西省××人民法院（20××）城刑初字第××号刑事判决书的真实性、合法性、关联性予以确认并在卷佐证。

山西省著名商标

证书

郭春平（许可山西全安新技术开发有限公司使用）

你单位 铁门神 商标经审查，符合《山西省著名商标认定和保护办法》规定的“山西省著名商标”条件，现予认定，特发此证。

有效期限：自2014年12月30日至2017年12月30日

山西省工商行政管理局

2014年12月30日

附图 3-3　山西省著名商标证书

对争议证据和事实，原审法院认定如下：对原审被告认为与本案无关的“铁门神”商标产品专利证书、“铁门神”商标产品推广文件、企业荣誉等证据，因涉案商标产品的知名度为侵权赔偿数额的法定酌定情节，故原审法院对上述证据的真实性、合法性及与本案的关联性予以确认。原审法院根据当事人的陈述及原审法院认定的上述证据，查明如下事实：山西全安新技术开发有限公司系经核准注册的有限责任公司，成立于1999年7月7日，核准经营范围为：开发并推广新技术、开展技术服务，修配、制造、安装、销售机电设备（不包括小轿车和品牌车）及配件，隔爆设备外壳修复。2006年10月28日，“铁门神”商标获得注册，商标注册证号为第4164117号，商标注册人为郭春平，核定使用商品为9类：闭路器、电动调节设备、电开关、电器接插件（插座、插头和其他电器连接物）、电涌保护器、调压器、高低压开关板、启动器、接线柱（电）。商标有效期至2016年10月27日，经商标局核准续展有效期至2026年10月27日。2014年11月24日，经商标局备案，郭春平许可原审原告山西全安新技术开发有限公司使用涉案第4164117号“铁门神”商标，许可使用期限为2014年8月20日至2016年10月27日。原审原告长期在涉案产品“传感器”及“两防锁”上使用“铁门神”商标。2014年“铁门神”商标被评为山西省著名商标。原审原告曾被国家安全监管总局命名为“安全生产科技创新型中小企业”，被全国工商联评为全国“最具创新能力”十佳中小企业等。2014年6月13日，山西省××人民法院做出（20××）城刑初字第××号刑事判决书，该判决书记载：2010年4月15日，原审原告授权河南省安阳市某有限公司为原审原告专利产品“铁门神”牌两防锁和开盖传感器在阳泉市部分煤矿的唯一总代理。当年4月16日，安阳市某有限公司授权其山西区域经理张某某全权代理与原审原告的产品代理业务。原审被告代理期间共销售传感器7099套，销售两防锁3779套，其中销售假冒注册商标“铁门神”的传感器2235套（555元/套），两防锁1397套（341元/套），共计价值142494566元（不含增值税）。据此判决：张某某犯销售假冒注册商标的商品罪，判处有期徒刑三年，缓刑四年，并处罚金150000。上述刑事判决书已生效。庭审后，“铁门神”商标注册人向原审法院送交《授权委托书》，授权原审原告负责处理“铁门神”商标使用过程中所产生的一切纠纷。高新技术企业证书如附图3-4所示。

附图3-4　高新技术企业证书

原审法院认为，第4164117号“铁门神”商标经商标局核准注册，至今在有效期内，且权利状态稳定，应当受到法律保护。2014年，商标注册人郭春平授权原审原告使用“铁门神”注册商标，且郭春平到庭参加诉讼，并于庭后补充授权原审原告处理“铁门神”商标使用过程中产生的一切纠纷，原审被告亦对原审原告的主体资格无异议，故山西全安新技术开发有限公司为本案的适格原审原告。

关于原审被告是否侵犯了原审原告的“铁门神”商标权问题。因山西省××人民法院（20××）城刑初字第××号刑事判决书确认了原审被告销售假冒注册商标“铁门神”的传感器2235套（555元/套），两防锁1397套（341元/套），共计价值1424945.66元（不含增值税）的相关事实，双方当事人对该事实均无异议，原审法院确认原审被告实施了侵犯原审原告商标权的行为，应当承担赔偿损失等民事责任。

关于赔偿数额问题，《中华人民共和国商标法》第六十三条规定，侵犯商标专用权的赔偿数额，按照权利人因被侵权所受到的实际损失确定，实际损失难以确定的，可以按照侵权人因侵权所获得的利益确定，权利人的损失或者侵权人获得的利益难以确定的，参照该商标许可使用费的倍数合理确定。对恶意侵犯商标专用权，情节严重的，可以在按照上述方法确定数额的一倍以上三倍以下确定赔偿数额，赔偿数额应当包括权利人为制止侵权行为所支付的合理开支。本案中，原审原告未提供有效证据证明原审原告因原审被告侵权所受到的损失，原审被告亦未提供客观证据证明其侵权营利数额，原审法院将结合原审被告的销售额及原审被告已受徒刑及罚金等刑事处罚，且事后未再发现其侵权的相关情节，酌情确定赔偿数额。

关于原审原告请求判令原审被告公开赔礼道歉的诉讼请求，因原审原告未提供原审被告对其商标声誉造成不良影响的相关证据，原审法院对该项诉讼请求不予支持。

关于原审原告请求认定“铁门神”注册商标为驰名商标的诉讼请求，因驰名商标司法认定是在个案中为保护商标权利需要而进行的法律要件事实的认定，属于认定事实的范畴，不构成单独的诉讼请求，且本案侵权商品与注册商标使用的商品为相同商品，依照商标法相关规定即可保护，无须认定驰名商标进行跨类别保护。因此，原审法院对原审原告要求认定“铁门神”注册商标为驰名商标的诉讼请求不予支持。发明专利证书如附图 3-5 所示。

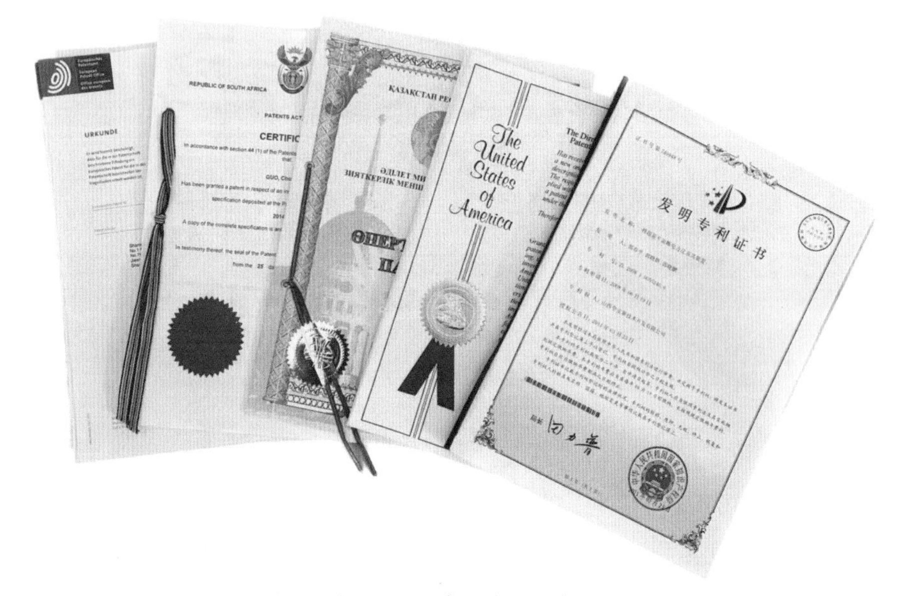

附图 3-5　发明专利证书

关于本案起诉是否已过诉讼时效的问题因山西省××人民法院于 2014 年 6 月 13 日做出（20××）城刑初字第××号刑事判决书，本案的侵权事实应当是在 2014 年 6 月 13 日之后确定的，原审原告作为举报人也应当最早从 2014 年 6 月 13 日起开始计算诉讼时效，原审原告于 2016 年 6 月 20 日起诉未过诉讼时效。

综上所述，原审被告侵犯了原审原告“铁门神”商标权，应当承担赔偿损失等民事责任。依照《最高人民法院关于审理商标民事纠纷案件适用法律若干问题的解释》第四条、《中华人民共和国商标法》第五十七条第（三）项、第六十三条、《中华人民共和国被告民事诉讼法》第一百四十二条的规定，原审法院判决：一、张某某于本判决生效之日起十日内赔偿原告山西全安新技术开发有限公司经济损失 100000 元；二、驳回原告山西全安新技术开发有限公司的其他诉讼请求。如果未按判决指定的期限履行给付金钱义务，应当按照《中华人民共和国民事诉讼法》第二百五十三条之规定，加倍支付迟延履行期间的债务利息。

判后，全安公司与张某某均不服，向本院提出上诉。

上诉人全安公司的上诉请求为：①撤销原审判决；②依法改判支持上诉人全安公司的

原审关于认定驰名商标事实等各项诉讼请求；③本案全部诉讼费用均由张某某承担。

上诉人山西全安公司的上诉理由为：

（1）原审法院对本案事实没有查清，定性不正确。

①上诉人全安公司于2006年注册“铁门神”商标，核定使用类别为第九类：闭路器、电动调节设备、电开关、电器接插件（插座、插头和其他电器连接物）、电涌保护器、调压器、高低压开关板、启动器、接线柱（电），以及第三十五类（广告类）。张某某在河南机电市场购买并销售的是“铁门神”锁和传感器，山西省××人民法院（20××）城刑初字第××号刑事判决书中也24次提到并证实确实是“铁门神”牌锁和传感器。根据我国商标类别规定，“铁门神”牌锁属于商标第六类，传感器也不在上诉人全安公司商标核定使用的范围内，即张某某所售侵权商品商标类别与上诉人全安公司注册商标“铁门神”核定使用的为不同类别。因此本案应当认定“铁门神”为驰名商标进行跨类别保护，从而认定张某某侵权。原审判决认为本案侵权商品与上诉人全安公司注册商标使用的商品为相同商品，无须认定驰名商标进行跨类别保护是错误的。

②“铁门神”注册商标被山西省工商局认定为山西省著名商标，具有广泛的知名度、良好的美誉度，销售区域广，张某某恶意侵权，影响巨大，并且由于侵权商品是涉及煤矿安全的特殊产品，使得煤矿用户惶恐不安，给上诉人全安公司以及“铁门神”品牌造成了极大的负面影响及损失，以上相关证据原审时已提交法院，原审判决提到上诉人全安公司未提供张某某对其商标声誉造成不良影响的相关证据，因此对判令被告公开赔礼道歉的诉讼请求不予支持，属调查不清，定性错误。安全生产科技创新型中小企业牌如附图3-6所示。

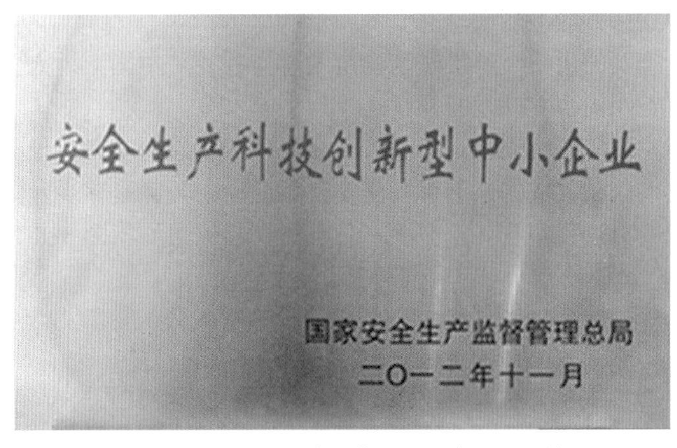

附图3-6　安全生产科技创新型中小企业牌

（2）原审法院适用法律错误。张某某作为原告的代理商，明知是假冒的而进行销售，属于恶意销售，并且销售侵权产品金额达到142多万元，根据最高人民法院、最高人民检察院《关于办理侵犯知识产权刑事案件具体应用法律若干问题的解释》第二条，销售明知是假冒注册商标的商品，销售金额在二十五万元以上的，属于《刑法》第二百一十四条规定的“数额巨大”。山西省××人民法院（20××）城刑初字第××号刑事判决书也对以上事实进行了认定。因此，张某某的行为属于恶意侵犯商标专用权，情节严重，法院应当按照《商标法》第六十三条规定可以在按照上述方法确定数额的一倍以上三倍以下确定赔偿数额。赔偿数额应当包括权利人为制止侵权行为所支付的合理开支。但原审法院结合张某某的销售额及其已受徒刑和罚金等刑事处罚，酌情判赔了上诉人全安公司 10 万元，很明显与前面所依据的《商标法》不符，属严重适用法律错误。

上诉人张某某的诉讼请求为：①撤销原审判决；②驳回全安公司的诉讼请求；③本案诉讼费全部由全安公司承担。

上诉人张某某的上诉理由为：①全安公司的起诉已超过法定诉讼时效，依法应予驳回。全安公司及其法定代表人郭春平在 2012 年便明确知道上诉人张某某侵害其商标权的事实。期间，郭春平代表公司向公安机关报案并采取申请证据保全等维权措施，依照《最高人民法院关于审理商标民事纠纷案件适用法律若干问题的解释》第十八条规定："侵犯注册商标专用权的诉讼时效为两年，自商标注册人或者利害权利人知道或者应当知道侵权行为之日起计算。"本案全安公司向人民法院提起诉讼的时间是 2016 年 6 月 20 日，早已超过法定两年诉讼时效，故依法应予驳回。②全安公司主张认定涉案商标为驰名商标在本案没有审查的必要性，与侵权赔偿没有关联性。上诉人张某某即使构成侵权，其侵权行为系在代理销售过程中明知是假冒注册商标的商品而予以销售的行为，依照《商标法》对商标保护的规定，涉案商标无须进行是否驰名商标的认定就可以获得保护。③根据全安公司提供的全部证据，均没有一份证据能够证明上诉人张某某的侵权行为给其商业声誉造成了不良影响。依照《最高人民法院关于适用〈中华人民共和国民事诉讼法〉的解释》第九十条的规定，全安公司应承担举证不利的法律后果，依法应予驳回。④全安公司主张的侵权赔偿依据不符合法律规定，且本案已超过法定诉讼时效，全安公司主张上诉人张某某赔偿其经济损失依法不应支持。全安公司主张上诉人张某某赔礼道歉、赔偿诉讼、律师费、调查费用没有证据支持，应予驳回。

本院经审理，查明的事实与原审法院认定的事实一致。本案上诉人全安公司、上诉人张某某对原审法院查明的事实亦没有异议。

本院认为，本案的争议焦点为：①上诉人全安公司提起的本案诉讼是否超过了法定的诉讼时效？②上诉人张某某应赔偿上诉人全安公司的损失数额是多少？③本案是否应对认定涉案商标为驰名商标进行审查认定？国家重点新产品证书如附图 3-7 所示。

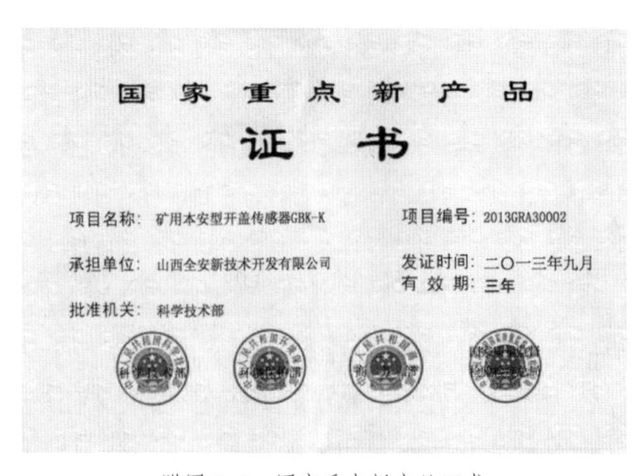

国家重点新产品

证书

项目名称：矿用本安型开盖传感器GBK-K　　项目编号：2013GRA30002

承担单位：山西全安新技术开发有限公司　　发证时间：二〇一三年九月

有效期：三年

批准机关：科学技术部

附图 3-7　国家重点新产品证书

（1）关于上诉人全安公司提起的本案诉讼是否超过了法定的诉讼时效的问题。

《最高人民法院关于审理民事案件适用诉讼时效制度若干问题的规定》第十五条规定：“权利人向公安机关、人民检察院、人民法院报案或者控告，请求保护其民事权利的，诉讼时效从其报案或者控告之日起中断。上述机关决定不立案、撤销案件、不起诉的，诉讼时效期间从权利人知道或者应当知道不立案、撤销案件或者不起诉之日起重新计算；刑事案件进入审理阶段，诉讼时效期间从刑事裁判文书生效之日起重新计算。”本案中，即使上诉人全安公司在2012年就向公安机关举报上诉人张某某侵害其拥有的涉案商标权，依照上述规定，上诉人全安公司在本案中的诉讼时效也应从山西省××人民法院于2014年6月13日做出（20××）城刑初字第××号刑事判决书之后重新计算。故原审法院认定上诉人全安公司于2016年6月20日向原审法院起诉未过诉讼时效是正确的，本院予以支持。上诉人张某某称依照《最高人民法院关于审理商标民事纠纷案件适用法律若干问题的解释》第十八条规定：“侵犯注册商标专用权的诉讼时效为二年，自商标注册人或者利害权利人知道或者应当知道侵权行为之日起计算。”上诉人全安公司已经超过诉讼时效的上诉理由，没有考虑到诉讼时效中有关诉讼时效中断的法定情形，与法相悖，本院不予支持。

（2）关于原上诉人张某某应赔偿上诉人全安公司的损失数额是多少的问题。《商标法》第六十三条规定：“侵犯商标专用权的赔偿数额，按照权利人因被侵权所受到的实际损失确定，实际损失难以确定的，可以按照侵权人因侵权所获得的利益确定，权利人的损失或者侵权人获得的利益难以确定的，参照该商标许可使用费的倍数合理确定。对恶意侵犯商标专用权，情节严重的，可以在按照上述方法确定数额的一倍以上三倍以下确定赔偿数额，赔偿数额应当包括权利人为制止侵权行为所支付的合理开支。”本案中，上诉人全安公司在原审中未提供有效证据证明其因上诉人张某某侵权所受到的损失，上诉人张某某亦未提供客观证据证明其侵权营利数额，故原审法院结合上诉人张某某的销售额及其已受徒刑和罚金等刑事处罚，且事后未再发现其侵权的相关情节，酌情确定其赔偿上诉人全安公司的损失数额为10万元。上述认定亦属人民法院在审理案件中的依法裁量情形，并无不当。但在本院审理中，上诉人全安公司向本院提交了其要求上诉人张某某赔偿其损失的计算方法，经上诉人张某某当庭质证，上诉人全安公司的计算方法系将上诉人张某某合同上写明的实际销售价格减其公司的生产成本得出的，并不能由此判断上述差价即为上诉人张某某获得的利益。考虑到上诉人张某某在本院开庭审理中当庭承认其的销售利润占销售额的10%，依据山西省××人民法院于2014年6月13日做出的（20××）城刑初字第××号刑事判决书中认定的上诉人张某某销售本案侵权产品的销售价值为1424945.66元（不含增值税），本院认定上诉人张某某因侵权所获得的利益为142495元。依据上述“对恶意侵犯商标专用权，情节严重的，可以在按照上述方法确定数额的一倍以上三倍以下确定赔偿数额，赔偿数额应当包括权利人为制止侵权行为所支付的合理开支。”的规定，本院将上诉人张某某应向上诉人全安公司赔偿损失的数额调整为142495元×3+20000元（律师费）：447485元。

（3）关于本案是否应对认定涉案商标为驰名商标进行审查认定的问题。

依照《最高人民法院关于审理涉及驰名商标保护的民事纠纷案件应用法律若干问题的解释》第二条“在下列民事纠纷案件中，当事人以商标驰名作为事实根据，人民法院根据案件具体情况，认为确有必要的，对所涉商标是否驰名做出认定：（一）以违反商标法第十三条的规定为由，提起的侵犯商标权诉讼。（二）以企业名称与其驰名商标相同或者近似为由，提起的侵犯商标权或不正当竞争诉讼。（三）符合本解释第六条规定的抗辩或者反诉的诉讼。”《最高人民法院关于审理涉及驰名商标保护的民事纠纷案件应用法律若干问题的解释》第三条“在下列民事纠纷案件中，人民法院对于所涉商标是否驰名不予审查：（一）被诉侵犯商标权或者不正当竞争行为的成立不以商标驰名为事实根据的…”的规定，本案中，上诉人全安公司的诉讼主张是依据上诉人张某某侵害其商标专有权的事实提起诉讼，并不以涉案商标是否是驰名商标为必要事实根据，故原审法院对上诉人全安公司要求认定“铁门神”注册商标为驰名商标的诉讼请求不予支持是正确的，且根据2014年6月13日，山西省××人民法院做出（20××）城刑初字第××号刑事判决书中记载的：2010年4月15日，全安公司授权河南省安阳市某有限公司为其专利产品“铁门神”牌两防锁和开盖传感器在阳泉市部分煤矿的唯一总代理。2010年4月16日，安阳市某有限公司授权其山西区域经理张某某全权代理与全安公司的产品代理业务。张某某代理期间共销售传感器7099套，销售两防锁3779套，其中销售假冒注册商标“铁门神”的传感器2235套（555元/套），两防锁1397套（341元/套），共计价值1424945.66元（不含增值税）的上述事实可以看出，上诉人张某某销售了假冒注册商标“铁门神”的传感器和两防锁，是上诉人全安公司已经授权其拥有的注册商标“铁门神”专利产品可以运用的范围，故上诉人全安公司称上诉人张某某销售的侵权产品不在其拥有的注册商标“铁门神”的商标核定使用的范围内，上诉人张某某所售侵权商品商标类别与上诉人全安公司注册商标“铁门神”核定使用的为不同类别，因此本案应当认定“铁门神”为驰名商标进行跨类别保护，从而认定张某某侵权的上诉理由，与本案事实不符，本院不予支持。

综上所述，原审法院认定事实清楚，证据确实充分，适用法律正确，依据《中华人民共和国民事诉讼法》第一百七十条第一款第（一）项、第（二）项的规定，判决如下：

（1）维持山西省××人民法院（20××）晋××民初××号民事判决第二项，即“驳回原告山西全安新技术开发有限公司的其他诉讼请求”；

（2）变更山西省××人民法院（20××）晋××民初××号民事判决第一项“被告张某某于本判决生效之日起十日内赔偿原告山西全安新技术开发有限公司经济损失100000元”为：上诉人张某某于本判决生效之日起十日内赔偿上诉人山西全安新技术开发有限公司经济损失447485元。

如果未按判决指定的期间履行给付金钱义务，应当按照《中华人民共和国民事诉讼法》第二百五十三条之规定，加倍支付迟延履行期间的债务利息。

本案一审诉讼费17625元，二审诉讼费17625元，共计35250元，由上诉人张某某承担10575元，上诉人山西全安新技术开发有限公司承担24675元。

本判决为终审判决。

最具创新能力全国十佳中小企业证书、山西全安公司打假历程图片分别如附图3-8、附图3-9所示。

附图 3-8　最具创新能力全国十佳中小企业证书

附图 3-9　公司打假历程图片

附录4 关于抗违章技术系统的原创技术特征的查新报告统计表及客观评价摘要

1. 查新报告统计表

查新报告统计见附表4-1。

附表4-1 查新报告统计

序号	项目名称	编号	时间	查新目的	结论	查新单位
1	矿用开关两防锁	无	2003-10-08	产品新颖性	在检索范围内，除本项目申请的中国专利外，未见与项目研制的“矿用开关两防锁”（商品名：安全锁）相同的文献报道，该专利产品具有新颖性	山西省科学技术情报研究所
2	一种防爆电气设备开盖断电安全保护器	无	2005-11-02	专利推广实施资助	在检索范围内，未见与本项目开发的防爆电气设备开盖断电安全保护器相同的文献报道	
3	安全锁	G070673	2007-04-11	专利新颖性、创造性	专利“安全锁（00264154.2）”中的权利要求1—4请求保护的技术方案具备《专利法》第二十二条规定的新颖性、创造性	国家知识产权局专利检索咨询中心
4	一种再制造隔爆外壳方法	200714B 1910629	2007-09-03	专利推广实施资助	在检索范围内，除本项目申请的专利或发表的论文外，尚未见与本项目技术特点相同的其他文献报道。本项目符合我国循环经济发展要求	山西省科学技术情报研究所
5	一种安全锁	200814B 1910966	2008-10-15	专利推广实施资助	在检索范围内，除本项目申请的中国专利外，尚未发现与本项目设计的“安全锁”上述结构特点完全相同的公开文献报道	山西省科学技术情报研究所

附表 4-1（续）

序号	项目名称	编号	时间	查新目的	结　论	查新单位
6	超前开盖断电装置	201014B1913486	2010-09-30	专利推广实施资助	在检索范围内，除本项目申请的中国专利外，尚未见与本项目超前开盖断电装置上述结构组成和功能特点相同的公开文献报道	山西省科学技术情报研究所
7	瓦斯超限开盖闭锁技术及装备	201214B1917176	2012-09-25	申请专利推广实施资助	在检索范围内，除本项目申请的中国专利外，未见与本项目研发一种瓦斯超限开盖闭锁技术、装备技术特点及结构相同的公开文献报道	山西省科学技术情报研究所
8	超前开盖断电技术及其核心部件开盖（“三开一防”）传感器	201314B1931421	2013-06-20	报奖	在检索范围内，除本项目委托单位申请的中国专利外，未见与本项目超前开盖断电技术及其核心部件开盖（“三开一防”）传感器相同的公开文献报道	山西省科学技术情报研究所
9	瓦斯超限开盖闭锁技术及装备	201314B1918130	2013-06-07	立项	在检索范围内，除本项目申请的中国专利外，未见与本项目上述综合技术特征相一致的其他公开文献报道	山西省科学技术情报研究所
10	瓦斯超限开盖闭锁技术及装备	201314B1919747	2013-09-30	专利推广实施资助	在检索范围内，除本项目申请的中国专利外，未见与本项目研发一种瓦斯超限开盖闭锁技术、装备技术特点及结构相同的公开文献报道	山西省科学技术情报研究所
11	煤矿电气操作风险在线预控系统	201536000L270891	2015-12-18	申报 2016 年山西省科技重大专项项目	该查新项目研发一种预防违章带电作业引发瓦斯爆炸等事故的抗违章技术监控系统，这在国内外公开发表的文献中未见有相同报道	教育部科技查新工作站 L27（北京大学图书馆）

附表4-1(续)

序号	项目名称	编号	时间	查新目的	结　论	查新单位
12	违章行为分析及抗违章对策	无	2018-01-15	立项	经对比，该项目与国内同类研究报道的主要不同之处为：①违章的存在具有客观必然性，作业人员在决策是否违章时，当预期违章受益大于预估违章代价，就违章。否则，不违章，任何违章作业过程都存在违意过渡过程，在该过程中，违章者的工具或徒手的移动状态，可以用微分方程表示，在越过违章“红线”前，可以安全地预控任何违章作业行为。②抗违章最好的对策是采用“抗违章保护”预控违章产业，在“违章过渡过程”中，还没有触碰到“违章红线”前，就将误（违章）作业信号转换为电信号，实现报警或闭锁，保证“想违章违不成，即使违章也造不成事故”。煤矿井下的违章带电作业行为是可以预控的。③抗违章新技术的4种创新方法研究，寻求企业科技创新动力点及企业全面科技管理。抗违章技术创新方法，在需求的同频共振区创新 在检索范围内，除该项目组成员发表的论文外，未见与该项目上述研究内容相同的其他公开文献报道	山西省科学技术情报研究所
13	防止带电作业及瓦斯爆炸的智能抗违章保护技术系统	J2019500 1211350022	2019-01-16		综合分析检索到的相关文献，并与委托项目的查新点进行对比分析，可以得出如下结论：①本项目所述抗违章保护技术，在所检文献以及时限范围内，除委托项目单位自己的专利与文章外，国内外未见其他文献报道。②本项目所述仿安全员定点监控抗违章短板技术，在所检文献以及时限范围内，除委托项目单位自己的专利与文章外，国内外未见其他文献报道。③本项目所述抗违章开盖传感器及螺栓罩、两防锁、防松锁与在用防爆设备无损连接安装（不改动在用设备结构）技术。在所检文献以及时限范围内，除委托项目单位自己的文章外，国内外未见其他文献报道	山西省科学技术情报研究所

附表 4-1（续）

序号	项目名称	编号	时间	查新目的	结　论	查新单位
14	矿用喇叭嘴防松锁	J2019500 1216946009	2019-10-18	立项查新国内查新	在所检文献以及时限范围内，除本项目外，国内未见相同文献报道	科学技术部西南信息中心查新中心
15	一种超前开盖断电方法及其装置	无	2019-11-26	主题检索	通过上述专利的解读，得出结论：在227年间，中国煤矿隔爆电气领域仅有一件中国专利："一种超前开盖断电方法及其装置"获美国及欧洲专利权，第一发明人为郭春平	北京合享智泉科技有限公司
16	智能远方漏电试验装置	J2020500 122712	2020-05-26		本项目所述专用于煤矿远方漏电试验设备，在所检文献以及时限范围内，国内外未见相同文献报道	科学技术部西南信息中心查新中心

2. 客观评价摘要

1）批准文件

（1）国家安全生产抚顺矿用设备检测检验中心出具的矿用本安型开盖传感器的检验报告：产品各项性能均合格，并发放防爆产品合格证书（有效期 2009-07-16 至 2023-01-18）。相关文件示意如附图 4-1 所示。

附图 4-1　相关文件示意图

（2）安标国家矿用产品安全标志中心有限公司发放的安标证书（有效期 2010-04-16 至 2023-03-12）。

（3）国家质检总局颁发的全国工业品生产许可证书（有效期 2011-06-20 至 2021-03-17）。

2）技术鉴定

（1）2003 年 12 月 20 日，矿用开关两防闭锁装置（抗违章保护装置 2 的核心部件）通过国家安全监管总局规划科技司鉴定，鉴定意见：产品性能良好，具有新颖性、创造性、实用性，填补了国内空白，达到国内领先水平。

（2）2009年11月6日，矿用本安型开盖传感器于2009年通过中国煤炭工业协会组织的科技成果鉴定，鉴定意见："矿用本安型开盖传感器"安装使用维护方便，结构合理，工作稳定，性能可靠。产品结构新颖，具有独创性和实用性，达到国际领先水平，建议推广应用。

（3）2015年9月14日，防治带电作业及瓦斯爆炸的抗违章系统通过中科合创（北京）科技成果评价中心会议评价，评价意见：煤矿井下电气设备配置"防带电作业系统"，为预防和减少因带电违章作业可能引起的事故提供了一种新的技术产品。

3）测试报告

（1）2012年12月3日，煤炭工业重庆电气防爆检验站出具的防爆测试报告：矿用本安型开盖传感器（抗违章开盖传感器的核心产品）安装于矿用电气设备接线盒上的隔爆性能测试合格。

（2）2016年8月10日，矿用开关两防锁通过煤科院检测中心依据《爆炸性环境 第1部分：设备 通用要求》（GB 3836.1—2010）和《矿用开关两防锁》（JB/T 10835—2008）检测合格。

4）验收意见

（1）2012年3月14日，矿用本安型开盖传感器通过了科技部科技型中小企业技术创新基金项目验收。

（2）2017年3月14日，瓦斯超限开盖闭锁技术及装备通过了山西省科技创新计划项目验收。

5）科技奖励

（1）2005年，矿用开关两防锁获中国煤炭科学技术奖三等奖。

（2）2005年，矿用开关两防锁获山西省科技进步奖二等奖。

（3）2008年1月，安全锁（矿用开关两防锁的专利名称）获中国专利优秀奖。

（4）2010年，矿用本安型开盖传感器获中国煤炭科学技术奖三等奖。

（5）2010年，超前开盖断电技术及其核心部件开盖（"三开一防"）传感器获山西省技术发明奖二等奖。

（6）2015年1月，防治带电作业及瓦斯爆炸的抗违章技术获第六届安全生产科技成果奖二等奖。

（7）2017年12月，一种超前开盖断电方法及其装置获中国专利优秀奖。

（8）国家知识产权优势企业称号。

（9）山西省专利一等奖。

6）同行评价

（1）安监总建函〔2010〕19号明确表示：对于抗违章技术创新方法的研究及应用，应当给予立项和资金支持。

（2）2010年8月30日，"安全生产重大事故防治关键技术重点科技项目：矿用本安型开盖传感器汇报会"上，国家安全监管总局党组成员兼总工程师、新闻发言人黄毅称矿用本安型开盖传感器是为煤矿安全积德行善的产品。

（3）2017年，山西煤监局评价煤矿井下防治带电作业及瓦斯爆炸的抗违章技术系统的安全效益时，认为2014—2016年减少死亡20人。

（4）2017 年，山西省人大常委会副主任参加省政协和省科协联合举办的防治带电作业及瓦斯爆炸抗违章技术观摩研讨会时对该技术给予了充分肯定。

（5）2018 年，山西省省长在十二届一次会议上对“想违章违不成，即使违章也造不成事故”的抗违章理念公开表示“赞同”，并安排有关部门支持郭春平开发抗违章保护技术。

（6）2019 年，山西省科技厅组织专家组写推荐意见。

7）其他

（1）科研成果被列入 2010 年度、2013 年度和 2015 年度安全生产重大事故防治关键技术重点科技项目。

（2）科研成果被列入山西省科技厅 2010 年《山西省科技创新项目》。

（3）科研成果被山西省煤矿安全监察局列入《山西煤矿安全生产先进适用技术新型适用装备（产品）指导目录》（2013 年版）。

（4）科研成果被列入由科技部、环境保护部、商务部和国家质检总局联合发布的《2013 年度国家重点新产品计划项目》。

（5）2019 年山西省应急管理厅在《加强机电运输安全管理工作》文件中要求积极推广应用智能抗违章保护技术系统。

（6）2021—2022 年山西省应急管理厅推广意见。

（7）2021 年山西省能源局推广意见。

（8）2022 年国家矿山安全监察局推广意见。

（9）2020 年“防治带电作业及瓦斯爆炸的智能抗违章保护技术系统”被列为“科技助力经济 2020”国家重点研发项目，现已完成。

（10）全国人大代表董林关于将抗违章技术要求提升为抗违章标准要求的建议（部分）：根据《中华人民共和国科技成果转化法》：对于能够显著提高公共安全水平的新技术、新工艺、新材料、新产品，要依法及时制定国家标准、行业标准等，推动先进适用技术推广和应用。结合近几年违章带电作业事故的实际情况，建议将防治违章带电作业的抗违章技术要求提升为安全生产标准化检查内容并严格检查落实情况。具体抗违章标准要求建议如下：高低压开关闭锁装置，必须具有“两防”功能（防止擅自送电和开盖操作），保证螺丝刀、镊子等非专用工具不能轻易解除其作用，且各队组的专用工具互不相同；用螺栓紧固的电气设备接线空腔（盒）盖板实现“三开一防”；电气设备螺旋式喇叭嘴应有防松装置。

附录5　抗违章标准研究参考资料

本附录收集了涉及抗违章标准内容的政策法规标准及部门规章，包括抗违章标准及检查方法的《在用隔爆电气设备失爆判定标准及检查方法》。

1　抗违章技术所涉政策法规标准

1.1　涉及“三开一防”

（1）《爆炸性环境 第1部分：设备 通用要求》（GB/T 3836.1—2021）：开盖连锁可以实现开盖前断电、断电后闭锁（锁定，如不能向该设备供电）等连锁功能，必要时也可以根据需要同时实现相关报警功能。

（2）《隔爆型电机基本技术要求》（GB 15703—1995）：正常运行时产生电火花或电弧的电气设备，应设连锁装置，当电源接通时壳盖不能打开，壳盖打开后电源不能接通。

（3）《煤矿井下低压供电系统及装备通用安全技术要求》（AQ 1023—2006）：煤矿井下低压供电系统及装备应实现分级闭锁和全闭锁。

（4）《煤矿安全规程》（2016）。

第四百四十二条：井下不得带电检修电气设备。严禁带电搬迁非本安型电气设备、电缆，采用电缆供电的移动式用电设备不受此限。检修或者搬迁前，必须切断上级电源。注意：《煤矿安全规程》（2011）没有“上级”两字。

第四百四十三条：非专职人员或非值班电气人员，不得操作电气设备。

第四百八十一条：采区电工，在特殊情况下，可对采区变电所内高压电气设备进行停、送电的操作，但不得打开电气设备进行修理。

（5）《山西省煤矿安全质量标准化标准》（2017版）规定：2013版标准高于2017版标准，执行2013版标准。2017版标准的井下供电部分仍然要求实现“三开一防”，具体内容为：①地面供电系统：开关柜门具备防止带电开门和擅自送电功能；爆炸危险场所的防爆设备，其用螺栓紧固的接线空腔（盒）盖板要实现“三开一防”。②井下供电系统：井下不得带电检修、搬迁电气设备、电缆和电线；非专职人员或非值班电气人员不得擅自操作电气设备。采区电工不准对采区变电所内高压电气设备进行维修；高低压开关闭锁装置，必须具有“两防”功能，保证螺丝刀、镊子等非专用工具不能轻易解除其作用，且各队组的专用工具互不相同；用螺栓紧固的电气设备接线空腔（盒）盖板要实现“三开一防”；电气设备螺旋式喇叭嘴要有防松装置。

（6）列入山西煤监局2013年印发的山西煤矿安全生产先进适用技术新型实用产品指导目录，列为2013年国家重点新产品。

1.2　涉及两防锁

（1）IEC 60079—0 10 Interlocking devices（连锁装置10）：为保持某一防爆型式用的连锁装置，其结构应使其效能不能够容易丧失。注：螺丝刀、镊子或类似的工具被认为是容易解除连锁作用的工具。

（2）《爆炸性环境 第1部分：设备 通用要求》（GB/T 3836.1—2021）：为保持专用防爆型式的连锁装置，其结构应保证非专用工具不能轻易解除其作用。螺丝刀、镊子或类似的工具不能使连锁装置失效。

（3）《煤矿井下低压供电系统及装备通用安全技术要求》（AQ 1023—2006）：煤矿井下用电气设备的连锁装置应设计成专用工具才能解除其连锁功能的结构；《关于推广应用“矿用开关两防锁”的通知》（山西煤监局晋煤监技装字〔2004〕134号）；列入2004年度国家安全生产重点推广技术目录；列入2010年度安全生产重大事故防治关键技术重点科技项目；矿用开关两防锁企业标准与《矿用开关两防锁》（JB/T 10835—2008）相同。

《煤矿安全规程》（2016）虽然暂时去掉了“两防”要求，但是，《煤矿安全规程》（2016）第四条规定：从事煤炭生产与煤矿建设的企业（以下统称煤矿企业）必须遵守国家有关安全生产的法律、法规、规章、规程、标准和技术规范。所以，国家标准中已有相关要求，不影响该条款的贯彻落实，此次修改暂不重复写入；《标准化法》第二十一条规定：推荐性国家标准、行业标准、地方标准、团体标准、企业标准的技术要求不得低于强制性国家标准的相关技术要求。因此，地方标准必须要求实现“两防”，不得低于国家标准。

1.3 涉及防松锁

（1）列入2013年安全生产重大事故防治关键技术科技项目。

（2）列入山西煤监局2013年印发的山西煤矿安全生产先进适用技术新型实用产品指导目录。

（3）《爆炸性环境 第1部分：设备 通用要求》（GB/T 3836.1—2021）附录A：电缆引入装置安装之后，仅应通过工具才能拆卸下来。

1.4 涉及智能远方漏电试验技术

（1）《煤矿井下低压检漏保护装置的安装、运行、维护与检修细则》第19条规定：在瓦斯检查员的配合下，对新安装的检漏保护装置在首次投入运行前做一次远方人工漏电跳闸试验。运行中的检漏保护装置，每月至少做一次远方人工漏电跳闸试验。

（2）列入2013年安全生产重大事故防治关键技术科技项目；

（3）山西省原煤炭工业厅2014年《山西省煤矿安全质量标准化标准》。

1.5 涉及智能抗违章技术

（1）原国家煤矿安全监察局印发的《安全生产先进适用技术、工艺、装备和材料推广目录》强制推广“解决了因工人带电违章作业引起瓦斯爆炸的安全问题”的技术，以提高防爆电器的安全水平。

山西省应急厅〔2019〕95号文件要求：“积极推广应用智能抗违章保护技术”。

（2）2019年《山西省煤矿企业信息化建设等级评估评分细则（试行）》有关抗违章保护部分内容如下：

“煤矿供电监控系统应具有：爆炸环境下供电、馈电开关及电缆接线盒擅自开盖检修操作或松动前自动报警断电闭锁保护功能”“应具有误操作保护功能”（误操作保护即抗违章保护）。

“煤矿安全风险智能感知系统应具有：系统利用视频模式识别和智能分析技术，动态感知煤矿企业重点场所、关键部位、特殊岗位的安全隐患，对人员违规违章行为、设备设施安全隐患等自动形成告警信息和定量信息；应具备人员违规违章行为识别，如未戴安全帽、追赶候车、巡检不到位、值守缺岗等；应具备设备不安全状态识别，如带式输送机跑偏、堆煤等”。

（3）山西省地方标准要求具有“三违”自动识别功能。

2 在用隔爆电气设备判定失爆标准及检查方法

2021 年 1 月 1 日起施行的《煤矿重大事故隐患判定标准》第十三条：井下采（盘）区内防爆型电气设备存在“失爆”判定为重大事故隐患。防爆型电气设备失爆是指动态运行中的防爆型电气设备（包括连接电缆及接线盒等关联设备）的某个部件（部位）有一处不符合 GB 3836 系列标准、《煤矿安全规程》（2016）及其他相关法规条款规定，并且是可能引发瓦斯、煤尘爆炸及人员伤亡事故的隐患。

隔爆型电气设备失爆是指动态运行中的隔爆型电气设备（包括连接电缆及接线盒等关联设备）的某个部件（部位）有一处不符合《爆炸性气体环境用电气设备 第 1 部分：通用要求》（GB 3836. 1—2000）、《爆炸性气体环境用电气设备 第 2 部分：隔爆型“d”》（GB 3836. 2—2000）、《爆炸性气体环境用电气设备 第 13 部分：爆炸性气体环境用电气设备的检修》（GB 3836. 13—1997）、《煤矿安全规程》（2016）及其他相关法规条款规定，并且是可能引发瓦斯、煤尘爆炸及人员伤亡事故的隐患。

隔爆型电气设备失爆简称失爆，本附录 2. 11 列出本质安全型电气设备失爆检查标准（以下简称本安设备失爆）。

目前，我国煤矿企业有各自的隔爆电气设备（包括连接电缆及电缆连接器等配套设备）失爆（防爆）检查企业标准，但都缺少较完整的具体的检查方法，且防爆检查要求差异较大。例如，原潞安矿业集团认定 63 种隐患为失爆，山西焦煤集团认定 55 种隐患为失爆，原阳煤集团认定 54 种隐患为失爆。为了提高井下在用隔爆电气设备防爆安全管理水平，迫切需要制定统一规范的煤矿在用隔爆电气设备失爆检查规范。

本标准只作为煤矿现场隔爆性能检查时判定在用隔爆电气设备是否“失爆”的依据之一，如果有“疑似失爆”受检查条件限制难以判定，或没有包括在本标准有关条款中，可以请隔爆专业技术人员依据标准法规判定是否“失爆”，也可以送到有关部门依据有关标准检验确定是否“失爆”。

“失爆”属于“不完好”范畴，而“非失爆”则属于“完好”或“不完好”范畴，判定“完好”或“不完好”参照《煤矿矿井机电设备完好标准》来判定。

有些在用设备防爆检查条款涉及违章行为问题，把这些违章行为的判定标准及方法上升为抗违章标准及检查方法。

笔者作为第一起草人，自 2008 年开始历时十余年，在国内外首次完成该标准。该标准规定了煤矿井下、地面瓦斯抽放站等爆炸性环境在用隔爆外壳“d”保护的 I 类电气设备、电缆的防爆检查要求、检查方法以及失爆判定准则。

2.1 判定准则

在用隔爆电气设备防爆检查结果分为两类：

当在用隔爆外壳“d”保护的 I 类电气设备及电缆与所列的防爆检查要求有一项或一项以上不一致时判定为失爆。

当在用隔爆外壳“d”保护的Ⅰ类电气设备及电缆与所列的防爆检查要求完全一致时判定为不失爆。

2.2　一般失爆检查

2.2.1　标志

1. 要求

标志应符合GB 3836.1、GB 3836.2中“标志”的相关规定。

2. 检查方法

根据现场检查或查阅技术文件所获得的信息判定。

2.2.2　防爆型式

1. 要求

防爆型式应符合《煤矿安全规程》(2016)井下电气设备选用规定。

2. 检查方法

现场目测检查电气设备的形状、颜色、铭牌、用途、图纸等，或查阅设备技术文件、供电系统图、设备布置图、供电设计图等资料进行判定。

现场难以判定时，与同型号(同厂)合格产品对比判定。

2.2.3　额定运行

1. 要求

电气设备不应超过额定值运行。

2. 检查方法

现场目测检查电气设备标牌、显示窗口、壳体形状、颜色等，进行分析判定，或者查阅台账、供电系统图、设备布置图、供电设计等资料进行判定。

现场难以判定时，与同型号(同厂)合格产品对比判定。

2.2.4　防爆运行

1. 要求

电气设备不应在失去防爆安全的状态下运行，不应在违章状态下(如明火操作)运行。

2. 检查方法

应重点检查下列不在防爆安全状态下运行的电气设备：

(1)电气设备被带电检修或带电作业。

(2)装有储能元件的电气设备，在停电后未达到规定的放电时间被擅自开盖。

(3)电气设备虽然已经停电，但未经检查瓦斯浓度，被擅自开盖。

检查电气设备接线空腔是否装备“开盖断电或开盖闭锁或开盖报警”等防止带电作业、防止擅自开盖操作的保护装置。再检查安全警示警告标志，检查电气设备是否有“开盖前断电、测瓦斯浓度、验电、放电”等标志，对装有储能元件的电气设备，检查是否有“断电后，应放电Y分钟方可开盖(Y分钟为延迟所需时间)”等标志。

从技术保障设施方面判定是否存在可能被带电开盖的隐患，必要时，查阅检修记录和事故分析记录，判定电气设备是否发生过被违章带电开盖情况。

2.2.5　电气保护

1. 要求

井下电气设备的“三大保护”应符合《煤矿安全规程》(2016)的相关规定。短路整定值应符合《煤矿井下低压电网短路保护装置的整定细则》的相关规定；低压检漏装置就地漏电跳闸试验及远方漏电跳闸试验应动作灵敏可靠；设备保护接地电阻值应符合《煤矿安全规程》(2016) 的相关规定。

2. 检查方法

目测检查和现场试验，查阅试验、运行和检修的记录以及整定计算说明书和供电设计说明书进行判定。

2.3 隔爆外壳壳体的防爆检查

2.3.1 变形

1. 要求

壳体变形部位边缘上最长的两点间直线距离不应大于 50 mm，且最高的凸点与最深的凹点之间的落差不应大于 5 mm。

2. 检查方法

(1) 依次检查每个变形部位，目测找到一个变形最严重的部位。

(2) 测量变形部位内边缘的最长的两点间直线距离（长度）：先目测变形部位轮廓，变形长度如果明显大于 50 mm，直接判定不符。如果不易确定，用粉笔画出变形部位轮廓，目测找到变形部位内最长的两点，然后用直尺测量并记下数字；再目测找到变形部位内疑似次长的另外两点，用直尺测量并记下另一个数字。比较两个数字，取其中大者为所求长度值。

(3) 测量最高的凸点与最深的凹点之间的落差（深度）：先目测找到变形部位内最深的凹点与最高的凸点，变形深度如果明显大于 5 mm，直接判定为不符。如果不易确定，将验电笔头对准凹点，并置于法线方向，使直尺一边过最高的凸点，沿切线方向与验电笔相交，记下交点位置，用直尺测量交点与验电笔头尖之间的长度并记录数值；再目测找到变形部位内疑似次深的另外两点，用同样方法测得另一个数值。比较两个数字，取其中大者为所求深度值。

2.3.2 裂缝

1. 要求

壳体不应有裂纹、开焊或不合格焊缝。

2. 检查方法

(1) 按规定停电后，在矿灯照射下，目测检查壳体外表面，或用矿灯从壳体里面照射，在外部观测外表面，或用矿灯从外表面照射，在里面观测并手摸。

(2) 对疑似有问题的部位，可以刮掉油漆或油漆腻子，利用钢针试验能否插入焊接处，依次检查每个焊缝。

(3) 仔细检查是否有漏焊或只焊接里侧或只焊接外侧的焊缝，对于经过整形部位的焊缝应重点检查。

2.3.3 表面氧化

1. 要求

壳体内外（底托架除外）表面不应有氧化层（锈皮）脱落。

2. 检查方法

利用螺丝刀的木柄部位扫描式轻轻敲击壳体内外表面，检查是否有氧化层脱落。重点检查设备底部和水泵房等处于潮湿环境的设备。

2.3.4 轴承盖

1. 要求

安装有轴承且转轴穿过壳体壁的地方应有隔爆轴承盖。

2. 检查方法

目测检查转动轴穿过壳体的位置是否有合格的轴承盖。

2.3.5 隔爆腔之间的隔爆

1. 要求

壳体的隔爆腔之间应保持原设计的隔爆安全性能，不应直接贯通。

2. 检查方法

按照《煤矿安全规程》（2016）规定的方法停电后打开设备，目测检查隔爆腔之间贯通部位，是否有连接部件、隔离板、堵头、挡板被拆卸或被破坏的痕迹。现场难以判定时，与同型号（同厂）合格产品对比判定。

2.3.6 透明件缺陷

1. 要求

壳体上的透明件（如观察窗或灯具的透明罩）不应破裂、松动。当表面出现伤痕或磨损时，伤痕或磨损深度不应大于1 mm。

2. 检查方法

对壳体上的每个透明件进行目测和手摸检查，用手指上下或左右推动透明件判定是否松动。从不同角度仔细查看是否有裂纹。必要时采用深度千分尺测量伤痕深度。

2.3.7 透明件更换

1. 要求

透明件只允许用制造商规定的配件替换，不应进行胶粘修理，不应用有机溶剂擦洗塑料透明件。

2. 检查方法

对每个透明件进行目测和手摸检查，是否有胶粘痕迹，是否有经过有机溶剂擦洗后导致表面粗糙度变大的痕迹。

2.3.8 隔离开关操作手柄

1. 要求

可拆卸式隔离开关及其他隔离开关在合闸位置时，隔离开关操作手柄（把）都不能被拆卸。

2. 检查方法

目测检查或用电工常用工具拆卸验证。

把隔离开关的上级电源可靠断开后，将手柄（把）置于合闸位置，试验不使用工具能否将其拆卸。

2.3.9 涂耐弧漆

1. 要求

金属制成的壳体内表面应涂耐弧漆。如有电弧光放电痕迹，应重新涂耐弧漆。

2. 检查方法

停电后，打开壳体，检查内表面是否涂有耐弧漆。如有电弧光放电痕迹，是否按要求重新涂了耐弧漆。如果难以判断，可与同型号（同厂）产品（优选新品）对比，根据其颜色、手感等外观特征判定是否涂耐弧漆。

2.4 隔爆接合面的防爆检查

2.4.1 非螺纹接合面

1. 要求

常见非螺纹隔爆接合面的间隙和宽度应符合附表 5-1 的规定。

附表 5-1 I 类外壳接合面的最小宽度和最大间隙

接合面类型		接合面最小宽度 L/mm	最大间隙/mm			
			容积≤100 cm^3	100 cm^3 < 容积≤500 cm^3	500 cm^3 < 容积≤2000 cm^3	容积>2000 cm^3
平面接合面、圆筒形接合面或止口接合面		6	0.30	—	—	—
		9.5	0.35	0.35	0.08	—
		12.5	0.40	0.40	0.40	0.40
		25	0.50	0.50	0.50	0.50
旋转电机转轴接合面	滑动轴承	6	0.30	—	—	—
		9.5	0.35	0.35	—	—
		12.5	0.40	0.40	0.40	0.40
		25	0.50	0.50	0.50	0.50
		40	0.60	0.60	0.60	0.60
	滚动轴承	6	0.45	—	—	—
		9.5	0.50	0.50	—	—
		12.5	0.60	0.60	0.60	0.60
		25	0.75	0.75	0.75	0.75
		40	0.80	0.80	0.80	0.80

2. 检查方法

按规定停电，保持接合面紧固螺栓的紧固状态，用塞尺测量。先用最厚的塞尺片，依次沿每个接合面，自上而下或从左到右，顺时针方向围着接合面的周边依次往里塞（塞入长度不应超过接合面宽度，以防触碰电气元件造成放电）。如果无法塞入，依次用厚度小一号的塞尺片再沿接合面边的垂直线（或法线）方向往里塞，直至能够塞入间隙的长度达到接合面宽度的 1/3 时，该塞尺片厚度标称值就是该接合面的间隙。对照附表 5-1，判定间隙是否超过规定值。

（1）按规定停电后，打开接合面，用钢直尺测量接合面宽度。

（2）对现场不方便测量的检查内容（如容积等），与同型号（同厂）合格产品对比判定。

2.4.2 圆柱形螺纹接合面

1. 要求

圆柱形螺纹接合面应符合附表 5-2 的规定。

附表 5-2 圆柱形螺纹接合面

<table>
<tr><td colspan="2">螺距</td><td>≥0.7[a] mm</td></tr>
<tr><td colspan="2">螺纹形状和配合等级</td><td>GB/T 197—2003 和 GB/T 2516—2003 规定的中级或精密公差级</td></tr>
<tr><td colspan="2">啮合螺纹</td><td>≥5 扣</td></tr>
<tr><td rowspan="2">啮合深度</td><td>容积≤100 cm^3</td><td>≥5 mm</td></tr>
<tr><td>容积>100 cm^3</td><td>≥8 mm</td></tr>
</table>

注：a 如果螺距大于 2 mm，可能需要特殊的结构措施（如更多的啮合螺纹），以保证电气设备的隔爆安全。

2. 检查方法

采用螺纹塞规、环规、螺纹千分尺或其他专用量具测量。对于现场不方便测量的检查内容，与同型号（同厂）合格产品对比判定。

2.4.3 圆弧形接合面

1. 要求

圆弧形接合面的宽度应符合附表 5-2 的规定。构成隔爆接合面的圆弧面直径和其公差应符合附表 5-2 中的相关规定。

2. 检查方法

参见 2.4.1 的检查方法。对于现场不方便测量的检查内容，与同型号（同厂）合格产品对比判定。

2.4.4 锯齿形接合面

1. 要求

锯齿形接合面至少有 5 个完整的啮合齿，齿距不应小于 1.25 mm，包角 α 为 $(60\pm5)^\circ$；不应用于活动部件。

2. 检查方法

参见 2.4.2 的检查方法。对于现场不方便测量的检查内容，与同型号（同厂）合格产品对比判定。

2.4.5 黏结接合面

1. 要求

黏结接合面宽度应符合附表 5-3 的规定。

附表 5-3 黏结接合面宽度

外壳容积 V/cm^3	接合面宽度 L/mm
$V\leqslant10$	$L\geqslant3$
$10<V\leqslant100$	$L\geqslant6$
$V>100$	$L\geqslant10$

2. 检查方法

黏结接合面宽度是指从容积 V 的隔爆外壳内侧到外侧穿越黏结接合面的最短路径，检查时宜与同型号（同厂）合格产品对比判定。

重点检查检修过的设备，观察黏结接合面部位是否有修理痕迹，是否有缝隙等缺陷使黏结接合面的有效宽度减小。

2.4.6　操纵杆接合面

1. 要求

如果操纵杆直径超过了附表 5-2 规定的最小接合面宽度，其接合面宽度不应小于其直径。

2. 检查方法

参见 2.4.1 的检查方法。

2.4.7　电机转轴接合面磨损

1. 要求

旋转电机转轴的隔爆接合面应在正常运行中没有磨损。

2. 检查方法

如果现场能看清轴承盖和电机转轴（如小水泵电机），但不方便打开接合面，可靠停电后，去掉遮挡物（如对轮罩等安全防护罩），用矿灯照射轴承盖上伸出电机转轴的部位。该部位的四周如有挤出的、不均匀的油泥等杂物（严重时含有铁屑或沙子等硬质杂物），则判定为磨损；或将其与负荷（如水泵）分开，用手转动电机，如有较大摩擦力阻碍转动，则判定为磨损。

如果现场看不清轴承盖和电机转轴（如输送机减速器的电机），可以在空载下进行几次带电启动及停止试验，同时用螺丝刀顶在电机靠近轴承盖的部位，通过螺丝刀听摩擦声音，如摩擦声音明显异常，则判定为磨损。

综合应用上述方法检查，疑似有磨损时，在允许的检修场地，打开隔爆接合面，目测检查是否有磨损痕迹。难以判定是否有痕迹，与同型号（同厂）合格产品对比判定。

2.4.8　电机转轴与轴承盖接合面径向间隙

1. 要求

装配有滚动轴承的轴承盖，最大径向间隙不应超过附表 5-2 中该类轴承盖允许的最大隔爆接合面间隙的 2/3。

2. 检查方法

安装、检修、更换电机时，在电机轴上没有联轴节（如对轮）状态下，用塞尺测量接合面间隙。具体方法参见 2.4.1 的检查方法。

2.4.9　粗糙度

1. 要求

隔爆接合面的平均粗糙度 R_a 应不大于 6.3 μm。

2. 检查方法

与粗糙度样块比较测量，或在瓦斯浓度 1.0% 以下的地点使用粗糙度测量仪测量，并实时监测使用环境的瓦斯浓度。

如果现场没有测量工具，可以采用目测及手感检查：12.5 μm 表面可见明显加工痕迹，粗糙度较高；6.3 μm 表面可见加工痕迹，手摸无刺激感或刺激感较小；3.2 μm 表面可见细微加工痕迹，手感光滑。现场难以判定时，与同型号（同厂）合格产品对比判定。

注：不同粗糙度的表面状况参见《机械设计手册》第一卷第二篇的检查方法。

2.4.10　机械伤痕

1. 要求

机械伤痕，其深度、宽度均应不大于 0.5 mm，剩余无伤隔爆面有效长度 L' 不应小于规定宽度 L 的 2/3；伤痕两侧高于无伤表面的凸起部分应磨平。无伤隔爆接合面的有效长度 L' 的计算如附图 5-1 所示。

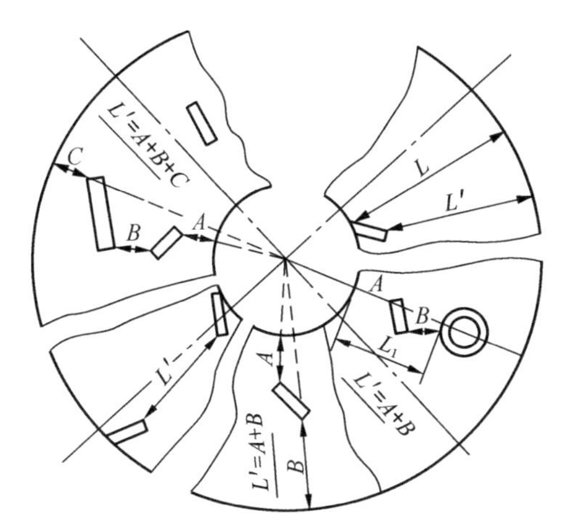

L'—无伤隔爆面的有效长度；L—隔爆接合面规定宽度；L_1—螺孔边缘至隔爆面边缘最短有效长度

附图 5-1　L' 的计算

2. 检查方法

用尼龙软笔画出如附图 5-1 所示的有伤区域，按照附图 5-1 所示的 L、L'、L_1 尺寸关系进行计算。采用手摸判定是否凸起，如果难以判定，把钢直尺平放在疑似凸起部位上面，用矿灯照射钢直尺与隔爆接合面之间的缝隙，与平放在合格隔爆接合面相比，如果有缝隙则为凸起。

可以用深度千分尺测量深度，如果现场没有深度千分尺，可以把细铁丝沿垂直隔爆接合面方向插入伤痕点，用卡丝钳子沿接合面水平方向夹住细铁丝，用钢直尺测量深度。

2.4.11　砂眼

1. 要求

局部出现的直径不大于 1 mm、深度不大于 1 mm 的砂眼，在宽度 L 为 40 mm 和 25 mm 的隔爆面上，每平方厘米不应超过 3 个；宽度 L 为 12.5 mm 的隔爆面上，每平方厘米不应超过 2 个。

2. 检查方法

参见 2.4.10 的检查方法测量砂眼深度。用钢直尺或游标卡尺测量砂眼直径。目测或手摸检查砂眼数量，用尼龙软笔画出砂眼区域，用钢直尺测量砂眼区域尺寸，然后计算砂眼区域面积，计算每平方厘米的砂眼数量。

2.4.12　锈迹

1. 要求

隔爆接合面的锈迹，经擦拭后不应留有锈蚀斑痕。

2. 检查方法

采用海绵或其他柔软材料擦锈迹后，用手摸有感觉者为锈蚀斑痕。现场难以判定时，与同型号（同厂）合格产品对比判定。宜重点检查处于水泵房等潮湿环境的电机、开关等设备的接线盒隔爆接合面，对接合面外边缘有锈迹者尤其要注意。

2.4.13　油漆或杂物

1. 要求

隔爆接合面上不应有油漆或杂物。

2. 检查方法

停电后打开接合面观察判定，外露的接合面不应有油漆。

2.4.14　防腐蚀

1. 要求

隔爆接合面表面应进行防锈处理，不应涂漆或喷塑。

2. 检查方法

目测外露的接合面，疑似无防锈处理的，打开接合面检查判定。现场难以判定时，与同型号（同厂）合格产品对比判定。如果涂敷防锈油脂，不应老化变硬，不应含气化溶剂，且不会引起接合面锈蚀。

2.5　紧固件、相关的孔和封堵件的防爆检查

2.5.1　紧固件

1. 要求

紧固件应齐全、完整、可靠，螺母应上满扣，不应使用塑料材质或轻合金紧固件。

紧固件应有防止因振动而松脱的措施，如加装弹簧垫圈或双螺母等防松件，加装的弹簧垫圈应符合标准并与螺钉或螺栓规格相配套，弹簧垫圈应压平，弹簧垫圈应合格；紧固件应进行电镀或其他化学方法的防腐处理，不应有锈蚀。

接线空腔盖板紧固件应有防止非专职人员或非值班电气人员违章擅自开盖操作功能，从装备上保证《煤矿安全规程》（2016）中“非专职人员或非值班电气人员不得擅自开盖操作电气设备”要求的贯彻落实。

设在接线空腔盖板护圈内的螺钉头或螺母的上端不应超出护圈高度，其螺钉头或螺母应使用由专用工具才能打开的装置。

2. 检查方法

对全部紧固件自上而下、从左到右逐个扫描检查，通过目测或手摸检查判定是否上满扣。现场不方便判定时，与同型号（同厂）合格产品对比判定。

检查是否具有防止非专职人员擅自开盖操作功能，把某个紧固件置于锁定状态后，用电工常用工具试验操作，应不能轻易拆卸防止非专职人员擅自开盖操作的装置，或松动该紧固件。

2.5.2　拧入不透螺孔螺纹的长度和裕量

1. 要求

螺钉拧入不透螺孔的长度不应小于螺钉直径（铸铁、铜、铝件应不小于螺钉直径的1.5倍）；螺钉没有垫圈而完全拧入螺孔时，螺孔底部应留有至少一整扣螺纹裕量。

2. 检查方法

拧出螺钉，用游标卡尺或钢直尺测量螺钉长度、直径、垫圈厚度；可目测检查螺孔深度，必要时用游标卡尺测量并计算判定；现场难以判定时，与同型号（同厂）合格产品对比判定。

2.5.3　不透螺孔孔壁厚度

1. 要求

对于不穿透隔爆外壳壁的螺孔，隔爆外壳壁的剩余厚度应至少是螺孔直径的 1/3，且最小为 3 mm。

2. 检查方法

采用游标卡尺测量孔深及螺孔直径，根据螺孔直径确定对应螺栓（钉）直径，采用游标卡尺、外径千分尺、外卡尺或钢直尺直接测量壳壁厚度。

拆下连通两空腔的接线柱，通过测量接线柱孔深度间接测量隔爆外壳壁厚度，也可以拆下操作按钮、隔离开关手柄或封堵件间接测量隔爆外壳壁厚度。现场难以测量壳壁厚度时，与同型号（同厂）合格产品的对应螺孔对比判定。

2.5.4　双头螺栓固定

1. 要求

双头螺栓应固定牢固，应用熔焊、铆牢或其他等效的方法永久性固定到外壳上。

2. 检查方法

自上而下、从左到右、从里到外目测检查；对可能松动的螺栓，要利用所有可能的工具按规定拆卸检查；现场不方便判定时，与同型号（同厂）合格产品对比判定。

2.5.5　不穿透隔爆外壳壁的紧固件

1. 要求

紧固件不应穿透隔爆外壳壁，除非它们与壳壁构成隔爆接合面并且与外壳不可分开，如使用焊接、铆牢或其他等效方法。

2. 检查方法

参见 2.5.4 的检查方法。

2.5.6　冗余孔封堵

1. 要求

如果隔爆外壳上设置的开孔不使用，应用封堵件将其封堵，使外壳保持隔爆性能，且封堵件不应与管接头（螺旋式喇叭嘴）一起使用。

2. 检查方法

目测检查，拆卸验证；现场难以判定时，与同型号（同厂）合格产品对比判定或由专职检查人员与类似产品对比判定。

2.5.7　封堵件结构

1. 要求

封堵件是能够从隔爆外壳壁的外侧或内侧安装或拆卸的结构。靠机械固定或靠摩擦固定的封堵件应符合下列一项或多项要求：

（1）如果从外部卸去，仅应在外壳内侧的卡簧松开后才有可能。

（2）封堵件是只有使用工具才能安装和拆卸的结构。

（3）封堵件可以是特殊结构，用与拆卸方法不同的方法安装，拆卸方法应只采用以上两条规定方法之一或采用特殊技术。

2. 检查方法

参见 2.5.6 的检查方法。

2.6 连锁保护装置的防爆检查

2.6.1 防止擅自送电和擅自开盖操作

1. 要求

所有开关的闭锁装置应能可靠地防止擅自送电，防止擅自开盖操作，保证螺丝刀、镊子或类似的非专用工具不能轻易使其失效，且各队组的专用工具应互不相同。

2. 检查方法

（1）在开关不带电时，试验把隔离开关置于停电并闭锁状态，试用螺丝刀、尖嘴钳、卡丝钳、活扳手等非专用工具操作解锁，应不能将其解锁并置于送电位置。

（2）试验把隔离开关置于送电状态，试用以上非专用工具操作解锁，应不能开盖。

（3）试验开关在停电、开盖后，试用以上非专用工具操作解锁，应不能解锁并置于送电位置；试用以上非专用工具操作，应不能拆卸闭锁装置或其部件。

（4）任意抽取两个不同队组的专用工具，检查其是否相同。

2.6.2 隔离开关与负荷开关之间的连锁

1. 要求

电气设备的隔离开关应与负荷断路器、接触器在电气或机械上连锁；先将负荷断路器、接触器置于停电状态，才可以将隔离开关的操作手把置于断电的零位；隔离开关的操作手把置于零位时，负荷侧不得带电。

2. 检查方法

（1）在开关不带电时，把隔离开关的操作手把来回置于断电位置和送电位置，观测分析结构原理，判定隔离开关置于断电位置之前，能否自动将负荷断路器、接触器断开。

（2）反复按下停止按钮，观测分析结构原理，判定未按下停止按钮之前，隔离开关的操作手把能否置于零位（机械连锁），分析停止按钮按下后，负荷断路器、接触器能否断开。

（3）隔离开关的操作手把置于零位时，如果可以目测显示屏、指示灯，通过目测判定负荷侧是否带电。

（4）现场难以判定时，与同型号（同厂）合格产品对比判定。

2.6.3 操作手把与隔爆外壳之间的连锁

1. 要求

电气设备的操作手把（控制电源的分合闸开关手把）与隔爆外壳之间应实现可靠的机械连锁。

2. 检查方法

（1）在开关不带电时，把电气设备的操作手把置于合闸（分闸）位置，试验能否打开隔爆外壳操作腔的大盖，打不开盖为合格。

（2）把电气设备的操作手把置于零位并被锁定，试验能否打开隔爆外壳操作腔的大盖，能够打开大盖为合格。

(3) 现场难以判定时，与同型号（同厂）合格产品对比判定。

2.6.4 高压和低压之间的连锁

1. 要求

高压电气设备的高低压应实现可靠的电气或机械连锁。

2. 检查方法

检查高低压连锁保护装置（线路）是否运行正常，如果不正常，判定为不符合。

在高压电气设备不带电的情况下，打开移动变电站等高压设备的低压侧操作主腔的盖板或门，观察在松动盖板紧固螺栓（钉）前，高压侧断路器是否可以断电，如果不能断电，判定为不符合。

观察在打开低压侧操作主腔的盖板或门后，高压侧断路器是否将被闭锁，以确保高压侧不能给低压侧送电。

在确保安全可靠，不会造成带电作业的情况下，可以在带电时试验高低压连锁功能。现场难以判定时，与同型号（同厂）合格产品对比判定。

2.6.5 急停闭锁

1. 要求

具有急停功能的电气设备，其急停功能应可靠。

2. 检查方法

试验操作设备急停按钮或旋钮，应能立即断电停机被闭锁。例如，按下煤机急停按钮，刮板输送机停止被闭锁，若要重新开刮板输送机，应将急停按钮解锁。现场难以判定时，与同型号（同厂）合格产品对比判定。

2.6.6 隔爆外壳的开盖（门）连锁

1. 要求

根据《爆炸性环境 第 1 部分：设备 通用要求》（GB 3836.1—2010）、《煤矿安全规程》（2011）和《煤矿井下低压供电系统及装备通用安全技术要求》（AQ 1023—2006）要求，用螺栓（钉）紧固的接线空腔（盒）盖板的开盖连锁功能或隔爆外壳开门连锁功能应符合下列要求之一：

(1) 接线空腔（盒）盖板（门）将要失去防爆安全前，应发出报警以提示检测瓦斯浓度、停电、验电、放电。

(2) 接线空腔（盒）盖板（门）将要失去防爆安全前，应通过电气或机械闭锁切断该设备上级供电电源。

(3) 接线空腔（盒）盖板（门）打开后，应闭锁该设备上级供电电源，使其不能给该设备送电。

2. 检查方法

(1) 检查开盖连锁装置运行是否正常，如果不正常，判定为不符合。

(2) 如果连锁装置运行正常，试验把开盖连锁装置置于解锁状态［没有锁定螺栓（钉）的状态］，在还未松动紧固件时，如未联网运行，应可以观察到开盖连锁装置发出清亮的声光报警信号；如联网运行，除可以观察到清亮的声光报警信号外，还应自动切断该设备供电电源并使其处于断电状态（可以观察显示屏或指示灯，如果显示断电，仍应按验电有关规定用试电笔等验电，以确定是否断电）。

（3）盖板盖好，紧固件已全部紧固，在开盖连锁装置还处于解锁状态［没有锁定螺栓（钉）的状态］时，试验闭锁功能，即操作上级电源开关，给该设备送电，该设备得不到电为符合要求。

2.6.7 快开式门或盖的连锁

1. 要求

快开式门或盖应与隔离开关机械闭锁，直至隔离开关断开之前，外壳应保持隔爆安全；当门或盖保持隔爆安全时，隔离开关才能闭合。

2. 检查方法

（1）试验隔离开关置于非停电位置，快开式门或盖打不开为符合要求。

（2）试验快开式门或盖打开，正常操作隔离开关，不能合闸为符合要求。

（3）在隔离开关未断开时，试验松动快开式门或盖的紧固螺栓，不能被松动为符合要求，试验打开快开式门或盖，不能被打开为符合要求。

（4）在快开式门或盖的紧固螺栓全部被紧固、快开式门或盖完全关闭保持隔爆安全后，试验闭合隔离开关，能闭合为符合要求。

2.6.8 插接装置的连锁

1. 要求

插接装置应采用机械、电气或其他方法连锁，带电条件下插接触点不应断开，当断开时不应带电；未设连锁装置的插接装置，应用特殊紧固件连接在一起，并增设“严禁带电断开”警告标志；在与电池连接的情况下，如连接装置断开前一直带电，则应增设“只允许在非危险场所才能断开”警告标志。

2. 检查方法

观察并在停电后进行检查；现场难以判定时，与同型号（同厂）合格产品对比判定。

2.6.9 隔爆型灯具的连锁

1. 要求

隔爆型灯具的连锁装置应能在开盖前切断电源，或设“严禁带电开盖”警告标志。

2. 检查方法

观察并按规定停电后检查；现场难以判定时，与同型号（同厂）合格产品对比判定。

2.6.10 螺纹式灯头与灯座的连锁

1. 要求

螺纹式灯头的灯座应有闭锁功能，在旋出灯头触点分离时，螺纹至少啮合两扣。

2. 检查方法

观察并用万用表电阻挡测量检查。按规定停电后，在瓦斯浓度1.0%以下的地点，实时监测瓦斯浓度，把万用表置于电阻挡，两表笔接灯座的接线柱，缓慢旋出灯头，当测量的电阻值为无穷大时，检测啮合扣数；现场难以判定时，与同型号（同厂）合格产品对比判定。

2.7 电缆引入装置的防爆检查

2.7.1 带弹性密封圈的电缆引入装置

1. 要求

（1）未接线的电缆引入装置，其联通节（壳体上安装喇叭嘴的基座）中应依次装有分层朝里的密封圈、金属挡板、金属垫圈，且只装有一个。压紧元件（即喇叭嘴）应可靠压紧。

（2）已接线的电缆引入装置联通节中，其电缆上应依次装有合格的压紧元件、金属垫圈、分层朝里的密封圈，且只装有一个。压紧元件应可靠压紧。电缆引入装置中不得使用开口金属垫圈或开口密封圈。

（3）已接线的电缆引入装置，密封圈和电缆应被可靠压紧，不得松动。如果密封圈或电缆难以被可靠压紧时，只能通过更换厚度适宜的合格金属垫圈或宽度适宜的合格密封圈来调整，不得再垫其他杂物（包括密封圈或金属垫圈等）。

（4）已接线的电缆引入装置的密封圈端面与器壁应接触严密，且密封圈不能径向活动；压紧元件压紧后，压紧元件与联通节之间应留有余量，且间隙不小于 1 mm。

（5）凡有电缆压线板的已接线电缆引入装置，引入引出电缆应采用压线板压紧，压紧电缆后的压扁量不得超过电缆直径的 10%，且压线板与压紧元件缺口平面之间应留有不小于 1 mm 的间隙。

注：联通节，参见《煤矿电工手册》第一分册防爆电气设备的引入装置。

2. 检查方法

1）未接线的电缆引入装置的检查

（1）观察检查，对疑似有问题的，按规定停电后，打开接线空腔盖板观察密封圈端面与器壁接触的严密程度。

（2）对于螺纹式管接头（即螺旋式喇叭嘴），逆时针方向拧下螺旋式喇叭嘴，取出金属垫圈、金属挡板、密封圈，检查是否符合要求。

（3）对于用螺钉固定的压紧元件，松开紧固螺钉，拆下压紧元件，取出金属垫圈或金属挡板、密封圈，检查密封圈、金属垫圈是否单一使用、是否有开口，装配顺序是否符合要求。

2）已接线的电缆引入装置的检查

（1）检查电缆是否压紧时，先按规定停电，将设备平稳放置，距压紧元件 0.5 mm 以内，单人两手用力推或拉动或上下晃动电缆，如电缆与进线装置之间产生径向或轴向活动，则判定电缆未压紧。

（2）目测压紧元件与联通节之间的间隙，疑似不符合规定的，用塞尺测量间隙。

（3）目测电缆压扁量，疑似不符合规定的，用游标卡尺测量电缆外径，计算压扁量。

（4）目测压线板与压紧元件缺口平面之间的间隙，对于疑似不符合规定的，用直尺或塞尺测量确定。

2.7.2　螺钉固定压紧元件的电缆引入装置

1. 要求

螺钉固定压紧元件的电缆引入装置安装之后，徒手不能松动或拆卸，仅应通过工具才能松动或拆卸下来。

单手且徒手上下左右摇晃压紧元件，应无晃动，或压紧螺钉的力矩应不小于附表 5-4 的要求。

附表 5-4 施加在压紧元件螺钉上的力矩

螺钉规格	力矩/(N·m)	螺钉规格	力矩/(N·m)
M6	10	M12	60
M8	20	M14	100
M10	40	M16	150

联通节上固定压紧元件的两个螺孔的中心距与该压紧元件的两个孔的中心距应相等。压紧元件应被平行压紧，压紧后其压紧螺钉拧入外壳上电缆引入装置的螺孔应上满扣。

2. 检查方法

(1) 按规定停电后，由检查人员徒手拆卸喇叭嘴等电缆引入装置零部件，任何零部件都不能松动或拆卸为符合要求。

(2) 按规定停电后，单手且徒手上下左右摇晃压紧元件，无晃动为符合要求，必要时采用力矩扳手测量力矩，力矩测量值应不小于附表 5-4 的要求。

(3) 先用游标卡尺测量联通节两个螺孔中心距，再测量压紧元件两个孔的中心距。

(4) 目测或手摸检查外壳上电缆引入装置的压紧螺钉是否平行，螺孔是否上满扣。

2.7.3 螺纹式管接头电缆引入装置

1. 要求

根据《爆炸性环境 第 1 部分：设备 通用要求》(GB 3836.1—2010) 附录 A 要求，螺纹式管接头电缆引入装置安装后，应有防止非专用工具松动或拆卸螺纹式管接头的装置 (即螺旋式喇叭嘴防松装置)，保证压紧元件 (螺旋式喇叭嘴) 仅通过工具才能拆卸；螺旋式喇叭嘴拧入联通节后，最少啮合扣数不得低于 6 扣；单手沿顺时针方向不应拧动螺旋式喇叭嘴。

2. 检查方法

(1) 先检查螺旋式喇叭嘴防松装置是否合格，停电后，试验徒手或电工常用工具能否拆卸螺旋式喇叭嘴防松装置，再徒手或使用电工常用工具试验松动或拆卸螺旋式喇叭嘴，如果都不能松动或拆卸为符合要求。

(2) 目测检查螺旋式喇叭嘴外形、外露扣数等外观特征，判定是否符合要求。

(3) 停电后，由检查人员单手顺时针方向沿压紧密封圈方向拧螺旋式喇叭嘴，以检查紧固程度。

2.7.4 电缆引入装置上的螺纹

1. 要求

隔爆外壳设备上的电缆引入装置中的公制外螺纹，螺纹部分至少有 8 mm 的长度，并且至少有 8 扣螺纹；隔爆外壳上的电缆引入装置中的公制螺纹孔的公差等级应为 6H 或以上，且任何倒角或退刀槽最深处距外壁表面限制到 2 mm。

2. 检查方法

对于长度类检查内容，目测并用游标卡尺或钢直尺测量，其他内容现场难以判定时，与同型号 (同厂) 合格产品对比判定。

2.7.5 金属挡板和垫圈

1. 要求

（1）金属挡板直径与电缆引入装置联通节内径差应符合附表 5-5 要求，厚度不应小于 2 mm。

（2）金属垫圈外径与电缆引入装置联通节内径差应符合附表 5-5 要求，（外径-内径)/2 应不小于压紧元件的压紧部位的壁厚，同时内径应大于电缆外径至少 1 mm，金属垫圈厚度不应小于 2 mm。

（3）金属挡板和金属垫圈的强度应合格，且无锈蚀，宜用钢材制造。

附表 5-5 为金属挡板直径、金属垫圈外径、密封圈外径与电缆引入装置联通节内径间隙。

附表 5-5 金属挡板直径、金属垫圈外径、密封圈外径与电缆引入装置联通节内径间隙 mm

D^a	$D_0{}^b-D$	D^a	$D_0{}^b-D$
$D \leqslant 20$	≤1	$D>60$	≤2
$20<D \leqslant 60$	≤1.5		

注：D^a 表示金属挡板直径、金属垫圈外径、密封圈外径。

$D_0{}^b$ 表示电缆引入装置联通节内径。

2. 检查方法

目测并用游标卡尺或钢直尺测量检查。停电后，如果从接线空腔内观察到金属挡板的旧有圆形痕迹较靠下，或从接线空腔外观察到金属挡板的旧有圆形痕迹或金属垫圈中心较靠下，都应拆卸后测量。

2.7.6 密封圈硬度

1. 要求

橡胶密封圈应采用硬度为 45~60IRHD(国际橡胶硬度）的橡胶制造并能通过橡胶老化试验，在试验结束后，其变化量不应超过标准规定硬度的 20%。

2. 检查方法

携带标准硬度的橡胶密封圈，通过手捏对比其硬度、韧性、弹性等检查判定；现场难以判定时，与同型号（同厂）合格橡胶密封圈对比判定；可以查阅资料了解老化试验情况。

2.7.7 密封圈与电缆引入装置的配合

1. 要求

密封圈外径与电缆引入装置内径差应符合附表 5-5 规定值。

2. 检查方法

目测并用游标卡尺或钢直尺测量。停电后在接线空腔内外观察，如果发现密封圈的圆心较靠下时，应松开电缆引入装置具体测量判定。

2.7.8 密封圈与电缆的装配

1. 要求

（1）密封圈内径与电缆外径差应小于 1 mm，芯线截面积 4 mm^2 及以下电缆的密封圈内径不应大于电缆外径。

（2）电缆外护套与密封圈之间不应有其他包扎物缠绕，不得涂有油脂；密封圈的单孔内不应穿进 2 根及以上电缆。

2. 检查方法

(1) 先从喇叭嘴内孔绕电缆上半周顺时针平视密封圈与电缆之间的间隙，如果有橡胶垫皮等遮挡物时，拨开仔细观察，判定是否超限。

(2) 如果难以确定，则停电后卸开压线板、去掉电缆的橡胶垫皮遮挡物，从喇叭嘴内孔沿电缆圆周方向，顺时针平视密封圈与电缆之间的间隙，判定是否超限，必要时拆下密封圈，用直尺或游标卡尺测量。

(3) 由于密封圈与电缆之间不同轴（即偏心）造成部分间隙（如上半周或1/4周长）超限，应判定为不符合要求。

(4) 从喇叭嘴内孔绕电缆上半周顺时针目测密封圈与电缆之间是否有其他物体，如果压线板下的橡胶垫皮等遮挡了视线，拨开遮挡物仔细观察，判定是否有其他缠绕物体。

(5) 如果难以确定，则停电后卸开压线板，从喇叭嘴内孔沿电缆圆周方向，顺时针目测密封圈与电缆之间的间隙，判定是否有其他缠绕物体，必要时拆下密封圈或拆下电缆验证。如果密封圈与电缆之间的间隙严重超限，宜拆卸密封圈检查是否有缠绕物。

(6) 目测检查有几根电缆引入、引出。

(7) 从外面观察，检查密封圈与电缆之间是否涂有油脂。

(8) 难以判定时，可以与同型号（同厂）合格产品对比判定。

2.7.9 密封圈的结构尺寸

1. 要求

密封圈的轴向宽度不小于电缆外径的0.7倍，且不小于20 mm(直径不大于20 mm的电缆）或不小于25 mm(直径大于20 mm的电缆)，径向厚度应大于外径的0.3倍（芯线截面积不小于70 mm^{2}的电缆除外)，且不小于5 mm；密封圈应完整、无破损。

2. 检查方法

(1) 从喇叭嘴内孔绕电缆上半周顺时针目测密封圈，观察是否完整，有无破损等问题；停电后卸开压线板、去掉电缆上下半周的橡胶皮遮挡物，从喇叭嘴内孔沿电缆圆周方向，顺时针目测密封圈，判定是否符合要求。

(2) 观察喇叭嘴与联通节之间的间隙，间隙过小时，应拆卸检查核实密封圈轴向宽度是否符合要求。必要时拆下电缆，用直尺或游标卡尺测量密封圈有关尺寸进行判定。

(3) 现场不方便检查判定时，与同型号（同厂）合格产品对比判定。

2.7.10 修整后的密封圈

1. 要求

密封圈修整后应整齐圆滑，其内外圈出现的锯齿边长应小于2 mm(注：锯齿是指密封圈内圈或外圈上的“锯齿”形破口，锯齿边长是指沿密封圈垂直于电缆轴向的表面测量，某一最大的锯齿构成的三角形，其最长的边的长度值)。

2. 检查方法

(1) 先从喇叭嘴内孔绕电缆上半周顺时针目测密封圈与电缆之间的间隙是否有超限锯齿，如果有橡胶皮等遮挡物，拨开遮挡物仔细观察，判定是否超限；如果难以确定，则停电后卸开压线板、去掉电缆上下半周的橡胶皮遮挡物，从喇叭嘴内孔沿电缆圆周方向，顺时针目测密封圈与电缆之间的间隙，判定是否有超限锯齿；必要时停电后打开接线空腔盖板目测密封圈内圈锯齿是否超限，也可以拆下密封圈，用直尺或游标卡尺测量验证。

（2）密封圈内圈的锯齿可以在引入装置外直接观察，外圈的锯齿应停电后卸开电缆引入装置观察或测量。

（3）现场难以判定时，与同型号（同厂）合格产品对比判定。

2.7.11 用填料密封的电缆引入装置

1. 要求

（1）已接线的电缆引入装置的密封填料最小长度为 20 mm，并保证沿密封填料长度 20 mm，各点上至少有 20% 的横截面积被填料填充。

（2）未接线的电缆引入装置，应采用与电缆引入装置法兰厚度、直径相符，并符合隔爆要求的钢垫板封堵压紧或用符合规定的材料填实。

（3）对于每种尺寸的电缆引入装置，根据制造商说明书准备填料，然后填入相应的空间中并在规定的填料凝固期之后应能装配到电气设备上，并能从设备上拆掉而不损坏填料的密封性。

2. 检查方法

（1）按操作规程停电后，打开接线空腔盖板，用钢直尺测量密封填料的长度（即密封填料长度=喇叭嘴长度-喇叭嘴未填料部分长度），且填料密封胶应封至电缆芯线叉口以上，观察密封填料是否有裂纹、气泡，敲击密封填料表面，检查是否有空洞，判定密封是否符合要求。

（2）未接线的电缆引入装置如果是钢垫板封堵，应检查钢垫板的隔爆参数（如厚度、接合面宽度、平整度、光洁度、间隙、防锈处理情况、固定螺孔等）是否符合隔爆要求。

（3）未接线的电缆引入装置如果没有用钢垫板封堵，检查是否用符合标准的填料封堵。

（4）现场难以判定时，与同型号（同厂）合格产品对比判定。

2.7.12 铠装电缆引入装置

1. 要求

铠装电缆引入装置采用填料密封时，应采用符合规定的绝缘密封胶（填料）封至叉口以上 40 mm 处。

2. 检查方法

目测并用钢直尺测量检查。根据电缆引入装置的几何尺寸、露出填料表面芯线的走向，画图标出电缆芯线叉口位置，计算电缆叉口以上被密封的长度。

2.7.13 从接线空腔引出电缆

1. 要求

电气设备接线空腔内不允许由负荷侧电缆引入装置引入（引出）电源线或从电源侧电缆引入装置引入（引出）负荷线。

2. 检查方法

检查电缆标志牌、设备铭牌，检查电缆引入装置所接电缆的负荷名称及性质，发现有可疑之处时，按规定停电后打开接线空腔盖板进行检查判定。现场难以判定时，与同型号（同厂）合格产品对比判定。

2.7.14 伸入接线空腔的电缆外护套

1. 要求

电缆外护套应伸入接线空腔（盒）器壁，且伸入长度应是5~15 mm；电缆和密封圈内圆接触部分以及电缆和压紧元件内圆接触部分的外护套不应锉细。

2. 检查方法

按规定停电后，打开接线空腔盖板，目测或钢直尺测量电缆外护套伸入接线空腔器壁的长度（电缆外护套伸入器壁的长度，并不是以伸入密封圈边缘为测量长度），目测密封圈内侧电缆外护套，判定是否有被锉细的痕迹，也可以用游标卡尺分别测量电缆引入装置里外的电缆外护套外径，进行对比判定。

2.7.15 电缆引入装置出口

1. 要求

电缆引入装置出口处应平滑，不应有损伤电缆的尖锐棱角；靠近电缆引入装置处的电缆应有适当松弛度，不应使引入装置、绝缘套管和接线端子受到拉力；不应使该处电缆出现“死弯”而导致电缆断面结构及性能达不到相关标准要求。

2. 检查方法

（1）目测或手摸检查电缆引入装置外部壳体是否有毛刺、尖锐棱角；电缆是否有下垂量，无下垂量定为无适当松弛度；电缆引入装置与离其最近的电缆吊钩距离是否超过3 m，超过3 m定为电缆引入装置受到拉力超限。

（2）按规定要求停电后，打开接线空腔检查，电缆芯线是否被拉成直线、无圆弧度，被拉成直线定为接线端子受到拉力。

（3）现场难以判定时，与同型号（同厂）电气设备对比判定。

2.8 电缆及电缆连接的防爆检查

2.8.1 电缆使用

1. 要求

井下电缆应使用具有矿用产品安全标志的阻燃电缆；移动式和手持式电气设备应使用专用橡套电缆；移动变电站的电源电缆，应使用矿用监视型屏蔽橡套电缆；1140 V低压电缆应使用具有矿用产品安全标志的分相屏蔽橡套绝缘软电缆；660 V或380 V低压电缆，有条件时应使用分相屏蔽橡套绝缘软电缆。

2. 检查方法

现场目测检查电缆标志牌、电缆出厂标志、电缆外形及颜色、电缆管理维修标志、供电系统图、供电设计资料等，通过这些信息判定是否符合要求，必要时按规定停电后打开接线空腔后观察判定；现场难以判定时，与同型号（同厂）合格产品对比判定。

2.8.2 电缆与电气设备连接

1. 要求

（1）应使用与电气设备性能相符的接线盒连接，同型电缆之间使用接线盒连接时，其电气参数应符合要求，不同型电缆之间应通过符合要求的电缆接线盒、连接器或母线盒进行连接，不应直接连接。

（2）橡套电缆的修补连接（包括绝缘、护套已损坏的橡套电缆的修补）应采用合格的阻燃材料进行硫化热补或与热补有同等效能的冷补，修补后其技术性能应符合要求；橡套电缆的修补部位应密封严、不开裂、不裸露芯线、不裸露导电体，修补部位最薄处的厚度应不小于电缆原护套最薄处的厚度。

冷补、热补等修补或连接后的屏蔽电缆，应保持原有的屏蔽性能及其他技术性能。

在地面热补或冷补后的橡套电缆，必须经浸水耐压试验，合格后方可下井使用。在井下冷补的电缆必须定期升井试验。

（3）其他工艺连接的电缆接头，如塑料电缆连接头，其机械强度、绝缘性能、屏蔽性能及其他技术性能均应符合标准。

2. 检查方法

（1）目测检查铭牌、矿用产品安全标志、防爆标志、电缆标志牌等是否齐全，对比电压、电流、使用范围等信息是否相匹配，通过信息分析判定。

（2）观察电缆护套颜色、粗细、光滑程度、密封好坏、有没有破口，或停电后观察电缆接头材质、颜色等，通过这些外观特征，判定是否符合要求。

（3）现场一段一段地观察检查，特别注意观察冷补或热补接头等电缆连接修补部位，查阅修补技术档案，询问有关技术特征，判定是否符合要求。

（4）必要时可以停电打开接线盒检查核实，或查看有关资料进行检查核实。

（5）现场难以判定时，与同型号（同厂）合格产品对比判定。

2.8.3 高压电缆连接

1. 要求

高压电缆连接应使用符合技术要求的接线盒连接，或按规定灌注绝缘填料且密封严密，电缆与接线盒不应相对滑动。

2. 检查方法

（1）按规定停电后，目测检查外观特征，必要时开盖观察，是否露出芯线，填料密封是否有裂纹或孔眼，摇晃检查是否松动。

（2）接线盒及绝缘填料是否符合规定，检查是否按《煤矿安全规程》要求进行浸水耐压试验。

（3）现场难以判定时，与同型号（同厂）合格产品对比判定。

2.8.4 电缆末端

1. 要求

电缆末端应安装符合防爆安全及其他电气技术要求的电气设备（包括电缆接线盒等配套设备）。

2. 检查方法

（1）现场目测检查，发现电缆末端未连接电气设备时，从该末端起，沿电缆向另一头检查至被接入的电气设备，如果该电气设备电源侧带电，即使该电缆末端不带电，也判定为不符合要求。

（2）现场目测检查电缆末端所接的电气设备铭牌、颜色、形状，判定是否符合防爆安全或其他电气技术要求。

（3）现场难以判定时，与同型号（同厂）合格产品对比判定。

2.8.5 不良连接

1. 要求

电气设备或电缆不应裸露导体或屏蔽层，不应将裸露导体或屏蔽层使用低压或高压绝缘胶布包裹后继续使用。

2. 检查方法

现场目测检查或在确认电缆不带电时手摸电缆检查判定。

2.8.6 橡套电缆外护套破口

1. 要求

橡套电缆外护套不应有破口，以下情形属于有破口：

（1）外护套露出芯线绝缘或屏蔽层。

（2）外护套伤痕深度大于电缆外护套最薄处的1/2。

（3）外护套伤痕深度小于或等于最薄处的1/2，且伤痕长度大于20 mm或其周长的1/3。

2. 检查方法

现场一段一段地目测检查或在确认停电后手摸电缆检查，重点检查电缆拐弯处、受力点，重点检查采掘工作面内电缆；必要时用工具测量检查电缆外护套伤痕深度和长度。

2.8.7 电缆导线接头

1. 要求

电缆导线接头温度不应超过电缆温度，接头不应松动、不应有氧化层、不应有放电冒火痕迹。

2. 检查方法

停电前，仔细观察对比接线盒等电气设备外壳颜色深浅变化，停电后仔细观察对比导线接头及周围颜色深浅变化；确认可靠停电后手摸设备外壳、电缆护套、接头周围，感知温度变化。综合分析对比判定，必要时也可以用测温仪检查判定。现场难以判定时，与同型号（同厂）合格产品对比判定。

2.8.8 电气间隙和爬电距离

1. 要求

隔爆外壳内导线的电气间隙应符合附表5-6的规定，其他电压对应的电气间隙及隔爆外壳内的爬电距离应符合附表5-1的规定。

附表5-6 电气间隙

电压（交流有效值或直流）/V	最小电气间隙/mm	电压（交流有效值或直流）/V	最小电气间隙/mm
36	1.9	1140	18
127	2.5	3300	36
380	6.0	6000	60
660	10	10000	100

2. 检查方法

（1）按规定停电后，测量裸露导体相间或相对地之间的最短距离，应符合附表5-6中的电气间隙，特别注意测量导体毛刺与其他相裸露导体或地之间的最短距离。

（2）测量爬电距离按《爆炸性环境 第3部分：由增安型“e”保护的设备》（GB 3836.3—2010）要求及相关方法进行，如果绝缘体表面污染严重影响爬电距离，则判定为不符合要求。

（3）现场难以判定时，与同型号（同厂）合格产品对比判定。

2.8.9　绝缘套管

1. 要求

绝缘套管（接线柱）、绝缘台及接线座不应松动、破损、有裂缝。接线柱在绝缘台上不应“跟转”。

2. 检查方法

按规定停电后，目测或徒手摇晃电缆导线检查是否松动，用扳手转动接线柱压线螺母，检查是否有“跟转”现象，即用工具旋转螺母紧固电缆导线时，接线柱跟着转动。现场难以判定时，与同型号（同厂）合格产品对比判定。

2.8.10　通过两腔隔板的接线柱

1. 要求

接线柱通过两腔隔板与绝缘台固定时，应有防松措施。绝缘套管与两腔隔板之间的隔爆接合面应符合《爆炸性环境 第2部分：由隔爆外壳“d”保护的设备》（GB 3836.2—2010）中的要求。

2. 检查方法

按规定停电后，目测检查判定，现场难以判定时，与同型号（同厂）合格产品对比判定。

2.8.11　壳体内物件

1. 要求

隔爆外壳的接线空腔及主外壳内不应散落导电杂物，不应增加或减少影响防爆安全的物件。

2. 检查方法

按规定停电后，打开接线空腔及主外壳目测检查判定，必要时查阅设备说明书等资料具体确定。现场难以判定时，与同型号（同厂）合格产品对比判定。

2.8.12　插接装置

1. 要求

插接装置的接地端子应是专用的插头杆和插座孔，不允许用外壳代替接地；插接时接地插头杆应比主插头杆先行接触，拔脱时接地插头杆应比主插头杆滞后断开；插销拔脱后，插座内不允许有裸露带电部分，插座入口处应设置便于开启的防护盖。

2. 检查方法

按规定停电后，断开插接装置，目测检查，必要时可以用万用表电阻挡测量。现场难以判定时，与同型号（同厂）合格产品对比判定。

2.8.13　煤电钻插头和插座

1. 要求

煤电钻插接装置的电源侧应接插座，负荷侧应接插头，当断开时插头不应带电；采用插头连接的装置应有防拔脱装置。

2. 检查方法

目测检查，必要时，按规定停电后，断开插头检查。

2.9 其他相关防爆检查

2.9.1 快开式门或盖

1. 要求

快开式门或盖应能正常操作打开。

2. 检查方法

专职电工按操作规程用电工常用工具或专用操作工具，操作开门或开盖的装置应能被打开，在现场检查时，因变形或其他原因造成打不开为不符合要求。

2.9.2 电机外风扇与紧固件的距离

1. 要求

旋转电机外风扇、风扇罩、通风孔挡板和它们的紧固零件相互间的最小距离应是风扇最大直径的1%，且不小于1 mm。

2. 检查方法

目测检查并用钢直尺（或塞尺）测量。按规定停电后，转动电机，测量最小距离进行判定。

2.9.3 灯具安装结构

1. 要求

灯具不应仅用一个螺钉安装。用吊环安装时，吊环可作为灯具的一部分铸在或焊在外壳上。如果吊环用螺纹旋在外壳上，应有防松措施。

2. 检查方法

目测检查，现场难以判定时，与同型号（同厂）合格产品对比判定。

2.9.4 引进的电气设备

1. 要求

引进的电气设备应取得矿用产品安全标志方可下井使用。

2. 检查方法

查阅资料并现场核查，井下使用没有矿用产品安全标志的引进的电气设备，或使用后达不到该设备矿用产品安全标志技术要求，为不符合要求。

2.9.5 其他

1. 要求

在用隔爆外壳“d”保护的I类电气设备及电缆的任何一个部件或部位，不应出现一处或一处以上不符合《煤矿安全规程》、GB 3836.1、GB 3836.2 等法规和标准条款的要求且可能导致引发瓦斯、煤尘爆炸或造成人员伤亡事故的失爆隐患。

2. 检查方法

现场防爆检查判定时，采用“从严原则”，即只要不符合上述法规和标准要求，即使主观判断引发瓦斯、煤尘爆炸或造成人员伤亡事故发生概率很小，或现场不能确定绝对没有危险，就要“从严”判定为失爆。

如果受检查条件限制难以判定是否失爆，或没有包括在本标准有关条款中，应由专业技术人员依据有关法规标准判定，或送国家授权的矿用产品质量监督检验部门检验确定（注：对于没有包括在本标准文件的防爆检查问题，应按《煤矿安全规程》、GB 3836.1、GB 3836.2 等法规和标准条款要求及有关方法进行检查判定）。

2.10 引用 GB 3836 系列标准的术语

2.10.1

绝缘套管 bushing

用于将一根或多根导体穿过外壳壁的绝缘部件。

2.10.2

电缆引入装置 cable gland

允许将一根或多根电缆或光缆引入电气设备内部并能保证其防爆型式的装置。

2.10.3

压紧元件 compression element

电缆引入装置中用于对密封圈施加压力以保证其有效功能的部件。

2.10.4

密封圈 sealing ring

电缆引入装置或导管引入装置中，保证引入装置与电缆或导管与电缆之间的密封所使用的环状物。

2.10.5

电气设备 electrical apparatus

全部或部分利用电能的设备。（注：包括发电、输电、配电、蓄电、电测、调节、变流、用电设备和通信设备，其中输电设备包括电缆及电缆接线盒。）

2.10.6

爆炸性环境 explosive atmosphere

在大气条件下，可燃性物质以气体、蒸汽、粉尘、纤维或飞絮的形式与空气形成的混合物，被点燃后，能够保持燃烧自行传播的环境。

2.10.7

接线空腔 terminal compartment

与主外壳连通或不与主外壳连通的，包含连接件的单独空腔，或主外壳的一部分。

2.10.8

防爆型式 type of protection

为防止点燃周围爆炸性环境而对电气设备采取的各种特定措施。

2.10.9

隔爆外壳“d” flameproof enclosure “d”

电气设备的一种防爆型式，其外壳能够承受通过外壳任何接合面或结构间隙进入外壳内部的爆炸性混合物在内部爆炸而不损坏，并且不会引起外部由一种、多种气体或蒸汽形成的爆炸性气体环境的点燃。

2.10.10

隔爆接合面或火焰通路 flameproof joint or flamepath

隔爆外壳不同部件相对应的表面或外壳连接处配合在一起，并且能够阻止内部爆炸传播到外壳周围爆炸性气体环境的部位。

2.10.11

隔爆接合面宽度 width of flameproof joint

从隔爆外壳内部通过接合面到隔爆外壳外部的最短通路。(注:该定义不适用于螺纹接合面。)

2.10.12

隔爆接合面间隙 gap of flameproof joint

电气设备外壳组装完成后,隔爆接合面相对应表面之间的距离。(注:对于圆筒形隔爆接合面,间隙是两直径之差)。

2.10.13

转轴 shaft

用于传递旋转运动的圆形截面零件。

2.10.14

操纵杆 operating rod

用于传递旋转运动、直线运动或二者合成运动的零件。

2.10.15

快开式门或盖 quick-acting door or cover

通过一个装置的简单操作(如平动或轮子的转动),可以打开或关合的门或盖。该装置的结构使操作分两个步骤完成:

第一步关合,第二步锁住。

第一步解锁,第二步打开。

2.10.16

电气间隙 clearance

两个导体部件间的最短空间距离。

2.10.17

爬电距离 creepage distance

两个导体部件之间沿绝缘材料表面的最短距离。

2.11 本质安全型电气设备失爆检查标准

本质安全型电路有下列情况之一者,判定该本安设备失爆。

2.11.1

未经安标办批准,电路结构或内部布线被擅自改变,电气元件性能参数及安标办备案生产厂家被擅自改变,配套关联设备被擅自改变。

关联设备指内装能量限制电路和非能量限制电路,且在结构上能使非能量限制电路不能对能量限制电路产生不利影响的电气设备。关联设备可以是:①具有本部分相应的爆炸性环境用防爆型式的电气设备;②没有这样的保护,因此不用于爆炸性环境的电气设备,如本身不在爆炸性环境中的记录仪,但与位于爆炸性环境中的热电偶相连,这时仅有记录仪的输入电路是能量限制的。

2.11.2

二极管安全栅损坏。二极管安全栅是指由熔断器、电阻或其组合保护的二极管或二极管电路(包括齐纳二极管)构成的组件,作为独立装置,而不是作为较大设备的部件。

2.11.3

接地屏蔽隔离损坏或失去作用。接地屏蔽隔离指在电路或电路部件之间用金属屏蔽进行隔离的场合，屏蔽及其任意连接处应能承受《爆炸性环境 第4部分：由本质安全型“i”保护的设备》（GB 3836.4—2010）中规定条件下可能连续出现的最大电流。

2.11.4

本安与非本安之间的隔板损坏或失去作用。隔板指隔离本质安全电路接线端子与非本安接线端子用的绝缘板或接地金属板。

2.11.5

本安与非本安电路接线端子之间距离小于50 mm。

2.11.6

用于连接本安与非本安电路的插头和插座，不符合隔爆型，并且不符合不能互换的规定。

2.11.7

用于本安型电气设备和关联设备的电池或蓄电池与制造厂有效证明文件不符。

2.11.8

本安与关联的电气设备的电缆连接，未采用本安型接线盒，或未采用具有本安型接线盒同等效能的其他方式。

附录6 我的发明创造之路

我是正高级电气工程师，是北京大学国家发展研究院高级工商管理硕士，是获得国务院政府特殊津贴的专利发明人，发明了防治带电作业及瓦斯爆炸的智能抗违章保护技术系统、智能远方漏电试验装置、两防锁等40余项专利技术产品，其中有6项获美国、俄罗斯、欧盟及欧亚专利权。根据查新报告：1782年1月1日至2009年4月30日，仅有我作为第一发明人在煤矿电气领域获美国和欧盟专利权，因此本人被山西日报、“学习强国”等媒体多次称作“发明家”。在发明创造的同时，创立了抗违章理论体系，概括出“想违章违不成，即使违章也造不成事故”抗违章理念，“违章可预控性定则”“违章过渡过程”等十几个相关词条收入百度百科。

我是中国发明协会会员、全国工商联执委、山西省政协委员、山西省工商联总商会荣誉会长、山西省光彩事业促进会理事会副会长，也是山西全安公司董事长兼总工程师。获山西省劳动模范、中国特色社会主义建设者、山西省新兴产业领军人物等荣誉称号。

一、在农村立志，为国企奉献

我生于1959年，山西省平遥县人。在具有相对优势的家庭教育影响下，从小酷爱学习和体育，1966—1976年在本村上学，直至高中毕业。在这段不寻常的农村学习历程中，我“上下求索”，树立起要“做大事”的雄心壮志，锻炼坚韧不拔的意志品质。高中毕业后，因无法继续深造我成为回乡知青（附图6-1）。回村后我放弃到公社农机修配厂当工人的机会，作为村里的“一等劳力”参加极其艰苦的农业生产劳动。尽管白天劳动已疲惫不堪，但我每晚坚持先做完家务，然后练习拉二胡；或者领导村里毛泽东思想宣传队演出节目，深夜还要在煤油灯下看书自学（附图6-2）。经过自身潜心学习和农村老师同学的启发，我在漫漫长夜中逐渐发现了一缕“科学方法曙光”，即不断总结方法和不断调整思路方法。这两个方法支撑我一次又一次探索、攻克一个又一个难题、实现一个又一个人生目标。

附图6-1 回乡知青郭春平

国家恢复高考后，我克服难以想象的困难，考上大同煤校（现大同大学）学习矿山电气专业，从此跨过了“科技之门”的门槛。1980年毕业后，我被分配到汾西矿务局（现山西焦煤汾西矿业集团），放弃机关工作机会，请领导安排到当时条件最艰苦的柳湾煤矿工作，开启了“科技之旅”。随后在柳湾煤矿找到了理想的爱人，诞生了可爱的一儿一女，这个美满的家庭为我从事高强度工作和学习提供了后盾保障。

由于煤矿井下环境特殊，我曾多次遇险，最难忘的一次是刚分配到柳湾煤矿过春节的那天，我跟着师傅在井下劳动，从上午九点干到下午三点，还没有完成计划安装任务，师傅怕我误了下午4点的职工春节集体聚餐，让我先下班，他们再干一会儿。我独自一人拿

附图 6-2　青年时读得最多的一本书

着矿灯走啊走，突然，矿灯灯泡烧坏熄灭了，井下漆黑一片，伸手不见五指。好在我是煤校毕业的，懂得摸着风筒往外走就能到达有照明的大巷安全出井。我便摸着风筒像盲人一样慢慢往前走，正走着，前脚突然踩空，还没来得及收脚，整个身体一下就掉下去了。掉下去的瞬间，第一次感到自己将要死了。当踩到坑底以后感到还活着，我就使劲站起来，从煤泥与水的混合物中伸出头，吐出口中的煤泥，吸了口气，确认自己还没有死，就拼尽力气爬了出来，全身带着煤泥走过大巷出了井。跑进澡堂洗了澡就参加聚餐，美美地吃了一顿春节饺子，也没觉得有什么害怕的。第二天，我把详细过程告诉了师傅们，才感到后怕，原来，那个坑是溜煤眼，有几十米深，多亏我掉下去时溜煤眼被煤泥堵住了，否则后果不堪设想。

尽管当时煤矿井下有多种安全隐患，工作条件十分艰苦，但我在柳湾煤矿井下生产一线，全心全意、顽强拼搏 14 年，没有受过一次公开批评，没有受过一次处分，没有发生过一次记录在案的责任事故，三次被评为劳动模范，十次被评为先进工作者，基本上每年都获得表彰奖励（附图 6-3）。原汾西矿务局在某矿推广应用综合机械化采煤和掘进失败后，柳湾煤矿主动承担再次推广应用任务。我先后被破格提拔为机电队队长和二号井机电主任，首创并实际应用运势控制法（也称为运用形势与控制方法）和综采设备 FM 六部循环法，领导 1000 多名机电技术人员和工人奋战 4 年，为汾西矿务局首次成功实现综合机械化采煤和掘进、首创综采队年产百万吨纪录做出重要贡献。后来我又担任柳湾煤矿科技科科长，首创并实际应用企业全面科技管理理论，组织领导完成 130 余项技术改进项目。

在这个过程中，我成长为原汾西矿务局知名的机电“工匠”，被评为柳湾煤矿劳动模范。我听见设备的“隆隆”运转声音就像享受交响乐一样入迷，往往能连续听数个小时。有一次从井下走出来，听到当时矿上最大、最重要的强力带式输送机声音不正常，用螺丝刀对着轴承盖在强力带式输送机启动和停止时，反复仔细听诊，与脑中的声音一遍又一遍对比，又对比各个轴承声音，经综合分析判定轴承肯定有问题。由于当时全国还没有强力带式输送机轴承诊断仪，我个人的判定无法得到技术数据的支持，所以，有关技术人员和领导半信半疑。我向矿领导担保：如果轴承没有问题，我愿意接受撤职处分。在我的强烈要求下，把强力带式输送机停机后打开轴承盖进行检查。这时，矿有关领导和技术人员都在现场静静地观察，负责强力带式输送机维修的高级技师反复检查后，认定轴承没有问题。在场的人突然“炸锅”，各种难听的话、难看的眼神冲我飞来。我坚信自己不会出错，就不慌不忙地走到跟前，用手指一点一点擦掉轴承外圈内的黄油，一遍又一遍仔细检查，终于发现了米粒大的一个斑点，矿领导当机立断把这个“带病”轴承更换。

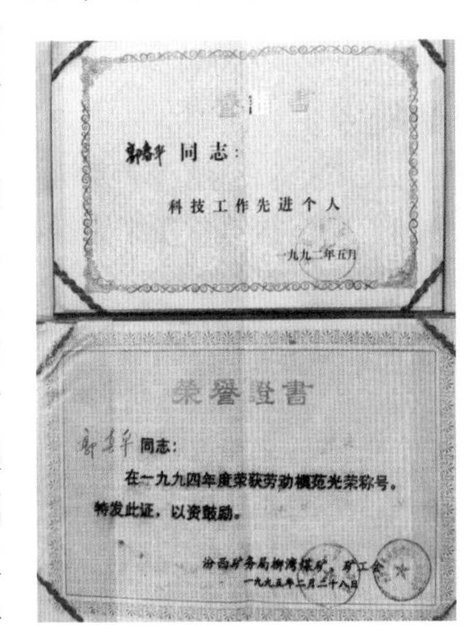

附图 6-3　在国企工作时获荣誉证书

综采设备稳定运行后，柳湾煤矿生产力水平获得极大提高，与原来的管理机构已不相适应，因此建立了新的管理机构，我仍然担任柳湾煤矿科技科科长。这个职务对别人而言也许是闲职，我却充分利用这个平台，首创了企业全面科技管理理论，柳湾煤矿下发了正式文件推广应用企业全面科技管理方法加强科技管理，我在3年内组织领导完成130余项技术改进项目，并发现了一缕“发明之光”。我发明的第一个日用专利产品“一种带拉手的罐头瓶盖”，推广到全国各地，遗憾的是被大面积侵权（附图6-4）。收集到30多个厂家的侵权产品，我一次性起诉15个侵权厂家，全部胜诉。

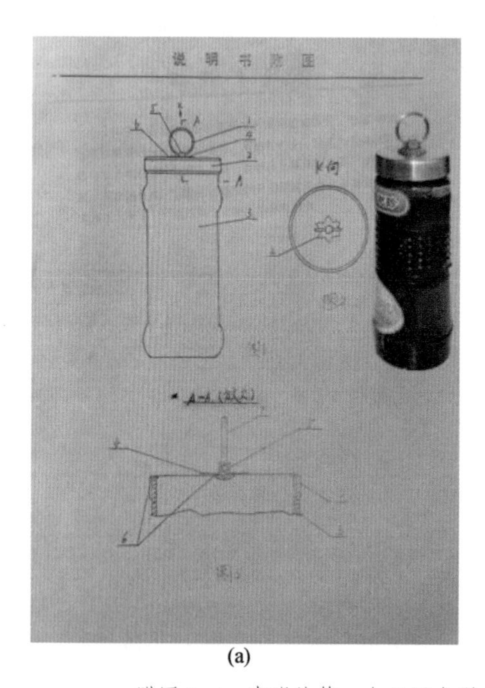

(a)

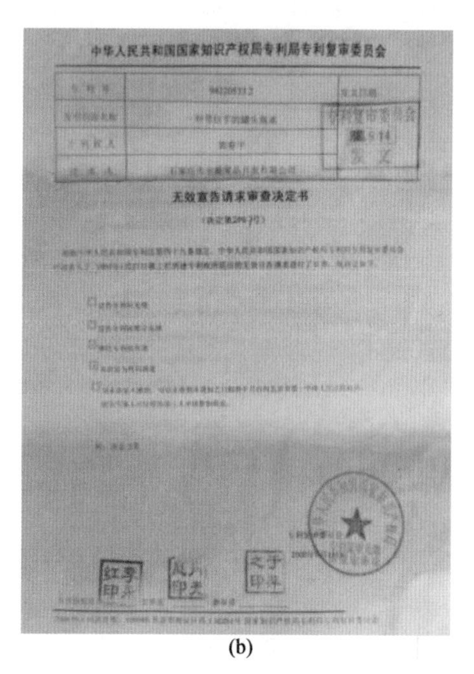

中华人民共和国国家知识产权局专利局专利复审委员会

无效宣告请求审查决定书

(b)

附图6-4 发明的第一个日用专利文件、产品及维持专利有效决定书

二、一靠“脑”二靠“跑”，为煤矿安全开发第一项抗违章专利技术产品及标准

世纪之交的1999年，我个人凑了5.45万元，经汾西矿业集团下文同意，创办了为煤矿安全服务的发明创造型民营企业——山西全安公司，从此踏上了“发明创造之路”。没有枪、没有炮，也没有“敌人”给我们造，只有一个“脑”，两条“腿”，这样的小微企业如何发明创造呢？我深信：只要肯动“脑”，就会开发出无穷的智慧；只要肯跑“腿”，就会开拓出无限的市场。

我常常想起刚分配到柳湾煤矿的第一天晚上，听到了令我终生难忘的哭喊声。到矿上报到时，矿上的接待人员像接待亲人一样热情，把我安排在招待所住宿，我十分高兴。但晚上十点左右，楼道里突然传来撕心裂肺的哭喊声，我立刻开门出去，向保安人员打听发生了什么事？哭什么？能不能帮帮他们？但由于人生地不熟，加上保安人员的限制，不知所以然。那种悲痛欲绝的声音，一直持续到天亮，我彻夜难眠。是什么原因让他们如此痛苦悲伤？第二天才知道，原来是井下发生了触电事故导致矿工死亡，矿上把家属接到招待所后，有关人员才告知了原委，家属突然得知亲人死亡，难以忍受丧亲之痛，才放声大哭了一个晚上。

这种哭声深深地刺痛了我，以致几十年不能忘记，当时我就想：爱迪生发明灯泡，照亮了人间，我也要发明专利，造福煤矿安全，再也听不到因触电伤亡而传出的哭喊声。抱着这种梦想，我潜心钻研，努力工作，在井下一干就是十四年，从没有发生过触电事故。但我一直在思考，怎么样才能发明可以“普度众生”的防治违章带电作业的抗违章技术装备呢？

工业革命崛起以来，工业生产中的违规行为、违纪现象、违章作业在国内外都没有杜绝，世界各国主要通过宣传、培训、教育、管理、法律等手段（即人海战术）进行防治，虽然取得了很大成绩，但违章作业（包括误操作等不安全行为）仍然是造成多种事故的主要原因。爆炸环境（如煤矿井下）违章作业已成为煤矿五大灾害（瓦斯事故、煤尘事故、水灾、火灾、顶板事故）之后的“第六大灾害”，经分析研究，电气违章作业可以造成90%～95%的电气火源（花），引发43.29%～45.7%的瓦斯爆炸。违章原因是电气设备都存在多个容易违章作业的“抗违章短板”，针对煤矿井下供电开关存在的容易违章送电和违章带电打开开关大盖的安全隐患，我分析研究了100多个违章带电作业事故案例，收集了200多台开关的闭锁装置数据，请教了山西省等诸多著名生产厂家，经过精心研究设计和反复试验，发明创造了我的首个安全抗违章技术专利产品“两防锁”，以补齐防止擅自送电、防止擅自开盖操作方面存在的“抗违章短板”（附图6-5）。

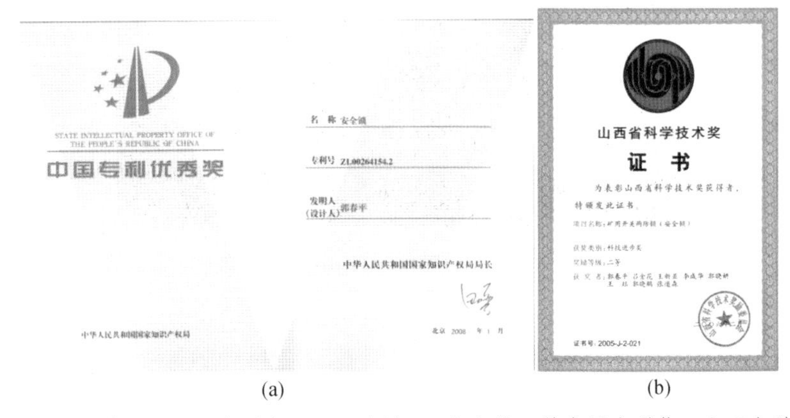

附图6-5　发明的第一个安全专利产品“两防锁”（安全锁）获中国专利奖、山西省科学技术奖

2003年12月，“两防锁”通过由国家安全监管总局组织的科学技术成果鉴定，鉴定结论是该科技成果填补了矿用开关安全连锁装置实用性的国家空白，达到国内（外）领先水平。“两防锁”是我发明创造的原创技术产品，其结构与火车门锁及家庭门锁有根本不同，锁芯与锁钥如内外齿轮对应咬合，锁芯设计成可取下且可互换的独有结构，并装有防松珠，可以防止尖嘴钳、镊子等工具开锁；每个使用单位只要有一种专用锁钥及其对应锁芯，就可以锁定任何电气设备，而没有专用锁钥的其他单位打不开；锁钥、锁芯有25种；锁钥、锁芯、锁体之间相互碰撞时，或与其他元件相互碰撞时不产生电火花；在处理事故等特殊情况下，用一种专门管理的“密钥”，可以使任何一台设备接线空腔盖板置于解锁状态或锁定状态，以方便处理事故。该技术专利产品获得中国专利奖、山西省科技进步奖等省部级奖励。

发明创造两防锁虽艰难，但接下来的推广应用是更大的难题。如何解决？我坚信“一靠‘脑’、二靠‘跑’”是灵丹妙药，是万能钥匙。当时正值国家安全监管总局举办安全科技产品展览会，我把公司仅有的一万元倾囊而出，带着爱人和几个同事参加了展览会。在展览区天天等，时时盼，希望领导能像神仙一样“下凡”到自己的展台，可领导就是不来。等领导路过我的展台时，我恰巧去方便，当我返回时，领导已经过去了。我十分懊悔，难道这么好的机会就这样失去了吗？不行，绝对不行！于是我追了五六十米，追上原国家安全监管总局局长，亮出我的代表证，请局长看看我的“两防锁”产品展台。局长见我情真意切，又有一批记者跟着，就返回到公司展台前。局长拿着“两防锁”仔细端详，还询问了有关问题，我向局长作了详细汇报。局长听完后，首先充分肯定了“两防锁”的重大意义，并期望我解决井下电气设备开盖断电重大技术难题，并与相关领导和我合影留念，这是对我的极大鼓舞，我高兴至极！回来后，我坚定了信心，拿着3位领导与自己的合影照（附图6-6），带着产品跑煤矿，苦口婆心地介绍产品优点，不知跑了多少单位，见了多少领导，终于把“两防锁”推广到山西省大部分煤矿及省外部分煤矿。

附图6-6　原国家煤矿安全监察局局长赵铁锤（右一），原国家安全监管总局副局长王显政（右二）、副局长梁嘉琨（左二）参观两防锁展览，与发明人郭春平（左一）在一起

考虑到没有标准的产品没有市场，也难以得到政府的长期支持和推广。因此，历经8年时间，我创立了“两防锁”的行业标准（附图6-7），在政府的支持下形成了成套的推广政策，使“两防锁”形成了比较稳定的市场。但我没想到，随之而来的是侵权假冒大面积发生，而侵权行为屡禁不止的原因之一是没有形成专利、商标等知识产权保护体系。于是，我在开发新产品之前，就积极申请专利及商标，形成了比较完整的知识产权保护体系。

尽管如此，侵权行为仍然防不胜防，制假贩假的不法分子层出不穷。他们雇佣黑社会性质的人员多次守门口、打电话、发短信，威胁我说如果我举报他们侵权，就要砍下我的手，打烂我的头。我把这些“黑电话”记作“黑1、黑2、黑3”等等。怀着对党和政府的信任，凭着自己长期在基层担任队长和主任等职务的工作经验，我不怕鬼、不怕邪，顶住压力，毫不退缩，经工商、安全、公检法等部门联合执法，狠狠地打击了假冒伪劣产品，其中两名造假者被判了有期徒刑。该案也被列为新中国成立以来山西省知识产权被侵权第一案。

ICS 29.260.20
K 35
备案号:

中华人民共和国机械行业标准

JB/T 10835—2008

矿用开关两防锁

Mine switch biguardian lock

2008-02-01 发布　　2008-07-01 实施

中华人民共和国国家发展和改革委员会 发布

附图 6-7　两防锁行业标准

三、发明创造智能抗违章保护技术装备，杜绝违章带电作业

“两防锁”被假货“污染”后，我开始发明“超前开盖断电方法及其装置”。该发明专利把技术装备作为突破口，可以杜绝煤矿井下电气设备因违章带电打开接线空腔而引发的瓦斯爆炸事故，书写了中国乃至世界防爆电气安全领域的“传奇”。

《煤矿安全规程》(2001) 第四百四十五条规定：井下不得带电检修、搬迁电气设备、电缆和电线，检修或搬迁前，必须切断电源；第四百四十六条规定：非专职人员或非值班电气人员，不得擅自操作电气设备。但由于煤矿井下没有技术装备的保障，仅仅依靠人员的自觉性，违反上述规定的操作现象时有发生，造成了多起重大或特别重大事故，如 2003 年安徽淮北芦岭煤矿“5・13”瓦斯爆炸事故，造成 86 人死亡，就是因为违章带电作业产生电火花引爆瓦斯爆炸。因此，急需一种能防止违章带电开盖检修的技术装备，保证在开盖检修前能切断电源。我发明的专利“超前开盖断电技术”及其核心部件“开盖传感器”就是在这样的背景下诞生的。

这项专利的发明，是从原国家安全监管总局王局长那里临危受命的。刚接到任务，感到很容易，心想：把电冰箱“开门亮灯”的技术改进一下就可以完成任务。我很快就设计出具体方案，但仔细分析发现远没有那么简单。

当时，某权威科研单位已将开盖断电技术产品推向市场，其取出开盖信号的方法与电冰箱开门亮灯技术取出信号方法相似，都是在拧开紧固螺栓“开盖后”，盖板与设备接线盒出现足够大的缝隙时，触动行程开关动作，发出开盖信号。这种取出信号方法是所有自动控制技术中的通用方法，特点是必须在被控件动作后，才能取出被控件的动作信号，我称这种方法是“滞后取出信号方法”。

井下防爆电气设备不同于电冰箱等家用电气设备，只要盖板紧固螺栓松动，缝隙就会增大，就会失去防爆性能，电火花就可能从缝隙喷出引爆瓦斯。显然，井下不能应用这种“滞后取出信号方法”。

那么，用什么方法识别开盖状态？这成为我要解决的“第一道难题”。我调动自己所有的激情、能量与灵感，开始了长达五年的发明创造之路。

发明创造的路途绝不会一帆风顺，大家都知道爱迪生发明电灯的故事，仅植物纤维就试验了约6000种。人类总是容易被习惯思维限制，被“现有框框”束缚，很难向前突破。发明，除了卓越的头脑这个“硬件”外，更需要惊人的毅力和不屈的斗志这个“软件”。那时，时间一点点流逝，攻不下技术难关，发明不出新产品，渐渐成了我的心病。我的大脑时时刻刻都在高速运转，甚至连吃饭走路时也在想这个问题，反复琢磨着到底该如何突破这个难关。

我查阅了国内外电力采煤100多年的技术资料，没找到答案；查阅了其他行业无数技术资料，也没找到可以借鉴的技术。

我在青少年时期特别注意不断“总结”和不断调整“思路”。认真“总结”这段发明创造过程，我认定必须调整“思路”，冲破习惯思维框架。习惯思维框架是什么？它是自动控制理论。我便自学了智能控制理论、德鲁克管理理论等，应用我青年时期在原北京煤炭管理干部学院学到的煤矿安全专业知识，分析研究了1000多个事故案例（部分案例见附录），具体研究了违章带电作业行为过程，首次提出了“抗违章技术”理论，该理论的重要观点之一是在违章过渡过程中预控违章行为。据此理论，否定了上述“开盖后”取出信号方法，创造性地提出在“将开盖”这个“过渡过程”中超前取出信号思路。

“将开盖”过程是电气开关盖板紧固螺栓未拧开前，但将要拧开的过程。该过程类似“将开门”过程，即伸入钥匙开门，但门还没有打开的过程。对于井下防爆设备的盖板，在“将开盖”过程，盖还没有打开，电火花无法从缝隙喷出引爆瓦斯，所以，在“将开盖”过程中超前取出“将开盖”信号，才能防止电火花引发瓦斯爆炸。我把这种方法称作“超前取出信号”方法。至此，取出信号方法取得了第一次实质性进步，即否定了“滞后取出信号”方法，确定采用“超前取出信号”方法。

从“将开盖”过程中取出信号，代替“开盖后”取出信号，是石破天惊的想法，突破了自动控制技术思维的限制，进入智能控制领域。

“将开盖”信号如何取出？我想到了门锁。门锁在全世界各地使用了千年，在人们的头脑中形成了一条常识：任何人未经授权，打开别人家的门锁，都是不允许的，都可以判定为违法或违规。利用这条常识，我设计了“两防锁机构”，作为取出“将开盖”信号的方法。简单地说就是在电气开关盖板紧固螺栓上加了一把专门设计的“锁”，要松动紧固螺栓，必须先核对身份，然后开锁，开锁后发出信号，该信号就是松动螺栓前（开盖前）取出的“将开盖”信号。这种方法突破了必须开盖后才能识别开盖状态的自动控制技术思维约束，运用了智能控制及抗违章理论，在“将开盖”的过渡过程中进行智能识别开盖状态方法，在安全监控领域具有极其广泛的应用前景。该方法还可以应用在核爆炸防控领域。

至此，第一道难题彻底解决，即通过智能识别“将开盖”状态方法代替了取出“开盖后”信号方法，实现了安全识别开盖状态目的。

井下各种各样的在用电气设备千万台，为了防止“失爆”，管理极其严厉，严禁改变其结构。所以，在不改变设备结构的前提下，用无损连接的安装方法把“将开盖”识别装置安装在每台设备上，取出“将开盖”信号，成为“第二道难题”。

发明创造就像登“天路”，过了一座山又一座山，过了一年又一年，不断披荆斩棘，向上攀登。这道难题的解决过程持续约 20 年，在这个过程中，我观察分析了约 1000 台设备，阅读了数百本书籍，熬过了无数个不眠之夜，才完整地解决。

第一步，不改变设备结构，更换一条带“锁口”的紧固螺栓，该锁口能与两防锁连接，把两防锁机构安装连接后，只有开锁后才能松动螺栓。

第二步，有些用户认为更换紧固螺栓比较麻烦，我便发明了不动紧固螺栓，在盖板上加一个螺栓罩，螺栓罩上安装两防锁机构，要松动紧固螺栓必须先取下螺栓罩，要取下螺栓罩必须先打开两防锁机构，打开两防锁机构后取出“将开盖”信号。后来，国家安标办下文提出“螺栓罩”产品标准要求，说明“螺栓罩”产品被认可。

第三步，一些客户认为加装“螺栓罩”也麻烦，我参照顶丝及膨胀螺栓原理，发明了在紧固螺栓上直接安装两防锁机构方法，实现了不松动紧固螺栓即可在螺栓上安装两防锁机构的目的，松动紧固螺栓前先打开两防锁机构，开锁后即取出“将开盖”信号。

第四步，人工智能发展到今天，在各种设备的“将开盖”过程中识别开盖状态已不是问题，我们已应用在实际中。同时，对总馈电开关、风机等特殊重要负荷实现有电闭锁，倒逼作业人员遵章按计划停电后再进行开盖作业，杜绝了违章带电作业行为。

至此，第二道难题彻底解决，但是还有“第三道难题”。

当时的井下用电和家庭照明用电一般都是当线路出现漏电故障或短路故障后，自动切断电源，有些设备为了实现开盖断电，先人为造成漏电等故障再断电，这显然很危险。因为漏电必然在外部产生电火花，煤矿井下出现电火花就可能引爆瓦斯，所以是重大隐患。因此我在《煤炭科学技术》发表了《人为接地实现开盖断电方法存在隐患分析》，指出其危险性，并建议禁止使用通过人为接地造成漏电故障实现开盖断电的方法。所以，如何安全开盖断电是第三道难题。

第三道难题难在发现问题，难在发现并被权威部门认定“人为接地实现开盖断电方法”存在重大隐患。我发明的专利消除了“人为接地实现开盖断电方法”存在的隐患，其思路是：不与动力线路直接电气接触，通过网络实现超前开盖断电。至此，解决了第三道难题。

长期以来，上述“三道难题”，国内外没有任何人能解决。为解决开盖断电难题，有关部门给一些科研院所投巨资要求攻克该难题，但结果很不理想。“三道难题”也困扰了我约 20 年，期间，我想过好多种办法，但都不成功，导致 2003 年大病一场。直至今天，防爆电气领域实现安全开盖断电这个国内外百年难题终于被我解决。

任何一个发明家都是一个屡败屡战、不屈不挠的斗士，都是从失败的废墟中站起来的巨人。一些人在失败面前束手无策，会向失败求饶，会找各种借口为自己的软弱退却披上“无能”的外衣。我不一样，我是失败一次，前进一步，失败一次，提高一个台阶。人，不是为失败而生的，一个人可以被毁灭，但是不可以被打败。我坚定这个信念，我不会被打败的，除非我自己主动放弃。

后来，经过千百次的试验、改进，终于发明了安全可靠的“超前开盖断电方法及其装置”，并获中国、美国、欧盟等国家和地区专利权。

我发明的“超前开盖断电方法及其装置”，当违章带电开盖时，在电气设备“将开盖”未失爆前，就可以通过开盖传感器进行报警，并通过网络使上级电源开关跳闸断电并闭锁不能送电，可以极大地降低事故发生概率，同时可以防止非专职人员擅自开盖操作。

“开盖传感器”也叫“三开一防传感器”，很快成为品牌产品，并成为国家重点新产品，但不幸的是又被假货“污染”了，我便着手发明创造了“智能抗违章保护技术系统”及“智能远方漏电试验装置”等商品，至此，从技术上补齐了煤矿井下供电系统各个“抗违章短板”。

“智能远方漏电试验装置”的发明创造可谓“三十年磨一剑”，我于1991年在《煤矿安全》发表了关于远方漏电试验的论文，2012年申请该项目第一项专利，2015年开始办理市场准入证件，历经30年，直至2020年6月4日，才取得矿用产品安全标志证书，并获两项中国发明专利和一项美国发明专利。该装置弥补了“人工跳闸远方漏电试验”的不足，能够安全、准确、方便地对煤矿井下低压供电系统进行远方漏电试验。根据查新报告显示，该产品有8项技术填补了国际技术空白。“开盖传感器”应用报道及现场应用图片如附图6-8所示。

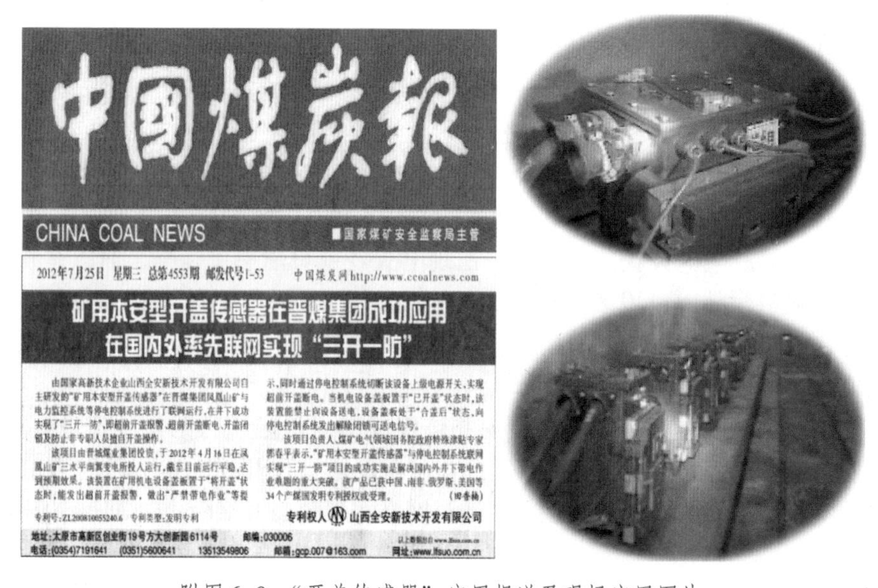

中国煤炭報
CHINA COAL NEWS ■国家煤矿安全监察局主管
2012年7月25日 星期三 总第4553期 邮发代号1-53 中国煤炭网 http://www.ccoalnews.com

矿用本安型开盖传感器在晋煤集团成功应用
在国内外率先联网实现“三开一防”

由国家高新技术企业山西全安新技术开发有限公司自主研发的“矿用本安型开盖传感器”在晋煤集团凤凰山矿与电力监控系统等停电控制系统进行了联网运行，在井下成功实现了“三开一防”，即超前开盖报警、超前开盖断电、开盖闭锁及防止非专职人员擅自开盖操作。

该项目由晋城煤业集团投资，于2012年4月16日在凤凰山矿三水平南翼变电所投入运行，截至目前运行平稳，达到预期效果。该装置在矿用机电设备盖板置于“将开盖”状态时，能发出超前开盖报警，做出“严禁带电作业”等提示，同时通过停电控制系统切断该设备上级电源开关，实现超前开盖断电。当机电设备盖板置于“已开盖”状态时，该装置能禁止向设备送电，设备盖板处于“合盖后”状态，向停电控制系统发出解除闭锁可送电信号。

该项目负责人、煤矿电气领域国务院政府特殊津贴专家郭春平表示，“矿用本安型开盖传感器”与停电控制系统联网实现“三开一防”项目的成功实施是解决国内外井下带电作业难题的重大突破。该产品已获中国、南非、俄罗斯、美国等34个产煤国发明专利授权或受理。（[illegible]）

专利号：ZL200810055240.6 专利类型：发明专利

专利权人 山西全安新技术开发有限公司

地址：太原市高新区创业街19号方大创新园6114号 邮编：030006
电话：(0354)7191641 (0351)5600641 13513549806 邮箱：gcp.007@163.com 网址：www.lfsuo.com.cn

附图6-8 “开盖传感器”应用报道及现场应用图片

我在发明创造抗违章技术产品的同时，还加大了抗违章技术理论的“深度”研究。“深度”研究是我国传统科技的短板。所以，加大“深度”研究，意义尤其重大。我特别注重抗违章理论创新，在国内外安全生产领域首次创立了抗违章理论体系，提出了“想违章违不成，即使违章也造不成事故”抗违章理念。我首次提出的“违章可预控性定则”“违章过渡过程”等十几个相关词条被收入百度百科。我作为第一起草人首创了《矿用开关两防锁》等行业（安标）标准12部，在国家级刊物发表了《煤矿井下供电系统抗违章保护技术》等多篇论文。研究并应用本书有关理论及技术，能够可靠地预控煤矿井下违章带电作业行为，杜绝违章带电作业事故。

四、拿起“专利权武器”，为我国占领国外法律保护的“专利领地”

一路走来，我披荆斩棘，艰苦奋斗，舍生取义，舍己为人，乃至舍生忘死，所付艰辛一言难尽，所获荣光倍感欣慰。到 2021 年底，我发明并带领团队创造了违章行为识别 AI 技术系统、抗违章传感器、防治带电作业及瓦斯爆炸的智能抗违章保护技术系统等 40 余项专利技术产品，其中“一种超前开盖断电方法及其装置”等 6 项中国专利还获得美国、俄罗斯、欧盟、德国、南非、印尼、哈萨克斯坦、印度、澳大利亚、加拿大等 30 多个产煤国家和地区的发明专利权，且都是 PCT 专利，如附图 6-9 所示。

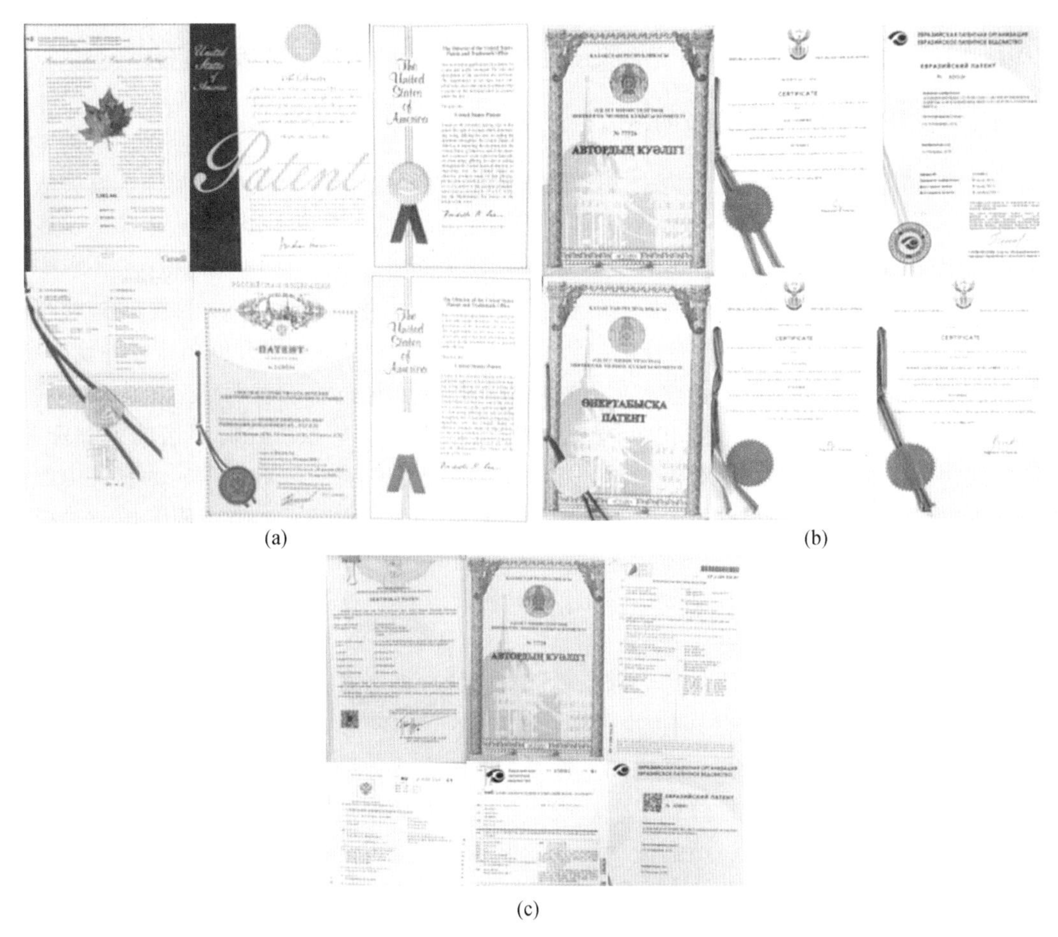

(a)　(b)

(c)

附图 6-9　获得的美国、欧盟等国家专利示意图

为什么要申请美国等外国专利权？形象地说，科技人员就是和平时期国家的一支“特种部队”，获得一项国外专利权，就相当于占领了一块国外法律保护的“专利领地”，获得 30 多个外国专利授权，就相当于为我国在不同国家占领了 30 多块“专利领地”。企业家开发这些“专利领地”，就能受到国外法律保护。这些发明成果为我国占领了多块“主权”属于中国的高新技术“领地”。诸多荣誉和业绩中，我最看重的是美国的 5 项发明专利，因为美国的发明专利在世界上最难获得。根据查新报告结论：经检索，1782 年 1 月 1 日至 2009 年 4 月 30 日，中国煤矿隔爆电气领域仅有一件中国专利“一种超前开盖断电方

法及其装置”获美国（专利号：US8902075B2）及欧洲（专利号：EP2299554B1）专利权，第一发明人为郭春平。因而，毫不夸张地说我实现了“专利奥运会”227年间“零的突破”！但专利技术的意义不仅在于“零的突破”，更重要的是专利技术思路对世界安全产业发展的贡献。在美国能够获得5项发明专利，非常引以自豪，这是为国争光！

在发明创造的同时，我还创立了抗违章理论体系，概括出“想违章违不成，即使违章也造不成事故”抗违章理念，“违章可预控性定则”“违章过渡过程”等十几个相关词条被收入百度百科；并作为第一起草人首创《矿用开关两防锁》行业（安标）标准12部，在国家级刊物发表了《煤矿井下供电系统抗违章保护技术》等多篇论文；创办发明创造型高新技术企业，承担并完成国家重点新产品、国家重点研发计划等数十个科技项目，转化智能抗违章保护技术成果，使45万台设备安装使用“两防锁”等抗违章装备。

五、“骏马拉小车”，打造发明创造型企业

我根据相对比较优势理论，为山西全安公司这个发明创造型小微企业制订了发展战略模式。有人问，小微企业也需要发展战略？答案是肯定的，甚至比大企业更需要发展战略。其原因在于当前市场出现“地板砖”现象，各大企业就像一块块“地板砖”，牢牢地占据了市场，各市场之间也有“水泥”连接，要进入市场难上加难。小微企业只有在“地板砖”上面的空中，才有可能开创出新市场，没有战略，怎么能开创出这样的新市场？

山西全安公司虽然是小微企业，但有精通煤矿机电安全技术的发明创造型人才，而且不是一般人才，是能够创造超额价值的“人力资本”，在煤矿系统还有丰富的人脉资源，相比其他小微企业具有相对优势。因此，把依靠“人才、标准、专利”确定为发展山西全安公司的发展战略模式。在这种模式下，山西全安公司是“小车”，公司董事长是“拉小车”的“骏马型人才”，即人力资本创造超额价值并掌控公司发展方向，“专利”和“标准”是两个车轮，普通职工围着“小车”打工就业，我把这种模式称作“骏马拉小车”模式。

山西全安公司根据相对比较优势理论确定自己的生产方式。创办初期，资金短缺，买不起昂贵的加工设备及土地，即使买下，由于产量低，不能实现规模生产，固定成本很高，产品价格没有竞争力。我们把机加工外委给军工企业，公司只控制研发、销售及涉及安全的产品部件生产，极大地降低了生产成本。面对大面积造假及经济困难，虽然外欠几千万，但由于固定费用很少，所需流动资金量很小，仍能正常运行。

国企和很多民企都把“做大”定为发展目标，但山西全安公司根据相对比较优势理论确定了不以“做大”为发展目标。山西全安公司相对于国企和很多民企，占有的生产资料少，但公司拥有煤矿机电安全方面的知识资本很多，获得很多专利，有很多标准和政策支持。根据相对比较优势理论，把公司发展目标定为努力打造发明创造型“抗违章单项冠军”企业。由于在美国、欧盟等30多个国家和地区有6项专利，所以把创建跨国公司作为发展愿景。

在相对比较优势理论指导下，公司经历如下发展历程：

第一阶段：1999—2003年，注册资本5.45万元，注册地是我家住址，地下室是试验车间，职工平均人数4.4人，2002年获“安全锁”专利权，商标“铁门神”注册成功，被认定为民营科技企业，到2004年，拥有专利5项。

第二阶段：2004—2007 年，注册资本升为 100 万元，职工平均人数 7.75 人，拥有 8 项专利权，发改委颁布《矿用开关两防锁》行业标准。

第三阶段：2008—2013 年，注册资本升为 1000 万元，在太原设立分公司，职工平均人数 16.3 人，拥有 31 项中国、美国等国内外专利权，有关技术要求写入了山西地标、国标及 IEC 国际标准，有关产品获“国家重点新产品”。

1999—2013 年山西全安公司职工平均人数 10.1 人，不仅创造了大量专利产品，还发明了 31 项专利，人均拥有 3 项专利。

山西全安公司是山西省唯一获安全生产科技创新型中小企业、最具创新能力两项荣誉的企业，如附图 6-10 所示。

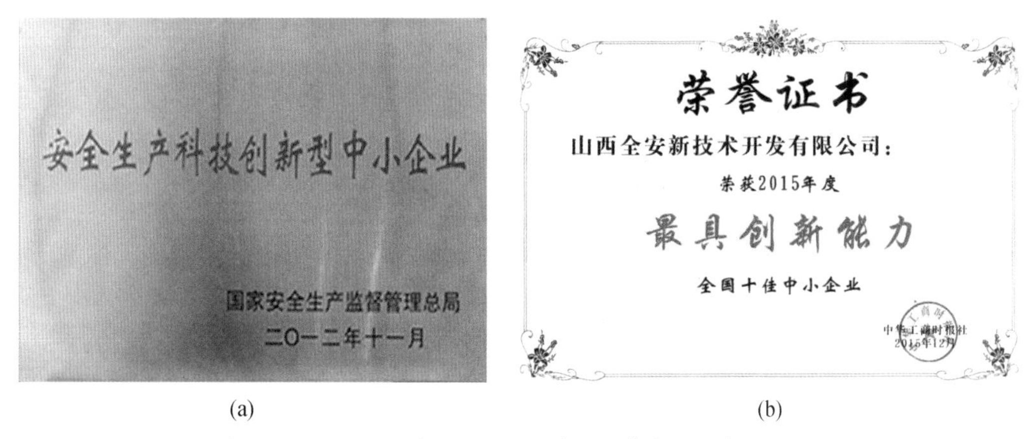

(a)　　(b)

附图 6-10　山西全安公司是山西省唯一获该两项荣誉的企业

在公司发展过程中，专利等知识资本的作用很大，销售收入与专利拥有量高度正相关。劳动投入和注册资本的增加与销售收入高度正相关。“人力资本”在发明创造型企业具有决定作用，是不可复制的“核心竞争力”。公司多次人员变更，但我这个董事长始终没有变，对公司稳定发展起到决定作用。公司发展到 2013 年，已走过 14 年发展之路，超过中国民企平均寿命 2.9 年。

截至 2018 年底，山西全安公司人均累计获得授权专利：人均 2.24 项，中国发明专利人均 0.4 项，美国发明专利人均 0.16 项，山西全安公司的发明专利在国内外处于领先地位，科技研发投入高于其他企业，仅国际专利费投入约 200 万元，人均投入国际专利费数十万元。山西全安公司获“国家知识产权优势企业”称号，两次获“中国专利奖”，获首届山西省专利一等奖，被原国家安全监管总局命名为“安全生产科技创新型中小企业”，被全国工商联评为全国“最具创新能力”十佳中小企业，是山西省唯一获此殊荣的专精特新企业。到 2022 年，企业已发展 23 年，取得荣誉数十项。山西全安公司还运用法律武器维护企业合法权益，积极打击假冒伪劣，维护知识产权，“铁门神”商标维权案在最高人民法院胜诉。

面对科技成果转化难题，我秉承“摩顶放踵以利天下”精神，带领山西全安公司职工全力以赴转化抗违章技术成果。抗违章技术系统 1.0~4.0 系列技术产品总销售额达 2 亿多元，缴税 2000 多万元，为煤矿总节支约 6.75 亿元。到目前为止，共产生经济效益 8.95 亿元，能降低约一半的机电事故，为山西省违章带电作业引发瓦斯爆炸“零事故”做出重要贡献，也为全国乃至全世界防范和遏制违章带电作业引发瓦斯爆炸事故做出较大贡献，基本实现了我“下海”时的“发明创造梦”

近几年，公司秉持“为安全服务，为安全贡献，为社会尽责”理念，把“骏马拉小车”战略升级为“发明驱动”战略，即以原创产品和领先标准为两个车轮，以发明创造为引擎，驱动企业发展。发明创造5G智能抗违章传感器系统、电气违章生物特征识别系统等多种智能技术产品，全力以赴，摩顶放踵，促进成果转化，努力为实现用电安、降低瓦斯爆炸风险做出更大贡献。

在企业获得众多成果的同时，我个人也获得山西省专利一等奖等9项省部级科技奖励，两次荣获“山西省优秀中国特色社会主义事业建设者”称号（附图6-11），并被评为山西省劳动模范。以发明家身份先后两次随习近平总书记出访俄罗斯及欧盟。

附图6-11　获山西省委省政府表彰

六、摩顶放踵，为社会尽责

2013年，我当选山西省政协委员，作为政协委员，我积极履行职责，充分发挥作用，共计提交120多件提案及40余项社情民意，其中4件被评为山西省优秀重点提案。

武汉暴发新冠疫情后，全世界为之震惊，面对人类有史以来第一次遭遇的新冠病毒快速传染灾难，各国疾病防控专家众说纷纭，莫衷一是；非专业的专家学者更是不知所措。作为山西省政协委员，我把“为社会尽责”作为人生的第一目标，积极投身参与省政协组织的为抗疫建言献策活动。但自己是煤矿安全专家，如何为疾病防控建言献策？我对比分析研究发现：疾病防控与煤矿安全管理都要求坚持“安全第一，预防为主”的方针；防控新冠病毒传染要求防止违规近距离（如1 m以内）接近，严禁直接接触；预控违章造成事故要求在“违章过渡过程”中预控违章行为，在触碰“违章红线”前实现超前防范。二者具有极大的相似性，于是，我决定应用抗违章技术理论研究防控新冠病毒传染问题。

我携儿子、女儿和女婿，进行了广泛的调查研究，发现很多地区执行疫情防控响应中存在如下问题：①众多疑似新冠病人和冬季高发的发热感冒病人，都在同一个时间涌入医院，而医疗机构难以及时对这些人进行有效管控；②基层管理部门对湖北返回人员采取人盯人管控方式，因不了解和恐慌，许多人员的姓名、身份证号、通信方式等资料意外流传，对他们个人隐私和疫病消除后的正常生活可能造成不良影响；③人们在日常生活中不知不觉被感染，莫名其妙，进一步加重了恐慌情绪。总之，要解决的关键问题之一是：如何识别新冠疑似病人。

儿子与我反复讨论了多种具体方法，他说："送外卖的用手机就可以互相定位识别。"作为正高级电气工程师，我立刻联想到利用移动互联网技术识别新冠疑似病人，并确定了具体方案，于 2020 年 1 月 27 日 21 时 13 分，通过微信首次公开提出"利用移动互联网技术抗击新型冠状病毒的建议"，随后又向有关部门提出正式建议，并用中英文发表在公司网站。我们"忍痛割爱"放弃了该互联网管控技术方法专利权申请，目的是"善意破坏"互联网管控技术方法新颖性，使各国都不能给互联网管控技术方法专利申请授权，去掉技术壁垒，为抗疫提供超前管控技术保障。我的移动互联网管控技术方法受到广泛好评，据万方检测发出的检测报告表明：我是最早公开提出"应用移动互联网技术监管新冠疑似人员"的建议者。该技术思路引领了"健康码""行程码"等移动互联网技术的大面积推广应用，为科技防疫开辟了极具前瞻性、创新性的思路途径，为抗疫做出了突出贡献！《山西政协报》等主流媒体给予报道，以表示肯定和支持。

此外，我还提出了加强小区小卖部防疫管控、志愿倒锁院门隔离防疫法、降低疫情期间中小企业租赁费用、关注湖北疫情后项目转移等建议。最值得自豪的是我女婿报名支援武汉抗疫荣立三等功，我侄女在某人民医院抗疫受到表彰。

作为山西省光彩事业促进会副会长，我对公益事业倾注了很多热情，先后为农村贫困家庭支付学费及医疗费 20 余万元，为学校、贫困地区捐书款 5 万多元，义务为煤矿、学校开展技术服务、讲课等，付出的费用折算 100 多万元，为抗疫、赈灾捐款 10 余万元。我还争取到投资 180 万元，为家乡修路，改善村容村貌。我与中科院合作在北京创办并发展"创新家"培训班，已资助 500 余万元。

参加工作 40 年来，我累计投入约 600 万元的学习费用，不断"挤时间"学习提高自身素质，先后参加山西省自学考试，参加全国成人统考考入原北京煤干院［现中国矿业大学（北京）］脱产全日制学习煤矿安全专业 2 年，在清华大学、北京大学、复旦大学、浙江大学、上海交通大学、中国社会科学院、香港大学、剑桥大学、牛津大学等国内外著名院校参加多次学习培训。我 56 周岁时经某著名经济学家推荐，被北京大学国家发展研究院录取，以优异成绩毕业并获高级管理人员工商管理硕士学位。

如今，我虽已年过花甲，但仍然感到为安全服务，其乐无穷！为安全贡献，其乐无穷！为社会尽责，其乐无穷！老骥伏枥，志在千里，我将不忘初心，再接再厉，继续实现青少年时期立志"做大事"的理想，为社会"立功、立德、立言"。一是发明更多的专利，成为贡献更大、享誉世界的发明家；二是养浩然正气，不怕鬼，不信邪，勇敢打击假冒伪劣；三是把我首创的抗违章技术写成一本专著，为我国及世界安全生产填补一项空白。

七、创作感想

近年来，煤矿等爆炸环境安全监管的严格程度已接近军事管理，但违章引发的事故仍然时有发生。原国家安全监管总局及安全专家指出：90%～95% 的事故是由于违章作业造成的。违章问题历来受到国内外很多专家的关注。20 世纪 60 年代美国的交通不安全行为十分严重，著名管理学大师德鲁克曾对此进行过专门的分析研究，并提出一个独特的观点："尽管汽车已经被设计成在正确使用下是安全的，但还应该被设计成在不正确使用下也是安全的"。所谓"不正确使用"与违章的含义相近。所以，违章（或称作不安全行为）问题是一个非常值得深入研究的重大课题。

但研究违章行为十分困难，尤其是了解违章背后的动机及具体的过程几乎不可能，因为违章者大多在重大事故中死亡，即使有幸存者，由于文化素质、心理问题等原因也使专家了解不到"真相"。对于没有造成重大事故的违章行为也很难直接观测到，由于管理者推行严厉的"反违章"管理措施，违章者就像"小偷"一样隐匿违章行为，致使观察者（外人）很难发现违章作业的"真相"。这就决定了只有违章作业的亲身经历者，才能准确知道违章作业的真实过程，才能直接感知违章，研究违章行为得出的结论才更有独特价值。我直接从事井下电气工作十六年，除在北京脱产学习"煤矿安全"专业的两年以外，其余时间与众多违章者工作和生活在一起，也曾有过违章经历。因此，对违章的理解也许更有"稀缺性"。

本书前四章是抗违章理论的基础部分，主要进行了违章行为分析。采用的分析研究逻辑是：先从事实及理论上证明违章存在的客观必然性，然后分析研究违章行为。根据违章行为的分析研究结果，研究违章是否可以预控及预控的条件，再根据预控的条件，引出抗违章技术，提出抗违章保护概念，对比法律、管理和抗违章技术等多种违章应对策略的优劣，确认预控违章的最有效对策是应用抗违章保护预控违章作业。最后提出了创新抗违章技术的新思维。

进行违章行为分析时所采用的书面材料是《煤矿井下带电作业事故案例（1960—2017)》和《煤矿安全历史上的今天》。采用的非书面材料是我的直接经验（附图6-12）。这些资料有力地说明了违章既是客观存在的普遍行为，也是危及社会安全的公害，非常有必要进行深入研究。

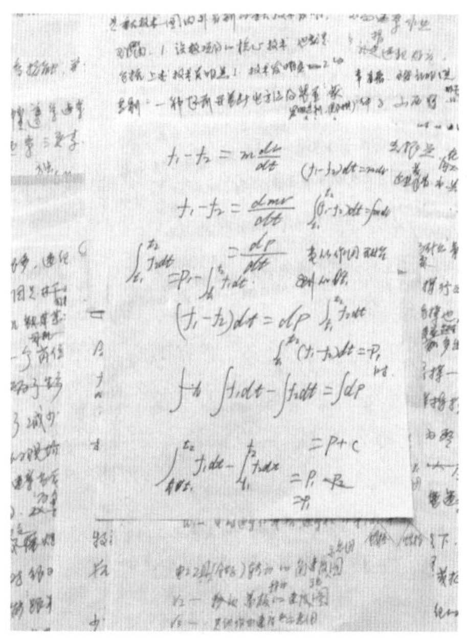

附图6-12　推演违章充要条件等若干页稿件照片

为了方便研究，先假定“章”是正确的，并定义了违章的概念。该定义的最大特点是规定了违反“有效的章”就是违章。借鉴不对称信息理论，首次研究发现存在“违章不对称性”及“安全不对称性”等现象。如：很多次违章可能都造不成事故，但任何一次违章都可能造成重大事故；借鉴了量子具有“显态”和“隐态”两个状态研究成果，首次发现违章者具有“量子特性”。这是第一章的主要内容。

尽管违章是客观存在的，但在理论上很多人不承认违章存在的必然性。所以，本书首次用纳什均衡存在性定理、纳什均衡混合战略表达式及概率统计的大数定律，证明了违章存在的客观必然性，还用大数定律首次证明了纳什均衡的自觉遵守性；参考行为经济学理论，研究分析事故案例及煤矿井下实际工作的直接经验，参照电路过渡过程理论，在对违章作业过程进行分解研究时，首次发现从不违章作业转变到违章作业的过程中存在“违章过渡过程”，该发现为实现违章预控的可行性提供了科学支撑；首次提出了“遵/违章选定定理”，即作业人员比较“预期违章受益”和“预期违章成本”大小，决定是否违章，首次画出了“违章临界线”图；验证“遵/违章选定定理”，并应用该定理分析了实际案例。这是第二章的主要内容。

参照电路在换路时“能量不能跃变”定则，首次提出“违章不能跃变公理”，即从不违章到违章必然要经过“违章过渡过程”，越过“违章红线”后，才能进行危险作业；应用牛顿力学、运动学及状态方程理论，首次提出了在违章作业过程中，违章工具（或徒手）在违章者人力及阻力的合力作用下，按照“违章状态方程”而移动；由于违章状态可用微分方程表示，说明违章移动轨迹有规律可循，并根据动力学及控制论，首次证明了违章是可以预控的；根据动量定理，首次推导出“违章预控的充要条件”；要预控就要应用抗违章技术。根据抗违章技术理论及原国家安全监管总局对抗违章技术的意见，分析了抗违章技术应用实例；首次提出了抗违章保护概念及衡量抗违章保护性能的重要指标（抗违章保护人为失效时间）；根据经验首次发现了预控井下违章带电作业的抗违章保护人为失效时间大于或等于 30 min，就能可靠地预控违章作业；对比法律、管理、宣传、培训、教育、抗违章技术、三大保护（短路、漏电及接地）等多种应对违章策略，得出抗违章保护是最理想的违章预控技术的结论，并进行了举例说明。这是第三章的主要内容。

前四章分析研究表明：有规章就有违章，任何企业都存在违章；违章的存在具有客观必然性，作业人员在决定是否违章时，当预期违章受益大于预期违章成本时，就违章；否则，不违章。任何违章作业过程都存在“违章过渡过程”，在该过程中，违章者的工具或徒手的移动状态可以用微分方程表示，在越过违章“红线”前，可以安全地预控任何违章作业行为；抗违章最好的对策是采用“抗违章保护”预控违章作业，在“违章过渡过程”中，还没有触碰到“违章红线”前，就将违章作业信号转换为电信号，实现报警、断电或闭锁（不能送电），保证“非专职人员想违章违不成，专职人员即使违章也造不成事故”。

任何发生违章带电作业的设备，其技术结构、供电系统、所处作业环境或技术标准一定存在预控违章方面的缺陷，简称“抗违章短板”。“抗违章短板”的客观存在为作业人员进行违章作业提供了方便的违章条件。第五章分析了井下供电系统至少存在 8 种抗违章短板。煤矿安全事故，尤其是瓦斯爆炸事故，是“黑天鹅”事故。抗违章短板的存在是造成“黑天鹅”事故的“硬原因”，用技术手段补齐抗违章短板才能杜绝违章带电作业，才能预控带电作业造成的瓦斯爆炸“黑天鹅”事故。

为了补齐抗违章短板，我发明了数十项国内外抗违章技术专利，其中“一种超前开盖断电装置及方法”等6项专利获中国、美国、俄罗斯、南非、印尼、印度、欧盟、哈萨克斯坦等30多个国家和地区专利权。有关抗违章技术、违章行为识别技术、各种抗违章产品或系统的设计方案主要来源于第六章的有关专利技术，这些抗违章技术专利，对世界各国安全发展理念及技术装备进步具有独特贡献。

第六章介绍了作者发明的数十项补齐抗违章短板的国内外专利技术。根据专利技术创造了智能抗违章保护技术系统，目的是防范违章带电作业引发瓦斯爆炸“黑天鹅”事故。“黑天鹅”事故是小概率事件，也是小样本事件，由于样本数据相对较少，难以应用大数据技术进行精准研究。防范“黑天鹅”事故，是当前重大技术难题，本书应用“专家智能技术”设计并创造了智能抗违章保护技术系统，攻克了违章带电作业引发瓦斯爆炸“黑天鹅”事故难题。第七章介绍了智能抗违章保护技术系统及其核心部分智能抗违章开盖传感器系统结构原理。

第八章介绍了抗违章保护技术系统1.0系列产品，包括两防锁、防松锁、防非违装置及无损连接技术。产品的共同特点是都不用电，都是纯机械类产品，可在爆炸环境中安全、可靠、长期运行且不耗能。本章不仅介绍了当时设计两防锁所面对的关键技术问题及解决问题的具体技术方案，还首次公开了假冒伪劣两防锁的识别方法。无损连接技术是抗违章保护技术系统的核心专利技术之一。其作用是：不需要更换在用电气设备，不改动在用设备结构，也不更换一条螺栓，只加装一个无损连接装置，就可以将传感器等抗违章保护装置安装到井下在用开关、电机、变压器、电缆等各种电气设备上，使在用供电系统升级加装上抗违章保护技术系统。

第九章介绍了抗违章保护技术系统2.0系列产品，代表产品之一是矿用本安型开盖传感器，其中：D传感器的功能是实现“一开一防”[开盖（或门）前报警，防止非专职人员违章打开开关等电气设备接线空腔盖板或门盖]，K型传感器的功能是实现“三开一防”[开盖（门）报警、开盖（门）断电、开盖（门）闭锁及防止非专职人员擅自开盖（门）操作]。代表产品之二是浇封型/浇封兼本安型开盖传感器，应用在电动机接线空腔盖板上可以实现“三开一防”功能。

第十章介绍了抗违章保护技术系统3.0系列产品，代表产品是未切断上级电源保护系列产品——DSD-1、DSD-2、DSD-3。《煤矿安全规程》（2016）要求：不仅打开电气设备接线空腔盖板必须切断上级电源，而且打开电气设备门盖也必须切断上级电源。DSD-1、DSD-2、DSD-3适用于煤矿和非煤矿井上下电气设备，能起到人工切断上级电源后备保护功能，从技术装备上保证《煤矿安全规程》（2016）条款的贯彻落实。此外，还介绍了矿用本安型开盖传感器与矿井监控系统分站连接方式，以及防治带电作业及瓦斯爆炸的抗违章保护技术系统在山西焦煤集团安装施工方案。

第十一章介绍了抗违章保护技术系统4.0系列产品，代表产品有未切断上级电源保护DSD-4、井下电气操作风险手机预警系统。通过手机预警系统可以在手机上看到电压、电流等多种电气参数，可以实现违章行为生物特征识别、瓦斯超限闭锁及有电闭锁等功能。其最大的特点是实现了智能化和云计算，相比“抗违章保护技术系统3.0”具有智能功能，增加了4G/5G等无线传输技术，把设备信息直接传到地面云空间进行云计算，根据云计算结果或调度台控制要求，对爆炸性环境设备进行控制，并在移动互联网的手机终端显示工作及事故状态信息。

第十二章分析研究了智能抗违章保护技术系统的性能及市场前景，对抗违章后备保护试验的必要性进行了深入分析。智能抗违章保护技术系统与供电系统之间没有直接电气连接，是“隔离”的，不会造成“乱停电”，其选择性比短路保护系统和漏电保护系统的选择性精确得多，其安全可靠性比安全员值守高得多，而成本却低很多。根据智能抗违章保护级别不同，潜在市场需求也不同，每年最小潜在市场需求在 25 亿元左右，最大潜在市场需求在 359 亿元左右。本章还介绍了对抗违章后备保护（漏电保护系统）进行智能远方漏电试验的有关新技术。

抗违章技术创新是如何实施的？本书中首先针对创新具有不对称性的特点，提出营造科技创新生态环境的问题，接着列举了一系列行之有效的创新和转化方法。还提出了寻求企业科技创新动力点、企业全面科技管理及抗违章技术创新方法。依靠关键的少数创新，在需求同频共振区上创新，依托标准和运用安全干预手段推动抗违章技术成果转化等观点，都是根据实际经验首次概括出来的。在研究“章”的问题时，还首次提出哑铃型责任承担失衡概念。任何团队或个人应用抗违章技术创新方法都能发明创造各种预控违章的抗违章技术，依靠关键的少数创新，在需求同频共振区创新和寻找企业科技创新动力点等方法也是较好的创新方法。这是第十三章的主要内容。

第十四章主要内容是运用安全干预手段转化安全科技成果，依托标准推动抗违章技术成果转化，安全专利产品营销，运用《孙子兵法》促进抗违章技术成果转化。

附录 1 是全国部分煤矿井下带电作业事故案例统计表（1960—2017）年，附录 2 是煤矿安全 365，这两个附录是研究抗违章技术时所参考的事故案例资料，经精心整理，在此献给读者。附录 3 是以某高院判决书形式介绍的真实的维护知识产权案例，附录 4 是关于抗违章技术系统的原创技术特征的查新报告统计表，附录 5 是抗违章标准研究参考资料，附录 6 是我的发明创造之路，为发明创造爱好者提供有参考价值的真实资料，但最有感触的也许是我不屈不挠的精神（附图 6-13）。

本书适用于在煤矿等爆炸环境中工作的技术人员和管理人员阅读，也可供高等院校学生和教师、科研院所专家学者、大中型企业负责人和安全管理人员、政府科技部门和安全管理部门工作人员借鉴。阅读本书可以获得如下启示：

附图 6-13 在汾河公园边休闲边看稿

一是生产化石能源过程中的其他违章作业是可以预控的，抗违章技术是最可靠的预控方法。按照抗违章技术标准生产的设备就成为抗违章设备，抗违章设备可以替代现有设备，其安全可靠性更高。抗违章技术在各行各业都将有光明的未来。因此，研究抗违章技术，制定抗违章标准，生产抗违章设备具有十分广泛的市场前景。

二是我国在抗违章技术研究方面处于国际领先地位，国外还没有这方面的专门研究。为了继续保持领先优势，可以建立国家级抗违章技术研发中心，为我国开辟一块战略性新兴产业新高地。该中心建成后，必将推进抗违章技术及设备的新发展，违章作业事故有望大面积减少，安全水平将提高，90%～95%由违章造成的事故将成为历史；具体应用在煤矿电气安全领域后，困扰百年的违章带电作业难题将彻底解决，瓦斯爆炸事故下降48.1%将不再是梦想！

三是为国内外预控井下违章带电作业提供理论依据，进而大面积研究、推广应用智能抗违章保护技术，杜绝违章带电作业，实现降低约50%瓦斯爆炸的远大目标；理想目标是为世界各国、各行业预控违法乱纪、违章作业提供一种新思维模式，即把“人海战术预防违章（或违法）”变为在违章（或违法）“过渡过程”中，但还没有触碰到“违章红线”前，就将违章信号转换为电信号，用网络系统技术实现报警或闭锁，对违章行为进行安全预防和控制，保证“想违章（违法）违不成，即使违章（违法）也造不成事故（危害）”。

四是本书的一系列研究成果可以为国内外煤矿以外的其他爆炸环境预控违章带电作业提供直接的理论依据，进而推动相关研究并推广应用抗违章技术，杜绝其他爆炸环境违章带电作业行为，实现降低50%机电事故和瓦斯爆炸事故的理想目标。

五是抗违章技术对其他非爆炸环境安全生产也具有普遍意义。研究成果可以推广到交通安全、消防安全、银行安全及核工业安全等其他违章作业较多的行业。

六是依据研究成果进一步推理，还可以做出如下预测：当机器人的智能水平达到或超过人类时，由于机器人也要考虑预期违章受益和预期违章成本，安全监管机器人与生产作业机器人双方也会进行有限博弈。根据纳什均衡存在定理可知，双方在博弈中也会构成纳什均衡，导致生产作业机器人也会出现违章、违法行为。只有傻机器人不会违章。这一研究成果对即将到来的人工智能时代也提出了安全预警。

七是借鉴抗违章技术新思维可以对抗熵增定律。科学家认为：宇宙的“熵”（无序程度）与日俱增。例如，机械手表的发条总是越来越松，你可以上紧它，但需要消耗一点能量；人活着就是在对抗熵增定律，生命以负熵为生。违章作业就可以熵增，遵章作业就能对抗熵增。抗违章技术通过技术手段对抗违章作业熵增行为，本质上是一种对抗熵增定律的“抗熵增技术”。建议国内外学者深入开展抗熵增技术研究，应用人工智能等技术手段对抗熵增，维持人类低熵生活状态不变。

本书的违章行为分析部分主要来源于我就读北大EMBA时的毕业论文，抗违章保护技术部分主要来源于我的发明专利及发表的论文等技术资料。

经过四十多年的努力，历经艰辛创作完成这本专著，虽然在抗违章理论及智能抗违章保护技术系统上都有所创新，但也难免存在不足之处，敬请读者批评指正。

本书是我的第一部专著，是我数十年劳作心血的积累。长期以来，我养成了边工作、边写作的习惯，利用出差、住宾馆、开会，甚至除夕夜不看“春晚”而挤出的点滴时间，构思或打底稿（附图6-14），为发明创造思路留下真实记录。其中之艰辛，如人饮水，冷暖自知。好在苦心人天不负，有志者事竟成，在朋友和领导的帮助支持下，铁树亦能开花，枯藤终于结瓜。

坦诚地讲，面对自己的著作和成果不高兴是假的，但确实谈不上欣喜若狂，大概是因为我付出的太多太多了！胡子白了，心脏老了，眼花了，头发秃了……若把成果当成分子，自己的付出作分母，比值是自己的收益，则无论成果多么令人欣喜，除以无穷大的付出，相比之下，自己的收益也接近于0了。

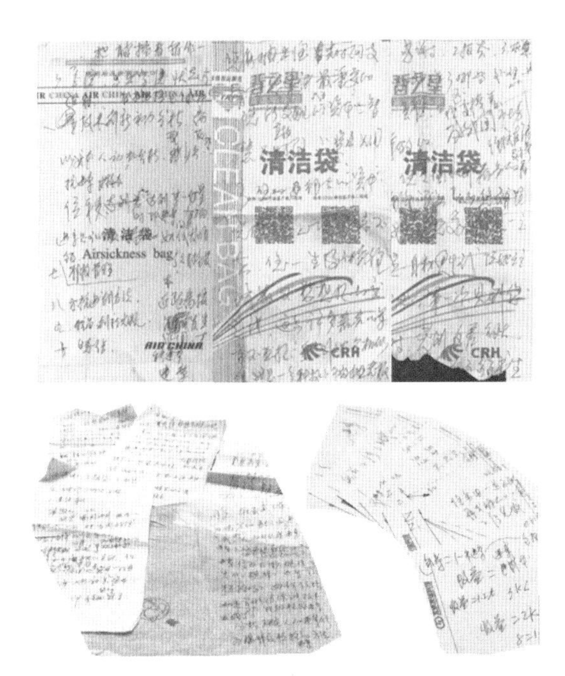

附图 6-14　若干页底稿

令我欣慰的是，自己总算为世界安全发展做出了一点贡献，实现了自己的理想，为科技兴安、科技强安添了砖、加了瓦，也使抗违章理论及智能抗违章保护技术系统的研发迈出了关键的第一步，更有幸被原国家安全监管总局总工程师称赞为“积德行善”之举，这句话足以弥补我“身心账户”上的巨额亏损！虽然没有实现童年时母亲对我的期望，成为诸葛亮、岳飞那样的智者贤人和民族英雄，但我发明的专利技术从我国传到了美国、欧盟、俄罗斯、非洲等诸多国家和地区，实现了为世界“积德行善”之壮举，我已经心满意足了。

本书的成果虽不敢自夸，但实在来之不易，我真诚地感谢同学、朋友、领导、公司职工及其他同志的帮助和支持，感谢养育我的父母和我的各位老师、师傅，感谢夫人王平英、儿子郭晓鹏、女儿郭晓妍和各位家庭成员的长期支持，没有你们加上关键的 1 摄氏度，99 摄氏度的水永远开不了。

我愿成为世界伟大发明家之“沧海一粟”。

郭春平
2022 年 9 月于太原

参 考 文 献

[1] 陈跃忠，李晓滨，栾俭新，等 . GB/T 197—2018 普通螺纹公差 [S] . 北京：中国标准出版社，2018.

[2] 陈学凯 . 制胜韬略 [M] . 济南：山东人民出版社，1992.

[3] 董志勇 . 行为经济学 [M] . 北京：北京大学出版社，2005.

[4] 郭春平 . 煤矿井下供电系统抗违章保护技术 [J] . 煤炭科学技术，2017，45 (12)：140-144.

[5] 郭春平 . 防止带电作业及瓦斯爆炸的抗违章技术集成和功能 [J] . 中国煤炭工业，2015 (1)：60-61.

[6] 郭春平 . 抗违章技术创新方法研究 [N] . 科技日报，2009-12-22 (10).

[7] 郭春平 . ABC 贯彻执行规章制度法 [J] . 汾煤科技，1989，38 (2).

[8] 郭春平 . 抗违章技术创新方法研究 [J] . 煤矿安全，2010，41 (5)：153-155.

[9] 郭春平 . 人为接地开盖断电的重大隐患分析及解决方案 [J] . 煤炭科学技术，2011，39 (5)：94-98.

[10] 郭春平 . 一种煤矿远方漏电试验方法及设备：中国，CN201210578705. 2 [P] . 2014-07-02.

[11] 国家安全生产监督管理总局 . 中国安全生产年鉴 (2005 年) [M] . 北京：煤炭工业出版社，2006.

[12] 高彦，王念彬，王彦文 . 基于零序功率方向选择性漏电保护系统的研究 [J] . 煤炭科学技术，2005 (11)：43-45.

[13] 郭春平，王荣生，张树魁，等 . JB/T 10835—2008 矿用开关两防锁 [S] . 北京：机械工业出版社，2008.

[14] 胡天禄 . 矿井电网的漏电保护 [M] . 北京：煤炭工业出版社，1987.

[15] 《哈佛商业评论》编委会 . 哈佛商业评论 [M] . 北京：社会科学文献出版社，1922.

[16] 贾传圣，朱剑 . 新型煤矿井下选择性漏电保护 [J] . 科技创新与应用，2013 (13)：122.

[17] 康邵湘，张子元，刘峰，等 . MT/T 1097—2008 煤矿机电设备检修技术规范 [S] . 北京：煤炭工业出版社，2011.

[18] 李晓光，杨敏，刘炎钊，等 . AQ 1023—2006 煤矿井下低压供电系统及装备通用安全技术要求 [S]. 北京：煤炭工业出版社，2007.

[19] 李晓滨 . GB/T 2516—2003 普通螺纹极限偏差 [S] . 北京：中国标准出版社，2004.

[20] 李书朝，陈在学，李江，等 . GB 3836. 1—2010 爆炸性环境 第 1 部分：设备 通用要求 [S] . 北京：中国标准出版社，2011.

[21] 李丽 . 煤矿井下远方与就地漏电试验的比较 [J] . 同煤科技，2006 (4)：43-44.

[22] 刘道华 . 对《煤矿井下低压检漏保护装置的安装运行、维护与检修细则》的见解 [J] . 煤炭科学技术，2000 (10)：52.

[23] 骆琳 . 全国安全生产监管监察系统视频会议 [R] . 北京：国家安全生产监督管理总局，2009.

[24] 亨利 · 西斯克 . 工业管理与组织 [M] . 北京：中国社会科学出版社，1985.

[25] 煤炭工业部 . 煤矿井下供电的三大保护细则 [M] . 北京：煤炭工业出版社，2004.

[26] 国家煤矿安全监察局 . 煤矿安全规程 [M] . 北京：煤炭工业出版社，2001.

[27] 国家安全生产监督管理总局，国家煤矿安全监察局. 煤矿安全规程 [M] . 北京：煤炭工业出版社，2011.

[28] 国家安全生产监督管理总局，国家煤矿安全监察局. 煤矿安全规程 [M] . 北京：煤炭工业出版社，2016.

[29] 中华人民共和国应急管理部，国家矿山安全监察局. 煤矿安全规程 [M] . 北京：应急管理出版社，2022.

[30] 中华人民共和国煤炭工业部．煤矿矿井机电设备完好标准［M］．北京：煤炭工业出版社，1987.
[31] 邱关源．电路［M］．5 版．北京：高等教育出版社，2006.
[32] 秦曾煌．电工学［M］．北京：高等教育出版社，1981.
[33] 孙继平．煤矿安全生产与信息化［M］．北京：煤炭工业出版社，2011.
[34] 尚文忠．煤矿供电［M］．北京：中国劳动社会保障出版社，2008.
[35] 孙周兴．未来的哲学［M］．北京：商务印书馆，2019.
[36] 王军，侯彦东，陈在学，等．GB 3836.2—2010 爆炸性环境 第 2 部分：由隔爆外壳“d”保护的设备［S］．北京：中国标准出版社，2011.
[37] 王军，项云林，靳芝，等．GB 3836.3—2010 爆炸性环境 第 3 部分：由增安型“e”保护的设备［S］．北京：中国标准出版社，2011.
[38] 王敏．《哈佛商业评论》精粹译丛：决策［M］．北京：中国人民大学出版社，2004.
[39] 王彦文．煤矿井下供电技术［M］．徐州：中国矿业大学出版社，2013.
[40] 王彦文，高彦．煤矿供电技术［M］．徐州：中国矿业大学出版社，2012.
[41] 尹维佳．违章与事故［EB/OL］．（2007-06-18）［2022-12-27］．http：//www.anquan.com.cn/Wencui/lecture/200706/55415.html.
[42] 钟义信．信息科学原理［M］．北京：北京邮电大学出版社，1996.
[43] 张维迎．博弈论与信息经济学［M］．上海：上海人民出版社，2004.
[44] 张维迎．信息、信任与法律［M］．北京：三联书店出版社，2006.

图书在版编目（CIP）数据

抗违章技术理论与应用/郭春平著．--北京：应急管理出版社，2023

ISBN 978-7-5020-9658-8

Ⅰ.①抗… Ⅱ.①郭… Ⅲ.①安全生产—生产技术—研究 Ⅳ.①X93

中国版本图书馆 CIP 数据核字(2022)第 215324 号

抗违章技术理论与应用

著　　者　郭春平
责任编辑　成联君　杨晓艳
责任校对　张艳蕾
封面设计　谢雅欣

出版发行　应急管理出版社（北京市朝阳区芍药居 35 号　100029）
电　　话　010-84657898（总编室）　010-84657880（读者服务部）
网　　址　www.cciph.com.cn
印　　刷　北京盛通印刷股份有限公司
经　　销　全国新华书店

开　　本　787mm×1092mm 1/16　印张　25 1/2　字数　604 千字
版　　次　2023 年 4 月第 1 版　2023 年 4 月第 1 次印刷
社内编号　20221024　定价　499.00 元

版权所有　违者必究
本书如有缺页、倒页、脱页等质量问题，本社负责调换，电话：010-84657880